Blodau Cymru

Byd y Planhigion

Blodau Cymru

Byd y Planhigion

Goronwy Wynne

Diolch yn fawr i'r canlynol am gefnogaeth ariannol tuag at gostau cyhoeddi'r gyfrol:

Bwydydd Castell Howell
Cymdeithas Edward Llwyd
Dyserth and District Field Club
Gareth a Sylvia Hughes, Rhyd-y-mwyn
Richard a Margiad Jones, Rhuddlan
Ymddiriedolaeth Natur Gogledd Cymru

Diolch i Amgueddfa Genedlaethol Cymru am yr hawl i atgynhyrchu lluniau Joseph Banks (tud. 130),
Lewis Weston Dillwyn (tud. 24) ac Eleanor Vachell (tud. 278).
Diolch i Lyfrgell Genedlaethol Cymru am ganiatâd i atgynhyrchu'r llun o Iolo Morganwg (tud. 277).

Argraffiad cyntaf: 2017

Dymuna'r cyhoeddwyr gydnabod cymorth ariannol Cyngor Llyfrau Cymru.

Llun y clawr: Goronwy Wynne. Tegeirion Porffor yng Nghwm Idwal.
Dylunio: Richard Ceri Jones

Rhif llyfr rhyngwladol: 978 1 78461 424 9

Cyhoeddwyd ac argraffwyd yng Nghymru
gan Y Lolfa Cyf., Talybont, Ceredigion, SY24 5HE
e-bost: ylolfa@ylolfa.com
y we: www.ylolfa.com
ffôn: 01970 832304
ffacs: 01970 832782

I Dilys a'r teulu am eu cefnogaeth, ac er cof
am Glenys, a'i hoffter o fyd y blodau.

CYNNWYS

RHAGAIR

Wrth gyflwyno fy llyfr *Flora of Flintshire* yn 1993, soniais ei bod yn freuddwyd gennyf, yn y dyfodol, i sgrifennu llyfr arall, yn Gymraeg y tro hwn, nid yn manylu ar un sir, ond yn cyflwyno darlun mwy cyffredinol o'r blodau gwyllt yng Nghymru. Aeth mwy nag ugain mlynedd heibio, a bellach dyma wireddu'r breuddwyd hwnnw.

Gwell pwysleisio nad llyfr ar gyfer adnabod planhigion yw hwn yn bennaf (mae llawer o lyfrau felly ar gael), ond yn hytrach llyfr am y planhigion eu hunain, eu dosbarthiad a'u cynefin.

Dechreuodd fy niddordeb i ym myd y blodau yn gynnar iawn – yn ddiarwybod bron. Fel mab i ffarmwr, roeddwn yn gyfarwydd â bywyd y wlad, a mwynheais fynd i Fangor i astudio Amaethyddiaeth a Botaneg. Yn ddiweddarach cefais fy hun yn dysgu myfyrwyr eraill, a datblygodd y diddordeb, ac yn arbennig wrth wneud gwaith maes mewn llawer cwr o Brydain a thu hwnt. Treuliais ugain mlynedd 'ar fy ngliniau' yn chwilio pob twll a chornel yn fy sir fy hun, Sir Fflint, fel Cofnodydd (*County Recorder*) i'r sir honno ar ran y Gymdeithas Fotanegol (BSBI). Hefyd, roedd mynd i ganolfannau'r Cyngor Astudiaethau Maes (*Field Studies Council*) dros y blynyddoedd yn arbennig o werthfawr, ac wrth baratoi'r llyfr hwn bûm wrthi'n crwydro siroedd Cymru yn chwilio am flodau, gan ymweld â thros 140 o safleoedd diddorol. Yn ddiweddarach, ar ôl ymddeol, cefais fwy o gyfle i grwydro dramor, a gweld mwy o blanhigion yr hen fyd yma. Ac nid y blodau unigol yn unig, ond y cymunedau o blanhigion yn eu cynefin – does dim byd yn byw mewn gwagle.

Pam, felly, ysgrifennu llyfr yn Gymraeg ar fyd y blodau? Mae'n debyg mai'r ateb ydi 'methu peidio', a'r awydd i rannu'r diddordeb ag eraill, yn arbennig y Cymry Cymraeg. O sylwi ar yr holl erthyglau a llyfrau yn y llyfryddiaeth, gwelwn fod y mwyafrif llethol yn Saesneg; ychydig iawn a ymddangosodd yn y maes hwn yn Gymraeg dros y blynyddoedd, ond cofiwn, er enghraifft, am y gyfrol boblogaidd *Byd y Blodau* gan yr Athro J Lloyd Williams yn 1924. Yn ein dyddiau ni cawsom nifer o lyfrau defnyddiol gan Bethan Wyn Jones a Iolo Williams ac eraill, sy'n gymorth i adnabod y planhigion, a diolch amdanynt. Mae gan y Cymry ddiddordeb ym myd y planhigion, yn enwedig y rhai meddyginiaethol – y 'llysiau llesol' – er nad dyna fy niddordeb arbennig i, ond ar y cyfan, prin iawn fu'r trafod yn Gymraeg am Fotaneg fel pwnc, a llai fyth yw'r llyfrau sy'n ein tywys o sir i sir i chwilio am y blodau gwyllt.

Gobeithio fod y gyfrol hon yn cau rhyw ychydig ar y bwlch, neu o leiaf yn symbylu rhywun arall i fynd gam ymhellach.

Am flynyddoedd, hyd at ganol yr 20fed ganrif roedd y pwyslais ym myd natur ar ddarganfod a disgrifio; dod o hyd i rywogaethau newydd a'u disgrifio'n fanwl, yna eu henwi a'u dosrannu. Wrth gwrs, mae hyn yn dal i ddigwydd, ond bellach mae'r pwyslais wedi newid, a heddiw, ecoleg, a bioleg y gell, yn ei holl gymhlethdod, sy'n hawlio'n sylw, a daeth termau megis 'cnydau GM' a 'DNA' yn rhan o'r iaith bob dydd. Mae hyn fel y dylai fod, ac ni allwn ddiolch digon am y camau breision sy'n digwydd ym myd meddygaeth a byd amaeth. Y gamp, wrth gwrs, yw peidio colli golwg ar yr hanfodion o'n cwmpas, a gofalu ein bod yn dal i fagu cenhedlaeth sy'n gwybod y gwahaniaeth rhwng Onnen a Derwen, neu hyd yn oed rhwng coeden ac eliffant!

Yn awr at un neu ddau o bethau ymarferol. Ceisiais ddefnydio'r ffurf Gymraeg ar enwau lleoedd hyd y gellir. Roedd *Rhestr o Enwau Lleoedd,* Elwyn Davies, Gwasg Prifysgol Cymru (1975) wrth fy mhenelin yn aml iawn. Maddeuer unrhyw lithriad.

Bûm yn pendroni'n hir cyn penderfynu ym mha iaith i enwi'r planhigion. Dyma rai o'r dadleuon:

Enwau Lladin: dyma'r enwau safonol, rhyngwladol, cyffredinol – ond yn anghyfarwydd i'r dyn cyffredin.

Enwau Cymraeg: dyma iaith y llyfr hwn, ac mae gennym bellach restrau safonol o enwau Cymraeg ar gael, ond mae llawer ohonynt – y mwyafrif efallai – yn anghyfarwydd. Mae dau fath o enwau Cymraeg: y rhai sy'n mynd yn ôl dros y blynyddoedd ac wedi hen gartrefu ar wefusau'r werin am y planhigion yr oeddynt yn gyfarwydd â hwy; a'r enwau mwy diweddar a fathwyd yn fwriadol ar gyfer y Gymraeg, a hwnnw'n aml yn gyfieithiad neu'n addasiad o'r enw Lladin, a llawer o'r rhain am blanhigion cwbl ddieithr i'r mwyafrif. Mae'r un peth yn wir am lawer o'r enwau Saesneg – yr enwau sy'n fwyaf cyfarwydd i lawer ohonom ni, y Cymry Cymraeg, yn anffodus.

Ar ôl llawer o bendroni penderfynwyd defnyddio'r tair iaith, er gwaethaf yr anfantais amlwg o gael rhai enwau rhyfeddol o hir a chlogyrnaidd. Ar gyfer yr enwau Lladin a Saesneg dilynnwyd Stace, *New Flora of the British Isles,* 3rd.ed. (2010), ac ar gyfer yr enwau Cymraeg *Planhigion Blodeuol, Conwydd a Rhedyn* gan Gymdeithas Edward Llwyd (2003). Dim ond unwaith neu ddwy y dilynais fy mympwy fy hun.

Mater dadleuol arall oedd pryd y dylid defnyddio prif lythrennau. Dyma bwnc llosg – mae llawer o anghytuno. Yn y Gymraeg a'r Saesneg penderfynais ddefnyddio prif lythrennau ar gyfer enwau rhywogaethau, ond nid ar gyfer enwau cyffredinol ac enwau torfol. Felly, ceir 'Brwynen Babwyr' a 'Gwair Merllyn' ond 'brwyn' a 'gwair' yn Gymraeg, a'r un modd 'White Clover' a 'Burnet Rose' ond 'clover' a 'rose' yn Saesneg.

Cofier bod rheol bendant ar gyfer yr enwau Lladin, sef bod yr enw mewn dwy ran, y rhan gyntaf yw enw'r genws a'r ail ran yw enw'r rhywogaeth. Rhaid defnyddio prif lythyren i'r rhan gyntaf ond nid i'r ail ran. Felly, ar gyfer y Friallen, yr enw cywir yw *Primula vulgaris,* nid *primula vulgaris* ac nid *Primula Vulgaris.* Dylid defnyddio llythennau italaidd ar gyfer enwau Lladin.

Ond peidiwch â phoeni gormod am yr enwau. Rydym i gyd yn dysgu (ac yn anghofio!) llawer o enwau pobl ac enwau lleoedd, er ein bod yn eu hadnabod a'u bod yn gyfarwydd i ni. Felly hefyd y blodau: meddyliwch amdanynt fel eich cyfeillion – mae'n hawdd cofio enwau'ch ffrindiau!

Ac os yw'r dasg yn anodd, peidiwch â synnu, doedd pobl fawr gwell ganrif a mwy yn ôl. Gwrandewch ar un o fotanegwyr De Cymru:

I regret to say that very careful enquiries have failed to discover that more than a very small proportion of our indigenous plants are known in the district either by their Welsh or their English names.

John Storrie: *The Flora of Cardiff* (1886)

Pam, felly, yr ydym yn mwynhau byd y blodau, a phaham yr es i ati i sgrifennu'r gyfrol hon? Gwrandewch ar sylwadau fy nghyfaill Gwynn Ellis, Caerdydd, o'u cyfiethu, yn un o'i lyfrau:

Mae llawer rheswm dros chwilio am y blodau gwyllt, rhai gwyddonol, rhai ymarferol a rhai academaidd. Ond y mae heddiw, fel erioed, fotanegwyr sy'n chwilio am flodau yn unig am y mwynhad o chwilio, heb boeni am unrhyw fantais faterol, na hyd yn oed am borthi'r meddwl. Maent yn chwilio am y blodau am eu bod yn eu hoffi ac mae'r mwynhad yn y chwilio.

Cofiaf unwaith fynd am dro efo cyfaill, ar ôl bod yng nghanol pobl am ddyddiau. Meddai 'Mae'n braf dod allan i fyd y blodau, tydi'r rheini ddim yn ateb dyn yn ôl'!

Rhaid i mi hefyd gyfeirio at brofiadau dau o'n beirdd enwocaf. Bu R Williams Parry yn fyfyriwr yn y coleg yn Aberystwyth, ac roedd Botaneg yn un o'r pynciau ar yr amserlen. Yn ei gerdd 'Cyffes y Bardd' dywed:

Mi ddeuthum gynt i'r coleg
  Yn wladwr fel fy nhad,
Nid bywyd yw Bioleg:
  Mi af yn ôl i'r wlad.

Tybed a gafodd ddarlithydd diflas yn y coleg? Rydym i gyd yn cofio rhai felly!

Ond gwrandewch ar I D Hooson yn cyfarch 'mab y dyddiau pell' yn ei gerdd 'Yr Oed':

> Ond ti gei hefyd beth o'r rhin
> A rydd y ddaear fyth i'w phlant
> Yn si y dail a murmur nant,
> Yng ngwên blodeuyn ar y ffridd,
> Yng ngwyrth yr haul, y glaw a'r pridd.

Fy ngobaith yn y gyfrol yma yw rhannu peth o'r rhin sydd yn y wyrth honno.

Rwy'n cydnabod safbwynt y lleygwr, y dyn cyffredin, sy'n mynnu fod byd y blodau'n cael ei gyflwyno mewn iaith syml a diddorol, nid mewn ffordd sy'n dangos pa mor gymhleth yw'r cyfan; ond hefyd, rwy'n gweld dadleuon y gwyddonydd, sy'n feirniadol iawn o unrhyw ymgais i guddio'r ffeithiau ac i osgoi pob diffiniad cydnabyddedig. Gobeithio fy mod wedi dod o hyd i ryw ffordd ganol, am o leiaf ran o'r daith.

Lle bynnag yr awn yn yr hen fyd yma fe fydd planhigion o'n cwmpas yn rhywle. Beth am roi munud neu ddau i 'siarad' efo nhw a gwneud cyfeillion ohonynt – fe gewch bleser diddiwedd, ac fe ddowch i'w mwynhau a'u parchu – hyd yn oed y chwyn!

Beth, felly yw'r llyfr hwn? Dim ond peth o hanes un dyn, a rhai o'i gyfeilllion – y blodau gwyllt.

RHAGYMADRODD

Mae'n byd ni yn fyd gwyrdd: mae planhigion o'n cylch ym mhobman. Heb y planhigion ni fyddai yr un anifail, na ninnau, yma o gwbl. Go brin, felly, bod angen chwilio am esgus i gyflwyno llyfr am y planhigion.

Mae'r rhan fwyaf o'r planhigion yn rhai blodeuol, gyda gwreiddyn, coesyn, dail a blodau, ac am fod y blodau mor amlwg ac mor bwysig rydym yn aml yn defnyddio'r gair 'blodyn' am y planhigyn cyfan. Ond y mae llawer iawn o blanhigion heb flodau, sef y rhedyn, y mwsoglau, a'r cen, yn ogystal â rhai eraill llai cyfarwydd. Ers talwm ystyrid hyd yn oed yr algau a'r ffyngau yn blanhigion, ond heddiw, ystyrir eu bod ar wahân, ac wrth drafod y byd byw, soniwn am yr Anifeiliaid, y Planhigion, yr Algau a'r Ffyngau. Yn y llyfr hwn byddwn yn trafod y planhigion blodeuol, a'r conwydd, ond hefyd yn cynnwys y rhedyn a'u perthnasau, am eu bod yn blanhigion fascwlaidd, hynny yw, fel y planhigion blodeuol, yn cynnwys system o bibellau i gario hylif drwyddynt.

Datblygodd y planhigion blodeuol yn ystod y cyfnod Cretasig, yn ddiweddarach na'r rhan fwyaf o'r planhigion eraill, a heddiw, dyma'r planhigion mwyaf lluosog a llwyddiannus drwy'r byd, ac maent yn hollbwysig i ddyn am ei fwyd a'i gynhaliaeth.

Y wyddor sy'n trin a thrafod planhigion ydi Botaneg (roedd y gair 'llysieueg' hefyd yn boblogaidd ers talwm). Gwell pwysleisio mai Bioleg yw'r wyddor sy'n trin popeth byw, ac mai'r prif raniadau yw Botaneg, sy'n ystyried y planhigion, a Swoleg, sy'n ymdrin â'r anifeiliaid. Efallai y dylem hefyd grybwyll nad yw llawer o adrannau prifysgol bellach yn arddel yr enw Botaneg, ond yn cyfeirio atynt eu hunain fel adrannau Gwyddor Planhigion (*Plant Science*) neu ryw enw tebyg; mae ffasiwn yn bwysig ym myd gwyddoniaeth, yn ogystal ag ym myd dillad! Mae'r enwau newydd, i raddau, yn adlewyrchu'r pwyslais cyfoes ar fioleg y gell.

Yn awr at gynnwys y llyfr presennol. Rhennir y gyfrol yn bedair rhan.

Yn y **rhan gyntaf** cawn syniad o ystod eang y planhigion a'u hamgylchedd, a sonnir rhywbeth am eu cynhaliaeth a'u ffordd o fyw – eu bywyd bob dydd.

Byddwn yn sylwi cryn dipyn ar eu dosbarthiad, gyda'r pwyslais ar y berthynas rhwng y planhigion a'i gilydd ac â'u hamgylchedd, hynny yw, bydd ecoleg yn cael sylw amlwg. Cyfeirir ychydig at y planhigion meddyginiaethol, a hefyd, pwysleisir y berthynas rhwng planhigion gwyllt a phlanhigion gardd. Caiff y coed a'r gweiriau gryn sylw a cheir pennod i ymdrin â geneteg a DNA.

Yn yr **ail ran** rhoddir y sylw i'r cynefinoedd, a byddwn yn trafod y rhaniadau cyfarwydd megis 'mynyddoedd', 'rhostir', 'coedydd', 'yr arfordir' a llawer mwy, gan gyfeirio at enghreiffiau o bob cwr o Gymru.

Gwaith ymarferol, 'Sut i fynd ati' yw pwyslais y **drydedd ran**. Sut mae adnabod ac enwi'r planhigion, a sut mae eu trin a'u trafod, a hyd yn oed sut mae gwneud casgliad defnyddiol ohonynt. Rhoddir sylw i'r cymdeithasau a'r cylchgronau sydd ar gael a cheir cyngor neu ddau i'r rhai sy'n mwynhau tynnu lluniau'r blodau gwyllt.

Y **bedwaredd ran** yw rhan fwyaf y llyfr. Yma, ceir pennod ar gyfer pob un o hen siroedd Cymru; sef y tair sir ar ddeg, o Fôn i Fynwy. Rhoddir amlinelliad o nodweddion y sir, ansawdd y wlad, y creigiau, natur y tir, a'i phrif gynefinoedd. Ceir tipyn o hanes prif naturiaethwyr y gorffennol a fu'n chwilio am y blodau gwyllt ac yn darganfod trysorau'r sir. Yna, talwn ymweliad â rhyw ddeg neu ddwsin o lecynnau gwahanol, gyda'r bwriad o ddod i wybod rhywbeth am blanhigion a chynefinoedd arbennig y sir honno.

CYDNABOD A DIOLCH

Plannwyd hedyn y llyfr lawer blwyddyn yn ôl, gan fy nhad, gyda'i gefndir fel ffarmwr a'i ddiddordeb ysol yng Nghymru. Hefyd, cefais athrawon da yn yr ysgol a darlithwyr brwd yn y coleg. Ar ôl cyrraedd dyddiau gwaith daeth cyfle i fynychu llawer o gyrsiau byd natur, mewn llawer cwr o Brydain a thu hwnt, gydag arweinwyr ymroddgar fel y botanegwyr Charles Sinker a Franklyn Perring. Yn ddiweddarach, daeth y pleser o grwydro llawer yng Nghymru yng nghwmni amryw o gyfeillion a chydnabod gwybodus sydd bellach wedi ein gadael, pobl fel Dafydd Davies, Iori Ellis Williams, Gruff Ellis, Colin Russell, Geoffrey Spencer, Jean Green a Vera Gordon. Cefais groeso ar aelwydydd botanegwyr profiadol fel John Dony, Gordon Graham, Geoffrey Spencer ac R H Roberts, a dysgu llawer yn eu cwmni. Rhaid diolch hefyd i Gymdeithas Edward Llwyd am drefnu cymaint o deithiau cerdded ledled Cymru a thu hwnt, ac am gwmni llu o naturiaethwyr profiadol. Ni allaf enwi pob un, ond diolch o galon i chi i gyd. Ac wrth sôn am y Gymdeithas, rhaid diolch yn arbennig am yr enwau Cymraeg yn y gyfrol *Planhigion Blodeuol*.

Daeth cyfle ambell dro i ddarlledu gyda chyfeillion y cyfryngau ar raglenni megis *Galwad Cynnar*, a dysgu llawer yng nghwmi Gerallt, Aled, Bethan, Iolo, Duncan, Twm, Hywel ac eraill. Diolch hefyd am gael cerdded, crwydro a llysieua yng nghwmni Dewi Jones, Joan Daniels, Closs Parry, Arthur Chater, Evie Jones, Joe Phillips, Ieuan ap Siôn, Delyth Williams, Trevor Evans, Ray Woods, Trevor Dines, John Crellin, a llawer mwy.

Wrth baratoi'r gyfrol bresennol cefais fenthyg llyfrau a mapiau, a help i ddod o hyd i lawer o ffynonellau eraill trwy garedigrwydd cyfeillion. Rhaid enwi Delyth James, Catrin Tudor, Dr Edward Davies, John Edmondson, a staff Cyfoeth Naturiol Cymru, yn arbennig Helen Evans – diolch yn fawr.

Cefais y pleser o arwain teithiau byd natur mewn llawer rhan o'r wlad, gyda disgyblion ysgol, myfyrwyr coleg, ac oedolion – a dysgu llawer yn eu cwmni bob tro. Roedd cyrsiau'r Cyngor Astudiaethau Maes (*Field Studies Council*) yn arbennig o werthfawr, a chefais groeso cynnes a help ymarferol yng nganolfannau Rhyd-y-Creuau (Dyffryn Conwy), Preston Montford (Amwythig) a Dale ac Orielton (Sir Benfro).

Ym myd y blodau, un dasg enfawr yw adnabod ac enwi'r holl blanhigion. Anfonais gannoedd lawer i'r amgueddfeydd mawr, ac at arbenigwyr unigol. Cefais help gan nifer fawr o fotanegwyr – llawer gormod i'w henwi'n unigol, ond carwn ddiolch yn arbennig i Peter Benoit, Nigel Brown, Arthur Chater, Tom Edmondson, Vera Gordon, George Hutchinson, Alan Newton, Tim Rich, R H Roberts, a John Trist. Roedd ymweld â llawer o'r herbaria ('llysieufa' yw'r gair gan ambell un), yn bleser bob tro a chefais groeso gan bob un – o'r mwyaf, megis Kew, i'r lleiaf. Gan mai llyfr am blanhigion Cymru yw hwn, roedd yn naturiol i mi dreulio oriau lawer yn yr Amgueddfa Genedlaethol yng Nghaerdydd, a chael cydweithrediad caredig bob tro. Gwerthfawrogaf hefyd y caniatâd parod a gefais i ymweld ag amryw o safleoedd diddorol ar dir preifat. Hefyd, bu Ian Harris wrthi'n brysur yn paratoi mapiau'r siroedd yn gelfydd iawn – diolch o galon.

Bu Iorwerth Davies, Arwel Michael, Prys Morgan, a Bethan Wyn Jones yn barod gyda'u cymorth wrth drafod enwau lleoedd yng Nghymru, a chefais ganiatâd caredig i ddefnyddio lluniau a mapiau gan William Linnard, David Pearman a David Allen. Diolch hefyd i'r cyfeillion a anfonodd luniau blodau i mi – mae eu henwau yng nghorff y gyfrol.

Cafwyd caniatâd gan berchenogion yr hawlfraint, i ddefnyddio amryw o luniau pobl, a diolch i Pam Bowen am gael dyfynnu gwaith Colin Russell. Diolch hefyd i Dyfed Elis-Gruffydd am fy nghadw ar y llwybr cul ynglŷn â rhai termau daeareg. Rwy'n ddiolchgar iawn hefyd i William Williams a'r Athro Deri Tomas am fwrw golwg dros rai adrannau technegol o'r gyfrol, ac i Natasha de Vere yn yr Ardd Fotaneg Genedlaethol am egluro gwaith yr Ardd gyda DNA.

Mae gan Gymdeithas Fotanegol Prydain ac Iwerddon (*Botanical Society of Britain and Ireland*) gynllun o Gofnodwyr (*Vice-county Recorders*). Dyma restr o'r rhai yng Nghymru y cefais i'r pleser o weithio gyda nhw, ac mae fy niolch yn fawr i bob un ohonynt am rannu eu gwybodaeth mewn llyfr ac ar lafar, am gyngor, am awgrymu lleoedd pwysig a diddorol yn eu sir arbennig, am enwi nifer fawr o flodau oedd yn newydd i mi, ac am eu cwmni a'u croeso personol:

Trevor Evans (Sir Fynwy), Quentin Kay a Julian Woodman (Sir Forgannwg), Mike Porter (Sir Frycheiniog), Ray Woods a John Crellin (Sir Faesyfed), Richard Pryce (Sir Gaerfyrddin), Stephen Evans (Sir Benfro), Arthur Chater (Sir Aberteifi / Ceredigion), Marjory Wainwright a Kate Thorne (Sir Drefaldwyn), Peter Benoit a Sarah Stille (Sir Feirionnydd), Morris Morris, Geoff Battershall, Wendy McCarthy (Sir Gaernarfon), Jean Green a Delyth Williams (Sir Ddinbych), Emilly Meilleur (Sir Fflint), Ian Bonner a Nigel Brown (Sir Fôn).

Bu Gwynn Ellis wrthi'n ddiwyd yn paratoi mynegai i'r llyfr, tasg anodd a hollbwysig. Diolch o galon iddo.

Ni allaf ddiolch digon i aelodau'r teulu – am ddarllen, am awgrymu, am gefnogi ac yn arbennig am help allweddol gyda'r cyfrifiadur, a diolch i Morgan am y lluniau llaw graenus. Ac yn olaf diolch i wasg Y Lolfa am yr holl waith cymhleth yn cyhoeddi ac argraffu'r gyfrol. Ar yr awdur y mae'r bai am unrhyw wallau sy'n aros.

Rhan 1

Y CEFNDIR:

CYFLWYNO'R PLANHIGION

PENNOD 1

BOTANEG YNG NGHYMRU – GOSOD Y SYLFAEN

Gwyn ei fyd y gŵr a fedd gywreinrwydd,
Y sawl sy'n byw i sylwi, a chofnodi o fore hyd nos.
Iddo ef y datguddir campau y byd o'n cwmpas.

Iwan Bryn Williams

Beth yw botaneg? Mae'r ateb yn syml, sef 'astudiaeth o blanhigion'. Yr hen ddiffiniad o blanhigion, yn ôl *Geiriadur Prifysgol Cymru*, ydi 'unrhyw organebau byw ar wahân i anifeiliaid'. Mae gwyddonwyr heddiw yn manylu mwy, ac yn gosod amryw o bethau byw, gan gynnwys y ffwng, y bacteriwm, a'r firws mewn dosbarth ar wahân i'r planhigion, ond nid dyma'r lle i fanylu ar hyn, ac fe adawaf i chi, 'y dyn cyffredin', benderfynu'r hyn a olygir pan soniwn am blanhigion o hyn ymlaen. Gyda llaw, rydw i am geisio cyfyngu'r gair 'llysiau' yn bennaf i'r planhigion hynny a ystyrir yn 'ddefnyddiol' ar gyfer bwyd neu feddyginiaeth, ond efallai y defnyddir llysieueg a botaneg yn gyfystyr ambell dro – dywedodd rhywun fod cysondeb perffaith yn arwydd o wendid!

Mae dyn wedi dibynnu ar y planhigion o'r cychwyn, am fwyd, cysgod, dillad, meddyginiaeth, offer, addurniadau etc. Erbyn heddiw, gwyddom fod y planhigion yn hollol anhepgor i gynnal bywyd ar y ddaear, mewn ffordd gwbl allweddol, trwy droi egni'r haul yn egni cemegol mewn bwyd, a rhyddhau'r ocsigen sydd mor hanfodol bwysig.

Yn ei ystyr ehangaf y mae botaneg yn cynnwys astudiaeth o bob agwedd o fywyd y planhigyn, gan gynnwys morffoleg, anatomeg, ffisioleg, geneteg, tacsonomeg, ecoleg, a sawl '-oleg' arall. Yn draddodiadol, y mae botaneg hefyd wedi cynnwys is-raniadau, megis astudiaeth o ffyngau, algau, ffosiliau, paill, afiechydon y planhigyn, ac ymlaen. Hefyd, y mae botaneg yn gorgyffwrdd â llawer o wyddorau eraill megis swoleg, meddygaeth, microbioleg, amaethyddiaeth, coedwigaeth, biocemeg a bioleg y gell.

Does gen i ddim bwriad i drin a thrafod yr holl agweddau hyn – ond yn hytrach, gadewch i ni ddechrau trwy sôn am rai o'r bobl fu wrthi'n chwilio am blanhigion a'u hastudio. Rydw i'n hoff o'r gair Saesneg am hyn, sef *botanising*; mae'n debyg mai llysieua ydi'r gair gorau yn Gymraeg. Felly, beth am i ni sôn am rai o'r enwogion yn y maes yma yng Nghymru? Byddwn yn cyfeirio at amryw ohonynt eto wrth drafod y gwahanol siroedd.

Beth am gychwyn drwy edrych yn ôl am funud?

Mae'r hanes yn dechrau gyda **Meddygon Myddfai**, y teulu enwog o'r ardal i'r de o Lanymddyfri yn y 13 ganrif, a oedd yn astudio rhinweddau meddyginiaethol y planhigion gwyllt. Roeddynt yn arloeswyr yn y maes ymhlith gwledydd Ewrop, ac mae eu llysieulyfr (*herbal*) yn enwi rhyw gant o blanhigion. Y mae'r rhan fwyaf o'r rhain yn dal i dyfu'n wyllt yn Sir Gaerfyrddin heddiw. Y mae'r diddordeb hwn yn y 'llysiau llesol' yn dal yn fyw yn ein plith ni'r Cymry.

Erbyn cyfnod y Dadeni yn yr unfed ganrif ar bymtheg roedd meddygon gogledd Ewrop yn ailddarganfod gwerth y planhigion gwyllt, a dyma gyfnod mawr y perlysieuwyr (*herbalists*), a gellir dadlau mai dyma pryd y ganwyd gwyddor botaneg mewn difrif.

Yr enw pwysicaf yng Nghymru yn y cyfnod yma yw **William Salesbury** (1520 – 1584?), un o deulu enwog Llewenni ger Dinbych. Gwyddom amdano fel cyfieithydd y Testament Newydd i'r Gymraeg, ond yr oedd hefyd yn fotanegydd o bwys. Ganwyd Salesbury yn Llansannan a bu fyw am y rhan fwyaf o'i oes yn Llanrwst. Yr oedd yn ŵr hynod ddiwylliedig, a luniodd lysielyfr pwysig o dan ddylanwad Leonard Fuchs o'r Almaen a William Turner o Loegr. Ni chyhoeddwyd y llyfr yn ystod ei oes ond goroesodd mewn llawysgrifau, ac yn 1916 fe'i cyhoeddwyd o dan law E Stanton Roberts gyda'r teitl *Llysieulyfr Meddyginiaethol* a chafwyd argraffiad newydd gan Iwan Rhys Edgar yn 1997 dan yr enw *Llysieulyfr Salesbury*.

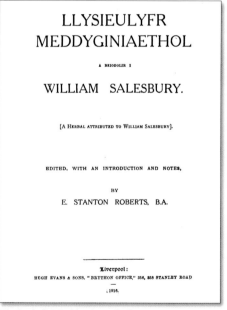

Llysieulyfr Meddyginiaethol

Un arall o'r un teulu oedd **Syr John Salusbury**. Yn llyfrgell Coleg Crist, Rhydychen mae ei gopi personol o *Herbal* enwog John Gerarde, gyda nodiadau ar ymyl y ddalen yn llawysgrif Syr John. Mae'r rhain yn nodi rhyw ugain o flodau gwyllt yng Nghymru, gan gynnwys y Rhosyn Bwrned (*Rosa pimpinellifolia* Burnet Rose) yn

Ninbych, Cwlwm Cariad (*Paris quadrifolia* Herb-Paris) yn Sir Fflint a Brial y Gors (*Parnassia palustris* Grass of Parnassus) yn Sir Feirionnydd. Cawn ei gyfarfod eto.

Enw pwysig arall yw **Thomas Johnson** (c.1600–1644) a weithiai fel apothecari yn Llundain. Yn ei argraffiad o *Herbal* Gerarde mae'n enwi am y tro cyntaf blanhigion a ddarganfuwyd yng Nghymru, y Clychlys Dail Eiddew (*Wahlenbergia hederacea* Ivy-leaved Bellflower) ger Machynlleth a'r Murwyll Arfor (*Matthiola sinuata* Sea Stock) yn Aberdyfi, ond nad yw bellach ddim ond i'w gael yn Sir Forgannwg. Yn y gyfrol hon hefyd y cyhoeddwyd y rhestr gyntaf erioed o enwau Cymraeg ar blanhigion, rhyw 240 ohonynt, a anfonwyd at Johnson gan 'Master Robert Davies' un o deulu enwog Gwysane ger Yr Wyddgrug yn Sir Fflint. Teithiodd Thomas Johnson ymhell mewn rhannau o Loegr yn chwilio am flodau gwyllt a chlywodd gan ei gyfaill Thomas Glynne, Glynllifon, ger Caernarfon, fod planhigion prin yng Nghymru, ac yn 1639 cychwynnodd ar ei daith enwog. Am nad oedd yn deall Cymraeg cymerodd Edward Morgan, botanegydd arall, gydag ef fel cyfieithydd. Teithiodd y ddau o amgylch siroedd y Gogledd trwy leoedd anghysbell a thir diarffordd gan gofnodi rhai cannoedd o blanhigion am y tro cyntaf, gan gynnwys Grug (*Calluna vulgaris* Heather) ger Treffynnon, Eglyn (*Chrysosplenium sp.* Golden-saxifrage) a'r rhedynen Tafod yr Hydd (*Phyllitis scolopendrium* Hart's-tongue) ger yr ogofâu carreg galch uwchben Llanddulas, yn Sir Ddinbych. Yn Eryri dyma benderfynu dringo'r Wyddfa. Cael bachgen lleol i'w harwain gan fod y mynydd 'mewn niwl'. Dringo i'r copa, ac yna'r frawddeg enwog 'eistedd yng nghanol y cymylau, ac yn gyntaf, gosod mewn trefn y planhigion y buom yn eu casglu ymhlith y creigiau… **ac yna** cawsom y bwyd a oedd gennym'. Dyna be oedd blaenoriaethau y naturiaethwyr go iawn! Dyma rai o'r planhigion a welsant ar Yr Wyddfa y diwrnod hwnnw:

> Gludlys Mwsoglog (*Silene acaulis* Moss Campion)
> Suran y Mynydd (*Oxyria digyna* Mountain Sorrel)
> Helygen Fach (*Salix herbacea* Dwarf Willow)
> Clustog Fair (*Armeria maritima* Thrift)

Yna i Sir Fôn. Yn nhwyni Niwbwrch, sylwi ar y bobl yn defnyddio'r Moresg (*Ammophila arenaria* Marram) i wneud rhaffau. Ar ddiwrnod arall, dringo Carnedd Llywelyn yn y glaw, ond eu tywysydd yn gwrthod yn lân â'u harwain at y creigiau 'gan fod arno ofn yr eryrod'. Ymweld â Harlech ac aber Mawddach, ac yna gadael Cymru i gyfeiriad Llwydlo. Roedd Johnson wedi mwynhau ei daith a disgrifiodd y Cymry fel 'pobl fonheddig, haelfrydig, cywir, teyrngar a chroesawgar – dyma genedl wir fonheddig.'

Y botanegydd nesaf y gwyddom iddo grwydro Cymru oedd **John Ray** o Gaergrawnt, pregethwr, a darlithydd yn y Brifysgol. Bu ar ddwy daith, yn 1658 a 1662. Roedd y gyntaf yn debyg i un Thomas Johnson, o gwmpas siroedd y gogledd,

John Ray

a'r ail yn cynnwys arfordir y de. Dringodd Yr Wyddfa, Cader Idris a Charnedd Llywelyn. Ymwelodd â Sir Fôn a bu ar Ynys Seiriol ac Ynys Llanddwyn, ac yn y de, Ynys Dewi ac Ynys Bŷr. Sylwodd ar Y Gronnell (*Trollius europaeus* Globeflower) ar Gader Idris, y Maenhad Gwyrddlas (*Lithospermum purpureocaeruleum* Purple Gromwell) ger Dinbych, planhigyn prin iawn sy'n dal i dyfu yn yr union fan, y Dulys (*Smyrnium olusatrum* Alexanders) ar Ynys Seiriol, a'r Cedowydd Surlon (*Inula crithmoides* Golden-samphire) ar Ynys Llanddwyn. Sylwodd ar y Pabi Cymreig (*Meconopsis cambrica* Welsh Poppy) ger Llyn Peris, Rhedynen Bersli (*Cryptogramma crispa* Parsley Fern) ar Yr Wyddfa a'r Rhedynen Dridarn (*Gymnocarpium dryopteris* Oak Fern) ger Abaty Tyndyrn yn Sir Fynwy.

Ystyrir Ray yn un o fotanegwyr pwysicaf gwledydd Prydain. Roedd ymhlith y rhai cyntaf i astudio planhigion er eu mwyn eu hunain ac nid oherwydd unrhyw ddefnydd arbennig iddynt. Yn sicr bu'n gyfrifol am hyrwyddo Cymru fel gwlad i chwilio ynddi am flodau gwyllt.

Y Cymro enwocaf ymhlith y botanegwyr cynnar oedd **Edward Llwyd** (neu Lhuyd) (1660-1709). Mab ydoedd i Edward Lloyd, Llanforda, Croesoswallt a Bridget Pryse o Lan-ffraid, Sir Aberteifi. Derbyniodd hyfforddiant botanegol gan Edward Morgan, garddwr ar ystad Llanforda, ac aeth i Goleg Iesu, Rhydychen. Yn ddiwedarach bu'n Geidwad Amgueddfa Ashmole yno. Daeth yn enwog fel hanesydd, ieithydd, daearegwr, a naturiaethwr medrus. Etholwyd ef yn Gymrawd o'r Gymdeithas Frenhinol (FRS) yn 1708. Fel botanegydd, cofir amdano oherwydd ei waith arloesol yn darganfod planhigion prin Eryri, yn fwyaf arbennig Lili'r Wyddfa a enwyd ar ei ôl yn *Lloydia serotina*. Yn anffodus, fel y mae gwybodaeth yn cynyddu, mae'n rhaid newid a diweddaru rhai o enwau gwyddonol planhigion ac anifeiliaid o dro i dro, a bellach, yr enw cywir ar Lili'r Wyddfa yw *Gagea serotina*, er y bydd yn anodd hepgor yr hen enw *Lloydia*.

Edward Llwyd

I ddod yn ôl at Edward Llwyd ei hun, yn ystod 1690 trefnwyd i ailargraffu'r gyfrol enwog *Britannica* gan William Camden, sef disgrifiad o holl siroedd Prydain, a threfnwyd i Edward Llwyd adolygu siroedd Cymru. Cyhoeddwyd yr argraffiad newydd yn 1695, gan gynnwys rhestr o blanhigion Cymru. Bwriad Llwyd oedd paratoi arolwg manwl o iaith, hynafiaethau a naturiaetheg Cymru, ac i'r amcan hwn dosbarthodd rhyw 4,000 o holiaduron o dan y teitl *Parochial Queries*. Yn drist iawn ni chwblhawyd y gwaith, a bu Edward Llwyd farw yn 1709 yn 49 mlwydd oed. Collwyd llawer o'i lawysgrifau, gan gynnwys nifer fawr ym meddiant Thomas Johnes o'r Hafod yn Sir Aberteifi pan aeth y tŷ enwog hwnnw ar dân, ond yn ffodus, y mae llawer o'i gasgliad o blanhigion yn ddiogel yn yr Amgueddfa Byd Natur yn Llundain ac yn Woolaton Hall, Nottingham.

Roedd Edward Llwyd yn un o naturiaethwyr mwyaf ei gyfnod – y naturiaethwr mwyaf yn Ewrop yn ôl rhai – ac fel Cymro roedd yn sicr yn un o gewri'r genedl. Mae cofeb iddo ar ffurf penddelw ger y Llyfrgell Genedlaethol yn Aberystwyth ac yn 1978 sefydlwyd Cymdeithas Edward Llwyd, cymdeithas naturiaethwyr Cymru, er cof amdano.

Yn ystod y ddeunawfed ganrif daeth nifer o fotanegwyr amlwg i Gymru, pobl fel **Dillenius** o'r Almaen, a'r Saeson **Samuel Brewer**, **Joseph Banks** a **John Lightfoot** (cyfaill i Thomas Pennant), ac ychwanegwyd llawer at ein gwybodaeth o'r planhigion. Roedd J J Dillenius yn Athro Botaneg yn Rhydychen, ac yn 1726 daeth ef a Samuel Brewer ar daith i ogledd Cymru. Ar y Glyderau, yn Llyn-y-cŵn gwelsant y Pelenllys (*Pilularia globulifera* Pillwort), Gwair Merllyn (*Isoetes lacustris* Quillwort) a'r Feistonnell Ferllyn (*Littorella uniflora* Shoreweed), a thrannoeth, ger Llanberis daethant o hyd i'r Pabi Cymreig (*Meconopsis cambrica* Welsh Poppy) a Chrwynllys y Maes (*Gentianella campestris* Field Gentian). Arhosodd Brewer yng Ngogledd Cymru am rai wythnosau. Dringodd rai o'r clogwyni serth, a chafodd afael ar y rhedynen brin *Woodsia alpina*, ac yn Sir Fôn gwelodd y Cor-rosyn Rhuddfannog (*Tuberaria guttata* Spotted Rock-rose). Ar un adeg roedd y blodyn hardd hwn yn cael ei enwi yn *Helianthemum guttatum* var. *breweri* ar ei ôl.

Ychydig o Gymry a ddisgleiriodd yn y maes yn ystod y cyfnod hwn, ond rhaid cyfeirio at un neu ddau. Rhaid talu sylw arbennig i **Hugh Davies** (1739-1821). Ganwyd ef yn Llandyfrydog yn Sir Fôn. Aeth i Goleg Peterhouse, Caergrawnt a bu'n offeiriad yn Llandegfan yn ei hen sir ac yna yn Abergwyngregyn yn Sir Gaernarfon. Yn ei ddydd, ef oedd prif fotanegydd Cymru a'i gyfraniad pennaf oedd cyhoeddi ei *Welsh Botanology* yn 1813. Dyma garreg filltir bwysig yn hanes botaneg yng Nghymru. Catalog sydd yma o blanhigion cynhenid Sir Fôn wedi eu trefnu yn ôl cynllun Linnaeus, yr arloeswr mawr o Sweden. Yn ail ran y llyfr mae'r awdur yn rhestru'r planhigion yn Gymraeg yn ôl trefn yr Wyddor, ynghyd â rhinweddau meddyginiaethol llawer ohonynt. Dyma'r *Flora* cyntaf ar gyfer unrhyw sir yng Nghymru a bu gwaith Hugh Davies yn sylfaen ac yn ysbrydoliaeth i lawer o awduron ar ei ôl. Yn 1774 aeth Davies gyda'i gyfaill Thomas Pennant i Ynys Manaw, ac mae Pennant yn diolch iddo am ei help, yn enwedig gyda botaneg. Sŵolegydd oedd Pennant, ac mae'n cydnabod yn un o'i lyfrau nad botaneg oedd ei gryfder.

Ganwyd **John Wynne Griffith** o'r Garn, Henllan, ger Dinbych yn 1763.

Daeth yn Aelod Seneddol, ond cofiwn amdano'n bennaf oherwydd ei ddiddordeb mewn planhigion. Credir iddo ddarganfod rhai planhigion prin iawn am y tro cyntaf, megis Cotoneaster y Gogarth (*Cotoneaster cambricus*) ger Llandudno a'r Tormaen Siobynnog (*Saxifraga cespitosa* Tufted Saxifrage) yn Nghwm Idwal – dau o blanhigion prinnaf Cymru sy'n cael eu gwarchod yn ofalus hyd heddiw.

Lewis Weston Dillwyn

Erbyn y bedwaredd ganrif ar bymtheg dechreuwyd cyhoeddi llyfrau yn disgrifio dosbarthiad y blodau gwylltion ledled y wlad. Un o'r rhai cyntaf oedd *The Botanist's Guide Through England and Wales* gan Turner & Dillwyn. Un o Abertawe oedd **Lewis Weston Dillwyn** (1778–1855) a bu wrthi'n ddiwyd yn cofnodi planhigion. Mae'r *Botanist's Guide* yn cofnodi planhigion prin pob sir yng Nghymru a Lloegr, ond mae'r awduron yn gresynu at y ffaith fod cyn lleied o bobl yn talu sylw i fyd y blodau. Yn eu barn nhw, Sir Gaernarfon oedd y sir fwyaf diddorol yng Nghymru, a bod yno gyfle arbennig i ddod o hyd i ryfeddodau byd y blodau. Go brin y byddai neb yn anghytuno, hyd yn oed heddiw.

Yn ddiweddarach, cyhoeddwyd dau lyfr pwysig yn rhestru holl flodau gwyllt ynysoedd Prydain yn ôl y siroedd, sef *Topographical Botany* gan **Hewett Cottrell Watson** yn 1883, a *The Comital Flora of the British Isles* gan **George Claridge Druce** yn 1932. Watson oedd yn gyfrifol am y cynllun o *is-siroedd* (vice-counties) ar gyfer cofnodi planhigion, sydd gennym hyd heddiw (gweler pennod 28), a Druce, yn ddiweddarach, oedd yn bennaf gyfrifol am sefydlu prif gymdeithas y botanegwyr *The Botanical Society of the British Isles* (BSBI). Roedd egni Druce yn ddiarhebol. Yr oedd yn barod i enwi unrhyw blanhigyn, gan wahodd pawb i anfon eu problemau dyrys ato: '*If the plant is too abstruse – pack it off to Dr. Druce*'!

Erbyn cyrraedd yr ugeinfed ganrif mae nifer y botanegwyr yn cynyddu'n fawr, felly dyma frawddeg neu ddwy yn unig am rai ohonynt.

Augustin Ley (1842-1911). Fel llawer o naturiaethwyr y cyfnod roedd Ley yn offeiriad yn Eglwys Loegr. Cyfrannodd lawer at ein gwybodaeth o blanhigion siroedd Mynwy, Maesyfed a Brycheiniog. Darganfu nifer o blanhigion oedd yn newydd i Gymru, ac un neu ddau yn newydd i'r byd.
Enwyd un, y Gerddinen Wen (*Sorbus leyana* Ley's Whitebeam) ar ei ôl; mae'n tyfu ar y Darren Fach, rhyw dair milltir i'r gogledd-orllewin o Ferthyr Tudful.

J E Griffith (1843-1933). Yn 1894 cyhoeddodd ei gyfrol safonol *The Flora of Anglsey and Carnorvonshire*. Enwyd un Dyfrllys, *Potamogeton* x *griffithii* ar ei ôl. Cawn ei gyfarfod eto wrth drafod Sir Gaernarfon.

W A Shoolbred (1852-1928). Dyma feddyg a fu'n byw yng Nghas-gwent am flynyddoedd. Roedd yn fotanegydd galluog gyda diddordeb arbennig mewn planhigion critigol (*critical species*), hynny yw, rhai megis *Rubus, Taraxacum* a *Hieracium* sy'n cynnwys llawer o fân is-rywogaethau ac amrywiadau, ac sydd felly yn anodd i'w dehongli – ac yn peri poendod nid bychan i ni feidrolion! Yn 1920 cyhoeddodd ei *Flora of Chepstow*.

W A Shoolbred

John Lloyd Williams (1854-1945). Dyma ŵr sy'n haeddu sylw arbennig. Magwyd ef yn y Plas Isaf, Llanrwst (hen gartref William Salesbury), ac aeth i'r Coleg Normal ym Mangor ac yna i'r Royal College of Science yn Llundain. Bu'n ddarlithydd mewn Botaneg yng Ngholeg y Brifysgol, Bangor am dair blynedd cyn cael ei benodi'n Athro Botaneg yn Aberystwyth. Ei briod faes ymchwil oedd gwymon y môr, a chyhoeddodd nifer o erthyglau yn y cyfnodolion gwyddonol. Yn 1924 cyhoeddodd *Byd y Blodau*, cyfrol yn cyflwyno rhai o egwyddorion botaneg i'r dyn cyffredin, ynghyd â manylion a lluniau lliw am ryw 120 o flodau cyffredin. Rhanwyd y llyfr yn rhad i gwsmeriaid cwmni Morris & Jones i hyrwyddo eu siopau groser. Yn ddiweddarach, cyhoeddwyd cyfieithiad Saesneg gyda'r teitl *Flowers of the Wayside and Meadow*. Yr oedd John Lloyd Williams hefyd yn arbenigwr ar y planhigion Arctig-Alpaidd yn Eryri. Yr oedd hefyd yn gerddor dawnus a chofir amdano fel sylfaenydd Cymdeithas Alawon Gwerin Cymru. Mewn

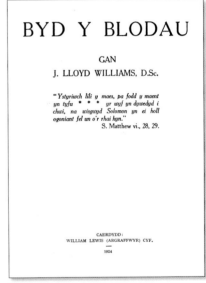

BYD Y BLODAU

GAN

J. LLOYD WILLIAMS, D.Sc.

"*Ystyriwch lili y maes, pa fodd y maent yn tyfu * * * yr wyf yn dywedyd i chwi, na wisgwyd Solomon yn ei holl ogoniant fel un o'r rhai hyn.*"

S. Matthew vi., 28, 29.

CAERDYDD:
WILLIAM LEWIS (ARGRAFFWYR) CYF.
1924

Byd y Blodau

teyrnged iddo yn 1945 cyfeiriodd P W Carter at ei hoffter o grwydro'r mynyddoedd yn chwilio am y blodau gwylltion, gyda'i lygad craff, ei hiwmor naturiol a'i egni diflino. Yr oedd yn hoff o'i fyfyrwyr ac roeddynt hwythau yn meddwl y byd ohono yntau. Ysgrifennodd ei hunangofiant o dan y teitl *Atgofion Tri Chwarter Canrif*, a chawn sôn mwy amdano yn y penodau am Sir Gaernarfon a Sir Ddinbych.

J H Salter (1862-1942). Bu'n Athro Botaneg yn Aberystwyth a chyhoeddodd *The Flowering Plants and Ferns of Cardiganshire* yn1934.
Roedd yn gerddwr mawr – doedd 15 milltir y dydd yn ddim iddo, hyd yn oed pan oedd yn 78 mlwydd oed!

H J Riddelsdell (1866-1941). Dyma un arall o'r personiaid botanegol. Bu'n byw ym Morgannwg o 1897 hyd 1914, ac y mae ganddo amryw o ddarganfyddiadau pwysig i'w enw, gan gynnwys y Peisgwellt Tal (*Festuca arundinacea* Tall Fescue) a Chreulys Rhydychen (*Senecio squalidus* Oxford Ragwort) ym Morgannwg. Yn 1907 cyhoeddodd ei *Flora of Glamorgan*.

A A Dallman (1883-1963). Athro ysgol a dreuliodd lawer o'i amser yn astudio planhigion siroedd Fflint a Dinbych a chyhoeddodd lawer o'i waith yn y *Journal of Botany*. Ceir mwy amdano wrth drafod y siroedd hynny.

H A Hyde (1892-1973) ac **A E Wade** (1895-1989). Bu'r ddau ar staff Adran Fotaneg yr Amgueddfa Genedlaethol yng Nghaerdydd, a buont yn gyfrifol, yn unigol neu ar y cyd, am gyhoeddi cyfres o lyfrau safonol ac arloesol ar blanhigion yng Nghymru, sef *Welsh Timber Trees* (1931), *Welsh Flowering Plants* (1934) a *Welsh Ferns* (1940). Yn 1971

H A Hyde   A E Wade

cyhoeddwyd *The Flora of Monmouthshire* gan A E Wade, y Flora llawn cyntaf ar un o siroedd Cymru i'w gyhoeddi ar ôl yr ail ryfel byd.

Bu **P W Carter** (1898-1971) yn aelod o staff Coleg y Brifysgol yn Aberystwyth, a rhwng 1946 a 1960 cyhoeddwyd cyfres o 13 o erthyglau ardderchog ganddo, un ar gyfer pob un o hen siroedd Cymru o dan y teitl cyffredinol *The History of Botanical Exploration in....* Dyma'r ffynhonnell bwysicaf i unrhyw un sydd â diddordeb yn y maes, ac mae yma ôl ymchwil eithriadol. Gweler y Llyfryddiaeth.

William Condry (1918-1998). Sais oedd Bill Condry a fu'n byw yng Nghymru am ran helaeth o'i oes, ac roedd yn meddwl y byd o'i wlad fabwysiedig. Yr oedd yn naturiaethwr brwd, ac er mai yr adar oedd ei gariad cyntaf yr oedd hefyd yn fotanegydd arbennig o dda. Crwydrodd yn helaeth dros Gymru ac yr oedd yn hynod o wybodus am ei filltir sgwâr, sef yr ardal rhwng Dolgellau a Machynlleth, ac roedd yn gyfarwydd iawn â blodau'r mynydd ar Gader Idris. Datblygodd ei ddiddordeb yn y cysylltiad rhwng y blodau a'u cynefin − yr oedd yn ecolegydd da.

William Condry

    Ysgrifennodd yn helaeth. Cyfrannodd erthyglau i lawer o

gyfnodolion byd natur a bu'n gyfrifol am golofn natur yn y *Guardian* am dros ddeugain mlynedd. Bu'n gydolygydd y cylchgrawn *Nature in Wales* ac roedd yn awdur nifer fawr o lyfrau, gan gynnwys *The Snowdonia National Park* a *The Natural History of Wales* yn y gyfres allweddol *New Naturalist*. Dangosodd barch arbennig i'r iaith Gymraeg a chofiwn amdano fel ymgyrchwr, darlithydd, darlledwr, awdur ac fel naturiaethwr o'r iawn ryw.

Evan Roberts (1906-1991). Mae gen i gof clir iawn am Evan Roberts. Clywed amdano fel dyn y blodau ar fynyddoedd Eryri – a dyna ddechrau holi mwy. Fe'i ganwyd yn y Gelli, tyddyn bach uwhben Capel Curig yn yr hen Sir Gaernarfon a dilynodd ei dad i'r chwarel yn 14 oed. Bu'n gweithio yno am flynyddoedd a dod i nabod y creigiau, ac o dipyn i beth sylweddoli bod creigiau arbennig yn magu planhigion arbennig, a dechrau ymddiddori yn y blodau gwyllt, yn ogystal â'i gariad arall, motorbeics! Y blodyn a dynnodd ei sylw yn bennaf oedd y Tormaen Porffor (*Saxifraga oppositifolia* Purple Saxifrage). Dechreuodd ddysgu enwau Lladin y planhigion, a buan iawn y daeth yn dipyn o

Evan Roberts
Llun: Llŷr Gruffydd

fotanegydd, fel ei daid o'i flaen, a wnaeth gasgliad o redyn prin Eryri. Tyfodd y diddordeb, dysgodd sylwi a chofnodi, a datblygodd i fod yr awdurdod pennaf ar blanhigion prin Eryri.

Gadawodd y chwarel a chafodd swydd fel Warden gyda'r Cyngor Gwarchod Natur a bu galw mawr amdano i ddarlithio ac arwain teithiau. Daeth yn Brif Warden, derbyniodd yr M.B.E. a chafodd radd M.Sc. er anrhydedd gan y Brifysgol ym Mangor.

Dyna gipolwg ar rai o'r enwogion, y botanegwyr 'a adawsant enw ar eu hôl'. Ond rhaid cofio bod llawer o'r arloeswyr cynnar wedi dibynnu ar eraill i'w harwain dros y creigiau serth a'r llwybrau peryglus. Dyma'r tywysyddion, y dynion hynny a gyflogwyd gan yr ymwelwyr cefnog yn y 19 ganrif er mwyn dod o hyd i'r trysorau ar lechweddau Eryri. Pobl fel William Williams, Llanberis, 'Will Boots', oedd yn gyfarwydd â'r ardal a hefyd yn 'nabod y blodau' ac a dreuliodd flynyddoedd yn ennill ei damaid drwy helpu'r ymwelwyr i ddod o hyd i'r blodau prin. Darllenwch yr hanes yng ngeiriau Dewi Jones yn ei lyfr *Tywysyddion Eryri* (1993) yn y gyfres Llafar Gwlad.

Cyn gorffen y bennod yma rhaid i mi gyfeirio at un neu ddau o gerrig milltir eraill. Yn 1962 fe ymddangosodd y gyfrol enwog *Atlas of the British Flora* gan F H Perring a S M Walters. Tua'r pedwar degau roedd yr Arolwg Ordnans wedi dechrau argraffu llinellau'r Grid Cenedlaethol ar eu mapiau. Penderfynwyd mapio dosbarthiad holl blanhigion gwyllt ynysoedd Prydain ar raddfa'r sgwariau 10km x10km. Bu rhyw 1,500 o wirfoddolwyr wrthi o 1954 ymlaen yn casglu'r manylion – tua miliwn a hanner o gofnodion – ac am y tro cyntaf, gallai botanegwyr weld yn glir ddosbarthiad pob rhywogaeth drwy wledydd Prydain, gan gynnwys Cymru. Gwnaed hyn i gyd yn bosibl gan fod y BSBI wedi datblygu cynllun o gofnodwyr i bob sir, i gasglu'r wybodaeth a'i throsglwyddo i'r pencadlys. Dyna beth oedd tasg enfawr. Bu cyfrol Perring & Walters yn esiampl i naturiaethwyr Ewrop am flynyddoedd.

Erbyn 1983 roedd hi'n bryd cael cyfrol arbennig ar gyfer Cymru. Roedd Gwynn Ellis wedi bod yn gweithio yn yr Amgueddfa Genedlaethol yng Nghaerdydd yn yr adran Fotaneg, gyda chyfrifoldeb am yr Herbariwm, sef y casgliad enfawr o blanhigon wedi eu sychu. Defnyddiodd y ffynhonnell hon a holl adnoddau'r Amgueddfa, ynghyd â'i brofiad ei hun allan yn y maes i baratoi'r gyfrol *Flowering Plants of Wales*. Roedd y gyfrol yn pwyso'n drwm ar waith ei ragflaenwyr yn yr Amgueddfa ond gyda llawer mwy o fanylder. Hefyd, am y tro cyntaf, dangoswyd dosbarthiad y planhigion yn ôl sgwâr 10km yn ogystal â'r sir, ynghyd â gwybodaeth am yr hinsawdd a'r tirwedd, a chawsom yn enwau Cymraeg ar y planhigion am y tro cyntaf. Gwynn Ellis oedd hefyd yn gyfrifol am nifer o erthyglau hynod o ddiddorol a gyhoeddwyd gyda'i gilydd gan yr Amgueddfa Genedlaethol o dan y teitl *Plant Hunting in Wales*.

I gloi'r bennod, gwell i mi sôn am y llyfr mwyaf sydd gennyf ar y silffoedd yn y tŷ acw, sef *New Atlas of the British & Irish Flora* gan Preston, Pearman a Dines (2002). Mae yma dros 900 o dudalennau mawr, gyda manylion manwl am bob rhywogaeth a mapiau lliwgar yn dangos dosbarthiad pob un. Dangosir a yw'r planhigion yn frodorol neu yn estron, a rhennir hwy yn ôl y cyfnod y cawsant eu cofnodi. Mae yma hefyd hanner cant o dudalennau yn rhoi cefndir y llyfr, yn trafod amrywiaeth y planhigion drwy'r wlad, yn ystyried ecoleg eu dosbarthiad ac yn trafod pam bod rhai rhywogaethau'n cynyddu ac eraill yn prinhau.

Trefnwyd y gwaith maes gan gofnodwyr y siroedd (roeddwn i'n gyfrifol am Sir Fflint) a bu dros 1,600 o wirfoddolwyr yn casglu'r wybodaeth am ryw ddeuddeng mlynedd. Dyma gyfrol a hanner – mynnwch weld copi.

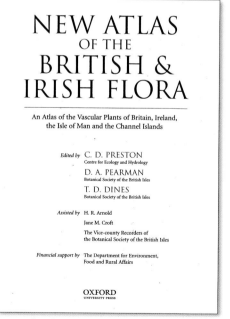

New Atlas of the British & Irish Flora

PENNOD 2

ENWI A DOSBARTHU'R PLANHIGION

Pan oeddwn i'n hogyn ysgol tystiai'r llyfrau fod yna ryw un filiwn o wahanol greaduriaid a phlanhigion ar y ddaear. Tyfodd y nifer hwn yn gyflym ac erbyn heddiw mae rhai llyfrau'n awgrymu y gallai bod cymaint â 30 miliwn. Os ydym am gynnwys y bacteria, yna mae'r nifer yn codi i'r entrychion, gyda rhai biolegwyr yn sôn am 400 miliwn (Trudge 2000). Ond y syndod yw fod yna lawer iawn mwy na hyn o rywogaethau wedi byw ar y ddaear ers pan ddechreuodd bywyd, rhyw 4,000 miliwn o flynyddoedd yn ôl, a'r mwyafrif llethol ohonynt wedi hen ddiflannu.

Ond mae'r gwaith o ddarganfod a disgrifio rhywogaethau newydd yn digwydd yn gyson. Amcangyfrifir ein bod yn enwi rhyw 1,000 o blanhigion newydd bob blwyddyn, a llawer mwy na hyn o greaduriaid.

Sut, felly, mae trin a thrafod y fath nifer? Sut mae cael rhyw fath o drefn ar y sefyllfa? Yr ateb, wrth gwrs yw bod yn rhaid eu **dosbarthu,** ac mae'r gwaith o ddosbarthu biolegol (*biological classification*) yn enfawr. Mae dyn wedi ymarfer y broses yma yn reddfol o'r dechrau, er mwyn adnabod bwyd neu wenwyn, anifeiliaid rheibus, tanwydd ac yn y blaen. Y cynllun mwyaf defnyddiol o gael trefn ar yr holl wahanol fathau yw dosbarthiad hierarchaidd (*hierarchical classification*). Beth yw hynny? Os edrychwn ar yr holl blanhigion sy'n byw mewn un ardal, fe welwn eu bod yn rhannu'n nifer o unigolion gyda nifer o nodweddion yn gyffredin – rydym yn dweud eu bod yn debyg i'w gilydd – ac yn wahanol i'r lleill. Dyma'r hyn a elwir yn **rhywogaeth** (*species*). Wrth gymharu rhywogaethau, gellir rhoi gyda'i gilydd y rhai sy'n dangos nodweddion tebyg fel grŵp, a gelwir y rhain yn **genws** (*genus*)**.** Yn eu tro gellir rhoi nifer o genera gyda'i gilydd i ffurfio **teulu** (*family*), yna **urdd** (*order*), wedyn **dosbarth** (*class*) ac yn olaf **ffylwm** (*phylum*).

O'r holl dermau ym myd bioleg, efallai mae'r gair rhywogaeth (*species*) yw'r un anoddaf i'w ddiffinio'n fanwl a diamwys. Mae ambell ymgais i ddiffinio rhywogaeth yn pwysleisio mai dyma'r rhaniad lleiaf a ddefnyddir yn gyffredin mewn dosbarthiad biolegol, neu'r uned sylfaenol mewn asudiaeth o dacsonomeg. Mae hyn yn agos iawn i'r hyn mae'r dyn cyffredin yn ei ystyried fel mathau gwahanol o greaduriaid neu blanhigion. Mae llawer diffiniad arall yn tanlinellu'r ffaith fod aelodau o un rhywogaeth, ar y cyfan, yn gallu epilio neu fridio â'i gilydd ond nid gydag aelodau o rywogaeth wahanol.

Dyma enghraifft o bum rhywogaeth o'r un genws (*Primula*):

Briallen (*Primula vulgaris* Primrose)

Pe cawn i eiste 'môn y clawdd,
  Peth hawdd oedd ochel blino,
A gweld briallen fach o dan
  Y dorlan yn egino.

                    T Gwynn Jones

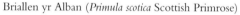

Briallen yr Alban (*Primula scotica* Scottish Primrose)

Briallen Fair (*Primula veris* Cowslip)

Briallen Fair Ddi-sawr (*Primula elatior* Oxlip)

Briallen Flodiog (*Primula farinosa* Bird's-eye Primrose)

Ond sylwch fy mod i'n cynnwys y geiriau 'ar y cyfan' yn y diffiniad, a dyma ni'n dod at sefyllfa gymhleth y **croesryw** (*hybrid*). Unwaith eto mae diffiniad clir yn anodd. Un diffiniad syml yw 'epil o ddau unigolyn gwahanol'. Ond beth yw ystyr 'gwahanol'? Onid yw pob unigolyn yn wahanol? Diffiniad gwell yw fod hybrid yn deillio o blanhigion sy'n wahanol o ran geneteg; neu, yn ôl un awdur, 'planhigion sy'n gwahaniaethu mewn un neu ragor o'u genynnau'.

Briallen Groesryw *Primula* x *polyantha,* sef *P.vulgaris* x *P.veris*

Efallai bod chwilio am ddiffiniad perffaith, sy'n dal dŵr ym mhob achos, yn dasg ddibwrpas, felly dyma ddwy enghraifft o groesryw (hybrid) o fyd y blodau:

Mapgoll (*Geum urbanum* Wood Avens)

Mapgoll Glan y Dŵr (*Geum rivale* Water Avens)

Mapgoll Groesryw (*Geum* x *intermedium*), sef *G.urbanum* x *G.rivale*

Mae gwyddonwyr yn astudio planhigion (ac anifeiliaid) drwy'r byd, ac mae'n bwysig eu bod yn deall ei gilydd ac yn sôn am yr un peth. Felly, rhoddir un enw gwyddonol i bob rhywogaeth, er enghraifft gelwir Llygad y Dydd yn *Bellis perennis*, a'r Onnen yn *Fraxinus excelsior*. Rhoddir yr enwau hyn bob tro mewn llythrennau *italig*. Y gair cyntaf yw enw'r genws a'r ail yw enw'r rhywogaeth o fewn y genws. Ysgrifennir y gair cyntaf gyda llythyren fawr a'r ail air gyda llythyren fach. Er enghraifft, yr enw am y Briallu yw *Primula vulgaris*, **nid** *Primula Vulgaris* ac **nid** *primula vulgaris* – er gwaethaf yr hyn a welwch mewn papurau dyddiol ac mewn rhai cyfnodolion a ddylai wybod yn well!

Darlun olew o Linnaeus

Cyflwynwyd y cynllun deuaidd yma gan y botanegydd dylanwadol o Sweden, Carl Linnaeus (1707–1778). Cyn ei gyfnod ef roedd enw swyddogol planhigyn yn cynnwys rhes o eiriau yn disgrifio'r planhigyn hwnnw; er enghraifft, yr enw am y Llwynhidydd (Ribwort Plantain) oedd *Plantago foliis ovato-lanceolata pubescantabus, spica cylyndrica scapo terti.*

Hoff flodyn Linnaeus, a enwyd ar ei ôl: Blodyn Deuben (*Linnaea borealis* Twinflower)

Sylweddolodd Linnaeus fod hyn yn drwsgl ac yn feichus, ac mae ei batrwm deuenwol, syml, e.e. *Plantago lanceolata* am y Llwynhidydd, wedi ei fabwysiadu drwy'r byd hyd heddiw. Dyfeisiodd system o ddosbarthu planhigion yn ôl nifer y brigerau (*stamens*) yn y blodau, rhyw fath o gynllun rhywiol, nad oedd yn dderbyniol iawn pan gyfieithwyd ef o'r Lladin i'r Saesneg, gan sôn am y brigerau fel '*20 husbands or more in the same marriage*'. Derbyniwyd cynllun Linnaeus am gyfnod, ond disodlwyd ef yn raddol gan batrymau gwell o ddosbarthu planhigion, patrymau yn ystyried *holl* nodweddion y planhigyn ac nid ffurf y blodyn yn unig. Roedd Linnaeus yn gymeriad, ac nid oedd yn brin o ganmol ei hun. Ysgrifennai fel pe buasai wedi bod yn bresennol ar ddydd y greadigaeth. Dyrchafwyd ef yn Athro Botaneg a Meddygaeth ym Mhrifysgol Uppsala, ac roedd ei ddylanwad yn aruthrol. Gosododd dasg iddo'i hun o ddisgrifio ac enwi pob rhywogaeth o blanhigion ac anifeiliaid, ac i bob pwrpas, cyrhaeddodd ei nod. Ni ellir ei gyhuddo o fod yn wylaidd nac yn ddiymhongar – tystiodd na bu erioed fotanegydd na swolegydd mwy nag ef ei hun, ac awgrymodd y dylai ei garreg fedd gario'r geiriau 'Tywysog y Botanegwyr'! Ond er gwaethaf ei ffaeleddau, rhaid cyfaddef fod ei gyfraniad yn enfawr, ac y mae pobl Sweden yn hanner ei addoli hyd heddiw. Claddwyd ef yn yr Eglwys Gadeiriol yn Uppsala, hen brifddinas y wlad.

Heddiw, rheolir y cynllun o ddosbarthu ac enwi planhigion gan y 'Côd Rhyngwladol ar gyfer enwi Planhigion' ac mae un tebyg ar gyfer yr anifeiliaid. Mae'r rheolau ynglŷn ag enwi yn gymhleth a manwl, ac yn anffodus, mae'n rhaid newid yr enw swyddogol ar blanhigyn o dro i dro, yn ôl unrhyw wybodaeth newydd. Wrth ddarganfod mwy a mwy o blanhigion, ac fel y cynydda'n dealltwriaeth o'u hesblygiad a'u perthynas â'i gilydd, rhaid cyflwyno enw gwahanol. Er enghraifft, er bod Lili'r Wyddfa wedi bod yn *Lloydia serotina* ers blynyddoedd lawer, bellach, rhaid i ni fodloni i'w galw'n *Gagea serotina*.

Mae'r newid yma ar yr enw swyddogol yn gallu bod yn gur pen. Yr enghraifft waethaf i mi ddod ar ei thraws hyd yma yw'r rhedynen a elwir yn Gymraeg yn Rhedynen Bêr y Mynydd, ac yn Saesneg yn Lemon-scented Fern. Ar wahanol adegau yn y gorffennol defnyddiwyd yr holl enwau Lladin canlynol arni:

> *Polypodium limbosperma*
> *Dryopteris limbosperma*
> *Dryopteris oreopteris*
> *Thelypteris limbosperma*
> *Thelypteris oreopteris*
> *Lastrea oreopteris*
> *Aspidium oreopteris*
> *Nephrodium oreopteris*
> *Lastrea montana*

Yr enw cywir arni bellach (2015) yw *Oreopteris limbosperma*. Ond cyn i chi ruthro allan i gyflawni hunanladdiad, cofiwch mai enghraifft eithafol yw'r uchod.

Ers rhyw ddeng mlynedd neu fwy mae yna ddatblygiadau newydd yn y maes gan fod astudiaeth o strwythur genetig y planhigion drwy gyfrwng DNA wedi newid ein dealltwriaeth o'u cyd-berthynas. Mae hyn wedi achosi llawer o gur pen ac o ailfeddwl i'r amgueddfeydd a'r gerddi botaneg, ond yn ôl yr arbenigwyr fe ddylai'r newidiadau yma arafu o hyn ymlaen, a bydd yr enwau'n fwy sefydlog a pharhaol. Gobeithio'n wir!

Cofiwch ein bod yn dal i ddod o hyd i blanhigion newydd, hyd yn oed yng Nghymru fach, ac mae gennym arbenigwyr o safon ar garreg y drws, rhai fel Tim Rich a Trevor Evans. Os am weld sut mae mynd ati i ddarganfod ac enwi rhywogaethau newydd, chwiliwch am yr erthygl hon: T C G Rich, et.al., 'British *Sorbus* (Rosaceae): six new species', *New Journal of Botany* (BSBI), Vol.4, No.1, April 2014, 2-12.

Ond beth am yr enwau Cymraeg? Ar gyfer *Silene acaulis* (Moss Campion), rwyf wedi dod ar draws Gludlys Mwsogl, Gludlys Mwsoglyd, Gludlys Mwsoglog, Gludlys Mwsosaidd a Gludlys y Mwsogl. Ow! Ow! A pheidiwch â sôn am yr holl enwau lleol – dyna ffordd sicr o godi'r tymheredd!

Ac yn Saesneg? Mae'n debyg mai'r enghraifft orau (neu waethaf) yw Pidyn y Gog *Arum maculatum*. Darllenais yn rhywle fod mwy na chant o enwau Saesneg am hwn – a'r rhan fwyaf ohonynt yn anweddus! Mae'n debyg mae'r ddau enw mwyaf cyfarwydd yw 'Cuckoo-pint' a 'Lords and Ladies'.

Diolch fod gennym bellach ymgais yn y tair iaith i safoni'r enwau – ond a ydych chi'n eu derbyn sy'n fater hollol wahanol. I ddifyru'r amser,

Rhedynen Bêr y Mynydd (*Oreopteris limbosperma* Lemon-scented Fern): cafodd y rhedynen hon o leiaf 10 o enwau Lladin gwahanol dros y blynyddoedd

chwiliwch am *Companion to Flowers* (1966) gan David McClintock, a darllenwch Pennod 5 a Phennod 14. Maent yn hynod o ddifyr. Treuliais bythefnos efo'r awdur flynyddoedd yn ôl yn llysieua ar Ynys Guernsey; roedd yn gwmni da ac yn arbenigwr campus. Ymlaen â ni.

PENNOD 3

ECOLEG

A gwyn ein byd, pe gwyddem ni yn awr
Beth yw cyfrinach y gyfeillach fawr.

Alan Llwyd, 'Coed'

Dyma air sydd wedi mynnu ein sylw ers rhai blynyddoedd bellach. Bathwyd y gair ei hun, o'r gair Groeg *oikos*, yn 1869 gan Ernst Haekel, biolegydd amlwg o'r Almaen. Ystyr *oikos* yw tŷ neu gartref, ac felly, ecoleg yw astudiaeth o'r planhigyn neu'r anifail *yn ei gynefin*. Ers talwm, roeddwn i'n mwynhau gofyn i'r myfyrwyr chwilio am y diffiniad o'r gair ecoleg mewn nifer mawr o lyfrau, ac yn wir, fe gawsom hyd i bron i ddeugain gwahanol ddiffiniad. Roedd pob un yn dweud yr un peth mewn ffordd wahanol, a phob un yn pwysleisio'r berthynas rhwng pethau byw a'i gilydd ac â'u hamgylchedd. Os ydych am ddiffiniad manwl, gellir cynnig 'Astudiaeth wyddonol o'r rhyngweithiau sy'n penderfynu dosraniad ac amlder organebau'. Neu os ydych am fynd i'r eithaf arall, a defnyddio iaith syml, gellir dweud fod yr ecolegydd yn gofyn tri pheth: Ym mhle mae pethau'n byw? Pa faint ohonyn nhw sydd yna? Pam maen nhw yno?

Fe welwch ar unwaith fod y wyddor o ecoleg yn un enfawr, ac er gwell neu er gwaeth mae'r gair, sy'n perthyn i fioleg yn ei hanfod, wedi cael ei fenthyg (neu ei ladrata!) a'i ddefnyddio mewn pob math o gyd-destun gwahanol – hyd yn oed mewn gwleidyddiaeth. Mae ecoleg wedi esgor ar lenyddiaeth enfawr. Er enghraifft, mae gan y British Ecological Society a sefydlwyd yn 1913 bump o gyfnodolion. Dyma nhw: *Journal of Ecology* (planhigion), *Journal of Animal Ecology, Journal of Applied Ecology, Functional Ecology* a *Methods in Ecology and Evolution* a phob un yn cyhoeddi miloedd ar filoedd o eiriau bob blwyddyn. A hyn heb sôn am yr holl gyfnodolion eraill, a'r holl lyfrau, mewn gwahanol ieithoedd ar draws y byd. Sut, felly, mae crynhoi holl ystod y pwnc rhyfeddol yma i mewn i dudalen neu ddwy? Beth am enwi rhai o'r prif agweddau y mae ecoleg yn eu trafod, a dweud rhyw air neu ddau yn unig am bob un.

Y lleisiau cyntaf

Bu datblygiad ecoleg ym Mhrydain ac ar y Cyfandir yn ystod hanner cyntaf yr ugeinfed ganrif yn bur wahanol i'w gilydd, ac weithiau cafwyd gwrthdaro. Ym Mhrydain roedd y pwyslais ar ddisgrifio'r tirwedd yn ei holl agweddau, tra bod ecolegwyr y Cyfandir, o dan ddylanwad Braun-Blanquet (ac Ysgol Zurich-Montpellier) yn pwysleisio pwysigrwydd y gwahanol rywogaethau wrth ddatblygu dulliau o ddosbarthu llystyfiant. Bu llawer o anawsterau, a chofiaf chwysu gwaed yn ystod y chwedegau wrth geisio datrys y gwahanol dermau a ymddangosai bron yn ddyddiol ym myd ecoleg. Ceir crynhodeb clir mewn erthygl gan Michael Proctor o dan y teitl 'Changing Views on British Vegetation' yn *British Ecological Society Bulletin*, Vol.44: 2, June 2013.

Y llais amlycaf ym mlynyddoedd cynnar ecoleg ym Mhrydain oedd Syr A G Tansley. Yn ei lyfr safonol *The British Islands and their Vegetation* (1939) mae'n dechrau trwy sôn am y gwahaniaeth rhwng Ynysoedd Prydain a'r Cyfandir, a'r ffaith fod llawer llai o blanhigion ym Mhrydain − 'impoverished fragment' yw geiriau Tansley. Y pwyslais ar y dechrau oedd **disgrifio.** Roedd gennym syniad go dda pa blanhigion oedd yma, ond gwaith yr ecolegydd oedd trin a thrafod y llystyfiant, sef y cymunedau o blanhigion, gan eu disgrifio, eu henwi a'u dosbarthu.

A G Tansley

Yr ecosystem

Sut mae cymuned yn 'gweithio'? Hanfod ecoleg yw pwysleisio cydberthynas, ac mewn ecosystem rhaid adnabod pedair rhan, neu bedair haen, sef:

Y cynhyrchwyr (*producers*) − y planhigion.

Yr ysyddion (*consumers*) − yr anifeiliaid.

Y dadelfenwyr (*decomposers*) − y ffyngau a'r bacteria.

Y cefndir naturiol, sef y creigiau, y pridd, y dŵr, yr awyr a'r hinsawdd; dyma'r haen abiotig, neu ddifywyd o'r ecosystem.

Y gadwyn fwyd

Dyma'r ecosystem ar waith. Y ddolen gyntaf yn y gadwyn yw'r planhigion. Mae'r ddeilen las yn dal egni'r haul ac yn defnyddio dŵr, carbon diocsid a'r mwynau yn y pridd i ffurfio corff y planhigyn drwy gyfrwng ffotosynthesis. Yna, daw'r llysysorion (*herbivores*) heibio, a bwyta'r planhigyn. Wedyn, daw'r anifeiliaid cigysol (*carnivores*) yn eu tro, a bwyta'r llysysorion, ac efallai y caiff y rheini eu bwyta gan rai eraill, ac felly ymlaen. Yn eu tro, mae pob planhigyn a phob anifail yn creu gwastraff ac yn marw, ac yna daw'r ffyngau a'r bacteria i ddadelfennu'r holl sylwedd organig, a'i droi yn ôl yn elfennau yn y pridd, y dŵr a'r awyr. Rhaid cofio bod y planhigion yn defnyddio'r cloroffyl yn y ddeilen i rwymo egni'r haul i mewn i'w corff, a bod peth o'r egni hwnnw yn mynd ymlaen i'r anifeiliaid a pheth wedyn i'r dadelfenwyr. Yn ail, rhaid pwysleisio nad yw'r elfennau (y carbon, ocsigen, nitrogen etc.) yn cael eu creu na'u difodi, dim ond eu trawsnewid. Hefyd, cofiwn fod pob dolen yn y gadwyn yn fyw, ac felly yn resbiradu, hynny ydi, yn rhyddhau a defnyddio egni ac yn gollwng carbon deuocsid i'r amgylchedd.

I grynhoi, felly, cofiwn fod mater yn mynd **o gwmpas** yn yr ecosystem, tra bo egni yn mynd **drwy'r** ecosystem.

Camlas wedi sychu: bydd hon yn goedlan cyn bo hir. Basingstoke, Surrey, 1961

Olyniaeth (*Succession*)

Mae yna ddarn o dir comin yn ein pentref ni, darn o dir agored, a phan oeddym yn blant, dyna lle roeddym yn cicio pêl a chwarae criced. Mae pethau wedi newid. Dyw plant ddim i'w gweld yn chwarae o gwmpas y pentref bellach, a does neb yn mynd ar gyfyl y lle ers blynyddoedd. A'r canlyniad? Drain a mieri, llwyni cryfion ac ambell goeden sylweddol. Fe welsom i gyd fod hyn yn batrwm cyffredin. Nid yw darn o dir noeth yn aros yn noeth yn hir. Gweler i, ii a iii isod. Gall y tyfiant gwreiddiol gael ei golli oherwydd digwyddiadau naturiol megis llifogydd, neu dân neu dirlithriad, neu

i) Ambell blanhigyn o Fresych y Cŵn (*Mercurialis perennis* Dog's Mercury) yn tyfu rhwng y creigiau. Great Asby Scar, ger Kirkby

ii) Tyfiant yn ymledu i'r palmant o bob cyfeiriad. Pabo, ger Llandudno, Mehefin 1972

iii) Y creigiau'n diflanu o dan y coed: pridd yn datblygu. Coed Du, Cilcain, Sir Fflint, Ebrill 1995

Efallai mai Cymru yw'r lle gorau yn Ewrop am Glychau'r Gog. Gronant, Sir Fflint, Mai 1995

trwy ddylanwad dyn mewn gwahanol ffyrdd. Mae'r planhigion cyntaf, y 'chwyn', yn newid y safle ac yn addasu'r tir ar gyfer rhai gwahanol, cryfach, ac yna, mewn amser, daw'r prysgwydd a'r coediach ac o dipyn i beth dyna goedlan. Mewn sefyllfa felly, gelwir y goedlan yn 'uchafbwynt ecolegol'.

Mae natur yr uchafbwynt yn dibynnu ar yr hinsawdd, y pridd a'r tyfiant oddi amgylch. Yng Nghymru, gallai fod yn goedwig, neu'n fawnog neu, ar ben y mynyddoedd gallai twndra ddatblygu. I raddau helaeth gellir rhagweld ac ailadrodd patrwm yr olyniaeth. Mae patrymau arbennig, ond gwahanol, yn digwydd mewn llyn ac yn y twyni tywod ar lan y môr.

Ychydig iawn sy'n tyfu o dan goed Ffawydd. Ger y Brithdir, Dolgellau, Medi 2011

Mae symudiad y cerrig yn rhwystro tyfiant ar y sgri. Llwybr 'World's End' ger Creigiau Eglwyseg, Llangollen, tua 1965

Cefndir ecolegol Cymru

(Ceir trafodaeth dda yn Ratcliff (1977),
Vol. 1 tud. 19)

Er bod Cymru (a Phrydain) yn gorwedd
o fewn y Gylchfa Dymherus (*Temerate
Zone*), yn wahanol i gyfandir Ewrop
mae'r hinsawdd yn gefnforol (*oceanic*). Yn
ecolegol, mae hyn yn ffafrio fforest o
goed llydanddail fel y tyfiant naturiol dros
rannau helaeth o'r wlad. Ar y cyfan, mae
mwy o law yn disgyn nag sy'n anweddu,
ac mae hyn yn tueddu i olchi maeth allan

Effaith pori: mae'r grug yn ffynnu o du isa'r ffens,
allan o gyrraedd y ddafad. Ger Llan Ffestiniog, 2002

o'r pridd gan greu haen asidig (*podsol*) ar yr wyneb. Lle bo dŵr yn cronni ar yr wyneb
mae gwlyptir mawnaidd yn datblygu ac yn rhwystro tyfiant coed. Mae rhedyn, mwsog
a chen yn tyfu'n gryf yn y lleithder, yn arbennig ar y tir uchel, ac mae planhigion fel
Clychau'r Gog, Grug, Eithin, Rhedyn Ungoes a'r Onnen yn arbennig o lwyddiannus
mewn llawer rhan o Gymru oherwydd y glawiad uchel.

Mae effeithiau'r hinsawdd a'r pridd yn cydweithio i greu amrywiaeth mawr o
gynefinoedd dros y wlad, pob un gyda'i batrymau ecolegol ei hun. Rhaid pwysleisio
hefyd mai coed a welid yn bennaf ar y tir isel ar ôl i Oes yr Iâ ddod i ben rhyw 10,000
o flynyddoedd yn ôl, ond tua 5,500 cc cafwyd hinsawdd gwlypach, ac oherwydd y
glaw trwm ar y tir uchel, crewyd mwy a mwy o gorsdir a chollwyd mwy a mwy o'r
fforest. Yn fwy diweddar eto, rhywle tua 500 cc yn y cyfnod a elwir yr Is-Atlantig,
tynerodd yr hin ryw gymaint a daeth effaith dyn ar y tyfiant naturiol yn amlycach.
Collwyd mwy a mwy o'r goedwig i greu tir pori neu ar gyfer tanwydd, a daeth tir glas
yn brif gynefin dros lawer iawn o'r wlad.

Ecoleg heddiw

Mae ecoleg wedi datblygu'n wyrthiol yn ystod yr hanner
canrif diwethaf. Symudwyd y pwyslais o'r disgrifio i'r
dadansoddi. Yn 1982 cyhoeddwyd papur treiddgar gan J L
Harper, Bangor o dan y teitl gogleisiol *After description*,
(Harper 1982), lle mae'n beirniadu'r duedd gyfoes mewn
ecoleg i ddisgrifio llystyfiant ac i ddadansoddi bioleg y
rhywogaethau unigol. Mae'n annog mwy o bwyslais ar
etifeddeg a geneteg y planhigion, ac yn arbennig ar
batrymau esblygiad cyfoes.

Bellach mae'r ecolegydd yn pwyso'n drwm ar y
mathemategydd a'r nod yw ceisio esbonio mwy ar
batrymau'r ecosystem, a deall effaith un elfen ar y llall.

J L Harper

Ac o dipyn i beth gobaith yr ecolegydd yw gallu cynnig cynghorion gwell i fyd amaeth, coedwigaith, defnydd tir, rheoli dŵr, lleoli diwydiant, datblygu cadwraeth, a phob math o weithgareddau eraill.

Surtsey: ynys newydd dros nos yng Ngwlad yr Iâ, a chyfle gwych i astudio dilyniant naturiol.

Ar 14 Tachwedd 1964 ymddangosodd ynys newydd yn y môr i'r de o Wlad yr Iâ. A'r rheswm? Echdoriad, neu ffrwydriad gan losgfynydd ar waelod y môr. Parhaodd y mynydd i ffrwydro am ryw bedair blynedd, nes bod maint yr ynys newydd tua milltir sgwâr ac oddeutu 500 troedfedd o uchder. Galwyd yr ynys yn Surtsey.

Dyma gyfle gwych i astudio olyniaeth naturiol, a bu'r awdurdodau'n ofalus i gadw pobl draw, gan sylwi ar gwrs natur, a chofnodi ymddangosiad pob planhigyn a phob anifail yn ofalus.

Gwelwyd y planhigyn blodeuol cyntaf yn 1965, y mwsogl cyntaf yn 1967 a'r cen cyntaf yn 1970. Daeth yr adar yn eu tro. Yr aderyn cyntaf i nythu ar yr ynys oedd Aderyn Drycin y Graig, ac yna'r Gwylog, y Pâl, yr Wylan Gefnddu Fwyaf, Gwylan y Penwaig a'r Wylan Goesddu. Daeth y Cwtiad Aur yn ddiweddarach. Ar ôl yr adar, buan iawn y cyrhaeddodd nifer o bryfetach, rhai ar y gwynt a rhai ar yr aden, ac erbyn 1993 roedd pryfed cop ar y ddaear a phryfed genwair yn y pridd (pridd gwael, tywodlyd wrth gwrs – mae pridd da yn datblygu'n araf iawn). Ar y cyntaf, cofnodwyd pob planhigyn yn unigol, yna sefylwyd plotiau parhaol i astudio'r olyniaeth.

Y planhigion cyntaf i sefydlu oedd rhywogaethau'r traeth, Tywodlys Arfor (*Honckenya peploides* Sea Sandwort) a'r Clymwellt (*Leymus arenarius* Lyme-grass), roedd hadau'r rhain yn cyrraedd ar y gwynt neu gyda'r tonnau. Erbyn hyn, mae'r Tywodlys wedi hadu a lledaenu dros yr ynys gan ei fod yn gwreiddio'n hawdd yn y pridd tywodlyd. Cyrhaeddodd y goeden gyntaf, yr Helygen Fach (*Salix herbacea* Dwarf Willow) yn 1995, ac yn 2003 gwelwyd un o Degeirianau'r Gogledd (*Platanthera hyperborea* Northern Green Orchid), planhigyn gweddol gyffredin yng Ngwlad yr Iâ, ac fel y tegeirianau eraill yn cynhyrchu hadau eithriadol o fân, sy'n cael eu cludo'n hawdd ar y gwynt.

Dyma, felly, 'labordy' naturiol, awyr agored, ac mae'r awdurdodau yn gwarchod yr ynys yn ofalus. Un tro, roedd rhywun wedi croesi heb ganiatâd, a phlannu tatws ar yr ynys, ond buan iawn y daethpwyd o hyd iddynt gan yr awdurdodau, eu codi a'u llosgi. Natur, nid pobl, biau Surtsey!

Y Dosbarthiad Llystyfiant Cenedlaethol (NVC)

Yn 1911 cyhoeddwyd llyfr go arbennig o dan olygyddiaeth A G Tansley, *Types of British Vegetation*. Pwrpas y gyfrol oedd dangos sut i adnabod a disgrifio, am y tro cyntaf, y gwahanol fathau o gymunedau o blanhigion a geir o fewn llystyfiant naturiol Prydain. Yr adeg honno roedd ein gwybodaeth yn y maes yma yn denau, ac fel y cyfaddefodd Tansley ei hun yn ddiweddarach, roedd yr awduron yn ysgrifennu bron bopeth a wyddent am y pwnc, a hefyd yn dyfalu cryn dipyn.

Yn 1939 cyflwynodd Tansley lyfr arall *The British Islands and their Vegetation*, cyfrol hollol allweddol yn natblygiad ecoleg, gyda'r pwyslais yn bennaf ar y ffordd y mae cymunedau o blanhigion yn gweithio. Dyma'r lyfr a fu'n arwain yn y maes am flynyddoedd, ac sy'n dal yn werthfawr hyd heddiw.

Yn 1962 cymerwyd cam mawr ymlaen pan gyhoeddwyd *Plant Communities in the Scottish Highlands* gan McVean & Ratcliffe, sef arolwg o ehangder enfawr o diroedd mynyddig, ynghyd â'u hamrywiaeth rhyfeddol o blanhigion a chymunedau.

Tua'r un cyfnod roedd dull manylach o ddisgrifio a dosbarthu cymunedau yn datblygu ar y Cyfandir, yn bennaf o dan ddylanwad Braun-Blanquet a'i gymheiriaid, a elwid yn 'Ysgol Montpellier' yn Ffrainc. Roedd ecolegwyr y Cyfandir yn pwysleisio'r gwanhaniaethau rhwng cymunedau a'i gilydd, ac yn ystyried y ffordd orau i'w rhestru a'u dosbarthu.

Symudwn ymlaen yn awr i'r flwyddyn 1975, pan sefydlwyd cynllun newydd o dan nawdd y Cyngor Gwarchod Natur, sef y Dosbarthiad Llystyfiant Cenedlaethol, y *National Vegetation Classification* (NVC). Roedd hwn yn gynllun enfawr, ac o 1991 ymlaen cyhoeddwyd y canlyniadau o dan y teitl *British Plant Communities* o dan olygyddiaeth J S Rodwell. Rhannwyd y gwaith yn bum cyfrol: Coedlannau, Corsydd a Rhostiroedd, Glaswelltir a'r Ucheldir, Tiroedd Gwlyb, ac yn olaf Cymunedau'r Arfordir a Thir Agored. Mabwysiadwyd patrwm manwl o rannu'r cynefinoedd yn ôl eu planhigion, gyda 12 o brif raniadau, a phob un wedi ei rannu drachefn, i greu 291 o unedau, a phob un gyda rhif ac enw penodol. Yr uned gyntaf yw **W1 *Salix cinerea – Galium palustre* woodland**, sef y coedlannau hynny ar diroedd gwlyb, gyda'r Helygen Lwyd yn amlwg a Briwydd y Gors yn gyffredin o dan y coed. Mae'r gymuned hon i'w chael yma ac acw ar lawr gwlad yng Nghymru a Lloegr. Uned sy'n gyfarwydd i mi ger fy nghartref yn Sir Fflint yw **MG5 *Cynosurus cristatus – Centaurea nigra* grassland,** sef y glaswelltir gyda'r gweiryn Rhonwellt y Ci, a'r Bengaled yn gyffredin.

Cafodd y cynllun uchod, yr NVC, ei ddefnyddio'n eang dros y blynyddoedd diwethaf, yn arbennig ynglŷn â'r gwaith o ddynodi Safleoedd o Ddiddordeb Gwyddonol Arbennig (SSSI).

HANES EIN LLYSTYFIANT – SUT OEDD HI ERS TALWM?

Ers talwm, pan oedd tân glo yn gyffredin ym mhob tŷ, roedd y glo yn dod mewn clapiau mawr, a byddai'n rhaid ei falu efo morthwyl arbennig. Ambell dro, deuai 'llun' planhigyn i'r golwg – rhedynen fel rheol – ar ffurf ffosil yn y glo. Roedd y ffosil wedi bod yno er pan ffurfiwyd y glo, efallai dros dri chan miliwn o flynyddoedd yn ôl, pan oedd y planhigion cynnar yn tyfu yn y corsydd.

Does gen i mo'r bwriad (na'r wybodaeth) i drafod y ffosiliau a sôn am filiynau o flynyddoedd, ond gadewch i ni feddwl yn hytrach yn nhermau miloedd o flynyddoedd. Soniwn yn aml am Oes yr Iâ, ond mewn gwirionedd bu o leiaf bedwar rhewlif dros y rhan hon o ogledd Ewrop yn ystod y 600,000 mlynedd diwethaf. Dyma pryd y lledaenodd y rhew o'r gogledd i lawr dros lawer o Brydain, nes bod y rhan fwyaf o'r wlad, o dan haenen enfawr o rew trwchus, gan ddileu'r rhan fwyaf o'r planhigion a'r creaduriaid. I ni yng Nghymru, dim ond rhan fechan o'r de-ddwyrain a ddihangodd rhag y rhew.

Rhwng pob rhewlif bu cyfnodau tynerach, pan ddaeth llawer o'r tyfiant yn ôl, gan ailadrodd y patrwm yn y rhewlif nesaf. Dechreuodd y rhewlif olaf gilio'n ôl tua'r gogledd oddeutu 15,000 o flynyddoedd yn ôl, ac wrth i'r hin gynhesu, ymledodd y

Bu rhewlifau fel hyn dros y rhan fwyaf o Gymru flynyddoedd yn ôl. Llun o'r Ynys Las, 1989

Yng Nghwm Idwal gwelir effaith y rhew yn hollti'r creigiau. 2009

Roches moutonnées: creigiau llyfn wedi eu siapio gan y rhewlif yn ystod Oes yr Iâ. Cwm Idwal, 1998

Mae ambell glwt o eira yn aros am fisoedd ar y mynydd. 'Esgyrn eira' yw'r enw gan rai. Yr Wyddfa, 1986

tyfiant hefyd tua'r gogledd, gan feddiannu'r tir noeth lle bu'r rhew. Erbyn tua 10,000 o flynyddoedd yn ôl roedd y rhew wedi cilio, ac erbyn ein dyddiau ni, dim ond mewn ambell lecyn uchel ym mynyddoedd yr Alban y mae'r eira yn parhau dros fisoedd yr haf. Wrth i'r hin gynhesu ac i'r rhew gilio, deuai'r pridd yn fwy sefydlog, gyda mwy a mwy o blanhigion yn ymsefydlu. Ymledai'r coed bedw a'r pîn, ac yna deuai cyfnod o goed derw a rhai conwydd, gan arwain yn raddol at y math o lystyfiant sy'n gyfarwydd i ni heddiw.

Roedd hyn i gyd yn waith araf. Roedd hi'n dal yn oer, gyda llawer o blanhigion Arctig-Alpaidd fel y Derig (*Dryas octopetala* Mountain Avens), Creiglusen (*Empetrum nigrum* Crowberry), ac ambell glwt o'r Ferywen (*Juniperus communis* Juniper) a'r Gorfedwen (*Betula nana* Dwarf Birch). Dyma gyfnod y **twndra** agored, tebyg i ogledd Norwy a Sweden heddiw, gydag amrywiaeth o bridd a chynefinoedd – rhostir a gweundir, glaswelltir a chorsydd yn ogystal ag ambell lecyn coediog.

Daeth Oes yr Iâ i ben oddetu 10,000 o flynyddoedd yn ôl, a rhennir yr amser o hynny hyd heddiw yn bump o gyfnodau, fel hyn, pob un gyda'i hinsawdd nodweddiadol (Pennington, 1970):

Cyfnod	*Hinsawdd*	*Dyddiad*
Is–Atlantaidd	Oer a gwlyb	
Is–Boreal	Cynnes a sych	*c.* 500 cc
Atlantaidd	Cynnes a gwlyb	*c.* 3,000 cc
Boreal	Cynhesach a sych	*c.* 5,500 cc
Cyn–Boreal	Is–Arctig	*c.* 7,600 cc

Mae manylion y newidiadau yn yr hinsawdd a'r llystyfiant yn gymhleth a dadleuol, ond y mae rhai o'r prif dueddiadau yn weddol glir. Er enghraifft, pan ddechreuodd y rhew gilio wrth i'r hin gynhesu, dechreuodd y coed ymledu ar y twndra agored. Y Fedwen (*Betula pubescens*) oedd y gyntaf. Mae hon yn gallu gwrthsefyll yr oerfel, ac yn lledaenu'n gyflym wrth i'r hadau mân gael eu cludo ar y gwynt. Yn fuan iawn daeth y coed Cyll (*Corylus avellana*) ac yna'r Llwyfen (*Ulmus*) a'r Dderwen (*Quercus*).

Wrth i'r rhew doddi fe gododd lefel y môr, ac erbyn oddeutu 5,500 cc fe ynyswyd Prydain oddi wrth y Cyfandir, gan rwystro llawer o blanhigion (ac anifeiliaid) rhag cyrraedd yma. Dyna pam fod llawer iawn mwy o wahanol blanhigion yn Ffrainc nag ym Mhrydain.

Darnau o goed yn y mawn – bedw mae'n debyg. Cwm Idwal, 1984

Bonion coed ar y traeth, Y Borth, ger Aberystwyth, 1987

Lle roedd y blodau yn ystod y rhew mawr? – problem y nunataciau (*nunataks*)

Gwyddom fod amryw o flodau Arctig-Alpaidd prin yn tyfu heddiw ar rai o'r mynyddoedd; er enghraifft, Lili'r Wyddfa (*Gagea (Lloydia) serotina*) a'r Tormaen Siobynnog (*Saxifraga cespitosa* Tufted Saxifrage) yn Eryri.

A ydi'r rhain a'u tebyg wedi cyrraedd yma ar ôl i'r rhew gilio neu a oeddynt wedi goroesi'r rhewlif ar ben rhai o'r mynyddoedd? Bu llawer o anghytuno ymysg botanegwyr. Y gair am gopa

Pennau'r mynyddoedd uwchben y rhewlif. Dyma'r nunataciau, a fu'n lloches i rai planhigion ym Mhrydain yn ystod Oes yr Iâ. Y llun hwn o Svalbard, yn yr Arctig, 1995

mynydd sy'n uwch na'r rhewlif yw **nunatac.** Efallai i chi sylwi ar rai ohonynt os buoch yn hedfan dros yr Ynys Las (*Greenland*) ar eich ffordd i Ogledd America. Erbyn heddiw, y farn gyffredin yw *fod* y nunataciau wedi rhoi lloches i lawer o'r planhigion prin am filoedd o flynyddoedd yn ystod cyfnodau o rew mawr. Beth bynnag sy'n wir, gallwn fynd i Gwm Idwal a lleoedd tebyg yn y gwanwyn a'r haf i weld a mwynhau rhai o flodau'r mynydd.

Cyfrinach y paill

Daw llawer o'r wybodaeth am hanes ein llystyfiant oddi wrth yr hyn a elwir yn ddadansoddiad y paill (*pollen analysis*). Rydym i gyd wedi clywed am gyrff dynol yn cael eu darganfod mewn corsydd ar ôl miloedd o flynyddoedd. Yn yr un modd, y mae mawn yn gallu cadw darnau o blanhigion rhag pydru, hefyd am filoedd o flynyddoedd – peth cyffredin yw dod o hyd i ddarnau o goed bedw neu dderw yn y fawnog mewn lleoedd fel Cwm Idwal. Yn rhyfedd iawn, gall gronynnau paill hefyd wrthsefyll pydru am gyfnodau hir.

Tyllu i lawr drwy'r mawn, Cors Fochno, Ceredigion, Awst 1992

Mae'r paill yn hynod o ysgafn a chaiff ei gario gan y gwynt, gan ddisgyn yn aml ar y mawnogydd, a'r mwd yn y llynnoedd. Y gamp yw turio i lawr i'r fawnog, ac yna trin sampl o'r mawn yn y labordy i wahanu'r gronynnau paill oddi wrth weddill y mawn. Wedyn, daw'r dasg fanwl a diflas o archwilio'r sampl yn ofalus o dan y microsgop er mwyn adnabod y gwahanol ronynnau. Yn ffodus, y mae croen allanol y gronynnau paill yn hynod o galed, a gellir adnabod paill o wahanol goed yn ôl eu maint a'u siâp.

Po ddyfnaf yn y fawnog y daw'r sampl, ymhellaf yn ôl mewn amser y ffurfiwyd y mawn, ac felly, gallwn gael syniad go lew o'r math o goed oedd yn tyfu mewn ardal arbennig ar gyfnod arbennig. Un o'r arloeswyr yn y maes hwn oedd yr Athro Harry Godwin, Caergrawnt, a cheir yr hanes yn llawn yn ei glasur *The History of the British Flora,* 1956.

Gellir penderfynu oed rhywbeth sy'n cynnwys sylwedd organig, megis bonion coed, a rhannau o'r mawn gan ddefnyddio'r dull dyddio radio–carbon (*radio-carbon dating*). Mae gan y rhan fwyaf o elfennau ddwy ffurf a elwir yn *isotopau,* sef ffurfiau gyda más atomig gwahanol. Mae gan

Harry Godwin

garbon un isotop ansefydlog a elwir yn 14C (*carbon-14*) sy'n dadfeilio'n ymbelydrol gyda hanner-oes o 5,730 mlynedd. Ffurfir 14C yn yr awyr pan newidir atomau o nitrogen gan belydredd cosmig, a'r rheini'n cael eu hocsigeneiddio i 14 CO_2. Mae planhigion yn cymryd y CO_2 i mewn yn ystod ffotosynthesis, a phan fydd y planhigyn farw mae'r 14C yn dadfeilio, ac felly mae'r hyn sy'n weddill yn dangos oed y planhigyn. Dyma sail dyddio 14C (*carbon-14 dating*). Bellach, gellir mesur oed planhigion (yn gywir o fewn degawdau) yn ystod y cyfnod ar ôl y rhewlif diwethaf, sef oddeutu 10,000 o flynyddoedd.

Wrth benderfynu oed y mawn, a gweld pa ronynnau paill sy'n rhan ohono, gallwn gael syniad go dda o ba goed oedd yn tyfu yn y cyfnod hwnnw.

NODWEDDION FFISEGOL YR ECOSYSTEM:

TIRWEDD, DAEAREG, PRIDD, HINSAWDD

Tirwedd

Mae gan uchder y tir effaith sylweddol ar y tywydd. Ar y cyfan, mae'r tymheredd yn gostwng 1° F am bob 300 troedfedd. Felly, gan fod Yr Wyddfa yn 3,560 troedfedd o uchder, a Llanberis tua 350, gallai'r tymheredd fod yn 11°F yn is ar y copa nag yn Llanberis. Hefyd mae goledd (*slope*) yn effeithio ar ddraeniad a sefydlogrwydd y tir, yn ogystal ag agwedd (*aspect*) ac ongl yr haul. Mae sefydlogrwydd y tir yn effeithio ar dyfiant planhigion. Mewn safle oer, lle ceir rhew caled, gall y pridd ymlithro i lawr y llethr, neu gall sgri ddatblygu ar dir serth, gan ei gwneud yn anodd iawn i blanhigion wreiddio a sefydlu. Yn yr eithaf arall, mewn ceg afon neu forfa, gall y tir fod mor wastad fel bod mwd gwlyb yn datblygu, a hwnnw hefyd yn ansefydlog iawn.

Mae agwedd y tir yn bwysig. Pan fo llethr yn wynebu'r de, mae'n dal mwy o oleuni a gwres yr haul nag un sy'n wynebu'r gogledd. Ar y cyfan, mae gwell tyfiant wrth wynebu'r haul ond rhaid cofio fod rhai planhigion, megis Lili'r Wyddfa, y *Lloydia* yn ôl yr hen enw, yn ffafrio bod allan o lygad yr haul. Hefyd, mae cysgod rhag y gwynt yn hynod o bwysig i lawer o blanhigion, hyd yn oed cysgod craig ar lechwedd y mynydd, a gwyddom mor brin yw coed ar benrhyn gwyntog.

Sgri ar y llethrau serth ger Rhaeadr Aber, 1996

Daeareg

Mae planhigion unrhyw ardal yn dra dibynnol ar y creigiau. Rhennir y creigiau yn dri math:

1. Creigiau **igneaidd** (*igneous*) wedi eu ffurfio o sylwedd poeth o fewn cramen y ddaear; er enghraifft, gwenithfaen, rhyolit a basalt.

2. Creigiau **gwaddodol** (*sedimentary*) wedi eu ffurfio gan ronynnau yn gwaddodi o dan ddŵr, er enghraifft, tywodfaen, carreg galch (calchfaen) a sialc.

Dyma gefnen o Garreg Galch, yn dangos ôl erydiad gan y tywydd. Llanarmon yn Iâl, Sir Ddinbych, 1962

Yr enghraifft orau o 'balmant calch' y gwn i amdani yw'r Burren, yng ngorllewin Iwerddon. 1979

Sarn y Cawr (*Giant's Causeway*). Y creigiau basalt (igneaidd) enwog ar arfordir Gogledd Iwerddon, Mai 2009

Chwarel Llanberis. Mae'r llechen las enwog yn enghraifft o graig fetamorffig. Mai 1994

3. Weithiau, newidir y creigiau gan bwysedd a gwres, gan greu creigiau **metamorffig,** megis llechfaen a marmor. Rhaid cofio fod caledwch creigiau'n amrywio'n fawr, a bod hyn yn effeithio ar pa mor gyflym y maent yn dadfeilio. Mae'r mwynau yn y graig hefyd yn amrywiol iawn a chaiff hyn gryn effaith ar dyfiant planhigion. Mae'r ganran o galch yn y graig yn bwysig iawn.

Dyma enghraifft o glymfaen (*conglomerate*) arfordirol. Llannon, Ceredigion, Mai 2005

Ers rhyw ddwy filiwn o flynyddoedd bu cyfnodau o dywydd 'arctig' dros lawer o Ewrop, a gellir sôn am yr holl gyfnod fel Oes yr Iâ, pryd y gorchuddiwyd y rhan fwyaf o Brydain gan drwch o rew hyd at rai miloedd o droedfeddi. Ond bu hefyd gyfnodau o hin dynerach, a chredir bellach y bu rhyw bedwar prif gyfnod o rewlifiant, a bod yr olaf wedi cilio rhyw 10,000 o flynyddoedd yn ôl. O dan y rhew cafodd llawer iawn o greigiau a cherrig rhydd, graean a thywod eu symud o gwmpas o dan effaith y rhew a'r dŵr. Dyma'r **drifft rhewlifol** sy'n gorchuddio llawer iawn o dir Cymru. **Clog-glai** (*boulder clay*) yw'r rhan fwyaf ohono, ond ceir hefyd lawer o **dywod a graean**, yn bennaf yn y dyffrynnoedd, a **llifwaddod** (*alluvium*) ger cegau'r afonydd.

Pridd

Beth ydi pridd? Gofynnwch i ddeg o bobl ac fe gewch ddeg o wahanol atebion. I bwrpas y llyfr hwn, gadwch inni gytuno ar 'y stwff y mae planhigion yn tyfu ynddo'. Rhaid i ni gytuno, felly, ei fod yn hynod o bwysig. Beth sydd mewn pridd? Gallwn sôn am dri pheth:

1. Y gronynnau mwynol (*mineral particles*) a ddaeth o'r creigiau. Mae'r rhain yn amrywio mewn maint, o'r cerrig, mawr a mân, i lawr i'r gronynnau clai sy'n llai na 0.002mm.

2. Deunydd organig, sef y deilbridd neu'r hwmws. Dyma'r hyn sy'n weddill o wastraff a charthion y planhigion a'r anifeiliaid ynghyd â'u cyrff marw.

3. Y rhan sy'n fyw, – yn cynnwys gwreiddiau'r planhigion, ffyngau, bacteria, a llu mawr o wahanol anifeiliaid bach a mawr – llawer ohonynt yn ficrosgopaidd.

Haenau pendant i'w gweld yn y pridd ar lan Llyn Aled, ar Fynydd Hiraethog yn Sir Ddinbych. Ffurfir y math hwn o bridd, y podsol, pan fo'r tir yn asidig a'r glawiad yn drwm. 1966

Wrth dorri twll yn y pridd, yn syth i lawr at y graig, fe welwn y trawstoriad, gyda nifer o haenau. Dyma'r proffil. Yn agos i'r wyneb y mae'r **uwch-bridd** (*topsoil*), sydd, gan amlaf, yn dywyll ei liw ac yn cynnwys y rhan fwyaf o weddillion y planhigion sydd wedi pydru. Yma hefyd y mae gwreiddiau'r planhigion a'r mwyafrif o'r bywyd mân – o'r pryfed genwair i lawr i'r bacteria.

Mae'r **is-bridd** (*subsoil*) yn aml yn oleuach ei liw ac yn cynnwys llawer o ddarnau o graig o bob maint. Dyma lle mae'r mwynau'n dadfeilio a lle mae maeth y planhigion yn cael ei ryddhau. O dan yr is-bridd y mae'r **deunydd gwreiddiol** sydd wedi rhoi bod i'r pridd yn y lle cyntaf. Fel rheol dyma'r graig soled. Mae'r dyfnder i lawr at y graig yn dibynnu llawer ar ansawdd y graig ei hun, a pha mor hawdd y mae'n dadfeilio, yn ogystal â pha mor hir y bu'r pridd yn ffurfio. Weithiau, gall y pridd ddatblygu'n uniongyrchol o'r graig oddi tanodd, er enghraiff pan fo'r garreg galch yn agos i'r wyneb, ond dros y rhan fwyaf o Gymru mae'r pridd wedi datblygu o'r drifft a gariwyd yma ac acw gan y rhewlif, y dŵr a'r gwynt. Mae'r drifft yn aml yn gymysgfa gymhleth, a gariwyd ymhell o'r graig wreiddiol a roddodd fod iddo.

Hefyd, mae natur y pridd yn dibynnu llawer ar y glaw. Mae'r glaw yn cario mwynau i lawr drwy'r pridd yn y broses a elwir yn drwytholchi (*leaching*). Hefyd, yn arbennig ar dir uchel, lle ceir llawer o law, mae tueddi'r pridd fod yn llawn dŵr (*waterlogged*), a gwyddom i gyd pa mor gyffredin yw'r gors a'r fawnog ar fynydd-dir Cymru.

Beth yw nodweddion pridd sy'n effeithio ar dyfiant planhigion? Gallwn enwi pedair nodwedd:

- Lle sefydlog i dyfu ynddo. Ychydig iawn o blanhigion sy'n gallu gwreiddio mewn pridd sy'n debyg o gael ei aflonyddu a'i gario i ffwrdd gan y gwynt, megis twyni tywod, neu ei olchi i ffwrdd, fel mwd noeth.
- Natur a gwead y pridd. Mae'r gronynnau yn fân iawn mewn clai a'r pridd yn drwm, tra bod y gronynnau'n fras mewn pridd tywodlyd, sy'n ysgafn gyda gwead llac. Mae hyn yn effeithio ar allu'r gwreiddiau i dyfu drwy'r pridd, yn ogystal â pha faint o ddŵr ac aer y mae'r pridd yn ei ddal.
- Natur gemegol y pridd. Mae angen rhyw bedwar ar ddeg o elfennau ar y planhigion yn ogysal â'r carbon a ddaw o'r CO_2 yn yr awyr. Y rhai pwysicaf yw potasiwm, magnesiwm, calsiwm, nitrogen, ffosfforws a swlffwr. Y gweddill, yr elfennau hybrin, yw haearn, manganis, copr, cobalt, sinc, boron, molybdenwm a clorin. Mae pa faint o'r elfen sydd ei angen yn amrywio o un rhywogaeth i'r llall. Hefyd, gall gormod o rai elfennau eraill, megis alwminiwm a phlwm fod yn wenwynig.
- pH y pridd – sef asidedd neu alcalinedd. Mesurir pH (sef y dwysedd o ïonau hydrogen) ar raddfa o 1-14. Mae pH isel yn asidig a pH uchel yn alcalïaidd. Mae pH 7 yn niwtral. Mae hyn yn effeithio ar allu'r planhigyn i dderbyn elfennau o'r pridd. Er enghraifft, pan fo pH y pridd yn 8.5 (alcalïaidd) y mae anhawster i gael

ffosfforws, haearn, boron a chopr, ond mewn pridd asidig iawn, megis pH 4.5, os oes haearn yn y pridd, yna mae'r planhigyn yn gallu ei ddefnyddio, ond caiff anhawster i amsugno'r mwynau eraill er eu bod yn y pridd.

Mae priddoedd yn amrywio'n fawr o le i le a gwelwn rai planhigion yn tyfu'n dda ar ambell bridd ond yn methu'n lân ar bridd gwahanol heb fod ymhell i ffwrdd. Mae hyn yn dibynnu ar briodweddau ffisegol a phriodweddau cemegol y pridd. Cawn sôn mwy am hyn eto.

Y Planhigion Calchgar a'r Planhigion Calchgas

Os ydych, fel fi, yn gyfarwydd â'r garreg galch yn eich ardal, efallai eich bod wedi sylwi fod rhai planhigion yn llawer mwy cyffredin ar dir calchog, a rhai eraill yn llawer mwy cyffredin ar dir sur (asidig). Y gair am y rhai cyntaf yw planhigion **calchgar** (*calcicole*) a'r rhai ar dir asidig yn blanhigion **calchgas** (*calcifuge*). Dyma ychydig o enghreifftiau.

Planhigion Calchgar

Rhosyn y Graig
(*Helianthemum nummularium*
Common Rock-rose)
Bwrned (*Sanguisorba minor*
Salad Burnet)
Llyriad Llwyd (*Plantago media*
Hoary Plantain)
Crydwellt (*Briza media*
Quaking-grass)
Barf yr Hen Ŵr (*Clematis vitalba* Traveller's-joy)

Gelwir planhigion arbennig y tir calchog yn blanhigion calchgar, y maent yn 'caru'r calch'. Dyma Farf yr Hen Ŵr (*Clematis vitalba* Traveller's-joy). Rhiwleldyn, Llandudno, Medi 1994

Planhigion Calchgas

Bysedd y Cŵn (*Digitalis purpurea* Foxglove)
Brwynen Droellgorun (*Juncus squarrosus* Heath Rush)
Grug (*Calluna vulgaris* Heather)
Cawnen Ddu (*Nardus stricta* Mat-grass)
Llafn y Bladur (*Narthecium ossifragum* Bog Asphodel)

Gellid ychwanegu llawer mwy, a rhaid cofio hefyd fod llawer o blanhigion yn gallu tyfu ar y ddau fath o bridd. Beth yw'r eglurhad am y patrwm yma?

Ers dros ganrif bu ecolegwyr yn astudio'r broblem ac yn ceisio datrys cyfrinach y patrwm. Mor gynnar â 1911 cyhoeddodd Arthur Tansley, ecolegydd enwocaf Prydain, ei lyfr *Types of British Vegetation,* lle mae'n trafod y mater. Ai diffyg cystadleuaeth rhwng y gwahanol rywogaethau sy'n gyfrifol am eu dosbarthiad? Nage, meddai Tansley, ond beth yw nodweddion y priddoedd calchaidd sy'n eu gwneud yn fanteisiol i'r planhigion calchgar? Ai nodweddion cemegol ynteu rhai ffisegol? Gobeithia'r awdur y daw'r ateb yn fuan.

Ganrif yn ddiweddarach mae rhai agweddau o'r sefyllfa eto heb eu datrys yn llwyr, ond gallwn amlinellu rhai atebion. Mae toddadwyedd (*solubility*) ïonau metalig yn amrywio'n fawr yn ôl y pH a gall hyn effeithio'n fawr ar batrwm y llystyfiant. Y mae gallu planhigion i amsugno mwynau maethlon o'r pridd yn dibynnu'n fawr ar y pH, ac mae cryfder (*concentration*) ïonau gwenwynig hefyd yn amrywio yn ôl yr asidedd. Gall alwminiwm fod yn wenwynig pan fo'r asidedd yn is na pH 4, gan rwystro planhigion calchgar rhag amsugno mwynau ac arafu tyfiant eu gwreiddiau. Mae'r planhigion calchgas yn gallu ymdopi'n well mewn priddoedd felly, trwy ddal yr ïonau alwminiwm gan rwysto eu heffaith gwenwynig.

I'r gwrthwyneb, mewn priddoedd gyda pH uchel mae'r planhigion calchgas yn dioddef o brinder mwynau fel haearn, magnesiwm a rhai elfennau prin. Maent yn datblygu clorosis – lle mae'r dail yn troi'n wyn o brinder cloroffyl. Mewn sefylla felly mae'r planhigion yn methu defnyddio'r haearn oherwydd bod gormod o galsiwm yn y pridd.

Fel rheol nid yw planhigion calchgar mor gystadleuol â'r rhai calchgas, a'r canlyniad yw fod llystyfiant calchgar yn fwy amrywiol fel arfer, gyda mwy o rywogaethau nag mewn llystyfiant calchgas.

Rhaid cofio nad ydi'r sefyllfa ym myd natur bob amser mor glir a diamwys ag y tybiwn, a rhaid sylweddoli bod llawer o blanhigion yn tyfu'n llwyddianus ar briddoedd o amrywiol pH. Hefyd, gall asidedd y pridd amrywio'n fawr o le i le mewn un ardal, gan greu patrwm o blanhigion calchgar a chalchgas yn gymysg â'i gilydd. Yn ein hardal ni yn Licswm yn Sir Fflint mae yna lain o dir comin sy'n cael ei bori gan ddefaid. Mae hyn ar y garreg galch, gyda'r graig yn brigo i'r wyneb yma ac acw. Mae'r planhigion calchgar, Rhosyn y Graig, y Bwrned a llu o rai eraill yn gyffredin. Ond yma ac acw, er syndod ar yr olwg gyntaf, mae sypiau o'r Grug ac ambell esiampl o Fysedd y Cŵn yn ymddangos – planhigion, 'yn ôl y llyfr' a ddylai fod ar dir sur, nid ar dir calchog. A'r eglurhad? Mae o leiaf ddau ateb. Yn gyntaf, cofiwn fod y rhew yn ystod Oes yr Iâ wedi gwthio a chario pob math o bridd a cherrig o gwmpas, ac yma, ar y tir comin a'r garreg galch nid yw'n syndod fod dyfnder y pridd yn amrywio'n fawr o le i le, ac felly hefyd ei pH a bod planhigion gwahanol yn cartrefu arno. Hefyd, yn ail, mewn gwlad o lawiad uchel fel Cymru, mae'r glaw yn cario mwynau i lawr drwy'r pridd, a gall y pH amrywio yn ôl y dyfnder. A'r canlyniad? Gwahanol blanhigion yn gwreiddio mewn gwahanol haenau o'r pridd, a'r calchgar a'r calchgas yn *ymddangos* eu bod yn rhannu'r un tŷ.

Hinsawdd

Gellir diffinio hinsawdd fel cyfartaledd y tywydd dros gyfnod o flynyddoedd. Mae'n cynnwys yr hyn sy'n effeithio ar y planhigion a'r anifeiliaid, a dyma sy'n bennaf gyfrifol am eu lleoliad a'u dosbarthiad.

Gallwn nodi'r agweddau canlynol, ond rhaid cofio nad ydynt yn gweithio'n annibynnol ar ei gilydd.

1. tymheredd y pridd a'r awyr.
2. y tymor tyfu: ei hyd a'i ansawdd.
3. rhew: pa mor oer a pha mor aml y mae'n digwydd, a'r tebygrwydd o gael tymheredd andwyol (o dan -3°C) yn gynnar neu'n hwyr yn y tymor.
4. glaw: cyfanswm, a dosraniad tymhorol.
5. lleithder (*humidity*), yn enwedig y rhif isaf (*minimum value*) a'r effaith ar drydarthiad (*transpiration*).
6. eira: pa faint a pha mor hir.
7. gwynt: cryfder a chyfeiriad, a pha faint o gysgod sydd ar gael.
8. heulwen: cryfder ac am ba hyd.

Mae pob un o'r rhain yn dylanwadu ar dyfiant y planhighion, a llawer yn effeithio ar ei gilydd. Er enghraifft, mae gwynt cryf yn cynyddu trydarthiad, ac mae haenen o eira yn lliniaru effaith y rhew ar y pridd.

Yn llai amlwg, ond yn hynod bwysig mae'r **microhinsawdd**, sef y gwahaniaeth yn yr hinsawdd ar raddfa fach, leol. Er enghraifft, gall y tymheredd a'r lleithder amrywio'n fawr ar dir anwastad, neu hyd yn oed obobtu craig. Mae tyfiant mwsog, cen a rhedyn yn aml yn wahanol iawn ar ddwy ochr coeden sy'n tyfu mewn llecyn agored.

Rhaid cofio bod tywydd eithafol yn aml yn bwysicach na chyfartaled hir-dymor. Collwyd llawer o blanhigion megis yr Eithin yn ystod rhew caled 1962-63 a hefyd 1981-82, a bu'r sychder eithriadol yn ystod haf 1976 yn angheuol i amryw o blanhigion. Mae effaith y tymhorau hefyd yn hollbwysig, ac i'r mwyafrif o'n planhigion, y gaeaf yw'r tymor anffafriol ac fe ŵyr pob garddwr fod noson neu ddwy o rew caled yn angheuol i rai mathau o blanhigion tramor fel Betsan Brysur (*Impatiens Busy Lizzie*). Mae gan ein planhigion brodorol eu dulliau arbennig o oroesi'r gaeaf. Mae'r rhan fwyaf o'n coed llydanddail megis yr Onnen, y Llwyfen a'r Gollen yn bwrw eu dail cyn y gaeaf; mae Clychau'r Gog a Dant-y-llew yn storio bwyd o dan y ddaear, tra bo'r planhigion unflwydd fel Pwrs y Bugail a'r Pabi Coch yn marw'n gyfangwbl ac yn goroesi'r gaeaf fel hadau yn y pridd, i egino a chynhyrchu planhigyn newydd pan ddaw'r gwanwyn.

PENNOD 6

PLANHIGION BRODOROL A PHLANHIGION ESTRON

Mae llawer o bobl yn holi 'Faint o flodau gwyllt sy'n tyfu yn y wlad yma?' Yn ogystal â'r mater pigog o'r hyn a olygir wrth 'y wlad yma', mae hwn yn gwestiwn digon dyrys.

Yn 2002 cyhoeddwyd *New Atlas of the British and Irish Flora* gan Pearman, Preston a Dines. Dyma'r arolwg manylaf o ddigon o'i fath a wnaed hyd yn hyn. Bu dros 1,600 o wirfoddolwyr yn cofnodi'r wybodaeth am wyth mlynedd. Cofnodwyd bron i 3,000 o rywogaethau. **O'r rhain, roedd ychydig dan 1,400 yn frodorol a thros 1,550 yn estron.** Yn ei glasur safonol *New Flora of the British Isles* mae'r Athro Clive Stace yn tystio yn y trydydd argraffiad (2010) ei fod yn trafod 4,800 o wahanol blanhigion (rhywogaethau, isrywogaethau ac ati). Sylwch fod hyn yn llawer mwy nag yn yr *Atlas,* oherwydd fod Stace wedi cynnwys isrywogaethau, croesrywogaethau (*hybrids*) a mwy o blanhigion achlysurol (*casuals*). Gallwn sôn am amryw o lyfrau tebyg, a phob un yn amrywio rhywfaint yn y nifer o blanhigion sy'n cael eu trafod. Ond rydym yn o agos i'n lle wrth awgrymu bod rhyw fil a hanner o blanhigion brodorol yng ngwledydd Prydain.

Ond efallai eich bod yn gofyn beth ydi ystyr planhigion brodorol. Yr ateb arferol ydi planhigion sydd wedi cyrraedd yr ynysoedd hyn heb ymyrraeth dyn, tra mai planhigion estron yw'r rhai y mae dyn wedi eu cyflwyno, yn fwriadol neu'n anfwriadol. O blith y brodorion gellid enwi'r Fedwen Arian (*Betula pendula* Silver Birch), Meillionen Wen (*Trifolium repens* White Clover) a Llygad y Dydd (*Bellis perennis* Daisy) tra bo'r estroniaid yn cynnwys Catanwyddan y Meirch (*Aesculus hippocastanum* Horse-chestnut), Marddanhadlen Goch (*Lamium purpureum* Red Dead-nettle) a Llysiau Pen-tai (*Sempervivum tectorum* House-leek). Ambell dro mae gwananiaeth annisgwyl rhwng dau blanhigyn tebyg i'w gilydd. Er enghraifft, mae'r Fasarnen Fach (*Acer campestre* Field Maple) yn frodorol, tra bo'r Fasarnen (*Acer pseudoplatanus* Sycamore) yn estron. Mae'r Yswydden (*Ligustrum vulgare* Wild Privet) yn frodorol, ond Yswydden yr Ardd (*Ligustrum ovalifolium* Garden Privet) yn estron, wedi cyrraedd yma o Japan.

Mae'r planhigion canlynol i gyd wedi eu cyflwyno i Brydain o wledydd tramor, fel blodau gardd. Mae pob un wedi ymledu i'r gwyllt dros rannau helaeth o'r wlad.

Crib y Ceiliog (*Crocosmia crocosmiiflora* Montbretia) Dale, Sir Benfro, Awst 2011

Triaglog Coch (*Centranthus ruber* Red Valerian) Bodfari, Sir Fflint, 1969

Ffigysen yr Hotentot (*Carpobrotus edulis* Hottentot-fig) Llaneilian, Sir Fôn, Mai 2010

Llin y Fagwyr (*Cymbalaria muralis* Ivy-leaved Toadflax) Helygain, Sir Fflint, Mehefin 2001

Un o'r planhigion estron diddorol yw'r Erwain Dail Helyg (*Spiraea salicifolia* Bridewort). Rydw i'n gyfarwydd â hwn fel planhigyn gwrych, yn ardal Cerrig-y-drudion a'r Bala ers blynyddoedd, yn tyfu yn y gwrychoedd obobtu'r ffyrdd. Yr enw lleol arno yw Gwrych Sbrias, (llygriad o *Spiraea* mae'n debyg) a'r traddodiad ydi fod y planhigyn wedi ei blannu yn yr ardal ar ystad y Rhiwlas flynyddoedd yn ôl, fel lloches i adar gêm, ac wedi lledaenu yn y gwrychoedd. Mae ymchwil ddiweddar wedi dangos bod rhyw ddwsin o wahanol rywogaethau o *Spiraea* bellach wedi ymgartrefu yn yr ynysoedd hyn, yn arbennig *S. douglasii* a'r rhai croesryw *S.* x *rosalba*, a *S.* x *pseudosalicifolia* wedi cyrraedd yma fel planhigion gardd ac yna wedi dianc i'r gwyllt. Gweler y llun ym mhennod 37.

Dyma ragor o'r planhigion estron sy'n fwy neu lai cyfarwydd ar hyd a lled Cymru:

Wermod Wen (*Tanacetum parthenium* Feverfew)
Planhigyn gweddol dal gyda blodau tebyg i Lygad y Dydd ac aroglau cryf a blas chwerw ar y dail. Yn draddodiadol dda at gur pen. Yn frodorol o Gyfandir Ewrop.

Triaglog Coch (*Centranthus ruber* Red Valerian)
Cyrhaeddodd o ardal Môr y Canoldir yn yr 17 ganrif. Cofnodwyd gan Edward Llwyd ar waliau Abaty Margam yn 1698. Mae wedi lledaenu'n gyflym yn ystod y can mlynedd diwethaf ar waliau, creigiau glan y môr, hen chwareli a rheilffyrdd.

Tresi Aur (*Laburnum anagyroides* Laburnum)
Coeden hyd at 8 metr. Yn frodorol o dde Ewrop. Cyrhaeddod Brydain yn 1590 ac mae bellach wedi cynefino dros ran helaeth o dde Lloegr a hefyd mewn rhannau o Sir Benfro a Sir Gaerfyrddin. Planhigyn gwenwynig iawn yn ôl y sôn, er bod eraill yn tystio fod anifeiliaid fferm yn ei fwyta'n ddianaf. Mae rhodfa enwog o'r Tresi Aur yng ngardd Bodnant yn Nyffryn Conwy.

Trwyn y Llo Dail Eiddew neu Llin y Fagwyr (*Cymbalaria muralis* Ivy-leaved Toadflax)
Planhigyn bach gyda blodau lliw porffor golau yn tyfu ar waliau. Cyrhaeddodd i Lundain o dde Ewrop tua 1719 fel blodyn gardd. Mae'n tyfu'n wyllt, ond yn agos i dai a gerddi. Mae coesyn y blodyn yn tyfu allan i hyrwyddo peillio gan bryfetach, ac yna, ar ôl i'r ffrwyth ddatblygu, mae'r coesyn yn tyfu'n ôl at y wal i osod yr hadau rhwng y cerrig.

Clychau'r Tylwyth Teg (*Erinus alpinus* Fairy Foxglove)
Blodyn bach del iawn, yn wreiddiol o fynyddoedd yr Alpau. Dechreuwyd ei dyfu ym Mhrydain fel planhigyn gardd yn 1739. Mae'n tyfu yma a acw yng Nghymru (ar nifer o hen waliau brics yn Sir Fflint, er enghraifft), ond yn fwy cyffredin yn yr Alban. Hawdd ei dyfu fel planhigyn gardd gerrig. Ar ei orau ym mis Mai.

Cyfardwf Glas (*Symphytum* x *uplandicum* Russian Comfrey)
Planhigyn mawr, gwrychog, gyda blodau glas neu borffor. Dechreuwyd ei ddefnyddio fel porthiant gwartheg tua dechrau'r 19 ganrif. Dechreuodd dyfu'n naturiol o gwmpas ffermydd, a bellach mae'n weddol gyffredin ar dir gwyllt, ochr ffyrdd ac ar gyrion coedydd.

Chwynnyn Pinafal (*Matricaria discoidea* Pineappleweed)
Planhigyn bach braidd yn ddinod sy'n eithaf cyffredin ar hyd ochrau ffyrdd, ar fuarth ffermydd ac ar dir garw. Blodau melynwyrdd mewn pennau tyn, a dail mân, gydag aroglau cryf fel pinafal. Sylwyd arno gyntaf ym Mhrydain yn 1871, ac ymhen rhyw hanner can mlynedd, gyda dyfodiad y cerbyd modur, dechreuodd ymledu'n gyflym iawn i bob cyfeiriad. Mae'r hadau'n cael eu cario yn y mwd sy'n glynu wrth olwynion cerbyd.

Crib y Ceiliog (*Crocosmia crocosmiiflora* Montbretia)
Planhigyn gardd adnabyddus gyda dail hirion a blodau oren, amlwg. Datblygwyd yn Ffrainc yng nghanol y 19 ganrif fel croesryw rhwng dwy rywogaeth o Dde Affrica. Dechreuwyd ei dyfu mewn gerddi ym Mhrydain ac yn fuan iawn dihangodd a thyfu fel blodyn gwyllt. Yng Nghymru mae'n gyffredin mewn rhannau o'r gorllewin, yn tyfu ym môn y cloddiau.

Helyglys Seland Newydd (*Epilobium brunnescens* New Zealand Willowherb)
Mae'r rhan fwyaf o'r planhigion estron yn tyfu yn agos at ddyn a'i gynefin, ond dyma un sydd wedi cyrraedd o ben draw'r byd ac wedi torri pob rheol. Y tro cyntaf i mi ei weld oedd ar un o lwybrau'r mynydd uwch ben Llyn Idwal yn Eryri, flynyddoedd yn ôl. Dechreuodd fel blodyn gardd, ac yna ymledu yn 1908 i dir caregog, ffyrdd y goedwig, ochrau nentydd a llwybrau'r mynydd. Mae wedi cyrraedd llawer o'r tir uchel yng Nghymru, ac yng Nghernyw, gogledd Lloegr a'r Alban ond mae'n brin iawn ar lawr gwlad yn ne Lloegr. Planhigyn bychan, ymgripiol ydyw, gyda dail bach crwn a blodau pinc golau. Mae'n perthyn i deulu'r Helyglys (Willowherbs) ac fel pob un o'r teulu mae'r hadau mân yn cael eu cario ymhell gan y gwynt.

Y Pechaduriaid Mawr – Rhai o'r gelynion pennaf o blith yr estroniaid:
Mae'n ffasiynol gan rai i bardduo pob planhigyn estron, yn unig am ei fod yn estron. Go brin fod hyn yn synhwyrol, ond mae ambell un yn peri gofid. Dyma'r rhai pwysicaf:

Rhododendron (*Rhododendron ponticum* Rhododendron)
Dros rannau helaeth o Eryri, dyma'r gelyn mawr. Mae llawer rhywogaeth o'r Rhododendron wedi cael eu tyfu mewn gerddi am dros ddau can mlynedd, ond mae

hwn, *R. ponticum*, sy'n hannu o ddwyrain Ewrop, wedi aros yn hwy na'i groeso. Cafodd ei blannu yn y coed ar y stadau mawr ar gyfer adar gêm, yn ogystal ag fel planhigyn i harddu'r gerddi, ond unwaith y mae'n cael gafael, mae'n hynod o anodd i'w reoli. Mae'n gwrthsefyll llawer math o chwynladdwyr, ac yn aildyfu o hadau ac o ddarnau mân o'r planhigyn. Mae wedi tyfu'n wyllt dros filoedd o erwau yn Eryri, ac mae ei gysgod trwchus yn tagu popeth arall ac yn tlodi llechweddau cyfan. Cofiaf ddarllen rai blynyddoedd yn ôl mai'r amcangyfrif o'r gost i'w ddifa dros ogledd Cymru oedd £42 miliwn, yr adeg honno. Faint erbyn heddiw tybed? Yn ôl Stace (2010) efallai bod amryw o rywogaethau eraill o'r *Rhododendron* yn tyfu'n wyllt erbyn hyn.

Taglys Mawr (*Calystegia silvatica* Large Bindweed)

Does dim rhaid disgrifio hwn i unrhyw arddwr a fu'n ei ymladd yn yr ardd. Mae'r blodau mawr, gwyn yn ddigon hardd. Daeth yma o dde Ewrop dros ddau can mlynedd yn ôl, a bellach mae wedi ymsefydlu dros rannau helaeth o Gymru a Lloegr. Mae ei berthynas agos *C. sepium*, sef Taglys y Perthi yn debyg iawn iddo, ond yn frodorol. Mae gan y ddau wreiddiau hir (rhisomau – a bod yn fanwl gywir) yn y pridd, sydd bron yn amhosibl i'w difa, ac mae'r tamaid lleiaf yn aildyfu'n gyflym iawn ac yn tagu pob planhigyn arall. Gelyn y garddwr yn wir.

Clymog Japan (*Fallopia japonica* Japanese Knotweed)

Efallai mai dyma'r enwocaf, neu'r mwyaf gwaradwyddus o'r planhigion estron. Fel llawer ohonynt, daeth atom o Japan a chychwynnodd fel planhigyn gardd – un mawr ei barch ar y cychwyn yn 1825, i harddu'r gerddi mawr ac fel porthiant anifeiliaid. Erbyn 1885 dihangodd i'r gwyllt, a chychwynnodd ei anfadwaith ger Maesteg ym Morgannwg. Erbyn hyn y mae wedi sefydlu dros rannau helaeth o'r wlad ac yn peri blinder diddwedd i'r awdurdodau. Mae tameidiau o'r gwreiddiau (rhisomau) yn gallu datblygu'n blanhigion newydd mewn dim o dro, ac mae'r coesyn yn ddigon cryf i hollti concrit heb sôn am godi tarmac. Mae Clymog Japan yn tyfu'n gyflym dros ben, ac mae'n anodd iawn, iawn i'w ddifa. Does ryfedd ei bod bellach yn anghyfreithlon i'w dyfu'n fwriadol.

Efwr Enfawr (*Heracleum mantegazzianum* Giant Hogweed)

Ydi, mae hwn, fel ei enw Lladin, yn enfawr. Gall dyfu'n gyflym i fod dros bymtheg troedfedd (5m) o daldra, gyda choesyn pedair modfedd (10cm) ar draws, a dail hyd at wyth troedfedd (2.5m) o hyd. Mae'n perthyn i deulu'r moron, gyda chlystyrau mawr o flodau gwynion, mân. Daeth yma'n wreiddiol o dde-ddwyrain Asia ac mae'n tyfu'n wyllt yma ac acw yng Nghymru, er enghraifft yn Sir Fflint ar lannau'r Ddyfrdwy. Byddwch yn ofalus, mae'n gallu achosi llid ar y croen (*dermatitis*) yn enwedig pan fo'r haul yn gryf.

Dyma'r planhigion estron sy'n achosi trafferthion enbyd: gweler y manylion yn y bennod.

Rhododendron (*Rhododendron ponticum* Rhododendron), Nant y Ffrith, Sir Fflint, 1994

Y Gynffon Las (*Buddleja davidii* Butterfly-bush), Parc gwledig Rogiet, Sir Fynwy, Awst 2011

Efwr Enfawr (*Heracleum mantegazzianum* Giant Hogweed), Brynbuga, Sir Fynwy, Gorffennaf 1978

Clymog Japan (*Fallopia japonica* Japanese Knotweed), Downing, Sir Fflint, Medi 2006

Jac y Neidiwr (*Impatiens glandulifera* Indian Balsam neu Himalayan Balsam)
Dyma blanhigyn deniadol, gyda blodau mawr, lliwgar, a ffrwythau sy'n gallu ffrwydro gan daflu'r hadau allan yn sydyn. Does ryfedd felly fod garddwyr oes Fictoria yn mwynhau ei dyfu yn y tŷ gwydr. Ond, mae'n gallu tyfu'n llawn gwell y tu allan, ac erbyn hyn y mae'n gyffredin dros y rhan fwyaf o Brydain ar wahân i ogledd yr Alban. Mae'n gallu tyfu ar dir sych, ond ei hoff gynefin yw glannau'r afonydd, lle mae'n achosi problemau enbyd, gan dagu'r tyfiant cynhenid. Oherwydd ei gynefin mae'n anodd ryfeddol i'w reoli gyda pheiriannau, ac yn aml iawn y peth gorau yw cael nifer o wirfoddolwyr i'w dynnu â llaw. Gwaith araf!

Yn ystod 2015-16 ariannodd Llywodraeth Cymru gynllun i reoli Jac y Neidiwr yng Nghymru. Dywedir bod gwyddonwyr wedi dod o hyd i ffwng – math o lwydni – ym mynyddoedd yr Himalaia sy'n difa'r planhigyn, ond heb ymosod ar blanhigion eraill. Ar hyn o bryd (2016) mae arbrofion maes yn digwydd mewn pedwar lleoliad yng Nghymru, i fesur effeithiolrwydd y ffwng i reoli'r planhigyn

Y Gynffon Las (*Buddleja davidii* Butterfly-bush)
O Tsieina y daeth y planhigyn enwog a phoblogaidd hwn, gyda'i glystyrau mawr o flodau bychain, pinc. Mae'r hadau mân yn cario ar y gwynt ac yn egino'n hawdd ar dir diffaith, caregog. Ar ôl yr Ail Ryfel Byd roedd llawer o dir felly ar ôl y bomio a'r chwalu, a lledaenodd y *Buddleja* fel tân gwyllt yn enwedig ar y rheilffyrdd a'r tir diwydiannol ac yn y dinasoedd. Yng Nghymru, mae'n dal i ymledu, gan ymosod ar unrhyw adeilad gwag yn y trefydd mewn byr o dro.

Corchwyn Seland Newydd (*Crassula helmsii* New Zealand Pigmyweed).
Dim ond yn gymharol ddiweddar y daeth hwn i enwogrwydd, a go brin bod y dyn cyffredin yn gwybod llawer amdano. Mae'r *Crassula* yn blanhigyn bychan, dinod, yn tyfu mewn llynnoedd mawr a bach, camlesi, ffosydd a llawer math o dir gwlyb. Sylwyd arno yn y gwyllt yn 1956, ar ôl iddo gael ei dyfu'n fwriadol mewn gerddi a llynnoedd. Mae'n lledaenu'n gyflym, ac erbyn hyn yn tagu planhigion eraill ac yn anodd eithriadol i'w ddifa. Gelyn tawel, distadl – ond tra effeithiol a pheryglus.

Rhwyddlwyn Main (*Veronica filiformis* Slender Speedwell)
Planhigyn bach ymgripiol gyda blodau glas golau sy'n ymddangos mewn lawntiau. Cyrhaeddodd o wlad Twrci fel planhigyn gardd, ac yn 1927 dechreuodd ymledu i bob cyfeiriad. Nid yw'n magu hadau yn y wlad yma ond mae'n aildyfu'n gyflym o unrhyw ddarnau mân, ac mae'n anodd ei ddifa.

Mae problem y planhigion estron ei hun hefyd yn ymledu. Yn 2014 adroddwyd bod dau o blanhigion y dŵr, Rhuban y Dŵr (*Vallisneria spiralis* Tapegrass) a Ffugalaw Prinflodeuog (*Egeria densa* Large-flowered Waterweed) wedi eu darganfod yng Ngwlad yr Iâ, mewn llynnoedd daearwresol (*geothermal*). Dyma'r tro cyntaf i blanhigion dŵr, ymledol, gael eu cofnodi yn yr arctig neu'r is-arctig. (*New Journal of Botany* Vol. 2 No. 2 August 2014. 86-89).

Yn fuan ar ôl ysgrifennu'r bennod hon, cyhoeddwyd *Alien Plants* gan Clive A Stace & Michael J Crawley (2015) yn y gyfres enwog *New Naturalist*. Mae Pennod 11, sy'n trafod 52 o'r planhigion estron mwyaf cyffredin yn hynod o ddarllenadwy.

Sut mae adnabod y planhigion brodorol a'r planhigion estron?

Dyma gwestiwn sy'n poeni botanegwyr yn aml. Mae awdur pob *Flora* yn ceisio gwahaniaethu rhwng y rhywogaethau brodorol a'r rhai estron, ond ar ba sail? Ai efallai trwy ddilyn rhyw awdur blaenorol, neu trwy ddilyn eu trwyn gyda rhyw syniad annelwig fod y planhigyn dan sylw yn 'edrych fel bai'n perthyn' yn y fan a'r fan?

Yn 1985, yn y cyfnodolyn *Watsonia*, cafwyd erthygl allweddol ar y pwnc gan D A Webb, Athro Botaneg yng Ngholeg y Drindod, Dulyn, (Webb 1985) yn awgymu nifer o feini prawf, gwerth eu hystyried wrth geisio penderfynu. Dyma grynodeb o'r rhestr.

1. **Tystiolaeth y ffosiliau**
   Gellir ystyried ffosil o'r planhigyn wedi ei ddyddio o gyfnod ar ôl y rhewlif olaf a chyn cyfnod amaethu gan y dyn neolithig yn dystiolaeth bendant o statws brodorol.

2. **Tystiolaeth hanesyddol**
   Mae tystiolaeth ysgrifenedig fod rhai planhigion wedi eu cyflwyno i'r ynysoedd hyn ar ddyddiad arbennig, a does dim cofnod ohonynt cyn hynny. Gellir bod yn o sicr felly eu bod yn estroniaid.

3. **Cynefin**
   Os mai dim ond mewn cynefin o waith dyn y ceir planhigyn, yna mae'n debyg o fod yn estron; os yw'n tyfu'n gyffredin mewn cynefinoedd lled naturiol yna mae'n debyg o fod yn frodorol.

4. **Dosbarthiad daearyddol**
   Mae dosbarthiad di-fwlch (*continuous distribution*) yn awgymu statws brodorol, tra bod dosbarthiad digyswllt (*disjunct distribution*) yn llawer mwy cyffredin gyda phlanhigion estron. Ond rhaid bod yn ofalus – nid yw hyn yn wir bob tro.

5. **Ymledu a chynefino naturiol**
   Os yw planhigyn a ystyrir yn frodorol mewn un lle yn ymledu mwy a mwy mewn cynefin tebyg heb fod nepell i ffwrdd, yna rhaid amau'n gryf mai planhigyn estron ydyw.

6. **Amrywiaeth genetig**

Mae planhigion lle mae gwahaniaethau genetig clir rhwng gwahanol boblogaethau mewn tir agored a thir naturiol yn debygol o fod yn frodorol.

7. **Dulliau atgenhedlu**

Mae'n debygol fod planhigion brodorol yn gallu atgenhedlu trwy gyfrwng hadau, tra bod planhigion sy'n defnyddio atgynhyrchiad llystyfol (*vegetative reproduction*) yn unig yn llawer tebycach o fod yn estroniaid. Wrth gwrs, nid yw'r gwrthwyneb bob amser yn wir, gan fod llawer o blanhigion estron hefyd yn defnyddio hadau.

8. **Sut y gallai'r planhigyn ymledu?**

Cyn galw planhigyn yn estron dylid cael rhyw syniad o sut y cyrhaeddodd yma. Os na ellir awgrymu dull tebygol, mae hynny'n ddadl o blaid ei statws fel un brodorol.

Mae Webb yn pwysleisio mai'n anaml y gellir dibynnu ar un o'r canllawiau hyn yn unig, ond pan fo amryw yn arwain i'r un cyfeiriad gallwn fod yn weddol siŵr o'n pethau.

PENNOD 7

CHWYN

Beth ydi chwyn?

Y diffiniad gorau ydi'r un symlaf: Planhigion nad oes eu hangen – rhai sy'n tyfu yn y lle anghywir. Fel arfer, ond nid bob tro, cyfeirir at blanhigion na ddymunir eu cael yn tyfu ar dir sy'n cael ei drin.

Nodweddion

Mae'r rhan fwyaf o chwyn yn blanhigion unflwydd – llawer ohonynt â mwy nag un genhedlaeth mewn tymor, ac yn cynhyrchu llawer o hadau. Mae Pwrs y Bugail

(*Capsella bursa-pastoris* Shepherd's Purse) a'r Creulys (*Senecio vulgaris* Groundsel) yn enghreifftiau da. Mae eraill, fel y Taglys Mawr (*Calystegia silvatica* Large Bindweed) a Llysiau'r Gymalwst (*Aegopodium podagraria* Ground-elder) yn lluosflwydd. Mae chwyn yn ymddangos yn gyflym ar unrhyw ddarn o dir agored – tir lle nad oes neb yn trin y pridd.

Mae'r nifer o hadau a gynhyrchir gan un planhigyn yn amrywio'n fawr o un rhywogaeth i'r llall.

Taglys Mawr (*Calystegia sylvatica* Large Bindweed). Blodyn estron sy'n felltith yn yr ardd. Bodelwyddan, Sir Fflint, 1958

Chwyn	*Nifer yr hadau ar gyfartaledd*
Gwlydd y Dom (*Stellaria media* Chickweed)	2,500
Llydan y Ffordd (*Plantago major* Greater Plantain)	14.000
Pabi Coch (*Papaver rhoeas* Common Poppy)	17,000
Brwynen Galed (*Juncus inflexus* Hard Rush)	230,000

(o Salisbury, 1961, *Weeds & Aliens* tud. 22)

Wrth gynhyrchu cymaint o hadau, mae'r chwyn yn gallu llenwi darn o dir yn gyflym. Hefyd, mae gan rai chwyn y gallu i atgynhyrchu'n llystyfol (*vegetative reproduction*). Mae'r Blodyn Ymenyn Ymlusgol (*Ranunculus repens* Creeping Buttercup) yn un o'r enghreifftiau gorau (neu waethaf!) o hyn, gan ymgripio dros yr ardd yn rhyfeddol o gyflym. Ac os oes gennych brofiad o'r Marchwellt (*Elytrigia repens* Couch-grass) – 'sgwtsh' ydi'n gair ni – does dim rhaid eich atgoffa pa mor anodd yw cael gwared o'r gwreiddiau gwyn sy'n cordeddu drwy'r pridd i bob cyfeiriad.

Mynd a dod – edrych yn ôl

Rydym yn cysylltu'r rhan fwyaf o'n chwyn cyffredin heddiw â'r tir sy'n cael ei drin yn ein caeau a'n gerddi, yn ogystal â thir diffaith o bob math. Dyma lle mae dyn yn gadael ei ôl ar ei amgylchedd, ac mae'n anodd i ni ddychmygu lle y buasai planhigion o'r fath yn gallu byw cyn bod dyn yma o gwbl. Tybed a oedd ein chwyn ni yn byw ar y twyni tywod, y marianau, y tirlithriadau a lleoedd tebyg, lle mae'r pridd yn para'n rhydd a llac, gan roi cyfle i'r planhigion blwydd barhau o dymor i dymor?

Mae'n eithaf tebygol fod rhai o'r planhigion sy'n chwyn heddiw wedi eu tyfu'n fwriadol flynyddoedd lawer yn ôl. Mae hyn yn wir am un o'r gweiriau, y Pawrwellt Bach (*Bromus secalinus* Rye Brome) sy'n blanhigyn prin yng Nghymu heddiw, weithiau mewn caeau ŷd ac weithiau ar dir diffaith.

Dyma rai o'r chwyn cyffredin y gwyddom eu bod yma yn y cyfnodau Paleolithig a Mesolithig, mwy na 7,000 o flynyddoedd yn ôl (o Salisbury 1961, tud. 28, 29):

Helyglys Hardd (*Chamerion angustifolium* Rosebay Willowherb)

Ysgallen y Maes (*Cirsium arvense* Creeping Thistle)

Llaethlys yr Ysgyfarnog (*Euphorbia helioscopia* Sun Spurge)

Llau'r Offeiriad (*Galium aparine* Cleavers/Goosegrass)

Llyriad yr Ais (*Plantago lanceolata* Ribwort Plantain)

Blodau'r-ymenyn (*Ranunculus repens* Creeping Buttercup)

Suran yr Ŷd (*Rumex acetosella* Sheep's Sorrel)

Dail Tafol (*Rumex obtusifolius* Broad-leaved Dock)

Dant-y-llew (*Taraxacum officinale* Dandelion)

Carn yr Ebol (*Tussilago farfara* Colt's-foot)

Yn y cyfnod Neolithig (4,300 – 2,300 cc) gwyddom am y rhain:

Mwstard Gwyllt (*Sinapis arvensis* Charlock)

Mwg-y-ddaear (*Fumaria officinalis* Fumitory)

Gludlys Gwyn (*Silene latifolia* White Campion)

Yn ystod Oes y Pres (2,300 – 600 cc) cofnodir:

Troed-yr-ŵydd Gwyn (*Chenopodium album* Fat Hen)

Marddanhadlen Goch (*Lamium purpureum* Red Dead-nettle)

Yng ngwaddodion cyfnod y Rhufeiniaid OC43 – 410) fe gawn:

Llysiau'r Cryman (*Anagallis arvensis* Scarlet Pimpernel)

Llysiau'r Wennol (*Chelidonium majus* Greater Celandine)

Llaethysgallen Lefn (*Sonchus oleraceus* Smooth Sow-thistle)

Llyriad yr Ais (*Plantago lanceolata* Ribwort Plantain)
ar y chwith, a Llydan y Ffordd (*P.major* Greater
Plantain) dau o'r chwyn mwyaf cyffredin. Licswm,
Sir Fflint, 1974

Helyglys Hardd (*Chamerion angustifolium* Rosebay
Willowherb). Daeth hwn i amlygrwydd yn dilyn y
bomio yn yr Ail Ryfel Byd. Sir Gaer, 1999

Dant-y-llew (*Taraxacum* Dandelion). Mae hwn, fel
y tlodion, gyda ni bob amser. Treffynnon, 1959

Sut gwyddai'r hen droseddwr hy
Fod mam yn mynd yn hen?

Pam fod y chwyn mor llwyddiannus? Sut mae chwyn yn ymledu?

Sylwyd bod chwyn yn cynhyrchu llawer o hadau, ond sut mae'r rheini'n cael eu
gwasgaru? Mae llawer o'r hadau'n rhyfeddol o fân ac yn cael eu cario'n hawdd ar y
gwynt. Yr enghraifft ysgafnaf y gallaf dod ar ei thraws yw'r Frwynen Babwyr (*Juncus
effusus* Soft-rush). Dywedir mai pwysau'r had yw 0.00001g – dim rhyfedd iddynt gael
eu cario ymhell ar y gwynt, fel llwch, ac mae nifer o enghreifftiau tebyg. Mae gan
lawer o'r chwyn, megis Dant-y-llew, Ysgallen a'r Helyglys Hardd glwstwr o flewiach
mân sy'n dal y gwynt, ac yn yr hydref peth cyffredin yw gweld miloedd o'r hadau fel
cawod o eira yn yr awyr. Clywsom am ledaeniad yr Helyglys ar y tir diffaith ar ôl y
bomio yn Llundain yn ystod yr Ail Ryfel Byd.

Mae anifeiliaid hefyd yn effeithiol iawn yn gwasgaru hadau chwyn yn eu tail. Dyma
rai y cafwyd eu hadau yn y carthion (Salesbury, 1961, tud. 102):

Gwartheg: Bulwg yr Ŷd (*Agrostemma githago* Corncockle)

Camri'r Ŷd (*Anthemis arvensis* Corn Chamomile)

Danadl Poethion (*Urtica dioica* Stinging Nettle)

Mwstard Gwyllt (*Sinapis arvensis* Charlock)

Ceffylau: Moronen y Maes (*Daucus carota* Wild Carrot)

Pawrwellt Hysb (*Anisantha sterilis* Barren Brome)

Chwynnyn Pinafal (*Matricaria discoidea* Pineappleweed)

Defaid: Maenhad y Tir Âr (*Lithospermum arvense* Field Gromwell)

Moch: Troellig yr Ŷd (*Spergula arvensis* Corn Spurrey)

Hefyd, mae llawer o hadau wedi eu casglu o garthion adar, ac wedi egino'n llwyddiannus, ac mae rhai hadau, megis Troed-yr-ŵydd Gwyn (*Chenopodium album* Fat Hen) yn egino'n well ar ôl bod trwy'r aderyn.

Mae hadau a ffrwythau rhai chwyn, megis Gwiberlys (*Echium vulgare* Viper's-bugloss) a'r Cyngaf Bach neu Cacamwci (*Arctium minus* Lesser Burdock) yn cael eu gwasgaru wrth lynu ar ddillad pobl a blew anifeiliaid, ac mae llawer iawn o hadau yn cael eu cario yn y mwd ar esgidiau ac olwynion, ac weithiau ar draed adar. Cofiwn hefyd fod rhai planhigion yn saethu eu hadau gryn bellter wrth i'w ffrwyth aeddfedu a chwalu. Mae'n debyg mai Jac y Neidiwr (*Impatiens glandulifera* Indian Balsam) yw'r enghraifft orau.

Danadl Poethion (*Urtica dioica* Stinging Nettle), sy'n ddrwg-enwog am ei allu i golio neu bigo. Sir Amwythig, Mai 1987

Flynyddoedd yn ôl roedd llawer o hadau chwyn yn cael eu cario yn gymysg â hadyd cnydau, yn arbennig ŷd. Erbyn hyn mae'r hadyd a werthir ar y farchnad yn llawer glanach nag yn nyddiau'r peiriant nithio yn ysgubor y fferm, a llai o chwyn yn gymysg â'r cnwd.

Cysgiad hadau (Seed dormancy)

Am ba hyd y gall hadau fyw yn y pridd? Dyma hen gwestiwn. Am flynyddoedd bu trafodaeth ynglŷn â'r honiad fod hadau ŷd, rai miloedd o flynyddoedd oed, a gafwyd mewn beddrod yn yr Aifft, wedi egino'n llwyddiannus. Bellach, dangoswyd ei bod bron yn amhosibl cadarnhau unrhyw dystiolaeth o'r fath ac mai stori ffug oedd y cwbl. Ond fe wyddom i gyd fod rhai hadau yn gallu byw yn y pridd am flynyddoedd lawer. Mae Salisbury (1964) yn sôn am Ddail Tafol (*Rumex obtusifolius* Broad-leaved Dock) yn byw am 39 mlynedd, Pwrs y Bugail (*Capsella bursa-pastoris* Shepherd's Purse) am 16 mlynedd, a Gwlyddyn y Dom (*Stellaria media* Chickweed) am 10 mlynedd. Efallai mai'r enghraifft enwocaf yw'r Pabi Coch a dyfodd ar ôl y galanastra yn Fflandrys yn ystod y Rhyfel Mawr. A gwelsom i gyd y cnwd o chwyn sy'n ymddangos pan mae hen bridd yn cael ei symud i ledu'r ffordd. Yr hyn sy'n syndod yw fod rhai hadau yn gallu byw'n hwy yn y pridd nag mewn paced sych o dan do.

Mae McLean & Ivimey-Cook (1967, tud. 3458) yn cyfeirio at un arolwg pan gafwyd bod y chwyn mewn un safle wedi cynhyrchu 5,000 miliwn o hadau mewn un erw o dir. Roedd y mwyafrif yn pydru neu'n cael eu bwyta bron ar unwaith a dim ond ychydig o'r gweddill yn egino o fewn blwyddyn; er enghraifft, dim ond 4% o hadau'r Amranwen Bêr (*Matricaria recutita* Scented Mayweed) a eginodd o'r 125 miliwn i'r erw.

Mae rhai chwyn yn amddiffyn eu hunain

Mae gan rai chwyn flas drwg, sy'n dueddol i rwystro anifeiliaid rhag eu bwyta.. Ond nid yw hyn fawr o werth os nad yw'r anifail yn dysgu osgoi'r planhigion hynny. Os oes raid i'r anifail flasu'r planhigyn bob tro cyn ei wrthod, yna mae strategaeth y planhigyn yn bur aneffeithiol. Ond eto, mae un enghraifft o hyn *yn* gweithio. Mae rhai ffurfiau o'r Feillionen Wen (*Trifolium repens* White Clover) yn cynnwys y gwenwyn *cyanogenic glycoside* sy'n eu hamddiffyn rhag malwod. Mae'r falwoden yn cymryd tamaid bach o'r dail sy'n cynnwys y *glycoside,* ac yna'n eu gadael, ac yn troi at y rhai sydd heb y gwenwyn.

Mae ymateb gwartheg i'r Benfelen neu Llysiau'r Gingroen (*Senecio jacobaea* Ragwort) yn rhyfeddach fyth. Mae'r planhigyn cyffredin hwn yn cynnwys *alkaloids* gwenwynig, ac mae anifeiliaid fel arfer yn ei osgoi. Os digwydd i fuwch ei fwyta mae bron yn siwr o farw. Y gwartheg sy'n ei fwyta fel arfer yw'r rhai sydd wedi eu magu lle nad oes dim o'r planhigyn i'w weld, ac yna, yn sydyn wedi cael eu symud i gae lle mae llawer ohono. Mae'r gwartheg sydd wedi eu magu gyda'r planhigyn yn ei osgoi, ond os deuant ar ei draws wedi ei sychu mewn gwair, *neu* os ydyw wedi cael ei chwistrellu â chwynladdwr ac wedi eu ystumio'n wyrgam, *neu* wedi cael ei dorri a'i adael i wywo ar y cae, yna mae'r gwartheg yn barod iawn i'w fwyta. Dim ond y ffurf iach, arferol y mae'r anifail wedi dysgu sut i'w adnabod a'i osgoi, a dyma sy'n penderfynu a yw'r creadur yn ei osgoi, a byw, neu yn ei fwyta, a marw. (Harper 1994, tud. 415).

Enghraifft Dramor

Cefais wyliau diddorol yn Seland Newydd rai blynyddoedd yn ôl, yn gweld pob math o ryfeddodau. Roedd y planhigyn enwog Bysedd y Blaidd (*Lupinus polyphyllus* Lupin) yn tyfu'n hardd yma ac acw ar fin y ffordd ac yn yr aberoedd. OND dyma un o elynion pennaf cadwraethwyr y wlad, ac mae'r llywodraeth yn gwario miloedd i geisio rheoli hwn a'i debyg. Eglurir yr hanes yn glir mewn llyfryn lliwgar yn dwyn

Bysedd y Blaidd (*Lupinus polyphyllus* Lupin). Blodyn o Ogledd America sy'n lledaenu fel chwyn yn Seland Newydd. 1983

y teitl awgrymog *Space Invaders – Strategic Plan for Managing Invasive Weeds*. Mae oddeutu pedair mil o blanhigion gwyllt yn tyfu yn Seland Newydd a mwy na'u hanner yn estroniaid. O'r rheini mae rhyw 240 yn estroniaid ymledol – chwyn trafferthus mewn geiriau eraill, sy'n bygwth planhigion brodorol, eu cynefinoedd a'u hamrywiaeth genetig. Mae'r rhan fwyaf o ddigon o'r rhain yn blanhigion a fewnforiwyd yn fwriadol fel coed, neu fel blodau gardd, ac a ddihangodd ac sydd bellach yn tyfu'n wyllt. O blith y coed rhestrir y Ddraenen Wen a'r Llarwydden, y Griafolen neu'r Gerddinen, a'r Fasarnen. Planhigion eraill, cyfarwydd i ni ac sy'n bla yn Seland Newydd, yw'r Banadl (Broom), Eithin, Grug a'r Iris Felen (Yellow Flag). Er mwyn cadw trefn ar y chwyn ymledol, dyma flaenoriaethau'r awdurdodau yn Seland Newydd:

1. Rheoli ffiniau'r wlad yn ofalus – rhwystro planhigion annerbyniol rhag dod i mewn i'r wlad.
2. Ceisio rheoli chwyn arbennig yn gynnar, cyn colli rheolaeth arnynt.
3. Amddiffyn ardaloedd o werth arbennig, megis cynefinoedd prin, gwarchodfeydd a'r parciau cenedlaethol.
4. Helpu i warchod llecynnau o werth naturiol arbennig ar dir preifat.

Dyma rai o'r chwyn sy'n gyffredin mewn cynefinoedd arbennig

Chwyn tir glas a'r lawnt

Llygad y Dydd (*Bellis perennis* Daisy)
Dant-y-llew (*Taraxacum agg.* Dandelion)
Meillionen Wen (*Trifolium repens* White Clover)
Rhwyddlwyn Main (*Veronica filiformis* Slender Speedwell)

Chwyn tir âr

Pwrs y Bugail (*Capsella bursa-pastoris* Shepherd's Purse)
Roced y Berth (*Sisymbrium officinale* Hedge Mustard)
Mwg-y-Ddaear (*Fumaria spp* Fumitory)
Ysgallen y Maes (*Cirsium arvense* Creeping Thistle)

Chwyn min y ffordd a thir gwyllt

Gorthyfail (*Anthriscus sylvestris* Cow Parsley)
Garlleg y Berth (*Alliaria petiolata* Garlic Mustard)
Danadl Poethion (*Urtica dioica* Stinging Nettle)
Ysgawen (*Sambucus niger* Elder)

Gorthyfail (*Anthriscus sylvestris* Cow Parsley), y mwyaf cyffredin o deulu'r Moron ar ochrau'r ffyrdd. Whixall, Swydd Amwythig, 1992

Chwyn tir âr yn prysur ennill y frwydr ar fferm yng ngogledd Cymru yn 2004. Gwell peidio enwi'r fferm!

Llygad y Ffesant (*Adonis annua* Pheasant's-eye). Cofnodwyd y blodyn lliwgar hwn fel chwyn yn y caeau ŷd flynyddoedd yn ôl ond y mae wedi diflannu o Gymru bellach. Tynnwyd y llun yng ngerddi Kew, Mai 1994

Chwyn yn yr ardd

Marddanhadlen Goch (*Lamium purpureum* Red Dead-nettle)

Llaethlys yr Ysgyfarnog (*Euphorbia helioscopia* Sun Spurge)

Llaethysgallen Lefn (*Sonchus oleraceus* Smooth Sow-thistle)

Marchwellt (*Elytrigia repens* Couch-grass)

Ond y mae llawer, llawer mwy!

Y Wansi – melltith y Wladfa

Yn 1883 hwyliodd brawd a chwaer o Lanuwchllyn i Batagonia i ymuno â'r Cymry yn y Wladfa newydd. Owen Cadwaladr Jones oedd enw'r bachgen. Priododd yno, a dechrau ffermio. Ond yr oedd Owen C yn dipyn o grwydrwr, a bu ar ei daith yn ôl i Brydain, i Ganada ac i Awstralia yn ôl y sôn. Yr oedd Owen yn hoff o adar, ac ar un o'i deithiau daeth ar draws planhigyn gwyllt oedd yn llawn hadau, a chymerodd rai yn ôl i'r Wladfa, gan fwriadu tyfu'r planhigyn i gael bwyd i'r adar yn ei ardd. Tyfodd y blodyn gwyllt yn rhyfeddol a lledaenodd dros ardal eang o'r tir amaethyddol nes bod yn bla enbyd. Enw'r Cymry arno oedd 'Blodyn Owen C' ac aeth hyn yn 'wansi' ar lafar.

Enw gwyddonol y planhigyn ydi *Lepidium draba* (neu *Cardaria draba* cyn hynny yn yr hen lyfrau) a'r enw Cymraeg swyddogol ydi Pupurlys Llwyd – Hoary Cress yn Saesneg. Mae'n tyfu tua dwy droedfedd o daldra (60cm) gyda chlwstwr o flodau mân, gwyn, a dail sy'n tueddu i afael am y coesyn. Mae ganddo wreiddiau eithriadol, yn ymestyn i lawr hyd at 30 troedfedd (9m) yn ôl un adroddiad, ac mae tamaid bach o'r gwraidd yn gallu tyfu'n blanhigyn newydd. Mae hyn yn digwydd wrth i'r tir gael ei drin, a thrwy hynny, yn ogystal â'r cnwd o hadau a geir bob blwyddyn, mae'r Wansi yn lledaenu fel tân gwyllt.

Credir fod *Lepidium draba* yn hanu o ardal Môr y Canoldir a rhannau o Asia, ond y mae wedi lledaenu fel chwyn dros rannau helaeth o Ewrop, gogledd America a llawer o hemisffer y de. Cyrhaeddodd Brydain tua dechrau'r 19 ganrif, a chofnodwyd ef yn Abertawe yn 1802. Erbyn hyn y mae wedi lledaenu yng Nghymru ar hyd arfordir y gogledd a'r de, ac mae'n gyffredin iawn yn ne Lloegr, ond yn wahanol i Batagonia nid yw'r Pupurlys Llwyd yn gymaint o bla yn y wlad hon.

Llyfryddiaeth y Wansi

Gruffydd, Llŷr (2000) 'Y wansi, melltith dyffryn Camwy', *Y Naturiaethwr* Cyfres 2, Rhif 6, 13-16

Preston, C D et al (2002) *New Atlas of the British & Irish Flora.*

Scurfield, G (1962) Cardaria draba (L.) Desv. (*Lepidium craba* L.) *Journal of Ecology* 50, 489-499

Rhedyn (Rhedynen Ungoes) (*Pteridium aquilinum* Bracken): chwynnyn go arbennig

'Aur dan y rhedyn, arian dan yr eithin, newyn dan y grug.'

Mae'r hen ddywediad yn awgrymu bod y rhedyn yn tyfu ar well pridd na'r eithin, a bod y grug i'w gael ar dir llwm iawn. Amcangyfrifir bod yn agos i 6% o dir Cymru o dan redyn, ac mae ansicrwydd ynglŷn â pha mor gyflym y mae'n lledaenu. Yn sicr, gellir cyfiawnhau ei gynnwys mewn pennod fel hon, sy'n trafod chwyn. Mae'r Rhedyn Ungoes (*Pteridium aquilinum* Bracken), ('rhedyn' o hyn allan), yn blanhigyn byd-eang, yn tyfu ar bob cyfandir. Y mae'n blanhigyn ymosodol, ymledol sy'n gallu tyfu ar lawer math o bridd, mewn llawer hinsawdd. Y mae'n digwydd ym mhob rhan o Gymru ac yn gyffredin ar y rhostir a'r ffriddoedd yn ogystal ag mewn coedlannau.

Dyma rai o'r problemau a achosir gan y rhedyn:
1. Mae'n tyfu dros dir pori, fel bod llai o fwyd ar gael i'r da byw.
2. Mae'n anoddach gweld a bugeilio defaid o dan y rhedyn.
3. Gall greu lloches i drogod (*sheep ticks*).
4. Gall rhedyn fod yn wenwynig i ddyn ac anifail. Mae peth tystiolaeth fod y sborau'n gallu bod yn garcinogenig mewn llygod, ac mae bwyta rhedyn yn gallu lladd gwartheg.

Defnyddid y rhedyn gynt o dan y teisi gwair ac ŷd ac i'w roi fel gwely o dan yr anifeiliaid yn y gaeaf. Roedd hyn yn help i gadw'r rhedyn rhag lledaenu gormod. Hefyd, roedd yn arferiad i losgi rhedyn ar gyfer y lludw i'w chwalu fel gwrtaith wrth dyfu tatws. Yn anffodus, nid yw llosgi yn rheoli tyfiant y rhedyn. Erbyn iddo grino'n ddigon sych i'w losgi ar ddiwedd y tymor, mae'r maeth wedi mynd i lawr i'r gwraidd ar gyfer tyfiant y flwyddyn ddilynol.

Fel ym mhob un rhedyn, does gan y Rhedynen Ungoes ddim blodau na hadau, ond mae'n gallu cynhyrchu sborau mân wrth y miloedd, i'w cario ar y gwynt a thyfu'n blanhigion newydd. Ond y brif ffordd o ledaenu fel rheol yw trwy'r gwreiddiau (neu'r rhisomau, a bod yn fanwl) sy'n tyfu i bob cyfeiriad o dan wyneb y pridd. Mae'r dail yn crino a marw yn y gaeaf, a'r gwreiddiau'n storio bwyd tan y gwanwyn canlynol.

Mae dwy ffordd o reoli a lladd rhedyn, yn gyntaf trwy dorri neu falu, ac yn ail trwy ddefnyddio cemegolion. Rhaid torri neu falu yn gynnar yn y tymor, pan fo'r tyfiant ifanc yn ymddangos, a chyn i lawer o'r maeth fynd i lawr o'r dail i'r gwreiddiau. Rhaid dal ati am ddwy flynedd neu dair os am gael llwyddiant. Mae rhedyn yn osgoi tir gwlyb ac yn tyfu ar bridd niwtral neu braidd yn asidig, ac felly yn dir da ar gyfer cnydau a thir pori. Yn anffodus, gall dyfu'n gryf ar dir serth, creigiog, ac felly mae'n anodd iawn i'w dorri. Dyna pryd mae chwistrellu yn angenrheidiol, gyda chwynladdwyr megis *asulam,* sydd i raddau'n ddetholus (*selective*), a *glyphosate* sy'n lladd y rhan fwyaf o blanhigion.

Ydi rhedyn yn ddrwg i gyd?

Mae rhedyn yn gallu rhoi lloches i nifer o adar mân fel Clochdar yr Eithin (Whinchat) y Tingoch (Redstart) a Phibydd y Coed (Tree Pipit), ac i lawer o'r mamaliaid bach fel Llygod Pengrwn y Gwair (Field Voles) a Llygod y Coed (Field Mice), ac mae'r rhain yn eu tro yn fwyd i adar ysglyfaethus prin fel y Gwalch Bach (Merlin) a'r Boda Tinwyn (Hen Harrier). Mae'r rhedyn hefyd yn gallu llochesu anifeiliad mwy, fel y Llwynog, y Mochyn Daear a'r Gwningen, ond mater o farn ydi a yw hyn yn beth da ai peidio.

Llyfryddiaeth

Bracken in Wales, 1988, Senior Technical Officers' Group, Wales

Blackstock, T.H. *et.al.* 2010 *Habitats of Wales*

Cyn cloi'r bennod, gwrandewch ar Richard Morgan, o'i gyfrol *Llyfr Blodau* yn sôn am Ddant-y-llew. Un o Lanarmon-yn-Iâl, rhwng Rhuthun a'r Wyddgrug oedd Richard Morgan, ac fel hyn yr ysgrifennai yn 1909, yn arddull y cyfnod:

> Chwyn yw Dant-y-llew, ac un o'r rhai mwyaf di-droi'n ôl. Gipsy melyngroen ydyw, a thramp ym myd y blodau. A i mewn i weirgloddiau heb ganiatad, lleda odrau ei babell yn glos gyda'r ddaear, gan ladd y borfa am fodfeddi o'i gylch i wneud lle clir iddo ei hun. Tyrr i mewn i erddi. Os erlidir ef oddiyno cymer ei le ar y cloddiau oddiamgylch. Lleda ei gymalau yno ar ei wely tolciog; ac nid oes o flodau'r ardd, ar eu gwely glân a chyweiriedig, un yn edrych yn fwy tymoraidd, a bodlon ei fyd. Ymsefydla ar ochr y ffordd, ar dorr clawdd, neu wrth ei odre; a waeth ganddo mwy na pheidio ddringo mur o gerrig a chymrwd. Dring i grib tai to gwellt, gan edrych mor gartrefol yno â Llysiau Pen Tai eu hunain.

PENNOD 8

DOSBARTHIAD DAEAREGOL Y PLANHIGION

Gellir rhannu tyfiant naturiol y byd fel hyn:

1. Coedwig o ryw fath.
2. Glaswelltir o ryw fath.
3. Anialwch neu ddiffeithwch o ryw fath.

Mae'r tri math yn dilyn patrwm yr hinsawdd:

Coedwigoedd lle mae digonedd o law a lle mae'r tymheredd, fel rheol, yn weddol uchel.

Glaswelltir lle mae'r hinsawdd yn gymhedrol, gyda digon o law, ond nid gormod, a'r tymheredd yn gynnes.

Anialwch lle mae'r hin yn boeth iawn neu'n oer iawn, a lle mae dŵr yn brin.

I ni, yng ngwledydd Prydain, mae'n demtasiwn meddwl mai'r ail fath, y glaswelltir yw'r llystyfiant naturiol – dyna a welwn o'n cwmpas fel rheol; ond mewn gwirionedd dyw hyn ddim yn wir. Y goedwig yw'r cynefin naturiol dros y rhan fwyaf o'r wlad, ar wahân i'r tir sy'n rhy uchel, yn rhy wyntog, neu'n rhy wlyb. Ym mhob man arall, coed sy'n datblygu'n naturiol. Rydym i gyd wedi sylwi ar ardd wedi ei hesgeuluso am rai blynyddoedd neu dir wedi ei adael i fynd yn wyllt; coed sy'n tyfu mewn lle felly yn fuan iawn. Effaith dyn, neu ei anifeiliaid, sy'n gyfrifol am rwystro tyfiant naturiol y coed dros y rhan fwyaf o'r wlad.

Dywed yr arbenigwyr wrthym fod yna rhyw 250,000 o wahanol rywogaethau o blanhigion blodeuol ar draws y byd heddiw. Beth, felly, sy'n bennaf gyfrifol am eu dosbarthiad? Gallwn enwi pedwar peth:

1. Yr hinsawdd yw'r dylanwad pwysicaf.
2. Mae'r pridd yn rhyfeddol o bwysig.

3. Mae'n anodd gorbwysleisio effaith dyn.
4. Mae siawns yn chwarau rhan bwysig yn aml iawn.

Pam, felly, fod y peth a'r peth yn tyfu yn y fan a'r fan? Cyn dechrau ateb y cwestiwn, rhaid yn gyntaf ganfod lle yn hollol y mae'r planhigion yn tyfu. Y math o lyfr sy'n ateb y cwestiwn yw *Flora,* sy'n cynnig y wybodaeth mewn geiriau neu ar fap. Gall hyn fod ar unrhyw raddfa – yn lleol neu yn fyd-eang. I mi, un o'r llyfrau mwyaf diddorol o'r math hwn oedd *Atlas of the British Flora* gan Perring & Walters a gyhoeddwyd yn 1962. Am y tro cyntaf erioed, dyma ddangos dosbarthiad pob un o'r blodau gwyllt dros Brydain. Cofnodwyd hwy mewn sgwariau o 10km x 10km, gyda symbol gwahanol ar gyfer cofodion cyn ac ar ôl 1930. Bu dros 3,000 o fotanegwyr gwirfoddol yn cofnodi'r blodau ym mhob un o'r 3,500 o'r sgwariau hyn dros y wlad, gan nodi, ar gyfartaledd, tua 400 o rywogaethau gwahanol ym mhob sgwâr. Cafwyd cyfanswm o ryw filiwn a hanner o gofnodion, sy'n deyrnged aruthrol i'r trefnwyr a'r gweithwyr maes fel ei gilydd. Am y tro cyntaf, roedd gennym syniad go dda o ddosbarthiad y planhigion – lle roeddynt, a lle *nad* oeddynt yn tyfu yn yr ynysoedd hyn.

Blodyn Ymenyn (*Ranunculus acris* Meadow Buttercup), planhigyn sy'n gyffredin dros y wlad. Licswm, Sir Fflint, Mehefin 1988

Yr her fawr yw ceisio *dehongli'r* patrymau ar y mapiau. Pam bod rhywogaeth arbennig yn tyfu yn y fan yma ond nid yn y fan acw. I helpu gyda'r dasg, roedd nifer o ddalennau tryloyw, yr un maint â'r

Cotoneaster (Creigafal) y Gogarth (*Cotoneaster cambricus* Wild Cotoneaster), planhigyn cyfyngedig i un lleoliad yn unig. Yma'n cael ei amddiffyn rhag y geifr a'r cwningod. Y Gogarth, Llandudno, Medi 2006

mapiau, yn rhoi gwybodaeth am yr amgylchedd – uchder y tir, lleoliad y garreg galch, tymheredd haf a gaeaf, maint y glawiad, patrwm yr afonydd – a'r gamp ydi gosod map yr amgylchedd dros fap y planhigion a cheisio gweld unrhyw batrwm sy'n awgrymu neu'n egluro dosbarthiad y planhigion.

Mae rhai, fel y Feillionen Wen (*Trifolium repens* White Clover), Dant-y-llew (*Taraxacum officinale* Dandelion) a'r Blodyn Ymenyn (*Ranunculus acris* Meadow Buttercup) yn tyfu dros y wlad i gyd, nes bod y map yn ddu gan smotiau. Mewn enghreifftiau felly, does dim patrwm i'w ddehongli, ond mae rhai planhigion eraill, fel Lili'r Wyddfa (*Gagea (Lloydia) serotina* Snowdon Lily), Diapensia (*Diapensia lapponica*) a Cotoneaster (neu Greigafal) y Gogarth (*Cotoneaster integerrimus (C. cambricus)*) mor brin, fel mai dim ond mewn un sgwâr y maent yn digwydd dros yr holl wlad.

Rhaid osgoi'r demtasiwn o geisio 'egluro' pob dosbarthiad. Mae'n bwysig cofio bod elfennau'r amgylchedd yn effeithio ar ei gilydd, ac yn aml iawn y mae'n anodd dehongli achos ac effaith ac mae siawns yn bwysig ambell dro.

Dyma rai enghreifftiau o batrymau diddorol:

Y ddau eithaf

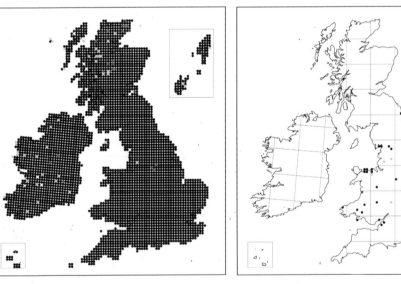

Cyffredin iawn
Llygad y Dydd
(*Bellis perennis* Daisy)

Prin iawn
Rhwyddlwyn Pigfain
(*Veronica spicata* Spiked Speedwell)

Cor-rosyn Cyffredin (*Helianthemum nummularium* Common Rock-rose) Dyma blanhigyn calchgar. Mae ei ddosbarthiad yn awgrymu perthynas agos â'r creigiau calchaidd

Effaith y creigiau

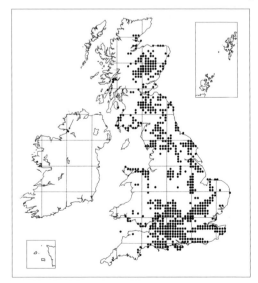 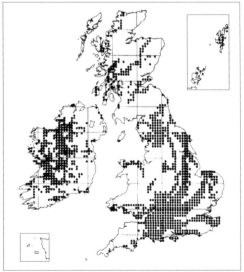

Dosbarthiad y Cor-rosyn Cyffredin   Dosbarthiad y creigiau calchog

Effaith yr hinsawdd

Briallu Mair Di-sawr (*Primula elatior* Oxlip).
Suffolk, Ebrill 1991

Dosbarthiad Briallu Mair Di-sawr

Gelwir yr hinsawdd ar ochr ddwyreiniol Prydain yn hinsawdd *cyfandirol* – gyda hafau poeth, gaeafau oer, a glawiad ysgafn. Dyma'r hyn a geir mewn rhannau o East Anglia, a dyma lle tyf y Briallu Mair Di-sawr (*Primula elatior* Oxlip). Hinsawdd *cefnforol* (oceanic) sy'n fwy cyffredin yn y gorllewin a thros lawer o'r wlad, gyda llai o wahaniaeth tymheredd rhwng yr haf a'r gaeaf, a llawer mwy o law, ac mae'r Blodyn Neidr (*Silene dioica* Red Campion) yn gyffredin. Sylwch fel mae'r *Silene* yn osgoi bron yr union ardal lle tyf y *Primula*.

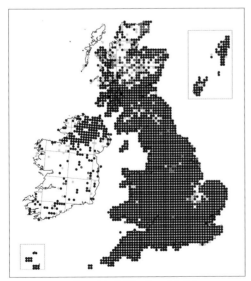

Blodyn Neidr (*Silene dioica* Red Campion).
Sir Drefaldwyn, Mai 1998

Dosbarthiad Blodyn Neidr

Ysgallen ddigoes - anghenion arbennig

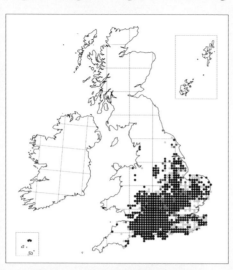

Dosbarthiad yr Ysgallan Ddigoes

Mae'r Ysgallen Ddigoes (*Cirsium acaule* Stemless Thistle) yn gyffredin yn ne–ddwyrain Lloegr, ac yn cyrraedd ei llecyn mwyaf gogledd-orllewinol yn Rhes-y-cae, yn Sir Fflint. Bu llawer o waith ymchwil ynglŷn ag ecoleg y planhigyn, a chafwyd bod nifer o anghenion tyfiant ar yr ysgallen hon:

1. Glaswellt byr, llai na 15cm. Metha'r egin ag ymsefydlu mewn porfa fras, a metha'r planhigyn â thyfu o dan gysgod coed.
2. Pridd calchog, gyda pH yn uwch na 5.5. Mae pridd sur, gyda pH yn is na 5.5 yn rhyddhau alwminiwm, sy'n gwenwyno'r planhigyn.
3. Pridd sy'n isel mewn nitrogen a ffosfforws. Mae pridd ffrwythlon yn hybu tyfiant bras, sy'n tagu'r ysgallen.
4. Tymheredd uwch na 21°C yn yr haf i aeddfedu'r hadau.

Ysgallen Ddigoes (*Cirsium acaule* Dwarf Thistle). Rhes-y-cae, Sir Fflint, Medi 1993

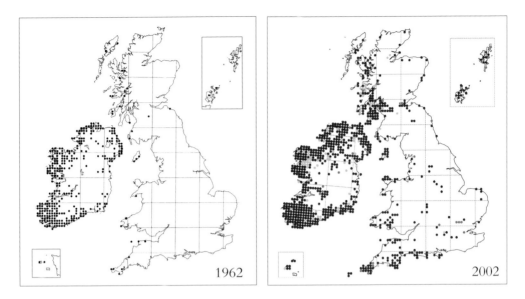

Sylwch ar ddosbarthiad Ffiwsia (*Fuchsia magellanica*) – Pren Drops yw'r enw gan rai. Mae'n tyfu yng Nghernyw, Sir Benfro, Pen Llŷn, Sir Fôn, Ynys Manaw ac amryw leoedd ar hyd arfordir gorllewinol yr Alban. Mae'n amlwg yn osgoi gaeafau caled. Mae'n llawer mwy cyffredin yn Iwerddon. Sylwch fel mae wedi lledaenu rhwng 1962 a 2002 – wedi ei blannu mewn gwrychoedd ac yn ymsefydlu yma ac acw mewn prysgwydd, ger nentydd ac ar dir creigiog Planhigyn estron yw'r Ffiwsia a gyflwynwyd yma yn 1788 o dde America.

Ffiwsia (*Fuchsia magellanica* Fuchsia). County Clare, Iwerddon, Gorffennaf 1970

Effaith tymheredd haf a gaeaf

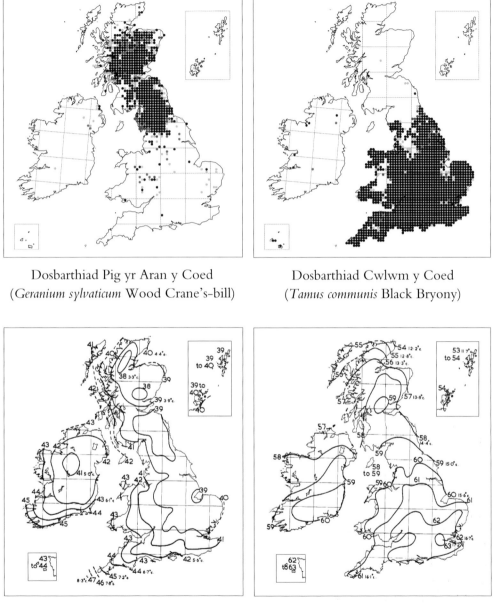

Dosbarthiad Pig yr Aran y Coed
(*Geranium sylvaticum* Wood Crane's-bill)

Dosbarthiad Cwlwm y Coed
(*Tamus communis* Black Bryony)

Tymheredd canol gaeaf

Tymheredd canol haf

Mae'r isothermau yn y gaeaf yn rhedeg yn bennaf o'r gogledd i'r de, gan ddangos fod y tymheredd yn uwch yn y gorllewin nag yn nwyrain y wlad. Yn yr haf mae'r isothermau yn dueddol o redeg ar draws y wlad gan ddangos fod y gogledd yn oerach na'r de. O gymharu dosbarthiad y ddau blanhigyn, gwelwn mai tymheredd yr haf yw'r un allweddol. Mae'r *Geranium* yn osgoi tymheredd uwch na 60° F yn yn yr haf, tra bo'r *Tamus* angen tymheredd uwch na 60° F. Nid yn aml mae dau blanhigyn yn dangos dosbarthiad mor gyflenwol (*complementary*).

Pig yr Aran y Coed (*Geranium sylvaticum* Wood Crane's-bil). Teesdale, Durham, Mehefin 1987. Mae hwn yn osgoi gwres yr haf.

Cwlwm y Coed (*Tamus communis* Black Bryony). Babell, Sir Fflint, 1990. Mae ar hwn angen gwres yr haf.

PLANHIGION DI-FLODAU

A) Rhedyn

Pan oeddwn i'n ifanc, rhedyn oedd rhedyn, yn tyfu'n drwch ar y tir comin a llechweddau'r mynydd. Y Rhedynen Ungoes oedd hwn, *Bracken* i'r Sais, (gweler Pennod 7). Ond o dipyn i beth sylweddolais fod yna lawer mwy o redyn o'n cwmpas – rhyw hanner cant o wahanol rywogaethau mewn gwirionedd. Mae'r rhedyn yn ffafrio tywydd gwlyb, ac y mae Cymru, sy'n enwog am ei glaw, hefyd yn enwog am ei rhedyn!

Gan fod y llyfr hwn yn sôn am fotaneg, rhaid i mi fod yn ofalus, a brysio i bwysleisio unwaith eto'r gwahaniaeth rhwng 'planhigion' a 'blodau'. Heb orfanylu, a mynd i ddyfroedd dyfnion, y peth i'w gofio ydi mai rhan arbennig o blanhigyn ydi'r blodyn, gyda'r pwrpas o gynhyrchu hadau – dim mwy a dim llai. Felly, gallwn sôn am y planhigion blodeuol (*flowering plants*) megis Dant-y-llew, briallu, coed afalau, y gweiriau a'r brwyn ar y naill law, a'r planhigion di-flodau (*flowerless plants*) megis y mwsoglau, llysiau'r afu, y cen a'r rhedyn ar y llaw arall. Ers talwm, roedd y ffyngau yn cael eu cynnwys ymhlith y planhigion di-flodau, ond bellach ystyrir hwy yn gwbl ar wahân i'r planhigion, a soniwn am 'blanhigion', 'anifeiliaid' a 'ffyngau'.

Ond i ddod yn ôl at y rhedyn. Does gan y rhedyn ddim blodau na hadau, ond mae ganddynt sborau. Mae'r rhain yn eithriadol o fân ac yn datblygu ar gefn y dail. Mae'r gwynt yn eu gwasgaru wrth y miloedd.

Yn y rhan fwyaf o'r rhedyn mae'r sborau yn datblygu mewn sborangia ar gefn y dail, fel yma ar y Farchredynen Gyffredin (*Dryopteris filix-mas* Male-fern). Ffynnongroyw, Sir Fflint, Awst 1987

Os digwydd i un lanio ar lecyn llaith, gall ddatblygu yn blanhigyn bach gwyrdd – ond gwahanol iawn i'r rhedynen. Dyma'r prothalws, sy'n ddim ond ychydig filimetrau o faint. Mae'r prothalws yn cynnwys cloroffyl ac felly yn gwneud ei fwyd ei hun, ac yn byw yn annibynnol. Mae'n cynhyrchu organau rhywiol, gwryw a benyw, ac ar ôl cael ei ffrwythloni, mae'r gell fenywaidd yn tyfu a datblygu'n rhedynen fechan sy'n byw, bron fel parasit ar y prothalws am ychydig. Yn raddol, mae'r rhedynen yn tyfu i'w llawn dwf ac yn cynhyrchu sborau unwaith eto – a dyna'r cylch bywyd wedi ei gwblhau.

Dyma'r rhedyn mwyaf cyffredin yng Nghymru:

Duegredynen Goesddu (*Asplenium adiantum-nigrum* Black Spleenwort)

Duegredynen Gefngoch (*Asplenium ceterach* Rustyback)

Duegredynen y Muriau (*Asplenium ruta-muraria* Wall-rue)

Tafod yr Hydd (*Asplenium scolopendrium* Hart's-tongue)

Duegredynen Gwallt y Forwyn (*Asplenium trichomanes* Maidenhair Spleenwort)

Rhedynen Fair (*Athyrium filix-femina* Lady-fern)

Gwibredynen (*Blechnum spicant* Hard-fern)

Marchredynen Lydan (*Dryopteris dilatata* Broad Buckler-fern)

Marchredynen Gyffredin (*Dryopteris filix-mas* Male-fern)

Llawredynen Gyffredin (*Polypodium vulgare* Polypody)

Gwrychredynen Galed (*Polystichum aculeatum* Hard Shield-fern)

Gwrychredynen Feddal (*Polystichum setiferum* Soft Shield-fern)

Rhedynen Ungoes (*Pteridium aquilinum* Bracken)

Yn ogystal â chynhyrchu sborau, mae'r Rhedyn Ungoes (*Pteridium aquilinum* Bracken) yn lledaenu drwy'r gwreiddiau (rhisomau) sy'n tyfu rai modfeddi o dan y ddaear. Licswm, Sir Fflint. Gwanwyn cynnar, cyn y tyfiant newydd, 1965

Duegredynen Gefngoch (*Asplenium ceterach* Rustyback). Dyma redynen fechan sy'n gyffredin ar hen waliau cerrig. Rhyd-y-mwyn, Sir Fflint, Awst 1974

Gwrychredynen Feddal (*Polystichum setiferum* Soft Shield-fern). Cei Newydd, Sir Aberteifi, Ionawr 2002

Yng Nghymru, mae'r rhedyn, ar y cyfan, yn fwyaf cyffredin yn y gorllewin, yn arbennig yn siroedd Arfon a Meirionnydd. Rydw i newydd ddarllen (2016) llyfr diddorol iawn, *A William Condry Reader* gan Jim Perrin, lle mae Bill Condry, y naturiaethwr amryddawn (y daethom ar ei draws yn y bennod gyntaf) yn sôn (tud. 26) am ddod o hyd i ddeg o wahanol rywogaethau o redyn yn tyfu ar y waliau a'r cloddiau yn ardal Croesor yn Sir Feirionnydd. Byddwn yn sôn mwy am Bill Condry ym mhennod 36 wrth drafod Sir Drefaldwyn.

Cyn gadael y rhedyn rhaid cyfeirio at eu perthnasau. Er bod gwahaniaeth mawr rhwng y rhedyn a'r planhigion blodeuol, y mae iddynt un nodwedd gyffredin, sef bod ganddynt system o bibellau i gario dŵr a maeth drwy'r corff. Dyna pam y'u gelwir yn blanhigion fascwlaidd. Rhaid cyflwyno un gair technegol yn y fan yma, sef *Pteridophyta*. Dyma'r enw am y planhigion fascwlaidd (y rhai â phibellau) ond sy'n ddi-flodau. Roedd llawer iawn o blanhigion felly yn y gorffennol pell – y gwyddom amdanynt fel ffosiliau yn unig. Heddiw, y mae'r *Pteridophyta* yn cynnwys:

1. Y rhedyn (*ferns*)
2. Y marchrawn (*horsetails*)
3. Y cnwp-fwsoglau (*club-mosses*)
4. Y gwair merllyn (*quillworts*)

Mae rhyw hanner dwsin o wahanol farchrawn yn tyfu yng Nghymru. Mae
Marchrawnen yr Ardir (*Equisetum arvense* Field Horsetail) yn gyffredin ac weithiau'n
chwyn trafferthus. Mae'r cnwp-fwsoglau yn tyfu'n bennaf ar y mynyddoedd. Y mwyaf
cyffredin yw'r Cnwp-fwsogl Corn Carw (*Lycopodium clavatum* Stag's-horn Clubmoss).
Y llynnoedd yn yr ucheldir yw cynefin y gwair merllyn (quillwort), sef *Isoetes lacustris*
ac *Isoetes echinospora*.

Marchrawnen Fawr (*Equisetum telmateia* Great Horsetail). Treffynnon, Sir Fflint, Gorffennaf 1969

Cnwp-fwsogl Corn Carw (*Lycopodium clavatum*
Stag's-horn Clubmoss). Nercwys, Sir Fflint,
Mehefin 1973

Gwair Merllyn Bach (*Isoetes echinospora*) Spring
Quillwort. Glaslyn, ger Dylife, Sir Drefaldwyn.
Awst 2007

B) Mwsoglau a Llysiau'r Afu – y Bryophyta

Mae'n debyg mai dim ond lleiafrif o fotanegwyr sy'n dangos gwir ddiddordeb yn y mwsoglau, ac yn sicr, dydw i ddim yn awdurdod, ond os edrychwch arnynt yn fanwl drwy chwyddwydr, gallant fod yn hynod o hardd a diddorol.

Beth ydi'r mwsoglau mewn gwirionedd? Mae'r mwsoglau a llysiau'r afu (*liverworts*) yn perthyn i'r *Bryophyta*, sef planhigion heb flodau ac yn atgynhyrchu nid twy hadau ond gyda sborau. Ond yn wahanol i'r rhedyn, does ganddynt ddim gwreiddiau na phibellau fasgwlaidd i gario hylif. Mae'r mwsoglau yn blanhigion bychain. Y mwyaf yng Nghymru yw Eurwallt y Forwyn (*Polytrichum commune* Common Hair Moss) sydd weithiau dros droedfedd o daldra, ond mae'r mwyafrif yn llawer llai. Fel rheol, maen nhw'n tyfu'n

Eurwallt y Forwyn (*Polytrichum* Hair Moss). Mwsogl, gyda'r capsiwlau sy'n cynhyrchu'r sborau. Nercwys, Sir Fflint, Mehefin 1973

glwstwr neu'n garped clos, gyda miloedd o blanhigion yn gorchuddio creigiau neu bridd agored. Mae dail y mwsoglau yn gyfan – byth wedi eu rhannu'n ddarnau, ac mae ganddynt un wythïen i lawr y canol. Mae'r dail yn tyfu'n droellog i fyny'r coesyn.

Ar ben y mwsoglyn mae coden sy'n cynnwys y sborau, sy'n hynod o fân ac yn chwalu ar y gwynt. Os digwydd iddynt ddisgyn mewn llecyn gyda digon o leithder a golau, er enghraifft ar bridd noeth neu ar fôn coeden, gallant ddechrau tyfu. Daw edefyn main allan o'r sbôr, a rhannu dro ar ôl tro nes ffurfio *protonema* bychan gwyrdd. Yn y man, ffurfir clwstwr o gelloedd yma ac acw, a dechreua planhigion bach o fwsoglau newydd ddatblygu. Mae'r protonema yn gwywo'n raddol a diflannu, ac mae'r mwsoglyn yn datblygu'n glwstwr neu'n garped yn ôl ei rywogaeth.

Yn agos i ben y planhigyn, rhwng y dail, mae'r organau rhywiol yn datblygu – y gwryw a'r benyw weithiau ar un planhigyn ac weithau ar wahân. Mae'r celloedd gwryw (*sperm*) yn nofio drwy'r haen o ddŵr ar wyneb y dail nes cyrraedd y celloedd benywaidd (yr wyau) a'u ffrwythloni. Yna mae coden newydd yn datblygu ar goesyn main, gyda miloedd o sborau unwaith eto tu mewn, yn barod i'w gwasgaru. Mae ceg y goden a'r dull o ryddhau'r sborau yn rhyfeddol o gymhleth, gan ryddhau'r sborau yn ôl y tywydd.

Cyn gadael y mwsoglau rhaid cyfeirio at y Migwyn (*Sphagnum*). Dyma genws o fwsoglau sy'n dra gwahanol i'r gweddill. Mae'r dail o ddau fath – rhai mewn cylchoedd ar y coesyn (*whorls*) a rhai ar y canghennau, ac mae ffurf y celloedd oddi mewn i'r dail hefyd yn wahanol i'r mwsoglau eraill. Mae'r *Sphagnum* yn tyfu mewn corsydd a llecynnau gwlyb eraill gan ffurfio clystyrau mawr, trwchus. Mae rhyw 30 o wahanol rywogaethau yn yr ynysoedd hyn, ac o'r rhain y mae 26 yn tyfu yng Nghymru. Os buoch yn trio cerdded ar draws ein mynyddoedd heb wlychu'ch traed, does dim rhaid dweud mwy! Mae'r *Sphagnum* yn amsugno dŵr fel sbwng, a hyd yn oed ar dywydd braf, pan fo'r tyfiant arall yn sych, gallwch wasgu swp ohono, a daw dŵr yn llifo allan. Mae traddodiad ei fod yn ddefnyddiol i'w ddodi ar glwyfau, gan ei fod yn tyfu ar dir asidig iawn, ac felly yn ddi-haint (*sterile*). Pan fyddant yn tyfu'n gryf mae'r gwahanol rywogaethau o *Sphagnum* yn gallu bod yn lliwgar – coch, melyn a phob math o wyrdd. Ambell dro mae'r lliw yn help i adnabod y gwahanol rywogaethau – mae *S.rubellum* yn aml yn goch, ond mae enwi'r holl *Sphagnum* yn gryn her.

Llysiau'r Afu (Liverworts)

Mae'r rhain, fel y mwsoglau, yn perthyn i'r *Bryophyta*. Mae cylch bywyd y mwsoglau a llysiau'r afu yn debyg iawn i'w gilydd. Ar wyneb y thalws, neu ar ben y coesyn deiliog tyf organau rhywiol. Mae'r organau gwrywaidd yn cynhyrchu sberm, sy'n nofio tuag at yr organau benywaidd drwy'r haenen o ddŵr ar wyneb y planhigyn. Ar ôl cael ei ffrwythloni, mae'r gell fenywaidd yn datblygu i ffurfio coden ar ben coesyn hir. Mae'r goden yn rhyddhau cwmwl o sborau, a gall un sbôr ddatblygu yn blanhigyn newydd. Mae llysiau'r afu yn osgoi llecynnau sych, ac yn tyfu orau ar greigiau a chloddiau serth o dan y coed, neu ar lan yr afon; gorau oll os oes dŵr yn tasgu drostynt oddi ar raeadr neu bistyll.

Beth felly yw'r gwahaniaeth rhwng y mwsoglau a llysiau'r afu? Dyma'r prif bwyntiau, ond rhaid cofio bod eithriadau i bob rheol, ac felly hefyd yma.

Marchantia polymorpha (Common Liverwort). Dyma enghraifft gyffredin o Lysiau'r Afu, sy'n tyfu'n aml o gwmpas gerddi a thai gwydr. Coleg Cartrefle, Wrecsam, Mehefin 1988

1. Os yw corff y planhigyn yn fflat, heb ei rannu yn goesyn a dail, sef thalws, yna un o lysiau'r afu ydyw.
2. Ond mae rhai llysiau'r afu yn ddeiliog. Felly, rhaid edrych yn fanwl. Os yw'r dail yn bigfain ac yn tyfu'n droellog ar y coesyn – dyna'r mwsogl. Os yw'r dail mewn dwy res obobtu'r coesyn (weithiau gyda thrydedd res o ddail mân) – dyna lysiau'r afu.

3. Mae'r goden ar y mwsoglau yn hirgrwn neu silindrig gyda chaead pendant ar un pen. Yn llysiau'r afu mae'r goden yn grwn ac yn hollti'n bedwar i ryddhau'r sborau.

Mae rhyw 700 o fwsoglau ym Mhrydain ac Iwerddon, ac oddeutu 300 o lysiau'r afu. Dyma ychydig o'r rhai mwyaf cyffredin yng Nghymru:

Mwsoglau
Brachythecium rutabulum Cyffredin iawn ar dir isel. Yn aml ar greigiau, pridd a choed sy'n pydru. Hefyd mewn lawntiau a gerddi. Yn gyffredin mewn coedlannau. Yn osgoi'r tir mwyaf asidig.

Campylopus flexuosus Yn aml mewn coedydd ar dir asidig. Hefyd ar greigiau a thir mawnog. Cyffredin dros Gymru ar wahân i'r de-orllewin.

Dicranum scoparium Cyffredin iawn ar fonion coedydd, ar greigiau a waliau, ar rostir a thir glas.

Hypnum cupressiforme Dyma, efallai y mwgoglyn mwyaf cyffredin. Fe ddowch ar ei draws mewn coedydd, yn yr ardd, ar y rhostir sur ac ar dir calchog, ac o'r twyni tywod ar y glannau i'r llethrau creigiog ar y mynydd.

Leucobryum glaucum Gellir adnabod hwn o bellter. Mae'n ffurfio clustogau anferth, hyd at un fetr ar draws, weithiau fel pêl fawr. Mae'n tyfu weithiau mewn coedwigoedd o dan goed derw neu goed conwydd, a thro arall ar y rhostir agored ar dir gwlyb, asidig. Clywais ambell un yn ei ddisgrifio fel 'dafad farw'.

Rhacomitrium lanuginosum Dyma fwsoglyn gwahanol (rhaid petruso cyn dweud bod rhywbeth yn unigryw!) ond yn sicr mae'n hawdd i'w adnabod. Mae'n llwyd ei liw, gyda blewyn main, hir ar flaen pob deilen. Mae'r coesyn yn hir, a'r mwsogl yn ymgripio dros y pridd a'r creigiau. Mae'r *Racomitrium* yn hollol nodweddiadol o'r llechweddau sych ar ben y mynyddoedd. Dywedaf sych yn fwriadol – ydyw, mae'n glawio'n drwm ar y mynyddoedd, ond yn wahanol i'r *Sphagnum* sy'n byw yn y corsydd, mae *Racomitrium* yn osgoi'r pyllau dŵr. Un enw Cymraeg arno yw'r Mwsogl Gwlanog.

Llysiau'r Afu
Pellia epiphylla Planhigyn cyffredin ond digon dinod sy'n tyfu ar y dorlan uwchben y nentydd a'r ffosydd. Mae'r corff yn llabedog (*lobed*) ac yn tyfu'n glos ar wyneb y ddaear. Mae hefyd i'w gael ar wyneb y mawn ar dir uchel.

Plagiochila asplenioides Yn wahanol i'r *Pellia,* dyma un o'r llysiau'r afu sy'n ddeiliog. Mae dwy res o ddail amlwg oddeutu'r coesyn, pob un gydag ychydig o fân bigau. Mae'n tyfu ar bridd noeth ar gloddiau mewn coedydd ac ar greigiau a waliau llaith. Mae'n fwyaf cyffredin ar dir calchog.

Conocephalum conicum Dyma blanhigyn sy'n tyfu ym mhob rhan o'r wlad. Yn ôl safonau llysiau'r afu y mae'n blanhigyn mawr, gyda rhai canghennau hyd at 20cm o hyd. Ei gynefin yw pob math o greigiau llaith, a gorau oll os ydynt yn y cysgod. Efallai ei fod yn ffafrio creigiau calchog.

C) Cen *(Lichens)*

Mae rhyw 18,000 o rywogaethau o gen drwy'r byd, mewn pob math o gynefin o'r pegynau i'r trofannau, yn tyfu yn bennaf ar risgl coed, ar greigiau a cherrig, ac ar y pridd. Ym Mhrydain mae yna ryw 1,400 a chan eu bod yn tyfu'n well mewn hinsawdd llaith does ryfedd fod cynifer ohonynt yng Nghymru. Mae'r cennau yn hollol wahanol i'r holl blanhigion eraill. Mae'r cen yn ddau blanhigyn yn byw gyda'i gilydd fel un; dau hollol wahanol, sef

Mae'r Cen (neu Cen y Cerrig) yn gymysgedd o algau a ffwng. Un o'r mathau mwyaf cyffredin yw *Cladonia*. Dyma un yn dangos yr apothecia coch sy'n cynhyrchu'r sborau. Cors Caron, Sir Aberteifi, Gorffennaf 1981

ffwng ac **alga**, yn dibynnu ar ei gilydd mewn symbiosis. Mae'r alga yn byw tu mewn i'r ffwng, a'r ddau, i bob pwrpas yn creu un planhigyn. Mae pob rhywogaeth o gen yn cynnwys ffwng gwahanol ond gall yr un rhywogaeth o alga fyw mewn gwahanol fathau o gen. Ni all y ffwng fyw ar ei ben ei hun heb yr alga ond gall rhai algau fyw bywyd annibynnol ar wahân i'r ffwng.

Sut mae'r cen yn byw?

Mae'r ffyngau, fel yr anifeiliaid, yn dibynnu am eu cynhaliaeth ar fwyd organig, un ai trwy fwyta organebau eraill neu trwy fyw arnynt fel parasit. Mae'r algau ar y llaw arall yn blanhigion gwyrdd, yn cynnwys cloroffyl, ac felly yn gallu gwneud eu bwyd eu hunain trwy gyfrwng ffotosynthesis.

Mewn cen, mae'r ffwng yn defnyddio'r bwyd a wneir gan yr alga, tra bod yr alga yn derbyn dŵr, rhai elfenau hanfodol, a chysgod oddi wrth rai mathau o olau tanbaid. Mae'r bartneriaeth yn un fanwl, dringar, ond mae'r cen yn blanhigyn hynod o wydn, yn gallu byw dan bob math o amodau. Mae'n tyfu'n hynod o araf, dim ond rhyw filimetr neu ddau mewn blwyddyn, ond mae'n eithriadol o hirhoedlog; mae sôn am rai cennau yn byw am 4,000 o flynyddoedd.

Atgynhyrchu

Mae'r ffwng yn y bartneriaeth yn cynhyrchu sborau a all egino a thyfu. Os digwydd, trwy ddamwain, i'r ffwng ifanc ddod ar draws yr alga addas, gall y ddau gyd-fyw a chreu cen newydd. Ond mater o siawns yw hyn, ac fel arfer mae'r cen yn atgynhyrchu trwy ddulliau llystyfol (*vegetative reproduction*). Mae tameidiau o'r ffwng, sy'n cynnwys celloedd o'r alga, yn torri'n rhydd a chael eu cario ymaith gan y gwynt neu'r dŵr, i ddechrau tyfu yn rhywle arall.

Mae'r cen yn blanhigyn pwysig i ddechrau'r broses o feddiannu darn o dir neu graig noeth, trwy erydu wyneb y graig. Pan mae corff y cen (y thalws) yn tyfu, mae'n wlyb a gludiog gan lynu'n dynn yn wyneb y graig, ond wrth sychu, mae'r thalws yn crebachu, gan dynnu'r darnau lleiaf o'r graig yn rhydd – a dyna ddechrau erydu'r graig, a'r cam bychan cyntaf mewn ffurfio pridd. Y planhigion bach, dinod yma yw'r arloeswyr mewn gwaith hynod o bwysig.

Mae adnabod y gwahanol rywogaethau o'r cen yn anodd a chymhleth, ond mae llawer yn mentro a rhai yn llwyddo! Nid ydym am fanylu yma, ond yn syml, y mae tri math, yn ôl eu ffurf a'r dull y maent yn tyfu:

1. Cen Cramennog (*Crustose Lichens*)
   Yma mae'r thalws fel cramen heb unrhyw raniadau na llabedi. Mae gwaelod y thalws i gyd yn sownd yn y sylfaen.
2. Cen Llwynaidd (*Fruticose Lichens*)
   Yma mae'r thalws yn dalsyth neu'n hongian fel tusw. Dim ond gwaelod y thalws sy'n sownd yn y sylfaen.
3. Cen Deiliog (*Foliose Lichens*)
   Mae'r thalws yma yn ymgripio yn wastad fel nifer o ddail ac mae clwstwr o edafennau mân (*rhizinae*) yn ei ddal yn y sylfaen.

Effaith llygredd

Oherwydd bod y cen yn amsugno dŵr a'r elfennau angenhreidiol drwy arwynebedd y corff, does ryfedd ei fod yn neilltuol o sensitif i lygredd yn yr awyr. Mae'r alga yn y cen yn ymateb yn arbennig i ddeuocsid swlffwr (SO_2), mae'r cloroffyl yn yr alga yn cael ei niweidio gan effeithio'r broses o ffotosynthesis, mae'r alga yn marw a dyna ddiwedd y cen. Mae rhai rhywogaethau o gen yn llawer mwy sensitif i lygredd nag eraill, a gellir cael syniad go dda o lendid neu lygredd yr awyr mewn ardal yn ôl y mathau o gen sy'n tyfu yno. Er enghraifft, mae *Desmococcus viridis* a *Leconora conizacoides* yn gallu dygymod â lefel uchel o SO_2, ond rhaid i'r awyr fod yn lân iawn cyn y gwelir *Usnea* a *Ramalina* yn ffynnu.

Y Defnydd gan ddyn

Er bod gan y cen ddosbarthiad eang iawn yn y byd, ychydig o ddefnydd a wneir ohono gan ddyn. Ond yn draddodiadol mae cen, sydd mor gyffredin yn yr Arctig, wedi bod yn

Mae'r gwahanol fathau o'r Cen yn amrywio'n fawr yn eu gallu i wrthsefyll llygredd yn yr awyr. Dyma *Usnea florida* sy'n arwydd o awyr lân. Ger Afon Doethie yn ardal Llyn Briane, Sir Gaerfyrddin, 1979

borthiant i'r ceirw, a hyd yn oed i ddyn mewn argyfwng, ond y defnydd pennaf yn y gorffennol oedd i lifo brethyn. Hefyd, ceir *litmus* o'r cen *Roccella*, sy'n troi'n las mewn alcali a choch mewn asid fel dangosydd cemegol.

Ch) Algau

Os buoch yn astudio bioleg yn yr ysgol, efallai eich bod yn cofio am *Chlamydomonas, Volvox* a *Spirogyra,* algau bach iawn, ond digon cyffredin mewn dŵr croyw. Os buoch yn crwydro yn y wlad, hwyrach eich bod wedi sylwi ar y powdwr gwyrdd ar fonyn rhai o'r coed, ac os buoch yn sefyllian ar ryw draeth caregog ar lan y môr, does bosib nad oeddych yn gweld sawl math o wymon ar y traeth. Ers talwm, roedd y rhain i gyd, a llawer mwy, yn perthyn i un rhaniad mawr o'r byd byw – yr ALGAU. Erbyn heddiw, mae'r arbenigwyr yn rhannu, dosbarthu a dethol planhigion yn llawer manylach, ac y mae rhai organebau sydd ar y ffin rhwng y planhigion a'r anifeiliaid yn cael lle arbennig iddynt eu hunain, ac yn eu plith yr algau. Ond nid dyma'r lle i fanylu. Y cyfan a wnawn yma yw gofyn beth, yn draddodiadol, yw alga?

Dyma rai o'r atebion:
1. Planhigyn syml (*thallus*) gyda'r corff yn un gell neu yn aml-gellog, ond heb ei rannu yn wreiddyn, coesyn a dail.
2. Dim pibellau fascwlar i gario hylif drwy'r corff.
3. Yn gallu cynhyrchu bwyd trwy ffotosynthesis gan ddefnyddio cloroffyl.
4. Planhigion dyfrdrig (*aquatic*), yn byw mewn dŵr croyw, dŵr hallt neu mewn lleoedd llaith megis pridd a rhisgl coed.

Fe gewch chi benderfynu a ydynt yn blanhigion ai peidio!

PENNOD 10

COED

Fe ŵyr pawb beth yw coeden – ond beth petai rhywun yn dweud wrthych ei fod wedi bod am dro, ac wedi gweld coeden noeth-hadog, gynhenid, lydanddail, fythwyrdd yn tyfu yn y goedwig leol? Gobeithio eich bod yn sylweddoli fod eich cyfaill yn siarad trwy'i het ac yn dweud celwydd noeth, ar wahân i'r ffaith ei fod yn or-hoff o ddefnyddio geiriau mawr!

Beth felly am sôn am rai o'r geiriau sy'n haeddu sylw arbennig wrth drafod y coed?

Dau air technegol i ddechrau: Angiosbermau a Gymnosbermau

Angiosbermau
Dyma'r planhigion blodeuol. Mae ganddynt hadau sy'n datblygu tu mewn i ffrwyth. Mae tua 250,000 o rywogaethau yn y byd, gan gynnwys llawer o goed, megis y Dderwen, yr Onnen a'r Gelynnen.

Gymnosbermau
Dyma'r planhigion sydd â hadau noeth. Maent yn cynnwys y coed conwydd i gyd, megis y Coed Pîn a'r Ywen. Mae yna ryw 700 o rywogaethau.

Mae'r geiriau nesaf yn haws i'w cofio:

Coed Collddail
Dyma'r coed sy'n bwrw eu dail cyn y gaeaf ac yn tyfu cnwd newydd bob gwanwyn. Gwernen, Llwyfen a hefyd y Llarwydden (*Larch*), sef un o'r ychydig goed conwydd sy'n bwrw eu dail.

Coed Bythwyrdd
Dyma'r coed sy'n cadw'u deiliant drwy'r flwyddyn, gan golli a thyfu rhai dail yn gyson. Ffynidwydden, Pinwydden, Ywen, Celynnen.

Celynnen (*Ilex aquifolium* Holly). Coeden sy'n fythwyrdd ac yn llydanddail. Machynlleth, Tachwedd 1981

Pinwydden yr Alban (*Pinus sylvestris* Scot's Pine): yn dangos conau gwrywaidd a benywaidd. Sir Amwythig, Mai 1970

Y Dderwen Mes Di-goes (*Quercus petraea* Sessile Oak), Derwen draddodiadol Cymru. Llangollen, Awst 1994

Dyma bâr o eiriau pwysig:

Coed llydanddail

Dyma'r mwyafrif o goed cynhenid y wlad hon, gyda'r dail 'llydan' arferol. Mae'r rhan fwyaf yn goed collddail.

Helygen, Bedwen, Ffawydden, Celynnen (yn anarferol, mae hon yn goeden lydanddail, fythwyrdd).

Coed conwydd

Mae gan y rhan fwyaf o'r rhain ddail main, hir. Mae'r mwyafrif yn fythwyrdd. Ywen, Pinwydden, Llarwydden (sydd hefyd yn goeden gollddail).

Dyma eiriau cyffredin iawn a all achosi dryswch:

Pren caled

Y gair cyffredin am bren coed llydanddail, megis Derw.

Pren meddal

Y gair cyffredin am bren coed conwydd, megis coed Pîn a choed Sbriws.

Ond sylwer. Yn dechnegol fanwl, oherwydd y rheol uchod, gelwir pren Balsa, sy'n hynod o feddal, yn bren caled; a phren Pinwydd Byg (*Pitch-pine*) sy'n galed iawn (seddau capel yn aml!) yn bren meddal.

Beth am y ddau air hyn?

Coed (*trees*) a Llwyni (*shrubs*)

Does gan y geiriau yma ddim arwyddocâd technegol na gwyddonol. Ambell dro, awgrymir mai 'coeden' yw un dros 20 troedfedd o daldra, a bod 'llwyn' yn llai nag 20 troedfedd, ond synnwyr y fawd yw hynny. Fel rheol (nid bob tro) un boncyff sydd gan goeden, tra bod gan lwyn amryw.

Mae botanegwyr yn hoff iawn o drafod hanes neu darddiad planhigion yn y wlad hon. Ystyriwn y termau hyn:

Coed cynhenid

Dyma'r coed sy'n tyfu yma yn naturiol, hynny yw wedi cyrraedd yr ynysoedd hyn heb ymyrraeth dyn.

Enghreifftiau:

> Criafolen, Derwen, Onnen, Celynnen, Ywen, Pinwydden yr Alban, Helygen Frau, Collen, Ysgawen, Pisgwydden, Draenen Wen.

Coed estron

Dyma'r rhai sydd wedi eu cyflwyno gan ddyn, yn fwriadol neu'n anfwriadol.

Enghreifftiau:

> Llarwydden, Castanwydden y Meirch, Masarnen, Poplysen Lombard, Pinwydden Corsica, Ffynidwydden Douglas, Derwen Fythwyrdd, Cedrwydden Libanus, Cypreswydden Leyland, Tresi Aur.

Y mae ymhell dros 1,000 o wahanol fathau o goed yn tyfu ym Mhrydain ond dim ond rhyw 35 sy'n gynhenid, hynny yw, yn 'perthyn' i'r wlad ac nid wedi cyrraedd yma trwy law dyn.

Beth felly yw coeden?

Dyma air sy'n apelio at synnwyr cyffredin yn hytrach nag at ddiffiniad botanegol, manwl.

Mae pob coeden yn blanhigyn lluosflwydd, gyda'r defnydd o bren yn ei gwneuthuriad, i'w chynnal a'i dal i fyny. Mae'r pren yn ffurfio ysgerbwd y goeden. Mae maint coed yn amrywio'n fawr, o'r cewri sydd dros 300 troedfedd o daldra i lawr i'r corachod bach. Roeddwn wrthi un tro, rai blynyddoedd yn ôl, ar ynys Spitsbergen yn yr Arctig, yn mesur tyfiant rhai o'r planhigion ar y twndra. Un o'r rheini oedd *Salix polaris,* Helygen fechan rhyw ddwy fodfedd o daldra, fan bellaf. A oedd honno yn goeden? Yn sicr, roedd ganddi bren yn ei choesyn ac roedd hi'n lluosflwydd. Ond efallai mai dyma lle mae diffiniad manwl a synnwyr cyffredin yn gwrthdaro!

Un peth diddorol am goed yw nad yw llawer ohonynt yn perthyn dim i'w gilydd. Fel arfer, mae'n hawdd dweud a yw planhigyn yn degeirian ai peidio – mae'r tegeirianau i gyd yn perthyn i'r un teulu, felly hefyd y gweiriau, ond mae'r coed wedi esblygu mewn nifer o wahanol deuluoedd, a'r unig debygrwydd ydi eu bod yn dal (fel arfer) gydag ysgerbwd o bren. Dyma enghraifft o esblygiad cydgyfeiriol (*convergent evolution*) lle mae nifer o blanhigion o wahanol deuluoedd wedi datblygu i'r un cyfeiriad.

Beth yw pren?

Mewn coeden, mae gan y boncyff ddwy swydd, sef dal y dail i fyny i'r golau a chario hylif o gwmpas. Rhaid cario dŵr o'r gwraidd i'r dail a chario bwyd o'r dail i weddill y goeden. Wrth dyfu o flwyddyn i flwyddyn mae'r goeden yn gwneud cylchoedd o bren sy'n cynnwys pibellau mân (y sylem) i gludo'r dŵr, a chylchoedd llai o bibellau gwahanol (y ffloem) i gludo bwyd o'r dail, sef siwgr yn bennaf. Yma yng Nghymru, fel yng ngweddill y rhannau tymherus (*temperate zone*) mae tyfiant yn peidio yn y gaeaf cyn ailddechrau yn y gwanwyn dilynol; felly mae'r goden yn cynhyrchu cyfres o gylchoedd, a gellir mesur oed y goeden yn ôl nifer y cylchoedd. Gweler tud. 111.

Wrth i'r goeden dyfu mae'r cylchedd (*circumferance*) yn cynyddu ac mae cylch o risgl (*bark*) amddiffynnol yn datblygu. Ambell dro gellir adnabod rhywogaeth coeden oddi wrth y rhisgl. Ar ôl rhai blynyddoedd mae'r pren hynaf, yng nghanol y boncyff yn caledu, a'r pibellau sylem yn llenwi efo lignin. Dyma'r rhuddin (*heartwood*) sy'n rhoi cryfder i'r boncyff. Mae'r pibellau yn y gwynnin (*sapwood*) yn dal i gario dŵr, yn ogystal â chyfrannu at gryfder y goeden.

Y genhedlaeth nesaf. O ble daw'r hadau?

Mae coed yn gallu byw'n hen iawn ond beth am y genhedlaeth nesaf? Mae gan y goeden ddwy broblem. Yn gyntaf, cael y paill o un blodyn i'r llall, ac yn ail sut i wasgaru'r hadau. Mae'r coed cyntefig, y coed conwydd, fel y coed Pîn, Llarwydd etc. i gyd yn cael eu peillio gan y gwynt. Ond mae'r mwyafrif o'r coed blodeuog, megis Draenen Ddu, Draenen Wen, Celynnen, Ceirios, Afallen, Castanwydden y Meirch, a'r Griafolen yn defnyddio pryfetach i gario'r paill. Ond mae amryw o'r coed llydanddail hefyd yn defnyddio'r gwynt, coed megis yr Onnen, y Dderwen a'r

Fedwen. Mae'r mwyafrif o goed yn hemisffer y gogledd yn defnyddio'r gwynt, ond wrth nesáu at y trofannau mae peillio gan anifeiliaid (trychfilod, adar, mamaliaid etc.) yn fwyfwy cyffredin.

Mae gan y coed sy'n cael eu peillio gan bryfetach flodau mawr, lliwgar, sy'n agor tuag i fyny, ac yn aml yn cynhyrchu aroglau cryf, ynghyd â llawer o neithdar yn y blodyn – nodweddion i ddenu pryfetach o bell. Ar y llaw arall mae'r coed a beillir gan y gwynt yn defnyddio strategaeth hollol wahanol. Gan nad oes dim angen denu pryfetach, does dim angen petalau lliwgar, neithdar nac aroglau.

Y canlyniad yw blodau bach disylw, fel yn yr Onnen a'r Llwyfen, neu yn aml ar ffurf 'cynffonnau ŵyn bach' fel yn y coed

Blodau'r Gollen (*Corylus avellana* Hazel). Ar y chwith un o'r cynffon ŵyn bach, sef y blodau gwrywaidd sy'n rhyddhau'r paill, ac ar y dde, clwstwr o'r blodau benywaidd sy'n tyfu'n gwlwm o gnau erbyn yr hydref.

Cyll, Gwern a Bedw. Mae'r Gollen yn ddiddorol. Yma, mae'r blodau gwrywaidd a benywaidd ar wahân. Casgliad o flodau gwrywaidd, yn cynhyrchu paill yw'r 'cynffonnau ŵyn bach' tra bo'r blodau benywaidd fel tusw bychan disylw o flewiach coch ar ran arall o'r brigau. Y rhain sy'n dal y paill ar y gwynt ac yn datblygu i ffurfio'r cnau.

Rhaid cael digon o baill, gan fod y dull o beillio ar y gwynt yn wastraffus ryfeddol. Dywedir fod un o'r cynffonnau ŵyn bach ar y Fedwen yn cynhyrchu pum miliwn a hanner o ronynnau paill. Mae'r rhan fwyaf o'r coed yn gollwng eu paill yn gynnar yn y gwanwyn tra bo'r brigau yn noeth. Buasai llawer o ddail yn rhwystro llif y paill ar y gwynt. Mae'r paill a gerir ar y gwynt yn sych, yn grwn, ac yn llyfn ac fel arfer yn llai na'r rhai ar goed a beillir gan bryfetach.

Er bod y gwahaniaeth rhwng y ddau fath o beillio yn ymddangos yn glir, eto gwelwn fod rhai coed yn defnyddio'r ddau ddull. Mae paill oddi ar rai o'r coed cyffredin a beillir gan y gwynt, megis y Dderwen, y Fedwen a'r Gollen wedi ei ddarganfod ar gyrff gwenyn ambell dro, tra bod coed a ystyrir fel rhai sy'n defnyddio pryfetach, fel Pisgwydden, Masarn a'r Gastanwydden hefyd yn rhyddhau paill i'r awyr. Mae'n debyg mai'r enghraifft fwyaf dadleuol yw'r coed Helyg (*Salix*). Ar y cyfan, y pryfetach sy'n eu peillio ac mae'r paill yn eithaf gludiog. Eto i gyd mae peth paill yn cael ei gario ar y gwynt. Mae peth tystiolaeth fod yr Helygen Ddeilgron (*Salix caprea* Goat Willow) wedi addasu'n well ar gyfer pryfetach, tra bo'r Gorhelygen (*Salix repens* Creeping Willow) yn well ar gyfer y gwynt (Proctor, Yeo & Lack, 1996, tud. 278).

Cysgadrwyd yr Had (*Seed Dormancy*)

Ym mhob hedyn mae tair rhan. Yn y canol mae'r rhan bwysicaf, yr embryo (neu'r hadrithyn). Dyma darddle'r bywyd newydd. Yn ail, mae yna stôr o fwyd (ar ffurf starts fel arfer) ar gyfer yr embryo tra mae'r hedyn yn cysgu, ac i'w gynnal wrth iddo egino a chyn i ffotosynthesis ddigwydd. Yna, yn drydydd, mae'r testa, y croen neu'r plisgyn sy'n amddiffyn yr hedyn.

Dywedir bod yn rhaid i hadau coed Helyg egino neu farw yn fuan ar ôl gadael y goeden, ond mae'r rhan fwyaf o hadau yn cysgu am gyfnod. I'r mwyafrif o goed yn y wlad hon, yr hydref yw tymor yr hadau, ac mae'n well i'r hadau gysgu tan y gwanwyn, yn hytrach nag egino ar ddechrau'r gaeaf.

Gall sawl peth beri i'r hedyn egino. Yn aml iawn mae angen cyfnod o rew. Gŵyr llawer garddwr fod cyfnod yn y rhewgell yn 'deffro' llawer math o hadau. Ambell dro mae'r hedyn yn cysgu hyd nes bo'r embryo wedi gorffen aeddfedu a datblygu. Mae hyn yn digwydd gyda'r Onnen, lle mae angen i'r had orwedd ar y ddaear am flwyddyn a hanner ac yna egino yn yr ail flwyddyn ar ôl cael ei ffurfio. Peth arall sy'n bwysig yn natblygiad yr hedyn yw cyflwr y testa, sy'n aml yn galed ac yn anhydraidd (*impermeable*). Mae'r testa yn cadw dŵr rhag cyrraedd yr embryo, ac ni wnaiff yr had egino. Felly, rhaid rhwygo'r croen, a gall hyn ddigwydd mewn mwy nag un ffordd. Gall ddigwydd pan mae'r tymheredd yn amrywio'n fawr rhwng dydd a nos, neu hyd yn oed os digwydd tân yn y goedwig. Dros amser, gall y testa bydru oherwydd effaith ffwng yn y pridd, gan adael i'r dŵr ddod i mewn. Peth arall sy'n digwydd yn aml ydi bod rhyw anifail neu aderyn yn bwyta'r had, ac mae effaith suddion y cylla yn ddigon i dorri cysgadrwydd yr hedyn, a bydd yn egino ar ôl mynd drwy'r corff.

Dyma rai o'r Coed Llydanddail sy'n gyffredin yng Nghymru:

Derwen (*Quercus* Oak)

Dyma'r enwocaf o'n coed, yn nodedig am ei chryfder a'i hirhoedledd.

Mae dwy rywogaeth, y Dderwen Mes Coesynnog (*Quercus robur* Pedunculate Oak) sy'n gyffredin dros y rhan fwyaf o Brydain, yn arbennig ar y priddoedd gorau, a'r Dderwen Mes Di-goes (*Q. petraea* Sessile Oak) sydd hefyd dros Brydain, ond yn nodweddiadol o briddoedd mwy asidig, gan gynnwys llawer o dir uchel yng Nghymru. Mae'r croesryw rhwng y ddwy rywogaeth yn gyffredin. Mae'r blodau gwrywaidd yn fân, ac yn hongian ar ffurf cynffonnau. Peillir gan y gwynt, i ffurfio'r mes cyfarwydd.

Onnen (Fraxinus excelsior Ash)

Mae'r Onnen hefyd yn goeden
gyffredin iawn dos Brydain gyfan, yn
enwedig ar dir calchog. Weithiau,
mae'n datblybu ar hen balmant calch
gan greu coedwig o goed Ynn. Daw'r
blodau, sy'n gallu bod yn unrhywiol
neu'n ddeurywiol, o flaen y dail, ac
fe'i peillir gan y gwynt.

Yn aml iawn, yr Onnen yw'r
goeden olaf i ddeilio a'r gyntaf i fwrw'i
dail yn yr hydref. O'r holl goed, yr

Dail a ffrwythau'r Onnen (*Fraxinus excelsior* Ash).
Licswm, Sir Fflint, Medi 2006

Onnen sy'n llosgi orau ar y tân. Yn 2012 canfyddwyd clefyd ar goed Ynn ym
Mhrydain a achoswyd gan ffwng – *Chalara fraxinea* – sy'n achos cryn bryder. Daeth
llygedyn o olau yn 2016 pan gafwyd hyd i goeden yn Swydd Norfolk sy'n ymddangos
ei bod yn gallu gwrthsefyll y clefyd.

Gwernen (*Alnus glutinosa* Alder)

Dyma goeden sy'n hen gynhenid i wledydd Prydain, ac yn gyffredin ar dir gwlyb ar
fin llynnoedd ac afonydd, a defnyddir y gair gwern am y cynefin yn ogystal â'r goeden.
Mae'r blodau gwrywaidd yn gynffonnau ar flaenau'r brigau, a'r blodau benywaidd yn
datblygu'n hirgrwn, bron fel moch y coed bychain. Yn draddodiadol, defnyddid pren
y Wernen ar gyfer gwneud gwadnau clocsiau.

Helyg (*Salix* Willow)

Mae tua 300 o wahanol goed helyg yn y byd, ac mae Meikle (1984) yn rhestru 23 ym
Mhrydain, ynghyd â nifer cyffelyb o rai croesryw. Rwyf am enwi pedair yn unig. Yng
Nghymru, y ddwy fwyaf yw:

Helygen Frau (*Salix fragilis* Crack Willow). Coeden fawr, y rhan amlaf ar lan yr
afon neu mewn tir gwlyb. Dail hir, yn aml gyda thro ar eu blaen. Wrth blygu'r brigau
yn ôl maent yn torri'n rhydd gyda chlec sydyn – dyna sy'n gyfrifol am yr enw yn y tair
iaith. Mae'n aml yn cael ei blaen-dorri (*pollard*). Ceir llawer o amrywiaeth yn y
rhywogaeth.

Helygen Wen (*Salix alba* White Willow). Mae hon hefyd yn goeden fawr, hyd yn
oed yn fwy na'r Helygen Frau. Mae'r dail yn debyg, ond yn wyn-flewog pan fyddant
yn ifanc a heb y tro ar flaen y ddeilen. Tyf yn yr un cynefin â'r Helygen Frau.
Defnyddir math arbennig (*var. caerulea*) i wneud batiau criced. Flynyddoedd yn ôl
roedd pren helyg yn ffefryn i lunio coesau pladur, a chan y sipswn i wneud pegiau
dillad.

Mae dwy helygen hynod gyffredin dros Gymru gyfan sy'n tyfu fel llwyn mawr neu goeden fechan, sef yr **Helygen Ddeilgron (*Salix caprea* Goat Willow)** a'r **Helygen Lwyd (*Salix cinerea* Grey Willow)**. Mae'r ddwy i'w cael ar dir gwyllt, mewn gwrychoedd ac ar dir tamp ar lawr gwlad ac yn yr ucheldir. Mae enw'r Helygen Ddeilgron yn awgrymu siâp y dail yn hytrach na'u disgrifio'n fanwl, ac mae cnwd o flew llwyd, trwchus ar ochr isaf y ddeilen ifanc. Yn y gwanwyn cynnar, cyn i'r dail agor, mae'r blodau ar y goeden wryw, gyda'u paill melyn yn tynnu ein sylw. Dyma'r 'gwyddau bach' (*male catkins*). Mae'r blodau benywaidd yn llwyd ac yn llai amlwg. Credir y cânt eu peillio'n bennaf gan bryfetach, ond hefyd gan y gwynt i ryw raddau, (Procter et. al. 1996, tud. 278).

Mae'r Helygen Lwyd yn debyg iawn mewn llawer ffordd, ond mae'r dail yn hirgrwn, ac yn llai blewog. Rhaid cofio, pan fo'r ddwy rywogaeth yn agos i'w gilydd, eu bod yn croesi'n rhwydd, a bod unigolion yn tyfu sy'n anodd iawn i'w henwi gyda sicrwydd

Gwyddau Bach (*catkins*) ar goed helyg. Y gwryw ar y chwith, sy'n cynhyrchu'r paill, a'r fenyw ar y dde, sy'n gwneud yr hadau. Talacre, Sir Fflint, Mai 1970

Bedwen (*Betula* Birch)

Coeden sy'n arloesi yw'r Fedwen, yn paratoi'r ffordd i goed eraill. Mae'n gallu dygymod ag eithafion yr hin yn y Gogledd pell, ar ymylon y twndra, ac mae'n gyffredin dros wledydd Prydain. Mae dwy rywogaeth, y **Fedwen Arian (*Betula pendula* Silver Birch)** a'r **Fedwen Lwyd (*Betula pubescens* Downy Birch)**, gyda'r Fedwen Arian yn ffafrio pridd asidig y rhostir, a'r Fedwen Lwyd yn debycach o dyfu ar dir gwlypach gan gynnwys y mawnogydd. Gellir cael croesryw rhwng y ddwy rywogaeth, a'r rheini'n amrywio o fod yn ffrwythlon i fod yn hollol ddiffrwyth.

Fel rheol, y Fedwen Arian yw'r dalaf o'r ddwy goeden, gyda brigau a changhennau yn hongian ac yn pendilio yn y gwynt, a chyda chlytiau o risgl gwyn ar y boncyff. Mae dail y Fedwen Arian hefyd yn fwy danheddog fel arfer, ond gellir cael cryn dipyn o amrywiaeth.

Mae gan y Fedwen flodau gwrywaidd a benywaidd ar yr un goeden, y gwrywaidd yn chwifio'n gynffonnau hir, a'r gwynt yn cario'r paill. Mae'r hadau hefyd yn fân iawn, miloedd ohonynt, hefyd i'w gwasgaru ar y gwynt. Mae gweld Bedwen lawn dwf yn erbyn awyr las y gwanwyn yn olygfa hardd ryfeddol, ond y mae'n goeden fyrhoedlog ar y cyfan, ac yn sicr, nid dyma ffefryn y coedwigwr.

Ffawydd (*Fagus sylvatica* Beech)

Credir fod y **Ffawydden** yn goeden gynhenid dros rannau o dde Lloegr ac ychydig o dde-ddwyrain Cymru ond mae ansicrwydd ynglŷn â'i statws dros weddill Prydain. Yn sicr, y mae wedi cartrefu'n llwyddiannus iawn mewn llawer cynefin, yn arbennig ar briddoedd calchog, ac weithiau ar dywodfaen asidig yn ogystal. Nid yw'n hoff o dir gwlyb. Defnyddir y pren i wneud dodrefn o bob math, ac mae'r Ffawydden yn boblogaidd iawn fel gwrych – y mae'n dueddol i gadw'i dail dros y gaeaf, ond mae'n pydru'n weddol gyflym yn y pridd ac nid yw'n addas ar gyfer adeiladu.

Mae'r blagur yn hir ac yn fain ac yn hawdd i'w hadnabod, ac mae'r dail cynnar yn wyrdd golau gyda nifer o flew mân. Ychydig o olau sy'n dod trwy'r canghennau deiliog mewn coed Ffawydd ac ychydig iawn o blanhigion eraill a dyf oddi tanynt (yn wahanol i goed Derw neu goed Ynn). Roedd gwerth arbennig i gnau y Ffawydden, fel mes y Dderwen, mewn blynyddoedd a fu, i borthi moch, ond dim ond unwaith bob rhyw bedair neu bum mlynedd y ceir cnwd toreithiog. Mae pren y Ffawydden yn werthfawr fel coed tân, ac mae'r dail yn pydru'n araf i wneud deilbridd (*leafmould*) ardderchog i'r ardd.

Coed Ffawydd (*Fagus sylvatica* Beech). Gwarchodfa Natur y Graig, Tremeirchion, Sir Fflint, Gorffennaf 1996

Castanwydden Bêr
(*Castanea sativa* Sweet Chestnut)

Mae'n debyg mae'r Rhufeiniaid a ddaeth â'r Gastanwydden i Brydain, ac mae wedi ei phlannu ar draws y wlad, yn enwedig mewn coedlannau ac ar dir hen stadau. Y mae'n tyfu'n goeden dal a hardd gyda dail mawr, blaenfain a dannedd amlwg. Mae boncyff y goeden yn braff ac yn syth, a bron yn ddieithriad mewn hen goed, mae patrwm troellog ar y rhisgl. Ni wn beth sy'n achosi hyn. Caiff y blodau eu peillio'n bennaf gan bryfetach ac mae'r ffrwyth, sy'n fawr ac yn bigog yn cynnwys rhyw ddau hedyn sy'n flasus ar ôl eu crasu.

Defnyddir pren y Gastanwyddan Bêr ar gyfer dodrefn – mae bron cystal â Derw yn ôl rhai, ac yn ystod yr ugeinfed ganrif datblygodd y ffasiwn o wneud ffensys o goed wedi eu hollti'n stribedi, a'u dal ynghyd gan weiren (*Chestnut palings*). Mae yna rai felly o gwmpas ein tŷ ni, a osodwyd yma yn 1935, ac y mae amryw yn dal yn gyfan hyd heddiw.

Castanwyddan Bêr (*Castanea sativa* Sweet Chestnut). Henllan ger Dinbych, Mehefin 1970

Llwyfen (*Ulmus* Elm)

Gwyddom oddi wrth dystiolaeth y paill yn y mawn fod y Llwyfen (neu'r Llwyfanen) wedi bod yma ers o leiaf 5,000 o flynyddoedd. Mae nifer o wahanol rywogaethau ac maent yn eithriadol o gymhleth ac anodd i'w dehongli, ac mae'r arbenigwyr weithiau'n anghytuno ynglŷn â'u henwau.

Y rhywogaeth fwyaf cyffredin, a'r hawddaf i'w hadnabod, yw'r **Llwyfen Lydanddail (*Ulmus glabra* Wych Elm)**. Dyma goeden dal, fawreddog, gyda chorun tewfrig anwastad, a changhennau trymion. Mae'r dail yn fawr ac yn bigfain, ac yn arw i'w cyffwrdd, ac mae bôn y ddeilen yn unochrog. Yn gynnar yn y gwanwyn gwelir y blodau bychain yn glystyrau ar y brigau, ac yna daw'r ffrwythau, gydag aden hirgrwn, ac un hedyn yn y canol.

Roedd y Llwyfen yn gyffredin dros y rhan fwyaf o Gymru a Lloegr, ond oddeutu 1965 daeth Clefyd y Llwyfen (*Dutch Elm Disease*) i'r wlad, sef ffwng a gariwyd o goeden i goeden gan chwilen, a chollwyd y rhan fwyaf o'r coed. Mae'r pren yn eithriadol o galed, ac yn anodd i'w hollti. Defnyddid ef yn draddodiadol i wneud dodrefn, yn arbennig cadeiriau, cychod, eirch, both olwynion, a hyd yn oed pibellau i gario dŵr. Er bod y rhan fwyaf o'r coed mawr wedi diflannu, mae llawer o'r Llwyfenni yn parhau fel llwyni yn y gwrychoedd.

Mae ffrwythau'r Llwyfen (*Ulmus* Elm) yn datblygu ychydig cyn y dail. Abergwyngregyn ger Bangor, Mai 1997

Poplys (*Populus* Poplar)

Mae llawer o'r Poplys ym Mhrydain, y mwyafrif yn goed estron wedi eu plannu, megis y goeden dal, gul, Poplysen Lombardi. Mae yma hefyd lawer o'r Boplysen Wen a'r Boplysen Lwyd ond mae peth ansicrwydd ynglŷn â'u tarddiad. Ond mae dwy enghraifft o'r poplys y gwyddom eu bod yn gynhenid. Y gyntaf yw'r **Aethnen (*Polpulus tremula* Aspen)**. Dyma goeden sydd

Rhes o Boplys Lombardi (*Populus nigra 'Italica'*, Lombardy Poplar). Saltney, Sir Fflint, Gorffennaf 1994

i'w chael yma ac acw dros y wlad, ond nid yw'n gyffredin. Tyf yn bennaf mewn llecynnau tamp ar lechweddau, mewn gwrychoedd ac ar dir garw. Mae'r dail bron yn grwn, gyda dannedd heb fod yn fain, ac mae coes y ddeilen yn fflat, ac mae'n symud yn ddi-baid ym mhob awel – dyna sy'n gyfrifol am yr enw arall arni – Dail Tafod y Merched. Fel yn y coed Helyg, mae'r coed gwrywaidd a benywaidd ar wahân.

Yr ail o'r Poplys i'w hystyried yw'r **Boplysen Ddu (*Populus nigra ssp. betulifolia* Black Poplar)**. Dyma goeden fawr, a all fod yn 100 troedfedd neu fwy, gyda boncyff garw, cnotiog. Mae brig y goeden yn llydan, a'r canghennau'n fawr ac yn drwm. Caiff ei galw weithiau yn goeden fawreddog, ac ar ei gorau y mae'n sicr yn haeddu'r disgrifiad. Coeden gynhenid yw'r Boplysen Ddu, ond mae'n brin iawn mewn llawer ardal. Pam tybed? Un rheswm efallai yw nad yw'n tyfu crachgoed (*sucker shoots*) fel eraill o'r un teulu, ond yn dibynnuu'n hollol ar ei hadau fel yr unig ffordd o atgynhyrchu.

Mae canran uchel o'r Boplysen Ddu ym Mhrydain wedi eu plannu yn hytrach nag wedi tyfu'n naturiol, a'r mwyafrif mawr ohonynt yn goed gwrywaidd. Mae'n debyg mai'r rheswm am hyn yw bod y fenyw yn cynhyrchu miloedd ar filoedd o hadau blewog, a'r rheini'n lluwchio fel eira, er gofid i bobl sy'n byw'n gyfagos, ac felly mae'r goeden wrywaidd yn llawer mwy poblogaidd.

Yn ystod yr hanner can mlynedd diwethaf bu llawer o chwilio am y Boplysen Ddu, ac erbyn hyn gwyddom am lawer mwy ohonynt. Cynyddodd y diddordeb, a bellach mae mwy a mwy yn cael eu meithrin a'u plannu. Ceir hanes y Boplysen Ddu yng Ngheredigion yn hynod o fanwl gan Arthur Chater yn ei *Flora of Cardiganshire*, tud. 421-425.

Cnwd o hadau Coed Poplys, fel eira. Tarporly, Sir Gaer, 1996

Criafolen neu'r Gerddinen (*Sorbus aurcuparia* Rowan)

Mae'r Griafolen yn aelod o deulu'r Rhosyn, a gwyddom i gyd am ei chnwd o flodau gwynion yn y gwanwyn. Edrychwch yn fanwl, ac fe welwch fod ffurf y blodyn yn debyg i'r Rhosyn Gwyllt, ac i deulu'r Rhosyn y perthyn y Griafolen, a hefyd y Ddraenen Wen a'r Ddraenen Ddu. Ffurf y blodau sy'n penderfynu teulu'r planhigion.

Dyma goeden sy'n gynhenid ac yn gyffredin iawn yng Nghymru, yn enwdig yn yr ucheldir, gan ei bod yn gallu sefyll gerwinder y gaeaf yn well nag unrhyw goeden arall. Mae'r Griafolen hefyd ymhlith y coed mwyaf poblogaidd i'w plannu ar strydoedd ein trefi ac yn ein gerddi, a gwyddom mor boblogaidd yw'r ffrwythau gan yr adar.

Roedd Eifion Wyn yn gyfarwydd â'r cnwd o aeron coch sy'n harddu'r goeden yn yr hydref:

> Wedi i haul Awst ei hulio,
> Gwaedgoch ei brig – degwch bro.

Enw arall arni yn Saesneg yw Mountain Ash, yn unig oherwydd bod dail y Griafolen a'r Onnen yn debyg o ran ffurf.

Celynnen (*Ilex aquifolium* Holly)

> Pren canmolus, gweddus, gwiw,
> A'i enw yw y Gelynnen.

O bob coeden yn y wlad, dyma'r un fwyaf cyfarwydd, gyda'i dail bythwyrdd, pigog a'i ffrwythau cochion i harddu ein cartrefi dros y Nadolig. Gwyddom yn aml am y Gelynnen fel llwyn yn y gwrych, ond wrth gwrs, gall dyfu'n goeden sylwedol, yn uwch na 70 troedfedd (22m) ambell dro. Y mae'n goeden gynhenid, yn gyffredin dros Brydain ar wahân i ogledd yr Alban.

Yn y Gelynnen mae'r coed gwrywaidd a benywaidd ar wahân, ac wrth gwrs, dim ond ar y fenyw y mae aeron coch. Eto i gyd, darllenais fwy nag unwaith fod ambell un yn cynhyrchu blodau deurywiol, neu hyd yn oed yn gallu newid o un rhyw i'r llall, ond eithriadau prin yw'r rheini.

Mae'r aeron yn harddu'r goeden dros y gaeaf, oni bai bod yr Adar Bronfraith a'r Socan Eira yn eu bwyta. Mae dail y gelynnen yn amrywio; mae'r dail isaf yn bigog ac yn gyfarwydd, ond gall y rhai uchaf, ar frig y goeden fod yn llai pigog, neu heb bigau o gwbl.

Ceir amryw fathau o Gelyn gardd, rhai gydag aeron melyn, eraill â dail brith, amryliw (*variegated*), un gyda phigau dros wyneb y ddeilen ac un arall gyda changhennau sy'n gwyro i'r llawr yn 'wylofus'. Atgynhyrchu'n llystyfol (*vegetatively*) y mae'r rhan fwyaf o'r rhain, ac yn bersonol, rydw i am lynu wrth y Gelynnen hen ffasiwn!

Mae pob math o gredoau a thraddodiadau ynglŷn â'r Gelynnen, ac os mai coel gwerin sy'n mynd â'ch bryd, chwiliwch am *Flora Britannica* gan Richard Mabey – mae ganddo naw tudalen am y goeden ryfeddol hon!

Masarnen (*Acer pseudoplatanus* Sycamore)

Bu llawer o drafod a dadlau ynglŷn â statws y goeden hon. Bellach, cytunir ei bod wedi cyrraedd Prydain tua'r 16 ganrif, ac erbyn y 18 ganrif cafodd ei phlannu'n helaeth. Mae'r Fasarnen yn hadu'n hawdd ac yn atgynhyrchu'n gyflym, ac erbyn hyn mae'n gyffredin ym mhob twll a chornel o'r wlad. Yn wir, y mae llawer yn ei hystyried fel chwyn. Mae'r Fasarnen wedi cartrefu'n arbennig yma yng Nghymru, a dywedir fod canran y coed Masarn yn y coedlannau yn Sir Fflint yn uwch nag mewn odid unrhyw sir arall, (Edlin 1958, tud. 199). Plannwyd llawer i gysgodi ffermdai yn yr ucheldir ac ar y glannau – maent yr dal eu tir yn erbyn stormydd y gaeaf.

Mae'r Fasarnen yn tyfu'n gyflym, yn dal ac yn llydan, gyda changhennau deiliog a boncyff praff. Mae'r dail llabedog yn gyfarwydd iawn, ac yn y gaeaf gellir adnabod y goeden oherwydd y blagur gwyrdd ar y brigau. Yn aml iawn ceir smotiau neu glytiau duon ar y dail yn yr haf. Dyma'r ffwng *Rhytisma acerinum,* sy'n hynod o gyffredin, ond heb wneud fawr o niwed i'r goeden. Anaml y gwelir smotiau'r ffwng ar goed yn y dref, gan fod llygredd yn yr awyr yn dueddol i ladd y ffwng. Yn ystod Ebrill a Mai mae blodau'r goeden yn hongian yn glystyrau melyn-wyrdd, gyda thoreth o neithdar sy'n denu gwenyn i'w peillio. Yna mae'r ffrwythau dwbl yn datblygu, gydag adain i bob un, i helpu gwasgariad gan y gwynt. Doedd dim i guro'r Fasarnen ar gyfer gwneud chwiban ers talwm ('chwistl' oedd ein gair ni), pan oedd croen (rhisgl) y brigau yn feddal yn y gwanwyn.

Mae pren y Fasarnen yn wyn a glân, ac yn dra defyddiol ar gyfer gwneud dodrefn a phob math o offer yn y gegin, yn ogystal â rhai offerynnau llinynnol, fel y ffidl. Gyda llaw, mae gair y Sais, 'Sycamore' yn gamynganiad o'r enw *Ficus sycomorus,* (neu 'Fig Mulberry') y sonnir amdano yn y Beibl. Felly, mae defnyddio 'Sycamor' fel enw Cymraeg yn gamgymeriad dwbl!

Masarnen Fach (*Acer campestre* Field Maple)

Mae hon yn goeden gynhenid dros y rhan fwyaf o Gymru, ond yn llai adnabyddus ac yn llai cyffredin na'r Fasarnen. Y mae hefyd wedi ei phlannu mewn rhai ardaloedd, megis Sir Fôn a Sir Benfro. Y mae gryn dipyn yn llai na'r Fasarnen, ac yn fwy cyfarwydd mewn gwrychoedd nag fel coeden ar wahân. Mae siâp y dail nid yn annhebyg i'r Ddraenen Wen, ond yn fwy, ac fel y Fasarnen yn tyfu gyferbyn â'i gilydd ar y brigyn.

Gall y Fasarnen Fach, er gwaethaf ei henw, dyfu'n goeden braf os caiff lonydd, ac mae enghreifftiau o rai mwy na 80 troedfedd (25m) wedi eu cofnodi yn Lloegr. Mae'n goeden hardd yn y cynefin cywir, ac fe ddylai gael ei phlannu'n amlach.

Pisgwydden neu Palalwyfen (*Tilia* Lime)

Yn gyntaf, rhaid cyfeirio at ddwy rywogaeth
weddol brin yng Nghymru, sef y Bisgwydden Dail
Mawr (*Tilia platyphyllos* Large-leaved Lime) a'r
Bisgwydden Dail Bach (*T. cordata* Small-leaved
Lime). Ond mae'r groesryw rhwng y ddwy sef *Tilia*
x *europaea* wedi ei phlannu'n gyffredin dros y wlad,
yn enwedig mewn parciau, gerddi mawr ac ar
strydoedd ein trefi. Ar ei gorau, dyma un o'r coed
harddaf sydd gennym, yn dal ac urddasol, gyda
chnwd tew o ddail mawr o siâp calon, ar goesyn
hir. Mae'r blodau yn hongian yn glwstwr o 5-10
gyda deilen gul neu fract ynghlwm, sy'n ffurfio
math o adain i hyrwyddo lledaeniad yr hadau.
Gwenyn sy'n peillio'r blodau.

Coeden hardd o'r Bisgwydden (*Tilia* x
europaea Lime). Parc Acton, Wrecsam.
Mai 1970

    Mae'r pren yn ysgafn, gyda graen syth, ac yn
addas ar gyfer turnio a cherfio, a hefyd ar gyfer
gwneud allweddellau piano. Dywedir fod y dail yn hynod o flasus i anifeiliaid, a bod
hynny'n rhannol gyfrifol am brinder y coed cynhenid gwreddiol dros rannau helaeth
o'r wlad.

Castanwyddan y Meirch (*Aesculus hippocastanum* Horse-chestnut)

Yn frodorol o wlad Groeg a'r cyffiniau, cafodd ei phlannu ym Mhrydain ers
blynyddoedd cynnar yr 17 ganrif, ac erbyn 1870 roedd wedi dechrau tyfu yn y gwyllt.
Erbyn hyn mae'n gyffredin dros y wlad, ac yn tyfu'n gyflym, yn enwedig pan fydd hi'n
ifanc. Yn y gwanwyn mae'r blagur gludiog ar y brigau gyda'r mwyaf ar unrhyw
goeden. Mae'r dail mawr, palfog, gydag is-ddail hir yn hawdd iawn i'w hadnabod, ac
mae'r hadau mawr – y concyrs – yn rhan bwysig o brofiad plant y wlad.

    Caiff Castanwyddan y Meirch ei phlannu'n aml fel coeden addurnol mewn parciau a
gerddi ac ochrau'r ffyrdd, yn rhannol oherwydd ei chlystyrau tal o flodau gwynion, sydd
mor drawiadol yn y gwanwyn. Mae yna berthynas agos iddi, sef *Aesculus* x *carnea*, gyda
blodau cochion, sydd hefyd i'w gweld mewn lleoedd tebyg. Nid pawb sy'n ei hoffi.
Roedd yr awdurdod pennaf ar goed ym Mhrydain, y diweddar Alan Mitchell yn ei chasáu
â chas perffaith. Dyma'i eiriau yn ei *Field Guide* (1974):

    *All too commonly planted. A dull tree… fruit of no interest. Suffers from a canker disease so
is, fortunately, not long-lived.*

    Nid yn aml y mae coeden yn ennyn y fath sarhad!

Yn awr, gair byr am rai o'r lleill, llwyni a choed llai, a rhai prin.

Mae'r chwech cyntaf o deulu'r Rhosyn.

Gwrych o'r Ddraenen Wen (*Crataegus monogyna* Hawthorn) yn ei blodau. Gorsedd, ger Treffynnon. Gwanwyn 2006

Draenen Wen (*Crataegus monogyna* Hawthorn)

Dyma'r planhigyn mwyaf cyffredin o lawer yn ein gwrychoedd ledled y wlad, ac mae hefyd yn gallu herio'r tywydd garw ar y mynyddoedd. Mae'r dail yn ymddangos o flaen y blodau, a gall y blodau fod yn binc.

Draenen Ddu (*Prunus spinosa* Blackthorn)

Planhigyn cyffredin mewn gwrychoedd, prysgoed a choedlannau. Mae'r blodau, sy'n ymddangos o flaen y dail yn hardd, ond gall y pigau fod yn wenwynig. Dyma englyn i'r Ddraenen Ddu:

> Morwyn brydferth y perthi – a'i gwenwisg
>   Fel gŵn ddydd priodi;
>   Â'n filain os gafaeli
>   A chwarae ffŵl â'i chorff hi.
>
>   Berllanydd

Coeden Geirios Du (*Prunus avium* Wild Cherry)

Coeden weddol gyffredin mewn gwrychoedd, a choedlannau. Gall fod yn hardd iawn fel coeden unigol yn ei blodau.

105

Coeden Afalau Surion (*Malus sylvestris* Crab-apple)

Coeden o faint cymhedrol, weithiau'n bigog, gyda ffrwythau bychain, sur. Gall Afal yr Ardd (*Malus pumila*) dyfu'n wyllt, gyda ffrwythau llai nag arfer, ac ymddangos yn debyg iddi, ond does dim pigau ar Afal yr Ardd ac mae llawer mwy o flew ar gefn y dail.

Cerddinen Wen (*Sorbus aria* Common Whitebeam)

Mae'r genws *Sorbus* yn gymhleth, gyda llawer o blanhigion croesryw a rhai yn apomictig (yn cynhyrchu hadau heb ffrwythloniad rhywiol). Ar wahân i'r Gerddinen (Griafolen) (*Sorbus aucuparia*) sy'n gyffredin iawn, y ddwy rywogaeth arall yr ydych yn debyg o ddod ar eu traws yng Nghymru yw *Sorbus aria* a *S.intermedia*. Mae yna hefyd amryw o rywogaethau hynod brin, megis *S.leyana* sy'n gyfyngedig i Sir Frycheiniog.

Cerddinen Wyllt (*Sorbus torminalis* Wild Service-tree)

Mae'r Gerddinen Wyllt yn brin yng Nghymru, ond wedi ei chofnodi o leiaf unwaith ym mhob sir. Y mae'n llawer mwy cyffredin dros y ffin yn siroedd Henffordd a Chaerwrangon. Yn wahanol i bob *Sorbus* arall mae'r dail yn llabedog, nid yn annhebyg i Fasarnen, ond yn tyfu'n unigol ar y brigau, nid bob yn bâr fel ar y Fasarnen. Ym Mai a Mehefin gwelir clystyrau o flodau gwynion arni.

Collen (*Corylus avellana* Hazel)

Llwyn hynod gyffredin mewn gwrychoedd, prysgoed a choedlannau. Mae'r blodau'n ymddangos ymhell cyn y dail: y rhai gwrywaidd yw'r 'cynffonnau ŵyn bach', ac mae'r blodau benywaidd yn fychan a disylw, fel brws bach coch ar y brigyn – gweler tud. 95. Mae'r cnau yn boblogaidd gan bobl a chan bob math o greaduriaid, ac mae coesau syth y Gollen yn addas iawn ar gyfer gwneud ffyn.

Oestrwydden (*Carpinus betulus* Hornbeam)

Dyma goeden hardd sy'n frodorol yn ne-ddwyrain Lloegr, ond hefyd wedi ei phlannu'n gyffredin dros Brydain, yn aml i ffurfio gwrych. Y mae'n digwydd, er yn brin, ym mhob sir yng Nghymru. Nid yw'r dail yn annhebyg i rai Ffawydd, ond yn ddanheddog, gyda dannedd bach a mawr. O gwmpas y ffrwyth y mae bractau tair llabedog.

Rhafnwydden (*Rhamnus cathartica* Buckthorn)

Dyma lwyn neu goeden fechan, brin, sy'n tyfu ar dir calchog. Y mae'n aml yn bigog. Mae'r drain yn tyfu gyferbyn â'i gilydd mewn parau. Yng Nghymru, mae'n tyfu yn y gogledd-ddwyrain a'r de-ddwyrain.

Breuwydden (*Frangula alnus* Alder Buckthorn)

Mae hon yn debyg i'r Rhafnwydden, ond heb bigau, ac mae'r dail yn tyfu'n unigol, nid gyferbyn â'i gilydd. Mae i'w gweld yn bennaf ar dir corslyd ac mewn gwrychoedd a mân goedydd.

Coeden Cnau Ffrengig (*Juglans regia* Walnut)

Coeden estron yw hon, ond y mae wedi bod yma ers canrifoedd, efallai er cyfnod y Rhufeiniaid. Cafodd ei phlannu'n helaeth yn ne Lloegr, ond yng Nghymru y mae bron yn gyfyngedig (ond nid yn hollol) i siroedd Fflint, Dinbych a Maldwyn. Mae'r dail yn fawr, a chyda'r un patrwm o is-ddail â'r Onnen. Mae'r ffrwythau bron yn grwn, gydag un hedyn neu gneuen fwytadwy ym mhob un. Mae'r pren yn enwog ar gyfer gwneud haenau (*veneers*).

Cwyrosyn (*Cornus sanguinea* Dogwood)

Dyma lwyn canghennog sy'n tyfu'n bennaf ar dir calchog a rhai priddoedd cleiog. Mae'r dail hirgwn yn tyfu gyferbyn â'i gilydd, a'r blodau gwynion mewn clwstwr ar ben y brigyn. Daw'r ffrwythau duon yn yr hydref. Yng Nghymru tyf y Cwyrosyn yn bennaf yn y dwyrain.

Rhai o'r Coed Conwydd

Mae'r mwyafrif o'r conwydd yn goed estron, wedi dod i Brydain o bob cwr o'r byd, ac mae llawer gormod hyd yn oed i'w henwi. Dyma un neu ddau o'r rhai amlycaf yn y tri theulu pwysicaf.

PINACEAE Teulu'r Pinwydd

Ffynidwydden Fawr (*Abies grandis* Giant Fir)

Coeden o Ogledd America a gyflwynwyd i Brydain yn 1831 ac a ddefnyddir fwyfwy mewn coedwigaeth. Mae ymysg y coed talaf yn y wlad.

Ffynidwydden Douglas (*Pseudotsuga menziesii* Douglas Fir)

Daeth hon hefyd o Ogledd America a bu'n boblogaidd fel coeden addurnol mewn parciau a choedwiddoedd ar ystadau mawr. Yn 2002 un o'r rhain oedd y goeden dalaf ym Mhrydain, yn 213 troedfedd (65m).
Defnyddir ar gyfer polion telegraff, ffensio, a gwaith adeiladu.

Sbriwsen Hemlog y Gorllewin (*Tsuga heterophylla* Western Hemlock-spruce)

Dyma un arall o'r conwydd poblogaidd mewn coedwigaeth. Mae'r dail (y nodwyddau) o wahanol hyd ac yn arogli o resin. Defnyddir yn bennaf ar gyfer gwneud papur.

Sbriwsen Sitca (*Picea sitchensis* Sitka Spruce)

Dyma'r goeden a blannwyd amlaf yng Nghymru. Mae'n tyfu'n dda mewn gwynt a glaw ar dir uchel, ac yn boblogaidd ar gyfer coedwigaeth fasnachol. Does fawr ddim yn tyfu o dan y coed Sitca, ac felly, nid dyma hoff rywogaeth y cadwraethwyr.

Llarwydden Ewrop (*Larix decidua* European Larch)

Y Llarwydden yw'r unig goeden gonwydd gyffredin sy'n bwrw ei dail yn y gaeaf. Mae yn y wlad hon ers yr 17 ganrif, a bu'n boblogaidd iawn mewn planhigfeydd dros Brydain, yn arbennig ar gyfer gwaith ffensio ar ystadau. Erbyn hyn, gan eu bod yn tyfu'n gyflymach ac yn gwrthsefyll cancr yn well, y mae Llarwydden Japan a'r Llarwydden Groesryw yn fwy poblogaidd.

Cedrwydden Libanus (*Cedrus libani* Cedar of Lebanon)

Enghraifft drawiadol o Gedrwydd yr Atlas (*Cedrus atlantica* Atlas Cedar). Gardd Bodnant 1985.

Daw'r Cedrwydd o ardal Môr y Canoldir. Maent yn goed mawreddog, addurnol, addas ar gyfer parciau, mynwentydd a gerddi mawr. Yn wahanol i'r mwyafrif o goed conwydd, (ond yn debyg i'r Llarwydd) mae'r dail mewn clystyrau ar y brigau. Bellach, dim ond ychydig o hen goed mawr a welir, yma ac acw.

Pinwydden yr Alban (*Pinus sylvestris* Scots Pine)

Mae ugeiniau o wahanol goed Pîn i'w gweld yma ac acw, ond dyma'r unig un sy'n gynhenid i'r wlad hon. Y mae i'w gweld yn gyffredin dros wledydd Prydain, ond dim ond yn yr Alban y mae hen goedlannau naturiol ohoni, megis yn Rothiemurchus yn Inverness. Mae sefyllian o dan y coed enfawr, gyda'r Llus a'r Grug, ac aroglau'r Pîn, yn brofiad a hanner. Ac efallai, efallai, os byddwch yn ffodus, y dewch ar draws y perl bychan *Linnaea borealis,* sef hoff flodyn Carl Linnaeus, y botanegydd mawr o Sweden. Yr Arctig yw ei wir gynefin, ond mae'n tyfu yma ac acw yn yr Alban, ond nid yng Nghymru.

Yn y gorffennol, bu llawer o blannu ar Binwydden yr Alban mewn coedwigaeth ac fel cysgod ar ffermydd 'i dorri croen y gwynt', ond bellach mae conwydd eraill yn fwy poblogaidd. Mae hen goel fod y coed Pîn yn cael eu plannu ers talwm ar lwybrau'r porthmyn, i ddangos y ffordd, ac efallai bod ambell un yn dal i sefyll – gallant fyw am 250 mlynedd.

Pinwydden Awstria (*Pinus nigra* Corsican Pine)

Dyma rywogaeth sy'n ffefryn mewn coedwigaeth. Daeth yma yn 1814 o wledydd Môr y Canoldir, a bellach mae'n gyffredin mewn mynwentydd, parciau a gerddi mawr, yn ogystal ag mewn planhigfeydd masnachol. Gall ffynnu ar lawer math o dir o gwmpas Prydain.

Pinwydden Gamfrig (*Pinus contorta* Lodgepole Pine)

O Ogledd America y daeth hon yn 1851. Dyma goeden sy'n dygymod yn dda â chynefin oer a gwlyb ucheldir Cymru, yn ogystal â rhannau o'r Alban.

Mae dail y coed Pîn bob amser yn hir ac yn fain. Mewn rhai rhywogaethau tyfant bob yn dair, neu hyd yn oed bob yn bump, ond yn y rhywogaethau uchod mae'r dail i gyd bob yn ddwy.

TAXACEAE Teulu'r Ywen

Ywen (*Taxus baccata* Yew)

Gellid ysgrifenu llyfr cyfan am yr Ywen, ond yma, rhaid bodloni ar ffaith neu ddwy. Coeden fythwyrdd, gynhenid yw'r Ywen, sy'n tyfu'n bennaf (ond nid bob tro) ar bridd calchog; weithiau ceir coedlan o goed Yw ar y garreg galch. Plennir yn aml mewn mynwentydd, ac efallai fod rhai o'r eglwysi hynaf wedi eu codi'n fwriadol yng nghysgod coed Yw. Mae'r Ywen yn byw yn hwy na'r un goeden arall – mae ambell un dros 3,000 o flynyddoedd oed. Mae'r goeden un ai'n wryw neu'n fenyw – gellir adnabod y fenyw oddi wrth y ffrwythau cochion. Mae pob rhan o'r Ywen yn wenwynig ar wahân i'r rhan feddal o'r ffrwyth.

Mae'r Ywen yn ddeurywiol. Dyma'r ffrwyth ar y goeden fenywaidd. Westonbirt, Wiltshire. Medi 2004

CUPRESSACEAE Teulu'r Ferywen

Cochwydden Califfornia (*Sequoia sempervirens* Coastal Redwood)

Mae hon, a'r Welingtonia, yn enwog am eu maint. Dywedir (2015) fod un o'r rhain yn 379 troedfedd (116m) o daldra, ac mai hi yw'r goeden dalaf yn y byd. Cyflwynwyd i'r wlad hon o Galiffornia yn 1844 ac mae amryw i'w gweld hyd y wlad mewn gerddi a pharciau. Mae'r dalaf ym Mhrydain yng Ngerddi Bodnant yn Nyffryn Conwy, ac yn ôl y wybodaeth ddiweddaraf sydd gen i (2015), yn 167 troedfedd (51m). Mae'r côn tua 1 fodfedd o hyd.

Welingtonia (*Sequoiadendron giganteum* Wellingtonia)

Yn debyg i *Sequoia sempervirens* o ran ffurf a maint, ond mae gwahaniaeth yn y dail. Mae dail y Gochwydden fel nodwyddau fflat mewn dwy res obobtu'r coesyn, ond yn y Welingtonia maent fel cennau (*scales*) bychain wedi eu cywasgu'n dynn o gwmpas y coesyn. Mae'r côn tua 2 fodfedd o hyd. Yn y ddwy goeden mae'r rhisgl yn dew ac yn feddal a dywedir ei fod yn gallu gwrthsefyll tân. Credir fod y ddwy rywogaeth yn gallu byw am fwy na 3,000 o flynyddoedd.

Cypreswydden Monterey (*Cupressus macrocarpa* Monterey Cypress)

Mae llu o rywogaethau tebyg i hon, gyda dail mân fel cen (*scales*), ac yn bur anodd i'w hadnabod. 1838 oedd blwyddyn ymddangosiad y goeden hon ym Mhrydain, a daeth yn boblogaidd mewn gerddi ac fel gwrychoedd. Daw o Galiffornia'n wreddiol.

Cypreswydden Lawson(*Chamaecyparis lawsoniana* Lawson's Cypres)

Mae'r rhywogaeth hon yn debyg i'r un flaenorol o ran ffurf a tharddiad. Cyrhaeddodd yr hadau yma yn 1854 a meithrinwyd y goeden yng Nghaeredin. Fel llawer o'r coed tebyg, datblygodd poblogrwydd hon mewn gerddi a mynwentydd yn ogystal ag mewn planhigfeydd.

Cypreswyddan Leyland (*Cupressocyparis leylandii* Leyland Cypress)

Rhaid cynnwys hon, y 'Leylandi' fondigrybwyll am ddau reswm. Yn gyntaf am mai Cymraes ydyw. Rhaid esbonio hynny. Yn 1888 ffurfiwyd y goeden hon fel croesryw rhwng *Chamaecyparis nootkatensis* a *Cupressus macrocarpa*. Digwyddodd y croesiad yma ar ddamwain ym Mharc Leighton, ger y Trallwng, a rhai blynyddoedd yn ddiweddarach datblygwyd yr hyn a elwir ar lafar heddiw yn 'Leylandi'. Yr ail reswm yw fod y goeden hon, fel *Marmite*, wedi rhannu'r hil ddynol, rydych un ai yn hoff iawn ohoni neu yn ei chasáu yn hollol. Yn sicr mae'n hynod o boblogaidd fel gwrych sy'n tyfu'n gyflym, ond mae hefyd wedi achosi anghydfod diddiwedd rhwng cymdogion!

Merywen (*Juniperus communis* Juniper)

Ni ellir cau ein rhestr heb sôn am y Ferywen, er fy mod yn ddigon sicr nad ydyw yn un o'r coed enwocaf i ni'r Cymry. Dyma un o'r drindod o goed conwydd sy'n gynhenid i'r wlad hon – estroniaid yw pob un o'r gweddill. Y ddwy arall yw'r Ywen a Phinwydden yr Alban. 'Coeden fechan ydyw, dim ond rhyw bymtheg troedfedd neu lai a braidd yn ddi-siâp, gyda'r dail yn gul ac yn bigfain, ac yn digwydd bob yn dair. Mae'r blodau benywaidd yn datblygu ffrwythau crwn, tywyll, bron fel aeron.

Yr Alban ac Ardal y Llynnoedd yw prif gadarnleoedd y Ferywen. Weithiau mae'n tyfu ar y garreg galch a thro arall ar fawnogydd gwlyb, asidig. Yng Nghymru, mae'r Ferywen i'w gweld yn bennaf yn Eryri, ond gydag amryw glystyrau yma ac acw, yn bennaf ar hyd yr arfordir.

Mae'r Ferywen (*Juniperus communis* Juniper) braidd yn brin yng Nghymru. Daw'r llun o Aviemore yn yr Alban. Awst 1974

Sut mae mesur oed coeden?

Fe wyddom i gyd mai'r ffordd orau yw cyfri'r cylchoedd blynyddol. Ond, (ac mae sawl ond), beth os ydych am osgoi torri'r goeden i lawr? Sut mae cyfri'r cylchoedd wedyn? Wel, weithiau mae'n bosibl tynnu sampl o graidd y boncyff heb ladd y goeden, a chyfri'r cylchoedd tyfiant ar hwnnw. Ond beth os yw'r goeden yn hen, a'r canol wedi pydru? A oes ateb arall? Yn sicr, wnaiff hi mo'r tro i fesur uchder y goeden, gan fod y rhan fwyaf o goed yn rhoi'r gorau i dyfu'n uwch ymhell cyn marw. Ond mae cylchedd (*circumferance*) coeden yn dal i dyfu hyd y diwedd, ac mae yna reol syml ynglŷn â hyn, sef bod cylchedd y rhan fwyaf o goed sy'n tyfu ar eu pennau eu hunain, yn hytrach nag mewn coedlan, gyda chorun llawn (*full crown*) yn tyfu, ar gyfartaledd, *un fodfedd (2.5cm) bob blwyddyn*. Dylid gwneud y mesuriad 5 troedfedd (1.5m) o'r llawr. Felly, dylai coeden sy'n 8 troedfedd am ei chanol fod oddeutu can mlwydd oed.

Mae'r Llarwydden (*Larix* Larch) yn tyfu'n gyflym; gwelwch mor bell oddi wrth ei gilydd mae'r cylchoedd blynyddol. Coedwig Afan Argoed, Sir Forgannwg. Ebrill 1973

Ond cofiwch mai cyfartaledd yw'r rheol hon; mae'r rhan fwyaf o goed yn tyfu'n gyflymach na hyn yn ystod eu blynyddoedd cynnar ac yn arafach na hyn tua diwedd eu hoes. Hefyd, mae rhai yn tyfu cryn dipyn mwy na hyn, er enghraifft, y Welingtonia a'r Gochwydden (*Sequoia sempervirens* Coast Redwood), Sbriwsen Sitca, Ffynidwydden Douglas ac amryw o'r Poplys croesryw.

I'r gwrthwyneb, mae rhai coed yn tyfu llai na modfedd y flwyddyn, megis Pinwydd yr Alban, Sbriwsen Norwy (y goeden Nadolig boblogaidd), Castanwydden y Meirch, a'r Biswydden (Lime).

Mae sefyllfa'r Ywen yn wahanol. Mae llawer Ywen yn dilyn y patrwm o fodfedd y flwyddyn am y can mlynedd cyntaf, ond wedi hynny mae pethau'n arafu'n sylweddol, efallai mor araf ag un fodfedd mewn 15 mlynedd, ac mae'n anodd iawn mesur oed y coed Yw hynafol, sydd weithiau ymhell dros 1,000 o flynyddoedd oed.

Derwen Pontfadog, yn Nyffryn Ceiriog a oedd yn 42 troedfedd o'i chwmpas, ac efallai dros fil o flynyddoedd oed – y dderwen hynaf yng Nghymru yn ôl y sôn. Daeth i ddiwedd ei hoes mewn storm ym mis Ebrill 2013. Tynnwyd y llun yn 1985

Ywen Llangernyw, Sir Ddinbych. Efallai y goeden hynaf ym Mhrydain: credir ei bod oddeutu 4,000 o flynyddoedd oed. Un goeden yw'r hyn a welir yn y llun. Mynwent Llangernyw 1997

Sut mae mesur uchder coeden?

Dyma un ffordd weddol syml, heb ddefnyddio offer costus. Daliwch eich braich yn syth o'ch blaen, ac yna torrwch ddarn o ffon yr union hyd o'ch llygad i ben draw eich bys a'ch bawd. Yna daliwch y ffon yn ei chanol yn hollol unionsyth (*vertical*) rhwng bys a bawd ar hyd braich. Yna, cerddwch yn ôl neu ymlaen nes bod pen a bôn y goeden gyferbyn â dau ben y ffon. Yna, mae uchder y goeden yr un fath â'r pellter oddi wrthych chi, i fôn y goeden. Gofalwch hefyd eich bod yn sefyll ar dir gwastad, neu fe fydd eich mesur yn anghywir. Mae angen tipyn o brofiad i gael hyn yn iawn!

I'r eithaf arall: Helygen yr Arctig (*Salix polaris* Polar Willow*)*, gyda dail yn llai na hanner modfedd o hyd. Tybed ai dyma'r 'goeden' leiaf yn y byd? Ar y twndra ar ynys Spizbergen, yn Svalbard, yn 1995

Lliwiau'r Hydref

Go brin bod golygfa well na dail y coed ar fore braf ym mis Hydref – efallai y buoch yn dotio at y coed masarn yn yr Unol Daleithiau neu yng Nghanada, a chafodd T Gwynn Jones ei swyno yma yng Nghymru:

> A hydref yn troi'n waedrudd
> Ddail y coed â'i ddwylo cudd

Sut mae rhai coed yn bwrw eu dail yn y gaeaf? Pan mae'r tymheredd yn gostwng a'r dydd yn byrhau mae ffotosynthesis yn arafu ac yn peidio, a byddai'n anfantais i'r goeden gadw ei dail drwy'r gaeaf. Nid marw a disgyn y mae'r dail, ond yn hytrach cael eu datgysylltu a'u gwahanu oddi wrth y goeden. Ar draws coes y ddeilen, lle mae'n ymuno â'r brigyn, mae haen o gelloedd yn ffurfio cyn bwrw'r dail. Mae nifer o'r rhain yn troi'n ludiog (*mucilaginous*) ac yn gwahanu oddi wrth ei gilydd, a dyna'r ddeilen yn disgyn. Mae haenen arall, o gelloedd corc yn datblygu i selio'r graith ar y brigyn. Cofiwn mai gweithred fyw yw bwrw'r dail – nid yw'r dail yn disgyn oddi ar gangen farw. Dyna'r drefn mewn coed collddail, sef y mwyafrif o goed cynhenid y wlad hon, sy'n bwrw eu dail bob hydref ac yn tyfu cnwd newydd yn y gwanwyn.

Mae dail y coed bythwyrdd, sef mwyafrif y conwydd, a hefyd y Gelynnen, yn aros ar y goeden drwy'r gaeaf. Mae pob deilen yn byw am nifer o flynyddoedd (tair neu bedair efallai) ac mae canran ohonynt yn disgyn bob blwyddyn. Rydym oll wedi sylwi ar y trwch o nodwyddau ar y llawr o dan y coed pîn, er enghraifft.

Ond beth am y lliwiau? Fe wyddom fod y dail yn cynnwys cloroffyl – y pigment gwyrdd, ond mewn gwirionedd mae sawl gwahanol sylwedd yn bresennol, a'r rhai pwysicaf yw cloroffyl *a*, cloroffyl *b*, caroten ac anthosyanin. Wrth i'r dail heneiddio ar ddiwedd y tymor mae'r cloroffyl yn ymddatod ac yn diflannu, ac mae'r pigmentau eraill yn dod i'r golwg. Mae'r caroten yn gyfrifol am y lliwiau melyn, oren a choch golau, a'r anthosyanin yn rhoi'r coch tywyll a'r porffor. Mae'r cyfartaledd o'r gwahanol liwiau yn amrywio'n fawr yn ôl y rhywogaeth a hefyd yn ôl yr amgylchiadau. Er enghraifft, mae tymheredd isel a digon o olau yn ffafrio anthosyanin. Mae'r anthosyanin yn cael ei ffurfio tra bo'r cloroffyl yn ymddatod, ond mae'r caroten yn dueddol i fod yn bresennol yn y ddeilen drwy'r tymor.

Ond beth am effaith y tywydd – ydi'r lliwiau'n well ar ôl rhew? Hyd y gwelaf, mae'r dystiolaeth ddiweddaraf yn dweud wrthym mai'r cyfuniad gorau, os am liwiau llachar, yw tywydd braf, gyda digon o olau a thymheredd oeraidd, ond **nid** yn rhewi. Cytuno?

Lliwiau'r hydref. Gardd Bodnant, 2002

PLANHIGION ANODD: GWEIRIAU, HESG A BRWYN

Gweiriau

Beth ydi'ch gair chi am 'grass'? Porfa, glaswellt, gwelltglas, gwair neu wellt? A beth am 'grassland' a 'the grasses'? Ydych chi'n defnyddio tir glas neu weirdir?

Beth bynnag yw'ch hoff enw, cofiwch fod y gweiriau i gyd yn perthyn i'r teulu POACEA (yr hen enw cyfarwydd yw GRAMINEAE), un o'r teuluoedd mwyaf a phwysicaf yn myd y planhigion. Rhaid pwysleisio'n gyntaf mai planhigion blodeuol ydi'r gweiriau. Mae'r blodau'n fach, a does dim petalau lliwgar, ond blodau ydynt serch hynny, ac maent yn cynhyrchu hadau fel pob blodyn arall. Efallai mai dyma'r planhigion mwyaf cyfarwydd i bawb — o'n cwmpas a than ein traed bob dydd, ac eto, i lawer, mae eu ffurf a'u cynllun, heb sôn am eu henwau, yn ddirgelwch llwyr, Ond mae un peth yn gwbl sicr, dyma'r planhigion pwysicaf i ni, fel bwyd, porthiant i'n hanifeiliaid a llawer, llawer mwy. Cofiwch fod yr ydau (gwenith, haidd, ceirch a rhyg) yn perthyn i deulu'r gweiriau.

Mae yna dros 9,000 o wahanol fathau o weiriau yn y byd, o'r Arctig i'r trofannau, yn tyfu ar bob cyfandir ac mewn pob math o gynefin o'r mynydd i'r môr. Mae oddeutu 150 rhywogaeth ym Mhrydain. Maent ymhlith y cyntaf i adfeddiannu tir noeth, ac mewn llawer rhan o'r byd y gweiriau yw'r planhigion mwyaf cyffredin. Beth, felly, sy'n cyfrif am eu llwyddiant?

Dyma rai atebion:

1. Mae bron pob math o bridd yn gallu cynnal rhyw weiriau.

Dyma enghreifftiau yng Nghymru:

Pridd sur (asidig): *Nardus stricta, Deschampsia flexuosa*

Pridd calchog: *Briza media, Trisetum flavescens*

Clai: *Bromus hordeaceus*

Tywod: *Ammophila arenaria, Phleum arenarius*

Tir gwlyb: *Glyceria fluitans, Phragmites australis*

Morfa heli: *Spartina anglica, Puccinellia maritima*

2. Y gallu i dyfu mewn pob math o hinsawdd – poeth, oer, sych, gwlyb.
3. Y gallu i gystadlu'n llwyddiannus â phlanhigion eraill.
4. Y gallu i aildyfu ar ôl eu torri, neu eu pori gan anifeiliaid.
5. Tymor tyfiant hir.
6. Strategaeth effeithiol o ddosbarthu'r hadau.

Ffurf y gweiryn

Mae'r coesyn yn grwn ac yn wag (*hollow*),
gyda nifer o 'nodau' neu fân geinciau (*nodes*),
lle mae'r dail yn ffurfio, ac yn tyfu obobtu'r
coesyn bob yn ail, mewn dwy res. Mae rhan
isaf y ddeilen ar ffurf tiwb yn amgáu'r coesyn;
dyma'r wain (*sheath*). Mae rhan uchaf y
ddeilen fel arfer yn gul, yn hir ac yn fflat (neu
weithiau wedi ei rowlio'n dynn); dyma'r llafn.
Yn y fan lle mae'r llafn yn gadael y wain mae
tyfiant bach tenau, gwyn, y llabed (*ligule*) –
mae hwn yn bwysig wrth adnabod y
gwahanol rywogaetha a gwahaniaethu
rhyngddynt.

Mae'r gweiriau yn datblygu gwreiddgyff
(*rootstock*) byr ar wyneb y tir, gyda'r coesyn a'r
dail yn tyfu i fyny ohono, a'r clwstwr o
wreiddiau mân yn tyfu i'r pridd. Mae gan rai
gweiriau dyfiant gorweddol (*horizontal*) yn
ogystal, un ai rhisom o dan y pridd fel yn y
Marchwellt (*Elytrigia repens* Couch-grass) neu

Troed y Ceiliog (*Dactylis glomerata* Cock's-foot).
Gweiryn cryf, yn tyfu mewn clympiau, ac yn
hynod gyffredin. Bu'n boblogaidd iawn ar gyfer
gwair a phorfa. Mae pennau'r fflurfa (*inflorescence*)
yn tueddu i fod yn fawr ac yn unochrog.

stolon ar yr wyneb, fel y Maeswellt Rhedegog (*Agrostis stolonifera* Creeping Bent). Nid
yw'r gweiriau byth yn tyfu prif wreiddyn (*taproot*).

Mae'r fflurfa (*inflorescence*) yn amrywio'n fawr. Weithiau mae'n un clwstwr main
(*spike*), ac weithiau ar ffurf pen llac, agored (*panicle*). Ond mae ffurf y blodyn unigol yr
un fath bob tro, er ei fod yn fychan.
Dyma batrwm y blodyn:

Yn y canol mae'r wygell neu'r ofari (*ovary*), sy'n cynnwys un ofwl (*ovule*). Mae dau
stigma, pluog yr olwg, yn tyfu o ben yr wyfa, ynghyd â thri briger (*stamen*) sy'n
cynhyrchu'r paill. O gwmpas y blodyn y mae pâr o gen-ddail (*scales*), y lema a'r palea,
a'r cyfan yn ffurfio un blodigyn (*floret*). Mae un neu fwy o'r blodigau yn tyfu gyda'i
gilydd i ffurfio sbigolyn (*spikelet*) gyda phâr o gen-ddail eraill, yr eisin (*glumes*) o'u
cwmpas. Rhaid dysgu'r patrwm uchod, neu fe fydd yn amhosibl gwneud pen na
chynffon o'r gweiriau! Fe ddylai'r lluniau helpu.

Y Gweiryn: Rhannau Llystyfol

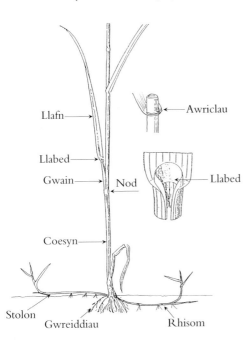

Llafn

Awriclau

Llabed

Gwain — Nod

Llabed

Coesyn

Stolon

Gwreiddiau

Rhisom

Y Gweiryn: Rhannau Blodeuol

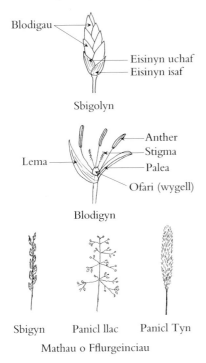

Blodigau

Eisinyn uchaf
Eisinyn isaf

Sbigolyn

Anther
Stigma

Lema

Palea

Ofari (wygell)

Blodigyn

Sbigyn   Panicl llac   Panicl Tyn

Mathau o Fflurgeinciau

Un o weiriau tal, min y dŵr yw Melyswellt y Gamlas (*Glyceria maxima* Reed Sweet-grass), gyda phen agored o flodau mân. Glannau'r Ddyfrdwy, Sir Fflint. Gorffennaf 2000

Peillio

Mae coesyn y gweiriau yn dal y blodau i fyny, yn aml yn uwch na'r planhigion eraill o gwmpas, er mwyn gwasgaru'r paill ar y gwynt, ac er mwyn dal y paill sy'n dod o flodau eraill. Mewn planhigion gyda blodau sydd â phetalau mawr, lliwgar, gall y blodau ddatblygu'n araf dros gyfnod hir, ond yn y gweiriau mae'r blodau mân yn datblygu'n gyflym, dros gyfnod byr. Mae'r blodau hefyd yn agor am amser byr – weithiau am awr neu lai – ond yn gydamserol â'r gweddill o'r un rhywogaeth yn yr un llecyn, a gollyngir cymylau o baill i'r awyr. Ar ôl i'r peillio ddigwydd mae'r had yn datblygu tu mewn i'r eisin cyn disgyn i'r ddaear i egino yn ei dro.

Bridio

Mae gan y gweiriau nifer o wahanol systemau bridio.

1. Mae'r mwyafrif o'r gweiriau, megis Rhygwellt Parhaol *(Lolium perenne* Perennial Ryegrass) yn lluosflwydd ac yn croesbeillio.

2. Mae'r rhywogaethau unflwydd, megis Gweunwellt Unflwydd (*Poa annua* Annual Meadow-grass) fel arfer yn hunanbeillio.

3. Mae rhai gweiriau, yn enwedig y rhai sy'n tyfu yn y mynyddoedd, yn gallu osgoi'r angen am beillio yn gyfan gwbl. Maent yn datblygu planhigion bychain newydd ar ben y coesyn, heb i ddim ffrwythloni *(fertilisation)* ddigwydd. Mae'r rhain yn disgyn i'r ddaear ac yn tyfu'n blanhigion newydd. Yng Nghymru, mae hyn yn digwydd mewn tri genws, *Poa, Festuca* a *Deschampsia,* er bod aelodau eraill o'r un genws yn cynhyrchu hadau yn y dull arferol. Gelwir planhigion sy'n gwneud hyn yn blanhigion bywesgorol (*viviparous*).

Gweiryn bywesgorol (*viviparous*) – yn cynhyrchu planhigion mân yn hytrach na hadau. Mae amryw o'r rhain yng Nghymru, ond tynnwyd y llun yng Ngwlad yr Iâ, 1990.

4. *Apomixis.* Dyma system fridio arall, sef datblygiad yr hedyn heb gael ei ffrwythloni. Mewn planhigion apomictig does dim cyflwyno nodweddion o blanhigyn arall, ac mae'r disgynyddion i gyd yn unffurf. Mae hyn yn ffordd o sefydlogi amrywiaeth genetig, trwy gynhyrchu planhigion sy'n unffurf â'u rhieni. Ond o ran esblygiad, does dim mantais, gan nad oes dim nodweddion newydd yn ymddangos i gymryd mantais o gynefinoedd gwahanol.

5. Ffenomen arall sy'n digwydd mewn llawer o blanhigion yw polyploidedd (*polyloidy*). Mae hyn yn gyffredin mewn gweiriau. Polyploidedd yw'r broses o ddyblu rhif y cromosomau yn y gell, sef y rhannau hynny sy'n gyfrifol am drosglwyddo nodweddion genetig o un genhedlaeth i'r llall. Mae'n debyg fod polyploidedd mewn gweiriau yn lledaenu manteision croesryw (*hybrid*), megis tyfiant cryfach a'r gallu i oddef eithafion mewn tywydd ac mewn pridd, Mae polyploidedd yn cynyddu tua'r gogledd, ac yn gyffredin yn yr Arctig.

Mae'r gweiriau'n bwysig

Dyma'r planhigion pwysicaf yn y byd, yn cynnig cynhaliaeth i ddyn a'i anifail ar hyd yr oesoedd. Mae'r cnydau grawn, neu ŷd, yn fwyd i'r rhan fwyaf o boblogaeth y byd, ac yn defnyddio rhyw ugeinfed rhan o holl dir y ddaear. Yn ystod y cyfnod Neolithig dechreuodd dyn dyfu gwahanol gnydau, cynyddodd y boblogaeth a sefydlwyd gwareiddiadau, gyda mwy a mwy yn cyd-fyw mewn trefi. Digwyddodd hyn ledled y byd, gyda'r pwyslais ar wahanol gnydau: Gwenith yn y Dwyrain Canol, Ewrop a Gogledd Asia (gyda Rhyg, Haidd a Cheirch mewn rhannau); Reis yn ne Asia; India Corn (*Maize*) yn America; ac i raddau llai Sorgwm a Miled yn Affrica. Mae'r cnydau hyn yn parhau yn hynod o bwysig hyd heddiw. Ym Mhrydain, dros y can mlynedd diwethaf, tyfwyd llawer llai o geirch, ond llawer mwy o haidd, tra bo'r cyfanswm o wenith wedi aros yn weddol debyg. Mae India Corn (*Maize*) yn llawer mwy poblogaidd bellach.

Mae glaswelltir o bob math yn hynod bwysig ym Mhrydain ac yn cyfrif am fwy na hanner holl dir y wlad. Mae'r hinsawdd dymherus, gyda digon o law yn ddelfrydol i'r gweiriau. Mae tir pori garw, tir na ellir ei drin, yn gyffredin ar y mynydd-dir, y rhostir a'r ffriddoedd, yn enwedig yng Nghymru, gyda'r gweiriau *Nardus* a *Molinia* yn amlwg ar y tiroedd salaf. Tir pori parhaol, tir sy'n cael ei gynnal felly o flwyddyn i flwyddyn yw'r math pwysicaf ar y rhan fwyaf o ffermydd cymysg yng Nghymru, gyda chymysgedd o weiriau a meillion yn cynnig porthiant i'r anifail, ac yn cynnal ffrwythlonder y tir. Mae llawer o'r tir glas yma wedi ei ennill i fyd amaeth dros y canrifoedd:

> Mi ddysgais wneud y gors yn weirglodd ffrwythlon ir.
>
> Ceiriog

Defnyddir y gweiriau i lawer pwrpas

Ar gyfer hyfrydwch a mwynderau bywyd, yr hyn a elwir weithiau yn *amenity grassland*. Mae hyn yn cynnwys y lawnt yn yr ardd, y tir agored yn y parc, a'r holl filltiroedd o dir glas ar fin y ffordd. Hefyd chwaraeon, gyda'r holl gaeau ar gyfer chwaraeon ffurfiol megis rygbi, pêl droed, criced a golff, yn ogystal â'r miloedd o lecynnau chwarae anffurfiol ac answyddogol.

Defnyddir y gweiriau hefyd i rwystro erydiad a chynnal ffrwythlondeb. Weithiau, plennir Moresg (*Ammophila arenaria* Marram) i sefydlogi twyni tywod, neu Gordwellt (*Spartina* Cord-grass) ar y mwd gwlyb yn yr aber. Bellach, mae gweiriau arbennig wedi eu datblygu ar gyfer adfer hen domennydd gwenwynig yn cynnwys plwm neu fineralau eraill. Gwnaed llawer o'r gwaith arbrofol yn ardal Trelogan yn Sir Fflint.

Mewn llawer o'r gwledydd trofannol defnyddir Siwgwr Cêns (*Saccharum* Cane Sugar) i baratoi siwgr a thriagl (*molasses*) o'r craidd (*pith*) meddal yng nghanol y coesyn. Hefyd, gwneir defnydd helaeth o'r Bambŵ, ar gyfer bwyd a dillad, adeiladau, dodrefn, a hyd yn oed offerynnau cerdd. Bambŵ yw'r mwyaf o'r gweiriau, weithiau'n cyrraedd 30 troedfedd. Defnyddir ffibrau o'r dail mewn rhai gweiriau megis Esparto i baratoi papur o'r ansawdd gorau, a ffibrau eraill i wneud hetiau gwellt, sandalau, matiau, a rhaffau, yn ogystal â defnyddiau i doi tai a theisi.

Lle byddai dyn heb y gweiriau?

Un gweiryn arbennig: Y Gawnen Ddu (*Nardus stricta* Mat-grass)

Dyma weiryn sy'n nodweddiadol o dir mawnog, sur, ar y rhostir a'r mynyddoedd, weithiau yn dra chyffredin am filltiroedd. Mae'n blanhigyn lluosflwydd, gwydn, yn tyfu'n gryf gyda thusw tew o goesau byrion, a gwreiddiau cryfion a rhisomau byr. Pan fydd yn ei flodau yng nghanol haf mae'n hawdd i'w adnabod gan fod y sbigolion (*spikelets*) i gyd yn tyfu ar un ochr, mewn rhes ar ben y coesyn.

Pam mae *Nardus* mor gyffredin ar y llechweddau ac yn cystadlu mor llwyddiannus?

1. Mae'n ffurfio carped trwchus ar y tir ac o dan yr wyneb, gan rwystro planhigion eraill rhag tyfu yn ei ymyl.
2. Wrth i'r dail dyfu maent yn plygu drosodd gan dagu cystadleuwyr.
3. Mae'r gwreiddiau yn storio maeth dros y gaeaf, ac yn gynnar yn y gwanwyn mae hyn yn hybu tyfiant newydd.

Y Gawnen Ddu (*Nardus stricta* Mat-grass). Gweiryn cryf, ond heb fawr o faeth, sy'n gyffredin ar bridd llwm yr ucheldir. Ardal Croesor, Gorffennaf 1997

4. Mae pob uned yn y planhigyn yn byw am oddeutu tair blynedd. Pan mae'n marw mae'r maeth yn cael ei drosglwyddo i'r rhannau newydd, yn hytrach nag yn mynd yn ôl i'r pridd.
5. Mae *Nardus* yn gallu amsugno maeth allan o bridd tlawd, anffrwythlon, ac felly mae'n llwyddo i gystadlu'n llwyddiannus â'r planhigion eraill yn yr un cynefin.

Mae'r Gawnen Ddu yn gartrefol iawn ym mynyddoedd Cymru! Hanner can mlynedd yn ôl roedd gan yr Athro R Alun Roberts ym Mangor ddiddordeb arbennig mewn *Nardus*. Darllenwch yr ysgrif hynod o ddiddorol gan Mike Chadwick, un o'i fyfyrwyr ymchwil, yn *British Ecological Society Bulletin*, June 2009, tud. 29.

Teulu'r Hesg CYPERACEAE

Ei wisgo â brwyn a hesg brau
Neu wyllt grinwellt y grynnau.

B T Hopkins

Mae sawl genws yn y teulu hwn, ond yr un pwysicaf yw *Carex*, y 'gwir-hesg', gyda rhyw 80 o wahanol rywogaethau ym Mhrydain ac Iwerddon. Ar yr olwg gyntaf mae'r hesg yn debyg iawn i'r gweiriau. Mae'r blodau'n fach a disylw, ac mae'r dail yn eithaf tebyg. Mae'r ddau deulu (yn ogystal â'r brwyn) yn perthyn i'r monocotyledonau (planhigion un hadddalen), sy'n cael eu peillio gan y gwynt, ac felly does dim angen petalau lliwgar i ddenu pryfetach.

Ond y mae yna wahaniaethau pendant. Yn wahanol i'r gweiriau, mae coesyn yr hesg fel arfer yn soled ac yn dair-onglog,

Un arall o deulu'r hesg yw'r Gorsfrwynen Ddu (*Schoenus nigricans* Black Bog-rush). Tywyn Trewan, Sir Fôn. Medi 2007

Mae Plu'r Gweunydd yn un o deulu'r hesg. Dyma'r un llydanddail, *Eriophorum latifolium* (Broad-leaved Cottongrass). Llyn Helyg, Sir Fflint. Mehefin 1988

Yr hawddaf o'r hesg i'w hadnabod yw'r Hesgen Bendrom (*Carex pendula* Pendulous Sedge) gyda'r blodau mewn sbigolion hir, amlwg. Mae'n gyffredin ar bridd trwm mewn coedlannau. Llanelwy, Sir Fflint. 1968

a'r dail yn datblygu mewn tair rhes yn hytrach na dwy i fyny'r coesyn. Mae blaen y llabed (*ligule*) yn sownd yn y ddeilen yn hytrach nag yn rhydd fel yn y gweiriau. Mae'r mân-flodau unigol (*florets*) bron bob amser o un rhyw (*unisexual*), ac fel yn y gweiriau, y mae ganddynt dri briger (*stamen*), ond yn wahanol i'r gweiriau, gallant gael dau neu dri stigma. Mae'r ffrwyth yn datblygu fel cneuen tu mewn i goden fechan, yr wtricl. Mae'r blodau unigol yn datblygu mewn sbigolyn (*spikelet*) sydd yn aml o un rhyw yn unig, ond weithiau yn gymysg o flodau gwryw a benyw.

Ar wahân i'r gwir hesg, *Carex*, mae yna nifer o genera eraill yn y teulu CYPERACEAE megis *Trichophorum, Eleocharis, Blysmus* ac *Eriophorum*. Mae'n siwr mai'r mwyaf cyffredin o'r rhain yw *Eriophorum*, sef Plu'r Gweunydd (Cotton-grass neu Cotton-sedge) sy'n gyfarwydd ac yn gyffredin iawn mewn corsydd gwlyb.

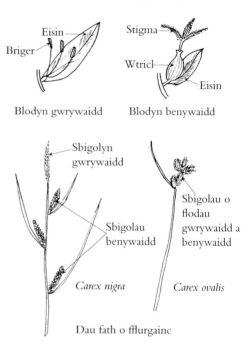

Blodau'r Hesg (Carex)

Eisin — Briger — Blodyn gwrywaidd

Stigma — Wtricl — Eisin — Blodyn benywaidd

Sbigolyn gwrywaidd — Sbigolau benywaidd — *Carex nigra*

Sbigolau o flodau gwrywaidd a benywaidd — *Carex ovalis*

Dau fath o fflurgainc

Teulu'r Brwyn JUNCACEAE

Mae'r teulu hwn yn llai na'r ddau arall, gyda dim ond dau genws, sef *Juncus* (y Brwyn) gyda rhyw ddau ddwsin o rywogaethau yng ngwledydd Prydain, a *Luzula* (y Coedfrwyn) gyda dim ond hanner hynny. Mae gan deulu'r Brwyn, fel teulu'r Gweiriau a theulu'r Hesg, flodau mân, ond gyda chwe 'phetal' (neu rannau 'perianth' a bod yn fanwl gywir), chwech (neu weithiau dri) briger, ac un ofari gyda thri stigma. Mae hyn yn debyg iawn i flodau'r Lili a'r Tiwlip, ond yn wahanol i'r rheini, mae blodau'r brwyn yn fychan ac yn frown gan eu bod hwythau, fel y gweiriau a'r hesg, yn cael eu peillio gan y gwynt. Mae'r ffrwyth ar ffurf capsiwl bach sy'n agor i ryddhau'r hadau. Yn y gwir Frwyn, *Juncus,* mae'r dail yn gul ac yn

Y Frwynen Babwyr (*Juncus effusus* Soft-rush) yw'r fwyaf cyffredin o'r brwyn, yn ymledu ar y tir glas. Yng ngolwg Moel Lefn a Moel yr Ogof, i'r gorllewin o Feddgelert. Awst 1999

debyg i'r gweiriau neu ynteu yn silindraidd.
Maent yn ddi-flew. Yn y Coedfrwyn (*Luzula*)
mae'r dail yn fflat ac yn debyg i'r Gweiriau, gyda
nifer o flew amlwg. Mae'r rhan fwyaf o'r *Juncus*
yn tyfu ar dir gwlyb, corslyd, tra bod y *Luzula* yn
fwy cyffredin mewn coedydd neu mewn tir glas.
Y fwyaf cyffredin, o ddigon, yw'r Frwynen
Babwyr (*Juncus effusus* Soft-rush) sydd mor amlwg
mewn llawer o gaeau gwlyb, corsydd a choedydd
gwlyb. Fel yr awgrymir yn yr enw Cymraeg,
dyma'r planhigyn a ddefnyddid mewn oes a fu i
wneud y gannwyll frwyn. Dyma englyn o waith
Joseph Wyn Jones o Drawsfynydd (drwy law
Gruff Ellis, Ysbyty Ifan):

> Hen werin min y mynydd – wnâi'r ganwyll
>   O gynnyrch y corsydd,
>   Dug i wledig aelwydydd
>   Lygedyn ar derfyn dydd.

O blith y Coedfrwyn (*Luzula*) gellir
crybwyll y Goedfrwynen Fawr (*Luzula
Sylvatica* Great Woodrush), planhigyn sy'n
tynnu sylw gyda'i ddail llydan, sgleiniog,
mewn sypiau mawr ar lethrau coediog.
Hefyd, rhaid sôn am un arall, sef y Milfyw
(*Luzula campestris* Field Wood-rush). Mae
hwn yn llawer iawn llai, ac yn tyfu mewn tir
glas, a chyfeirir ato yn y dywediad cefn
gwlad 'Bydd fyw yr eidion du – mi a welais
y Milfyw': hynny yw, pan welai'r ffermwr y
Milfyw yn y gwanwyn, roedd hi'n amser i
droi'r anifeiliaid allan i bori. Ac meddai
Thomas Jones, Cerrigellgwm:

> A dail Llygad Ebrill
> A'r Milfyw ar ddôl,
> A'r adar i'w hafod
> Yn dyfod yn ôl.

Yn wahanol i'r Brwyn (*Juncus*), mae gan y
Coedfrwyn (*Luzula*) flew hir ar y dail.
Dyma'r Milfyw (*Luzula campestris* Field
Wood-rush) sydd, yn ôl traddodiad, yn
arwydd i'r ffermwr ei bod yn amser troi'r
gwartheg allan i bori. Licswm, Sir Fflint.
Ebrill 2006

Blodyn y Frwynen (Juncus)

Manylion y blodyn

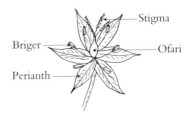

Mathau o fflurgeinciau

Juncus effusus   Juncus articulatus

PENNOD 12

PLANHIGION ANODD IAWN

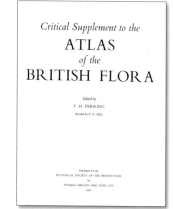

Critical Supplement to the
ATLAS
of the
BRITISH FLORA

Edited by
F. H. PERRING
Assisted by P. D. SELL

Published for the
BOTANICAL SOCIETY OF THE BRITISH ISLES
by
THOMAS NELSON AND SONS LTD
1968

Pan gyhoeddwyd llyfr, lawer blwyddyn yn ôl bellach, yn 1968, o dan y teitl rhyfedd ac ofnadwy *Critical Supplement to the Atlas of the British Flora*, roeddwn i mewn cryn benbleth. Beth ar y ddaear oedd *Critical Supplement*? Soniai'r geiriaduron Cymraeg am Grwpiau Critigol, ond ofnaf nad oeddwn fawr callach. Erbyn hyn mae'r defnydd o'r gair *Critical* ym myd botaneg yn llawer mwy cyffredin. Gair jargon ydyw sy'n cyfeirio at blanhigion sy'n anodd iawn i'w hadnabod, a bod barn arbenigwr yn gwbl angenrheidiol.

Daw tri i'r cof ar unwaith: *Hieracium,* yr Heboglys; *Rubus,* y Mwyar; a *Taraxacum,* Dant-y-llew. Yn wahanol i'r rhan fwyaf o'r planhigion blodeuol, mae'r mwyafrif o'r rhain yn cynhyrchu hadau heb i'r wy (yr ofwl) gael ei ffwrythloni yn y dull arferol. Y gair am hyn yw *apomixis*. Fel canlyniad i'r dull anarferol hwn o atgynhyrchu, mae'r planhigion yn datblygu llawer iawn o wahanol fân-rywogaethau (*microspecies*). Nid dyma'r lle i fanylu ar y prosesau cymhleth hyn, ond gellir nodi fod rhai cannoedd o fân-rywogaethau wedi eu henwi yn y tri genws – ymhell dros 400 o'r *Hieracium*. Does ryfedd mai dim ond ychydig o fotanegwyr sydd wedi ymddiddori yn y planhigion hyn, er efallai bod mwy heddiw nag a fu, a bod mwy o ddiddordeb ar y Cyfandir nag sydd ym Mhrydain.

Pan ddechreuais i ymddiddori ym myd y blodau, roeddwn o dan yr argraff mai dim ond y tri genws a enwyd, ac efallai un neu ddau arall, a oedd yn gymhleth ac yn anodd yn ôl y diffiniad. Ond wrth gallio tipyn, a magu profiad, buan iawn y gwelwyd fod gan lawer iawn o'r planhigion eu problemau a'u cyfrinachau, a bod llawer her yn cuddio tu ôl i'r blodyn mwyaf cyffredin. O blith y grwpiau critigol, gellir enwi: *Mentha* (y Mintys), *Euphrasia* (Effros), *Sorbus* (Cerddin), *Rhinanthus* (Cribell Felen),

Alchemila (Cribell Fair) a *Potamogeton* (Dyfrllys). Ond roedd help ar gael, ac wedi'r cwbl, dod o hyd i'r llwybr yw'r rhan orau o'r daith yn aml iawn.

Ar wahân i'r holl lyfrau sydd ar gael – yn Gymraeg a Saesneg – ar gyfer enwi planhigion, erbyn hyn mae gan y BSBI (Cymdeithas Fotanegol Prydain ac Iwerddon) nifer fawr o lyfrau manwl i hwyluso'r gwaith o ddod i adnabod ac enwi llawer o'r planhigion anodd. Dyma rai enghreifftiau: Y Gweiriau, Dant-y-llew, Y Rhosod Gwyllt, Yr Hesg, Y Coed Helyg, Y Coed Cerddin, Teulu'r Moron a Theulu'r Bresych. Ceir y wybodaeth gan y BSBI – gweler y manylion ar y we. Ond yn aml iawn, os nad ydych yn hollol siwr eich bod wedi adnabod eich planhigyn yn gywir, rhaid ei anfon, wedi eu sychu'n gyntaf, i gael ei enwi gan arbenigwr.

Beth am i chi fagu diddordeb a dod yn arbenigwr eich hun mewn maes arbennig? Beth amdani?

Enghreifftiau o'r planhigion 'anodd iawn':

Dant-y-llew (*Taraxacum*): cyfarwydd iawn, ond mae dros 200 o is-rywogaethau ym Mhrydain.

Mae pawb yn hoffi Mwyar Duon – ond fedrwch chi enwi'r 300 o wahanol fathau!

Dyma *Hieracium attenboroughianum*. Heboglys prin iawn a ddarganfuwyd ar greigiau Cribyn, Bannau Brycheiniog gan Tim Rich yn 2014, ac a enwyd er anrhydedd i Syr David Attenborough. Llun Tim Rich. Gweler *New Journal of Botany* Vol.4 No. 3, Dec 2014.

BLODAU GWYLLT A BLODAU GARDD

Blodyn gardd fynn hardd lancesau,
Blodyn gwyllt, di-foeth i minnau,
Blodyn plaen o'r tras cyffredin,
Brodor gwair, a brudiwr gwerin.

David Hoskins *Cerddi'r Hwyrddydd*

Tarddiad blodau'r ardd

Beth tybed sy'n mynd â bryd y mwyafrif o bobl yn eu horiau hamdden? Mae'n siwr bod garddio yn uchel iawn ar y rhestr. Rwy'n mentro dweud fod yna ganolfan arddio yn eich ardal chi, ac efallai y gwyddoch am y llyfr *The Plant Finder* sy'n dweud wrthym lle i ddod o hyd i ryw 80,000 o blanhigion sydd ar werth! Efallai nad ydi'r garddwr a'r botanegydd bob amser yn edrych ar y planhigion drwy'r un sbectol, ond mae'n werth cofio fod pob planhigyn gardd (a phob cnwd amaethyddol) wedi cychwyn yn y gwyllt ryw dro.

I lawer, y testun syndod yw bod botanegwyr dros y canrifoedd wedi llwyddo i ddwyn cystal trefn wrth geisio dosbarthu'r holl blanhigion ar y ddaear. Rhaid rhyfeddu at y patrymau naturiol sy'n bodoli – y ffaith ein bod yn gallu

Mae Rhosyn yr ardd yn tarddu o'r Rhosyn gwyllt.

gosod y planhigion mewn teuluoedd ac mewn rhywogaethau, yn hytrach na bod dethol naturiol wedi gadael cymysgedd hollol ddi-drefn o'n cwmpas. Rhaid cyfaddef fod natur yn gosod patrymau, ac yn creu mesur o sefydlogrwydd yn y byd byw, ond hefyd yn caniatáu i'r unigolion amrywio rhyw ychydig. Y gallu hwn i newid – y gair mawr yw cyfnewidioldeb (*mutability*) – fu'n caniatáu i flodau'r ardd ddatblygu o'r blodau gwyllt.

Mae un math o Gennin Pedr gwyllt ym Mhrydain, ond mae cannoedd o rai ar gyfer y gerddi. Chelsea, 1996

Dydi'r llyfrau hanes ddim yn cofnodi enw'r garddwr cyntaf, ond roedd **Theophrastus** – 'tad botaneg' ddwy ganrif cyn Crist – yn gyfarwydd â llawer o'r llysiau a'r ffrwythau sydd yn ein gerddi ni heddiw, pethau fel Bresych, Rhuddygl, Cennin, Ciwcymbr, Pys, Ffa, Seleri, Ceirios, Pomgranadau, Afalau, Gellyg, Ffigys a'r Gwinwydd. Ymhlith y blodau, gwyddai am y Rhosynnau, y Lili, y Fioledau a'r Lafant – i gyd wedi tarddu o flodau gwyllt a dyfai'n gyffredin yng ngwlad Groeg a'r cyffiniau.

Gadewch i ni neidio ymlaen i'r unfed ganrif ar bymtheg, cyfnod y Byd Newydd a'r garddwyr chwilgar (*curious* oedd un gair amdanynt) – pobl fel **John Gerard** a'r **Tradescants** – yn awchu am blanhigion newydd o bedwar ban byd. Ar y pryd, ychydig iawn a wyddid am gyfrinach y blodau, fawr ddim am bwrpas y brigerau a dulliau peillio a ffrwythloni, ac roedd gwaith Mendel ar etifeddeg ymhell i'r dyfodol, tu hwnt i'r gorwel. Rhaid i ni ryfeddu at allu rhai o'r arloeswyr cynnar i dyfu ffurfiau newydd ar gyfer eu gerddi. Un o'r arweinwyr yn y maes oedd **Syr Thomas Hanmer** o ardal y Maelor yn Sir Fflint, a anwyd yn 1612 ac oedd yn byw yn Bettisfield Court ger y ffin â Sir Amwythig. Yr oedd yn wir feistr ar arddio ac elwodd lawer ar ei brofiad tra oedd yn byw yn Ffrainc. Y mae'n canolbwyntio ar yr agweddau ymarferol, gan sôn am hau a thyfu hadau, dyfrio, a storio planhigion a rheoli plâu. Disgrifia lawer o flodau a ddaeth i Brydain yn yr unfed ganrif ar bymtheg megis y Saffrwm Melyn, Lili Martagon a'r Tiwlip.

Yn ystod y ganrif ddilynol roedd y chwilio am blanhigion yn parhau, ond yn bennaf am eu rhinweddau meddyginiaethol, ond erbyn y ddeunawfed ganrif roedd yr ysfa wyddonol yn tyfu, a'r awydd i wybod mwy am y planhigion eu hunain yn eu cynefin. Dyma oes y botanegydd ymarferol, allan yn y maes gyda'i lyfr nodiadau a'i *vasculum* (blwch casglu) ac yn y labordy gyda'i ficroscop a'i herbariwm.

Linnaeus a'i 'Apostolion'

Yn Sweden daeth cawr i'r maes yn nechrau'r ganrif. Ei enw oedd **Carl Linnaeus** a anwyd yn 1706. Linnaeus oedd brenin y botanegwyr. Aeth i'r Brifysgol yn Lund ac yna i Uppsala (hen brifddinas Sweden) i astudio meddygaeth, ond fel bachgen tlawd o'r wlad cafodd amser caled.

Gwnaeth gyfeillion, a datblygodd ei ddiddordeb i gyfeiriad botaneg, a buan iawn y daeth yn dipyn o arbenigwr mewn blodau gwyllt. Dringodd yr ysgol yn gyflym a chafodd swydd yn cynorthwyo yr Athro Botaneg, a chyfle i fynd ar daith i'r Lapdir i chwilio am flodau gwyllt. Bu'n crwydro am gannoedd o filltiroedd drwy dir anial, yn cadw dyddiadur manwl ac yn casglu planhigion. Cafodd bob math o helbulon ond daeth adref yn ddiogel, a gwnaeth enw iddo'i hun fel awdur y *Flora Lapponica*. Am gyfnod bu'n Athro Anatomeg ym Mhrifysgol Uppsala, ond nid oedd meddygaeth yn agos i'w galon. Naturiaethwr oedd Linnaeus, a phan gafodd gadair Botaneg yr oedd yn ei seithfed nef. Hoffai gwmni ei fyfyrwyr ac yr oeddynt hwythau yn meddwl y byd ohono yntau. Tyrrai myfyrwyr ifanc a dysgedigion o bob rhan o Ewrop i Uppsala i wrando arno'n darlithio ac i ymuno â'i ddosbarthiadau botaneg yn yr awyr agored. Dywedir bod cymaint â 200 ambell dro, ac os deuent o hyd i ryw blanhigyn newydd, diddorol, yna rhaid oedd gorymdeithio'n ôl yn orfoleddus i sŵn y band!

Roedd cyfraniad mawr Linnaeus i fyd natur yn ddeublyg. Yn gyntaf aeth ati i ddosbarthu a disgrifio pob peth byw y gwyddid amdanynt drwy'r byd yn y cyfnod hwnnw – tasg anhygoel – a bu'n rhyfeddol o lwyddiannus. Ac yn ail, cyflwynodd i'r byd gwyddonol y patrwm o enwi pob planhigyn a phob anifail gydag 'enw dwbl' sef dau air, y genws a'r rhywogaeth, cynllun a ddefnyddir drwy'r byd hyd heddiw. Er enghraifft, gelwir Llygad y dydd yn *Bellis perennis*, y Ci yn *Canis familiaris* a Dyn yn *Homo sapiens*. Cyhoeddodd lawer, a'i waith pwysicaf ym myd y blodau oedd *Species Plantarum* (1753).

Yn dilyn ei lwyddiant a'i enwogrwydd, dechreuodd Linnaeus anfon rhai o'i fyfyrwyr gorau i wledydd pell i gasglu planhigion newydd. Galwodd hwy yn 'apostolion' a buont yn crwydro mewn lleoedd anghysbell a pheryglus. Bu pump ohonynt farw yn ystod eu teithiau, ond daeth mwy yn ôl yn llwyddiannus. Yn eu plith roedd **Daniel Solander** a hwyliodd ar yr *Endeavour* gyda Cook ar ei fordaith enwog ar draws y byd, a **Carl Peter Thunberg**, a ddaeth i Uppsala yn ddeunaw oed yn fyfyriwr. Graddiodd Thunberg fel meddyg, a bu'n teithio'r byd am naw mlynedd, gan gasglu blodau pan ddôi'r cyfle. Bu yn Ne Affrica am dair blynedd ac anfonodd 300 o blanhigion yn ôl at Linnaeus. Yn ddiweddarach camodd i esgidiau ei hen feistr, gan ddod yn Athro Botaneg yn Uppsala. Cofir amdano yn enw'r planhigyn gardd *Thunbergia alata* ('Black-eyed Susan').

Ond efallai mai'r casglwr mwyaf llwyddiannus o holl ddisgyblion Linnaeus oedd y Ffrancwr **Philibert de Commerson**. Yr oedd yn hollol benderfynol a diwyro. Dringai fynyddoedd enbyd a mentrodd ei fywyd dro ar ôl tro. Crwydrai i'r gwyllt ar ei ben ei hun heb fawr ddim arian na darpariaeth a deuai'n ôl wedi ei sigo gan yr ymdrech, yn llawn clwyfau ar ôl damweiniau o bob math. Ystyrid ef gan ei gyfoedion yn bencampwr yn ei faes ond ar yr un pryd yn hollol wallgof. Dywedir iddo osgoi cael ei ladd yn y mynyddoedd fwy nag unwaith o drwch blewyn. Calliodd ryw gymaint ar ôl priodi ac o'r diwedd apwyntiwyd ef yn Fotanegydd y Llys i frenin Ffrainc. Anfonwyd ef ar daith i India'r Dwyrain ac Awstralia, ac yn ystod y daith honno yn unig fe ddarganfu 3,000 o rywogaethau newydd! Bu farw Commerson yn Madagascar yn 1773 yn 46 oed, ac ychydig ddyddiau ar ôl hynny, cyfarfu'r Academi Ffrengig i'w ethol yn aelod yn unfrydol – yr unig un erioed i'w ethol yn ei absenoldeb. Credir mai ef oedd y casglwr planhigion mwyaf toreithiog erioed.

Crwydro a chasglu

Roedd Linnaeus yn haeddu sylw arbennig, ond roedd ugeiniau, os nad cannoedd o deithwyr glewion eraill yn crwydro'r cyfandiroedd i chwilio am drysorau newydd ym myd y planhigion. Oherwydd symbyliad pobl fel John Evelyn, daeth yr Oren yn boblogaidd, nid yn unig fel ffrwyth i'w fewnforio ond fel pren i'w ddyfu mewn tai gwydr arbennig. Cofiwn am yr Orendy enwog ym Margam – yr adeilad gwychaf yng Nghymru yn ôl rhai. Yn 1648 sefydlwyd yr *Oxford Physic Garden*, ac yn fuan roedd yno 1,400 o wahanol blanhigion, o bedwar ban byd, wedi eu casglu gan lu o deithwyr, masnachwyr, anturiaethwyr a chenhadon. Roedd Henry Compton, Esgob Llundain yn ystod oes Iago II yn gyfrifol am ogledd a de America, ac anfonodd amryw o'i offeiriaid, oedd hefyd yn fotanegwyr, i chwilio am drysorau llysieuol, pobl fel **John Bannister** a fu'n casglu yn Virginia. Buan iawn y llanwyd gerddi'r Esgob yn Fulham gyda'r casgliad gorau o blanhigion estron yn y wlad.

Cymeriad gwahanol iawn oedd y Sais, **William Dampier**. Roedd yn fachgen gwyllt, ac aeth i'r môr yn ifanc. Datblygodd yn fuan i fod yn fotanegydd craff, gan gasglu pob math o ryfeddodau yn Jamaica, Canada a Mexico. Ond wrth grwydro, dechreuodd wyro ymhell o'r llwybr cul a buan iawn y gwelwn ef yn fôr-leidr enwog a diegwyddor hollol, yn mwrdro a lladrata ei ffordd o gwmpas y byd – ac yn casglu planhigion prin bob yn ail! Cafodd anturiaethau anhygoel, ond o'r diwedd fe galliodd ryw gymaint a daeth yn ôl i Lundain. Cyhoeddodd ei atgofion, a daeth yn fotanegydd parchus, a choffëir ei enw gan y planhigyn *Clianthus dampieri*.

Un o Philadelphia oedd **John Bartram**, un o deulu o Grynwyr a ffermwr llwyddiannus. Roedd hefyd yn fotanegydd brwd, a daeth i gysylltiad â John Collinson, masnachwr cefnog o Lundain. Ar gais Collinson, dechreuodd Bartram anfon parseli o hadau a phlanhigion ato. Collwyd amryw oherwydd y tywydd, yr heli a'r llygod mawr ar y llongau ond bu'r fenter yn ddigon llwyddiannus i ddenu nifer o gyfeillion Collinson i gyfrannu £10 y flwyddyn tuag at y 'Bartram Boxes'. Dywedir fod Bartram wedi cyflwyno mwy na 200 o blanhigion newydd i'r gerddi yn Ewrop, ac yn Philadelphia neilltuir rhan o'r gerddi cyhoeddus i gofio amdano.

Roedd damweiniau a pheryglon yn rhan o fywyd y casglwyr cynnar. Ganwyd **Joseph Banks** yn Llundain yn 1743 a chafodd enwogrwydd oherwydd iddo grwydro'r byd gyda'r Capten Cook. Ysgrifennwyd cyfrolau amdano, ond efallai mai digon yn y fan yma yw sôn fel y bu iddo bron â marw o oerfel yn Tierra del Fuego, diodde'n enbyd o'r malaria yn Malay, a chael ei longddryllio yn Awstralia. Ond ar ôl hyn a llawer mwy, daeth adref i fod yn un o fotanegwyr enwocaf Prydain, yn Gyfarwyddwr Gerddi Kew ac yn Llywydd y Gymdeithas Frenhinol.

Joseph Banks

Ganwyd **David Douglas** yn yr Alban yn 1798. Teithiodd yn helaeth yng Ngogledd America o dan amgylchiadau erchyll, fel casglwr i Gymdeithas Arddwriaethol Llundain. Darganfu lawer o goed a blodau a gyflwynwyd ar ôl hynny i Brydain, yn eu plith y Sbriwsen Sitka (*Picea sitchensis* Sitka Spruce) – bellach y goeden gonwydd fwyaf cyffredin ym Mhrydain. Enwyd y Ffynidwydden Douglas (*Pseudotsuga menziesii* Douglas Fir) ar ei ôl. Dywedir iddo gael ei ladd gan darw gwyllt yn Ynysoedd Sandwich (Hawaii).

Ac felly ymlaen â ni. Gellid trafod dwsinau yn rhagor, ond rhaid bodloni ar un neu ddau arall, a rhyw air neu ddau am bob un.

Y cyntaf i gasglu o ddifrif yn Ne America oedd **Joseph Dalton Hooker**, mab Syr William Jackson Hooker, Cyfarwyddwr Gerddi Kew. Bu Joseph Hooker yn gyfaill oes i Darwin. Un arall i gasglu yn Ne America oedd **William Lobb** o Gaerwysg (Exeter). Yn Chile, daeth ar draws y goeden enwog Cas gan Fwnci (*Araucaria araucana* Monkey-puzzle). Nid Lobb oedd y cyntaf i'w ddarganfod, ond ef a fu'n gyfrifol am anfon nifer o hadau yn ôl adref, a daeth y goeden, a elwir hefyd yn 'Chile Pine', yn hynod boblogaidd.

O'r holl flodau gardd i ddenu sylw, y rhai enwocaf o ddigon oedd y Tegeirianau. Anfonwyd casglwyr proffesiynnol i Dde America ac i'r Dwyrain Pell yn unswydd i chwilio am y rhai prinnaf, a thalwyd crocbris amdanynt. Un o'r enwocaf i chwilio am y rhain oedd **Benedict Roezel** o Tsiecoslovacia. Cafodd anturiaethau anhygoel, a llwyddodd i gasglu llawer o Degeirianau newydd gan gynnwys rhai o'r *Selenipedium*, *Cattleay,* a *Stanhopea.* Yn 1835 anfonwyd **John Gibson** o Loegr i Calcutta, hefyd i chwilio am Degeirianau, a bu'n casglu yn Bengal ac Assam – nid y rhannau hawddaf o'r India i grwydro o gwmpas ynddynt yn y cyfnod hwnnw!

Un arall o'r planhigion 'newydd' i ennyn diddordeb oedd y Piserlys neu'r Ystenllys, y *Pitcher-plant* sy'n dal a bwyta pryfed. Yn 1877, yng nghanol oes Victoria, anfonwyd **F W Burbridge**, casglwr cryf a phrofiadol, allan i'r Dwyrain Pell yn unswydd i chwilio am *Nepenthes* – un o'r planhigion rhyfeddol yma, gyda dail ar ffurf piser yn llawn o ddŵr i foddi pryfed. Bu'n crwydro yn Borneo a Sarawak a chafodd lwyddiant rhyfeddol.

Dichon mai'r Tegeirianau yw'r blodau harddaf yn y byd. Mae mwy na 20,000 o wahanol rai yn y gwyllt, ac maent yn hynod o boblogaidd gan y garddwyr. Chelsea, 1996

Gellir tyfu cannoedd o'r gwahanol Cacti yn y tŷ gwydr. Casgliad preifat. Licswm, Sir Fflint. 1994

Yn 1830 aeth **Philipp von Siebold** o'r Iseldiroedd i Japan. Casglodd laweroedd o goed newydd – amrywiadau o goed Cyll, Pinwydd, Masarn, Gwern, Derw, Bedw a Ffawydd. Casglodd hefyd bob math o blanhigion gardd a nifer fawr o Bambŵ. Un arall a ddenwyd i Japan, oedd yr Albanwr **Robert Fortune**, casglwr proffesiynol oedd yn gyfrifol am gyflwyno *Primula japonica* i Ewrop. Bu hefyd yn Tsieina am flynyddoedd, ac iddo ef y mae'r diolch am *Wiegelia, Forsythia* ac amryw fathau o *Rhododendron*.

Mae'r planhigion *Lithops* ('Living Stones') ymysg y rhai rhyfeddaf yn y byd. Maent yn anodd i'w gweld gan eu bod fel dwy garreg fechan yn cuddio ymysg y cerrig iawn. De Affrica yw eu cynefin. Chwiliwch amdanynt mewn tai gwydr yn ein gerddi botaneg. Caeredin, 1979

Mae llawer o'n blodau gwyllt, megis Pig yr Aran Rhuddgoch (*Geranium sanguineum* Bloody Cranesbill) hefyd yn haeddu lle yn ein gerddi.

Erbyn diwedd oes Victoria roedd y ffasiwn ym myd garddio yn troi i gyfeiriad y planhigion lluosflwydd caled, yr 'hardy perennials', a dylanwad pobl fel **William Robinson** a **Miss Gertrude Jekyll** yn enfawr, nid yn unig ym Mhrydain ond dros lawer o Orllewin Ewrop.

O ble roedd blodau felly i ddod, ac i ba ran o'r byd y dylid mynd i chwilio amdanynt? Yr ateb oedd Gorllewin Tsieina, ynghyd â rhannau o Tibet, India a Burma ac yn fwyaf arbennig, talaith Yunnan. Yma yn y mynyddoedd y tarddai'r afonydd Yangtse, Irrawaddy a'r Mekong, a dyma lle'r heidiai'r casglwyr a'r chwilotwyr.

Yr enwocaf o'r rhain oedd **Ernest Henry Wilson** o Sir Gaerloyw, a gyrhaeddodd Tsieina yn 1899. Anfonwyd ef gan neb llai na Syr William Thistleton-Dyer, Cyfarwyddwr Kew, a buan y gwnaeth enw iddo'i hun, a galwyd ef ar lafar yn 'Chinese Wilson'. Efallai mai'r planhigyn enwocaf a gysylltir â Wilson yw'r *Davidia* a elwir yn 'Dove Tree' neu 'Handkerchief Tree'.

Mae'r rhan fwyaf o flodau'r ardd yn hanu o flodau gwyllt, ond datblygwyd Mynawyd y Bugail (*Pelargonium* Garden Geranium) yn fwriadol o flodau gardd eraill.

Un arall a gysylltir â Tsieina oedd **Reginald Farrer** o Swydd Efrog. Bu'n crwydro'r Alpau am rai blynyddoedd, a chyrhaeddodd Tsieina yn 1914. Casglodd lawer o blanhigion gardd, megis y Rhosyn *Rosa farreri* a *Buddleia alternifolia*. Roedd yn ecsentrig; gwisgai'n od a chymerai lyfrau Jane Austen gydag ef i ganol y mynyddoedd. Gweithiodd yn rhy galed, dan amgylchiadau anodd a bu farw yn ddeugain oed ymhell o gartref.

Gardd Gerrig yn Sioe Chelsea, i arddangos blodau Alpaidd. 1996

Cafodd **Frank Kingdon-Ward** fanteision o'i enedigaeth – roedd ei dad yn Athro Botaneg yng Nghaergrawnt. Cafodd flas ar grwydro a chwilota a chasglodd gannoedd o blanhigion newydd yn Yunnan, Burma a Tibet. Cyflwynodd lawer o *Rhododendron* a *Primula*, ond cofir amdano yn bennaf am gyflwyno y Pabi Glas (*Meconopsis betonicifolia*) enwog o Tibet.

Gorffennwn y rhestr hon gyda'r Sgotyn **George Forrest** a anwyd yn 1873. Dros gyfnod o 28 mlynedd bu yn ôl a blaen i Tsieina lawer gwaith, gan gynnwys saith gwaith i dalaith Yunnan. Cafodd yntau hwyl ar gasglu planhigion a hadau, gan gynnwys 31,000 tudalen o sbesiminau a anfonodd adref. Roedd Forrest wedi cael plentyndod digon tlawd ac unig yn Falkirk. Dechreuodd weithio mewn siop

Gardd y Dingle, Amwythig. Gardd ffurfiol a grewyd ar safle hen chwarel. Mai 1998

Fferyllydd, ond doedd hyn ddim at ei ddant ac aeth i weithio yn yr awyr agored yn Awstralia am rai blynyddoedd. Pan ddaeth adref cafodd swydd yn y Gerddi Botaneg yng Nghaeredin, swydd ddigon undonog yn trafod sbesiminau yn yr Herbariwm. Ond roedd ffawd o'i blaid. Clywodd fod diwydiannwr cefnog o Lerpwl yn codi tŷ a gardd newydd ac yn chwilio am fotanegydd ifanc i fynd i Tsieina i gasglu planhigion. Neidiodd Forrest at y cyfle a threuliodd weddill ei oes yn y Dwyrain Pell yn crwydro a chasglu.

Y gŵr o Lerpwl a'i cyflogodd oedd Arthur Kilpin Bulley, sylfaenydd Gerddi Ness, sy'n wynebu Gogledd Cymru ar draws Afon Ddyfrdwy.

Fel y blodau, mae llysiau'r ardd wedi datblygu o blanhigion gwyllt, trwy ddethol bwriadol. Peth o gynnyrch gardd yr awdur, 1990.

Blwch Ward, 'Wardian Case'

Roedd **Dr Nathaniel Ward** yn byw ac yn gweithio fel meddyg teulu yn yr East End yn Llundain. Yn 1827, fel rhan o'i ddiddordeb ym myd natur, rhoddodd lindysyn (caterpillar) mewn jar gwydr. Seliodd y jar ac anghofiodd amdano. Pan sylwodd arno yn ddiweddarach, gwelodd fod rhedynen fechan a gweiryn yn tyfu yn y pridd ar waelod y jar. Sylwodd hefyd fod y tamprwydd a godai yng ngwres y dydd yn

Wardian Case

anweddu ar y gwydr gan gadw'r pridd bob amser yn llaith. Cadwodd Ward ei olwg ar y jar, a thyfodd y planhigion am bedair blynedd.

Daeth Ward i'r casgliad fod yn rhaid i'r planhigion gael goleuni ac awyrgylch glân, cyson, ac aeth ati i adeiladu blwch mawr o ffrâm pren, a gwydr yn ffitio'n berffaith. Gweithiodd yr arbrawf, a gwnaed miloedd o rai tebyg, mawr a bach, a ddaeth yn rhan bwysig o bob parlwr yn ystod oes Victoria. Tyfwyd pob math o blanhigion yn y 'Wardian Case' ond rhedyn oedd y ffefrynnau.

Y cam nesaf oedd eu defnyddio i gario planhigion mewn llongau ar draws y cefnfor – taith a gymerai fisoedd ambell dro. Gweithiodd yr arbrawf hwn hefyd, a bellach roedd hi'n bosibl cadw planhigion prin yn fyw yr holl ffordd o Awstralia neu'r Dwyrain Pell. Dyma ddatrys un o broblemau mawr y casglwr – sut i gael ei blanhigion adref yn fyw ac yn iach.

Roedd Blwch Ward wedi dod i'r adwy.

CYNHALIAETH ABNORMAL – PLANHIGION RHYFEDDOL

Mae pawb yn hoffi pethau od, ac o'r holl ryfeddodau ym myd y planhigion, efallai mai'r rhai sy'n bwyta pryfed – y planhigion cigysol – yw'r rhyfeddaf oll.

Mae tri math yn tyfu'n wyllt yng Nghymru, sef
> Y Gwlithlys (*Drosera* Sundew)
> Tafod y Gors (*Pinguicula* Butterwort)
> Chwisigenddail (*Utricularia* Bladderwort)

Mae'r rhain i gyd yn blanhigion blodeuol, sy'n tyfu mewn dŵr neu mewn tir mawnog, gwlyb, lle mae'r pridd yn debyg o fod yn brin o fwynau. Mewn rhyw ffordd neu'i gilydd maent yn dal pryfetach mân a'u treulio fel rhan o'u bwyd. Eto, rhaid cofio fod gan bob un ohonynt eu cloroffyl eu hunain, a gall rhai fyw heb y pryfetach ychwanegol.

Y Gwlithlys (*Drosera rotundifolia* Round-leaved Sundew)
Mae hwn yn tyfu ym mhob un o hen siroedd Cymru, a hefyd yn gyffredin iawn yng ngogledd Lloegr a'r Alban. Edrychwch amdano mewn tir sur, yn arbennig mewn corsydd gwlyb, yn gymysg â'r Migwyn (*Sphagnum*). Mae'n blanhigyn bychan, gyda chylch (*rosette*) o ddail browngoch, rhyw dair neu bedair modfedd ar ei draws, yn agos i'r ddaear.

Y Gwlithlys (*Drosera rotundifolia* Round-leaved Sundew) sy'n gyffredin dros y rhan fwyaf o Gymru. Gwarchodfa Whixall, Sir Ddinbych, 1995

Mae pob deilen ar ffurf llwy ac wedi ei gorchuddio â nifer o chwarennau ar goesau. Mae pob un o'r rhain yn cynhyrchu diferyn o sudd gludiog sy'n denu gwybed mân. Mae'r gwybed yn glynu wrth y sudd ac yna mae'r ddeilen yn cynhyrchu hylif sy'n treulio corff y pryf, a'r maeth yn cael ei amsugno i mewn i gorff y planhigyn. Yn yr haf mae gan y Gwlithlys un coesyn main, ychydig o fodfeddi o uchder, gyda nifer o flodau gwynion.

Mae dwy rywogaeth arall o'r Gwlithlys, sy'n llawer llai cyffredin, sef y Gwlithlys Mawr (*D. anglica* Great Sundew) a'r Gwlithlys Hirddail (*D.intermedia* Oblong-leaved Sundew).

Un arall o'r planhigion cigysol yw **Tafod y Gors** (*Pinguicula vulgaris* Common Butterwort). Mae hwn hefyd yn tyfu mewn corsydd a mawnogydd ac weithiau yn y borfa ar dir creigiog, gwlyb. Mae'r dail, sy'n felynwyrdd, yn tyfu'n glwstwr yn agos i'r ddaear, ac yn ludiog iawn ar yr ochor uchaf, gan ddal a threulio pob math o bryfetach mân. Mae'r blodau, sydd rywbeth yn debyg i'r Fioled, yn tyfu bob yn un ar goesyn main. Mae Tafod y Gors yn weddol gyffredin dros rannau o ogledd a chanolbarth Cymru. Mae Tafod y Gors Gwelw (*P. lusitanica* Pale Butterwort) yn tyfu yng ngogledd Sir Benfro – yr unig ardal yng Nghymru.

Y trydydd o'r planhigion cigysol yw *Utricularia*, Bladderwort. Yr unig enw Cymraeg y gwn i amdano yw **Chwisigenddail**. Mae hwn yn blanhigyn digon prin – fe gymerodd flynyddoedd i mi ddod o hyd iddo! Dyma blanhigyn anghyffredin sy'n tyfu mewn llynnoedd o ddŵr croyw, weithiau mewn corsdir. Mae'r rhan fwyaf o'r planhigyn yn nofio'n rhydd o dan wyneb y dŵr, gyda blodyn melyn

Planhigyn go anghyffredin yw'r Chwysigenddail (*Utricularia* Bladderwort), sy'n dal pryfetach o dan y dŵr. Anaml y mae'n blodeuo. Gwarchodfa Whixall, Sir Ddinbych, 1993

Mae Tafod y Gors (*Pinguicula vulgaris* Butterwort) fel y Gwlithlys, yn dal pryfed mân ar ei ddail gludiog. Mae'n tyfu ym mhob un o siroedd Cymru. Cwm Idwal, Sir Gaernarfon, 1981

ar ben coesyn hir uwchben y dŵr. Mae'r dail wedi eu rhannu'n fân, gyda swigod bach drostynt. Wrth geg y swigen mae blewyn bach, a phan mae un o fân greaduriaid y dŵr yn ei gyffwrdd mae ceg y swigen yn agor yn sydyn gan sugno'r creadur i mewn yn eithriadol o gyflym. Mae drws bach ar geg y swigen yn cau yr un mor gyflym, a dyna'r pry wedi ei ddal. Mae ei gorff yn cael ei dreulio, a'r planhigyn yn derbyn y maeth.

Cyn gadael y planhigion cigysol, gwell cyfeirio at un neu ddau arall – planhigion tramor – sy'n rhyfeddach fyth. Y cyntaf yw'r **Piserlys** neu **Ystenllys** (*Pitcher-plants*). Os ewch i rai o'r sioau blodau mwyaf, mae'n siwr y gwelwch stondin sy'n arddangos y rhyfeddodau hyn. Mae dau fath.

1. *Sarracenia.* Corsydd gwlyb yn ochr ddwyreiniol yr Unol Daleithiau yw cartref y rhain. Mae'r dail yn ffurfio llestr neu biser sy'n denu pryfetach gyda neithdar ac aroglau cryf, yn ogystal â lliwiau llachar, a hyd yn oed 'ffenestri' tryloyw yn y piser. Oddi mewn, mae'r ochrau llithrig ynghyd â nifer o flew sy'n pwyntio ar i lawr yn rhwystro'r pryfed rhag dringo allan. O'r diwedd maen nhw'n boddi yn y dŵr yng ngwaelod y piser a chael eu treulio a'u bwyta. Mae un math arbennig, *S. purpurea,* wedi cyrraedd nifer o gorsydd yng nghanol Iwerddon, ac yn tyfu'n llwyddiannus yno ers blynyddoedd.

2. *Nepenthes* Mae'r rhain i'w cael yn Nwyrain Asia, Madagascar a rhannau o Awstralia. Planhigion y goedwig a thir gwlyb yw'r rhan fwyaf, yn dringo'r coed a glynu wrth y canghennau. Mae'r piseri yn datblygu o flaenau'r dail – y rhai mwyaf yn 14 modfedd o faint a 7 modfedd o led, gyda chaead ar geg y piser. Denir y pryfed i ddringo i mewn gan y lliwiau a'r neithdar, a does dim dianc wedyn – dim ond boddi yn y dŵr – yn fwyd i'r planhigyn.

Piserlys (*Sarracenia* Pitcherplant). Gerddi Kew, 1994

137

Yr olaf o'r planhigion cigysol yw **Magl Gwener** neu **Genau Fenws** (*Dionaea Venus' Fly-trap*). Mae hwn yn perthyn i'r un teulu â'r Gwlithlys, ond dim ond yn nhaleithiau Carolina yn nwyrain yr Unol Daleithiau y mae'n tyfu, a daethpwyd ar ei draws mor bell yn ôl â 1760. Mae hwn hefyd yn tyfu mewn corsydd gwlyb, ac mae'r dail mewn dwy ran sy'n cau yn sydyn fel trap. Ar wyneb y dail mae tri blewyn bychan sy'n gweithio fel taniwr. Pan mae pryfyn yn cyffwrdd â'r rhain mae'r ddeilen yn cau ar amrantiad, gan gloi y pryf mewn cawell sicr. Wrth stryffaglio i ddianc mae'r creadur yn gwneud pethau'n waeth, nes o'r diwedd mae'n cael ei ladd a'i dreulio gan ensymau'r planhigyn. Ar ôl rhai dyddiau mae'r ddeilen yn ailagor, yn barod i ddal y carcharor nesaf.

Efallai y synnwch fod Darwin, yn 1875, wedi cyhoeddi llyfr o fwy na 350 tudalen, yn trafod y planhigion cigysol o dan y teitl *Insectivorous Plants*. Ynddo mae'n cofnodi'n fanwl yr holl arbrofion a gyflawnodd, gyda manylder anhygoel, am lawer blwyddyn. Dyma gyfrol sy'n parhau'n glasur hyd heddiw. [Mae'r *Linnean Society of London* (www.linnean.org) yn paratoi deunyddiau arbennig ar gyfer Lefel A o dan y testun 'Murderous Plants'].

INSECTIVOROUS
PLANTS

By CHARLES DARWIN, M.A., F.R.S.
REVISED BY FRANCIS DARWIN

WITH ILLUSTRATIONS

LONDON
JOHN MURRAY, ALBEMARLE STREET, W.
1908

Insectivorous Plants: roedd Darwin yn fotanegydd craff.

PENNOD 15

PLANHIGION MEDDYGINIAETHOL, A RHAI GWENWYNIG

Yn sicr, mae gennym ni, y Cymry, ddiddordeb arbennig mewn planhigion meddyginiaethol – y llysiau llesol, ac ers rhai blynyddoedd bellach, cafwyd nifer o lyfrau ac erthyglau drwy'r wasg Gymraeg yn trafod rhinweddau'r blodau gwyllt.

Edrych yn ôl

Yn 1975 cafwyd hanes am fedd mewn ogof yn Iraq, lle darganfuwyd esgyrn dynol tua 60,000 mlwydd oed. Yn y pridd o gwmpas y gweddillion, roedd gronynnau paill o wyth o wahanol blanhigion wedi goroesi dros y canrifoedd. Roedd y paill wedi dod o flodau gwyllt a gladdwyd gyda'r corff, a'r syndod yw fod saith o'r rhain, gan gynnwys y Milddail (*Achillea* Yarrow), yn dal i dyfu yn yr un ardal hyd heddiw, ac yn cael eu defnyddio yn feddyginiaethol gan y bobl leol.

Meddyginiaeth lysieuol yw'r ffurf hynaf o driniaeth y gwyddom amdani, ond sut y darganfu'r dyn cyntefig pa rai oedd y llysiau llesol a pha rai oedd yn wenwynig? Sut mae esbonio'r defnydd o'r un planhigyn mewn lleoedd filoedd o filltiroedd oddi wrth ei gilydd, er enghraifft *Hibiscus* ar gyfer anhwylderau misglwyf yn Fiji, Samoa, India, Trinidad a Fietnam? Yn yr Oesoedd Canol sonnir am Ddysgedigaeth yr Arwyddnodau (*Doctrine of Signatures*), sef y gred fod y Creawdwr wedi 'arwyddo' rhai planhigion, gan ddangos eu rhinweddau, er enghraifft planhigion melyn ar gyfer y clefyd melyn (*jaundice*), Llysiau'r Afu (Liverwort) a Llysiau'r Ysgyfaint (Lungwort) ar gyfer y rhannau hynny o'r corff sy'n debyg iddynt.

Fel arfer, tueddir i wawdio meddygaeth draddodiadol, ac yn wir, go brin ei bod o fawr werth yn erbyn clefydau parasitig neu pan fo angen llawdriniaeth, ond cofiwn fod rhai hen arferion wedi profi eu gwerth, megis defnyddio bara wedi llwydo i drin clwyfau – cofiwn mai math o lwydni yw *Penisilin*. Bu chwilio am gymorth ym myd y planhigion ar hyd y canrifoedd. Meddyliwn am Hippocrates yn 463 CC y mae pob meddyg heddiw yn tyngu llw i'w goffadwriaeth. Cofiwn am Dioscorides yn y ganrif gyntaf oc yn ysgrifennu ei *Materia Medica,* efallai wedi pwyso'n drwm ar y meddygon a deithiai o amgylch Ewrop gyda byddinoedd Rhufain. A beth am Galen, 131-200 oc, a ddefnyddiai blanhigion i drin pob anhwylder, ond a barlysodd feddygaeth am fil a hanner o flynyddoedd ar ei ôl?

Yng Nghymru roedd traddodiad hir o ddefnyddio planhigion meddyginiaethol, hyd yn oed cyn y cyfnod Rhufeinig. Erbyn y bedwaredd ganrif ar ddeg datblygodd dylanwad Meddygon Myddfai o Sir Gaerfyrddin, nid yn unig yng Nghymru ond dros lawer o Ewrop. Roedd eu pwyslais ar y llysiau meddyginiaethol, ond roeddynt yn chwilio am achosion pob anhwylder yn ogystal â datblygu dulliau o drin y clefyd ei hun. Parhaodd eu traddodiad mewn un teulu am dros fil o flynyddoedd hyd y bedwaredd ganrif ar bymtheg. Yr olaf o'r llinach oedd Dr Rice Williams a fu farw yn 1842.

Oddeutu 600 oc daeth Cristionogaeth i Brydain a dechreuwyd traddodiad meddygol y mynachlogydd – pob un gyda'i gardd lysieuol (*physic garden*) fel y *Chelsea Physic Garden* yn Llundain hyd heddiw. Hyd nes i'r prifysgolion ymddangos yn y ddeuddegfed ganrif, dim ond y mynachlogydd allai hyfforddi meddygon.

Yn yr unfed ganrif ar bymtheg cyhoeddodd John Gerrard ei *Herbal* enwog. Daeth hwn yn dra phoblogaidd gyda'i holl ddarluniau, ond roedd yn pwyso'n drwm ar hen lawysgrifau. Erbyn 1540 cafwyd Deddf Seneddol i gadw trefn ar y meddygon (*control over Surgeons and Apothecaries*). Aeth y Ddeddf ymlaen i gyfreithloni dosbarth newydd o feddygon i drin cleifion os oedd ganddynt 'knowledge of Herbs and Roots'. Yn ôl rhai, dyma beth oedd *Quack's Charter.*

Araf iawn fu'r cynnydd yn y maes. Un enw pwysig yw Nicholas Culpepper (1616 – 1654). Daeth ei *Herbal* yn enwog a phoblogaidd iawn, a chyhoeddwyd dros 40 argraffiad. Eto i gyd, dim ond hap a damwain oedd llawer o feddygaeth y cyfnod, gyda'r driniaeth yn aml bron cyn waethed â'r clefyd. Roedd ambell i lygedyn o obaith. Un cam pwysig ymlaen oedd darganfod cwinîn o'r goeden *Cinchona* yn Periw, fel cyffur i drin malaria. Yn 1944 datblygwyd cyffuriau synthetig yn America, ond gan fod y parasit sy'n achosi malaria yn magu ffurfiau newydd, gwrthiannol, mae'r cwinîn naturiol yn dal yn bwysig yn y frwydr yn erbyn yr haint.

Clefyd difrifol arall yn y ddeunawfed ganrif oedd y sgyrfi. Roedd llongwyr ar fordeithiau hir, heb fawr ddim bwyd ffres, yn dioddef yn enbyd Yn araf bach sylweddolwyd fod bwyta dail y Llwylys (*Cochlearia officinalis* Scurvygrass) yr cadw'r afiechyd draw. Mae hwn, yn ogystal â ffrwythau megis orenau a lemon yn cynnwys fitamin C sy'n atal yr afiechyd, ac o'r diwedd, dyma'r Morlys yn dyfarnu bod yn rhaid i bob morwr gael owns o sudd lemon ar ôl chwe wythnos ar y môr.

Ers cannoedd o flynyddoedd sylweddolwyd fod y planhigion Helygen Wen (*Salix alba* White Willow) a Brenhines y Weirglodd (*Filipendula ulmaria* Meadowsweet) yn gallu lleddfu poen.Yn 1827 llwyddwyd i adnabod y cynhwysyn gweithredol, sef asid salicylic, ac yn ddiweddarach, datblygwyd y ffurf aspirin sydd bellach mor gyfarwydd i bawb.

Ond erbyn diwedd y bedwaredd ganrif ar bymtheg rhoddwyd llai a llai o sylw i'r planhigion meddyginiaethol, ac roedd y BMA yn dra gwrthwynebus. Yn 1911 daeth deddf Yswiriant Gwladol Lloyd Geoge i rym, ac o hynny allan bu'r cwmniau yswiriant yn gyndyn iawn i yswirio meddygon llysieuol.

Y Llwylys (*Cochlearia officinalis* Scurvygrass). Mae'n cynnwys Fitamin C sy'n cadw'r sgyrfi draw. Cwm Idwal, 1994

Roedd yr un gwrthwynebiad cryf yn yr Unol Daleithiau a bu'n rhaid i'r rhan fwyaf o'r Colegau Meddygaeth Llysieuol gau eu drysau; caewyd yr olaf yn Cincinnati yn 1938. Ond mae'r ymchwil am gemegolion meddyginiaethol mewn planhigion gwyllt yn bwysicach heddiw nag erioed, a hynny ym mhob rhan o'r byd, a'r ofn ydyw fod planhigion yn cael eu colli cyn cael eu hasesu'n wyddonol.

Mae'r bwlch rhwng Meddygaeth Lysieuol a'r Sefydliad Meddygol yn parhau yn llydan. Dyma rai o'r rhesymau:

1. Collfarnu Llysieuaeth oherwydd ei gysylltiad ag arferion tywyll y gorffennol pell.
2. Y cysylltiad â phobl gyntefig mewn rhannau o'r byd.
3. Y defnydd ohono gan rai heb hyfforddiant digonol.
4. Pobl gyffredin (lleygwyr) yn trin eu hunain.

Mae'r Cyfarwyddyd Ewropeaidd ar Gynhyrchion Llysieuol Traddodiadol mewn Meddygaeth (2004) yn rheoli'r hawl i farchnata cynhyrchion o fewn yr Undeb Ewropeaidd.

Dros y canrifoedd, ystyrid fod nodweddion meddyginiaethol gan lawer iawn o blanhigion; mae Culpepper, er enghraifft, yn rhestru tua 550. Dyma ryw ddwsin o'r rhai enwocaf. Mae'r llyfrau'n enwi pob math o afiechydon ac anhwylderau y gellir eu trin. Cymerwch ofal – peidiwch arbrofi!

Pidyn y Gog (*Arum maculatum* Lords and Ladies)

Blodyn y Gwynt (*Anemone nemorosa* Wood Anemone)

Llwylys (*Cochlearia* Scurvy grass)

Wermod Lwyd (*Artemisia absinthium* Wormwood)

Wermod Wen (*Chrysanthemum parthenium* Feverfew)

Paladr y Wal (*Parietaria judaica* Pellitory-of-the-wall)

Bysedd y Cŵn (*Digitalis purpurea* Foxglove)

Celyn y Môr (*Eryngium maritimum* Sea Holly)

Y Goesgoch (*Geranium robertianum* Herb Robert)

Pabi Coch (*Papaver rhoeas* Common Poppy)

Danadl Poethion (*Urtica dioica* Stinging Nettle)

Saffrwm y Ddôl (*Colchicum autumnale* Meadow Saffron)

Y Wermod Lwyd (*Artemisia absinthium* Wormwood). Saltney, Sir Fflint, 1994

Bysedd y Cŵn (*Digitalis purpurea* Foxglove). Clawddnewydd, Sir Ddinbych, 1995

Dyma rai o'r llyfrau perthnasol:

Saesneg

Gerard's Herball (1985). The Essence thereof distilled by Marcus Woodward, from the Edition of Thomas Johnson, 1636. Edition by Bracken Books, London.

Culpeper's Complete Herbal and English Physician. (1826). Manchester.

David E Allen & Gabrielle Hatfield (2004). *Medicinal Plants in Folk Tradition.* Cambridge.

Barbara Griggs (1981). *Green Pharmacy: A History of Herbal Medicine,* London.

Philips, J D (1992). Medicinal Plants. *Biologist,* Vol.39, No.2, Nov.1992.

le Strange, Richard (1977). *A History of Herbal Plants.*

Cymraeg

William Salesbury (1916). *Llysieulyfr Meddyginiaethol* Edited by E. Stanton Roberts.

Richard Pritchard (1839). *Physigwriaeth yr Hwsmon a'r Tlodion* Merthyr Tudfil.

David Thomas Jones. (c.1860). *Y Llysieulyfr Teuluaidd* Caernarfon.

R Price & E Griffiths. (1849). *Y Llysieulyfr Teuluaidd, yn Ddwy Ran.*

Mae'r diddordeb mewn meddygaeth lysieuol yn parhau ymysg y Cymry, er enghraifft:
Mary Jones (1978). *Llysiau Llesol.*
Bethan Wyn Jones (2008). *Doctor Dail.*

Planhigion Gwenwynig

Mae llawer o'n blodau gwyllt yn wenwynig yn ystyr gyffredin y gair, sef bod bwyta ychydig ohonynt yn gallu achosi anhwyldod neu hyd yn oed farwolaeth.

Yn ôl y *Penguin Dictionary of British Natural History* (1967) dyma'r rhai peryclaf:

 Cwcwll y Mynach (*Aconitum napellus* Monk's-hood)
 Bloneg y Ddaear (*Bryonia dioica* White Bryony)
 Cegiden (*Conium maculatum* Hemlock)
 Buladd (*Cicuta virosa* Cowbane)
 Cegiden y Dŵr (*Oenanthe crocata* Hemlock Water-dropwort)
 Eiddew (Iorwg) (*Hedera helix* Ivy)
 Llysiau'r Gingroen (*Senecio jacobaea* Common Ragwort)
 Yswydden (*Ligustrum* Privet)
 Afal Dreiniog (*Datura stramonium* Thorn-apple)
 Llewyg yr Iâr (*Hyoscyamus niger* Henbane)
 Codwarth (*Atropa belladonna* Deadly Nightshade)
 Elinog (*Solanum dulcamara* Bittersweet)
 Codwarth Du (*Solanum nigrum* Black Nightshade)
 Bysedd y Cŵn (*Digitalis purpurea* Foxglove)
 Cwlwm y Coed (*Tamus communis* Black Bryony)
 Ywen (*Taxus baccata* Yew)

Llysiau'r Gingroen neu Y Benfelen (*Senecio jacobaea* Ragwort). Prestatyn, Sir Fflint, 2002

Afal Dreiniog (*Datura stamonium* Thorn-apple). Licswm, Sir Fflint, 2006

Pam bod rhai planhigion yn wenwynig? Y tebyg yw eu bod wedi esblygu'r nodwedd hon fel amddiffyniad, i atal creaduriaid – trychfilod yn fwyaf arbennig – rhag eu bwyta. Sylweddau eilradd yw'r gwenwynau bron i gyd, nad ydynt yn angenrheidiol i gynnal bywyd y planhigyn, ac mae'r rhain yn fwy cyffredin mewn rhai teuluoedd na'i gilydd. Ymysg y planhigion blodeuol efallai mai'r un enwocaf yw'r Teulu'r Codwarth *Solanaceae,* sy'n cynnwys Codwarth (*Atropa belladonna* Deadly Nightshade) a Llewyg yr Iâr (*Hyoscyamus niger* Henbane). Ond cofiwch nad yw pob aelod o'r teulu hwn yn wenwynig: beth am y Tomato neu hyd yn oed y Tatws!

Llewyg yr Iâr (*Hyoscyamus niger* Henbane). Gronant, Sir Fflint, 2005

Flynyddoedd yn ôl cafodd rhai o'n teulu ni dipyn o fraw. Roedd rhai o'r plant lleiaf yn 'chwarae tŷ bach' ac wedi rhoi swp o Glychau'r Gog mewn pot jam. Dyma un o'r rhai bach yn penderfynu yfed y dŵr o'r pot, a bu raid iddi dreulio gweddill y dydd yn yr ysbyty. Cofiwch! Bwyta neu yfed rhywbeth mewn anwybodaeth yw'r broblem fawr – yn enwedig y plant yn cael eu temtio gan ffrwythau gwyllt, neu unrhyw un yn camgymryd planhigyn gwenwynig am un tebyg, diniwed. Does dim amdani ond dysgu'r gwahaniaeth.

Mae cyfaill i mi yn gyfarwydd ag arwain teithiau byd natur. Wrth drafod planhigion 'amheus', a bod rhywun yn gofyn iddo 'Fedrwch chi ei fwyta fo?' Ei ateb yw 'O! medrwch – ond efallai mai dim ond unwaith!'

PENNOD 16

ENNILL A CHOLLI, GWARCHODAETH

Yr her ym mro Eryri – yw gwarchod,
Ein gorchwyl yw sylwi;
Ac annog gwerthfawrogi
Eiddilwch ei harddwch hi.

Ieuan Wyn

Yn ystod yr hanner can mlynedd diwethaf mae cannoedd ar gannoedd o lyfrau (heb sôn am filoedd o erthyglau) wedi trin a thrafod cadwraeth. Dyma faes hynod o eang, a'r bwriad gennyf yn y bennod hon yw ystyried rhai agweddau ar gadwraeth ym myd natur, gyda'r pwyslais yn fwyaf arbennig ar warchod y blodau gwyllt.

Mae pobl yn poeni llawer mwy am anifeiliaid nag am y planhigion; ond mae'r bygythiad i'r planhigion yn waeth o lawer. Dros y byd, y mae gennym ryw 250,000 o blanhigion blodeuol. Rhifyn anferth, meddech? Ie, ond y mae mwy na deg gwaith mwy o wahanol anifeiliaid. Eto, yn 1980 amcangyfrifwyd ein bod yn colli un neu ddau o wahanol blanhigion **bob dydd** dros y byd, a go brin fod pethau wedi gwella er hynny.

Dechreuwyd sôn o ddifrif am warchodaeth yn y pumdegau a'r chwedegau ac erbyn 1970 roedd gan yr awdurdodau ddigon o hyder i ddynodi'r flwyddyn honno fel 'Blwyddyn Cadwraeth Ewrop'. Penderfynodd Ymddiriedolaeth Natur Gogledd Cymru ddathlu'r ffaith trwy wahodd Colin Russell, cyfaill personol i mi, ac un o'r naturiaethwyr amlycaf, i draddodi'r Ddarlith Flynyddol. Roedd Russell yn gadwraethwr o argyhoeddiad, ac eglurodd fod ei ddaliadau yn pwyso ar bedair carreg sylfaen. O'u trosi i'r Gymraeg, dyma nhw:

Mae rhai planhigion, fel yr Eithin, yn gallu bod yn ymosodol iawn, a rhaid eu rheoli, fel yma ar Barc y Graig, Licswm, Sir Fflint yn 2003.

Cnwd o flodau gwyllt yn cael eu tyfu'n fwriadol ar gyfer yr hadau. Helsby, Sir Gaer, 2004

1. Sylfaen Foesol. Pa hawl sydd gan ddyn i anwybyddu ac i ddifetha ffurfiau eraill ar fywyd i'w amcanion hunanol ei hun? Cofiwn mai ymddiriedolwyr, ac nid perchenogwyr y ddaear ydym.
2. Sylfaen Wyddonol. Rydym yn rhy barod i ddifetha a gwastraffu adnoddau'r ddaear. Mae ar wyddoniaeth angen cyfoeth ac amrywiaeth y byd er mwyn gweithredu.
3. Sylfaen Addysgol. Mae natur yn agos at galon plentyn, a'n gwaith ni yw datblygu ac nid tagu'r teimlad hwnnw. Y gair mawr ym myd addysg heddiw yw **cymhelliad**. Pa well cymhelliad i blentyn na bod yng nghanol trysorfa gyffrous y byd naturiol. Y paradocs yw bod yr awdurdodau yn cyflwyno Astudiaethau'r Amgylchedd ar yr union adeg pan fo'r amgylchedd naturiol yn diflannu o'n cwmpas.
4. Sylfaen Mwyniant a Hyfrydwch (gair Russell yw *Amenity*). Mae ar ddyn angen mwynhau'r byd naturiol, a gwyddom fod hyn yn gwneud lles iddo. Dyna un rheswn pam fod cymaint ohonom yn mwynhau gweithio yn ein gerddi, ac yn cadw anifeiliaid anwes. Mae gennym bellach fwy o arian, mwy o hamdden, mwy o addysg, a chofiwn felly fod cefn gwlad yn roi'r cyfle i ni eu gwerthfawrogi a'u mwynhau.

Ysgrifennwyd y geiriau yna bum mlynedd a deugain yn ôl, a bellach y mae'r syniad o 'gadwraeth' wedi datblygu'n ffordd o fyw i rai, yn faes bywoliaeth i eraill, yn destun llawenydd i amryw, ac yn faen tramgwydd i ambell un. I'r creadur defnyddiol hwnnw, y dyn cyffredin, dichon y gellir rhannu'r planhigion, sef prif gymeriadau'r gyfrol hon, yn dair rhan. Yn gyntaf y rhai

Weithiau, mae pori gan geffylau yn ffordd o reoli tyfiant ar warchodfa, fel yma ar dwyni Niwbwrch yn Sir Fôn, 2010.

defnyddiol, megis y gweiriau yn y weirglodd neu'r rhosyn yn yr ardd; yn ail y chwyn – Dant-y-llew yn y lawnt neu Ysgall yn y cae ŷd; ac yna'r trydydd math (y mwyaf cyffredin o ddigon), sef y gweddill, y rhai nad oes gan y dyn cyffredin fawr o ddiddordeb ynddynt o gwbl! Ond i'r naturiaethwr neu'r botanegydd, gan eich cynnwys chi, y darllenydd (gobeithio!), mae lle iddynt i gyd, neu, a chamddyfynnu Islwyn, 'Mae'r oll yn gysegredig'.

Sylweddolwyd yn fuan, os am warchod planhigion, neu anifeiliaid, fod yn rhaid gwarchod y cynefin yn gyntaf, neu os am gadw'r Gwlithlys, rhaid gwarchod y gors rhag cael ei sychu. Mae pob math o fygythion yn wynebu'r planhigion, ond efallai mae'r pennaf yw colli cynefin. Ni ellir creu tir yn yr un modd ag y gellir creu cyfoeth, a'r gamp fawr yw penderfynu sut i ddefnyddio'r tir sydd gennym. Pwy sydd i benderfynu? Mae angen tir ar gyfer amaeth, coedwigaeth, diwydiant, tai annedd, datblygiad trefol, hamddena a llawer, llawer mwy – o gaeau chwaraeon i fynwentydd.

Felly, beth am warchodfeydd? Pa fathau o gynefinoedd a gollwyd fwyaf yn ystod y can mlynedd diwethaf? Ar ben y rhestr mae'r hen borfeydd a'r glaswelltiroedd lled-naturiol ar lawr gwlad. Yn ôl un arolwg, y mae 97% wedi eu colli er 1932, trwy aredig neu trwy ddefnyddio gwrtaith artiffisial a chwynladdwyr (*Wigginton* 1999). Yn ail, y gwlyptiroedd – y mân lynnoedd a'r corsydd ar lawr gwlad, ac yn drydydd yr hen goedlannau, sy'n aml yn rhai cannoedd o flynyddoedd oed.

Bron yn ddieithriad, pobl sy'n gyfrifol am y newidiadau hyn, er gwell neu er gwaeth, yn ôl eich safbwynt, ond beth am y ddadl fawr gyfoes ynglŷn â newid hinsawdd a chynhesu byd-eang? A fydd dosbarthiad y plangigion gwyllt yn newid? A yw hynny wedi digwydd eisoes? A fydd rhai o berlau planhigion Eryri yn diflannu ac yn cilio tua'r gogledd? Bellach, gwyddom heb fawr o amheuaeth mai dyn sydd o leiaf yn rhannol gyfrifol am y cynnydd brawychus yn y nwyon tŷ gwydr, ond beth fydd yr effaith? Dim ond amser a ddengys, a rhaid gobeithio na fydd hynny'n rhy hwyr.

Does dim amheuaeth o gwbl am effaith dyn ar y cynnydd mewn ewtroffeiddio (*eutrophication*) sy'n digwydd i'n llynnoedd a'n hafonydd.

Dyma hen air digon anhylaw, sy'n golygu, yn syml, cynnydd yn yr elfennau megis nitrogen a ffosfforws yn y dŵr. Gwaetha'r modd, mae llawer o ffermio modern yn cynhyrchu peth wmbredd o'r rhain, a'r rhan fwyaf yn cyrraedd yr amgylchedd drwy'r pridd neu drwy garthffosiaeth. Mae buches o 200 o wartheg godro yn cynhyrchu cymaint os nad mwy o ffosffad â thref o 4,000

Sut mae rheoli'r miloedd sydd am ddringo'r Wyddfa?

147

o bobl, ac mae trin y slyri yn gostus iawn. Mewn rhai ardaloedd mae pethau'n gwella, ond tybed a ydi'r broblem yn tyfu'n gynt na'r atebion? Gall effaith hyn fod yn ddifrifol. Ffosfforws a nitrogen sy'n bennaf gyfrifol am reoli tyfiant planhigion y dŵr. Mae'r planhigion microsgopaidd, y plancton, yn cynyddu mor gyflym nes troi'r dŵr yn lleidiol, gan rwystro tyfiant y planhigion eraill. Mae pydredd yr holl dyfiant hefyd yn arwain at ddiffyg ocsigen, a dyna greu problem enbyd i'r creaduriaid bach a mawr yn y llyn. O fynd â hyn i'r eithaf mae'r llyn yn marw, a dyna greu merddwr drewllyd.

   Ond rhag i ni dorri calon yn hollol, gwell i ni sôn am un newid calonogol ym myd y planhigion. Flynyddoedd yn ôl roedd casglu planhigion prin wedi mynd yn rhemp. Roedd tywysyddion yn cael eu cyflogi i arwain ymwelwyr at y blodau a'r rhedyn prinnaf er mwyn eu casglu a'u diwreiddio. Yn *The Flora of Monmouthshire* gan S Hamilton a gyhoeddwyd yn 1909, mae'r awdur yn gresynu bod rhai, a ddylai wybod yn well, yn dadwreiddio rhedyn prin yn ddidrugaredd a'u gwerthu o ddrws i ddrws yng Nhasnewydd a Chaerdydd am ychydig geiniogau. Mae gennyf gofnod am bobl yn gwerthu rhedyn prin i'r teithwyr ar y trên yn stesion Bodfari ger Dinbych am 7/6 yr un tua 1910.

   Po brinnaf oedd y planhigion, mwyaf yn y byd oedd yr awch am eu casglu. Yn amgueddfa y Gymdeithas Linneaidd yn Llundain gwelais dudalen o'r Tormaen Siobynnog (*Saxifraga cespitosa* Tufted Saxifrage), un o blanhigion prinnaf Eryri, lle roedd 16 o blanhigion (ynghyd â'u gwreiddiau!) wedi eu casglu yng Nghwm Idwal gan un o fotanegwyr amlycaf Cymru dros gan mlynedd yn ôl. Does ryfedd fod y blodyn hardd hwn bron iawn wedi diflannu'n gyfan gwbl o Gymru. Erbyn heddiw rydym wedi callio rhyw gymaint, a mwy a mwy o fotanegwyr, a'r cyhoedd (gobeithio!) yn awyddus i warchod yn hytrach na difetha. Eto i gyd rhaid bod yn wyliadwrus. Gallai un casglwr digydwybod ddinistrio ambell rywogaeth brin yn llwyr. Bu bron i hyn ddigwydd i amryw o'r tegeirianau prinaf.

   Sut felly mae gwarchod planhigyn a beth yw'r ffordd orau i ofalu am warchodfeydd? Rhaid gofyn yn gyntaf beth yn hollol yw'r bwriad. Syniad ambell un wrth sefydlu gwarchodfa ers talwm oedd codi ffens, cloi'r giât a cherdded i ffwrdd. Popeth yn dda os mai'r bwriad yw gadael i natur gael ei ffordd, a gadael i'r warchodfa ddatblygu'n uchafbwynt yn ôl yr hinsawdd (*climatic climax*), sef coedwig naturiol yn y rhan fwyaf o gynefinoedd, ar wahân i diroedd gwlyb a phennau'r mynyddoedd. Ond os mai'r bwriad yw gwarchod y llystyfiant mewn cyflwr gwahanol, yna rhaid rheoli'r tyfiant yn ôl y sefyllfa. Er enghraifft, os am warchod blodau arbennig mewn glaswelltir, yna rhaid trefnu i bori'r tir ar adegau arbennig, neu dorri'r prysgwydd megis helyg, bedw a drain gyda pheiriant neu â llaw, fel sy'n digwydd mor aml mewn llawer achos.

Gwrthwynebiad gan rai

Mewn rhai cylchoedd mae gwrthwynebiad, weithiau'n dawel, weithiau'n llafar, i'r holl syniad o warchod byd natur. Mae rhyddid yr unigolyn yn hollbwysig i'r mwyafrif ac i

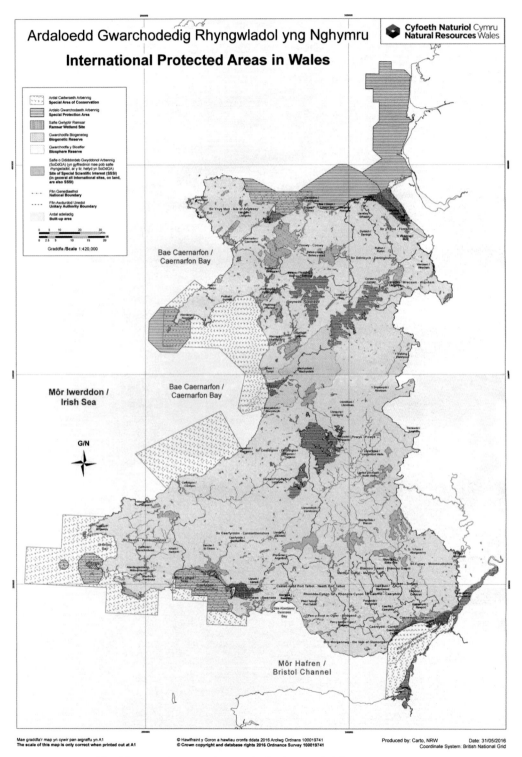

Mae amryw o ardaloedd yng Nghymru o dan warchodaeth ryngwladol.

rai mae'r gair gwarchodfa (*reserve*) yn awgrymu cyfyngiad ar hawl mynediad. I eraill mae'r teitl Gwarchodfa Natur Genedlaethol yn rhagdybio llais awdurdodol y Llywodraeth. Cofiaf eistedd mewn cyfarfod yn trin amaeth a chadwraeth ryw flwyddyn neu ddwy yn ôl, lle roeddym yn trafod y llwyddiant yn gwarchod rhai adar ysglyfaethus, a dyna ffarmwr y tu ôl i mi yn dweud o dan ei wynt 'Mae eisio saethu'r blydi lot'!

Go brin fod neb yn gwrthwynebu blodau gwyllt gyda'r un atgasedd bustlaidd, eto i gyd, clywir weithiau am ambell un yn aredig darn o dir glas yn fwriadol, er mwyn lladd rhyw blanhigion arbennig, am fod si y gellir ei ddynodi yn Ardal o Ddiddordeb Gwyddonol Arbennig (SSSI), yn groes i'w ddymuniad, er mwyn gwarchod y planhigion hynny. Os mai'r blodau prin fydd yn cyfyngu ar hawl y ffarmwr i drin y tir, yna agwedd ambell un yw 'gorau po cyntaf i gael gwared o'r cwbl cyn i'r awdurdodau gael eu ffordd'.

Oes, mae problemau a gwrthdaro weithiau, ond credaf mai eithriadau yw'r ddwy enghraifft uchod, a bod trwch y boblogaeth (ym Mhrydain Fawr ac yng Nghymru Fach!) yn falch o'r cyfoeth naturiol sydd gennym ym myd natur ac yn barod i'w warchod.

Blodau Gwyllt a'r Gyfraith

Mae deugain mlynedd er pan alwodd Cyngor Ewrop ar bob un o'r gwledydd i ddilyn yr argymhellion hyn (crynodeb sydd yma):

1. Gofalu fod cyfreithiau digonol i warchod planhigion sydd mewn perygl neu'n debyg o fod felly.
2. Paratoi arolygon llawn o blanhigion sy'n brin neu o dan fygythiad.
3. Sefydlu gwarchodfeydd natur i amddiffyn planhigion prin o dan y gyfraith, ar hyn o bryd a hefyd o dan strategaeth defnydd tir yn y dyfodol.
4. Hybu a sefydlu gwaith ymchwil gan gyrff addas, i gasglu gwybodaeth am blanhigion mewn ardaloedd lle mae'r wybodaeth yn brin ar hyn o bryd, er mwyn paratoi cynlluniau effeithiol i'w gwarchod.
5. Noddi'n effeithiol y gerddi botanegol sy'n gweithio i gefnogi'r ymdrechion i warchod planhigion gwyllt, ac i hybu gwerth y planhigion hynny yn esthetig, yn ddiwylliannol ac yn wyddonol.
6. Cadarnhau'r Cytundeb ar y fasnach ryng-genedlaethol mewn rhywogaethau o dan fygythiad.
7. Cydnabod fod byd y planhigion yn newid yn gyson, a bod angen adolygu'r rhestrau yn gyson.

Gwaith cynnal a chadw ar lwybr Yr Wyddfa. Llanberis, 1981

8. Paratoi a dosbarthu côd ymddygiad ynglŷn â'r planhigion prin.
9. Rhannu gwybodaeth ynglŷn â'r angen i ofalu am blanhigion, a'r mesurau i'w gwarchod.

Ym Mhrydain, cymerwyd cryn sylw o'r argymhellion hyn, ond beth yw'r sefyllfa heddiw? Mae'r rhan fwyaf ohonoch chi sy'n darllen y geiriau yma yn cytuno â'r cymdeithasau gwirfoddol sy'n gwneud eu gorau i atal y lleihad yn nifer y blodau gwyllt, ond mae llawer un yn holi beth ydi llythyren y gyfraith ar y mater.

Dyma'r ffeithiau, yn ôl Deddf Cefn Gwlad a Bywyd Gwyllt 1981.
1. Y mae'n anghyfreithlon **diwreiddio** unrhyw flodyn gwyllt heb ganiatâd perchennog neu ddeiliad y tir, (*landowner or occupier* yw'r geiriau).
2. Pigo a chasglu. Mae hawl i bigo blodau gwyllt ar gyfer pleser, astudio botanegol, addysg, neu gasglu ffrwythau gwyllt ar gyfer eu bwyta gan yr unigolyn neu'r teulu.

OND, mae rhestr o 112 o flodau gwyllt prin yn y Ddeddf nad oes gennych hawl i'w pigo, eu diwreiddio na'u distrywio o gwbl heb ganiatâd arbennig. Hefyd, mae nifer o reolau yn gwarchod planhigion mewn Gwarchodfeydd Natur Cenedlaethol a Safleoedd o Ddiddordeb Gwyddonol Arbennig (SSSI). Hefyd, mae'n anghyfreithlon plannu'r rhywogaethau estron canlynol, am eu bod yn ymledol ac yn peryglu planhigion eraill:

Clymog Japan (*Fallopia japonica* Japanese Knotweed)
Efwr Enfawr (*Heracleum mantegazzianum* Giant Hogweed)

Fe gewch y manylion cyfan am y gyfraith ar y we, o dan y pennawd *Wildlife and Countryside Act:Schedule 8: plants*. Gallwch hefyd chwilio o dan *BSBI Code of Conduct*.

Cadwraeth, Bioamrywiaeth a Deddfwriaeth

Erbyn canol yr ugeinfed ganrif daeth y syniad o warchod anifeiliaid a phlanhigion gwyllt, a gofalu am fyd natur yn fwy a mwy poblogaidd. Gwelwyd bygythiadau a pheryglon o lawer cyfeiriad, a sefydlwyd nifer o fudiadau gwirfoddol a chyrff cyhoeddus i geisio diogelu ein treftadaeth naturiol. Datblygodd y farn gyhoeddus, a bellach y mae yna rwydwaith o ganllawiau a rheolau sy'n rhan o ddeddf gwlad.

Y gair mawr ym myd gwarchodaeth heddiw yw **bioamrywiaeth**. Mae hwn yn air gweddol ddiweddar, a rhyw sawr jargon iddo, ond yn ei hanfod y mae'n syml, sef yr amrywiaeth o wahanol rywogaethau – yn blanhigion ac anifeiliaid – a geir mewn unrhyw fan arbennig, ynghyd â'r cynefinoedd sy'n eu cynnal. Mae Llywodraeth Cymru, drwy'r Cynulliad, yn arwain gyda deddfwriaeth a fwriedir i hybu bioamrywiaeth.

Y cyrff statudol sy'n gyfrifol am weithredu'r polisïau hyn yw'r Awdurdodau Lleol, (sef y cynghorau sir yn bennaf) a'r corff a elwir Cyfoeth Naturiol Cymru.

Mae gan yr **Awdurdodau Lleol** gyfrifoldeb, o dan y Cynlluniau Gweithredu Bioamrywiaeth, i ddatblygu'r agweddau canlynol:

- Pwysleisio'r achosion sy'n arwain at golli bioamrywiaeth.
- Lleihau'r achosion hyn a hybu defnydd cynaladwy.
- Gwella statws bioamrywiaeth trwy warchod ecosystemau, rhywogaethau, ac amrywiaeth genetig.
- Gwella'r manteision i bawb sy'n deillio o fioamrywiaeth ac ecosystemau iach.
- Gwella'r dulliau o weithredu trwy gynllunio ymlaen llaw a rheoli trefniadaeth a datblygiad.

Ymysg y llu o gyfrifoldebau eraill, rhaid i'r Awdurdod Lleol weithio i gynyddu cyfraniad amaethyddiaeth a choedwigaeth i fioamrywiaeth, a hefyd gymryd camau addas i wrthsefyll planhigion estron ymledol.

Yn 2015 cafwyd Deddf Llesiant Cenedlaethau'r Dyfodol (Cymru), sydd, ymysg deddfwriaethau eraill, yn ymrwymo cyrff cyhoeddus i anelu at wella cynefinoedd naturiol, gydag ecosystemau iach a mwy o fioamrywiaeth. Gyda llaw, mae'r Ddeddf hon hefyd yn datgan fod yn rhaid i bob corff cyhoeddus yng Nghymru amcanu at warchod buddiannau a ffyniant yr iaith Gymraeg.

Cyfoeth Naturiol Cymru

Ffurfiwyd CNC yn 2013, drwy gyfuno Cyngor Cefn Gwlad Cymru, Asiantaeth yr Amgylchfyd Cymru a Chomisiwn Coedwigaeth Cymru. Dyma'r corff sy'n cynrychioli Llywodraeth Cymru ym myd cadwraeth. Gellir crynhoi ei swyddogaeth o dan bedwar pennawd:

- Cynghori
- Dynodi
- Rheoli
- Ymgynghori

Mae gan Cyfoeth Naturiol Cymru ryw 900 o staff (2016), ynghyd â 17 o swyddfeydd ledled Cymru. O ran gwarchod blodau gwyllt, un o ddyletswyddau pwysicaf CNC yw dynodi a sefydlu Safleoedd o Ddiddordeb Gwyddonol Arbennig (SoDdGA – SSSI's yw'r teitl Saesneg), i amddiffyn planhigion arbennig, a chynefinoedd arbennig. Y mae dros 1,000 o'r safleoedd hyn yng Nghymru bellach, yn ymestyn dros oddeutu 12% o dir y wlad. O ran y gyfraith, caiff y SoDdGA eu dewis a'u dynodi gan Gyfoeth Naturiol Cymru o dan Ddeddf Bywyd Gwyllt a Chefn Gwlad 1981, a chânt eu rheoli rhag unrhyw ddifrod neu waith anaddas – trwy gytundeb â'r perchennog. Ar ddiwedd Pennod 27 ceir rhestr o'r Cymdeithasau Gwirfoddol, megis *Plantlife,* a'r

Ymddiriedolaethau Natur sy'n gweithio i warchod ein planhigion naturiol. Does gan y cyrff yma ddim cyfrifoldeb statudol, ond rhaid iddynt, fel pawb arall, gadw o fewn y gyfraith.

Y Broblem Fawr

Does dim modd trafod cadwraeth heb ystyried rhagolygon poblogaeth ddynol y byd. Yn y ddeunawfed ganrif mae'n debyg fod poblogaeth y byd oddeutu 500 miliwn. Erbyn hyn, mae'r rhif yna tua un rhan o dair o boblogaeth Tsieina yn unig, a phoblogaeth y byd oddeutu 7 biliwn. Mae'r cynnydd parhaol ynddo'i hun yn bygwth dyfodol yr hil, gan ei fod yn peryglu gallu'r Ddaear i'w cynnal.

Bellach, mae'r rhan fwyaf o bobl yn credu fod gormod o bobl ym Mhrydain ac yn y byd. Pam?

1. am fod cynefinoedd naturiol yn diflannu, ynghyd â'u planhigion a'u hanifeiliaid.
2. am fod prinder adnoddau naturiol megis dŵr glân, pysgod, tir âr a chyflenwad ynni.
3. oherwydd effaith dyn ar yr hinsawdd – sy'n anodd i'w fesur.
4. oherwydd yr effaith ar fywyd pobl. Mae cystadlu am dir, am ddŵr ac adnoddau eraill, gan arwain at ymrafael, rhyfeloedd, dioddef, newyn ac ymfudo di-reol.
5. am fod safon byw yn dirywio wrth i ni wasgu'n dynnach at ein gilydd o hyd, yn ein tai, ar ein ffyrdd ac yn ein bywyd bob dydd.

Ydi amaeth a chadwraeth yn cyd-dynnu bellach? Stondin yn y Sioe.

Ond bu ymateb llywodraethau'r byd yn druenus o wan ac yn frawychus o araf, efallai am eu bod yn methu, neu'n ofni edrych i'r dyfodol. Tybed, mewn difrif nad yw hi'n amser i ni ymbwyllo, i aros ac i ystyried o ddifrif. Pwy ddywedodd fod pob garddwr da yn treulio hanner ei oes ar ei liniau! Ystyriwch eiriau Syr David Attenborough:

Tormaen Siobynnog (*Saxifraga cespitosa* Tufted Saxifrage). Bu bron iawn i hwn ddiflannu o Gymru gyfan, yn dilyn casglu anghyfrifol yn y gorffennol. Rhan o gasgliad yn y Gymdeithas Linneaidd yn Llundain. Gwnaed y casgliad gan fotanegydd o Gymro yn 1796 yng Nghwm Idwal.

"Mae holl broblemau'r amgylchedd yn gwaethygu gyda mwy a mwy o bobl; yn y diwedd fydd dim ateb iddynt."

Meddyliwch am funud

Dyma un neu ddau o faterion i chi gnoi cil arnynt.

1. Heddiw, mae mwy a mwy o drafod ar Gadwraeth Natur ond beth am wir ddiddordeb mewn byd natur? Ydi'r genhedlaeth sy'n codi mor gyfarwydd â'r planhigion a'r creaduriaid o'u cwmpas ag oedd eu tadau a'u teidiau?

2. A oes angen colli cwsg am bob un o'r planhigion ymledol fel Jac y Neidiwr (Himalayan Balsam) a'i debyg, yn hytrach na mwynhau'r blodau hardd, a gadael iddynt fod?

3. Dyma ddau haeriad a glywir yn aml:
   A. Y ffarmwr bach oedd yn gofalu am fyd natur ers talwm.
   B. Mae ffermio wedi difetha llawer iawn o amrywiaeth cefn gwlad.
   Pa un sy'n iawn, neu ydi'r gwir rywle yn y canol?

4. Mae rhai yn dadlau y dylid neilltuo rhannau o'n tir mynyddig, er enghraifft rhannau o Bumlumon, i Natur gael ei ffordd, heb unrhyw ymyrraeth o gwbl gan ddyn. Cytuno, neu syniad gwallgof?

Beth am roi'r gair olaf i'r bardd a'r naturiaethwr R S Thomas?
Dywedodd R S fod mwy o Saeson nag o Gymry yn gwerthfawrogi byd natur, a harddwch naturiol Cymru. Dywedodd hefyd eu bod yn barotach i sefyll dros eu hiaith. Wel, o leiaf, rydych chi yn darllen y geiriau hyn yn Gymraeg!

Efallai mai blodyn enwocaf Cymru yw Lili'r Wyddfa (*Lloydia serotina* Snowdon Lily) sy'n gyfyngedig i ryw hanner dwsin o safleoedd yn Eryri. A ddylid arwain pobl i'w weld, ai peidio? Tynnwyd y llun yn 1972.

Mae Cadwraeth yn Gweithio – achub blodyn prin yng Nghymru

Blodyn bychan unflwydd yw Crafanc y Frân Tridarn (*Ranunculus tripartitus* Three-lobed Water-crowfoot) sy'n tyfu mewn lleoedd corsiog ar dir mawnog, mwdlyd, tir sy'n cael ei styrbio a'i gorddi, ond sy'n sychu yn yr haf. Mae i'w weld ar fin llynnoedd bychain, ffosydd cul a llwybrau lle mae gwartheg a cheffylau yn pori ac yn troedio.

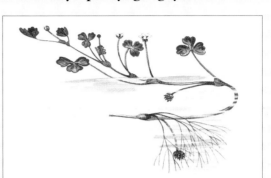

Crafanc y Frân Tridarn (*Ranunculus tripartitus* Three-lobed Water-crowfoot)

Aeth yn blanhigyn prin iawn a gwnaed ymchwiliad manwl o'r sefyllfa gan *Plantlife,* y gymdeithas sy'n gwarchod planhigion, ynghyd â'r Cyngor Gwarchod Natur, yr Ymddiriedolaeth Genedlaethol a'r Cynghorau Sir yn ardaloedd Môn, Penfro, Arfon a Morgannwg. Gwelwyd mai'r prif reswm am leihad y blodyn oedd bod llai a llai o bori gan anifeiliaid trwm. Mae defaid yn rhy ysgafn i gorddi digon ar y pridd.

Aed ati i ailgyflwyno gwartheg ar diroedd corsiog, ac i ailagor pyllau oedd wedi tagu gan dyfiant. Mewn un lle yn Sir Benfro gosodwyd llwybrau cul arbennig i arwain y gwartheg drwy'r tir mwdlyd lle tyfai'r Grafanc. Gweithiodd y cynllun, a rhwng 1999 a 2014 cynyddodd safleodd y blodyn yng Nghymru o 17 i 41. Yn yr hen Sir Gaernarfon, tyfodd y boblogaeth o un planhiyn yn unig yn 2002, i 132 o blanhigion yn 2008.

Esgid Fair (*Cypripedium calceolus* Lady's Slipper Orchid). Efallai mai dyma'r blodyn gwyllt harddaf – a phrinnaf – ym Mhrydain oll. Bellach, mae'n tyfu'n wyllt mewn dim ond un lle 'yng ngogledd Lloegr', ac mae ymdrechion ar droed i'w ailsefydu yn rhai o'i hen safleoedd. Tynwyd y llun yn 1986, a bu raid i mi arwyddo addewid i beidio datgelu'r safle.

GOLWG FANYLACH AR Y PLANHIGYN: EI FFURF, A GWAITH POB RHAN

Yn y llyfr hwn, rydym yn trafod y planhigion blodeuol, a hefyd y conwydd a'r rhedyn. Gelwir y rhain yn blanhigion fasciwlar, hynny yw, yn cynnwys system o bibellau i gario dŵr. Y planhigion di-fascular yw'r mwsosglau, llysiau'r afu, a'r cen, a hefyd yr algau, megis y gwymon – os ydym am eu hystyried hwythau yn blanhigion.

Mae'r conwydd, a rhai planhigion tebyg, yn cynhyrchu hadau 'noeth', hynny yw heb fod yn amaeegedig mewn ffrwyth, a dyna pam y gelwir hwy yn *Gymnospermau*, sef noeth-hadog: does ganddynt ddim blodau. Esblygodd y planhigion blodeuol yn ddiweddarach, ac mae rhyw 250,000 o wahanol rywogaethau ar y ddaear heddiw. Gelwir y rhain yn *Angiospermau*, am eu bod yn cynhyrchu hadau yn amgaeedig mewn carpel. Dyma'r planhigion amlycaf a welwn o'n cwmpas heddiw. Mae llawer o'u llwyddiant i'w briodoli i esblygiad y blodyn, sy'n eu galluogi i ddefnyddio'r gwynt a'r pryfetach (a chreaduriaid eraill ambell dro) i gario'r paill o un blodyn i'r llall.

Datblygodd y planhigion blodeuol yn gynnar yn y cyfnod Cretasig, a heddiw, dyma'r

Dyma enghraifft ddigon cyffredin o blanhigyn blodeuol, gyda'r coesyn, y dail a'r blodau yn hollol amlwg, ac mae'n profiad yn ein sicrhau fod yna wreiddyn yn y pridd. Bysedd y Cŵn (*Digitalis purpurea* Foxglove). Ffurf gyda blodau gwyn. Y Fflint, 1991

planhigion amlycaf a mwyaf llwyddiannus yn y byd. Y mae bywyd a pharhad dyn yn dibynnu arnynt. Oddi wrthynt y daw ei fwyd, un ai'n uniongyrchol drwy gnydau amaethyddol, neu'n anuniongyrchol drwy ei anifeiliaid. Y planhigion blodeuol sydd hefyd yn gyfrifol am y deunydd crai ar gyfer adeiladau o bob math, yn ogystal â chynhyrchu ugeiniau o ddeunyddiau, o bapur i blastig ac o sbeisys i feddyginiaethau – mae'r rhestr bron yn ddiddiwedd. A beth am greu'r tirwedd, a chynefin i anifeiliaid, heb sôn am y blodau yn ein gerddi?

Datblygodd y planhigion blodeuol nid yn unig flodau hynod o gymhleth ar gyfer atgynhyrchu, ond hefyd gelloedd arbenig iawn ar gyfer tyfiant – meddyliwch am gryfder y coedydd talaf, a'r cynllun pibellau i gario dŵr o'r pridd i'r dail. Mae amrywiaeth y gwahanol blanhigion blodeuol yn eithriadol, a gallant fyw mewn pob math o gynefin, o'r llyn i'r anialwch, o'r glaswelltir i'r goedwig, o'r arfordir i ben y mynydd ac o'r trofannau i'r pegynau.

Yn wahanol i'r anifeiliaid, gall y planhigion wneud eu bwyd eu hunain, ond gyda'r un nod, sef byw'n ddigon hir i adael epil, a throsglwyddo eu genynnau i'r genhedlaeth nesaf. Credir fod bywyd wedi cychwyn yn y môr, a bod y planhigion wedi esblygu o'r algau cyntefig yno. Yn draddodiadol ystyrid yr algau fel rhaniad o'r planhigion, ond heddiw, dosberthir yr algau a'r gwir blanhigion (neu'r planhigion uwch) ar wahân i'w gilydd. Roedd y planhigion cyntaf a ddaeth i fyw ar y tir, yn dibynnu'n drwm ar ddŵr, ac yn byw mewn lleoedd gwlyb, ond mae'r planhigion blodeuol wedi dysgu byw ar dir sych. Felly, mae cael dŵr i mewn i'r gwraidd, ac o'r gwraidd i'r dail yn hollbwysig. Mae gan y planhigion mwyaf, sef y llwyni a'r coed, fonyn neu goesyn o bren sydd nid yn unig yn gallu cynnal y planhigyn ei hun, ond hefyd yn llawn pibellau mân sy'n cludo'r dŵr i ben y planhigyn. Yn achos rhai o'r coed talaf, gall hyn fod yn rhai cannoedd o droedfeddi.

Llun planhigyn

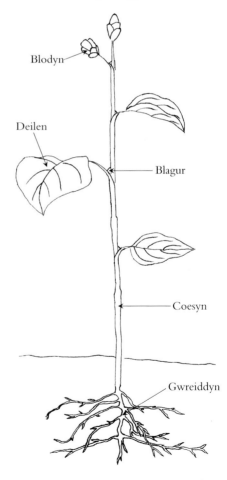

Blodyn

Deilen

Blagur

Coesyn

Gwreiddyn

Prif rannau'r planhigyn blodeuol

Y Gwraidd

Dyma'r gwreiddiau'n cyfarch y dail:

> Ond aros, aros a wnawn ni
> Er cilio'n llwyr o'ch tegwch chwi,
> A'ch ymffrost ffôl
> Ar faes a dôl.
> Fe drengai'r pren pe trengem ni.
>
> I D Hooson

Gwaith y gwraidd yw sugno dŵr a mwynau o'r pridd, ac angori'r planhigyn yn y ddaear. Hefyd, mae rhai gwreiddiau yn chwyddo ac yn storio bwyd, fel yn y Moron a Dant-y-llew. Mae'r Eiddew (Iorwg) yn dringo trwy ddefnyddio gwreiddiau sy'n tyfu o'r coesyn.

Mae gwreiddiau llawer iawn (y rhan fwyaf efallai) o blanhigion yn ffurfio perthynas â ffwng yn y pridd, a elwir yn **mycorhisa** (*mycorrhiza*). Mae'r ffwng yn derbyn maeth o wraidd y planhigyn, tra bo'r planhigyn ei hun yn manteisio ar allu'r ffwng i amsugno hylifau o'r pridd. Dyma enghraifft o symbiosis, sef perthynas rhwng dau wahanol organeb lle mae'r ddwy yn manteisio ar ei gilydd.

Y Coesyn

Fel arfer, mae'r coesyn yn tyfu ar i fyny, gan gynnal y dail a'r blodau yn yr awyr. Mae'n cario dŵr i fyny o'r gwraidd a bwyd (siwgwr) i lawr o'r dail. Fel rheol mae'r coesyn yn rhannu'n ganghennau. Mewn rhai planhigion, megis y Mefus, mae'r coesyn yn ymgripio dros wyneb y pridd, ac mewn eraill yn tyfu o dan yr

Yr Efwr (*Heracleum sphondylium* Hogweed) i ddangos y gwreddiau. Mae'r ffon yn un fetr o hyd·

wyneb ar ffurf rhisom, fel yn y Marchwellt (Couch-grass). Mae'r tatws yr ydym yn eu bwyta hefyd yn ffurf o goesyn sy'n storio bwyd o dan y pridd. Gwelwn felly y defnyddir y coesyn gan lawer o blanhigion fel ffordd o atgenhedliad llystyfol (*vegetative reproduction*). Mae'r Moresg ar y twyni tywod yn enghraifft arbennig o lwyddiannus.

Y Dail

Dyma'r rhannau o'r planhigyn sy'n gwneud y bwyd, drwy gyfrwng ffotosynthesis, gan ddefnyddio egni'r haul i wneud siwgwr o'r carbon deuocsid yn yr awyr a'r dŵr o'r pridd – y broses bwysicaf ar wyneb y ddaear, sy'n cynnal bywyd, nid yn unig bywyd y planhigion ond hefyd yr anifeiliaid sy'n dibynnu arnynt. Fel rhan o'r broses, mae'r dail yn rhyddhau ocsigen, sydd, wrth gwrs, yn gwbl angenrheidiol i fywyd y mwyafrif o bethau byw. Mae gan y dail y nodweddion angenrheidiol ar gyfer y gwaith, sef croen neu epidermis allanol, gyda nifer o fân dyllau, y stomata, sy'n caniatáu i'r carbon deuocsid a'r ocsigen symud i mewn ac allan o'r ddeilen, ynghyd â'r pibellau sylem (*xylem*) i gario dŵr i mewn i'r ddeilen, a ffloem (*phloem*) i gludo'r siwgwr o'r ddeilen. Hefyd, mae'r dail yn rhyddhau anwedd dŵr (*water vapour*) i'r awyr, ac mae hyn yn bennaf gyfrifol am dynnu'r dŵr i fyny drwy'r coesyn yn y pibellau mân.

Dail y Fasarnen – yn ffurfio patrwm i gymryd y fantais fwyaf o oleuni'r haul. Rhes-y-cae, Sir Fflint, 1993

Ffotosynthesis

Er nad ydym yn trafod ffisioleg fel y cyfryw yn y llyfr hwn, efallai y dylem ddweud gair neu ddau am ffotosynthesis, gan ei fod yn gwbl allweddol i'r rhan fwyaf o fywyd ar y ddaear.

Dyma'r broses lle mae planhigion gwyrdd yn gwneud carbohydrad (*siwgwr*) o garbon deuocsid o'r awyr, a dŵr, gydag egni o oleuni'r haul. Gellir crynhoi'r weithred fel hyn ond rhaid pwysleisio fod y manylion yn eithriadol o gymhleth.

carbon deuocsid   dŵr   goleuni   glwcos   ocsigen

$$6CO_2 \ + \ 6H_2O \longrightarrow \ C_6H_{12}O_6 \ + \ 6O_6$$

Craidd y broses yw'r cloroffyl, y pigment gwyrdd yn y dail, sy'n digwydd fel nifer o gloroplastau yn y celloedd, rhyw 20 i 30 neu fwy ym mhob cell. Mae gan y cloroplastau eu DNA, ac maent yn gallu gwneud eu protein eu hunain. Mae dau fath o gloroffyl, cloroffyl **a** a cloroffyl **b,** yn ogystal â'r pigment caroten. Maent yn amgusno'r lliwiau coch a glas yn bennaf, yn hytrach na'r lliw gwyrdd, a dyna pam fod y cloroffyl yn ymddangos yn wyrdd i ni.

Mae dau gam pwysig mewn ffotosynthesis:

Cam 1

Mae golau'n taro'r cloroffyl ac yn cynhyrchu *adenosine triphosphate*, ATP, ynghyd â'r ensym NADPH. Un canlyniad yw bod y moleciwlau dŵr yn cael eu hollti, gan ryddhau ocsigen sy'n dianc o'r ddeilen drwy'r tyllau bach, y stomata. Dyma ffynhonnell yr ocsigen sydd yn yr awyr o'n cwmpas, ac sydd mor hanfodol i fywyd ar y ddaear.

Cam 2

Dyma'r gyfres o adweithiau cymhleth a elwir yn Gylchred Calvin (a ddehonglwyd gan yr Americanwr Melvin Calvin a'i gydweithwyr yn y 1950au). Canlyniad yr adweithiau hyn yw rhydwythiad (*reduction*) y carbon deuosid, gan greu siwgwr (*glucose*). Newidir y siwgwr yn startsh bron ar unwaith, fel y gellir ei storio yn y ddeilen, ac yna troir peth yn ôl yn siwgwr i'w drosglwyddo o amgylch y planhigyn. Defnyddir peth o'r siwgwr hefyd i wneud asidau amino a lipidau (brasder) ar gyfer hadau a ffrwythau.

Gwelwn felly fod ffotosynthesis yn cynhyrchu bwyd ac ocsigen, sy'n gwbl angenrheidiol ar gyfer bron i bob math o fywyd ar y ddaear. Mae'n anodd gorbwysleisio ei bwysigrwydd.

Planhigion sy'n dringo

Mae llawer o blanhigion yn dringo dros blanhigion eraill, a thrwy hynny'n codi'r dail a'r blodau'n uwch a'u gosod mewn gwell safle – mwy o olau i'r dail, a'r blodau yn debycach o gael eu peillio. Mae rhai, fel y Gwyddfid (Honeysuckle), Hopys (Hop) a'r Taglys (Bindweed) yn plethu eu coesyn o gwmpas planhigyn arall. Mae gan amryw o deulu'r Pys linynnau main, y tendriliau, sef dail wedi eu haddasu i afael mewn planhigion eraill trwy glymu amdanynt. Mae gan lawer o deulu'r Rhosyn a'r Mwyar bigau ffyrnig sydd nid yn unig yn eu hamddiffin rhag anifeiliaid a allai eu bwyta, ond hefyd o fantais amlwg wrth iddynt ymgripio dros blanhigion eraill. Gwyddom i gyd am un arall o blanhigion y gwrych, sef Llau'r Offeiriad (*Galium aparine* Goosegrass neu Cleavers) sy'n gafael mor effeithiol yn ein dillad. Mae gan yr Eiddew (neu'r Iorwg) gynllun gwahanol, sef gwreiddiau bychain yn tyfu allan o'r coesyn, ac yn gafael mewn bonyn coeden neu mewn wal yn effeithiol iawn.

Mae'r Eiddew (Iorwg) yn dringo ar goed neu ar gerrig, trwy ddefnyddio gwreiddiau bychain ar y coesyn. Arfordir Sir Forgannwg, 1998

Gyda llaw, nid pawb sy'n sylweddoli fod Darwin nid yn unig yn swolegydd o'r radd flaenaf, ond hefyd yn fotanegydd amlwg a galluog, a ysgrifennodd chwech o lyfrau sylweddol am blanhigion. Un ohonynt yw *The Movement and Habits of Climbing Plants* sy'n disgrifio pob math o arbrofion diddorol a wnaeth Darwin ei hun yn y maes deniadol hwn.

Dringwr enwog yw'r Gwyddfid (*Lonicera periclymenum* Honeysuckle). Dyma goesyn wedi corddeddu'n eithafol. Llyn Helyg, Sir Fflint, Hydref 1995

Y Blodyn

Gellir honni mai'r blodyn yw rhan bwysicaf y planhigyn, ac mae'n siwr mai dyna pam y byddwn (yn Gymraeg ac yn Saesneg) yn defnyddio'r gair blodyn (*flower*) wrth gyfeirio at y planhigyn cyfan. Mae gan y blodyn un swydd, ac un swydd yn unig, sy'n hollbwysig, sef cynhyrchu hadau ar gyfer atgynhyrchu neu epilio. Gweithred rywiol yw hon, yn gwbl wahanol i'r dulliau eraill o atgynhyrchu gan rannau eraill y planhigyn.

Prif bwrpas y blodyn yw cynhyrchu'r celloedd rhywiol, y gametau (*gametes*), sef y celloedd gwrywaidd yn y paill a'r celloedd benywaidd yn yr ofwl (*ovule*). Uniad y celloedd hyn yw frwythloniad (*fertilisation*).

Ar ôl cael ei ffrwythloni mae'r ofwl yn datblygu'n hedyn.

Llun y blodyn: Ranunculus

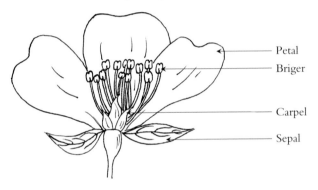

Petal

Briger

Carpel

Sepal

Mae'r amrywiaeth rhwng y gwahanol flodau bron yn ddiderfyn, ond gellir crybwyll y prif rannau, a'u swyddogaeth, drwy ddefnyddio'r Blodyn Ymenyn, sydd mor gyfarwydd, fel esiampl. Mae rhannau'r blodyn wedi eu trefnu mewn cylchoedd. Y cylch allanol yw'r calycs (*calyx*), sef pum sepal gwyrdd. Mae'r rhain yn cau am y blagur (*flower bud*) a'i amddiffyn cyn iddo agor. Yr ail gylch yw'r corola (*corolla*). Dyma'r petalau. Yn y Blodyn Ymenyn mae pump o rai mawr, melyn, sy'n tynnu ein sylw ni, a sylw y pryfetach sy'n ymweld â'r blodyn. Y trydydd cylch yw'r andreciwm, gyda rhyw hanner cant o frigerau (*stamens*), pob un gyda choes fain, y ffilament, a'r anther ar ei flaen, lle mae'r paill yn ffurfio. Yng nghanol y blodyn mae'r pedwerydd cylch, y gyneciwm, sef swp clos o ryw ddeg ar hugain neu fwy o ffurfiau bach gwyrdd, bron fel wyau. Carpel yw pob un o'r rhain, gyda'r rhan isaf yn cynnwys un ofwl (*ovule*) a fydd yn datblygu i fod yn hedyn, a'r rhan uchaf ar ffurf pigyn bach cam, y stigma, lle derbynnir y gronynnau paill o flodyn arall pan gaiff y blodyn ei beillio.

Peilliad (*Pollination*)

Hanfod atgynhyrchiad rhywiol (*sexual reproduction*) yw ffurfio unigolyn newydd drwy uniad dwy gell arbenig, y gametau (*gametes*), sy'n cynnwys y cyfarwyddiadau genetig.

Y dasg fawr yw cael y gamet gwrywaidd a'r gamet benywaidd at ei gilydd. Mae anifeiliaid yn gallu symud o gwmpas i hwyluso hyn, ond beth am y planhigion, sydd wedi eu gwreiddio mewn un lle?

Gadewch i ni gychwyn gyda'r paill. Mae'r gronynnau paill yn datblygu tu mewn i'r anther, ar ben y briger. Mae'r broses yn gymhleth, gan gynnwys y cam hollbwysig a elwir yn **meiosis**. Yma, mae celloedd yn rhannu'n ddwy, gan haneru nifer y cromosomau yn y celloedd newydd. Mae hyn yn wahanol i'r hyn sy'n digwydd mewn celloedd arferol mewn planhigion ac anifeiliaid, sef **mitosis.** Ceir mwy o fanylion yn y bennod nesaf.

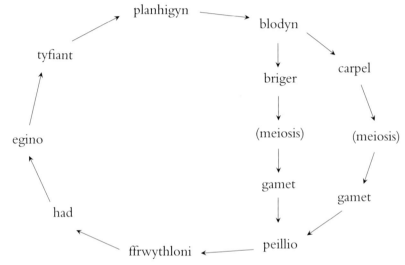

Trown yn awr at ran fenywaidd y blodyn, y **carpel**. Mae'r manylion yn amrywio'n fawr o un rhywogaeth i'r llall, ond mae'r egwyddor yr debyg ym mhob un. Rhan isaf y carpel yw'r **wyfa** (*ovary*) sy'n cynnwys un **ofwl** (*ovule*) neu ragor. Ar ben yr wyfa mae coesyn, neu **golofnig**, gyda **stigma** ar ei frig. Tu mewn i'r ofwl mae'r broses o haneru nifer y cromosomau yn digwydd eto, gan ffurfio'r gell fenywaidd, yr wy, sy'n haploid. Eto, mae'r manylion yn gymhleth.

Pan gaiff y blodyn ei beillio, a phan fo gronyn paill yn cyrraedd y stigma mae'n amsugno dŵr ac yn dechrau tyfu. Mae'n ffurfio tiwb main sy'n gwthio'i ffordd i lawr drwy'r golofnig nes cyrraedd yr wyfa. Erbyn hyn mae'r gell wrywaidd wedi rhannu, gan ffurfio dau gamet gwrywaidd. Yn yr ofwl, mae un o'r rhain yn cyfuno â'r gamet benywaidd, yr wy. Dyma'r broses o **ffrwythloniad** sy'n arwain at ddatblygiad yr hedyn. Mae'r gamet arall yn cyfrannu at ddatblygiad yr endosberm, math o storfa fwyd sy'n faeth i'r egin had.

Yn y rhan fwyaf o blanhigion, ar ôl ffrwythloniad, mae'r blodyn yn gwywo a'r wyfa'n chwyddo i ffurfio'r **ffrwyth,** sy'n cynnwys un neu ragor o hadau.

Sut mae peillio'n digwydd?

Caiff y mwyafrif o blanhigion eu peillio un ai gan y gwynt neu gan bryfed (trychfilod yn bennaf), er bod adar ac anifeiliaid a hyd yn oed malwod yn peillio rhai blodau, a hefyd, ambell dro mae dŵr yn cario paill o flodyn i flodyn.

Peillio gan y gwynt yw'r dull symlaf. Ar dywydd sych, cludir y paill am gryn bellter – cannoedd o filltiroedd weithiau – a chan fod llwyddiant y paill i gyrraedd stigma ar flodyn o'r un rhywogaeth yn dibynnu ar siawns, rhaid cynhyrchu swm enfawr ohono. Mae hyn yn gweithio'n dda i blanhigion fel y gweiriau, a llawer o goed, megis y Dderwen, y Fedwen a'r Gollen, yn ogystal â'r coed conwydd. Gwyddom i gyd am y cymylau o baill yn yr awyr sy'n poeni dioddefwyr clefyd y gwair.

Am ganrifoedd, gwelwyd bod pryfetach, gan gynnwys y gwenyn, yn ymweld â'r blodau, cyn deall bod hyn yn arwain at ffrwythloniad y blodau. Gwelwyd y cysylltiad rhwng y neithdar yn y blodau a'r mêl gan y gwenyn, cyn sylweddoli fod y gwenyn yn cario paill o un blodyn i'r llall, a bod hyn yn arwain at ffrwythloni'r blodyn. Does gan y gronynnau paill eu hunain mo'r gallu i symud, felly mae'r planhigion blodeuol a'r gwenyn wedi cydesblygu er mantais i'w gilydd, gan baratoi bwyd i'r gwenyn, a gwasanaeth, sef peilliad, i'r planhigyn. Felly, mae peillio yn angenrheidiol er mwyn i'r gronynnau paill, sy'n cynnwys y gametau gwryw ddod i gysylltiad â rhan fenywaidd y blodyn er mwyn i ffrwythloniad ddigwydd.

Mae dau fath o beillio:
- **Hunanbeillio**. Mae hyn yn digwydd pan fo'r paill oddi ar anther un blodyn yn cael ei drosglwyddo i stigma yr un blodyn neu flodyn arall ar yr un planhigyn.
- **Croesbeillio**. Dyma sy'n digwydd yn y rhan fwyaf o blanhigion, pan drosglwyddir paill o anther un blodyn i stigma blodyn arall ar blanhigyn arall o'r un rhywogaeth.

A ydi croesbeillio yn fanteisiol?

Mae hunanbeillio yn arwain at fewnfridio ac at leihad yn yr amrywiaeth yn y boblogaeth. Mae croesbeillio yn arwain at groesffrwythloni, a mwy o amrywiaeth genetig, ac felly yn gosod sylfaen ehangach ar gyfer esblygiad.

Bu Charles Darwin yn ymddiddori yn hyn a bu'n arbrofi am 37 mlynedd cyn cyhoeddi ei gyfrol *The Effects of Cross and Self Fertilisation in the Vegetable Kingdom*. Gwelodd, er enghrhaifft, fod Ffa'r Gerddi (*Vicia faba* Broad Bean) oedd yn cael eu peillio gan bryfed yn y ffordd arferol yn cynhyrchu tua phedair gwaith mwy o hadau na'r rhai a orchuddiwyd gan rwyd i rwystro pryfed rhag eu peillio, ac felly'n dibynu ar hunanbeilliad. Fodd bynnag, gellir gofyn ymhellach, pa faint o'r gwahanol hadau sy'n aeddfedu, ac yn datblygu'n blanhigion newydd, gyda hadau hyfyw yn eu tro. Arbrofodd Darwin gyda Bresych, a gwelodd fod y rhai a dyfwyd o hadau a ffurfiwyd drwy groesbeillio bron ddeg gwaith trymach na'r rhai a dyfwyd o hadau a ffurfiwyd drwy hunanbeillio (Fritsch & Salisbury, 1948). Mae'r sefyllfa'n un gymhleth: gweler hefyd Procter, Yeo & Lack, 1996.

Nodweddion gwahanol flodau: (yn rhannol ar sail *Understanding Flowers and Flowering* gan Beverley Glover, 2014, O.U.P.)

Blodau a beillir gan y gwynt:

1. Ar y cyfan delir y blodau yn uwch na'r planhigion eraill o'u cwmpas, ac maent yn aml yn pendilio fel y cynffonau ŵyn bach, fel bo'r gwynt yn debycach o'u cyrraedd.
2. Mae blodau unrhywiol (gwrywaidd neu fenywaidd) mewn rhai planhigion.
3. Mae'r petalau a'r sepalau fel arfer yn fychan neu'n absennol.
4. Mae'r blodau yn fach, a braidd yn ddisylw, ac fel arfer yn wyrdd.
5. Does ganddynt ddim aroglau.
6. Mae'r antherau yn hongian y tu allan i'r blodyn.
7. Mae stigma mawr, pluog y tu allan i'r blodyn.
8. Cynhyrchir llawer o baill mân, llyfn, ysgafn.

Enghreifftiau: Derw, Cyll, Bresych y Cŵn (*Mercurialis perennis* Dog's Mercury), ac wrth gwrs, y gweiriau.

Y Gwynt sy'n peillio'r coed Pinwydd. Sylwch ar y 'blodau' (y conau) gwrywaidd yn llawn paill lliw oren. Llangollen, Mehefin 1979

Does dim angen blodau mawr, lliwgar i ddenu pryfetach mewn planhigion a beillir gan y gwynt. Dyma flodau'r Dderwen. Coedfa Westonbirt, Ebrill, 1987

Blodau a beillir gan greaduriaid:

Amcan yr anifail wrth ymweld â'r blodau yw cael bwyd, sef naill ai neithdar (siwgwr) neu'r paill ei hun, neu'r ddau. Yn anfwriadol, mae gronynnau paill yn cael eu trosglwyddo o'r brigerau i'w corff (eu pen yn aml), ac oddi ar eu corff i'r stigma.

Y prif anifeiliaid sy'n cario paill fel hyn yw'r pryfetach (trychfilod), adar, ac ystlumod, a'r gred yw bod y planhigion a'r anifeiliaid un ai wedi cydesblygu neu bod y planhigion wedi datblygu'r nodweddion blodeuol sy'n debycaf o ddenu math arbennig o greaduriaid. Dyma'u nodweddion:

1. Mae'r blodau yn amlwg a gweladwy, gyda phetalau lliwgar.
2. Mae ganddynt aroglau.
3. Mae'r antherau y tu mewn i'r blodyn.
4. Mae'r stigma y tu mewn i'r blodyn.
5. Cynhyrchir ychydig o baill, gludiog.

Peilliad gan chwilod (*beetles*)

Credir mai dyma'r math o beilliad a welwyd yn y planhigion blodeuol cyntaf, a bod y chwilod wedi arfer bwyta paill y conwydd cynnar hyd yn oed cyn hynny. Gwyddom hyn gan fod paill wedi ei ddarganfod tu mewn i gyrff chwilod wedi eu ffosileiddio. Mae gallu chwilod i weld lliwiau yn wael, ond mae ganddynt synnwyr aroglau da iawn. Mae gan y blodau aroglau, ac mae'r petalau yn aml yn wyn. Mae ffurf y blodau yn agored ar siâp basn neu fowlen, gyda digon o neithdar melys a digon o baill. Enghraifft: Rhosyn Gwyllt.

Dyma flodau mawr, agored, lliwgar y Rhosyn Gwyllt (*Rosa mollis*) sy'n dennu pryfed mân o bob math. Licswm, Sir Fflint

Peilliad gan wybed (clêr)

Mae cryn amrywiaeth yma. Ceir gwybed yn hedfan bron drwy'r flwyddyn, felly mae planhigion sy'n blodeuo ar amser anghyffredin o'r flwyddyn yn dueddol o ddibynnu ar y gwybed. Mae'r blodau yn aml yn wyn neu'n felyn, a does fawr o aroglau arnynt. Nid yw'r gwybed yn bwydo eu hepil, ac maent yn ysgafnach na'r rhan fwyaf o'r trychfilod eraill; ac felly gallant fyw ar ychydig o fwyd, a dim ond ychydig o neithdar sydd gan y blodau a beillir ganddynt.
Enghreifftiau: Llawer o deulu'r Blodyn Menyn (*Ranunculaceae*), Eiddew (*Iorwg*), Creulys (*Groundsel*), llawer o deulu'r Moron (*Umbelliferae*).

Peilliad gan wenyn

Dyma'r peillwyr pwysig, yn arbenigo ar fwydo ar neithdar ac ar baill. Mae'r gwenyn yn greaduriaid cymharol fawr, ac maent yn bwydo eu hepil, y larfâu; felly y mae arnynt angen llawer o egni, ac mae gan rai ohonynt beillgodau (*pollen baskets*) ar eu coesau ôl i gario llwythi o'r paill. Oherwydd hyn, mae'r blodau yn weddol fawr gyda 'llwyfan' i gynnal pwysau'r gwenyn. Weithiau mae'r blodyn ar ffurf tiwb neu ryw ffurf lle mae'n rhaid i'r wenynen wthio'i ffordd i mewn at y neithdar. Gall hyn rwystro creaduriad bach eraill rhag dwyn y neithdar. Gall y gwenyn weld lliwiau uwchfioled, glas a melyn yn glir, ond ni allant weld coch, sy'n ymddangos yn llwydwyrdd iddynt, ac mae mwyafrif y blodau a beillir gan y gwenyn yn las neu'n felyn. Yn yr ychydig flodau coch a beillir gan y gwenyn, dangoswyd fod yna bigmentau sy'n amsugno ac addasu'r lliw coch, a'i wneud yn amlycach i'r wenynen. Mae gan lawer o'r blodau linellau neu gyfeirnodau ar y petalau i arwain y gwenyn at y neithdar (*nectar guides*). Enghreifftiau: Bysedd y Cŵn (*Dactylis glomerata* Foxglove), Trwyn-y-llo (*Antirrhinum majus* Snapdragon).

Peilliad gan löynnod byw

Yn wahanol i'r gwenyn, nid yw'r glöynnod yn bwydo eu hepil, y lindys, ac felly does dim angen cymaint o egni arnynt. Mae ganddynt dafod hir, ar ffurf tiwb, cymaint â 2cm gan rai, i sugno neithdar o'r blodau. Does gan y glöynnod byw fawr o allu i arogli, ac ychydig o aroglau sydd gan lawer o'r blodau a beillir ganddynt. Ond gallant weld y lliw coch yn glir, ac mae'r blodau sy'n eu denu, yn aml yn goch neu'n felyn gyda lliwiau cryf.

Y Fantell Goch (Red Admiral) ar flodau *Sedum spectabile,* sy'n enwog am ddenu glöynnod. Gardd yr awdur, Medi 2003

Enghreifftiau: Y Gynffon Las (*Buddleja*), Cribau'r Pannwr (*Dipsacus* Teasel), Chwerwlys yr Eithin (*Teucrium scorodonia* Wood Sage) a llawer o deulu Llygad y Dydd (*Asteraceae / Compositae*) megis yr Ysgall.

Peilliad gan wyfynod

Yn wahanol i'r glöynnod, mae llawer o'r gwyfynod yn hedfan yn ystod y nos, a hefyd maent yn dueddol i hofran o flaen y blodyn yn hytrach na glanio arno. Yn ogystal, mae corff llawer o'r gwyfynod yn drymach na chorff y glöynnod byw, ac felly mae angen llawer o egni ar y gwyfynod, ac mae blodau a beillir ganddynt yn cynhyrchu llawer o neithdar. Nodweddion y blodau hyn ydyw eu bod yn agor ac yn

Gwyddfid (*Lonicera* Honeysuckle)

cynhyrchu aroglau yn y nos, a bod eu neithdar yng ngwaelod tiwb hir – mae 'tafod' (*proboscis*) y gwyfynod yn eithriadol o hir. Mae llawer o'r blodau yn wyn neu'n felyn golau, ac felly'n haws i'w gweld mewn golau gwan.

Yr enghraifft glasurol yw'r Gwyddfid (*Lonicera* Honeysuckle).

Peilliad gan adar

Does dim blodau a beillir gan adar ym Mhrydain, ond mae llawer yn y gwledydd trofannol, yn ogystal ag mewn rhai rhannau tymherus o'r byd.

Y prif aderyn sy'n peillio blodau yw Aderyn y Si (*Hummingbird*).

Dyma un o ryfeddodau enwocaf byd natur. Bu bron i mi ddweud 'un o ryfeddodau *mawr*', ond go brin mai dyna'r ansoddair gorau ar gyfer creadur sy'n gallu bod yn ddim ond rhyw ddwy fodfedd o hyd ac yn pwyso 2 gram. Y mae dros 300 o wahanol rywogaethau, yn bennaf o Dde America. Y tro cyntaf i mi weld un o Adar y Si oedd yn Alaska, flynyddoedd yn ôl – hwn oedd y Rufous Humming Bird, sy'n gaeafu ym Mexico ac yn ymfudo bob cam i Alaska yn yr haf i fagu ei gywion – rhyfeddod yn wir.

Mae Aderyn y Si yn gallu hofran o flaen blodyn drwy guro ei adenydd yn anhygoel o gyflym ac ymestyn ei dafod hir i sugno neithdar. Mae'r blodau yn aml ar ffurf tiwb, gweddol fyr a llydan, ac yn cynnwys llawer iawn o neithdar. Mae gan adar y gallu i weld lliw coch yn glir, a dyna yw lliw y mwyafrif o'r blodau sy'n eu denu, ond mae synwyr arogli adar yn wael, a dyw aroglau ddim yn bwysig iddynt. Adar eraill sy'n peillio blodau yw Sunbirds yn Asia a'r Honeyeaters yn Awstralia.

Enghreifftiau: Ffiwsia (Fuchsia); Poinsetia; Llysiau'r Poen (Passion Flower).

Peilliad gan ystlumod

Dim ond yn y trofannau y mae ystlumod yn peillio blodau, ond mae'n digwydd ar sawl cyfandir. Mae gweld manylion y peillio gan ystlumod yn anodd, gan ei fod yn digwydd yn bennaf ym mrigau coed tal a hynny yn y cyfnos neu yn y nos. Dyma rai o nodweddion y blodau:

Blodau mawr, cryfion, yn agor yn hwyr y dydd

Lliw golau; gwyn neu liw hufen yn aml

Dim ond am un noson mae'r blodau'n agor

Aroglau cryf, yn aml yn annymunol i ni

Llawer o neithdar ac o baill

Enghraifft: llawer o flodau'r Cacti.

Dyma rai dulliau o hyrwyddo croesbeilliad:

1. Y rhannau gwrywaidd a benywaidd o'r blodyn yn aeddfedu ar amser gwahanol, e.e. Dant-y-llew a'r Helyglys Hardd (*Chamerion angustifolium* Rosebay Willowherb) lle mae'r antherau yn aeddfedu o flaen y carpelau. Yn y Gwrnerth (*Scrophularia nodosa* Common Figwort) mae'r gwrthwyneb yn digwydd, a'r carpelau'n aeddfedu gyntaf.

2. Mewn rhai blodau, llawer o deulu'r Pys, er engrhaifft, mae'r paill yn gwrthod datblygu ar y stigma yn yr un blodyn.

3. Er bod y mwyafrif mawr o flodau yn ddeuryw (*hermaphrodite*) gellir cael blodau unrhywiol, gydag antherau yn unig neu garpelau yn unig. Gall hyn ddigwydd ar yr un planhigyn, megis yn y coed Cyll, neu gall y ddau ryw fod ar wahanol blanhigion,

lle mae hunanbeilliad yn amlwg yn gwbl amhosibl, fel yn y coed Helyg a'r
planhigyn cyffredin Bresych y Cŵn (*Mercurialis perennis* Dog's Mercury).

4. Mewn rhai planhigion, megis y Briallu, ceir blodau cyferbyniol gyda safle'r antherau
   a'r stigma yn wahanol ar wahanol blanhigion. Mae hyn yn hyrwyddo croesbeilliad.
   (Gweler y llun)

Llun: Briallu Pin a Thrum

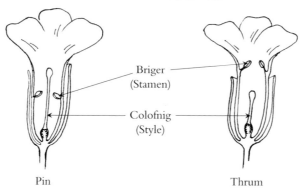

Pin   Thrum

Yn y llwyn Gwifwrnwydden y Gors (*Viburnum opulus* Guelder Rose) mae'r
blodau'n tyfu mewn clystyrau. Yng nghanol y clwstwr mae'r blodau bach, ffrwythlon,
ac o'u cwmpas, ar gyrion y clwstwr mae'r blodau yn fwy, ond yn anffrwythlon. Mae'r
blodau mawr yn tynnu sylw'r pryfetach, a'r rheini yn eu tro yn peillio'r blodau bach
yn y canol.

Gwifwrnwydden y Gors (*Viburnum opulus* Guelder Rose). Mae'r blodau mawr ar ymylon y clwstwr yn
denu'r pryfed, a hwythau wedyn yn peillio'r blodau bach yn y canol.

Rhyfeddod y Tegeirianau

Mae gan y gwahanol flodau bob math o ddulliau i
hyrwyddo croesbeilliad, a'r rhyfeddaf i'n golwg ni yw'r
ffordd y mae rhai o'r tegeirianau yn dynwared y fenyw o
ryw bryfyn, gan ddenu'r pryf gwryw i geisio cyplu â'r
blodyn. Wrth wneud hyn, mae'r gwryw, yn ddiarwybod,
yn codi paill o'r blodyn ac yna yn peillio rhyw flodyn
arall. Dyma enghraifft o ddynwarededd (*mimicry*), ond
sy'n dra gwahanol i'r hyn a welir pan mae un creadur
(pryf yn aml) sy'n ddiniwed, yn dynwared un arall sy'n
beryglus mewn rhyw ffordd (*Batesian mimicry*), a thrwy
hynny yn osgoi cael ei fwyta gan reibiwr.

Gan ei fod yn edrych yn
debyg i wenynen, mae
blodyn Tegeirian y Gwenyn
(*Ophrys apifera* Bee Orchid)
yn denu gwenyn go iawn.
Bodfari, ger Dinbych, 1969

Ond yn ôl at y tegeirianau. Mae hyn yn digwydd
mewn dwy enghraifft ym Mhrydain. Yr enwocaf yw
Tegeirian y Gwenyn (*Ophrys apifera* Bee Orchid) a'r llall
yw Tegeirian y Clêr (*Ophrys insectifera* Fly Orchid). Yn
Nhegeirian y Gwenyn mae'r blodyn yn debyg i'r Cacwn neu'r *Bumble-bee*
(gwaetha'r modd, does dim cytundeb ar yr enwau Cymraeg am *Bees, Wasps* a
Bumble-bees), ac mae peth tystiolaeth fod rhai o'r creaduriad hyn yn cael eu denu at
y blodau, ond yma yng ngwledyd Prydain, hunanbeillio sy'n digwydd fel arfer.

Yn Nhegeirian y Clêr mae'r blodyn yn dynwared ac yn denu mathau o'r
pryfed, y gwenyn meirch unigol (*solitary wasps* – cacwn meirch neu'r picwns), ac
mae canran o'r rhain yn llwyddo i groesbeillio rhai o'r planhigion. Nid lliwiau a
ffurf y blodau yn unig sy'n denu'r pryfed, ond mae'r *Ophrys* yn cynhyrchu aroglau
tebyg iawn i rai'r pryfed eu hunain, a chredir mai cyfuniad o'r lliwiau a'r
arogleuon sy'n denu'r pryfed (y trychfilod) at y blodau.

Mae'r ddwy rywogaeth o'r tegeirianau yn tyfu yng Nghymru. Mae Tegeirian y
Gwenyn yn digwydd yma ac acw ar y garreg galch yn siroedd y gogledd a'r de, ac
yn ymddangos braidd yn ysbeidiol o flwyddyn i flwyddyn. Mae'n blanhigyn
diddorol a thrawiadol iawn – rydw i'n dal i gofio'r wefr o weld un am y tro
cyntaf, flynyddoedd lawer yn ôl. Mae Tegeirian y Clêr yn
llawer prinnach, a bellach, eich unig obaith i'w weld yw ar
un o'r gwarchodfeydd natur yn Sir Fôn. Yn anffodus,
deallaf ei fod bellach wedi diflannu o Sir Fynwy.

Charles Darwin. Llun:
Llyfrgell Seland Newydd

Wyddech chi fod gan Charles Darwin ddiddordeb
arbennig yn y tegeirianau, ac yn fwyaf arbennig yn eu dull
o beillio? Yn wir, fe sgrifennodd lyfr cyfan ar y pwnc, a
dyma'i deitl yn llawn: *The Various Contrivances by which
Orchids are Fertilized by Insects* (1862). Gyda llaw, doedd

Darwin ddim yn gwahaniaethu rhwng peillio (*pollination*) a ffrwythloni (*fertilisation*). Soniaf yn unig am un sylw ganddo. Wrth drafod Tegeirian Coch y Gwanwyn (*Orchis mascula* Early-purple Orchid), planhigyn cyffredin yn ein coedydd ac ar laswelltir calchog, mae Darwin yn egluro y gellir dynwared pryfyn sy'n ymweld â'r blodyn drwy ddefnyddio blaen pensel. Pan mae'r pryfyn, sef un o wahanol fathau o wenyn, yn gwthio'i ben i flodyn y tegeirian, mae un neu'r ddau o'r polinia (sy'n cynnwys y paill) yn dod yn rhydd o'r blodyn, ac yn glynu'n sownd ym mhen y pryf. Ar y cyntaf mae'r poliniwm yn sefyll yn syth ar ben y pryf, ond yna, mewn llai na munud, mae'n plygu drwy 90°, gan wyro ymlaen i'r ystum cywir i beillio'r blodyn nesaf yr aiff y pryf ato. Gellir, gydag ychydig o amynedd, ddynwared hyn i gyd gyda blaen pensel. Rwyf wedi llwyddo i wneud hyn gyda nifer o wahanol degeirianau, ond *Orchis mascula,* y Tegeirian Coch sy'n gweithio orau. Rhowch gynnig arni.

Poliniwm o flodyn y Tegeirian yn glynu wrth y bensel. Mae hyn yn dynwared gwaith y gwenyn. Llanymynech, Sir Drefaldwyn, Mai 1992

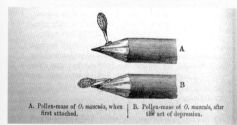

A. Pollen-mass of *O. mascula,* when first attached. | B. Pollen-mass of *O. mascula,* after the act of depression.

Ysgrifennodd Darwin lyfr cyfan ar beilliad a ffrwythloniad y tegeirianau, ac roedd yn gyfarwydd ag arbrawf y bensel. *The Various Contrivances by which Orchids are Fertilised by Insects,* (1904), tud 12

Tegeirian Coch y Gwanwyn (*Orchis mascula* Early-purple Orchid). Gellir dynwared gwaith y gwenyn trwy roi blaen pensel i mewn yn y blodyn. Sir Amwythig, Mai 1998

Y ddwy gerdod wedi glynu wrth wegil y bwyntel. Yn syth ar y cyntaf; ond gwyrant wrth rychu, fel eu gwelir ar y bwyntel isaf.

Cafwyd erthygl yn y 'Cymru Coch' o dan olygyddiaeth O M Edwards, yn disgrifio'r un broses.

Gwasgariad yr Hadau a'r Ffrwythau

Pan gaiff y blodyn ei ffrwythloni gall yr ofwl ddatblygu i ffurfio'r hedyn, a phan ryddheir yr hedyn gall ddatblygu i fod yn blanhigyn newydd. Ond nid yw'r rhan fwyaf yn egino ar unwaith. Os caiff yr hadau eu gwasgaru bydd ganddynt well siawns o ddatblygu, yn hytrach na chystadlu â'r fam blanhigyn am oleuni, dŵr a mwynau. Mae rhai hadau yn ddigon ysgafn i'w cario gan y gwynt. Digwydd hyn yn y tegeirianau, lle mae'r hadau yn fân fel llwch, ond yn y mwyafrif o blanhigion mae'r hadau yn ffurfio y tu mewn i'r **ffrwyth** sydd o'u cwmpas, ac mae'r ffrwyth cyfan, gyda'r hadau y tu mewn iddo yn cael ei wasgaru. Cofiwn fod yr ofiwl yn datblygu'n hedyn, tra bod yr ofari (wyfa) yn datblygu'n ffrwyth.

Mae croen caled (*testa*) o gwmpas yr hedyn, sy'n ei amddiffyn rhag sychu neu rhag cael ei dreulio ar ôl ei fwyta gan anifail. Weithiau, pan fyddwn ni'n trin hadau yn ein gerddi, mae'r croen mor galed ac mor wydn fel bod angen triniaeth go arw cyn y gall yr hedyn egino – triniaeth megis rhewi, socian mewn dŵr, neu ei daro neu ei grafu. Ar ôl cyfnod o gysgadrwydd (*dormancy*), sy'n amrywio'n fawr o un rhywogaeth i'r llall, gall yr hedyn egino, a dechau ar ei daith fel planhigyn newydd. Gwelwn felly fod y ffrwyth yn amddiffyn yr had, ond hefyd, ac yn bwysicach, efallai, yn helpu i'w lledaenu.

Mae rhai ffrwythau yn tyfu'n dew ac yn feddal, gan ddenu anifeiliaid i'w bwyta, megis y Mwyar Duon, a ffrwythau'r Ysgawen a'r Gelynen. Gall yr hadau gael eu bwrw allan yn y carthion a thyfu cryn bellter i ffwrdd. Mae eraill yn ffrwythau sych,

Mae ffrwythau coch Gwifwrnwynen y Gors (*Viburnum opulus* Guelder Rose) yn denu'r adar, sy'n gwasgaru'r hadau. Nannerch, Sir Fflint, Awst 1967

Y gwynt sy'n gwasgaru ffrwythau'r Onnen.

Mae ffrwythau'r Cyngaf Bach (*Arctium minus* Burdock) yn glynu wrth flew anifeiliaid (ac wrth ddillad pobl!). Ein henw ni arnynt ers talwm oedd 'Caci Mwnci'. Martin's Haven, Sir Benfro, Awst 2011

sy'n ffrwydro'n sydyn gan daflu'r hadau allan; gwelir hyn yn yr Eithin a Jac y Neidiwr (*Impatiens glandulifera* Indian Balsam). Ar rai ffrwythau ceir pigau a bachau, fel bod anifeiliaid yn eu cario o gwmpas ar eu ffwr neu ar eu traed. Gwyddom, er enghraifft, am y planhigyn cyffredin Llau'r Offeiriad (*Galium aparine* Cleavers neu Goosegrass) sy'n gafael mor rhwydd yn ein dillad. Mae'r gwynt yn gwasgaru llawer o hadau a ffrwythau, weithiau oherwydd bod ganddynt 'adenydd' fel y Fasarnen a'r Onnen, neu dusw o flew mân fel yr Ysgall a Dant-y-llew. Buom yn sôn am enghreifftiau eraill wrth gyfeirio at y chwyn ym mhennod 7.

Egino

Mae angen ystyried nifer o bethau:

1. Rhaid cael dŵr, i ryddhau'r ensymau sy'n angenrheidiol ar gyfer metab...edd yr hedyn, ac i gludo hylifau o gwmpas.
2. Mae tymheredd addas ar gyfer yr ensymau yn hollbwysig, ond mae'n amrywio yn ôl y rhywogaeth.
3. Er bod ocsigen yn anghenrheidiol ar gyfer tyfiant y planhigyn ifanc, ychydig iawn sydd ei angen ar gyfer y broses o egino; yn wir, ar y cychwyn mae carbon deuocsid yn ei hyrwyddo'n well nag ocsigen (McLean & Cook 1967, tud. 3188).

4. Mae effaith goleuni ar egino eto yn amrywio'n fawr yn ôl y rhywogaeth. Mae goleuni'n angenrheidiol i lawer o'r gweiriau ac i amryw o'r rhywogaethau yn *Epilobium, Oenothera, Ranunculus* a *Hypericum*. ac i rai mathau o letys. I'r gwrthwyneb, mae goleuni yn rhwystro neu yn llesteirio rhai hadau rhag egino, gan gynnwys *Nigella, Lamium amplexicaule* a rhai o'r *Primulaceae* (teulu'r Briallu) (ibid. tud. 3194).

Fel mae'r gwaith o egino yn mynd rhagddo mae'r cyflenwad bwyd yn yr hedyn yn cael ei drawsnewid a'i drosglwyddo i flaenau'r coesyn newydd, sef y cyneginyn (*plumule*) a'r gwraidd newydd, y cynwreiddyn (*radicle*) sy'n tyfu allan o'r hedyn. Mae'n amlwg ei bod yn bwysig i'r coesyn dyfu ar i fyny a'r gwreiddyn ar i lawr. Ond sut mae hyn yn digwydd? Mae planhigion yn gallu ymateb i symbyliad o'r tu allan sy'n dod o gyfeiriad arbennig. Yr enw ar hyn yw **tropedd** (*tropism*). Mae planhigion yn ymateb i oleuni – ffototropedd; dŵr – hydrotropedd; cyffyrddiad – haptotropedd; cemegolion – cemotropedd, ac yn yr achos o dan sylw i rym disgyrchiant, sef geotropedd.

Mae'r planhigyn yn ymateb i rym disgyrchiant trwy ddefnyddio hormonau twf (*growth hormones*), sef cemegolion sy'n cyflymu neu'n arafu tyfiant y planhigyn. Caiff y rhain eu cynhyrchu yn y rhannau o'r planhigyn lle mae tyfiant yn digwydd (e.e. blaenau'r coesyn) ac yna cânt eu trosglwyddo i rannau eraill o'r planhigyn lle mae eu hangen. Mae hormonau twf a elwir yn **awcsinau** (*auxins*) yn cynyddu tyfiant y coesyn trwy wneud i'r celloedd ymestyn, ond mae crynodiad uchel o awcsinau yn llesteirio tyfiant mewn gwreiddiau.

Felly, mewn ymateb i rym disgyrchiant, pan fo'r coesyn a'r gwreiddyn cynnar yn gorwedd yn llorweddol (*horizontal*) yn y pridd, mae'r awcsinau yn symud i ran isaf y coesyn a'r gwreiddyn, gan achosi i'r coesyn dyfu tuag i fyny a'r gwreiddyn i dyfu tuag i lawr.

PENNOD 18

GENETEG a DNA

P am fod hadau maip yn tyfu'n faip, a hadau ysgall yn tyfu'n ysgall? Pam fod eliffantod yn magu eliffantod, brain yn magu brain a phobl yn magu pobl? Pam nad ydi hedyn gwenith weithiau'n tyfu'n goeden afalau neu ddafad ambell dro yn rhoi genedigaeth i gath? Cwestiynau twp? Tybed!

Yr ateb, mewn gair, ydi am fod eu DNA yn eu cyfarwyddo i atgenhedlu eu rhywogaeth, ac mae'r un cyfarwyddiadau yn cael eu trosglwyddo o'r naill genhedlaeth i'r llall.

DNA

Dyma un o eiriau mawr ein hoes ni, a go brin y gallwn osgoi ei oblygiadau mewn llawer cylch o fywyd. Ond beth yw DNA? Go brin fod llawer ohonom fawr callach o ddarllen mai talfyriad yw'r llythrennau o *deoxyribonucleic acid*. Mi fûm i'n pendroni cryn dipyn a ddylid sôn amdano o gwbl mewn llyfr fel hwn sy'n trin a thrafod blodau gwyllt. A allwn ni i gyd fyw bywyd hapus a defnyddiol heb boeni rhyw lawer am yr helics dwbl a'i gyfrinachau? Ond o'r diwedd, wedi cryn betruso, dyma benderfynu rhoi cynnig arni.

Beth, felly, yw DNA? Un diffiniad yw mai dyma'r moleciwl sy'n cario'r wybodaeth enetig yng nghelloedd pob peth byw. Mae ffurf y moleciwl fel ysgol hir wedi ei chordeddu i ffurfio **helics dwbl.** Yn cysylltu'r ddwy ochr megis grisiau'r ysgol mae 4 math o fas gemegol. Dyma adenin (A), cytosin (C), gwanin (G) a thymin (T).

Model o DNA

Mae un pen ohonynt wedi'i gysylltu â'r siwgrau, y llall i'w cydgysylltu bob yn ddau. Mae A bob amser wedi eu cysylltu gyda T (A+T) a C gyda G (C+G). O ganlyniad mae un ochr i'r ysgol yn rhyw fath o adlewyrchiad negatif o'r llall. Gelwir yr uned o fas, siwgr a ffosffad yn **niwcleotid**. Mae'r holl risiau troellog (*spiral staircase*) y tu mewn i gnewyllyn (*nucleus*) y gell.

Y peth hollbwysig yw trefn (*sequence*) y basau ar hyd y moleciwl o DNA. Dyna sy'n cofnodi'r wybodaeth neu'r cyfarwyddyd i drefnu ffurf a thyfiant yr organeb – boed yn anifail neu'n blanhigyn – ac i'w gynnal a'i gadw yn ystod ei fywyd. Gellir cymharu hyn â'r ffordd y mae llythrennau'r wyddor yn cael eu trefnu i wneud geiriau a brawddegau o gyfarwyddyd. Dyma'r **côd genetig**. Mae gwyddor y basau A,T,G a C yn ffurfio 'geiriau' o dair llythyren ar y tro. Y rhain sy'n ffurfio'r côd i gyfarwyddo'r gell i drefnu asidau amino, sef yr unedau sy'n cyfuno i wneud proteinau. Proteinau yw'r ensymau hollbwysig sy'n rheoli bywyd. Nodwedd hanfodol o'r DNA yw ei allu i ddyblygu (*replicate*) neu wneud copïau ohono ei hun. Gall unrhyw un o'r ddwy ochr yn yr helics dwbl weithredu fel patrwm i ddyblygu trefn (*sequence*) y basau. Mae hyn yn hanfodol pan fo celloedd yn ymrannu, gan fod yn rhaid i bob cell newydd gael yn union yr un patrwm o DNA â'r fam gell.

DNA – yr helics dwbl

Gair sydd wedi dod yn gyfarwydd bellach yw **genynnau** (*genes*). Beth yw'r rhain? Ym mhob un o'r miliynau o gelloedd sy'n creu planhigyn neu anifail, mae nifer benodol o gromosomau – 46 yn y corff dynol, 40 mewn coeden gelyn, ac felly ymlaen. Mae pob cromosom yn un moleciwl anferth o DNA, wedi ei lapio yn dynn, gyda genynnau ar ei hyd. Hynny yw, darn penodol o'r DNA yw gennyn, gyda'r côd i gyfarwyddo un cam hanfodol yn y broses o wneud protein neilltuol. Mae oddeutu 20,000 o enynnau yn y 46 cromosom ym mhob cell yn y corff dynol. Mae'r DNA mewn un gell ficrosgopig yn rhyfeddol o hir – tua 1.8 metr. Dywedir bod tua 100 triliwn o gelloedd yn y corff dynol, felly fe welwn fod y DNA yn eithriadol o denau, ac wedi ei bacio yn rhyfeddol o dynn. Dywedir y byddai'r holl DNA mewn un unigolyn yn ymestyn am 112 biliwn o filltiroedd.

Mewn dyn, mae'n debyg mai dim ond rhyw 10% o'r DNA ar hyd y cromosom sy'n 'gweithio' i greu protein, ac am flynyddoedd gelwid y gweddill yn *junk DNA*. Ond mae gwybodaeth yn y maes hwn yn datblygu'n rhyfeddol o gyflym. Bellach deellir fod i'r rhan fwyaf o'r 90% arall bwrpas hysbys neu anhysbys o fewn y gell.

RNA

Wrth i gyfarwyddiadau'r DNA gael eu defnyddio i wneud protein yn y gell, mae cymeriad arall yn chwarae rhan bwysig yn y ddrama. Dyma'r asid riboniwcleig, RNA. Mae hwn yn debyg i DNA, gyda'r 4 bas yn debyg heblaw bod **wracil** yn cymryd lle **thymin**, a ribos yn cymryd lle deocsiribos. Gellir dweud fod yr RNA yn cynorthwyo'r DNA. Mae dau fath ohono yn greiddiol i'r broses. Yn gyntaf yr RNA negeseuol (*messenger RNA* neu *mRNA*). Gwaith hwn yw bod yn gopi dros dro o enyn unigol i'w ddefnyddio fel patrwm (*template*) i wneud protein. Yr ail fath yw'r RNA trosglwyddol (*transfer RNA* neu *tRNA*) sy'n cario asidau amino i gael eu cynnwys yn y protein. Digwydd hyn yn y rhannau o'r gell a elwir yn ribosomau.

Y Genom

Enw ar wybodaeth holl DNA un gell yw'r Genom. Yn ogystal â DNA'r cnewyllyn, mae hefyd gan ddau organyn arall yn y gell eu DNA eu hunain Dyma'r mitocondrion a'r plastid (e.e. y cloroplast gwyrdd); a gellir ystyried fod iddynt hwythau, hefyd, eu genom.

Yng nhelloedd planhigion, felly, mae'r genom mewn tair rhan:
Genom y cnewyllyn:
Mae dros 135 miliwn o'r basau mewn planhigion blodeuol.
Maent yn llinellog (*linear*) ar y cromosomau.
Mae ailgyfuniad (*recombination*) yn digwydd yn ystod atgenhedliad rhywiol.

Genom y cloroplast:
Mae hwn yn llai.
Etifeddir drwy'r fenyw mewn angiosbermau.
Etifeddir drwy'r gwryw mewn gymnosbermau.
Does dim ailgyfuniad.

Genom y mitocondria:
Etifeddir drwy'r fenyw mewn planhigion.
Does dim ailgyfuniad.

Mwtadau (*Mutations*)

Bob hyn a hyn mae camgymeriadau yn digwydd yn y gell. Mae rhywbeth yn newid ym mhatrwm atblygu y niwcleotidau yn y DNA (*replication faults*). Newidiadau yn y genynnau unigol yw'r mwyafrif ond ambell dro caiff cromosom cyfan ei newid, neu hyd yn oed ei golli'n gyfan gwbl. Mae'r rhan fwyaf o'r mwtadau yn niweidiol, mae ambell un yn llesol, a does gan rai ddim effaith o gwbl. Gall atblygiadau llesol fod o fantais, gan gynyddu amrywiadau (*variation*) yn y boblogaeth a thrwy hynny hybu esblygiad. Mwtadau yw defnydd crai esblygiad. Mae'r mwtadau eu hunain yn gwbl ddigyfeiriad, ond mae esblygiad yn digwydd trwy effaith dethol naturiol ar y mwtadau. Yn anaml y mae mwtadau naturiol yn digwydd, ond gellir eu cynyddu gan ymbelydredd (megis pelydr X) a chan ambell gemegyn.

Yn ystod yr ugain mlynedd diwethaf sylweddolwyd fod modd etifeddu rhai newidiadau heb newid trefn y niwcleotidau. Mae goblygiadau meddygol sylweddol i'r epigeneteg yma, ond hefyd mae o bwys i fyd y blodau, er enghraifft, trwy effeithio ar amseroedd blodeuo ac egino.

Un planhigyn albino, heb ddim cloroffyl, mewn nifer o bys gardd arferol

Blodyn Ymenyn Ymlusgol (*Ranunculus repens* Creeping Buttetrcup) gyda nodweddion ffasgellog – coesyn llydan a blodau 'dwbl'. Licswm, Sir Fflint, 1999

Cnydau GM a Pheirianneg Genynnau

Ers blynyddoedd bellach bu trafod a dadlau brwd ynglŷn â'r pwnc hwn, sef y dull o ychwanegu genynnau o un organeb at gromosomau organeb arall, boed yn facteria, yn blanhigyn neu yn anifail.

Mewn planhigion a ddefnyddir fel cnydau ar gyfer bwyd, gall fod sawl pwrpas i'r broses:

Y dadleuon o blaid

- Cynyddu cynnyrch trwy gryfhau tyfiant y planhigyn.
- Gwella gallu cnydau i dyfu mewn cynefinoedd sych neu briddoedd hallt.
- Galluogi planhigion i wrthsefyll chwynladdwyr, er mwyn gallu lladd y chwyn heb ladd y cnwd.
- Cryfhau gallu planhigion i wrthsefyll firysau, bacteria, ffyngoedd a phryfetach.
- Hwyluso marchnata bwyd; er enghraifft, gellir addasu tomatos fel eu bod yn cadw yn hwy ar y silff yn y siop.

Y dadleuon yn erbyn

- Rhyw ymdeimlad o ansicrwydd ynglŷn â moesoldeb neu egwyddor y datblygiadau hyn; a ydym yn 'ceisio bod yn Dduw' trwy gymysgu genynnau ? A oes gennym y gallu i ragweld y pen draw?
- Y perygl o gyflwyno genynnau gwrth-fiotig (*antibiotic resistance markers*) – oedd yn rhan o'r dechnoleg yn y dyddiau cynnar.
- Y posibilrwydd o drosglwyddo genynnau o gnydau GM i mewn i gnydau eraill neu i blanhigion gwyllt. A allai hyn ddigwydd drwy'r paill?

Mae hefyd broblemau gwleidyddol a chymdeithasol. Wrth gynorthwyo'r gwledydd tlawd, sut mae osgoi i'r rheini fynd yn orddibynnol ar y gwledydd cyfoethog ac ar y cwmnïau mawr rhyngwladol?

Ym mis Awst 2015 penderfynodd Senedd yr Alban wahardd cnydau GM yn Yr Alban, a dilynodd Cymru ym mis Hydref. Ond mae anghytundeb mawr yn bodoli, yn arbennig o'r ochr wyddonol. Tybed a oes un ateb cyffredinol i'r sefyllfa, neu a ddylid trafod pob achos unigol ar wahân? A oes tueedd i gynhyrchu gwres yn hytrach na goleuni o'r ddwy ochr?

Mae gwir angen casglu gwybodaeth yn gyntaf ac yna arfer doethineb.

Atgynhyrchiad y Gell: Mitosis a Meiosis

Mitosis

Wrth i greadur neu blanhigyn dyfu mae'r celloedd yn ei gorff yn ymrannu ac yn lluosogi. Mae un yn mynd yn ddwy, a'r ddwy yn derbyn copi manwl o'r wybodaeth enetig. I wneud hyn, mae pob cell sy'n ymrannu yn cyflawni proses gywrain o ddyblygu'r cromosomau, fel bod y celloedd newydd yn cynnwys yr un nifer o gromosomau â'r gell wreiddiol, gyda'r un patrwm o DNA. Mitosis yw'r enw am y math hwn o ymraniad, ac mae'n digwydd yn gyson ym mhob planhigyn ac anifail drwy gydol ei oes. Disgwylir i bob cell yng nghorff pob unigolyn o unrhyw rywogaeth gynnwys yr un nifer o gromosomau, er enghraifft, mae gan ddyn 46 ym mhob cell, Ffa Gardd (*Vicia faba* Broad Bean) 12 ym mhob cell, ac ymlaen.

Meiosis

Mae pob peth sy'n atgynhyrchu'n rhywiol, boed anifail neu blanhigyn, yn cynhyrchu celloedd rhywiol arbennig – y gametau, y sberm a'r wy – sy'n uno yn ystod y broses o ffrwythloni. Er mwyn i'r nifer o gromosomau aros yn gyson o un genhedlaeth i'r nesaf, rhaid i'r gametau, y celloedd rhywiol, gynnwys dim ond hanner y cromosomau sydd yn y celloedd arferol. Yn ystod ffrwythloniad caiff y nifer llawn ei adfer unwaith eto.

Gelwir y celloedd gyda'r nifer llawn o gromosomau yn **ddiploid,** a ddisgrifir fel '2n' gan fod dwy set o gromosomau ym mhob cell, un o bob rhiant. Gelwir y nifer ar ôl ei haneru (yn y gametau) yn **haploid** neu 'n'.

Er mwyn cynnal y patrwm hwn, ceir math arbennig o raniad y gell pan ffurfir y gametau, a elwir yn **feiosis.** Enw arall ar y broses yw ymraniad lleihaol (*reduction division*) am fod nifer y cromosomau yn cael ei leihau i'r hanner. Hefyd – ac mae hyn yn hollbwysig – yn ystod meiosis ceir ad-drefnu'r DNA yn y gell, fel bod y celloedd newydd, y gametau, yn wahanol o ran eu geneteg, hynny yw yn wahanol i'w gilydd ac yn wahanol i'r gell a'u ffurfiodd. Mae hyn yn creu'r amrywiaeth amlwg ymhlith yr epil, ar wahân i efeilliaid unfath (*identical twins*) sy'n hanu o un pâr o'r gametau.

Yn y planhigion blodeuol mae meiosis yn digwydd yn yr anther, pan ffurfir y paill, ac yn yr ofiwl o fewn i'r carpel. Mae'r cyflwr diploid (2n) yn cael ei adnewyddu pan ffurfir yr hedyn. Hefyd, gwell nodi fod gan nifer fawr o blanhigion, y mwyafrif efallai, fwy na dwy set o gromosomau yn y gell – e.e. hyd at 8n mewn *Dahlia*. Gelwir y cyflwr hwn yn bolyploidedd.

Mae manylion mitosis a meiosis (yn enwedig meiosis) yn gymhleth, a thu allan i faes y llyfr presennol.

Gefeilliaid unfath (*identical twins*), wedi datblygu o un wy yn y groth wedi ei ffrwythloni, ac yna wedi rhannu'n ddau. Mae ganddynt yr un gwneuthuriad genetig. 'Levi Twins' Vancouver, 1960

Y Creulys Cymreig *Senecio cambrensis*

Yn ystod haf 1953 roedd Horace Green, botanegydd o Lerpwl, yn cerdded rhwng Llanfynydd a'r Frith, yn Sir Fflint. Sylwodd ar flodyn melyn yn tyfu ar fin y ffordd. Edrychai'n weddol gyfarwydd – yn debyg i'r Creulys (Groundsel), ond nid yn hollol yr un fath. Roedd y blodyn melyn ychydig yn wahanol, a chymerodd beth adref i'w archwilio'n fanylach. Methodd â'i adnabod na'i enwi, a dangosodd ef i aelod o'r Adran Fotaneg yn Amgueddfa Prifysgol Manceinion. Llwyddwyd i gael rhai o'r hadau oddi ar y planhigyn i egino a thyfu, ac ar ôl archwiliad o'r cromosomau yn y gwreiddiau, penderfynwyd fod y planhigyn o Sir Fflint yn rhywogaeth hollol newydd. Gweler: Rosser (1955). Yn ddiweddarach, enwyd y planhigyn yn *Senecio cambrensis,* Rosser, (*cambrensis* i nodi ei fod wedi ei ddarganfod yng Nghymru, a Rosser am mai Dr. Effie M. Rosser o'r Amgueddfa ym Manceinion a'i disgrifiodd.)

Dyma'r cefndir:
Mae'r Creulys (*Senecio vulgaris* Groundsel) yn blanhigyn hynod o gyffredin dros Brydain. Mae'n un o'r chwyn amlwg yn ein gerddi ac ar bob math o dir agored. Rhywogaeth arall yn yr un genws yw Creulys Rhydychen (*Senecio squalidus* Oxford Ragwort), planhigyn o Dde Ewrop a gyrhaeddodd Prydain dros ddau gan mlynedd yn ôl ac a feithrinwyd yn

Creulys (*Senecio vulgaris* Groundsel) ar y chwith, a Chreulys Rhydychen (*Senecio squalidus* Oxford Ragwort). Wrecsam, 1989

llwyddiannus yn yr Ardd Fotaneg yn Rhydychen. Dihangodd o'r ardd (mae'r hadau'n cario ar y gwynt) yn 1794 gan dyfu'n arbennig ar waliau'r ddinas. Tarddodd hwn, Creulys Rhydychen, *Senecio squalidus,* yn wreiddiol o lethrau llosgfynydd Etna yn Sisili, lle mae'n tyfu ar dir sych, caregog. O Rydychen, lledaenodd i lawer rhan o'r wlad. Mae'r blodau'n weddol fawr ac yn ddigon lliwgar, ac mae'n siwr fod pobl wedi cludo'r hadau yma ac acw; ac mae'n weddol sicr fod y planhigyn wedi dilyn rheilffordd y GWR, gan fod y cerrig rhwng y cledrau yn ddigon tebyg i'w gynefin naturiol ar lethrau'r llosgfynydd.

Gan fod y Creulys (*Senecio vulgaris*), y blodyn cynhenid, a'r Creulys Rhydychen (*Senecio squalidus*) y blodyn estron, bellach yn tyfu'n wyllt o gwmpas y wlad, a chan eu bod yn perthyn i'r un genws, digwyddodd croesbeilliad, a chafwyd planhigion croesryw. Galwyd y rhain yn *Senecio* x *baxteri,* ond maent yn ddiffrwyth (*sterile*) ac yn brin. Ond yn Sir Fflint digwyddodd rhywbeth arall. Ym mhob organeb mae yna rif penodol o gromosomau ym mhob cell, ond mewn planhigion (yn anaml mewn anifeiliaid) gall y rhif hwn ddyblu neu dreblu (neu fwy). Yr enw ar hyn yw

polyploidedd (*polyploidy*), (gweler o dan meiosis uchod), a digwyddodd hyn yn achos y *Senecio* croesryw, gan greu epil sy'n analluog i atgynhyrchu gyda'u rhieni, ac felly yn rhywogaeth newydd.

Gellir gangos y patrwm fel hyn:

Creulys   Creulys Rhydychen
Senecio vulgaris   x   *Senecio squalidus*
2n = 40   2n = 20

↓

Senecio x *baxteri*
(diffrwyth)
2n = 30

↓

poyploidedd

↓

Creulys Cymreig
Senecio cambrensis
2n = 60

Creulys Cymreig (*Senecio cambrensis* Welsh Groundsel). Ffrith, Sir Fflint, Gorffennaf 1982

Yn ystod ail hanner yr ugeinfed ganrif darganfuwyd y Creulys Cymreig mewn oddeutu 30 o safleoedd, rhai yn Sir Fflint a rhai yn Sir Ddinbych, ac mewn un ardal ym Mochdre ger Bae Colwyn. Bu llawer o ddiddordeb ac o ymchwil, a chyhoeddwyd nifer o bapurau gwyddonol. Yn anffodus, mae'r Creulys Cymreig yn tyfu'n bennaf mewn lleoedd sy'n cael eu haflonyddu, megis tir agored a min y ffordd, gan fynd a dod o flwyddyn i flwyddyn, ac felly mae'n anodd iawn ei warchod yn effeithiol. Ar hyn o bryd (2015) mae ei nifer wedi prinhau cryn dipyn, ac efallai mai diflannu fydd ei hanes yn y dyfodol.

Nodiad: Yn 1982 daethpwyd o hyd i *Senecio cambrensis* yn tyfu mewn tir wast ar safle adeiladu yn Leith, ger Caeredin, yr unig safle y tu allan i ogledd Cymru. Ar ôl ychydig flynyddoedd aeth nifer y planhigion yno yn llai ac yn llai, ac erbyn hyn does dim ar ôl. Darllenwch yr hanes yn:

Rosser, E.M. (1955). *A New British species of Senecio. Watsonia* **3,** Part 4, 228-232.

Stace, Clive A. (2015). *Alien Plants* (New Naturalist), tud. 308-316.

Wigginton, M.J. (1990). *British Red Data Books, 1 Vascular Plants* 3rd ed. p.342.

Cyn cau'r bennod, dyma rai o'r prif ddigwyddiadau yn ystod y stori gyffrous:

1866 Gregor Mendel, yr offeiriad-wyddonydd o Awstria yn cyhoeddi ei waith arloesol ar etifeddeg. Ond cafodd ei anwybyddu ar y pryd.

Gregor Mendel

1869 Johan Freidrich Miescher, yn y Swistir, yn darganfod DNA, ond galwodd ef yn 'nuclein', ac ni chafodd y sylw a haeddai.

1941 Dangosodd George W Beadle ac Edward Tatum yn America, fod y genynnau ar y cromosomau yn gyfrifol am ffurfio ensymau. Yn ddiweddarach derbyniodd Beadle Wobr Nobel am ei waith.

1944 Dangosodd Oswald Avery, gyda'i waith ar facteria yn Athrofa Rockefeller yn Efrog Newydd, mai DNA oedd y cyfrwng hollbwysig mewn etifeddeg.

1953 Dyma'r flwyddyn fawr, pan lwyddodd y Sais, Francis Crick a'r Americanwr, James Watson, yng Nghaergrawnt, i ddisgrifio strwythur DNA am y tro cyntaf. Roedd gwaith Rosalind Franklin a Maurice Wilkins (gyda chymorth y Cymro, Herbert Wilson) yng Ngholeg King's, Llundain, hefyd yn allweddol.

1956 Dangoswyd mai 46 o gromosomau sydd yng nghelloedd y corff dynol.

1960 Darganfuwyd swyddogaeth RNA yn y broses o ffurfio protein.

1972 Ailgyfunwyd DNA am y tro cyntaf rhwng dau firws (*Recombitant DNA*).

2000 Llwyddwyd i ddarllen dilyniant genom y planhigyn *Arabidopsis thaliana*.

2003 Llwyddwyd i ddarllen y genom dynol, ar ôl blynyddoedd o ymchwil mewn 16 o wahanol wledydd.

2012 Dangoswyd nad yw *junk DNA* mor ddibwys ag y tybiwyd, a bod *non-coding DNA* yn chwarae rhan ym mioleg y gell.

Bellach, mae'r darganfyddiadau yn y maes bron yn rhy gyflym i'w cofnodi. Os am godi gwên wrth drin maes astrus, darllennwch Bennod 26 'The Stuff of Life' yn llyfr eithriadol ddiddorol Bill Bryson, *A Brief History of Nearly Everything* (2003).

Rhan 2

CYNEFINOEDD

PENNOD 19

MYNYDDOEDD

Mae mynyddoedd Cymru yn fyd-enwog. Pan ddaeth Thomas Johnson yma yn yr ail ganrif ar bymtheg roedd y creigiau serth o'i amgylch yn codi braw arno. Pethau i'w hofni oedd y mynyddoedd yr adeg honno. Ond roedd y Sais, Johnson, fel Edward Llwyd y Cymro o'i flaen, yn sylweddoli fod yma drysorau rhwng y creigiau, ac mae mwy a mwy o fotanegwyr, yn ogystal ag ymwelwyr eraill yn dal i grwydro'r llethrau hyd heddiw.

Yr olygfa enwog o'r Wyddfa dros Lynnau Mymbyr. Medi 1997

I'r naturiaethwr, beth yw nodweddion y mynydd? Yng Nghymru, fel yn y rhan fwyaf o Brydain, mae'r goedlin (*treeline*) rywle rhwng 1,500 a 2,000 o droedfeddi. Dyna derfyn uchaf y goedwig naturiol. Yn uwch na hyn, dim ond prysgwydd, llwyni a mân-lysiau a geir gyda gwahanol fathau o laswelltir, cynefin Peiswellt y Defaid (*Festuca ovina* Sheep's-fescue) a'r Gawnen Ddu (*Nardus stricta* Mat-grass), gyda hesg a brwyn, ac yn uwch fyth, cen cerrig a mwsoglau megis y Mwsogl Gwlanog (*Rhacomitrium languinosum* Woolly Hair-moss). Yn gymysg â'r mwsogl gellir dod o hyd i ambell damaid o'r Briwydd Wen (*Galium saxatile* Heath Bedstraw) ac yma ac acw, megis ar gopa'r Glyder Fawr a Charnedd Llewelyn ceir ychydig o'r Helygen Fach (*Salix herbacea* Dwarf Willow). Ar bennau'r mynyddoedd, gydau'u clogwyni, creigiau noeth a sgri, mae'r llystyfiant yn isel, yn denau ac yn dlawd. Mewn lleoedd felly mae'r pridd yn llac ac ansefydlog oherwydd effaith y rhew, ac mae'r cen yn bwysig oherwydd ei allu i sefydlogi nitrogen o'r awyr, sy'n help i gynyddu ffrwythlondeb y pridd yn raddol.

Y Carneddau, gydag ychydig iawn o dyfiant ar y copaon. Mehefin 1986

Corn Du, Bannau Brycheiniog, y copa uchaf yn ne Cymru. Mai 1968

Pam fod y coed yn brin ar bennau'r mynyddoedd? Gallwn awgrymu o leiaf dri rheswm. Yn gyntaf, y gwyntoedd cryfion. Cofiaf ein bod fel teulu wedi cerdded Ben Eighe yn yr Alban un tro, ar ddiwrnod garw, a dyma'r gwynt yn codi un o'r plant, ein merch fach chwech oed, yn glir oddi ar ei thraed. Mae angen coed go gryf a gwydn i ffynnu mewn lle felly! Yn ail, y tymheredd. Gwyddom i gyd ei bod hi'n oerach ar ben y mynydd nag i lawr yn y dyffryn. Ar y cyfan, mae'r tymheredd yn disgyn ryw un radd F am

Llidiart y mynydd, rhwng y ffridd a'r mynydd agored. Mae'r llwybr yn arwain at y Grisiau Rhufeinig, i'r gogledd o'r Rhinogydd, Sir Feirionnydd, 2007.

bob 300 troedfedd o uchder, a go brin y gall coed dyfu os nad yw'r tymheredd ar gyfartaledd yn uwch na 50° F am o leiaf ddau fis (Manley, 1952, tud. 178). Y trydydd rheswm yw ansawdd y pridd. Ar y cyfan mae priddoedd y mynydd-dir yn denau, yn anffrwythlon ac yn sur (asidig). Yn wyneb hyn oll, does ryfedd mai prin iawn yw'r coed naturiol uwchben rhyw 2,000 troedfedd yng ngwledydd Prydain.

Beth felly yw nodweddion y planhigion sy'n gallu tyfu ar bennau'r mynyddoedd? Mae'r mwyafrif yn tyfu'n isel, i wrthsefyll y gwyntoedd cryfion, megis y Gludlys Mwsoglyd (*Silene acaulis* Moss Campion), planhigyn cryno, gwydn, ar ffurf clustog, sy'n gallu gwrthsefyll y stormydd. Hefyd, mae planhigion fel hyn yn aml yn tyfu yng nghysgod craig, allan o ddannedd y gwyntoedd cryfaf, ac weithiau'n cael eu hamddiffyn gan eira.

Yn ardaloedd y chwareli gwelir ffensys fel hyn – y gair lleol amdanynt yw 'crawia'. Nant Ffrancon, 2006

Mae gan lawer o blanhigion y mynydd flodau lliwgar, gweddol fawr ar goesyn byr, sy'n nodweddion o ddiddordeb i'r garddwyr. Mae hyd y coesyn yn tueddu i fod yn fyr mewn goleuni cryf. Ychydig iawn o blanhigion y mynydd sy'n blanhigion unflwydd, yn treulio'r gaeaf fel hadau. Mae'r haf yn fyr a'r tywydd yn aml yn arw, ac felly does dim sicrwydd y gellir cynhyrchu hadau bob blwyddyn. Mae gan y planhigion lluosflwydd lawer gwell siawns, trwy ddibynnu ar atgynhyrchu llystyfol (*vegetative spread*) trwy gyfrwng rhisomau (*rhizomes*), ymledyddion (*runners*) neu hyd yn oed trwy fabwysiadu'r dull bywydesgorol neu fywhiliol (*viviparity*) a geir mewn rhai o'r gweiriau mynyddig, megis y Peiswellt Bywhiliog (*Festuca vivipara* Viviparous Sheep's-fescue). Does gan y gweiriau yma ddim blodau arferol arnynt ond yn hytrach nifer o flagur mân sy'n disgyn

Creiglyn Dyfi o ben Aran Fawddwy, rhwng Y Bala a Dolgellau. 1994

oddi ar y coesyn, yna'n byw yn y pridd trwy'r gaeaf, ac yn tyfu'n blanhigion newydd y flwyddyn ddilynol. Felly, does dim angen peillio ar y planhigion hyn.

Gan fod y glawiad mor drwm ar y mynydd (gall fod yn gymaint â 200 modfedd at ben yr Wyddfa) peth cyffredin yw mawnogydd sur (asidig) dros rannau helaeth o'r mynydd-dir. Mae'r llystyfiant ar y corsydd hyn yn aml yn undonog, gyda dim ond ychydig o wahanol blanhigion megis

Cwm Llefrith, ar lethrau Moel Hebog, ger Beddgelert. Lle da i chwilio am redyn. Awst 1999

y Migwyn (*Sphagnum sp.* Bog-moss), Plu'r Gweunydd (*Eriophorum sp.*Cottongrass) ac amryw o weiriau a hesg, gydag ambell blanhigyn mwy arbenigol megis Llafn y Bladur (*Narthecium ossifragum* Bog Asphodel) a'r Gwlithlys (*Drosera rotundifolia* Round-leaved Sundew) sy'n ychwanegu at ei gynhaliaeth trwy ddal pryfetach.

I ddod o hyd i'r blodau prin, enwog, rhaid chwilio'r creigiau ar y llechweddau serth, allan o gyrraedd y defaid a'r geifr, lle nad oes gyfle i'r mawn sur ddatblygu a lle ceir ambell i haen o graig fwy calchaidd na'r cyffredin. Efallai y dowch ar draws Pren y Ddannoedd (*Sedum rosea* Roseroot), Arianllys y Mynydd (*Thalictrum alpinum* Alpine Meadow-rue) neu hyd yn oed y Tormaen Porffor (*Saxifraga oppositifolia* Purple Saxifrage), yn fy marn i yr harddaf o flodau'r mynydd, sy'n tyfu ar y Bannau yn ogystal ag yn Eryri ac ar Gader Idris.

Gwelwn felly fod dau fath o gymuned o blanhigion ar y mynydd. Ar y naill law y gweiriau a phlanhigion y rhostir sy'n gallu dygymod â'r priddoedd tlawd a'r tywydd garw – dyma'r cymunedau caeedig sydd mor gyffredin dros lawer o Gymru. Ar y llaw arall mae yna rai o blanhigion yr ucheldir na welir mohonynt ar y tir isel – y rhai sydd o ddiddordeb arbennig i'r botanegydd – ar y clogwyni, y sgri a'r malurion cerrig agored. Dyma'r planhigion arctig-alpaidd, enw da, gan mai prif gartref y rhain yw un ai'r Arctig neu fynyddoedd yr Alpau, neu'r ddau. Un nodwedd bwysig o'r planhigion hyn yw na allant ddygymod â phlanhigion eraill, ni fedrant ddioddef cystadleuaeth. Enghreifftiau

Cwm Glas, yng nghysgod Crib y Ddysgl, i'r gogledd o'r Wyddfa. Cynefin amryw o'r blodau arctig-alpaidd. Medi 2001

o'r rhain yw'r Derig (*Dryas octopetala* Mountain Avens) un o flodau prinnaf Cymru sy'n tyfu ar y lafa calchog uwchben Cwm Idwal, a hefyd yr enwocaf o holl blanhigion y mynydd, sef Lili'r Wyddfa neu Brwynddail y Mynydd (*Gagea (Lloydia) serotina* Snowdon Lily).

Ond rhaid cofio ar yr un pryd nad blodau arctig-alpaidd yw pob un o flodau'r mynydd. Yn ei lyfr ar flodau gwyllt mae Max Walters yn enwi rhai o'r rhywogaethau a welodd yng Nhwm Glas Mawr yn Eryri yn ôl ym mis Medi 1950, (Gilmour & Walters 1959, tud. 125):

Mantell y Forwyn (*Alchemilla glabra* Lady's-mantle)
Llysiau'r Angel (*Angelica sylvestris* Wild Angelica)
Clustog Fair (*Armeria maritima* Sea Pink)
Clychau'r Eos (*Campanula rotundifolia* Harebell)
Llygad Llo (*Chrysanthemum leucanthemum* Ox-eye Daisy)
Tormaen Llydandroed (*Saxifraga hypnoides* Mossy Saxifrage)
Tormaen Serennog (*Saxifraga stellaris* Starry Saxifrage)
Lliflys y Mynydd (*Saussurea alpina* Alpine Saw-wort)
Tamaid y Cythraul (*Succisa pratensis* Devil's bit Scabious)

Y mwyaf cyffredin o'r tormeini yn y mynyddoedd yw'r Tormaen Serennog (*Saxifraga stellaris* Starry Saxifrage). Cwm Idwal, Mai 1998

Er bod pob un o'r rhain yn tyfu ar y creigiau llaith ar uchder o 2,600 o droedfeddi, mae pob un i'w cael ar lawr gwlad, yn aml mewn tir coediog, a'r Glustog Fair hyd yn oed ar lan y môr. Enghraifft arall yw Suran y Coed (*Oxalis acetosella* Wood-sorrel), blodyn cyffredin mewn coedydd ar dir isel, ond sydd hefyd yn hollol gartrefol rhwng y creigiau uchel yng Nghwm Idwal.

Y dydd o'r blaen bûm yn ailddarllen cyfrol Syr O M Edwards *Clych Atgof ac Ysgrifau Eraill,* a chefais syndod (os dyna'r gair) o sylwi ar ei fanylrwydd yn disgrifio'i daith i fyny'r Aran ger ei gartref yn Llanuwchllyn. Myfi piau'r cromfachau [ ]:

Mae'r blodau'n newid fel yr awn i fyny. Ar y dechrau gwelem frenhinens y weirglodd aroglus,[*Filipendula ulmaria*] a'i blodau melynwyn, prydferth yn rhoi rhyw gyfaredd i bob nant; a'r Glaswenwyn [*Succisa pratensis*], yntau yn ei fri yn Awst, a'r Pengaled coch [*Centaurea nigra*]; a llu o flodau melyn, coch a gwyn. Ond, fel yr awn i fyny, ânt yn anamlach. Daw brwyn a chrawcwellt. Ond bron hyd derfyn y daith, gwelwn droadau prydferth y corn carw [*Lycopodium clavatum*] yn y glaswellt byr, a llonnir ni gan wên siriol ar wyneb bychan euraid melyn y gweunydd [*Potentilla erecta*].

Dyna 'O M' y llenor a'r ysgolhaig, ond hefyd y gwladwr diwylliedig, yn rhannu ei ddawn ddiymdrech i sylwi ac i fwynhau cyfrinachau ei gynefin.

Beth am gloi'r bennod efo cwestiwn? Beth oedd hanes y planhigion arctig-alpaidd go iawn yn ystod Oes yr Iâ? A allodd rhai ohonynt oroesi'r rhew ar bennau'r mynyddoedd uchaf, uwchben wyneb y rhewlif, neu ynteu a ydynt wedi llwyddo i ailsefydlu yn yr ucheldir ar ôl i'r hin liniaru? Dyma gwestiwn y cyfeiriwyd ato ym mhennod 4, a bu'r botanegwyr yn pendroni uwch ei ben ers blynyddoedd. Heddiw, mae'r mwyafrif yn ochri efo'r esboniad cyntaf, sef bod rhai planhigion wedi gallu dod o hyd i loches ar bennau'r mynyddoedd, y nunataciau fel y'u gelwir, am filoedd o flynyddoedd, er gwaethaf yr hinsawdd garw.

Beth bynnag yw'r eglurhad, mae blodau'r mynydd yno, ar lechwedd serth, yng nghysgod clogwyn neu mewn hollt yn y graig, ac mae dod o hyd i un o'r perlau hyn yn dal i roi gwefr... i mi, beth bynnag!

CORSTIR A MAWNOG

Mi ddysgais wneud y gors
Yn weirglodd ffrwythlon ir,
I godi daear las
Ar wyneb anial dir.

Ceiriog

Yn y bennod hon defnyddir y gair cors i olygu pob math o dir sy'n wlyb drwy'r flwyddyn, gan gynnwys yr hyn a elwir yn Saesneg yn *bog*, *marsh*, *mire*, *fen*, *swamp*, neu *flush*. Mewn rhannau o Gymru defnyddir y geiriau llafar mignen, gwern, siglen, tonnen, gwaun, llac (a mwy?) yn gyfystyr â rhai o'r rhain, a cheir gwlyptir a ffen bellach mewn rhai llyfrau Cymraeg. A beth am y gair mawndir? Lle mae hwn yn ffitio yn y drysni? Efallai mai'r diffiniad gorau o gors ydi tir lle mae angen welingtons hyd yn oed yn yr haf!

Y Migneint; ardal eang o rostir a chorsydd rhwng Ysbyty Ifan a Ffestiniog. 1998

Yn ôl y cyfrif diweddaraf sydd gennyf (Blackstock 2010) mae yn agos i 5% o dir Cymru yn gors o ryw fath, ac weithiau'n ymestyn am filltiroedd yn yr ucheldir. Y math mwyaf cyffredin o ddigon yw'r gorgors neu'r fignen – yr hyn a elwir yn Saesneg yn *blanket bog* – gair da, gan fod y math yma o gors yn dilyn wyneb y tir fel gwrthban neu flanced. Mae'r cyflenwad dŵr yn dod yn rhannol o'r glaw, ond hefyd o'r dŵr sy'n llifo'n araf trwy'r tir, yn enwedig pan fo'r gors ar

Mae'r Migwyn yn tyfu yn y llynnoedd a'r ffosydd yn y gors.

osgo ar y llechweddau. Ambell dro mae'r ddaear yn codi o amgylch y gors gan rwystro'r dŵr rhag llifo i ffwrdd yn naturiol. Dyna pryd y mae llynnoedd bach a mawr yn ffurfio gan greu tir peryglus iawn i'w groesi. Dywedir mai yng Nghymru y mae'r corgorsydd gorau yn y byd.

Mae planhigion y gors yn amrywio o le i le yn ôl natur yr is-bridd a'r mwynau sy'n bresennol ynddo, yn arbennig nitrogen, ffosfforws, a potasiwm (N, P, K). Dyma rai o'r planhigion nodweddiadol:

Migwyn (*Sphagnum* Bog-moss)
Mae llawer o rywogaethau, ac mae adnabod pob un yn waith i'r arbenigwr.
Grug (*Calluna vulgaris* Heather)
Grug Croesddail (*Erica tetralix* Cross-leaved Heath)
Plu'r Gweunydd: mae pedair rhywogaeth yng Nghymru, y ddwy gyntaf yn gyffredin, a'r ddwy arall yn brin, sef:
Plu'r Gweunydd(*Eriophorum angustifolium* Common Cottongrass)
Plu'r Gweunydd Unben (*E. vaginatum* Hare's-tail Cottongrass)
Plu'r Gweunydd Llydanddail (*E.latifolium* Broad-leaved Cottongrass)
Plu'r Gweunydd Eiddil (*E.gracile* Slender Cottongrass)
Clwbfrwynen y Mawn (*Trichophorum cespitosum* Deergrass)
Glaswellt y Gweunydd (*Molinia caerulea* Purple Moor-grass)
Hesgen Benwen (*Carex curta* White Sedge)
Sêr-hesgen (*C.echinata* Star Sedge)
Hesgen Gyffredin (*C. nigra* Common Sedge)
Llafn y Bladur (*Narthecium ossifragum* Bog Asphodel)
Gwlithlys (*Drosera rotundifolia* Round-leaved Sundew)
Helygen Fair (*Myrica gale* Bog Myrtle)

Plu'r Gweunydd Unben (*Eriophorum vaginatum* Hare's-tail Cottongrass). Ceir hwn ym mhob sir yng Nghymru ar wahân i Sir Fôn. Mynydd Hiraethog, Mehefin 1970

Mynydd Hiraethog a Llyn Aled rhwng Dinbych a Phentrefoelas. 1997

Clwbfrwynen y Mawn (*Trichophorum cespitosum* Deergrass), planhigyn bychan sy'n gyffredin iawn yng Nghymru, ond yn brin yng nghanolbarth Lloegr.

Yng Nghymru mae gennym dair enghraifft ardderchog o fath o gors arbennig, sef y **gyforgors** (*raised bog*). Y tair yw Cors Fochno ger y Borth yn Sir Aberteifi, Cors Caron ger Tregaron yn yr un sir, a Fenn's, Whixall a Bettisfield Mosses ar y ffin rhwng yr hen Sir Ddinbych a Sir Amwythig. Mae'r tair yn Warchodfeydd Natur Cenedlaethol. Prif nodwedd y gyforgors yw fod canol y gors yn uwch na'r ymylon, oherwydd fod y Migwyn yn tyfu'n gyflymach yn y canol. Mae llai o alwminiwm a silica (sy'n gallu bod yn wenwynig) yn crynhoi yn y rhannau uchaf o'r gyforgors nag

Casglu mwsogl – Migwyn yn bennaf – yn Rhyd-y-bedd ger Llansannan, Sir Ddinbych, i'w werthu ar gyfer defnydd pacio, basgedi crog ac ati. Ionawr 1970

yn yr haenau isaf, ond nid yw mwynau eraill yn lleihau gymaint ar yr wyneb, gan fod hyd yn oed y dŵr glaw yn cynnwys rhai mwynau angenrheidiol.

Fel arfer mae'r gyforgors yn datblygu ar dir isel, weithiau uwchben tyfiant o ffen. Mae'r ffen ei hun yn alcalïaidd, ac yn anaddas i dyfiant migwyn, ond mae rhai planhigion yn tyfu'n uwch na lefel y dŵr, gan greu haen o ddail marw, sy'n troi'n asidig, ac yn addas i dyfiant y migwyn unwaith eto. Y mae llawer o'r corsydd mawr yng nghanol Iwerddon wedi datblygu fel hyn – weithiau uwchben carreg galch, mewn llynnoedd a ffurfiwyd ar ôl Oes yr Iâ. Yn araf bach, daeth tyfiant o ffen i dagu'r llyn, ac ymhen amser datblygodd y corsydd eang a welwn heddiw. Mae'r cyflenwad o fawn yn Iwerddon yn enfawr – digon yn wir i gyflenwi rhai o'r pwerdai mawr sy'n cynhyrchu trydan.

Ambell dro ceir llynnoedd bychain, dyfn, gydag ochrau serth a elwir yn *kettle-holes*, sef pantiau a ffurfiwyd pan doddodd blociau o rew a adawyd ar ôl rhewlif. Yma, mae croen neu rafft o blanhigion a mawn yn tyfu allan dros wyneb y dŵr. Y gair Almaeneg am hyn yw *Schwingmoor*. Mae'r croen yma yn gallu ymddangos fel darn o dir, ond mewn gwirionedd mae'n hynod o beryglus. Enillodd yr Athro David Bellamy glod iddo'i hun wrth astudio'r math hwn o dyfiant.

Cors Magwyr, ger Casnewydd, ar Lefelau Gwent, Sir Fynwy. Medi 2010

Cors heli yn aber y Ddyfrdwy. Bagillt, Sir Fflint 1971

Nid yn y mynyddoedd yn unig y mae tir corslyd. Ym mhennod 29 byddwn yn sôn cryn dipyn am y corsydd eang yng ngwaelod Sir Fynwy, yn yr ardal a elwir yn Lefelau Gwent. Mae'r rhain yn wahanol iawn i'r corsydd asidig ar yr ucheldir, gyda llawer mwy o faeth yn y tir a llawer mwy o amrywiaeth yn y planhigion. Rhaid cofio hefyd am y corsydd heli yn yr aberoedd ac ar y traethau, rhai ohonynt yn fawr iawn, fel Aber y Ddyfrdwy yn Sir Fflint, gyda phlanhigion arbennig sy'n gallu dygymod â'r dŵr hallt yn yr aber.

Mawn

Yr elfen amlycaf yn y gors yw'r mawn. Beth ydi mawn?

Mae mawn yn datblyg'n bennaf lle mae'r hinsawdd yn oer ac yn wlyb. I ffurfio mawn rhaid i'r tir fod o dan ddŵr (*waterlogged*). Mae hyn yn cadw'r aer rhag cyrraedd y pridd, gan rwystro effaith y ffwng a'r bacteria. Felly, pan mae planhigion y gors, megis y migwyn a'r hesg (*Carex*) yn marw, nid ydynt yn pydru'n naturiol, ond yn cronni a phentyrru i ffurfio mawn, weithiau dros gyfnod hir iawn, ac yn ddyfn iawn.

Mae dau fath o fawn, sef mawn asidig a mawn ffen. Mawn asidig yw'r mwyaf cyffredin o lawer yng Nghymru. Mae'n datblygu dros greigiau silicaidd, heb fawr ddim mwynau toddadwy. Gan ei fod yn asidig, gyda pH yn is na 4.5, mae'n atal bacteria, ac felly'n gallu tyfu i ddyfnder o amryw fetrau. Mae mawn ffen, ar y llaw arall, yn datblygu mewn cysylltiad â dŵr llawn mwynau, yn aml yn niwtral neu'n alcalïaidd, gyda pH rhwng 5 ac 8.

Dros y canrifoedd bu'r fawnog yn bwysig yng Nghymru fel ffynhonnell tanwydd, a bu llawer o'n cyndeidiau yn gyfarwydd iawn â'r gwaith o dorri mawn. Diflannodd yr arferiad i raddau helaeth yn ystod yr ugeinfed ganrif ond bu mwy a mwy o ddefnyddio mawn fel compost i'r ardd, ond bellach, mae pwysau ar y garddwr i ddefnyddio compost di-fawn er mwyn gwarchod ein mawnogydd.

Ar ben y bennod atgoffwyd ni o gerdd Ceiriog, a oedd yn canu yng nghanol y 19 ganrif. Am flynyddoedd bu'r ffermwr mynydd yn sychu'r gors er mwyn creu tir glas i gadw mwy o ddefaid, ac ar un cyfnod talwyd grantiau sylweddol i'r pwrpas gan yr awdurdodau. Ond bellach, bu tro ar fyd, a phwysleisir y rhesymau am warchod y gors a'r fawnog. Dyma rai o'r rhesymau hynny:

1. Yng Nghymru mae'r mawn yn storio naw gwaith mwy o garbon na'r holl lystyfiant byw ac mae hyn yn gyfraniad enfawr at leihau carbon deuocsid yn yr awyr. Mae corsydd sydd wedi eu draenio a'u sychu yn rhyddhau tunelli o garbon deuocsid yn flynyddol, tra bod mawnogydd naturiol yn amsugno 30-70 tunnell fetrig o garbon o'r awyr bob blwyddyn.

2. Mae llawer o'n dŵr yfed yn dod o'r ucheldir ac mae mawnogydd mewn cyflwr da, naturiol yn rheoli ansawdd y dŵr.

3. Mae cors naturiol yn yr ucheldir yn amsugno dŵr ac yn ei ddal fel sbwng, a'r canlyniad yw llai o lifogydd dinistriol ar lawr gwlad.

4. Bu llawer o golli cynefin wrth sychu'r corsydd, a diflanodd adar megis y Gylfinir o lawer ardal yn sgil y newid.

Sychu'r gors. Nant Ffrancon, Eryri. 1973

PENNOD 21

RHOSTIR

Grug y mynydd yn eu blodau,
Edrych arnynt hiraeth ddug
Am gael aros ar y bryniau
Yn yr awel efo'r grug.

Ceiriog

Mae'n siwr fod pawb sy'n darllen hwn, rywdro neu'i gilydd wedi mwynhau crwydro ar y llechweddau – teimlo'r gwynt yn y gwallt neu hel llus yn yr haf. Efallai bod rhyw gymaint o rug, gweiriau a rhedyn o gwmpas, a bref y ddafad i'w chlywed yn y pellter. Ond beth oedd eich enw chi am y math yma o dir? Beth oedd y gair, yn Gymraeg ac yn Saesneg? Mae cryn ansicrwydd yn y ddwy iaith.

Gwrandewch ar y Saesneg yn gyntaf.
W H Pearsall, *Mountains and Moorland* 1950: 'There is no good definition of moors and moorland.'
W B Turrill, *British Plant Life* 1959: 'Attempts to distinquish between heaths and moors have not been very successful.'
D Ratcliffe, *A Nature Conservation Review* 1977: 'Nomenclature of peatlands in Britain has become...confused.
Michael Proctor, *Vegetation of Britain and Ireland* 2013: ' In southeast Britain any land not fit for cultivation was regarded as 'heath'; in other regions 'moor' carried much the same meaning.'

Yn y Gymraeg ceir yr un math o ansicrwydd er efallai ein bod yn llai parod i gydnabod hynny! Beth am y geiriau gwaun a rhos, er enghraifft, a sut mae sôn am *dry dwarf shrub heath*? Felly, byddwch drugarog wrth yr awdur, druan; pa eiriau bynnag a ddefnyddiaf, gobeithio y daw eu hystyr yn weddol glir!

Ochr Sir Fflint o Foel Fama, gyda chlytwaith o redyn a thir pori. Mawrth, 1999

Rhostir

Dyma gynefin, neu fath o lystyfiant cyffredin yng Nghymru, gyda Grug a Llus, Eithin a gweiriau. Mae'n demtasiwn i feddwl bod tir fel hyn yn gwbl naturiol, ond mewn gwirionedd mae effaith dyn i'w weld ym mhobman. Bron yn ddieithriad bu pori gan ddefaid a gwartheg, ynghyd â llosgi bwriadol dros amser maith yn effeithio ar y llystyfiant, gan rwystro'r datblygiad naturiol gan brysgwydd a choed, a chreu'r ffriddoedd sydd mor gyffredin dros rannau helaeth o'r wlad.

Dyma gynefin lle mae'r pridd yn brin o fwynau ac fel arfer yn sur, gydag asidedd yn is na pH 5.0, a chyfartaledd uchel o fawn, posol a phriddoedd brown.

Yma, mae'r defaid wedi dod o hyd i glwt o dir gwlyb, lle mae'r dŵr yn crynhoi'r mwynau, a'r borfa'n well. Bannau Brycheiniog, 1968

Dyma'r planhigion mwyaf cyffredin ar y rhostir:

    Grug (*Calluna vulgaris* Heather)

    Grug y Mêl (*Erica cinerea* Bell Heather)

    Grug Croesddail (*E. tetralix* Cross-leaved Heath)

    Creiglusen (*Empetrum nigrum* Crowberry)

    Eithin Mân (*Ulex gallii* Western Gorse)

    Llus (*Vaccinium myrtillus* Bilberry)

    Llus Coch (*V. vitis-idaea* Cowberry)

Ceir hefyd nifer o weiriau, gan gynnwys:

    Brigwellt Main (*Deschampsia flexuosa* Wavy Hair-grass)

    Peiswellt y Defaid (*Festuca ovina* Sheep's-fescue)

    Cawnen Ddu (*Nardus stricta* Mat-grass)

Llus (*Vaccinium myrtillus* Bilberry). Mae hel Llus wedi denu pobl y wlad erioed.

Weithiau, disgrifir math arbennig o rostir fel rhostir gwlyb, lle mae'r Migwyn (*Sphagnum* Bog-moss) yn amlwg, a lle mae'r cynefin yn ymylu at fod yn gors. Digwydd hyn pan fo haen o gletir (*hardpan*) yn y pridd, a hynny'n tueddu i greu lleithder ar yr wyneb. Ceir llawer o'r math hwn o dir ar y Rhinogydd ac ar y Migneint, ac ar fynyddoedd y Preseli yn Sir Benfro. Yn 1997 amcangyfrifwyd bod 91,000 ha. o rostir yng Nghymru, y rhan fwyaf (ond nid y cyfan) yn yr ucheldir – llawer ohono yn ffriddoedd (Blackstock et. al. 2010).

Mae'r Grug (*Calluna vulgaris* Heather) yn gyffredin yng Nghymru, yn bennaf ar dir asidig, gweddol sych. Tynnwyd y llun yn yr Alban yn 1974, i ddangos y Grug Gwyn.

Mae rheoli rhostir yn dipyn o gamp. Mae effaith pori gan ddefaid ar y naill law, a chan wartheg a cheffyllau ar y llaw arall yn wahanol, ac yn effeithio ar dyfiant gweiriau a rhedyn. Mewn rhai mannau, megis Bryniau Clwyd ac ar y Berwyn ceir cynllun o losgi stibedi o rug i hybu tyfiant newydd, sy'n fanteisiol i'r Grugieir. Collwyd llawer o rostir grug yng Nghymru yn ail hanner yr ugeinfed ganrif.

Ar y Gogarth ger Llandudno ac ar rannau o Benrhyn Gŵyr mae math arbennig o rostir a elwir yn rhostir calchog, lle mae'r pridd tenau ar y garreg galch yn alcalïaidd ac yn draenio'n gyflym.

Effaith pori gan ddefaid. Mae'r pori yn rhwystro tyfiant y Grug ar yr ochr chwith i'r ffens. Tal-y-llyn, Sir Feirionnydd, 2005

201

PENNOD 22

TIR GLAS A THIR ÂR

Unwaith daw eto wanwyn,
Dolau glas a deiliog lwyn.

T Gwynn Jones

Mae bron i ddwy ran o dair o dir Cymru yn dir glas o ryw fath, ond nid felly y bu hi yn y gorffennol pell. Pan giliodd y rhew ar ddiwedd Oes yr Iâ, rhyw ddeng mil o flynyddoedd yn ôl, dechreuodd y coedwigoedd ymledu tua'r gogledd. Daeth Ewrop yn gyfandir coediog, ond yn raddol, erbyn diwedd Oes y Cerrig, dechreuwyd trin y tir a daeth amaethu cyntefig i fod. Dros y canrifoedd, pori sydd wedi cynnal y rhan fwyaf o'r tir glas, a phan beidia'r pori, buan iawn y daw'r coed yn ôl.

Tir 'melys' ar y garreg galch. Cae o 'hen groen' gyda thraddodiad o fod yn borfa dda. Trelogan, Sir Fflint. 2004

Tir glas niwtral – tir pori cyffredin yng Nghymru. Llangwm, Sir Ddinbych. Capel Cefn Nannau yn y cefndir. Awst 1995

Mae'n porfeydd a'n gweirgloddiau yn dibynnu ar ffurf arbennig y gweiriau. Pan fo pen y gweiryn yn cael ei bori neu ei dorri ymaith, yna mae'r planhigyn yn tyfu blagur newydd o'r gwaelod, a dywedir fod y planhigyn yn 'cadeirio', gan ffurfio'r dywarchen ar wyneb y pridd. Yn y rhan fwyaf o'r gweiriau mae'r gwreiddiau'n agos i wyneb y tir, ac yn dibynnu ar ddigonedd o ddŵr yn y pridd. Felly, mae angen glaw yn y gwanwyn a dechrau'r haf, yn ystod y tymor tyfu. Does ryfedd fod Cymru yn un o'r rhannau gorau yn y byd am dir glas!

Rhan o Forfa Harlech, gyda'r Eifl yn y pellter, a chaeau gwlyb, yn dew gan frwyn. Awst 1998

Tir glas gwahanol: defaid yn pori morfa heli ar aber y Ddyfrdwy. Y Fflint, Awst 1994

Gellir rhannu tir glas yn ôl natur y pridd, yn asidig, calchaidd neu niwtral. Mae'r rhan fwyaf o'r **glaswelltir asidig** ar yr ucheldir, a dyma lle ceir y Maeswellt (*Agrostis* Bent-grass) a'r Peiswellt (*Festuca* Fescue) yn bennaf, gyda'r Gawnen Ddu (*Nardus stricta* Mat-grass) a Brigwellt Main (*Deschampsia flexuosa* Wavy Hair-grass) hefyd yn gyffredin. Mae'r **glaswelltir calchaidd** yn llai cyffredin, ac yn bennaf ar dir is. Mae Peiswellt y Defaid (*Festuca ovina* Sheep's-fescue) yn nodweddiadol, a cheir Ceirchwellt y Ddôl (*Helictotrichon pratense* Meadow Oat-grass) yn gyffredin mewn rhai mannau. Yn gymysg â'r gweiriau, dau blanhigyn a welir yn aml yw Ysgallen Siarl (*Carlina vulgaris* Carline Thistle) a'r Teim Gwyllt (*Thymus polytrichus* Wild Thyme). Mae'r tiroedd yma, lle mae amrywiaeth o blanhigion calchgar (*calcicoles*) wedi denu botanegwyr ers cenedlaethau, gyda'u hamrywiaeth lliwgar a'u patrymau heriol. Dyma'r cynefin sydd ar ei orau ar y garreg galch yn siroedd y gogledd, o Sir Fflint i benrhyn y Gogarth yn Llandudno ac ymlaen i rannau o Sir Fôn. Yn y de, mae enghreifftiau da ar Benrhyn Gŵyr a rhannau o Sir Benfro. Dyma'r ardaloedd i chwilio am y Cor-rosyn Lledlwyd (*Helianthemum canum* Hoary Rock-rose) a'r Bwrned (*Sanguisorba minor* Salad Burnet).

Mae'r **glaswelltir niwtral** yn gyffredin yng Nghymru. Y ddau weiryn mwyaf cyffredin yw'r Maeswellt Cyffredin (*Agrostis capillaris* Common Bent) a Rhonwellt y Ci (*Cynosurus cristatus* Crested Dog's-tail). Ar fin y ffordd, gwelwn y Ceirchwellt Tal (*Arrhenatherum elatius* False Oat-grass), Maswellt Penwyn (*Holcus lanatus* Yorkshire Fog) a Throed y Ceiliog (*Dactylis glomerata* Cock's-foot) yn aml iawn. Sonnir weithiau am dir glas corsiog fel cynefin arbennig. Mae digonedd o dir felly ledled Cymru, o lawr gwlad hyd at y tiroedd gweddol uchel ar y mynydd agored. Mae'r Frwynen Babwyr (*Juncus effusus* Soft-rush) yn gyffedin iawn, weithiau gyda nifer o'r blodyn bach gwyn

Briwydd y Gors (*Galium palustre* Marsh Bedstaw). Ar dir mawnog, yn ffinio ar y rhostir, mae Glaswellt y Gweunydd (*Molinia caerulea* Purple Moor-grass) yn gyffredin iawn ambell dro, yn ffurfio twmpathau mawr sy'n hynod o anodd cerdded drostynt.

Hen borfa gydag amrywiaeth o blanhigion – blodau gwyllt i rai – chwyn i eraill! Cwm Elan, Sir Faesyfed. Awst 2007

Yng Nghymru, mae'r rhan fwyaf o'r tir glas yn dir wedi ei wella ar gyfer ffermio – yn bennaf trwy ddefnyddio Rhygwellt Parhaol (*Lolium perenne* Perennial Ryegrass) a Meillion Gwyn (*Trifolium repens* White Clover). Bellach, dyma oddeutu hanner tir Cymru. Yn cyd-fynd â'r newid hwn, bu cynnydd eithriadol yn nifer y da byw yn ogystal â llawer mwy o silwair a llai o gynaeafu gwair. I gynnal y math yma o laswelltir, y patrwm arferol yw aredig ac ailhadu yn achlysurol, ynghyd â gwrteithio fel bo'r galw.

Yn dilyn y newidiadau amlwg hyn ym myd amaeth, ceir galw am neilltuo darnau o dir i'w ffermio yn y dull traddodiadol, er mwyn hyrwyddo gweirgloddiau llawn blodau gwyllt, fel yn y dyddiau a fu.

Tir Âr

Mae Cymru yn wlad fynyddig, ond oherwydd yr hinsawdd a natur y pridd, ychydig o dir âr sydd yn yr ucheldir. Bu'n hynafiaid yn tyfu ychydig o geirch o gwmpas eu tyddynnod, ond bellach, dim ond rhyw 60,000 ha o dir âr sydd yng Nghymru gyfan, sef oddeutu 3% o holl dir y wlad (Blackstock el al, 2010). Mae llawer o'r tir hwn ar ochr ddwyreiniol y wlad, yn ffinio â Loegr, ynghyd â rhannau o Forgannwg, Gŵyr a Sir Benfro yn y de, a rhannau o Fôn a Phen Llŷn yn y gogledd. Roedd Sir Fôn yn enwog am ei gwenith, ac mae tatws cynnar yn parhau'n bwysig yn Llŷn a Phenfro.

I'r botanegwr, roedd tir âr yn ffynhonnell o amrywiaeth mawr o flodau gwyllt, sef y chwyn, megis y Pabi (*Papaver spp.* Poppy), Amranwen Ddisawr (*Tripleurospermum inodorum* Scentless Mayweed) a nifer o'r Fioled (*Viola spp.* Violets). Erbyn heddiw mae llawer o'r rhain wedi mynd, oherwydd y defnydd o chwynladdwyr, gwell ffyrdd o lanhau hadau, a mathau amgenach o gnydau. Mae amryw o'r chwyn arbenigol bellach yn rhywogaethau prin.

Yr hen drefn mewn tir âr: cae o geirch mewn 'stycie'. Fuoch chi'n trin ysgubau â'ch dwylo, a'r rheini'n llawn o ysgall? 1971

Y Benboeth Amryliw (*Galeopsis speciosa* Large-flowered Hemp-nettle). Gan mlynedd yn ôl roedd hwn yn gyffredin mewn caeau ŷd – bellach, yng nghyfnod y chwynladdwyr, y mae'n hynod o brin. Rhydtalog, Sir Fflint. Gorffennaf 1978

205

LLYNNOEDD AC AFONYDD

Llynnoedd Eryri

Y llynnoedd gwyrddion llonydd – a gysgant
  Mewn gwasgod o fynydd;
  A thyn heulwen ysblennydd
  Ar len y dŵr lun y dydd.

Gwilym Cowlyd

Does dim prinder llynnoedd ac afonydd yng Nghymru, a chan fod glaw drwy'r flwyddyn, mae digonedd o ddŵr fel rheol i'w cynnal. Dim ond ychydig o blanhigion sy'n byw yn y dŵr o'u cymharu â phlanhigion y tir. Mae dau brif reswm am hyn. Mae dŵr croyw (er gwaethaf ei enw) yn cynnwys gronynnau o glai a sylwedd organig yn ogystal â ffytoplancton (planhigion un gell a'u tebyg) a gweddillion deilbridd (*humus*), ac felly, nid yw golau yn treiddio drwy'r dŵr fel yn yr awyr, ac mae prinder goleuni i gynnal ffotosynthesis. Yn ail, yn ogystal â golau rhaid i'r planhigion gael nwyon ar gyfer ffotosynthesis a resbiradaeth. Mae nwyon yn symyd yn llawer iawn arafach mewn dŵr nag mewn aer ac ambell waith does dim ocsigen o gwbl mewn pridd gwlyb. I ddatrys y broblem, mae gan y rhan fwyaf o blanhigion y dŵr nifer o bibellau sy'n llawn aer, a gall ocsigen lifo trwyddynt i'r rhannau dan ddaear.

Problem arall sy'n wynebu planhigion y dŵr yw'r angen i beillio'r blodau. Dyw'r dŵr ei hun ddim yn addas ar gyfer hyn gan fod y gronynnau paill yn bostio mewn dŵr croyw. Dyw hyn ddim yn digwydd mewn dŵr hallt, a gall y planhigyn Gwellt y Gamlas (*Zostera marina* Eelgrass) sy'n byw yn y môr, ddefnyddio'r dŵr i gario'r paill.

Y Llynnoedd

Mae rhai llynnoedd yn llawn o fwynau, ac mae'r planhigion yn tyfu'n gyflym yn ystod yr haf. Ar ôl marw, mae'r dail ac ati yn casglu ar waelod y llyn ac mae'r pydredd sy'n dilyn yn dihysbyddu'r ocsigen. Gelwir y math hwn o lyn yn **ewtroffig**. Gall carthion, neu wrtaith oddi ar y caeau waethygu'r sefyllfa, nes bod y pysgod yn marw o ddiffyg ocsigen. Y gwrthwyneb i hyn yw'r llynnoedd **oligotroffig** sy'n isel mewn mwynau a maeth. Mae hyn yn cyfyngu ar dyfiant y planhigion ac felly mae llai o bydredd. O ganlyniad mae llai o ddadelfenwyr (*decomposers*) ac felly fwy o ocsigen ar gyfer y pysgod a'r creaduriaid eraill.

Mae dosbarthiad planhigion y llynnoedd oligotroffig hyn yn dibynnu'n fawr ar ddyfnder y dŵr. Dim ond ar fin y llyn y gall y mwyafrif dyfu, ac yn y llynnoedd mwyaf, yn enwedig yn y mynyddoedd, prin yw'r planhigion. Un o'r rhai delaf yw Bidoglys y Dŵr (*Lobelia dortmanna* Water Lobelia) gyda'i flodyn bychan lliw lelog ar goesyn main. Mae'n tyfu'n bennaf yng ngogledd Cymru. Planhigyn mwy cyffredin, ond braidd yn ddisylw yw'r Feistonnell (*Littorella uniflora* Shoreweed) sy'n tyfu fel carped o dan y dŵr. Un digon tebyg yw'r Gwair Merllyn (*Isoetes sp.* Quillwort) sydd hefyd yn tyfu o dan wyneb y dŵr, ond mae hwn yn perthyn yn nes i deulu'r rhedyn nag i'r planhigion blodeuol.

Mae llawer mwy o blanhigion yn y llynnoedd ewtroffig – y rhai mwy cyffredin ar lawr gwlad, lle ceir mwy o

Llyn Helyg, yn Sir Fflint. Enghraifft o lyn ewtroffig yn llawn mwynau, gyda thyfiant tew o blanhigion o'i gwmpas. Adeiladwyd y llyn yn y 18 ganrif. 1977

Ffynnon Lloer ar y Carneddau. Enghraifft o lyn oligotroffig, sy'n nodweddiadol o'r mynydd-dir, heb fawr o faeth yn y dŵr ac ychydig o blanhigion ar ei lan. 1986

fwynau maethlon. Dyma lle ceir y rhan fwyaf o deulu'r Dyfrllys (*Potamogeton sp.* Pondweeds). Mae yn agos i 30 rhywogaeth yng Nghymru, ac mae rhai ohonynt yn ddigon anodd i'w hadnabod a'u henwi. Ond does dim anhawster adnabod y Gesellgen neu Iris y Dŵr (*Iris pseudacorus* Yellow Iris/Yellow Flag) – planhigyn tal, gyda blodau mawr, melyn, a dail hir fel cleddyf. Yma hefyd y dowch ar draws y Myrdd-ddail (*Myriophyllum sp.* Milfoil) a rhai o dylwyth Crafanc y Frân (*Ranunculus aquatilis* Water-crowfoot) gyda'u blodau gwynion. Mae rhai o'r llynnoedd yn denu planhigion tramor megis Rhedynen y Dŵr (*Azolla filiculoides* Water Fern) a ddaeth yma o Ogledd America ac sydd bellach yn tyfu'n wyllt fel carped ar wyneb y llyn ac yn dipyn o niwsans.

Un o'r planhigion sy'n hawdd i'w adnabod ac sy'n tyfu dros y rhan fwyaf o Gymru, ar wahân i'r ucheldir, yw Llyriad y Dŵr (*Alisma plantago-aquatica* Water-plantain) – mae hwn tua dwy droedfedd o daldra gyda dail hirgrwn ar goesau hir, a blodau gwynion oddeutu hanner modfedd ar draws.

Un o'r planhigion rhyfeddaf yw Milwr y Dŵr (*Stratiotes aloides* Water-soldier). Mae hwn yn tyfu ar ffurf clwstwr o ddail, tua throedfedd o hyd, ac yn nofio'n rhydd yn y dŵr. Pan mae'n blodeuo yn yr haf mae'r planhigyn yn codi i'r wyneb, ac yna, dros y gaeaf, mae'n suddo i waelod y llyn. Mae'r blodau'n wyn a thua 3-4 cm ar eu traws, ond dim ond blodau

Milwr y Dŵr (*Stratiotes aloides* Water-soldier)

benywaidd a welir ym Mhrydain, ac mae'r planhigyn yn atgynhyrchu'n llystyfol. Cofnodwyd hwn gyntaf yn 1633 ac mae peth amheuaeth ynglŷn â'i statws – hynny yw, a ydyw'n gynhenid i'r wlad hon ai peidio. Mae hyn yn destun dadl i'r arbenigwyr. Mae Milwr y Dŵr yn blanhigyn prin iawn yng Nghymru. Yr unig dro i mi ei weld oedd mewn llyn ar gyrion Wrecsam flynyddoedd yn ôl.

Yn agos i fin y llyn tyf y planhigion sydd wedi eu gwreiddio ar waelod y llyn ond sydd â dail yn nofio ar wyneb y dŵr. Y rhai enwocaf yw Lili'r-dŵr Felen (*Nuphar lutea* Yellow Water-lily) a'r Alaw (*Nymphaea alba* White Water-lily). Mae'r Lili Felen yn tyfu o risom (*rhizome*) anferth sydd wedi ei wreiddio yn y mwd ar waelod y llyn. Ar fin y llyn, yn y fignen, ceir dau blanhigyn cyfarwydd. Y talaf yw'r Gorsen

Coesyn (*risom*) cryf Lili'r Dŵr, o waelod y gamlas. Whixall, Sir Ddinbych. Gorffennaf 1980

(*Phragmites australis/P. communis* Common Reed). Dyma'r mwyaf o'r gweiriau sy'n gynhenid i Brydain – gall fod yn 3.5m o daldra – golygfa hynod gyda'r mân flodau glasgoch yn chwifio yn y gwynt. Y llall yw Cynffon y Gath (*Typha latifolia* Bulrush neu Reedmace), pob un gyda'i sbrigyn tew o flodau benywaidd yn isaf a rhai llai, gwrywaidd ar y brig.

Sut mae penderfynu beth yw oed llyn?

Ffurfiwyd y mwyafrif o'n llynnoedd naturiol filoedd o flynyddoedd yn ôl gan y rhewlifoedd wrth iddynt grafu tyllau yn y tir a dyfnhau'r dyffrynnoedd. Hefyd pan giliodd y rhew gadawyd pentyrrau o gerrig a dyddodion ar ôl, gan ffurfio marianau (*moraines*) oedd yn dal y dŵr yn ôl fel argae naturiol.

I'r daearegwyr, nodweddion dros dro yw'r llynnoedd, gan eu bod yn dal y gwaddodion (*sediment*) o'r afonydd. Mewn amser, mae hwn yn llenwi gwaelod y llyn, sy'n troi'n gors ac yna, efallai yn dir sych, a hyd yn oed yn goedwig.

Rhaid pwysleisio mai cronfeydd o waith dyn yw llawer o'n llynnoedd mwyaf yng Nghymru, rhai fel Llyn Alaw, Llyn Brenig, Llyn Celyn, Llyn Fyrnwy, Llyn Brianne a llawer mwy. Ar y cyfan, prin yw'r diddordeb botanegol yn y rhan fwyaf o'r rhain. Os yw wyneb y dŵr yn gostwng yn sylweddol ar dywydd sych, gall unrhyw blanhigion yn y rhannau uchaf o'r llyn farw, ac ar yr un pryd efallai nad oes dim planhigion yn y rhannau dyfnaf oherwydd diffyg golau pan fo'r llyn yn llawn.

Llyn Brianne yn Sir Gaerfyrddin, un o'r mwyaf o'n cronfeydd dŵr. 1976

Wrth chwilio am flodau, peidiwch ag anghofio'r hen gamlesi. Does dim llawer yng Nghymru, ond mae yna ambell i ddarn sydd wedi dirywio fel camlas ond wedi gwella yn fawr o ran ei ddiddordeb i'r botanegwr ac wedi ei ddynodi yn Ardal o Ddiddordeb Gwyddonol Arbenig (SSSI). Mae un enghraifft dda yn ardal Cegidfa yn Sir Drefaldwyn, sy'n llawn o bob math o drysorau llysieuol.

Yr Afonydd

Mewn dŵr sy'n llifo, yn wahanol i ddŵr y llyn, rhaid i'r planhigion angori neu gael eu sgubo gyda'r lli. Yn rhannau uchaf yr afon mae'r llif yn gyflym a dim ond y cerrig mwyaf sydd heb eu cario ymaith. Mwsoglau a Llysiau'r Afu yw'r unig blanhigion sy'n gallu dal gafael yn y creigiau. Yn is i lawr mae'r llif yn arafu, gyda graean a thywod ar wely'r afon. Dyma lle mae Crafanc-y-frân y Dŵr (*Ranunculus fluitans* Common

Water-crowfoot) ar ei orau, yn ffurfio llinynnau hir o ddail main, a blodau gwynion yn codi uwch wyneb y dŵr. Os oes creigiau ar lan yr afon sydd weithiau o dan ddŵr, yn ôl y tymor, dyna gynefin un o'r planhigion mwyaf gwenwynig, Cegid y Dŵr (*Oenanthe crocata* Hemlock Water-dropwort). Mae hwn hefyd yn tyfu mewn ffosydd a nentydd, ond peidiwch â'i fwyta.

Afon Wysg, Sir Fynwy. Gorffennaf 1987

Ton lanw, neu eger (*tidal bore*) ar y Ddyfrdwy. Higher Ferry, ger Saltney, Sir Fflint. 1996

Yn eu rhannau isaf, mae rhai o'n hafonydd yn ymdroelli'n araf, gan gasglu mwd a silt ar eu glannau. Dyma gynefin yr Erwain neu Frenhines y Weirglodd (*Filipendula ulmaria* Meadowsweet), Helyglys Pêr (*Epilobium hirsutum* Great Willowherb) a'r gweiryn Melyswellt y Gamlas (*Glyceria maxima* Reed Sweet-grass). Yma hefyd y mae'r harddaf o holl flodau'r dŵr, y Frwynen Flodeuog (*Butomus umbellatus* Flowering-rush), planhigyn tal gyda chlwstwr o flodau pinc, rhyw fodfedd ar eu traws. Yng Nghymru, mae'n digwydd yn Sir Fôn, Sir Ddinbych a Sir Drefaldwyn yn y gogledd, ac yn y de mae'n dilyn yr arfordir o Sir Fynwy i Sir Benfro. Chwiliwch amdano yn ystod Gorffennaf, Awst a Medi.

Crafanc-y-frân y Dŵr (*Ranunculus aquatilis* Water-crowfoot) yn harddu Afon Alun yn Llanferres, Sir Ddinbych. 2004

COEDYDD A GWRYCHOEDD

Ychydig o Hanes: O ble daeth ein coedydd?

Mae yna rhyw 35 o goed cynhenid yng Nghymru a gweddill Prydain. Mae'r rhan fwyaf hefyd yn tyfu dros weddill Ewrop a rhai yn Asia a gogledd Affrica. Ohonynt i gyd, yr un sy'n tyfu dros yr ardal ehangaf yw'r Ferywen (*Juniperus communis* Juniper). Er nad yw'n gyffredin yng Nghymru mae hon i'w chael dros rannau helaeth o hemisffer y Gogledd ac mae Pinwydden yr Alban (*Pinus sylvestris* Scots Pine), sydd hefyd yn gynhenid, i'w chael o Sbaen i Siberia.

Ar wahân i bennau'r mynyddoedd ac ambell i lecyn gwlyb, coed yw'r tyfiant naturiol dros y rhan fwyaf o Gymru. Darnau wedi eu clirio gan ddyn yw'r caeau. Llanfynydd, Sir Fflint. Awst 1994

Tua miliwn neu fwy o flynyddoedd yn ôl daeth Oes yr Iâ, gan ddifa'r coed o dan don ar ôl ton o rew. Fe giliodd y rhew am y tro olaf oddeutu 10,000 o flynyddoedd yn ôl, a dechreuodd y coed ddod yn ôl o'r Cyfandir, ond yna, rhyw 6,000 o flynyddoedd yn ôl, cododd lefel y môr gan wahanu Prydain oddi wrth Ffrainc. O hynny ymlaen, dyn, yn fwriadol neu'n anfwriadol, a ddaeth â'r amrywiaeth anhygoel o goed sydd gennym erbyn hyn.

Y goeden gyntaf i ledaenu ar ôl diflaniad y rhew oedd y Fedwen, ac yn fuan ar ei hôl daeth Pinwydden yr Alban a'r Gollen. Yn raddol, collodd y Gollen ei phwysigrwydd a daeth y Dderwen yn brif goeden Cymru, gan barhau felly (ynghyd â'r Wernen) am filoedd o flynyddoedd, hyd ein dyddiau ni. Erbyn rhyw 5,000 o flynyddoedd yn ôl roedd y rhan fwyaf o dir Cymru o dan goed.

Amrywiaeth o goed yng Nghwm Clydach, Sir Frycheiniog. Dyma safle rhai rhywogaethau prin o'r Gerddinen (*Sorbus*). Medi 2003

Mae tri math o dir sy'n anffafriol i goed, sef tir sy'n rhy uchel, yn rhy wlyb neu'n rhy wyntog. Ychydig iawn o goed sy'n ffynnu yn uwch na rhyw 2,000 o droedfeddi; mae corsydd a mawnogydd gwlybion yn anaddas, a hefyd mae stormydd yr arfordir yn drech na'r rhan fwyaf o goed. Erbyn heddiw, ychydig iawn o'r hen goedlannau cyntefig sydd wedi goroesi; dwy enghraifft yw Coed Tŷ Canol i'r Gogledd o Frynberian yn Sir Benfro, a Choed y Rhygen ger Llyn Trawsfynydd yn Sir Feirionnydd – y ddwy yn Warchodfeydd Natur Cenedlaethol. Erbyn diwedd y cyfnod Neolithig, tua 4,000 o flynyddoedd yn ôl roedd dylanwad dyn yn cynyddu a gwelwyd lleihad yn y fforestydd. Roedd rhyw fath o amaethu

Trên Bach yr Wyddfa ar fin cyrraedd Llanberis. Hyd yn oed ar yr Wyddfa, mae coed yn tyfu ar y llechweddau isaf. Mawrth 1999

cyntefig ar droed a gwelwyd mwy a mwy o bori anifeiliaid drwy'r Oes Efydd a'r Oes Haearn a ddilynodd. Erbyn rhyw 1,500 o flynyddoedd yn ôl roedd llawer iawn mwy o dir pori a llawer llai o goed. Parhaodd y duedd hon hyd at y bedwaredd ganrif ar bymtheg ac erbyn 1871 roedd y ganran o dir Cymru o dan goed i lawr i ychydig dros 3% (Linnard

Amrywiaeth o goed cynhenid yng Nghwm Clydach, Sir Frycheiniog. Medi 2003

2000). Ar ôl y Rhyfel Byd Cyntaf gwelwyd fod prinder enbyd o goed. Sefydlwyd y Comisiwn Coedwigaeth yn 1919 a dechreuwyd plannu o ddifrif. Ond coed meddal oedd y rhain – coed conwydd megis Sbriwsen Sitca (*Picea sitchensis* Sitka Spruce) – gwahanol iawn i'r goedwig gynhenid a welid gynt. Daeth yr Ail Ryfel Byd, ac wedi hynny gwelwyd mwy a mwy o blannu o'r pumdegau ymlaen ac erbyn 1965 y ganran o'r tir o dan goed yng Nghymru oedd 9.7%. Erbyn heddiw (2015) amcangyfrifir bod y ganran tua 13% a bod oddeutu dwy ran o dair o'r rheini yn goed conwydd ac un rhan o dair yn goed llydanddail.

Cymysgedd o goed caled (llydanddail) a chonwydd, gyda thir glas ar lawr y dyffryn, a chreigiau calchog Eglwyseg, ger Llangollen, yn y cefndir. 2010

Faint o groeso sydd i ymwelwyr? Stori ryfedd Clychau'r Gog.

Mae'n siwr fod Clychau'r Gog (*Hyacinthoides non-scripta* Bluebell) ymysg ein blodau harddaf a mwyaf poblogaidd. Mae pawb yn eu hadnabod.

> Dyfod pan ddêl y gwcw,
> Myned pan êl y maent,
> Y gwyllt atgofus bersawr,
> Yr hen lesmeiriol baent.

R Williams Parry

Y coed yw cynefin Clychau'r Gog, ac mae llechwedd ohonynt yn eu blodau yn ystod haul mis Mai yn olygfa gofiadwy. Ond mae Clychau'r Gog dan fygythiad. Mae perthynas agos, Clychau'r Gog Sbaenaidd (*Hyacinthoides hispanica*) wedi dianc o'n gerddi ac yn prysur ymsefydlu yn y gwyllt. Daeth yr un Sbaenaidd i Brydain rhyw dri chan mlynedd yn ôl, ac bu'n boblogaidd iawn fel blodyn gardd.

Mae'n coedydd ni yng Nghymru yn enwog am Glychau'r Gog. Dyma'r rhai go iawn – y rhai naturiol. cynhenid. Gronant, Sir Fflint, Mai 1995

Hefyd y tresbaswyr croesryw sy'n ymledu mewn rhai mannau. Talacre, Sir Fflint, Ebrill 2005

Ond yn 1909 dihangodd dros wal yr ardd a chofnodwyd ef yn y gwyllt am y tro cyntaf. Digwyddodd hyn yn bennaf yn yr ardaloedd trefol, gan ymddangos ar fin y ffyrdd, ar dir gwyllt, tipiau sbwriel, mynwentydd a hyd yn oedd ar yr arfordir – lle bynnag mae pobl, a'u gerddi.

Mae Clychau'r Gog cynhenid, fodd bynnag, yn flodyn y goedwig, neu weithiau'n tyfu ar lechwedd o redyn lle caiff yr un math o gysgod. Hyd yn hyn, mae'r blodyn cynhenid yn ein coedlannau yn dal ei dir yn weddol yn erbyn yr estron, ond nid dyna ddiwedd y stori. Mae'r ddwy rywogaeth yn perthyn yn agos i'w gilydd, ac felly, nid yw'n syndod fod croesryw (*hybrid*) wedi ymddangos, a bellach wedi ymledu dros rannau helaeth o'r wlad.

Sut mae eu hadnabod?

Nodwedd	Yr un cynhenid	Y croesryw	Yr un Sbaenaidd
Aroglau	Cryf, melys	Ychydig	Fawr ddim
Lliw'r paill	Gwyn neu hufen	Glas gwan	Glas
Ffurf y blodyn	Ochrau syth, fel tiwb	Cloch gul	Cloch lydan
Blaenau'r 'petalau'	Atblygedig (*reflexed*)	Cymysg	Yn agor allan
Safle'r blodau	Ar un ochr o'r coesyn	Y rhai uchaf ar un ochr o'r coesyn	O gwmpas y coesyn
Lled y dail	1-1.5 cm	1.5-3cm	Hyd at 3.5cm

A'r wers i ni? Yn gyntaf, dysgwch eu hadnabod. Yn ail, os oes gennych y Sbaenwyr yn yr ardd, peidiwch â'u taflu o gwmpas i bob man.

A oes yna wahaniaeth rhwng coed a llwyni? Mae rhai yn tystio fod yn rhaid i goeden fod yn ugain troedfedd neu fwy, a bod ganddi un boncyff pendant, ond nad oes unrhyw uchder arbennig i'r llwyni ond bod ganddynt sawl coesyn yn codi o wyneb y pridd. Beth bynnag yw eich canllawiau chi, dyma rai a ystyrir yn llwyni gan amlaf:

    Collen (*Corylus* Hazel)
    Eithinen (*Ulex* Gorse)
    Cwyrosyn (*Cornus sanguinea* Dogwood)
    Draenen Ddu (*Prunus spinosa* Blackthorn)
    Ysgawen (*Sambucus nigra* Elder)
    Yswydden (*Ligustrum vulgare* Wild Privet)
    Gwifwrnwydden y Gors (*Viburnum opulus* Guelder Rose)

Ar wahân i'r coed eu hunain, beth am y planhigion eraill sy'n rhan o'r goedwig? Mewn coedwig lydanddail, aeddfed, gellir adnabod pedair haen:

1. **Haen y coed**, sef y coed llawn dwf, sy'n ffurfio'r canopi. Mae natur yr haen yma yn dylanwadu ar bob un o'r haenau eraill. Ychydig iawn o goedlannau ym Mrydain sydd wedi osgoi dylanwad dyn. Mae'r rhan fwyaf wedi cael eu plannu rywdro, neu wedi eu torri a'u clirio ac wedi aildyfu. Efallai fod rhai o'r coed wedi cael eu bôndorri (*coppice*) neu eu brig-dorri (*pollard*) ryw dro. Efallai bod yma gymysgedd o goed cynhenid a choed estron, neu hyd yn oed goed llydanddail a choed conwydd. Mae'r gwahaniaethau hyn i gyd yn effeithio ar ddwysedd y canopi a pha faint o olau sy'n treiddio i'r haenau is.

2. **Haen y llwyni** – y planhigion hyd at rhyw bum metr o uchder. Dyma lle ceir y rhan fwyaf o'r Cyll a'r Ddraenen Wen, Y Ddraenen Ddu a'r Ysgawen, a llu o blanhigion cyffredin fel Eirin Mair (*Ribes uva-crispa* Gooseberry), y Rhosod Gwyllt (*Rosa spp* Wild Roses), Mafon Cochion (*Rubus idaeus* Raspberry) a'r Fiaren (*Rubus fruticosus* Bramble). Mae haen y llwyni yn amrywio yn ôl rhywogaeth y coed eu hunain. Mewn coedwig Ffawydd ychydig o olau sy'n dod trwy'r dail trwchus, ac ychydig iawn o unrhyw blanhigion sy'n llwyddo i dyfu o dan y coed, ond mae llawer mwy o olau yn dod drwy'r coed Derw a'r Ynn, a gall haen y llwyni fod yn drwchus iawn.

   Mewn rhannau o dde Cymru, ar y garreg galch, ceir enghreifftiau prin o'r Gerddinen Wen (*Sorbus spp* Whitebeam). Mae rhai yn tyfu fel llwyni o dan y coed, ac eraill ar dir agored rhwng y creigiau ar y llechweddau. Gellir enwi, fel enghreifftiau, y Gerddinen Ymledol (*Sorbus porrigentiformis* Grey-leaved Whitebeam), y Gerddinen Fach (*S. minima* Least Whitebeam) a'r brinnaf oll, Cerddinen y Darren Fach (*S. leyana* Ley's Whitebeam). Rhaid cyfeirio hefyd at y Gelynen (*Ilex aquifolium* Holly) sy'n gyffredin iawn, yn enwedig o dan goed Derw ar dir asidig, a'r Griafolen neu'r Gerddinen (*Sorbus aucuparia* Rowan) sydd hefyd yn gyffredin iawn yn yr ucheldir, weithiau fel coeden unigol, ac weithiau fel llwyn o dan y coed eraill.

3. **Haen y mân lwyni**, sef y rhedyn a'r planhigion eraill hyd at rhyw fetr o uchder. Dyma a elwir yn Saesneg yn *Field Layer*. Dyma lle ceir y planhigion a elwir yn gyffredin yn flodau gwyllt. Yma, rydym ymysg ein 'hen gyfeillion', megis Bysedd y Cŵn (*Digitalis purpurea* Foxglove), Clychau'r Gog (*Hyacinthoides non-scripta* Bluebell), Serenllys Mawr neu Botwm Crys (*Stellaria holostea* Greater Stitchwort), Bresych y Cŵn (*Mercurialis perennis* Dog's Mercury), Briallu (*Primula vulgaris* Primrose), Blodyn y Gwynt (*Anemone nemorosa* Wood Anemone), Llygad Ebrill (*Ranunculus ficaria* Lesser Celandine), Llygad Doli (*Veronica chamaedrys* Germander Speedwell), Mapgoll (*Geum urbanum* Wood Avens), Craf y Geifr (*Allium ursinum* Ramsons) a llawer, llawer mwy.

Yr un mor gyffredin, er efallai yn llai cyfarwydd, yw amryw o'r rhedyn, megis Tafod yr Hydd (*Phyllitis scolopendrium* Hart's-tongue) a'r Farchredynen Lydan (*Dryopteris dilatata* Broad Buckler-fern), a'r gweiriau Breichwellt y Coed (*Brachypodium sylvaticum* False Brome) a Brigwellt Garw (*Deschampsia cespitosa* Tufted Hair-grass) a'r Hesgen Bendrom (*Carex pendula* Pendulous Sedge) a Hesgen y Coed (*Carex sylvatica* Wood-sedge). Golygfa gofiadwy yw llechwedd o'r Goedfrwynen Fawr (*Luzula sylvatica* Great Woodrush), ac efallai y dowch ar draws gwely o'r Cwlwm Cariad (*Paris quadrifolia* Herb Paris) – mae'r enw *quadrifolia* yn arwyddo bod y dail bob yn bedair – ond edrychwch yn ofalus, ac fe welwch bump (neu chwech?) ar ambell un. Ac os byddwch yn ffodus, hwyrach y gwelwch rai o deulu'r Tegeirian megis Tegeirian Coch y Gwanwyn (*Orchis mascula* Early-purple Orchid) neu'r Galdrist Lydanddail (*Epipactis helleborine* Broad-leaved Helleborine).

4. Haen Llawr y Goedwig. Os oes digon o olau a digon o leithder ar wyneb y pridd fe geir, fel arfer, garped o'r *bryoffytau,*sef y mwsoglau a llysiau'r afu (*liverworts*), yn ogystal â rhai o'r cen. Mae angen awyrgylch llaith ar y planhigion hyn ac maent yn ffynnu o dan gysgod y coed, yn enwedig mewn ardaloedd lle mae digon o law – a does dim prinder o leoedd felly yng Nghymru.

Mae'r bryoffytau a'r cen y tu allan i faes y llyfr hwn, ond gallaf gyfeirio at un neu ddau o'r mathau o redyn sydd i'w cael ambell dro ar y creigiau gwlyb sy'n gyffredin mewn rhai o'r coedydd derw yn y gorllewin. Dyma gynefin y ddwy redynen brin Rhedynach Teneuwe Tunbridge (*Hymenophyllum tunbrigense* Tunbridge Filmy-fern) a Rhedynach Teneuwe Wilson (*H. wilsonii* Wilson's Filmy-fern). Mae'r ddwy yn brin, ond mae un rhedynen sy'n brinnach fyth sef Rhedynen Cilarne (*Trichomanes speciosum* Kilarney Fern). Dyma redynen enwog iawn, ond oherwydd casglu anghyfrifol yn y gorffennol, dim ond rhyw ddau neu dri safle sydd ar ôl yng Nghymru gyfan lle ceir Rhedynen Cilarne bellach, ac nid gwiw i mi eu henwi.

Cyn gadael y coedwigoedd, gwell i mi gyfeirio at y planhigion hynny sy'n tyfu'n bennaf ar gefn planhigion eraill. Gelwir y rhain yn *epiffytig* neu yn ardyfwyr – pethau fel rhedyn, mwsogl ac algau sy'n aml yn cartrefu ar wyneb y goeden, yn dal eu gafael ar y rhisgl, ond heb sugno maeth oddi ar y pren. Nid parasitiaid ydynt ond nid ydynt chwaith wedi gwreiddio yn y pridd. Maent yn defnyddio'r goeden yn unig fel lle hwylus i fyw. Mae'n debyg mai'r fwyaf cyffredin yw'r Llawredynen (*Polypodium sp.* Polypody Fern).

Hefyd, cyn gadael y bennod hon, rhaid enwi'r enwogion o blith dringwyr y goedwig, sef yr Eiddew (Iorwg) (*Hedera helix* Ivy) a'r Gwyddfid (*Lonicera periclymenum* Honeysuckle). Dyma ddau blanhigyn cyffredin iawn yn y goedwig, a'r ddau yn dringo'n llwyddiannus iawn, ond mae'r ddau wedi gwreiddio yn y pridd ac yn byw yn annibynnol o'r goeden gan fod gan y ddau eu dail naturiol eu hunain.

Y Ffawydden ac enwau lleoedd yng Nghymru

Mae amryw o enwau coed ymhlith y geiriau mwyaf cyfarwydd yn yr iaith Gymraeg. Meddyliwn, er enghraifft am y Dderwen, yr Onnen, y Wernen y Gelynen a'r Fedwen. Mae'r rhain i gyd yn goed cynhenid, ac roeddynt yn gyfarwydd i'n tadau a'n teidiau ers canrifoedd. Daethant yn fwy cyfarwydd fyth fel rhan o enwau lleoedd ledled y wlad. Ond beth am y Ffawydden? Yn ôl y dystiolaeth balynolegol (astudiaeth o'r paill) dim ond yn ne-ddwyrain Cymru y mae honno'n gynhenid neu'n frodorol (Godwin, 1956 tud. 206), a Preston et.al.(2002 tud. 129). Yn ei gyfrol ddiddorol *Welsh Woods and Forests* mae William Linnard yntau yn cadarnhau hyn, ac yn ein hatgoffa mai dim ond yn

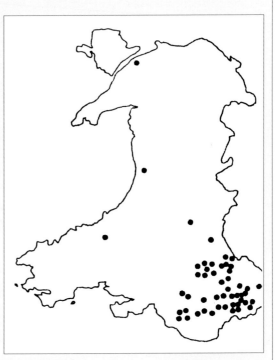

Enwau lleoedd yng Nghymru yn cynnwys yr enw ffawydd(en.). William Linnard: *Welsh Woods and Forests* drwy ganiatâd yr awdur.

Sir Fynwy a rhan o Sir Forgannwg, y mae'r Ffawydden yn gynhenid, ac wedi ymsefydlu oddeutu dwy fil o flynyddoedd yn ôl. Ond mae'r Ffawydden yn ffynnu yn ein hinsawdd bresennol, a chafodd ei phlannu yn eang. Bellach y mae'n goeden gyffredin iawn ym mhob cwr o'r wlad.

Ond beth am enwau lleoedd? Wrth ystyried yr hen siroedd – y tair sir ar ddeg cyn yr ad-drefnu yn 1974, mae'r geiriau derw (deri), gwern ac onnen yn gyffredin iawn mewn enwau lleoedd ym mhob un o'r hen siroedd. Dyma rai ohonynt:

Ceir Derwen yn Sir Ddinbych, Derwen-las yn Sir Drefaldwyn, a Chlunderwen yn Sir Benfro.

Mae Y Wern yn Sir Fôn, Gwern y Gof yn Sir Gaernarfon, a Gwernfach yn Sir Faesyfed.

Ceir Onnen-y-Bwlch yn Sir Fflint, Brynonnen yn Sir Aberteifi a Gellionnen yn Sir Forgannwg.

Ond beth am y Ffawydden (*Fagus sylvatica* Beech)? Mae'r tair coeden arall yn hollol gynhenid dros Gymru gyfan, ond nid felly'r Ffawydden. Mae enw'r goeden mewn enw lle yn hynod o brin ac yn gyfyngedig i'r de-ddwyrain. Er enghraifft,

Ffawyddog rhwng Llangeinor a Phontycymer yn Sir Forgannwg, a Ffawydden ryw ddwy filltir i'r de-ddwyrain o'r Fenni yn Sir Fynwy. Felly, er bod y Ffawydden wedi ei phlannu dros Gymru gyfan ers llawer blwyddyn, dim ond yn y gornel fach o'r wlad lle mae hi'n perthyn y mae ei henw, fel hi ei hun, wedi gwreiddio yn iaith y werin.

Gair am y Gwrychoedd

... a gwrych i dorri croen y gwynt.

Kitchener Davies: 'Swn y Gwynt sy'n Chwythu'

Gwell dechrau trwy atgoffa'n gilydd am ein geiriau tafodieithol am wrych. Mewn llawer rhan o'r de, perth yw'r gair; mae shetin yn gyfarwydd yn Sir Drefaldwyn; ac yn Sir Benfro a gwaelod Sir Aberteifi claw(dd) sydd fwyaf cyffredin. Yn ein rhan ni o'r Gogledd, y clawdd yw'r rhan isaf, o bridd, cerrig a thywyrch sy'n cynnal y gwrych.

I lawer ohonom a fagwyd yng nghefn gwlad, y mae gwrych ar fin y ffordd, neu rhwng cae a chae yn rhywbeth naturiol, sy'n rhan o'r olygfa. Ond arhoswch funud – ac fe sylweddolwch mai gwaith dyn ydi gwrych, ac nid rhan 'naturiol' o'r olygfa. Welodd neb erioed wrych yn y gwyllt. Wrth gwrs, mae rhai gwrychoedd yn hen iawn, dros fil o flynyddoedd oed mewn ambell ardal, a chredir fod rhai yng Nghernyw ers tua 3,000 o flynyddoedd (Mabey 1996). Mae'n debyg fod rhai wedi eu creu drwy adael rhimyn o dyfiant ar fin y goedwig pan oedd y gweddill o'r coed yn cael eu torri a'u clirio, ond yn sicr, cafodd y rhan fwyaf o'r gwrychoedd eu plannu'n fwriadol. Gwyddom am helyntion cau'r tiroedd comin, yn arbennig yn y ddeunawfed ganrif.

Ai dyma'r gwrych mwyaf yn y byd? Gwrych o goed Ffawydd ger tref Meiklour, rhwng Perth a Blairgowrie yn yr Alban, a blannwyd yn 1746. Y mae'r gwrych oddeutu 100 troedfedd o uchder, a chaiff ei dorri bob rhyw 10 neu 15 mlynedd. Mae gennyf finnau wrych Ffawydd yn yr ardd – ychydig bach yn llai! Tynnwyd y llun ym mis Awst 1999.

Pa faint o wrychoedd sydd yng ngwledydd Prydain? Yn ôl un amcangyfrif (Mabey 1996) roedd 341,000 milltir o wrychoedd yn 1984. Ond rhaid pwysleisio dau beth. Yn gyntaf, gyda dyfodiad y peiriannau mawr, a diflaniad y ceffylau gwedd, roedd galw am gaeau mwy, a bu tynnu gwrychoedd ar raddfa fawr, gyda chymhorthdal i ffermwyr i wneud y gwaith. Flynyddoedd yn ddiweddarach, bu tro ar fyd, daeth pwysau cynyddol i adfer y gwrychoedd, ac o dan rai amodau, talwyd i ffermwyr am blannu gwrychoedd.

Gwrych wedi ei dorri â llaw. Pa bryd y gwelsoch chi rywun yn defnyddio cryman ddiwethaf i stricio gwrych? Wrecsam, 1969

Yn ail, ni ellir gorbwysleisio'r gwahaniaeth rhwng y ffermydd anferth sy'n tyfu grawn yn unig, a'r sefyllfa yn y rhan fwyaf o Gymru, lle mae'r pwyslais ar y gwartheg a'r defaid (mae llawer mwy o ddefaid nag o bobl yng Nghymru). Oherwydd hyn, mae'r traddodiad o drin a chynnal y gwychoedd yn llawer cryfach ar y fferm deuluol nag ar y ffermydd diwydiannol mawr sy'n eiddo i'r cwmniau masnachol.

Un o draddodiadau gorau cefn gwlad yw'r grefft o blygu gwrych (gweler y lluniau). Mae manylion y dull yn amrywio o ardal i ardal, ond y bwriad yw creu gwrych tew, i gadw stoc rhag crwydro. Un o hynodion ardal Y Bala a Cherrigydrudion yw'r Gwrych Sbrias – gweler y bennod ar Sir Feirionnydd.

I gloi'r adran hon, beth am roi'r gair olaf i Islwyn Ffowc Elis? Yn ei gyfrol *Cyn Oeri'r Gwaed,* a enillodd Fedal Ryddiaith yr Eisteddfod Genedlaethol yn 1952, mae ganddo bennod ar y testun 'Gwrychoedd'. Gwrandewch:

Iddynt hwy [yr amaethwyr], y mae gwrych yn beth i'w nyrsio'n ofalus, i'w drin a'i drafod a'i drwsio; i'w ddisgyblu, wrth gwrs, fel plentyn, rhag iddo dyfu'n gam, ond i'w ddisgyblu, fel plentyn, â chariad. A llawer perchennog dwylo corniog a chryman a glywais i'n canmol crefft oesol plygu gwrych, ac yn ysgwyd pen am nad yw'r oes ifanc yn ei gwybod nac yn ei gwerthfawrogi.

> Brigau llwm, gŵr mewn cwman, – amynedd
> A maneg a chryman;
> Deithiwr, gwêl orchest weithian,
> A gwêl wyrth o blethiad glân.

Tîm Glannau Llyfni: *Talwrn y Beirdd 2,*
Gwasg Gwynedd (1984)

Cystadleuaeth plygu gwrych. Lloc, Sir Fflint, Tachwedd 1981

Mae'r grefft o blygu gwrych yn amrywio o ardal i ardal. Dyma enghraifft o'r Gelli Aur, Sir Gaerfyrddin. 2005

PENNOD 25

YR ARFORDIR A'R YNYSOEDD

Beth yw arfordir Cymru i chi? Siopau a hufen iâ? Milltiroedd o garafanau? Pwerdai a ffatrïoedd? Digon gwir bob un, ond gobeithio eich bod hefyd am enwi'r cynefinoedd naturiol sydd mor werthfawr i bob un ohonom.

Ehangder o forfa heli yn aber y Ddyfrdwy.

Dyma grynhodeb o'r hyn sydd gennym ar hyn o bryd (Blackstock et al 2010, tud. 75):

Cynefinoedd yr Arfordir yng Nghymru

Cynefin	Pa faint (ha)
Twyni tywod	6,200
Morfa heli	5,800
Tir glas arfordirol	1,600
Mwd, graean, creigiau	1,300
Clogwyni	970
Rhostir arfordirol	950
Cyfanswm Cymru	**16,800 ha**

Y Llyrlys (*Salicornia spp*. Glasswort). Dale, Sir Benfro. Awst 2011

Morfa Heli

Mae llawer math o gynefin ar y glannau, ac amrywiaeth mawr o blanhigion diddorol. Mae dau beth yn gyffredin iddynt; mae gwyntoedd cryfion o'r môr yn cyfyngu ar eu tyfiant (go brin y gwelwch fawr o goed ar y glannau), ac mae rhai glannau'n cael eu trochi gan y llanw yn ddyddiol. Achosir y llanw gan ddisgyrchiant yr haul a'r lleuad yn tynnu'r dyfroedd ddwywaith y dydd. Pan mae'r haul, y lleuad a'r ddaear mewn llinell (lleuad newydd a lleuad lawn) mae'r llanw ar ei fwyaf; dyma'r llanw mawr (*spring tide*). Pan mae'r lleuad ar ongl sgwâr i'r haul (hanner lleuad), mae'r llanw ar ei isaf (*neap tide*). Mae pob llanw oddeutu 51 munud yn ddiweddarach bob dydd. Mae'r tywydd hefyd yn effeithio ar y llanw, a phan fo gwasgedd yr awyr yn isel mae lefel y môr yn codi ryw 1.3 cm bob milibar, ac i'r gwrthwyneb, mae'r lefel yn is yn ystod gwasgedd uchel.

Gelwir planhigion y morfa yn haloffytau (*halophytes*), sef rhai sy'n gallu gwrthsefyll llawer o halen o gwmpas eu gwreiddiau, a'u gorlifo gan ddŵr hallt y môr. Mae ganddynt y gallu i greu pwysedd osmotig llawer uwch na phlanhigion cyffredin, a hefyd i newid y pwysedd yn ôl crynodiad (*concentration*) yr halen yn y dŵr. Mae'r morfa'n tyfu ar draeth isel, mewn lle cysgodol, mwdlyd, a lle mae'r llanw'n gorlifo yn ei dro.

Yn y rhan isaf ceir y planhigion sy'n cychwyn tyfiant y morfa. Mewn ambell le ceir y planhigyn prin Gwellt y Gamlas (*Zostera sp*. Eelgrass), un o'r planhigion blodeuog prin sy'n byw yn llythrennol o dan ddŵr y môr, ac sy'n cael ei beillio gan y dŵr.

Mae'n tyfu mewn rhyw dri neu bedwar llecyn ar arfordir Cymru, gan gynnwys Sir Fôn a Sir Fynwy. Ond y pwysicaf o'r planhigion i sefydlogi'r mwd ac i gychwyn ffurfio'r morfa yw'r Llyrlys (*Salicornia spp.* Glasswort), planhigyn bychan, diolwg, fel rhes o sosejis bach gwyrdd, ar goesyn. Roedd pobl Bagillt, Mostyn a Ffynnongroyw yn ei fwyta ers talwm, o dan yr enw *Samkin*.

Un arall o blanhigion enwog y mwd yw'r Cordwellt (*Spartina sp.* Cord-grass), gweiryn tal, cryf, sy'n lledaenu'n gyflym gyda'i wreiddiau cryf ('rhisomau' i fod yn fanwl gywir) yn sefydlogi'r mwd gwlyb a chychwyn y broses o greu tir sych. Dau blanhigyn arall sy'n helpu i sadio'r mwd yw Gwellt y Morfa (*Puccinellia maritima* Saltmarsh-grass) a'r Helys Unflwydd (*Suaeda maritima* Annual Sea-blite), y ddau yn gyffredin o gwmpas y glannau.

Ambell dro ceir ychydig o liw i dorri ar undonedd y morfa. Yn y gwanwyn ceir blodau lliwgar y Glustog Fair (*Armeria maritima* Thrift neu Sea Pink) ac yn niwedd yr haf gwelir Seren y Morfa (*Aster tripolium* Sea Aster) gyda'i flodau melyn a phorffor. Un o'r planhigion amlycaf dros rannau helaeth o'r morfa yw'r Llygwyn Llwydwyn (*Atriplex portulacoides* Sea-purslane). Cofiaf ddysgu adnabod hwn flynyddoedd lawer yn ôl,

Seren y Morfa (*Aster tripolium* Sea Aster). Gronant, Sir Fflint. Awst 1987

cyn iddo newid ei enw. Yn hen enw oedd *Halimione portulacoides* – tipyn o lond ceg – ond am ryw reswm fe hoffais sŵn y geiriau, *Halimione portulacoides* ac mae'r enw wedi glynu yn y cof!

Erbyn cyrraedd pen uchaf y morfa mae pethau'n wahanol. Mae'r ddaear yn sadio a'r planhigion yn newid. Dyma lle mae'r gweiryn Peiswellt Coch (*Festuca rubra* Red Fescue) ar ei orau, weithiau am aceri lawer, ac ar y tir sychaf efallai y gwelwch y Frwynen Arfor (*Juncus maritimus* Sea Rush) planhigyn cryf, tal, gyda dail a choesyn main, pigog, a thusw o flodau brown yn tyfu o ochr y coesyn.

Un gair o rybudd

Mae'r morfa yn lle peryglus, yn llawn ffosydd. Peidiwch â neidio dros y ffos – mae'r mwd yn feddal yr ochr draw – ac mae'n hawdd iawn colli eich welingtons a disgyn ar eich cefn! Yn bwysicach fyth, ydych chi wedi edrych pryd mae'n benllanw?

Y Twyni Tywod

Yn union fel mae'r morfa heli yn
ansefydlog, ac yn newid dros amser,
felly hefyd mae'r twyni tywod yn mynd
a dod o gyfnod i gyfnod. Ond y
gwahaniaeth mawr yw bod planhigion y
twyni yn gallu dygymod â phrinder
dŵr, tra bod dŵr hallt yn rhan annatod
o gynefin planhigion y morfa.

Rhes o dwyni ifanc yn dechrau ffurfio ar y traeth
caregog. Gronant, Sir Fflint. Medi 1994

I ffurfio twyni rhaid wrth gyflenwad
o dywod a digon o wynt. Pan fo'r
gwynt yn gryf a'r tywod yn sych mae'r gronynnau yn chwipio i bob cyfeiriad. Lle
bynnag mae rhwystr ar y traeth, megis carreg, darn o bren neu blanhigyn ifanc, mae'r
tywod yn arafu, a dyna ddechrau twyn bychan newydd. Os tyf y planhigyn, fe dyf y
twyn hefyd, gan greu lle i fwy o blanhigion gan ddechrau sefydlogi'r safle.

Y planhigyn pwysicaf yn hyn i gyd
yw'r gweiryn cryf, y Moresg
(*Ammophila arenaria* Marram Grass), er
bod gweiryn arall, Clymwellt (*Leymus
arenarius* Lyme-grass) yn aml yn chwarae
rhan bwysig yn nhyfiant y twyni
newydd. Mae'r Moresg yn blanhigyn
rhyfeddol. Mae ganddo wreiddiau a
rhisomau sy'n tyfu'n ddwfn i'r tywod –
gymaint â 30 troedfedd weithiau – ac yn
clymu a sefydlogi'r twyni'n effeithiol
dros ben. Mae'n tyfu drwy'r tywod
uwch ei ben, ac mae'n ffynnu orau pan
fo mwy a mwy yn pentyrru drosto.

Hen dwyni tywod yn erydu. Y Moresg y ymddatod
oherwydd y tywydd, a thraed yr ymwelwyr. Talacre,
Sir Fflint. Hydref 1968

Yn aml iawn, dim ond y Moresg a geir ar y twyni ifanc, ond buan iawn y daw
mwy a mwy o blanhigion eraill. Mae rhai, megis Llysiau'r Bystwn Cynnar (*Erophila
verna* Common Whitlow-grass) yn blodeuo a ffrwytho'n gynnar yn y gwanwyn ac
yna'n diflannu, ond mae amryw yn ymsefydlu fel rhan nodweddiadol o lystyfiant y
twyni, planhigion fel Dant-y-llew (*Taraxacum sp.* Dandelion), Ysgallen y Maes
(*Cirsium arvense* Creeping Thistle), Llysiau'r Gingroen (*Senecio jacobaea* Ragwort) a'r
planhigyn llai cyfarwydd, ond nodweddiadol, Tafod y Bytheiad (*Cynoglossum officinale*
Hound's-tongue). Buan iawn hefyd y daw amryw o fwsoglau a llysiau'r afu i garpedu'r
tywod, a thorri croen y gwynt. Wrth iddynt farw, maent yn creu maeth i'r planhigion
eraill ac yn helpu'r pridd i ddal dŵr yn well. O dipyn i beth, wedi i'r twyni sefydlogi,
daw pob math o blanhigion eraill i mewn, rhai cyffredin, o'r tiroedd cyfagos a rhai

mwy arbenigol, megis y Tegeirian Bera (*Anacamptis pyramidalis* Pyramidal Orchid).
Cofiaf weld rhai cannoedd o'r blodyn hardd yma ar y twyni ger Gronant yn Sir Fflint.

Tegeirian Bera (*Anacamptis pyramidalis* Pyramidal Orchid). Gall fod yn gyffredin iawn ar y twyni.
Gronant, Sir Fflint. Gorffennaf 1993

Yn hwyr yn natblygiad y twyni gellir cael ardal o rostir, a'r datblygiad terfynol yw
llwyni a choed. Mae tuedd i'r twyni cynnar gynnwys llawer o weddillion cregyn o
greaduriaid y môr, ac o'r herwydd tueddant i fod yn alcaliaidd gyda pH uchel, ond
gydag amser, wrth i'r twyni ddatblygu ac aeddfedu, aiff y pridd yn fwy niwtral neu
asidig.

Mae yna oddeutu hanner cant o ardaloedd o dwyni tywod o amgylch arfordir
Cymru, ac ymhlith y rhai mwyaf mae Cenffig a Mynydd Mawr yn y de, a Morfa
Harlech a Morfa Dyffryn, Niwbwrch a Gronant yn y gogledd.

Traethau Graean
Wrth sôn am draethau graean, golygwn y cerrig o bob maint a daflwyd i fyny ar y
traeth gan y tonnau, ac a lyfnhawyd dros gyfnod hir, gan rowlio i fyny ac i lawr gyda
phob llanw. Mae digonedd o enghreifftiau o gwmpas ein glannau, er nad oes gennym
ni yng Nghymru ddim i'w gymharu â Chesil Beach yn swydd Dorset, sydd dros ddeng
milltir o hyd.

Mae rhai o'r Traethau Graean yn gwbl foel, heb ddim planhigyn ar eu cyfyl, ond mae rhai eraill yn cynnal amryw o blanhigion hollol nodweddiadol. Yn rhyfedd iawn, mae digon o ddŵr yn y traethau graean, a hwnnw'n ddŵr croyw. Nid haloffytau, fel phanhigion y morfa, yw planhigion y graean. Mae'r rhai nodweddiadol yn cynnwys y Pabi Corniog Melyn (*Glaucium flavum* Yellow Horned-poppy), Tafolen Grech (*Rumex crispus* Curled Dock), Gludlys Arfor (*Silene uniflora* Sea Campion), Taglys Arfor (*Calystegia soldanella* Sea Bindweed) a'r Betys Arfor (*Beta maritima* Sea Beet). Ar y cyfan, mae'r rhain yn blanhigion mawr, hawdd eu hadnabod; un o'r rhai mwyaf yw'r Ysgedd Arfor (*Crambe maritima* Sea-kale), gyda dail tew fel cabeitsen, a chlwstwr o flodau bach gwynion; edrychwch amdano ar rai o draethau Môn.

Weithiau, ar dywydd garw, mae stormydd enbyd yn llacio a symud llawer o'r graean ac mae'r patrwm o ddilyniant yn ailddechrau. Ond os caiff y safle gyfle i sefydlu'n naturiol, gall porfa, mieri a llwyni ddatblygu fel ar y twyni tywod.

Traeth graean. Llanddulas, Sir Ddinbych. Mehefin 1969

Pabi Corniog Melyn (*Glaucium flavum* Yellow Horned-poppy). Y traeth graean yw ei gynefin arferol. Abergele. Hydref 1965

Taglys Arfor (*Calystegia soldanella* Sea Bindweed). Blodyn digon hardd, sy'n tyfu ar y tywod neu'r graean ar y traethau. Freshwater West, Sir Benfro. Mehefin 2012

Creigiau a Chlogwyni

Mae cryn amrywiaeth o glogwyni serth ar ein glannau, rhai ohonynt yn greigiau caled sy'n gwrthsefyll enbydrwydd y môr, fel yn Sir Benfro, ac eraill o dywod, clog-glai neu ddrifft rhewlifol sy'n erydu'n gyflym, fel ym Mhorth Dinllaen yn Llŷn.

Efallai mai ewyn y môr sy'n effeithio fwyaf ar blanhigion y clogwyni, ac yn wahanol i blanhigion y tir, rhaid iddynt ddygymod â'r halen yn eu cynefin. Ond mae rhai yn gallu goddef mwy na'i gilydd. Ar ben y rhestr, efallai, mae Corn Carw'r Môr (*Crithmum maritimum* Rock Samphire), gyda'i flodau melyn a'i ddail tew, yn hapus ar wyneb y graig, yn nannedd y storm. Un arall o flodau hyfrytaf yr arfordir yw Seren y Gwanwyn (*Scilla verna* Spring Squill), ond mae hwn yn llai goddefgar o'r heli, ac yn tyfu mewn llecyn ychydig yn fwy cysgodol, ymysg planhigion eraill. Efallai mai'r planhigyn enwocaf ar y creigiau yw Clustog Fair (*Armeria maritima* Thrift neu Sea Pink) – tybed faint o luniau a dynnwyd o'i flodau pinc yn erbyn glesni'r mor a'r awyr yng nghanol haf! Gweler tud. 231.

Porfa a Rhostir

Ar arfordir Môn, Llŷn a Phenfro (ac yma ac acw mewn ambell le arall) ceir stibed weddol gul o borfa, uwchben y creigiau a'r clogwyni. Y prif blanhigyn, bron yn ddieithriad, yw'r gweiryn Peiswellt Coch (*Festuca rubra* Red Fescue), ynghyd â rhywogaethau eraill sy'n nodweddiadol o bridd hallt glan y môr, megis Clustog Fair (*Armeria maritima* Thrift), Llwylys (*Cochlearia officinalis* Scurvygrass) y Llyriad Arfor (*Plantago maritima* Sea Plantain) a'r Llyriad Corn Carw (*P. coronopus* Buck's-horn Plantain). Yn gymysg â'r gweiriau ceir y Meillion Gwyn (*Trifolium repens* White Clover), Pysen-y-ceirw (*Lotus corniculatus* Bird's-foot-trefoil) ac efallai Pig y Creyr (*Erodium cicutarium* Common Stork's-bill).

Arfordir creigiog de Penfro. Ebrill 1973

Lafant y Môr y Creigiau (*Limonium binervosum* Rock Sea-lavender). Mae'r enw hwn yn cynrychioli nifer o is-rywogaethau apomictig, ar yr arfordir o Sir Fynwy i Sir Benfro. Culverhole, Bro Gŵyr. 1990

Ar ben y creigiau mae effaith y gwynt cryf yn amlwg iawn. Ychydig o goed sy'n llwyddo i oroesi – dim ond ambell i Ddraenen Ddu efallai, a honno yn dangos yn amlwg o ba gyfeiriad y daw'r gwynt fynychaf. Dyma hoff gynefin y gwningen, ac yn aml iawn y mae honno a'i thylwyth yn cadw'r tyfiant yn fân ac yn isel.

Mewn ambell i le daw tir amaethyddol bron i ymyl y clogwyn, ond dro arall, yn arbennig ym Môn a Phenfro, ceir rhostir o Rug (*Calluna vulgaris* Heather), Grug y Mêl (*Erica cinerea* Bell Heather) ac Eithin Mân (*Ulex gallii* Western Gorse), golygfa liwgar a thrawiadol ar ddiwrnod braf yn niwedd haf.

Yn gymysg â'r llwyni Grug, bydd ambell glwt o bridd tenau a sych. Dyma gartref planhigion bychain fel y Friweg Boeth (*Sedum acre* Biting Stonecrop) ar bridd calchog, a Briweg y Cerrig (*S. anglicum* English Stonecrop) ar dir sur. Mae gan y rhain flodau digon amlwg, ond rhaid craffu'n fanwl i ddod o hyd i'r gweiryn bychan Eiddilwellt Cynnar *Mibora minima* Early Sand-grass); chwiliwch amdano ar arfordir Sir Fôn mor fuan â mis Mawrth.

Ynysoedd Cymru

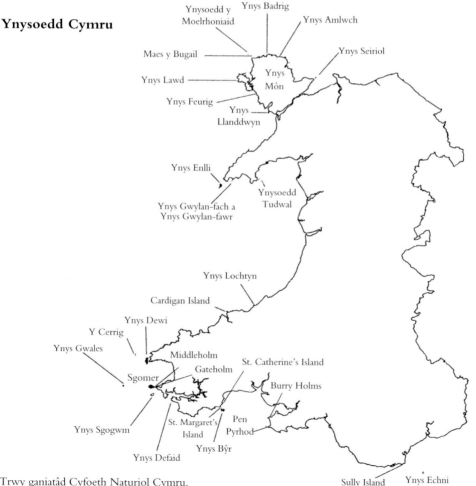

Trwy ganiatâd Cyfoeth Naturiol Cymru.

229

Yn ogystal ag Ynys Môn, y mae yna ryw ddau ddwsin o ynysoedd sydd dros 1 ha ger arfordir Cymru. Sgomer yw'r fwyaf, gyda oddeutu 300 ha o dir, ac Ynys Gwales yw'r bellaf, rhyw 15 km oddi ar arfordir Penfro. Mae gwybodaeth amrywiol am y llystyfiant ar gael am 17 ohonynt (Rhind, Blackstock & Parr 1997).

Ynys Enlli – golygfa o ben Mynydd Enlli. Mehefin 1996

Mae natur y llystyfiant yn dibynnu ar y hinsawdd – effaith y gwynt yn bennaf – yn ogystal â dylanwad amaeth, a phori gan gwningod. Mae'r pridd yn y rhan fwyaf o'r ynysoedd yn asidig neu yn niwtral, a dim ond ar Ynys Echni (*Flatholm*), Ynys Seiriol ac Ynys Bŷr (*Caldey*) y mae effaith y garreg galch i'w weld. Mae pedwar math o gynefin yn bwysig ar y rhan fwyaf o'r ynysoedd, sef clogwyni a chreigiau, porfa, rhedyn, a rhostir.

Ar y creigiau ceir Duegredynen Arfor (*Asplenium marinum* Sea Spleenwort), Corn Carw'r Môr (*Crithmum maritimum* Rock Samphire), Clustog Fair (*Armeria maritima* Thrift) a'r Llyriad Corn Carw (*Plantago coronopus* Buck's-horn Plantain).

Yn y borfa mae amrywiaeth o weiriau megis Maeswellt (*Agrostis sp.*), Peiswellt (*Festuca sp.*) a'r Maswellt Penwyn (*Holcus lanatus* Yorkshire Fog), planhigyn hynod o gyffredin. Lle bynnag bo'r tir glas wedi ei wella ar gyfer ffermio, mae Rhygwellt Parhaol (*Lolium perenne* Perennial Ryegrass) a Meillion Gwyn (*Trifolium repens* White Clover) yn dal eu tir am rai blynyddoedd, ond ar dir gwlyb ar rai o'r ynysoedd mwyaf, Glaswellt y Gweunydd (*Molinia caerulea* Purple Moor-grass) a'r Brwyn (*Juncus effusus* a *J. acutiflorus*) sy'n mynnu ymddangos.

Ar yr ynysoedd mwyaf, megis Enlli, Sgomer ac Ynys Dewi mae cryn dipyn o'r Grug (*Calluna vulgaris* Heather neu Ling) yn cystadlu â'r Rhedyn Ungoes (*Pteridium aquilinum* Bracken), sy'n lledaenu'n gyflym os na chaiff ei reoli. Ar rannau o Ynys Sgomer mae Clychau'r Gog (*Hyacinthoides non-scripta* Bluebell) a'r Eithin (*Ulex europaeus* Gorse) yn odidog o liwgar ym mis Mai.

Ceir mwy o fanylion am rai o'r ynysoedd o dan y gwahanol siroedd.

Duegredynen Arfor (*Asplenium marinum* Sea Spleenwort), rhedynen fechan sy'n tyfu mewn holltau yn y graig o amgylch arfordir Cymru. Gall wrthsefyll heli'r môr ond nid rhew caled. Tynwyd y llun ar Ynys Hilbre, yng ngheg y Ddyfrdwy, Awst 1978.

Golygfa hardd o Glustog Fair (*Armeria maritima* Thrift) ar greigiau'r môr. Penrhyn Mawr, Sir Fôn, Mai 2010

TIR DIFFAITH, WALIAU, CREIGIAU ETC.

Fe ddaeth rhyw arddwr heibio
 I wisgo'r domen brudd
Â rhoncwellt tal, a rhedyn,
 A blodau pinc eu grudd.
A heddiw clywais fronfraith
 O ardd y pyllau glo,
Yn moli'r Garddwr hwnnw
 Am adfer tegwch bro.

I D Hooson

Tir Diffaith

Mae yna bob math o dir diffaith neu dir wast o'n cwmpas, yn y wlad ac yn y dref, a phob math o blanhigion yn eu meddiannu, rhai yn lleol a chynhenid, a llawer iawn yn chwyn o'r fan hyn a'r fan draw. Rhaid i'r planhigion hynny fachu ar eu cyfle, trwy gynhyrchu digonedd o hadau, a'u gwasgaru'n effeithiol. Meddyliwch am rai fel Carn yr Ebol (*Tussilago farfara* Colt's-foot) a'r Helyglys Hardd (*Chamerion*

Rhuddygl Poeth (*Armoracia rusticana* Horse-readdish). Anaml y mae'n blodeuo, ond mae'r dail mawr (fel dail tafol) i'w gweld ar dir diffaith ac ar fin y ffordd. Abergele, Sir Ddinbych. 1994

angustifolium Rosebay Willowherb). Un
o'r rhai sydd wedi ymledu'n rhyfeddol
yw'r Gynffon Las (*Buddleja davidii*
Butterfly-bush) sydd mor gyffredin ar hen
reilffyrdd a thir diwydiannol; nid y
llecynnau mwyaf dymunol, efallai, ond o
leiaf, mae'r blodau yn dda am ddenu
glöynnod byw.

Mewn lleoedd o'r fath un o'r
teuluoedd mwyaf cyffredin yw teulu'r
bresych, *Brassicaceae* neu *Cruciferae*. Dyma
un neu ddau o'r rhai mwyaf cyffredin:

Achoswyd cryn ddifrod pan lithrodd y domen
yma o hen waith plwm dros dir amaethyddol yn
Nyffryn Conwy.

Llysiau'r-bystwn Cynnar (*Erophila verna* Whitlow-grass)
Berwr y Fagwyr (*Arabidopsis thaliana* Thale Cress)
Roced y Muriau'r Tywod (*Diplotaxis muralis* Wall Rocket)
Berwr Chwerw Blewog (*Cardamine hirsuta* Hairy Bitter-cress)
Pwrs y Bugail (*Capsella bursa-pastoris* Shepherd's Purse)
Rhuddygl Poeth (*Armoracia rusticana* Horse-radish)

Hen dir diwydiannol

Yn aml, ceir pob math o blanhigion annisgwyl a diddorol lle bu hen ddiwydiannau, er
enghraifft mewn chwareli calchfaen a llechi, tyllau tywod a graean, ochrau rheilffyrdd,
a thomennydd glo, a gwastraff pob math o fwynau. Hyd yn gymharol ddiweddar,
doedd neb yn poeni fawr am gyflwr safleoedd felly, ond erbyn hyn mae'r meddylfryd
wedi newid, ac mae'r grefft o adfer tir diwydiannol wedi datblygu'n rhyfeddol. Mae
tipiau wedi eu lefelu, tyllau wedi
eu llenwi a thir wedi ei glirio ar
gyfer amaethu, coedwigaeth,
gwarchodfeydd natur a
mwyniant y cyhoedd. Mae rhai
safleoedd wedi datblygu
llystyfiant naturiol, tra bo eraill
wedi eu plannu'n fwriadol.

Un o'r problemau gwaethaf
yw'r hen domennydd gwastraff
ar ôl mwyngloddiau plwm. Mae
plwm yn wenwynig iawn, ac
ychydig o blanhigion all dyfu
mewn lle felly. Ond mae ambell

Safle hen waith plwm yn Nhrelogan, Sir Fflint. Datblygwyd
gweiryn oddi yma a allai wrthsefyll y gwenwyn. Ebrill 1999

233

un yn llwyddo, ac efallai mai'r enwocaf yw Tywodlys y Gwanwyn (*Minuartia verna* Spring Sandwort) gyda'i garped o flodau bach gwyn. Gellir ei weld ar ei orau ar y tir comin ger pentrefi Trelogan, Rhes-y-cae, Rhosesmor a Helygain yn Sir Fflint, ardaloedd lle bu cloddio am blwm. Mae hefyd yn tyfu mewn ambell gynefin tebyg yn Sir Ddinbych, a hefyd, ond mewn amgylchedd hollol wahanol, yn uchel ymysg y creigiau ar rai o lechweddau Eryri. Yn ogystal â'r *Minuartia,* mae ffurf arbennig o'r gweiryn Peiswellt Coch (*Festuca rubra* Red Fescue) wedi esblygu i wrthsefyll y mwynau gwenwynig yn y pridd, a bu archwilio manwl iawn ohono yn Nhrelogan flynyddoedd yn ôl, gan yr Athro A D Bradshaw ac eraill o Brifysgol Lerpwl (gynt o Fangor). Datblygwyd y gweiryn arbennig hwn yn fasnachol o dan yr enw *Merlin*, a chafodd ei ddefnyddio ar draws y byd i adennill tir wedi ei lygru â metalau gwenwynig. Dangoswyd bod goddefiad gan rai planhigion yn benodol i fetalau arbennig. Er enghraifft, mae gweiriau sy'n tyfu ar wastraff sinc yn gallu gwrthsefyll sinc, ond nid o anghenraid yn gallu gwrthsefyll copr. Ond mae'r planhigion hynny yn gwrthsefyll plwm am fod gwastraff mwyngloddiau sinc fel arfer yn cynnwys lefelau gwenwynig o blwm hefyd. Ceir erthygl ddiddorol ar y gwaith yn Nhrelogan yn *Natur Cymru,* Rhif 59, Haf 2016, tud. 18.

Mae Tywodlys y Gwanwyn (*Minuartia verna* Spring Sandwort) yn enwog am ei allu i dyfu ar hen domenydd plwm. Brynford, Mynydd Helygain, Mai 1970

Safle hen weithfeydd haearn yng Ngwarchodfa Cwm Clydach, ger Bryn-mawr, ar y ffin rhwng Sir Frycheiniog a Sir Fynwy. Llecyn enwog am nifer o rywogaethau prin o'r Gerddinen Wen (*Sorbus*). Medi 2003

Arbrofi ar effeithiolrwydd calch a gwrtaith ar dyfiant gweiriau ar un o'r hen domenydd glo. Bersham, ger Wrecsam. Hydref 1975

Cloddio am dywod a graean. Gwersyllt ger Wrecsam. Ebrill 1974

Yr un ardal, wedi ei hadfer, ddwy flynedd yn ddiweddarach. Haf 1976

Mewn rhanau o Brydain ceir mwyngloddiau metalau lle mae nifer o degeirianau yn tyfu ar y gwastraff calchog, rhai megis Y Galdrist Ruddgoch (*Epipactis atrorubens* Dark-red Helleborine), Y Galdrist Lydanddail (*E. helleborine* Broad-leaved Helleborine) a Thegeirian y Broga (*Coeloglossum viride* Frog Orchid). Weithiau, ar ôl gweithfeydd oedd yn defnyddio Proses Leblanc i gynhyrchu sodiwm carbonad (soda golchi), ceir tomennydd enfawr o wastraff, yn llawn calch ond yn isel mewn maeth. Mae prinder nitrogen a ffosfferws yn atal tyfiant gweiriau a meillion a fuasai'n tagu'r planhigion mwy diddorol. Oherwydd hyn ceir blodau lliwgar megis Clychau'r Tylwyth Teg (*Erinus alpinus* Fairy Foxglove), Y Ganrhi Goch (*Centaurium erythraea* Common Centaury) a nifer o Degeirianau'r Gors (*Dactylorhiza spp.* Marsh Orchids).

Erbyn hyn, mae'r rhan fwyaf o'r hen domennydd glo wedi mynd. Roedd y rhain yn asidig iawn fel rheol, ac yn araf iawn y deuai unrhyw dyfiant i'w gorchuddio. Dau blanhigyn gwyllt sy'n gallu ymdopi â'r fath gynefin yw Suran yr Ŷd (*Rumex acetosella* Sheep's Sorrel) a'r gweiryn Brigwellt Main (*Deschampsia flexuosa* Wavy Hair-grass), ac weithiau ceir cnwd trwchus o'r Helyglys Hardd (*Chamerion angustifolium* Rosebay Willowherb). Arbrofwyd gydag amryw o goed wrth adennill tipiau glo, a chafwyd cryn lwyddiant gyda'r Wernen Lwyd (*Alnus incana* Grey Alder), coeden sy'n estron ym Mrydain, ond yn gynhenid ac yn gyffredin iawn yng ngwledydd Llychlyn, yng ngogledd Ewrop.

Mynydd Parys, ger Amlwch, yn Sir Fôn; yn ddrwg-enwog am gloddio copr a mwynau eraill.

Y Ddôl Uchaf, ger Afon-wen, Sir Fflint, wedi i'r gwaith o gloddio am y marl (*tufa*) ddod i ben. Y marl yw'r llecynnau gwyn, heb fawr ddim yn tyfu arnynt. 1967

Brial y Gors (*Parnassia palustris* Grass of Parnassus). Blodyn prin a ymddangosodd ar bridd gwlyb, calchog Y Ddôl Uchaf, 1987.

Mynyddoedd yr Alpau yw cartref naturiol Clychau'r Tylwyth Teg (*Erinus alpinus* Fairy Foxglove), ond mae'n digwydd yma ac acw yn Sir Fflint ar hen waliau – wedi dianc o'r gerddi. Helygain, Mehefin 2001

Waliau

Mae gan waliau hefyd eu planhigion arbennig. Mae Blodyn y Fagwyr (*Erysimum cheiri* Wallflower) yn hen gyfarwydd, ond efallai yn fwy cyffredin bellach yw'r Triaglog Coch (*Centranthus ruber* Red Valerian) – weithiau gyda blodau gwyn, er gwaethaf ei enw; cyrhaeddodd hwn yma o ardal Môr y Canoldir. Blodyn bach diddorol, hefyd yn ymwelydd tramor, yw Trwyn y Llo Dail Eiddew (*Cymbalaria muralis* Ivy-leaved Toadflax). Dywedir fod hwn wedi ei gyflwyno i'r ynysoedd hyn yn 1618 (*McClintock* 1966). Mae'r blodau'n tyfu ar goesyn hir, a gall gwenyn eu peillio, ond wedi i'r hadau ddatblygu, mae'r coesyn yn troi yn ôl at y wal, ac yn gosod yr had mewn tyllau ac agennau bach, lle gallant egino a thyfu yn blanhigion newydd. Anaml iawn y gwelir y *Cymbalaria* yn tyfu ar greigiau naturiol yn y wlad yma, dim ond ar waliau neu furiau, yn unol â'i enw *muralis*. Planhigyn arall, digon disylw, yw Paladr y Wal (*Parietaria judaica* Pellitory-of-the-wall), sy'n aml yn tyfu ar waelod y waliau, ac yn enwedig yng nghysgod hen adeiladau ar y garreg galch. Mae traddodiad yn ein hardal ni ei fod yn dda at anhwylder y stumog.

Hen waliau yw'r cynefin gorau i ddod o hyd i ddwy redynen fach, Duegredynen y Muriau (*Asplenium ruta-muraria* Wall Rue) a Duegrydynen Gwallt y Forwyn

(*A. trichomanes* Maidenhair Spleenwort). Mae'r ddwy yn gyffredin iawn dros Gymru gyfan. Perthynas agos iddynt yw'r Dduegredynen Gefngoch (*A.ceterach* Rusty-back Fern); mae hon yn brin ar y garreg galch yn fy nghynefin i yn Sir Fflint, ond yn llawer mwy cyffredin tua siroedd y gorllewin. Tuedd y planhigion bychain hyn yw 'mynd i gysgu' yn ystod misoedd sych yr haf, a dadebru ar gyfer eu tymor tyfu pan ddaw tywydd gwlyb y gaeaf.

Er eu bod y tu allan i faes y llyfr hwn, rhaid i mi gyfeirio at ddau o'r mwsoglau, *Grimmia pulvinata* a *Tortula muralis*. Dyma ddau blanhigyn cyffredin iawn sy'n tyfu ar waliau, y cyntaf yn arbennig ar ben waliau a hyd yn oed ar lechi ar y to, a'r ail ar waliau cerrig a brics yn y wlad ac yn y dref. Dysgwch eu henwau, *Grimmia* a *Tortula,* a chwiliwch amdanynt fel clustogau bach tyn, blewog – maen nhw'n hynod o hardd o dan y chwydd-wydr.

Creigiau a waliau yw cynefin y Ddeilen Gron (*Umbilicus rupestris* Navelwort), ond mae'n dueddol i osgoi pridd calchog. Rhyd-y-creuau, Betws-y-coed, Mai 1998

Planhigion y dref

Ac o drafod planhigion y dref, tybed ydych chi'n byw o fewn cyrraedd i Aberystwyth? Botanegydd amlycaf Sir Aberteifi (Ceredigion) yw Arthur Chater, awdur y gyfrol wych *Flora of Cardiganshire* (2010), ac yn 1974 aeth ati i wneud arolwg manwl o'r holl blanhigion oedd yn tyfu'n wyllt yn nhref Aberystwyth. Cyhoeddwyd y gwaith o dan y teitl 'The Street Flora of Central Aberystwyth' *BSBI Welsh Regional Bulletin* No. 21, July 1974, 2-17. Archwiliodd yr awdur 54 o strydoedd, a chofnododd 108 o wahanol blanhigion. Dyma rai o'r canlyniadau:

Y chwe planhigyn mwyaf cyffredin oedd:

Gweunwellt Unflwydd (*Poa annua* Annual Meadow-grass)

Corwlyddyn Gorweddol (*Sagina procumbens* Procumbent Pearlwort)

Dant-y-llew (*Taraxacum spp.* Dandelion)

Llydan y Ffordd (*Plantago major* Greater Plantain)

Creulys (*Senecio vulgaris* Groundsel)

Llaethysgallen Lefn (*Sonchus oleraceus* Smooth Sow-thistle)

Yn tyfu ar y waliau, roedd:

Marchredynen Gyffredin (*Dryopteris filix-mas* Male-fern)

Tafod yr Hydd (*Phyllitis scolopendrium* Hart's-tongue)

Trwyn y Llo Dail Eiddew (*Cymbalaria muralis* Ivy-leaved Toadflax)

Duegredynen y Muriau (*Asplenium ruta-muraria* Wall-rue)

Duegredynen Gwallt y Forwyn (*A.trichomanes* Maidenhair Spleenwort)

Duegredynen Gefngoch (*A. ceterach* Rustyback)

Llawredynen Gyffredin (*Polypodium vulgare* Polypody)

Ar y strydoedd agosaf i'r môr, o dan ddylanwad yr heli, cafwyd:

Llwylys Denmarc (*Cochlearia danica* Danish Scurvygrass)

Llwydwellt y Calch (*Catapodium marinum* Sea Fern-grass)

Llyriad Corn Carw (*Plantago coronopus* Buck's-horn Plantain)

Bum mlynedd ar hugain yn ddiwerarach, yn 1998, aeth Arthur Chater ati i ailadrodd yr arolwg, a chyhoeddwyd y gwaith yn *BSBI Welsh Bulletin,* 70, Summer 2002. Dyma rai o'r canlyniadau:

Yn 1974 cofnodwyd 108 o rywogaethau.

Yn 1998 cofnodwyd 125 o rywogaethau, gan gynnwys 57 o rai newydd, ond ni chofnodwyd 41 o'r rhai gwreiddiol.

Gwelir fod cryn newid yn digwydd i blanhigion y stryd. Bu ennill a cholli sylweddol. Yn rhyfedd iawn, collwyd llawer o'r rhedyn; er enghraifft, aeth y Rhedynen Fair (*Athyrium filix-femina* Lady-fern) o saith cofnod i lawr i ddim un, a'r Farchredynen Gyffredin (*Dryopteris filix-mas* Male-fern) o 34 cofnod i lawr i saith. I'r gwrthwyneb, bu cynnydd trawiadol mewn rhai o'r planhigion a ddihangodd o'r gerddi i dyfu'n wyllt ar hyd y strydoedd. Cynyddodd cofnodion y Gynffon Las (*Buddleja davidii*) o un i 28, a'r Driaglog Coch (*Centranthus ruber* Red Valerian) o ddim i 11. Mae'n amlwg fod cryn fynd a dod ym myd y planhighion yn nhref Aberystwyth.

Rhan 3

SUT I FYND ATI: BOTANEGWYR WRTH EU GWAITH

PENNOD 27

SUT I FYND ATI: BOTANEGWYR WRTH EU GWAITH

Meddyliais unwaith y buaswn yn galw'r llyfr hwn yn *Mwynhau'r Blodau Gwyllt*; yn sicr, rydw i wedi cael oes o fwynhad ym myd y blodau, ac mae'r bennod hon yn trafod sut i fynd ati i fwynhau.

Cynrychiolwyr y siroedd yng nghynhadledd Cymdeithas Fotanegol Prydain. Coleg Harlech, 1998
Rhes gefn: Mike Porter (Brycheiniog), Peter Benoit (Meirionnydd), Julian Woodman (Dwyrain Morgannwg), Geoff Battershall (Arfon), Arthur Chater (Ceredigion), Marjorie Wainwright (Maldwyn), Goronwy Wynne (Fflint).
Rhes flaen: Stephen Evans (Penfro), Gwynn Ellis (Ysgrifennydd), Richard Pryce (Caerfyrddin), Quentin Kay (Gorllewin Morgannwg), David Humphreys (Maesyfed), Jean Green (Dinbych).

Ym Mhennod 16 buom yn trafod y gyfraith ynglŷn â byd y blodau. Cofiwch **nad oes gennych hawl i ddadwreiddio unrhyw blanhigyn gwyllt heb ganiatâd perchennog y tir, ond y mae gennych hawl, gyda rhai eithriadau, i gasglu blodau gwyllt**. Mae casglu planhigion, o fewn rheswm, ar gyfer eu hadnabod a'u hastudio, fel arfer yn dderbyniol, ac yn wir, yn magu diddordeb ac yn hybu gwybodaeth, ac mae hynny yn ei dro yn arwain at barch at fyd natur a gofal amdano. Mae hel cnau a mwyar duon at iws personol yn hen draddodiad, sydd hefyd yn dderbyniol. Synnwyr cyffredin yw'r rheol aur. Cysylltwch â Cyfoeth Naturiol Cymru am y llyfryn *Bywyd gwyllt, y gyfraith a chi*.

Dysgu adnabod ac enwi'r blodau

Y ffordd orau o ddigon i ddysgu yw mynd allan yng nghwmni rhywun profiadol – rydw i'n dal i wneud hynny – 'mae dysg o febyd i fedd'.

Mae ambell i beth yn hanfodol. Gan fod angen gweld manylion llawer o blanhigion, a'r rheini yn fychain, rhaid wrth **chwyddwydr.** Y math gorau yw **x10**, a does dim angen gwario arian mawr, mae'r rhai pris cymhedrol yn hollol addas. Ar gyfer rhai tasgau manylach, i archwilio pethau bychain, megis paill, sborangia rhedyn, neu gelloedd planhigion, mae angen meicrosgop, ac fe ellir cael un ail law am bris rhesymol.

Pan ddowch ar draws blodyn diddorol, dysgwch wneud **nodiadau** yn y fan a'r lle; mae'n rhy hawdd anghofio manylion; nodwch y lle, y dyddiad a'r math o gynefin. Mae **llyfr adnabod y blodau** yn hanfodol. Ond pa un? Wel, yr un gorau ydi'r un yr ydych chi'n ei hoffi. Mae rhai yn dewis llyfr gyda ffotograffau lliw, eraill yn hoffi un gyda phaentiadau lliw, neu luniau du a gwyn. Mae rhai yn poeni llai am y lluniau ond am gael disgrifiad o'r manylion i gyd. Y cyngor gorau yw: yn gyntaf, benthycwch ddau neu dri o wahanol lyfrau, a'u defnyddio. Yna dewiswch yr un sy'n eich plesio chi, wedyn ei brynu. Hefyd, dysgwch ddefnyddio allwedd (*key*) botanegol ar gyfer adnabod ac enwi. Mynnwch wersi, a dysgwch y prif eiriau technegol – fe dâl hyn ar ei ganfed, ac mae'n gwbl allweddol. Gyda llaw, ambell dro gellir mynd â'r llyfr at y planhigyn, ond yn aml iawn mae'n well cymryd y planhigyn at y llyfr, a'i astudio'n ofalus mewn heddwch. Dyma bwynt pwysig: wrth ei gasglu, rhowch y planhigyn dros ei ben mewn bag plastig. Peidiwch â gadael iddo sychu a gwywo cyn cyrraedd adref, na chwaith ei adael ar y bwrdd am ddyddiau! Hefyd, mae cyllell boced yn bwysig iawn, rhag eich bod yn rhwygo'r planhigion – neu'ch bysedd!

Gruff Ellis, Ysbyty Ifan, Naturiaethwr a llenor. Penmachno, 1998

Yn fuan iawn, fe ddysgwch sut i gasglu digon o'r planhigyn; peth diflas ydi cyrraedd adref a darllen cwestiwn am y dail isaf, a chwithau wedi casglu dim ond y rhan uchaf! Byddwch yn amyneddgar, ac ar ôl penderfynu pa blanhigyn sydd gennych dan sylw, chwiliwch beth ydyw ei ddosbarthiad. Os mai yng Nghymru y casglwyd y planhigyn, ond bod y llyfr yn dweud mai dim ond yng ngogledd yr Alban, neu yng Nghernyw y mae'n tyfu, yna rhaid cydnabod eich camgymeriad, a dechrau eto. Wrth gwrs, y posibilrwydd arall ydi eich bod wedi darganfod rhyfeddod prin, ac y byddwch yn enwog dros nos – pwy a ŵyr! Heddiw, mae llawer o wybodaeth ar gael drwy'r cyfrifiadur; chwiliwch y we, ac fe ddowch o hyd i bob math o ryfeddodau megis *i-spot*, finding wild flowers, BSBI, Plantlife, The Wild Flower Society ac ati, a phob un yn cynnig help a gwybodaeth.

Hefyd, cofiwch fod pob math o help ar gael i adnabod ac enwi planhigion, help ymarferol. Gellir anfon planhigion at yr Amgueddfeydd mawr, megis Kew; Amgueddfa Genedlaethol Cymru, Caerdydd a'r Natural History Museum, Llundain. Mae'n well anfon am gyfarwyddyd a manylion gyntaf, cyn anfon y planhigion. Gwn trwy brofiad fod llawer iawn o bobl yn glustfyddar i'r cynghorion hyn – yn rhy swil neu'n rhy ddiog i fentro. Piti garw! Y ffordd i gael ateb ydi trwy ofyn.

Ond os ydych o ddifrif, does dim i'w gymharu â'r **Botanical Society of Britain and Ireland** (**BSBI**) Cewch y manylion i gyd oddi wrth: BSBI, Department of Botany, The Natural History Museum, Cromwell Road, London SW7 5BD. www.bsbi.org.uk. Dyma'r gymdeithas ar gyfer botanegwyr amatur a phroffesiynol. Rhaid talu am ymaelodi, ond yna mae'r gwasanaeth yn rhad ac am ddim. Mae gan y BSBI banel o ryw gant o arbenigwyr sy'n gwirfoddoli i

Delyth Williams yn ei helfen ar greigiau Eglwyseg, Llangollen, 2004.

enwi planhigion a gasglwyd ym Mhrydain ac Iwerddon. Mae rhai yn arbenigo ar y planhigion anodd megis yr Helyg, Dant-y-llew a'r Hesg, ond mae hefyd rai sy'n barod i helpu'r aelodau dibrofiad – y rhai sy'n dechrau arni.

Rydw i wedi anfon rhai cannoedd o blanhigion i gael eu henwi, dros gyfnod o fwy na deugain mlynedd, ac yn dal i wneud hynny.

Cofiwch hefyd fod gan y BSBI Gofnodydd (*Referee*) ym mhob sir, i helpu'r aelodau lleol ac i drefnu cyfarfodydd maes, lle gellwch ddysgu llawer am eich planhigion lleol yng nghwmni rhai sydd â'r un diddordeb.

Gwneud eich casgliad eich hun: paratoi herbariwm

Dyma'r ffordd orau i ddod i adnabod y blodau, sut i'w trin a'u trafod, a'u trysori.
Dyma rai cynghorion:

1. Casglwch blanhigion nodweddiadol o'u bath, nid y rhai mwyaf na'r rhai lleiaf.

2. Casglwch sbesiminau cyfan – nid tameidiau bach – gorau oll os ydynt yn dangos y gwreiddiau, y coesyn, y dail a'r blodau. Wrth reswm, nid yw hyn yn ymarferol bob tro.

3. Rhowch eich sbesimen mewn bag plastig ar unwaith, rhag iddo sychu a gwywo.

Rhan o herbariwm yr awdur.

4. Wedyn, rhowch y planhigyn mewn gwasg (*plant press*), rhwng amryw dudalennau o bapur (mae papur newydd yn iawn). PWYSIG: cofiwch hefyd roi darn o bapur (label) gyda'r manylion: lleoliad, cyfeiriad grid, math o gynefin (e.e. min y ffordd, coed derw, llyn, cors, porfa galch, morfa heli, twyni tywod, tir wast), y dyddiad, ac enw'r casglwr. Ni allaf bwysleisio pa mor bwysig yw cofnodi'r manylion! Mae rhai yn anghofio, neu'n rhy ddiog i wneud hyn, ac yn creu problemau dirfawr i'w hunain ac i eraill. Heb y manylion hyn mae'r planhigyn, i bob pwrpas, yn ddiwerth. Hefyd, does dim esgus am fethu â darllen map, a'r cyfeirnod grid!

5. Ar ôl rhai oriau (neu ddiwrnod) agorwch y wasg, ac ailosodwch y sbesimen i ddangos ei holl nodweddion, peidiwch â gadael y dail i gyd ar draws ei gilydd. Erbyn hyn bydd y planhigyn yn fwy hyblyg ac yn haws ei drin. Gadewch y sbesiminau yn y wasg, o dan bwysau, am rai dyddiau. Mae rhai planhigion yn cynnwys mwy o wlybaniaeth na'i gilydd ac yn cymryd mwy o amser i sychu. Yn aml iawn, mae'n talu newid y papur am bapur arall, sych, ar ôl diwrnod neu ddau.

6. Pan mae'r planhigion yn fflat, ac yn berffaith sych, gellir eu tynnu o'r wasg. Cofiwch gadw'r label manylion gyda'r planhigyn iawn!

7. Bellach, mae'r sbesimen yn barod i'w osod yn ei le ar dudalen o bapur cryf o ansawdd da. Rhaid ei ddal yn ei le gyda nifer o stribedi tâp gludiog y gellir ei wlychu, NID tâp hunanludio, ac yn sicr NID *sellotape* o unrhyw fath. Ceisiwch osod y planhigyn i orwedd mewn ffordd 'naturiol', gan ddangos ei nodweddion hyd y gellir. Er enghraifft, dylid dangos wyneb uchaf rhai o'r dail, ac wyneb isaf rhai eraill.

8. Yn olaf, ac yn bennaf efallai, mae'n hollbwysig gosod label gludiog gyda'r holl fanylion yn y gornel isaf, ar y dde fel rheol.

Efallai eich bod yn ddigon ffyddiog i sgrifennu enw'r planhigyn ar y label, ond os
nad ydych yn siwr, peidiwch poeni, gellir cael rhywun arall, mwy profiadiol, i'w enwi.
Dylid cadw tudalennau'r planhigion, y sbesiminau unigol, mewn ffolder cryf, mewn
lle hwylus – a dyna chi wedi dechrau gwneud eich herbariwm eich hun. Ydi'r gwaith
yn cymryd amser? Ydi! Oes gennych chi le i gadw'r tudalennau? Peidiwch poeni, –
cymerwch bwyll, mae hebariwm Kew yn cynnwys rhyw 7 miliwn o dudalennau! A
chyda llaw, mae'r manylion i gyd, a mwy, am sut i fynd ati, yn *The Herbarium
Handbook* (1989) gan Forman & Bridson. Yn ddi-os, y ffordd orau i ddysgu am hyn i
gyd yw ymweld ag un o'r casgliadau mawr; mae adran yr herbariwm yn yr
amgueddfeydd cyhoeddus, megis Caerdydd a Lerpwl yn agoriad llygad, ac mae'r staff
yn fawr eu croeso i'r ymwelydd sydd am ddysgu. Mentrwch. Mae'r manylion am yr
holl gasgiadau ym Mhrydain ac Iwerddon yn y llyfryn hwylus: Kent & Allen (1984)
British and Irish Herbaria.

Danhadlen Fach (*Urtica urens* Small Nettle): rhan o
herbariwm Edward Llwyd (Lhuyd) (1660-1709) yn
amgueddfa Woolaton Hall, Nottingham, 2003.

Sorbus porrigentiformis. Cwm Clydach 2001.
Llun: Tim Rich

Mae casglu blodau yn debyg i gasglu stampiau ers talwm, mae'n talu cyfyngu eich diddordeb ar y dechrau. Beth am ganolbwyntio ar un agwedd ar y cychwyn? Er enghraifft:

Coed: casgliad o frigau deiliog.

Rhedyn; does dim ond rhyw 50 yng Nghymru.

Planhigion eich ardal, eich pentref, neu eich tref.

Planhigion un cynefin, e.e. y mynydd, yr arfordir.

Un teulu o blanhigion e.e.

Ranunculaceae: Teulu'r Blodyn Ymenyn

Fabacea: Teulu'r Pys

Poacea (*Gramineae*): Teulu'r Gweiriau

neu un grŵp bychan (llai na dwsin) megis yr ysgall neu'r llyriad (*plantains*) – nid y planhigion mwyaf deniadol ar yr olwg gyntaf, ac fe fydd eich ffrindiau'n meddwl eich bod yn hollol hurt! Ond peidiwch poeni, cyn pen dim fe fyddwch chi'n adnabod y planhigion hynny, a fyddan nhw ddim!

Efallai, hefyd, y dylwn awgrymu rhai i'w hosgoi ar y dechrau, e.e. Dant-y-llew (mae dros 200 o wahanol rai ym Mhrydain), y Rhosod, y Mwyar, yr Hesg a'r Helyglys. Mae pob un yn gymhleth ac mae angen profiad. Gadewch lonydd i'r rhain ar y dechrau!

Sut i gael help: cymdeithasau perthnasol – mae manylion y rhan fwyaf ar y we:

Botanical Society of Britain and Ireland (BSBI)
Dyma'r brif gymdeithas i fotanegwyr proffesiynol ac amatur ar gyfer astudio planhigion blodeuol a rhedyn, yn arbennig eu dosbarthiad. Mae cyfarfodydd maes ar gyfer pob oed a phrofiad, gan gynnwys cyrsiau preswyl yng Nghymru.

Ymddiriedolaethau Natur Cymru
Dyma'r canghennau: Brycheiniog, De a Gorllewin Cymru, Gwent, Gogledd Cymru, Sir Drefaldwyn, Sir Faesyfed.

Coed Cymru
Sefydlwyd yn 1985 i hyrwyddo diddordeb mewn coed gan y cyhoedd ac i gynorthwyo perchnogion coedlannau.

RSPB
Er mai gwarchod adar yw prif amcan y gymdeithas, mae ei gwarchodfeydd yn denu botanegwyr hefyd.

British Ecological Society
Dyma'r gymdeithas ecolegol hynaf yn y byd, a sefydlwyd yn 1913. Ei hamcan yw meithrin a hybu ecoleg.

Yr Ymddiriedolaeth Genedlaethol
Yn ogystal â gofalu am adeiladau pwysig, dyma dirfeddiannwr mwyaf Prydain, a sefydlwyd yn 1895. Mae'n berchen ar nifer o ffermydd a gwarchodfeydd mewn ardaloedd o bwysigrwydd cadwraethol.

Plantlife Cymru
Cymdeithas gyda'r amcan o feithrin diddordeb y cyhoedd mewn blodau gwyllt, a gwarchod planhigion a'u cynefin. Mae ganddi nifer o warchodfeydd yng Nghymru.

The Woodland Trust
Gwarchod coedlannau o goed cynhenid ym Mhrydain yw amcan y gymdeithas hon. Mae ganddi dros 100 o goedlannau yng Nghymru, gyda mynediad rhydd i'r cyhoedd.

Wild Flower Society
Cymdeithas yn arbennig ar gyfer amaturiaid sydd â diddordeb mewn blodau gwyllt. Mae'n trefnu gweithgareddau a chyfarfodydd maes drwy'r flwyddyn.

Y Cyngor Astudiaethau Maes (Field Studies Council)
Mae gan yr FSC nifer o ganolfannau preswyl ledled Prydain, yn cynnig cyrsiau gwych ar bob agwedd o fyd natur. Mae tair o'r canolfannau yng Nghymru, sef Rhyd-y-Creuau ger Betws-y-Coed, a Dale Fort ac Orielton yn Sir Benfro.

Cymdeithas Edward Llwyd
Cymdeithas Naturiaethwyr Cymru sy'n gweithredu drwy'r iaith Gymraeg. Mae'n trefnu teithiau cerdded drwy'r flwyddyn ym mhob rhan o Gymru, gan gynnwys rhai i astudio blodau gwyllt. Hefyd mae **Llên Natur** ar y we sy'n cynnwys llawer o wybodaeth.

Gellir ymaelodi â'r cymdeithasau uchod. Cyrff statudol yw'r rhai nesaf, ond fel rheol gellwch gael gwybodaeth a chynghorion ganddynt. Mae'n werth holi.

Cyfoeth Naturiol Cymru
Dyma'r corff statudol a sefydlwyd yn 2013, pan unwyd y Cyngor Cefn Gwlad, Asiantaeth yr Amgylchedd a'r Comisiwn Coedwigaeth.

Awdurdodau Lleol y gwahanol siroedd.
Mae gan y rhan fwyaf adrannau Ecoleg neu Amgylcheddol sy'n gyfrifol am warchod byd natur.

Mae pob math o wybodaeth ar y we: chwiliwch am y rhain:
Herbaria at home, iSpot, Pl@ntNet identification

Tynnu lluniau blodau
Nid wyf yn arbenigwr mewn ffotograffiaeth, er bod gennyf ystafell dywyll yn y tŷ ar un adeg. Ar ôl tynnu miloedd o luniau blodau – a gwneud miloedd o gamgymeriadau – dyma sylw neu ddau, o brofiad.

1. Ystyriwch beth yw pwrpas y llun. Ai dangos cynefin y planhigyn, y planhigyn cyfan, grŵp o blanhigion neu fanylion un blodyn?

2. Dysgwch sut mae cael ffocws clir. Pwysig iawn, ac anodd iawn!
Os ydych yn tynnu llun un planhigyn, a ydych am i'r cefndir fod mewn ffocws ai peidio? Edrychwch ar luniau pobl eraill.

Ambell dro, mae mymryn o liw coch yn fantais mewn llun.

3. Cofiwch fod planhigion yn symud ym mhob awel. Dysgwch ddefnyddio trybedd (*tripod*). Rhaid cyfaddef fy mod i'n euog o esgeuluso hyn yn rhy aml.

4. Peidiwch â dal y camera'n rhy bell o'r blodyn. Mae'n cymryd blynyddoedd i ddysgu'r wers yma!

5. Meddyliwch am y cefndir. Mewn llawer o luniau mae'r blodyn yn diflannu mewn cymysgedd o blanhigion eraill o'i gwmpas a thu ôl iddo. Mae angen 'garddio' ychydig o gwmpas y prif wrthrych weithiau, OND – parchwch y blodau prin.

6. Pwyll! Mae'n anodd iawn tynnu lluniau da pan ydych yn cerdded gyda chriw o bobl eraill. Mae tynnu llun da yn waith araf – ewch allan ar eich pen eich hun, a pheidiwch â bod ar frys!

7 Cofiwch nodi'r lle a'r dyddiad – fe fyddwch yn siwr o anghofio!

8. Mae digon o lyfrau da ar gael, ac un o'r rhai gorau ydi *How to Photograph Wild Flowers* (1998) gan Heather Angel.

Ceisiwch gael manylion y blodyn yn glir – nid bob amser yn hawdd!

Tro Trwy'r Tymhorau

Gweler *The Floral Year* gan L J F Brimble (1949), clasur 622 tudalen.

Mae'r rhannau cyntaf yn cyflwyno byd y planhigion, yn trafod ffurf y planhigyn, y blodau a'r ffrwythau, y gwahanol gynefinoedd, a gair am y dull o ddosbarthu ac am enwau planhigion (sydd braidd yn hen ffasiwn erbyn hyn). Yna ceir pennod hir yn manylu ar blanhigion pob mis o'r flwyddyn. Er bod dros hanner canrif er pan gyhoeddwyd y llyfr, a bod llawer o'r enwau wedi newid, mae'n dal yn drysorfa o wybodaeth ddiddorol.

Dau air o brofiad:

1. Cofiwch fod llawer o'r blodau gwyllt ar eu gorau yn y gwanwyn – y gwanwyn cynnar weithiau. Erbyn canol haf fe fyddwch wedi colli amryw o'r rhai gorau.

2. Ond, mae'n bosibl llysieua bron drwy'r flwyddyn. Mae llawer o ddail ar y coed hyd yn oed ym mis Tachwedd, ac mae ambell flagur yn deffro erbyn y Mis Bach. Yn ystod Rhagfyr a Ionawr arhoswch gartref i ddarllen, neu ewch i weld un o'r herbaria mawr.

Rhan 4

TRO DRWY'R SIROEDD

PENNOD 28

SIROEDD CYMRU, A CHYNLLUN WATSON – YR IS-SIROEDD

Mae hen siroedd Cymru yn dyddio yn rhannol o 1284 ac yn rhannol o 1536. Dros y canrifoedd bu peth newid ar y ffiniau, ac yna, yn 1974 bu ad-drefnu llwyr, pan ddiddymwyd yr hen batrwm, gan greu wyth sir newydd. Daeth ad-drefnu eto yn 1996 pan sefydlwyd yr unedau presennol, 22 ohonynt, ac y mae sôn am newid eto fyth.

Defnyddio'r siroedd i ddangos patrwm y planhigion

Yn 1852 sylweddolodd Hewett Cottrell Watson, un o brif fotanegwyr Prydain, fod angen mawr am gynllun hwylus a sefydlog i ddangos dosbarthiad planhigion dros y wlad. Roedd y siroedd yn anghyfartal iawn o ran maint, rhai o'r rhai mwyaf gymaint â chan gwaith yn fwy na'r rhai lleiaf. Dyfeisiodd batrwm o is-siroedd (*vice-counties*) gan rannu'r rhai mwyaf, megis Dyfnaint ac Argyll yn nifer o is-siroedd llai, ac uno'r rhai lleiaf gyda'u cymdogion agosaf, megis Rutland gyda Swydd Gaerlŷr (*Leicestershire*) a Nairn gyda Swydd Inverness. Fodd bynnag, roedd y mwyafrif o'r siroedd, gan gynnwys siroedd Cymru, yn aros heb fawr o newid. Y canlyniad oedd creu patrwm o 112 o is-siroedd newydd wedi eu rhifo o'r rhif 1, Gorllewin Cernyw yn y de i'r rhif 112, Shetland yn y gogledd. Cafodd y cynllun newydd dderbyniad cyffredinol, ac y mae'n parhau hyd heddiw.

Hewett Cottrell Watson

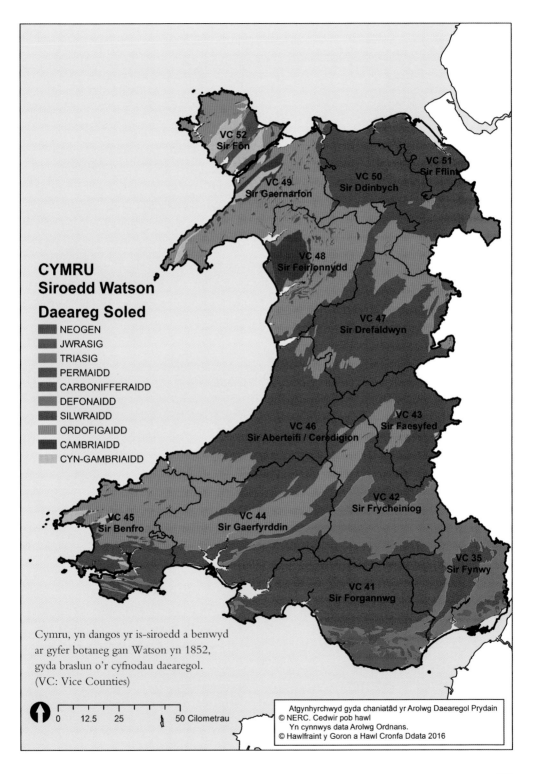

CYMRU
Siroedd Watson

Daeareg Soled
- NEOGEN
- JWRASIG
- TRIASIG
- PERMAIDD
- CARBONIFFERAIDD
- DEFONAIDD
- SILWRAIDD
- ORDOFIGAIDD
- CAMBRIAIDD
- CYN-GAMBRIAIDD

Cymru, yn dangos yr is-siroedd a benwyd
ar gyfer botaneg gan Watson yn 1852,
gyda braslun o'r cyfnodau daearegol.
(VC: Vice Counties)

0   12.5   25   50 Cilometrau

Atgynhyrchwyd gyda chaniatâd yr Arolwg Daearegol Prydain
© NERC. Cedwir pob hawl
Yn cynnwys data Arolwg Ordnans.
© Hawlfraint y Goron a Hawl Cronfa Ddata 2016

Yng Nghymru roedd y tair sir ar ddeg, o Fynwy i Fôn yn weddol debyg o ran maint, ac nid oedd angen eu rhannu na'u huno; ond beth am y rhannau hynny o Sir Fflint oedd ar wahân, sef 'Flintshire detached'? Yn ffodus, defnyddiodd Watson synnwyr cyffredin, gan benderfynu eu bod i'w cynnwys fel rhan o is-sir Dinbych.

Dros y blynyddoedd mae mân newidiadau wedi digwydd i ffiniau'r siroedd, ond mae cynllun Is-siroedd Watson wedi creu patrwn digyfnewid sy'n osgoi problemau o'r fath. Wrth gwrs, mae lle pwysig i'r cynllun diweddarach o ddefnyddio sgwariau'r Grid Cenedlaethol i gofnodi dosbarthiad, a dyna a geir, er enghraifft, yn *New Atlas of the British and Irish Flora* (2002), ond mae cynllun Watson yn cydnabod teyrngarwch botanegwyr, yn ogystal â thrwch y boblogaeth, i'w sir eu hunain, ac yn hwyluso'r ffordd i gymharu hen gofnodion ar raddfa sirol â rhai diweddarach, hyd heddiw. Yn sicr, nid yw enwau y siroedd presennol wedi magu digon o arwyddocâd ar gyfer amcanion y gyfrol hon.

Felly, doedd dim amheuaeth nad patrwm Watson oedd yr un i'w ddilyn wrth edrych ar blanhigion hen siroedd Cymru, a dyna'r cynllun a ddefnyddir trwy gydol y llyfr hwn.

PENNOD 29

SIR FYNWY (VC 35)

Wyllt Walia ydwyt tithau, Mynwy gu!
Dy enw'n unig a newidiaist ti.

Islwyn

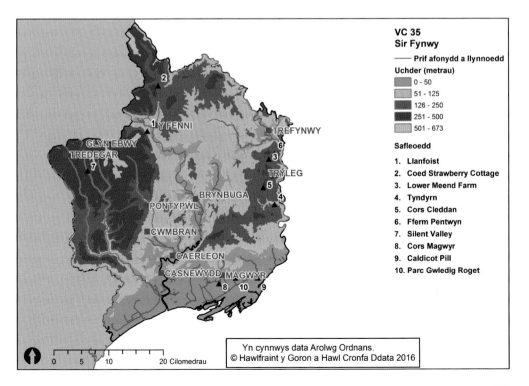

VC 35
Sir Fynwy

—— Prif afonydd a llynnoedd
Uchder (metrau)
0 - 50
51 - 125
126 - 250
251 - 500
501 - 673

Safleoedd

1. Llanfoist
2. Coed Strawberry Cottage
3. Lower Meend Farm
4. Tyndyrn
5. Cors Cleddan
6. Fferm Pentwyn
7. Silent Valley
8. Cors Magwyr
9. Caldicot Pill
10. Parc Gwledig Roget

Yn cynnwys data Arolwg Ordnans.
© Hawlfraint y Goron a Hawl Cronfa Ddata 2016

Dyma sir ddiddorol a llawn amrywiaeth, yn ne-ddwyrain Cymru.

I'r de mae aber afon Hafren ac i'r dwyrain mae siroedd Henffordd a Chaerloyw; mae Sir Frycheiniog i'r gogledd a Morgannwg i'r gorllewin. Mae afon Wysg yn llifo o'r gogledd, drwy'r Fenni, Brynbuga a Chaerllion i Gasnewydd a Môr Hafren. Yng ngogledd y sir, yn ardal Y Fenni ceir enghreifftiau o dir uchel: Ysgyryd Fawr, Mynydd Pen-y-fâl neu'r 'Sugar Loaf', a'r Blorens, y tri ym Mharc Cenedlaethol Bannau Brycheiniog, ac ymhellach i'r gogledd dyma ardal eang y Mynydd Du (*Black Mountains*) yn ymestyn i Sir Frycheiniog, gyda Chwarel-y-Fan, nid nepell o Gapel-y-ffin, sy'n 679m, y llecyn uchaf yn Sir Fynwy.

I'r gorllewin o Afon Wysg mae'r meysydd glo, sef ardal y cymoedd, a'u gogwydd o'r gogledd i'r de, Rhymni, Sirhywi, Ebwy Fawr, Ebwy Fach ac Afon Llwyd. Tywodfaen sydd ar yr wyneb, uwchben y glo dros y rhan fwyaf o'r ardal, ond mae ambell fan, megis Cwm Clydach, lle ceir y garreg galch, ac ar y Blorens mae hyd yn oed ychydig o balmant calch, sy'n gynefin anghyffredin yng Nghymru.

I'r dwyrain o Afon Wysg mae'r olygfa'n newid, gyda milltiroedd o dir glas amaethyddol a llawer o goedlannau, nes cyrraedd Afon Gwy a'r ffin â Swydd Henffordd. Mae rhan isaf Dyffryn Gwy, rhwng Tyndyrn a Chas-gwent yn ffurfio hafn ddramatig yn y garreg galch.

Yn y de, oboptu dinas Casnewydd ar fin aber Afon Hafren mae Gwastadeddau Gwent, ardal o dir llifwaddodol (*alluvial*) gyda morglawdd i'w amddiffyn rhag llanw enfawr y môr. Mae codiad y llanw yn y fan yma oddeutu 45 troedfedd, yr ail uchaf yn y byd, ar ôl Bae Fundy yn Nova Scotia. Rhwng aber Afon Gwy a Chasnewydd mae Morfa Caldicot, a Morfa Gwynllŵg (*Wentloog*) ymlaen i Gaerdydd. Mae'r gwastadeddau, neu'r morfeydd yma yn ddarn helaeth o dir wedi ei adennill o'r môr, efallai gan y Rhufeiniaid. Bu llawer o newid dros y canrifoedd, ac yn 1606 fe dorrodd y morglawdd a boddwyd llawer. Mae'r rhan fwyaf o'r tir wedi ei sychu erbyn hyn a dim ond mewn ambell fan mae'r diddordeb botanegol yn parhau.

Gan fod Sir Fynwy yn ffinio Aber Hafren, mae'r môr yn lliniaru cryn dipyn ar yr hinsawdd. Ar y cyfan mae'r tywydd yn fwynach nag yn y siroedd cyfagos, gyda llai o dymheredd eithafol yn y gaeaf. Mae'r glawiad yn amrywio o 30" yn y dwyrain i 60" ar rai o fynyddoedd y gogledd a'r gorllewin.

Peth o hanes Botanegwyr Sir Fynwy

Roedd **Price W Carter** (1898-1971) yn ddarlithydd yng Ngholeg Prifysgol Cymru, Aberystwyth. Cyhoeddodd ysgrifau manwl ar hanes botanegwyr ym mhob un o hen siroedd Cymru. Dyma brif ffynhonnell yr ychydig sylwadau hyn, wedi eu lloffa o'i ysgrif ar Sir Fynwy, (Carter 1987, 88). Gweler hefyd y Llyfryddiaeth ar ddiwedd y bennod.

Mae'n debyg mai'r cofnodion cyntaf o blanhigion Sir Fynwy yw'r rhai gan **John Parkinson** yn ei *Theatrum Botanicum* yn 1640, sy'n enwi Eglyn Cyferbynddail (*Chrysosplenium oppositifolium* Opposite-leaved Golden-saxifrage), Mantell Fair (*Alchemilla vulgaris* Lady's-mantle) a'r Hocyswydden (*Lavatera arborea* Tree Mallow) ar ynys Denny yn aber Afon Hafren.

Dichon mai'r Sais, **John Ray** (1627-1705) oedd naturiaethwr enwocaf a mwyaf amryddawn ei gyfnod. Daeth ar daith i Gymru yn 1662 a gwelodd y Rhedynen Dridarn (*Gymnocarpium dryopteris* Oak Fern) ger Abaty Tyndyrn – y cofnod cyntaf o'r rhedynen hon yng Nghymru. Sylwodd hefyd ar y Dduegredynen Gefngoch (*Ceterach officinarum* Rustyback).

Bu'r Cymro athrylithgar **Edward Llwyd (Lhuyd)** (1660-1709) yn y sir, ac ef oedd y cyntaf i sylwi ar y blodyn estron Edafeddog Hirhoedlog (*Anaphalis margaritacea* Pearly Everlasting) ar lannau Afon Rhymni, ac mae'n dal i dyfu yno hyd heddiw. Llwyd hefyd a gofnododd Ffacbysen y Coed (*Vicia sylvatica* Wood Vetch) mewn coed ger Caer-went.

Roedd **John Lightfoot** (1735-1788) yn fotanegydd o safon ac ymwelodd â'r sir yng nghwmni Syr Joseph Banks. Ymhlith ei gofnodion enwir Bresychen Wyllt (*Brassica oleracea* Cabbage), Mamlys (*Leonurus cardiaca* Motherwort) a'r gweiriau Pawrwellt Cryno (*Anisantha madritensis* Compact Brome) a Heiddwellt y Coed (*Hordelymus europaeus* Wood Barley).

Meddyg a anwyd yn Sir Amwythig oedd **Thomas Purton** (1768-1833) a bu'n chwilio am flodau gwyllt mewn amryw o siroedd y gororau. Yn Sir Fynwy cofnododd y Penrhudd (*Origanum vulgare* Marjoram), Mintys Deilgrwn (*Mentha suaveolens* Round-leaved Mint) a'r Glinogai Bach (*Melampyrum sylvaticum* Small Cow-wheat). Tystiai Purton fod y blodau gwyllt yn Sir Fynwy yn harddach ac yn fwy toreithiog nag yn y siroedd cyfagos yn Lloegr ('more beautiful and luxurient' oedd ei eiriau).

Ganwyd **Charles Conway** ger Pontypŵl oddeutu 1797. Cyfrannodd restr hir o blanhigion diddorol ar gyfer *The New Botanist's Guide* gan H C Watson, yn cynnwys Barf yr Hen Ŵr (*Clematis vitalba* Traveller's-joy), y Gronnell (*Trollius europaeus* Globeflower), Dail y Beiblau (*Hypericum androsaemum* Tutsan), Ytbysen Fythol Gulddail (*Lathyrus sylvestris* Narrow-leaved Everlasting-pea), y Rhosyn Gwlanog (*Rosa tomentosa* Harsh Downy-rose), Ysgol Jacob (*Polemonium caeruleum* Jacob's-ladder) a'r Clychlys Ymledol (*Campanula patula* Spreading Bellflower) a llawer, llawer mwy.

Rhaid enwi **Edwin Lees** awdur y gyfrol *The Botanical Lookerout* yn 1842. Ysgrifennodd fod llawer o fynwentydd Sir Fynwy yn ddu gan nifer y coed Yw, a chyfeiriodd yn arbennig at fynwent Mamheilad, i'r gogledd o Bontypŵl. Soniodd hefyd am y Rhedynen Fair (*Athyrium filix-femina* Lady-fern) yng Nglyn Clydach, a'r

Greiglusen (*Empetrum nigrum* Crowberry) yn ffrwytho'n doreithiog ar y Mynydd Du i fyny o Ddyffryn Euas.

Ambell dro gellir edmygu craffter botanegydd oherwydd iddo grybwyll y planhigion *nad* yw'n eu gweld mewn ardal arbennig. Er enghraifft, sonia **Joseph Woods** yn 1850 ar ôl crwydro Mynwy a Morgannwg am absenoldeb Briallen Flodiog (*Primula farinosa* Bird's-eye Primrose), Pig yr Aran y Coed (*Geranium sylvaticum* Wood Crane's-bill) a Llwydwellt y Calch (*Sesleria caerulea* Blue Moor-grass). Heddiw, ar ôl blynyddoedd o lysieua manwl, gwyddom nad yw'r rhain i'w cael yn nes i'r de na Gogledd Lloegr. Ar ei deithiau fe gofnododd Woods y Mintys Deilgrwn (*Mentha suaveolens* Round-leaved Mint), a hefyd y Saethlys Syth (*Euphorbia serrulata* Upright Spurge), un o blanhigion arbennig y sir. Mae'n rhaid bod ganddo lygad craff gan iddo sylwi ar yr Hesgen Fyseddog (*Carex digitata* Fingered Sedge) a'r Meligwellt Pendrwm (*Melica nutans* Mountain Melick).

Cyfrannodd **Augustin Ley** (1842-1911) lawer i'n gwybodaeth am blanhigion Sir Fynwy (a nifer o siroedd eraill Cymru). Wedi graddio yn Rhydychen bu'n offeiriad yn Sellack ger Ross-on-Wye, ac fel llawer o glerigwyr eraill ei gyfnod roedd yn fotanegydd galluog. Cyhoeddodd mewn amryw o gylchgronau, ac ymhlith ei gofnodion gellir enwi Hocysen Fân-flodeuog (*Malva pusilla* Small Mallow), Troed yr Ŵydd Writgoch (*Trifolium fragiferum* Strawberry Clover), Tormaen Llydandroed (*Saxifraga hypnoides* Mossy Saxifrage) – hwn bron yn eithaf deheuol ei ddosbarthiad, Camri'r Cŵn (*Anthemis cotula* Stinking Chamomile), Corsfrwynen Wen (*Rhynchospora alba* White Beak-sedge) a'r Dduegredynen Werdd (*Asplenium viride* Green Spleenwort).

Yn ei *Handbook to Monmouthshire and South Wales* (1861), yn ogystal â chyhoeddiadau eraill, rhestrodd **J H Clark** rai cannoedd o blanhigion y sir. Yn eu plith cawn ambell un prin megis Clychlys Dail Eiddew (*Wahlenbergia hederacea* Ivy-leaved Bellflower), Tegeirian y Clêr (*Ophrys insectifera* Fly Orchid) a'r Weddw Alarus (*Geraneum phaeum* Dusky Crane's-bill). Gweithiodd yn ddygn a rhestrodd 700 o wahanol blanhigion o Sir Fynwy.

Yn 1909 cyhoeddwyd *Flora of Monmouthshire* gan **Samuel Hamilton**, meddyg yng Nghasnewydd, ond er gwaethaf ei henw dim ond ardal Casnewydd a'r cyffiniau a drafodir yn y gyfrol fechan hon. Eto i gyd y mae'n rhestru dros 600 o rywogaethau.

Meddyg arall sy'n haeddu sylw yw **William Andrew Shoolbred** (1852-1928). Ganwyd ef yn Wolverhampton a daeth i weithio yng Nghas-gwent. Roedd ganddo ddiddordeb eang ym myd natur ac yn 1920 cyhoeddodd ei waith pwysicaf *The Flora of Chepstow* sy'n trafod yr ardal obobtu Afon Gwy – yn rhannol yn Sir Gaerloyw ac yn rhannol yn Sir Fynwy. Dyma rai o'r tegeirianau a'r rhedyn a restrwyd ganddo:

Tegeirian Nyth Aderyn (*Neottia nidus-avis* Bird's-nest Orchid), Troellig yr Hydref (*Spiranthes spiralis* Autumn Lady's-tresses), Y Galdrist Gulddail (*Cephalanthera longifolia* Narrow-leaved Helleborine), Rhedynen y Gors (*Thelypteris palustris* Marsh

Fern), Marchredynen Gul (*Dryopteris carthusiana* Narrow Buckler-fern), Lloer-redynen (*Botrichium lunaria* Moonwort), a Rhedynen Dridarn (*Gymnocarpium dryopteris* Oak Fern).

Soniwyd am **Harold Augustus Hyde** (1892-1973) ac **Arthur Edward Wade** (1895-1989) yn y bennod gyntaf. Roedd y ddau ar staff yr adran Fotaneg yn Amgueddfa Genedlaethol Cymru yng Nghaerdydd a buont yn cydweithio dros y blynyddoedd. Yn 1931 cyhoeddwyd *Welsh Timber Trees* gan H A Hyde, ac yna yn 1934 roeddynt yn gydawduron *Welsh Flowering Plants*, ac yn 1940 cawsom ganddynt *Welsh Ferns*, cyfrol ddefnyddiol a phoblogaidd iawn. Bu A E Wade yn gweithio yn yr Amgueddfa am 42 mlynedd, ac am gyfnod helaeth canolbwyntiodd ar blanhigion Sir Fynwy ac yn 1970 cawsom *The Flora of Monmouthshire*. Dyma'r ymgais gyntaf i drin a thrafod holl blanhigion y sir o fewn un gyfrol, gan restru 1,174 o rywogaethau. Yn ddiweddarach bu Wade yn gydawdur *Flora of Glamorgan* a gyhoeddwyd yn 1994, ar ôl ei farwolaeth. Bellach y mae gennym *Flora of Monmouthshire* (2007) gan **Trevor G Evans**, un o feibion Sir Fynwy. Mae hon yn gyfrol o'r radd flaenaf, sydd wedi gosod y safon am flynyddoedd i ddod.

Cyn cloi'r adran hon rhaid talu sylw i un o naturiaethwyr enwocaf Sir Fynwy, neb llai nag **Alfred Russel Wallace** (1823-1913) a anwyd ym Mrynbuga ac a anfarwolwyd oherwydd iddo ef a Darwin lunio damcaniaeth Dethol Naturiol yn annibynnol ar ei gilydd. Bu Wallace yn gweithio fel tirfesurudd yn Sir Faesyfed ac yn ardal Castell-nedd. Datblygodd ei ddiddordeb fel naturiaethwr, ac yr oedd yn gefnogol i'r syniad o ddysgu gwyddoniaeth trwy gyfrwng y Gymraeg. Teithiodd yn helaeth yn Ne America ac yna ym Malaya, ac yn 1858 anfonodd lythyr at Darwin yn amlinellu ei syniadau ynglŷn â Dethol Naturiol. O ganlyniad, darllenwyd crynodeb o ddamcaniaethau Darwin a Wallace i'r Gymdeithas Linneaidd yn Llundain. Yn y flwyddyn ganlynol, yn 1859, cyhoeddodd Darwin ei *Origin of Species*. Am flynyddoedd bu

Alfred Russel Wallace

raid i'r cof am Wallace gilio yng nghysgod Darwin, ond bellach cafodd lawer mwy o sylw, a chyhoeddwyd amryw o lyfrau safonol am ei fywyd a'i waith, yn eu plith y gyfrol Gymraeg *Alfred Russel Wallace: Gwyddonydd Anwyddonol* (1997) gan R Elwyn Hughes. Wrth sôn am Wallace rhaid i mi ddyfynnu un frawddeg ganddo: "*Every traveller should be a botanist.*" Go dda!

Ychydig am wahanol gynefinoedd y sir (yn rhannol o Titcombe, 1998)

Y Cymoedd Glo

Pridd sur (asidig) sydd yn y rhan fwyaf o'r ardal, ond gyda pheth carreg galch ar yr ymylon. Dyma gynefin planhigion nodweddiadol y rhostir, Grug (*Calluna vulgaris* Heather), Grug y Mêl (*Erica cinerea* Bell Heather), Creiglusen (*Empetrum nigrum* Crowberry) a'r Llus (*Vaccinium myrtillus* Bilberry).Yma ac acw, yn y coedydd, mae digon o'r Wibredynen (*Blechnum spicant* Hard-fern) ac mewn llecynnau gwlyb ceir y Cycyllog Bach (*Scutellaria minor* Lesser Skullcap), Eirinllys y Gors (*Hypericum elodes* Marsh St. John's-wort), Gwlyddyn-Mair y Gors (*Anagallis tenella* Bog Pimpernel) a'r perl bychan prin, y Clychlys Dail Eiddew (*Wahlenbergia hederacea* Ivy-leaved Bellflower). Ar ochrau'r cymoedd, yn osgoi'r lleoedd gwlypaf, mae'r Clefryn (*Jasione montana* Sheep's-bit), Clychau'r Eos (*Campanula rotundifolia* Harebell) a Chwerwlys yr Eithin (*Teucrium scorodonia* Wood Sage), planhigyn cyffredin dros y rhan fwyaf o Gymru mewn llawer math o gynefin, ond yn osgoi tir gwlyb. Yn rhai o gymoedd gorllewin y sir, lle mae digonedd o law, chwiliwch am ddau o'r blodau llai cyfarwydd, ond digon hawdd eu hadnabod, Ffacbysen Chwerw (*Vicia orobus* Wood Bitter-vetch) a'r Bwrned Mawr (*Sanguisorba officinalis* Great Burnet). Cyn gadael y cymoedd glo, gwell cyfeirio at un goeden fach, neu lwyn, sy'n ymddangos yma ac acw ar ochrau'r cymoedd, sef y Goeden Lawrgeirios (*Prunus laurocerasus* Cherry Laurel). Dyma blanhigyn gardd yn wreiddiol, sydd wedi ymledu i'r coedydd a'r gwrychoedd. Ar ôl eu malu'n fân, a'u rhoi mewn jar, mae'r dail yn creu nwy gwenwynig a ddefnyddid gan entomolegwyr i ladd y trychfilod roeddynt yn eu casglu,

Tiroedd uchel y Gogledd – y Mynydd Du

Mae llawer o rostir nodweddiadol ar yr ucheldir, gyda'r Grug, y Llus a'r Eithin yn gyffredin. Ond lle mae pori cyson gan ddefaid, tueddir i golli'r rhain a'u disodli gan weiriau'r mynydd, yn enwedig y Gawnen Ddu (*Nardus stricta* Mat-grass). Eto i gyd, mae ambell silff o graig, o gyrraedd y ddafad, lle gellir gweld ambell un o'r planhigion mwy diddorol, megis y Dduegredynen Werdd (*Asplenium viride* Green Spleenwort) a'r Tormaen Llydandroed (*Saxifraga hypnoides* Mossy Saxifrage), dau blanhigyn gogleddol, sy'n cyrraedd eu lleoliad mwyaf deheheuol yma yn Sir Fynwy. Ar y ffriddoedd, mae'r Rhedyn Ungoes (*Pteridium aquilinum* Bracken) yn gyffredin, ond mewn ambell ddarn o dir gwlyb, corslyd, daw'r Migwyn a Phlu'r Gweunydd i'r amlwg, ac o edrych yn ofalus, siawns na ddewch ar draws y Gwlithlys (*Drosera rotundifolia* Sundew) a Thafod y Gors (*Pinguicula vulgaris* Butterwort), dau blanhigyn cigysol, sy'n dal a bwyta pryfetach mân.

Y Dyffrynnoedd Mawr

Mae Afon Wysg yn llifo drwy'r sir, o odrau Brycheiniog i lawr i Aber yr Hafren ger Casnewydd. Am lawer o'i thaith mae'n darparu cynefin delfrydol i'r cawr o blanhigyn, yr Efwr Enfawr (*Heracleum mantegazzianum* Giant Hogweed). Mae'r aelod hwn o deulu'r Moron yn llawn haeddu'i enw – gall fod dros ddeuddeg troedfedd o daldra, gyda choesyn hyd at bum modfedd o led. Cyflwynwyd ef o dde-orllewin Asia oddeutu 1820, i'w dyfu mewn gerddi. Dihangodd i'r gwyllt. Mae'n hoffi tir gwlyb ar lan yr afon ac mae'r dŵr yn cario'r hadau. Cafodd ei weld gyntaf yn y sir yn 1967, ac mae wedi lledaenu'n gyflym, er mawr ofid i'r awdurdodau. Peidiwch â gafael ynddo ar dywydd heulog, gan y gall beri llid y croen (*dermatitis*).

Yma ac acw ar lan yr afon mae dwy Helygen fechan, anghyffredin, yr Helygen Dribrigerog (*Salix triandra* Almond Willow) a'r Helygen Gochlas (*S. purpurea* Purple Willow). Yma hefyd, ond nid yn gyffredin, mae enghreifftiau o'r goeden dal, urddasol, y Boplysen Ddu (*Populus nigra* ssp.*betuifolia* Black Poplar), sydd wedi cael llawer o gyhoeddusrwydd ynglŷn â'r ymgyrch i'w gwarchod. Ar lan rhai o'r llynnoedd ger Afon Wysg ceir hefyd y gweiryn prin Cynffonwellt Melyngoch (*Alopecurus aequalis* Orange Foxtail) a'r aelod bychan, braidd yn ddisylw o deulu'r Moron, y Ddyfrforonen Fach (*Apium inundatum* Lesser Marshwort), yn ogystal â'r Graban Gogwydd (*Bidens cernua* Nodding Bur-marigold).

Mae dyffryn Afon Gwy yn llawer culach. Dyma'r terfyn rhwng Cymru a Lloegr o Drefynwy i lawr i Gas-gwent. Ymysg y planhigion diddorol gwerth eu nodi, ceir Y Frwynen Flodeuog (*Butomus umbellatus* Flowering Rush), Llysiau'r Milwr Coch (*Lythrum salicaria* Purple Loosestrife) a'r blodyn gwenwynig, enwog, ond prin, Codwarth (*Atropa belladonna* Deadly Nightshade). Yng nghyffiniau Cas-gwent, dylid nodi dau blanhigyn arall, Barf yr Afr Gochlas (*Tragopogon porrifolius* Salsify), a ddaeth yma fel llysieuyn gardd o ardal Môr y Canoldir ac sydd bellach wedi ymgartrefu ar dir wast a glannau'r afonydd, a hefyd y planhigyn parasitig Gorfanhadlen Eiddew (*Orobanche hederae* Ivy Broomrape). Mae hwn yn nodweddiadol o arfordir Cymu a de-orllewin Lloegr; mae'n sugno maeth o wreiddiau'r Eiddew (Iorwg).

Gwastadeddau Gwent

Dyma gynefin arbennig a bron yn unigryw yng Nghymru. Mae'r ffosydd llydain (Saesneg: *reens*) yn gartref i lu o blanhigion y dŵr, megis Ffugalaw Bach (*Hydrocharis morsus-ranae* Frogbit), Saethlys (*Sagitaria sagittifolia* Arrowhead), Hesgen Gynffonnog (*Carex pseudocyperus* Cyperus Sedge), Tafolen y Dŵr (*Rumex hydrolapathum* Water Dock), Gellesgen (*Iris pseudacorus* Yellow Iris), Rhedynen y Dŵr (*Azolla filiculoides* Water Fern) a'r Brigwellt Troellennog (*Catabrosa aquatica* Whorl-grass).

Saethlys (*Sagittaria sagittifolia* Arrowhead). Planhigyn anghyffredin iawn yng Nghymru, dim ond i'w gael ar Wastadeddau Gwent. 1983

Ac ar y tir cyfagos, ymysg llu o ddanteithion eraill, ceir Tafod-y-llew Gwrychog (*Picris echioides* Bristly Ox-tongue), Ysgallen y Ddôl (*Cirsium dissectum* Meadow Thistle) a'r Claerlys (*Samolus valerandi* Brookweed).

Aber yr Hafren

Rhwng y morglawdd a'r Aber mae amrywiaeth o gynefinoedd – morfa heli, mwd a graean.Yn rhan isaf y morfa ceir Cordwellt Cyffredin (*Spartina anglica* Common Cord-grass), Llyrlys Cyffredin (*Salicornia europaea* Common Glasswort) a Seren y Morfa (*Aster tripolium* Sea Aster).

Yna daw Lafant y Môr (*Limonium vulgare* Common Sea-lavender), Troellig Arfor Mawr (*Spergularia media* Greater Sea-spurrey) a Saethbennig y Morfa (*Triglochin maritimum* Sea Arrowgrass). Yng nghwr uchaf y morfa ac ar y morglawdd ei hun, lle mae'r tir yn fwy sefydlog gwelir cryn amrywiaeth, yn cynnwys Corfeillionen Wen (*Trifolium ornithopodioides* Bird's-foot Clover), Meillionen y Morfa (*T. squamosum* Sea Clover), Betysen Arfor (*Beta maritima* Sea Beet), Rhuddygl Arfor (*Raphanus raphanistrum* ssp. *maritimus* Sea Radish), Wermod y Môr (*Seriphidium maritimum* Sea Wormwood), Ysgallen Flodfain (*Carduus tenuiflorus* Slender Thistle), Meillionen Fefusaidd (*Trifolium fragiferum* Strawberry Clover), Pupurlys Llydanddail (*Lepidium latifolium* Dittander), Clustog Fair (*Armeria maritima* Thrift), a'r Llyriad Arfor (*Plantago maritima* Sea Plantain).

Mae un planhigyn arall gwerth sôn amdano, sef Gwellt y Gamlas (*Zostera sp.* Eelgrass neu Grass Wrack), bron yr unig blanhigyn blodeuol sy'n tyfu yn y môr – yn llythrennol o dan y don. Mae'r coesyn ar ffurf rhisom wedi gwreiddio rhwng penllanw a'r distyll, ac mae'r dail yn hir ac yn debyg i'r gweiriau, ac mae'r blodau'n fach a heb betalau. Mae'r paill ar ffurf stribedi hir ac o'r un dwysedd cymharol (*specific gravity*) â dŵr y môr, ac mae'r blodau'n cael eu peillio dan y dŵr. Mae'r dail yn hir, yn wydn ac yn ystwyth, a defnyddiwyd hwy ers talwm fel wadin mewn dodrefn, i bacio gwydr a llestri, ac fel gwrtaith.

Coedlannau

Yn ei *Flora of Monmouthshire* (2007) dywed Trevor Evans mai dyma'r sir fwyaf coediog yng Nghymru ar un adeg, ond nid felly bellach. Y ffigur presennol yw 13.8% gyda hanner y nifer hwnnw yn goed llydanddail (coed caled). Mae llawer o'r rhain yn goed hynafol, ond yn amrywio o goedydd Derw yr uchedir ar y naill law i goed cymysg, amrywiol y tiroedd is ar ochr ddwyreiniol y sir. Mae amryw o'r rhain yn cynnwys y Ffawydden (*Fagus sylvatica* Beech).

Ystyrir mai dim ond yn y rhan yma o Gymru y mae'r coed Ffawydd yn gynhenid neu'n frodorol, er eu bod yn tyfu'n llwyddiannus iawn dros weddill y wlad.

Mae yna amrywiaeth mawr o blanhigion yn y gwahanol goedlannau, ac os am fanylion llawn, yna trowch at *Flora* cynhwysfawr Trevor Evans. Yma, rydw i am gyfeirio'n unig at un planhigyn arbennig, y Llaethlys Syth (*Euphorbia serrulata* [=*E.stricta* L., *nom. illegit.*] Upright Spurge). Dyma blanhigyn sy'n gynhenid yn y coedydd ar y garreg galch yn rhan isaf Dyffryn Gwy. Mae'n tyfu yn y llwybrau a'r rhannau agored o'r coedlannau lle mae digon o olau. Mae'n egino yn yr hydref ac yn blodeuo ym mis Mehefin. Cafodd ei gofnodi mewn rhyw ddwsin o safleoedd yn y sir, ond mae'n mynd a dod o flwyddyn i flwyddyn. Cewch fwy o fanylion yn llyfr Trevor Evans.

Coed Ffawydd (*Fagus sylvatica* Beech). Yng Nghymru, dim ond yma yn y de-ddwyrain y mae'r Ffawydden yn gynhenid, ond y mae wedi ymsefydlu'n llwyddiannus iawn dros y wlad. I'r gogledd o'r Fenni, 2003.

Llaethlys Syth (*Euphorbia serrulata* Upright Spurge). Eithridol o brin, a bron yn gyfyngedig i Sir Fynwy. Ger Tyndyrn, Gorffennaf 1991

Gweirgloddiau

Mae llawer o'r hen weirgloddiau, gyda'u lliaws o flodau gwyllt wedi diflannu, ond mae rhai ar ôl sy'n werth chwilio amdanynt. Efallai y dowch o hyd i Degeirian y Waun (*Orchis morio* Green-winged Orchid), Troellig yr Hydref (*Spiranthes spiralis* Authumn Lady's-tresses), Tegeirian Bera (*Anacamptis pyramidalis* Pyramidal Orchid), Ysgallen Ddigoes (*Cirsium acaule* Dwarf Thistle) a'r Gribell Felen (*Rhinanthus minor* Yellow Rattle). Os yw ffawd yn gwenu, efallai y dewch o hyd i un o'r blodau prinnaf yng Nghymru, Clari'r Maes (*Salvia pratensis* Meadow Clary). Gwelwyd hwn gyntaf yn 1903 mewn cae ger y Rheithordy yn Rogiet, ger Caldicot. Roedd yn dal yno gan mlynedd yn ddiweddarach, yn 2003 – tybed, tybed beth fydd ei hynt ymhen can mlynedd arall?

Tir diwydiannol a thir wast

Yn aml iawn mae hen dir diwydiannol, digon diffaith yr olwg, yn gartref i bob math o flodau gwyllt. Mae'r Gynffon Las (*Buddleja davidii* Butterfly-bush) yn aml ar ben y rhestr, yn ogystal â nifer o'r Tegeirianau lliwgar. Dyma un neu ddau o rai eraill a gofnodwyd ar rai o safleoedd anaddawol y sir: Gwiberlys (*Echium vulgare* Viper's-bugloss), Melyn-yr-hwyr Mawr (*Oenothera glazioviana* Large-flowered Evening Primrose), Llin y Llyffant Gwelw (*Linaria repens* Pale Toadflax), Afal Dreiniog (*Datura stramonium* Thorn-apple), ac Amrhydlwyd Canada (*Conyza canadensis* Canadian Fleabane). a llawer, llawer mwy.

Sir Fynwy: Llecynnau arbennig i chwilio am flodau

1. Llanfoist: 1 filltir i'r de-orllewin o ganol tref Y Fenni
SO 2913
Darnau o dir gardd ar osod (*allotments*)
5 Medi 2003

Nodwyd nifer o blanhigion yn tyfu'n wyllt fel chwyn, yn yr ardd a'r cyffiniau, ynghyd â rhyw hanner dwsin o'r rhai llai cyffredin.

Maglys Brith (*Medicago arabica* Spotted Medick). Cyffredin yn ne Lloegr ond yn hynod brin yng Nghymru. Oherwydd y smotiau tywyll o liw gwaed ar y dail, enw Saesneg arall arno yw Calvary Clover. Caldicot Pill, Awst 2011

Cribogwellt Rhydd (*Echinochloa crus-galli* Cockspur). Gweiryn tal, cryf, sy'n ymddangos weithiau ar dir gwast neu dir sy'n cael ei drin. Weithiau'n ymddangos mewn gerddi ar ôl bwyd adar gwyllt. Prin iawn yng Nghymru.

Blodyn Amor (*Amaranthus retroflexus* Common Amaranth). Mae hanes hwn yn debyg iawn i'r planhigyn blaenorol. Yn wreiddiol o Ogledd America, cofnodwyd gyntaf ym Mrydain yn 1759. Prin iawn yng Nghymru.

Galinsoga Blewog (*Galinsoga quadriradiata* Shaggy-soldier). Planhigyn unflwydd ar dir âr a phob math o dir gwast. Un arall a gyrhaeddodd o Ogledd America erbyn dechrau'r ugeinfed ganrif. Eto, prin iawn yng Nghymru, ond yn fwy cyffredin yn rhai o drefi mawr Lloegr.

Maglys Brith (*Medicago arabica* Spotted Medick). Un o deulu'r meillion. Hawdd i'w adnabod, gyda smotyn du, amlwg ar bob un o'r tair rhaniad o'r ddeilen. Prin yng Nghymru, cyffredin yn ne Lloegr.

Codywasg y Maes (*Thlaspi arvense* Field Penny-cress). Un o'r chwyn nodweddiadol o dir âr, ond yn brin dros y rhan fwyaf o ganolbarth Cymru.

2. Coed Strawberry Cottage ger Y Fenni
SO 312 215
Safle o Ddiddordeb Gwyddonol Arbennig (SSSI)
Ymddiriedolaeth Natur Gwent
3 Medi 2010

Tua 5 milltir i'r gogledd o'r Fenni ar yr A465 i gyfeiriad Henffordd, cymerwch yr ail drofa i'r chwith yn Llanfair Crucorny.Wrth dafarn y Skirrid trowch i'r chwith am Llanddewi Nant Hodni. Ar ôl un filltir edrychwch ar y dde am bont sy'n croesi'r afon Honddu. Mae lle i barcio car neu ddau. Croeswch y bont ac anelu am y coed, lle mae mynedfa'r warchodfa. [Rhybudd! Ar ôl cerdded am rhyw awr, gan ddefnyddio llyfryn yr Ymddiriedolaeth, a mynd ar goll, sylwais fod yr arwydd am y Gogledd ar y map yn pwyntio tua'r De-orllewin!]

Mae'r goedlan ar lethr ddeheuol uwchben yr Afon Honddu (nid yr un Honddu ag yn Aberhonddu) gyda llwybrau drwy'r coed. Y prif goed yw Derw, Ynn, Gwern, Llwyfenni, Bedw a Ffawydd, gydag amryw o lwyni Cyll, Celyn, Ysgaw a Drain Gwynion. Llai cyffredin oedd dwy neu dair o goed Yw. Mae yma hefyd enghreifftiau o'r Gerddinen Wyllt (*Sorbus torminalis* Wild Service-tree) er i mi fethu â dod o hyd iddynt.

O dan y coed gwelir Briwlys y Gwrych (*Stachys sylvatica* Hedge Woundwort), Breichwellt y Coed (*Brachypodium sylvaticum* False Brome), Marddanhadlen Felen (*Lamiastrum galeobdolon* Yellow Archangel), Mapgoll (*Geum urbanum* Wood Avens) a Meligwellt y Coed (*Melica uniflora* Wood Melick). Mae Rhedyn Ungoes yn tyfu yn y rhannau agored a sypiau anferth o'r Farchredynen Gyffredin (*Dryopteris filix-mas* Male-fern) yma ac acw.

3. Lower Meend Farm
3 milltir i'r de o Drefynwy
SO 51 08
Tir preifat
6 Gorffennaf 1991

Mae hen weirgloddiau yn prinhau'n arw dros y wlad. Dyma un enghraifft gyda nifer fawr o'r blodau enwog, Tegeirian Brych (*Dactylorhiza fuchsii* Common Spotted-orchid) a Tegeirian Brych y Rhos (*D.maculata* Heath Spotted-orchid). Sylwer: yn y cyntaf, mae'r dant canol ar y labelwm yn hwy na'r ddau ddant arall, ond fel arall yn yr ail. Hefyd, mae'r marciau ar y dail yn tueddu i fod yn fain yn *D. fuchsii*, ond yn grwn yn *D. maculata*.

Tegeirian y Rhos (*Dactylorhiza maculata* Heath Spotted-orchid). Mae hwn yn eithaf cyffredin, yn bennaf ar dir asidig.

Gwelsom lawer o'r Hesgen Lefn (*Carex laevigata* Smooth-stalked Sedge), un o'r hesg sy'n nodweddiadol o dir asidig, trwm, a'r Helygen Glustiog (*Salix aurita* Eared Willow) gyda dau stipwl, fel clustiau bach ym môn pob deilen. Yma hefyd yr oedd Briwydd y Fign (*Galium uliginosum* Fen Bedstraw) sy'n tyfu yn y lleoedd gwlypaf, ac yn prinhau yn y sir, lle bu llawer o ddraenio'r tir.

4. Tyndyrn ac Afon Gwy
4 milltir i'r gogledd o Gas-gwent
SO 52 00
6 Gorffennaf 1991 a 1 Medi 2010

Gallwch dreulio hanner oes yn crwydro dyffryn yr afon hynod hon, neu yn wir, os mai eistedd yn y gadair freichiau sy'n mynd â'ch bryd, gallwch bori yn y gyfrol safonol *Wye Valley* gan George Peterken (2008) yn y gyfres wych *New Naturalist*.

Dilynwch rai o'r llwybrau drwy'r coed. Sylwch ar yr amrywiaeth o olygfeydd o Abaty Tyndyrn a'i gynefin, a mwynhewch y toreth o flodau gwyllt o'ch cwmpas. Pethau fel y Cwlwm Cariad (*Paris quadrifolia* Herb Paris). Sylwch ar yr enw – *quadrifolia* —pedair deilen, ond ai pedair sydd gan bob planhigyn? Daliwch ati i gyfrif! Yma hefyd mae'r Rhedynen Dridarn (*Gymnocarpium dryopteris* Oak Fern), un o'r rhedyn harddaf yn fy marn i. Ar fy ymweliad cyntaf, nodais mewn byr amser, Berwr

Abaty Tyndyrn, Sir Fynwy, Medi 2010.

Chwerw Culddail (*Cardamine impatiens* Narrow-leaved Bittercress), Hesgen y Coed Benfain (*Carex strigosa* Thin-spiked Wood-sedge), a'r Hesgen Fyseddog (*C. digitata* Fingered Sedge), Lili'r Dyffrynnoedd (*Convallaria majalis* Lily-of-the-Valley), Heiddwellt y Coed (*Hordelymus europaeus* Wood Barley) a'r rhyfeddodau hynny, y Tegeirian Nyth Aderyn (*Neottia nidus-avis* Bird's-nest Orchid), a'r Cytwf (*Monotropa hypopitys* Yellow Bird's-nest) – dau saproffyt sy'n byw ar weddillion organig yn y pridd,

Cotoneaster Asgwrn Pysgodyn (*Cotoneaster horizontalis* Wall Cotoneaster). Ar wal gerrig, ger Abaty Tyndyrn. Medi 2010.

heb gymorth cloroffyl. Roedd wal gerrig, uchel ar ochr y llwybr, yn gysgod i'r ddwy redynen gyfarwydd Tafod yr Hydd (*Phyllitis scolopendrium* Hart's-tongue) a'r Dduegredynen Gwallt y Forwyn (*Asplenium trichomanes* Maidenhair Spleenwort).

Ar fin y llwybr tyfai'r Farddanhadlen Wen (*Lamium album* White Dead-nettle), nid un o'n blodau brodorol, ond un sydd wedi cartrefu yma ers canrifoedd.

Mae'r Gwrnerth (*Scrophularia nodosa* Common Figwort) yn hollol frodorol, ac felly hefyd y gweiryn Meligwellt y Coed (*Melica uniflora* Wood Melick). Dyma weiryn hawdd i'w adnabod – mae ganddo flewyn neu wrychyn yn tyfu ar ochr y coesyn, gyferbyn â'r llabed (*ligule*). Roedd y coed eu hunain hefyd yn gymysgedd o'r brodorol a'r estron, y Ffawydd yn frodorol yn y rhan yma o Gymru a'r Masarn, er eu bod mor gyffredin, yn estroniaid, a digonedd o'r Cyll a'r Celyn bob yn ail â'r coesau tal o Fysedd y Cŵn (*Digitalis purpurea* Foxglove) a chlytiau o ddail Suran y Coed (*Oxalis acetosella* Wood Sorrel) gyda'u blodau gwynion i'w gweld yn y gwanwyn a'r dail melynwyrdd yn debyg i'r meillion, gyda blas siarp, nid annymunol.

Yma ac acw roedd llwyni pigog o Eirin Mair (*Ribes uva-crispa* Gooseberry) sydd, mae'n debyg, yn frodorol mewn manau, ond mae'n

Lili'r Dyffrynnoedd (*Convallaria majalis* Lily-of-the-valley). Gwelir yn achlysurol mewn coedlannau ar y garreg galch, ac weithiau wedi dianc o'r gerddi. Roedd yn tyfu o dan y coed uwchben Abaty Tyndyrn. Gorffennaf 1991.

siwr bod mwy a mwy yn dianc o'n gerddi ac yn cartrefu yn y gwyllt. Byddai'n hawdd treulio oriau yma, ond rhaid oedd troi yn ôl am y ffordd fawr, nodi clwstwr o Felyn yr Ŷd (*Chrysanthemum segetum* Corn Marigold) mewn cornel cae, ac yna anelu am y car.

5. Cors Cleddan ger Trelech
SO 50 03
Gwarchodfa Natur yr Awdurdod Lleol
Gorffennaf 1991

Dyma'r enghraifft orau o gors mewn dyffryn (*valley mire*) yn y sir. Yma, ceir llystyfiant rhostirol gwlyb, gyda phlanhigion cwbl nodweddiadol o'r cynefin asidig. Nodwyd y canlynol:

Llafn y Bladur (*Narthecium ossifragum* Bog Asphodel)
Plu'r Gweunydd Unben (*Eriophorum vaginatum* Hare's-tail Cottongrass), dyma'i unig safle yn nwyrain y sir.

Gwlithlys (*Drosera rotundifolia* Sundew)

Grug (*Calluna vulgaris* Heather)

Grug Croesddail (*Erica tetralix* Cross-leaved Heath)

Creiglusen (*Empetrum nigrum* Crowberry)

Llygaeron (*Vaccinium oxycoccos* Cranberry)

Tegeirian Brych y Rhos (*Dactylorhiza maculata* Heath Spotted-orchid)

Marchredynen Gul (*Dryopteris carthusiana* Narrow Buckler-fern)

Brigwellt Main (*Deschampsia flexuosa* Wavy Hair-grass)

Pan ymwelais i â'r safle yn y nawdegau roedd tueddi'r gors sychu, efallai oherwydd y blanhigfa gonwydd oddi amgylch. Oherwydd hyn roedd coed Bedw a choed Helyg yn dechrau ennill tir ar y gors.

6. Fferm Pentwyn ger Penrallt, 3 milltir i'r de o Drefynwy
SO 523 093
Ymddiriedolaeth Natur Gwent
2 Medi 2010

Mae'n debyg mai dyma'r enghraifft orau o weirgloddiau blodeuog yn yr ardal, os nad yn y sir. Mae'r caeau yng nghysgod hen wrychoedd tewion, hynod gyfoethog, yn cynnwys coed Cyll, coed Eirin Bwlas (*Prunus domestica* Damson), coed Ceirios Du (*Prunus avium* Wild Cherry), Criafol (*Sorbus aucuparia* Rowan), Gwifwrnwydden y Gors (*Viburnum opulus* Guelder Rose), Cwyrosyn (*Cornus sanguinea* Dogwood), Ysgawen (*Sambucus nigra* Elder), Rhosyn Gwyllt (*Rosa canina* Dog-rose) ynghyd â Derw, Ynn, Celyn, Masarn, Drain Gwynion a Drain Duon.

Yn y caeau cafwyd Cribell Felen (*Rhinanthus minor* Yellow Rattle), Milddail (*Achillea millefolium* Yarrow), Erwain neu Frenhines y Weirglodd (*Filipendula ulmaria* Meadowsweet), Llysiau'r Cryman (*Anagallis arvensis* Scarlet Pimpernel), Pysen y Ceirw (*Lotus corniculatus* Bird's-foot Trefoil), Meillion Coch (*Trifolium pratense* Red Clover), Effros (*Euphrasia sp.* Eyebright), Y Bengaled (*Centaurea nigra* Knapweed), Perwellt y Gwanwyn (*Anthoxanthum odoratum* Sweet Vernal-grass), Efwr (*Heracleum sphondylium* Hogweed) a mwy.

Roedd fy ymweliad i ym mis Medi. Yn gynharach yn y flwyddyn cofnodwyd Tegeirian y Waun (*Orchis morio* Green-winged Orchid), Tegeirian Coch y Gwanwyn (*O. mascula* Early-purple Orchid), Tegeirian Brych (*Dactylorhiza fuchsii* Spotted Orchid), Tegeirian Llydanwyrdd (*Platanthera chlorantha* Greater Butterfly-orchid), Caineirian (*Listera ovata* Twayblade) a'r rhedynen fach anghyffredin Tafod y Neidr (*Ophioglossum vulgatum* Adder's-tongue), yn ogystal â Briallu Mair (*Primula veris* Cowslip) a'r Amlaethai (*Polygala vulgaris* Common Milkwort).

Dyma gyfoeth yn wir, ac mae'r warchodfa yn agored i'r cyhoedd.

7. Silent Valley, Cwm, Glyn Ebwy
SO 187062
3 Medi 2010

Mae'r Awdurdodau Lleol wedi trawsnewid llawer o'r hagrwch a adawyd ar ôl yn y cymoedd diwydiannol. Treuliais awr neu ddwy yn cerdded mewn ardal a elwir yn Silent Valley (ni wn a oes enw Cymraeg) ym mhentref y Cwm, i'r de o hen ardal lofaol Glyn Ebwy. Mae'r goedlan ar gyrion y pentref, a digon o lwybrau hwylus i grwydro drwy'r ardal.

Deallaf fod yr awdurdodau wedi plannu 10,000 o goed ar y safle, ac yn wir, o fewn ychydig funudau sylwais ar amrywiaeth o rywogaethau, gan gynnwys Derw, Ynn, Ysgaw, Drain Gwynion, Bedw, Ffawydd, Pisgwydd (Lime), Gwern a Helyg. Roedd yr amrywiaeth arferol o weiriau a rhedyn o dan y coed, ac oboptu'r llwybr yn arwain at y safle roedd sypiau lliwgar o'r blodyn Clust y Llygoden Euraid (*Pilosella aurantiaca* Fox-and-Cubs), wedi dianc mae'n siŵr o ardd rhyw dŷ cyfagos. Roedd un o'r trigolion lleol yn cwyno'n arw wrthyf fod yr Heddlu yn methu cadw trefn ar rai o ieuenctid gwyllt yr ardal oedd yn mynnu cynnau tanau yn y goedwig. Gresyn am hyn.

8. Cors Magwyr (Magor Marsh) ger Casnewydd
Ymddirieolaeth Natur Gwent
ST 425 866
1 Medi 2010

Dyma warchodfa o 90 erw, yr enghraifft orau efallai o'r rhwydwaith o ffosydd (*reens*) a fu'n britho Gwastadeddau Gwent yn y dyddiau a fu. Dyma blethwaith diddorol o weirgloddiau gwlyb, ffosydd, llwyni a llynnoedd. Mae rhai o'r caeau'n cael eu pori – adlais o'r defnydd a wnaed gan ddyn yn yr ardal am gannoedd, os nad miloedd o flynyddoedd. Does dim gwrtaith cemegol yn cael ei ganiatáu yma.

Yn y Gwlyptir mae amrywiaeth eithriadol o blanhigion. Dyma rai y sylwais arnynt ar fy ymweliad ym mis Medi:

Helygen Wiail (*Salix viminalis* Osier) gyda'r tyfiant main, hir, mor ddefnyddiol i'w plethu ar gyfer basgedi. Cynffon y Gath (*Typha latifolia* Bulrush), yr enwocaf o holl blanhigion y gors, mae'n siwr, a dwy enghraifft o'r gweiriau tal sy'n tyfu mor gyflym mewn gwlyptir, sef Pefrwellt (*Phalaris arundinacea* Reed Canary-grass) a'r Gorsen (*Phragmites australis* Reed).

Mae dail yr Aethnen (*Populus tremula* Aspen) yn crynu yn yr awel ysgafnaf – sylwch ar y gair *tremula* yn yr enw Lladin. Roedd clwstwr o'r Uchelwydd (*Viscum album* Mistletoe) yn tyfu ar hon, planhigyn prin iawn yn fy rhan i o Gymru, yn y gogledd-ddwyrain. Roedd y blodau ar blanhigion Gold y Gors (*Caltha palustris* Marsh

Marigold) wedi mynd erbyn fy ymweliad i ym mis Medi, ond roedd hi'n ddigon hawdd adnabod y dail. Mae aroglau Mintys y Dŵr (*Mentha aquatica* Water Mint) yn fendigedig, dim ond i chi wasgu'r dail rhwng bys a bawd. Roedd y Byddon Chwerw (*Eupatorium canabinnum* Hemp-agrimony) yn gyffredin ar ochr y llwybrau, a Hesgen-y-Dŵr Fach (*Carex acutiformis* Lesser Pond-sedge) a Marchrawn y Dŵr (*Equisetum fluviatile* Water Horsetail) yn amlwg

Uchelwydd (*Viscum album* Mistletoe). Dyma blanhigyn sy'n fwy cyffredin yn ein tai dros y Nadolig nag yn tyfu'n wyllt ar y coed. Mae'n weddol gyffredin mewn rhannau o swydd Henffordd, yn bennaf ar goed afalau, ond yn brin dros y rhan fwyaf o Gymru. Synnais ei weld ar Wastadeddau Gwent. Medi 2010

iawn yn y llecynnau gwlypaf. Sylwais hefyd ar Sgorpionllys Siobynnog (*Myosotis laxa* Tufted Forget-me-not), Rhawn y Gaseg (*Hippuris vulgaris* Mare's-tail) a Chreulys y Gors (*Senecio aquaticus* Marsh Ragwort).

Yn y Ffosydd (*reens*)

Dyma rai o'r planhigion sy'n nodweddiadol o'r cynefin yma, ond ni welais bob un yn ystod fy ymweliad:

Ffugalaw Bach (*Hydrocharis morsus-ranae* Frogbit)

Saethlys (*Sagittaria sagittifolia* Arrowhead)

Llinad y Dŵr (*Lemna* spp. Duckweed)

Rhedynen y Dŵr (*Azolla filiculoides* Water Fern), planhigyn rhyfedd, yr unig redynen sy'n nofio ar wyneb y dŵr.

Llinad Di-wraidd (*Wolffia arrhiza* Rootless Duckweed). Dyma'r planhigyn blodeuol lleiaf yn y byd (llai na 1.5mm), ond does dim cofnod iddo flodeuo ym Mhrydain. Darganfuwyd yn Saltmarsh SO 352 833 i'r de o Gasnewydd, yn 1983.

Yn y Gweirgloddiau

Cribau'r Pannwr (*Dipsacus fullonum* Teasel), Carpiog y Gors (*Lychnis flos-cuculi* Ragged Robin), Llysiau'r Milwr Coch (*Lythrum salicaria* Purple Loosestrife), Cedowydd (*Pulicaria dysenterica* Common Fleabane), Llafnlys Bach (*Ranunculus flammula* Lesser Spearwort) a'r gweiryn amaethyddol Rhonwellt (*Phleum pratense* Timothy). Un planhigyn arbennig sy'n tyfu ar y caeau yma yw Ysgallen y Ddôl (*Cirsium dissectum* Meadow Thistle), ysgallen gydag un blodyn ar ben coesyn tal, noeth; ochr uchaf y dail yn wyrdd a noeth, ochr isaf yn llwyd-flewog. Mae'n tyfu ar dir gwlyb, mawnog. Mae'n anodd esbonio ei ddosbarthiad; mae'n weddol gyffredin mewn rhannau o dde Cymru, ond nid felly yn y gogledd, er ei fod yn tyfu'n llawer pellach i'r gogledd yn Iwerddon. Pam tybed?

Dyma warchodfa eithriadol o bwysig a chyfoethog, yn fwrlwm o blanhigion, pryfetach ac adar o bob math; labordy awyr-agored yn wir, a chyfle i'r cyhoedd i fwynhau, i ddysgu ac i ymlacio.

9. Caldicot Pill ger Casnewydd
ST 490 879
22 Awst 2011

Mae'n debyg mai ystyr y gair Saesneg *pill* yw ffos neu afon yn rhedeg i'r môr. Dyma warchodfa fechan mewn ardal drefol, ar ddarn o dir ar hen domennydd a ffurfiwyd wrth gloddio twnel y rheilffordd o dan Afon Hafren. Mae llawer o galch yn y pridd, a datblygodd peth tir glas calchog, ac mae ychydig o goed yn tyfu ar y safle.

Yn y rhan sychaf, sylwyd ar nifer o blanhigion sy'n nodwediadol o dir agored wedi ei styrbio, gan gynnwys Mwstard Llwyd (*Hirschfeldia incana* Hoary Mustard), Melyn yr Hwyr (*Oenothera* sp. Evening Primrose), Tafod-y-llew Gwrychog (*Picris echioides* Bristly Ox-tongue), Clymog Japan (*Fallopia japonica* Japanese Knotweed) – y gelyn pennaf mewn tir o'r fath, sy'n tyfu'n wyllt mewn byr amser – peidiwch â gadael iddo ddod yn agos i'ch gardd! Rhuddygl Poeth (*Armoracia rusticana* Horse-radish), gyda'i ddail mawr fel Dail Tafol, a Barf yr Hen Ŵr (*Clematis vitalba* Traveller's-joy) sydd mor nodweddiadol o dir calchog. Y blodyn harddaf, mwyaf lliwgar oedd yr Ytbysen Fythol Gulddail (*Lathyrus sylvestris* Narrow-leaved Everlasting-Pea), blodyn digon del er gwaethaf ei enw!

Wrth ddod at y morglawdd, gwelwyd Letusen Bigog (*Lactuca serriola* Prickly Lettuce) planhigyn sydd wedi cynyddu llawer yn y deugain mlynedd diwethaf, Pannog Felen (*Verbascum thapsus* Great Mullein), Rhuddygl Arfor (*Raphanus maritimus* Sea Radish) a'r gweiryn Gweunwellt Cywasgedig (*Poa compressa* Flattened Meadow-grass).

Ar y morfa roedd llawer o blanhigion yr heli, megis y Llyriad Arfor (*Plantago maritima* Sea Plantain) a'r Llyriad Corn Carw (*P. coronopus* Buck's-horn Plantain) yn ogystal â rhai llai cyffredin, gan gynnwys Meillionen Fefusaidd (*Trifolium fragiferum* Strawberry Clover) a Meillionen y Morfa (*T. squamosum* Sea Clover), Hocysen y Morfa (*Althaea officinalis* Marsh-mallow) a Chegiden Dail Persli (*Oenanthe lachenalii* Parsley Water-dropwort). Ar dameidiau o dir sych nodwyd Pysen-y-ceirw Culddail (*Lotus glaber* Narrow-leaved Bird's-foot-trefoil), planhigyn hynod o brin yng Nghymru. Roedd hwn yn ddiwrnod prysur a buddiol, yng nghwmni cyfaill gwybodus a rhadlon.

10. Parc Gwledig Rogiet a Llanfihangel Roget
Gwarchodfa Ymddiriedolaeth Natur Gwent
ST 45 87
22 Awst 2011

Dyma dair erw o dir cymysg, lle mae amrywiaeth diddorol o gynefinoedd wedi datblygu ar hen safle diwydiannol. Mae yma lwybr hwylus o gwmpas y warchodfa, a lle i barcio car neu ddau. Mae yma dir glas, llwyni a choed, a thoreth o flodau gwyllt.

Yn y gwanwyn ceir digon o Friallu Mair (*Primula veris* Cowslips) ac yn ystod fy ymweliad i yn niwedd Awst gwelsom:

Cyngaf Bach (*Arctium minus* Lesser Burdock), sy'n gyffredin, a'r Cyngaf Mawr (*A.lappa* Greater Burdock) sy'n brin iawn yng Nghymru, Melyngu Wyllt (*Reseda lutea* Wild Mignonette), Y Ferfain (*Verbena officinalis* Vervain), Gorudd (*Odontites vernus* Red Bartsia), Yr Wydro Dal (*Melilotus altissimus* Tall Melilot), Hesgen Dywysennog Goesadeiniog (*Carex otrubae* False Fox-sedge), Pig yr Aran Grynddail (*Geranium rotundifolium* Round-leaved Crane's-bill), a'r Tansi (*Tanacetum vulgare* Tansy).

Cyngaf Mawr (*Arctium lappa* Greater Burdock). Mae hwn yn fwy, ond yn llawer prinnach na'r Cyngaf Bychan (*A. minus*). Daethom ar ei draws ym Mharc Gwledig Rogiet, Awst 2011.

Pannog Fain (*Verbascum virgatum* Twiggy Mullein). Dyma blanhigyn sy'n gwbl nodweddiadol o dir agored, garw, yn enwedig hen domennydd sbwriel a hen dir diwydiannol. Mae'n llawer llai cyffredin na'r Bannog Felen (*V. thapsus*) ond roedd digon ohono yn Rogiet. Awst 2011.

Yn ogystal â Llin y Llyffant (*Linaria vulgaris* Common Toadflax) gwelsom hefyd y croesryw *L. x sepium = L. vulgaris x L. repens,* gyda'r petalau melyn golau â stribedi tywyll. Mae hwn yn hollol ffrwythlon, gyda hadau hyfyw, ond yn brin yng Nghymru ac yn ddigon anodd i'w adnabod yn y gwyllt.

Rhyw filltir i'r gorllewin, ger Llanfihangel Rogiet, mae darn helaeth o dir garw, ar hen safle rheilffordd. Dyma enghraifft dda unwaith eto o ddilyniant ym myd natur, lle mae amrywiaeth mawr o blanhigion gwyllt wedi cyrraedd y safle'n naturiol ac yn cartrefu ym mhob twll a chornel o'r cynefin. Gwelsom nifer fawr o rywogaethau, dyma rai ohonynt:

Pig yr Aran (*Geranium molle* Dove'sfoot Crane's-bill), Pannog Fain (*Verbascum virgatum* Twiggy Mullein) wrth y cannoedd, Melyn yr Hwyr Mawr (*Oenothera glazioviana* Large-flowered Evening Primrose), Melyngu (*Reseda luteola* Weld), a'r Ganhri Goch (*Centaurium erythraea* Common Centaury). Roedd digonedd o'r Elinog (*Solanum dulcamara* Bittersweet) sy'n blanhigyn lluosflwydd cyffredin iawn, ac ambell un o'i berthynas agos, y Codwarth Du (*S. nigrum* Black Nightshade) sy'n blanhigyn unflwydd, ac yn llawer llai cyffredin. Yn olaf, rhaid cyfeirio at ddau o deulu'r Lili, sef y Nionyn Gwyllt (*Allium vineale* Wild Onion) sy'n gyffredin yma ac acw, a Garlleg y Maes (*Allium oleraceum* Field Garlic) sy'n hynod brin. Dim ond unwaith y gwelais hwn o'r blaen yng Nghymru.

Llyfryddiaeth

Carter, P W (1987, 1988), Some Acount of the history of Botanical Exploration in Monmouthshire. Parts 1 and 2. *Nature in Wales,* 1987 and 1988

Evans, Trevor G (2007) *Flora of Monmouthshire*

Evans, Trevor (2007) *Monmouthshire County Rare Plant Register*

Hamilton, S (1909) *The Flora of Monmouthshire*

Horton, G A Neil (1994) *Monmouthshire Lepidoptera*

Peterken, George (2008) *Wye Valley,* New Naturalist

Shoolbred, W A (1920) *The Flora of Chepstow*

Titcombe, Colin (1998) *Gwent – its Landscape and Natural History*

Wade, A E (1970) *The Flora of Monmouthshire*

PENNOD 30

SIR FORGANNWG (VC 41)

Dyma ardd flodeuog ffriw,
 Paradwys wiwlwys olwg, –
Brenhines Cymru lwysgu lon;
 Mae teithi hon yn amlwg,
Dyma dir toreithiog, mad,
 Hen gynnes wlad Morgannwg.

Gwilym Ilyd

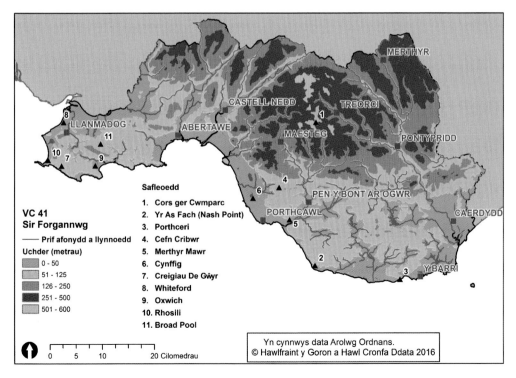

Safleoedd

1. Cors ger Cwmparc
2. Yr As Fach (Nash Point)
3. Porthceri
4. Cefn Cribwr
5. Merthyr Mawr
6. Cynffig
7. Creigiau De Gŵyr
8. Whiteford
9. Oxwich
10. Rhosili
11. Broad Pool

VC 41
Sir Forgannwg

—— Prif afonydd a llynnoedd

Uchder (metrau)

0 - 50
51 - 125
126 - 250
251 - 500
501 - 600

0   5   10   20 Cilomedrau

Yn cynnwys data Arolwg Ordnans.
© Hawlfraint y Goron a Hawl Cronfa Ddata 2016

275

Dyma sir fawr ei thiriogaeth a'r fwyaf ei phoblogaeth yng Nghymru. Dyma hefyd y sir â'r mwyaf o wahanol blanhigion – o holl siroedd Cymru – bron i 2,000 ohonynt. Nid rhyfedd, felly, fod llu o fotanegwyr wedi cofnodi planhigion y sir; y mae'n stori ddiddorol a rhamantus yn ymestyn dros dair canrif a hanner. Dyma fraslun o rai o'r prif gymeriadau:

John Ray (1627-1705)

Yn sicr, roedd y Sais, John Ray ymysg naturiaethwyr mwyaf ei oes. Derbyniodd ei addysg yng Nghaergrawnt ac etholwyd ef yn FRS a gosododd sylfeini y wyddor o ddosbarthu planhigion. Bu ar daith drwy Gymru yn 1662, ac yn Sir Forgannwg cysylltir ei enw â'r Llawredynen Gymreig (*Polypodium cambricum* Southern Polypody), a hefyd Chweinllys y Gors (*Tephroseris palustris* neu *Senecio palustris* Marsh Fleawort), ond y mae cymylau amser wedi bwrw ansicrwydd dros y ddau ddarganfyddiad. Gwaetha'r modd, ymddengys fod Ray a'i gydymaith Willughby ar frys gwyllt ar y pryd ac ni adawodd gofnodion am blanhigion eraill yn Sir Forgannwg.

Edward Llwyd (1660-1704)

'Y naturiaethwr gorau yn awr yn Ewrop' – dyna oedd disgrifiad Syr Hans Sloan, Llywydd y Gymdeithas Frenhinol o Edward Llwyd, yr athrylith a'r polymath hwn o Gymro, a fu'n Geidwad Amgueddfa Ashmole yn Rhydychen ac a ddarganfu blanhigyn enwocaf Cymru, Lili'r Wyddfa, *Lloydia serotina* , a enwyd ar ei ôl, er anrhydedd. Ysgrifennwyd cyfrolau amdano, ond y cyfan a ddywedaf yma yw ei fod wedi ymweld â Sir Forgannwg ac wedi darganfod nifer o blanhigion diddorol, gan gynnwys dwy redynen brin, Briger Gwener (*Adiantum capillus-veneris* Maidenhair Fern) yn Y Barri ac ym Mhorthceri, a'r Dduegredynen Gefngoch (*Ceterach officinarum* Rustyback) ar waliau Eglwys Tresimwn (*Bonvilston*).

John Lightfoot (1735-1788)

Roedd y Parch. John Lightfoot yn un o'r teithwyr cynnar; bu yn yr Alban gyda Thomas Pennant, ac ef yw awdur *Flora Scotica*. Daeth i Gymru yn 1773 a sylwodd ar y planhigion canlynol ym Morgannwg: Maenhad Gwyrddlas (*Lithospermum purpureocaeruleum* Purple Gromwell) ger Porthceri; Llafnlys Mawr (*Ranunculus lingua* Greater Spearwort) yn Y Bontfaen; Celynnen y Môr (*Eryngium maritimum* Sea Holly) a Llaethlys y Môr (*Euphorbia paralias* Sea Spurge) yn Llansawel. Ar 3 Gorffennaf bu ar Ynys Flatholm, a gwelodd y Genhinen Wyllt (*Allium ampeloprasum* Wild Leek), Tegeirian y Wenynen (*Ophrys apifera* Bee Orchid) a Chorn Carw'r Môr (*Crithmum maritimum* Rock Samphire).

Roedd Lightfoot yn fotanegydd trefnus, cadwodd ddyddiadur o'i daith a gwnaeth gasgliad (herbariwm) o'r planhigion a welodd.

Edward Williams (Iolo Morganwg) (1747-1826)

Edward Williams (Iolo Morganwg)

Tybed a ddylid cynnwys enw Iolo Morganwg yn y rhestr hon? Yn ddaearyddol, does dim amheuaeth – brodor o Lancarfan ym Mro Morganwg ydoedd a threuliodd y rhan fwyaf o'i oes yn y sir. Yn ôl *Gwyddoniadur Cymru* disgrifiwyd Iolo gan Ceri W Lewis fel 'un o'r dynion galluocaf a mwyaf amryddawn a aned erioed yng Nghymru' - ac yn sicr roedd ganddo ddiddordeb mewn botaneg.

Ond gŵyr y cyfarwydd fod cwmwl o amheuaeth yn hofran dros rai agweddau o waith y polymath rhyfedd hwn, ac yn anffodus mae hyn yn wir am beth o'i waith ym myd y blodau. Cyfeiriaf yn fwyaf arbennig at lyfr John Storrie *The Flora of Cardiff* (1886), gweler isod. Cyfrannodd Iolo lawer o gofnodion am blanhigion i'r *Flora* ond yn ei Ragair y mae Storrie yn feirniadol iawn o amryw ohonynt. Y mae'n dyfynnu'n helaeth o waith Iolo yn y Rhagair, gan ychwanegu sylwadau megis 'Quite erroneous', 'No!' a 'No such plant ever existed.' Mae hyn i gyd yn hynod anffodus, oherwydd mae llawer o'i gofnodion eraill yn ymddangos yn hollol ddilys. Er enghraifft, wrth sôn am y goeden fechan *Sorbus domestica* ar greigiau'r arfordir, coeden eithriadol o brin, mae'n disgrifio'r ffrwyth fel 'yellowish brown, like a small pear'. Mae'r disgrifiad hwn yn hollol gywir; fe wn i, oherwydd mae gen i un yn tyfu'n yr ardd!

Lewis Weston Dillwyn (1778-1855)

Yn ddyn ifanc, daeth L W Dillwyn yn gyfrifol am grochendy'r Cambrian yn Abertawe. Datblygodd hefyd yn fotanegydd galluog, yn ŵr busnes craff ac yn Aelod Seneddol poblogaidd. Yn 25 oed etholwyd ef yn F R S. Yn 1805 cydweithiodd gyda Dawson Turner (taid i Syr Joseph Hooker, Cyfarwyddwr Gerddi Kew) i gyhoeddi *The Botanist's Guide through England and Wales,* llyfr dylanwadol iawn. Gweithiodd Dillwyn yn ddiarbed ac yn 1848 cyhoeddodd *Materials for a fauna and flora of Swansea and the neighbourhood*, yn rhanol ar gyfer y British Association a gyfarfu yn Abertawe y flwyddyn honno. Roedd Lewis Weston Dillwyn hefyd yn fotanegydd ymarferol – ef a ddarganfu Roced-y-Muriau'r Tywod (*Diplotaxis muralis* Annual Wall-rocket) a hefyd Pupurlys Llwyd (*Lepidium* (*Cardaria*) *draba* Hoary Cress). Yr oedd yn gymeriad lliwgar ac roedd amryw o'i deulu hefyd yn naturiaethwyr amlwg.

Charles Conway (1797-1870)

Casglodd blanhigion a gwnaeth herbariwm personol a ddaeth yn sylfaen, ynghyd â chasgliad John Storrie (gweler isod) i'r herbariwm mawr yn Amgueddfa Caerdydd, Amgueddfa Genedlaethol Cymru wedi hynny.

John Wheeley Gough Gutch (1809-1862)

Ganwyd Gutch ym Mryste a gweithiodd fel meddyg am rai blynyddoedd yn Abertawe. Ymddiddorodd mewn planhigion a chyhoeddodd restr o fwy na 700 o rywogaethau o ardal Abertawe, gan gynnwys mwsoglau, llysiau'r afu, cen ac algau. Yn eu plith mae rhai o ddiddordeb arbennig, megis Gellesgen Ddrewllyd (*Iris foetidissima* Stinking Iris), Cor-rosyn Lledlwyd (*Helianthemum oelandicum (canum)* Hoary Rock-rose) a'r Chwysigenddail Bach (*Utricularia minor* Lesser Bladderwort) o Gors Crymlyn.

Augustin Ley (1842-1911)

Dyma un o'r llu clerigwyr o oes Fictoria a droes eu golygon i fyd y blodau. Crwydrodd lawer yn siroedd Brycheiniog, Mynwy ac ambell waith i Forgannwg, fel arfer ar gefn ceffyl, ac mae'n werth cyfeirio at un planhigyn arbennig a ddarganfu ym mhen uchaf Cwm Rhondda. Hwn oedd Llysiau Steffan y Mynydd (*Circaea alpina* Alpine Enchanter's Nightshade), planhigyn prin yn y rhan hon o'r wlad. Anwybyddwyd cofnod Ley am flynyddoedd, hyd nes i A E Wade, o'r Amgueddfa Genedlaethol yng Nghaerdydd ddod ar draws y sbesimen yn yr herbariwm ym Mhrifysgol Birmingham. Sôn am ddod o hyd i nodwydd mewn tas wair!

John Storrie (1843-1901)

Daeth John Storrie o'r Alban i Gaerdydd i weithio fel argraffydd ar y *Western Mail*. Yn 1877 cafodd swydd yn Amgueddfa Caerdydd. Bu yno am nifer o flynyddoedd a datblygodd ei ddiddordeb yn y planhigion, a bu ei gasgliad personol yn rhannol gyfrifol am ddatblygiad herbariwm yr Amgueddfa. O hwn y tyfodd y casgliad enfawr presennol yn Amgueddfa Genedlaethol Cymru. Yn 1876 aeth Storrie ati i baratoi rhestr o blanhigion Caerdydd a'r cyffiniau ar gyfer cyfres o erthyglau, ac ymhen rhai blynyddoedd yn 1886, cyhoeddwyd y gwaith o dan y teitl *The Flora of Cardiff*.

John Storrie

Charles Tanfield Vachell (1848-1914) a'i ferch Eleanor Vachell (1879-1948)

Meddyg adnabyddus yng Nghaerdydd oedd Charles Vachell, ac ef a fagodd y diddordeb mewn planhigion yn ei ferch fach, yn ddeg oed. Cydweithiodd y ddau am flynyddoedd, yn cofnodi ac yn casglu. Yn fuan, gosododd Eleanor nod iddi ei hun o weld pob blodyn a ystyrid yn wyllt ym Mhrydain, gan liwio'r llun ohono yn ei chopi o'r llyfr *Illustrations of the British Flora* gan Fitch. Dilynodd y trywydd yma ar hyd ei hoes, a phan fu farw

Eleanor Vachell

yn 1948, dim ond 13 (allan o tua 1,800) oedd heb eu lliwio. Gadawodd ei llyfrau, a'i herbariwm o dros 6,000 o eitemau i'r Amgueddfa Genedlaethol. Yn ystod ei hoes darganfu nifer o blanhigion newydd, ac enwyd un Dant-y-llew ar ei hôl, *Taraxacum vachellii*.

Yn y gyfrol *Glamorgan County History: Vol.1, Natural History* (1936) cyfranodd Eleanor Vachell erthygl gynhwysfawr a rhestr fanwl o blanhigion Morgannwg, ynghyd â rhestr o fotanegwyr y sir. Yn 2005 cyhoeddodd yr Amgueddfa gasgliad o'i dyddiaduron o dan y teitl *The Botanist*.

Edward Young (fl.1856)

Cyhoeddodd *The Ferns of Wales*, sef *hortus siccus* (gardd sych) neu gasliad o blanhigion wedi eu sychu a'u rhwymo mewn llyfr hardd, ynghyd â nodiadau ar bob un, yn cynnwys eu cynefin, a chynghorion ynglŷn â'u tyfu. Mae'n cynnwys 34 o wahanol rywogaethau. Cyhoeddwyd ac argraffwyd y gyfrol yn 1856 gan Thomas Thomas, Castell-nedd. Ychydig iawn a wyddom am Edward Young. Yn ei ragymadrodd mae'n rhoi ei gyfeiriad: 'Waincyrch, Neath'.

Bûm yn ffodus iawn o gael copi o'r gyfrol hon yn rhodd gan gyfaill rai blynyddoedd yn ôl.

Albert Howard Trow (1863-1939)

Ganwyd A H Trow yn Y Drenewydd, Sir Drefaldwyn. Derbyniodd ei addysg ym Mangor ac yn yr Almaen. Yn 1883 cafodd swydd darlithydd yn Adran Bioleg, Coleg y Brifysgol, Caerdydd. Yn ddiweddarach daeth yn Athro Botaneg ac yna'n Brifathro'r Coleg.

Albert Howard Trow

Yn 1911 cyhoeddwyd *The Flora of Glamorgan* gyda Trow yn olygydd. Mae Carter (1955) yn rhestru nifer fawr o gyfranwyr i'r gyfrol, llawer ohonynt o Sir Forgannwg ac eraill o bob cwr o'r wlad. Mor wahanol i'r sefyllfa yn rhai o'r siroedd llai poblog – hyd yn oed heddiw – pan mae'n anodd cael hanner dwsin i gofnodi'r planhigion gyda sicrwydd. Mae Wade et.al. (1994) yn tynnu ein sylw at rai o ddarganfyddiadau Trow, megis Glesyn y Gaeaf Danheddog (*Orthilia secunda* Serrated Wintergreen) ar Graig-y-Llyn, rhyw ddwy filltir i'r de o'r Rhigos, ond sydd bellach wedi diflannu o'r safle, ac efallai o Gymru gyfan. Dau arall oedd y Ffacbysen Bedol (*Hippocrepis comosa* Horseshoe Vetch), o Gastell Pennard, planhigyn calchgar, prin iawn yng Nghymru, a'r Eirinllys Gwelw (*Hypericum montanum* Pale St John's-wort).

Harry Joseph Riddelsdell (1866-1941)

Clerigwr arall oedd Riddelsdell a fu'n gweinidogaethu yn Aberdâr ac yna yn Llandaf. Dechreuodd ymddiddori yn y planhigion ac yntau'n fyfyriwr yn Rhydychen. Dywedir iddo wasanaethu'r Eglwys yn ffyddlon a threulio'i oriau hamdden yn llysieua'n frwdfrydig.Yn 1907 cyhoeddodd *A Flora of Glamorgan* fel atodiad i'r *Journal of Botany*. Riddelsdell a ddarganfu un o'r perlau bychain ymhlith blodau Sir Forgannwg sef Tegeirian y Fign Galchog (*Liparis loeselii* Fen Orchid). Ni ddatgelodd y lleoliad, a chafodd y planhigyn ei weld mewn hanner dwsin o fannau yn y sir yn ddiweddarach. Yn anffodus, y mae bellach wedi prinhau yn arw.

Henry Harris

Yn 1905 cyhoeddwyd *The Flora of the Rhondda* gan y gŵr hwn o Ystrad Rhondda, o dan nawdd Cymdeithas o Naturiaethwyr lleol. Eglurodd Harris yn y Rhagair mai ei fwriad oedd casglu a dosbarthu planhigion y Rhondda Fawr a'r Rhondda Fach, o'r Porth i'r Maerdy ac o Bontypridd i Flaenrhondda, ac y mae'n cydnabod ei ddyled i waith y diweddar John Storrie, awdur *The Flora of Cardiff*. Mae'r gyfrol yn trafod bron i 400 o rywogaethau ond nid yw'n cynnwys y gweiriau a'r hesg.

Mary E Gillham (1921-2013)

Mary E Gillham

Ganwyd Mary Gillham yn Llundain ond treliodd y rhan fwyaf o'i hoes yng Nghymru. Graddiodd mewn Botaneg yn Aberystwyth, ac enillodd ei doethuriaeth ym Mangor. Gweithiodd am flynyddoedd ar staff Coleg y Brifysgol, Caerdydd. Roedd yn naturiaethwr eang ei diddordebau, gyda'r pwyslais bob amser ar ecoleg, a chymerai ddiddordeb arbennig mewn ynysoedd. Crwydrodd yn eang, ac arweiniodd deithiau i leoedd anghysbell mewn llawer rhan o'r byd, ond hefyd gweithiodd yn galed yn ei sir ei hun. Cyhoeddodd tua deunaw o lyfrau, yn eu plith *The Natural History of Gower, Swansea Bay's Green Mantle* a *A Natural History of Cardiff*.

Cyn cau'r adran hon rhaid cyfeirio at y gyfrol **Glamorgan County History: Vol. 1. Natural History (1936), gol. W M Tattersall**. Mae hon yn gyfrol hardd gyda phenodau arbenigol ar ddaeareg, hinsawdd, pridd, botaneg a swoleg. Mae'r bennod ar fotaneg yn 133 o dudalennau, ac yn trafod pob math o agweddau ar y pwnc. Yr adrannau mwyaf perthnasol i ni yw'r rhai campus ar y planhigion blodeuol a'r rhedyn gan Eleanor Vachell, yr ysgrif ar ecoleg y llystyfiant gan R C McLean, a'r ymdriniaeth o'r coed a'r llwyni gan H A Hyde. Mae yma hefyd adran ar fotanegwyr Morgannwg. Ydi, mae Eleanor Vachell yn cydnabod cyfraniad Iolo Morgannwg, ond yn ei geiriau hi y maent 'too unreliable for critical reference'. Druan o Iolo.

Gwelwn felly fod llu o fotanegwyr wedi cofnodi planhigion Sir Forgannwg dros y blynyddoedd. Rwyf wedi cyfeirio at amryw, ond mynnwch ddod o hyd i **Flora of Glamorgan (1994) gan Arthur Wade, Quentin Kay a Gwynn Ellis**, a darllenwch y bennod hynod o ddifyr am hanes y rhai fu'n sylwi, casglu a chofnodi, o ddyddiau John Ray ac Edward Llwyd hyd ein dyddiau ni.

Golwg ar Lystyfiant a Chynefinoedd Morgannwg (Cymerwyd yn rhannol o *Flora of Glamorgan* (1994))

Penrhyn Gŵyr a'r cyffiniau

Dyma ardal hynod am ei golygfeydd, ei thirwedd, ac yn arbennig am amrywiaeth ei blodau gwyllt. Y garreg galch yw prif nodwedd y rhan ddeheuol, a thywodfaen a haenau glo i'r gogledd o Lanrhridian. Ar y garreg galch mae amrywiaeth o briddoedd calchog a phriddoedd sur. Mae'r planhigion gorau ar y llechweddau serth ar ochrau'r cymoedd ac ar y clogwyni ar y glannau. Mae coedydd Ynn a Derw ar lawr y dyffrynnoedd, gyda Masarn yn ymledu'n gyflym, gan ddisodli'r coed brodorol mewn ambell fan. Yn gymysg â'r llwyni Cyll ceir Piswydden (*Euonymus europaeus* Spindle), Yswydden (*Ligustrum vulgare* Wild Privet) a'r Cwyrosyn (*Cornus sanguinea* Dogwood) ac ambell dro y Rhafnwydden (*Rhamnus cathartica* Buckthorn). Mae digonedd o Graf y Geifr (*Allium ursinum* Ramsons) a

Golygfa o arfordir Bro Gŵyr. Gorffennaf 1990

Bresych y Cŵn (*Mercurialis perennis* Dog's Mercury) o dan y coed, ac mae'r rhain yn awgrymu ein bod mewn hen goedlannau. Ymhlith y planhigion llai cyffredin gellir enwi Clust yr Ewig (*Daphne laureola* Spurge Laurel), Llaethlys y Coed (*Euphorbia amygdaloides* Wood Spurge) a'r llwyn bychan rhyfedd Celynnen Fair (*Ruscus aculeatus* Butcher's-broom), y tri ar eithaf eu dosbarthiad i'r gorllewin yma ar Benrhyn Gŵyr.

Ar waelod y clogwyni ger y môr mae'r planhigion sy'n gallu dygymod â'r heli, a dyma lle tyf Corn Carw'r Môr (*Crithmum maritimum* Rock Samphire) a'r Cedowydd Surlon (*Inula crithmoides* Golden-samphire). Yn uwch i fyny, lle mae llai o effaith yr heli ceir Plucen Felen (*Anthyllis vulneraria* Kidney Vetch) ac weithiau'r gweiriau Glaswellt y Rhos (*Danthonia decumbens* Heath-grass) a Gwenithwellt Caled (*Catapodium rigidum* Fern-grass). Dyma hefyd gynefin dau blanhigyn prin iawn, Llysiau'r Bystwn Melyn (*Draba aizoides* Yellow Whitlowgrass) na chewch mohono yn unman arall ym Mrydain, a'r Tagaradr Bach (*Ononis reclinata* Small Restharrow). Llwyddais i ddod o hyd i'r *Draba* ar fy mhen fy hun – mae ganddo flodau melyn amlwg, ond bu'n rhaid cael arweinydd profiadol i'm tywys at yr *Ononis* bychan bach!

Tagaradr Bach (*Ononis reclinata* Small Restharrow). Un o flodau prinnaf Prydain: yng Nghymru, yn gyfyngedig i Fro Gŵyr a Sir Benfro. Bro Gŵyr 1993.

Ym mhen pellaf Gŵyr mae Pen Pyrod (Worm's Head), trwyn o dir y gellir ei gyrraedd ar lanw isel. Yma, mae rhai o flodau'r arfordir ar eu gorau – yn arbennig y rhai lliwgar fel Seren y Gwanwyn (*Scilla verna* Spring Squill), y Gludlys Codrwth (*Silene vulgaris* Bladder Campion) a'r Hocys (*Malva sylvestris* Common Mallow).

Ond nid tir calchog yw unig gynefin y penrhyn. Mae digon o briddoedd asidig, yn arbennig ar y Tywodfaen tua'r gogledd, lle mae'r Grug a'r Eithin yn lliwgar ar derfyn haf, ac weithiau, mewn ambell i glwt o dir gwlyb fe gewch y rhedynen fwyaf trawiadol o'r cyfan, y Rhedynen Gyfrdwy (*Osmunda regalis* Royal Fern) a'r Gwyddling (*Myrica gale* Bog Myrtle) – cofiwch rwbio'r dail rhwng bys a bawd – dyna'r aroglau mwyaf bendigedig! Efallai y dowch o hyd i'r Gwlithlys Hirddail (*Drosera intermedia* Oblong-leaved Sundew) ac yn y llynnoedd bach, chwiliwch am y blodyn lliwgar Pumnalen y Gors (*Comarum* (*Potentilla*) *palustris* Marsh Cinquefoil).

Rhaid aros an ennyd ar y glannau. Mae'r traethau a'r twyni yn enwog yn Oxwich, Llangynydd, Whiteford, Crymlyn a Rhosili. Mae'r slaciau yn Whiteford yn gynefin i dyfiant cryf o'r Gorhelygen (*Salix repens* Creeping Willow) a phethau prinnach fel Glesyn-y-gaeaf Deilgrwn (*Pyrola rotundifolia* Round-leaved Wintergreen) a'r rhedynen fechan Tafod y Neidr (*Ophioglossum vulgatum* Adder's Tongue) sydd mor annhebyg i bob rhedynen arall. Ond prif ogoniant y slaciau yw'r tegeirianau, a gellir gweld

Tegeirian y Gors (*Dactylorhiza sp.* Marsh-orchids), Tegeirian y Gors Cynnar (*D. incarnata* Early Marsh-orchid), Caldrist y Gors (*Epipactis palustris* Marsh Helleborine), Caineirian (*Listera ovata* Common Twayblade) ac efallai, os byddwch yn hynod o ffodus, Tegeirian y Fign Galchog (*Liparis loeselii* Fen Orchid). Rai blynyddoedd yn ôl, ofnid fod y blodyn hwn wedi diflannu o Fro Gŵyr, ond wrth fynd i'r wasg (Chwefror 2017) gwelaf fod cynllun ar droed i'w ailgyflwyno i Whiteford, a bod yr arwyddion cynnar yn obeithiol (*British Wildlife* Vol. 28 No. 3, Feb 2017, 212). Mae *Liparis* yn hynod o fach, ond mae yna un planhigyn prin iawn sy'n llai fyth, sef y gweiryn Eiddilwellt Cynnar (*Mibora minima* Early Sand-grass); chwiliwch amdano ym Mawrth neu Ebrill ar dir tywodlyd, ger tyllau cwningod.

Mae Cors Crymlyn, rhwng Castell-nedd ac Abertawe yn haeddu sylw arbennig. Mae'n Warchodfa Natur Genedlaethol ac wedi'i dynodi'n Wlyptir o Bwysigrwydd Rhyngwladol o dan Gytundeb Ramsar. Dyma safle rhyfedd i gael gwarchodfa natur, yng nghanol ardal mor ddiwydiannol, ond mae yma sawl math o gymunedau tir gwlyb, mewn hafn o dir a ffurfiwyd yn wreiddiol gan y rhewlifoedd. Mae twyni tywod rhwng y gors a'r môr, ac mae yma enghreifftiau o olyniaeth naturiol, sef y datblygiad sy'n arwain o ddŵr agored i dir glas ac yna i goedlannau. Mae yma amrywiaeth rhyfeddol o blanhigion – rhestrir dros 200 o flodau gwyllt ar y safle. Y pwysicaf, oherwydd ei brinder, yw Plu'r Gweunydd Eiddil (*Eriophorum gracile* Slender Cottongrass). Yn wahanol i Blu'r Gweunydd Cyffredin sydd yn gyffredin dros Gymru gyfan, dim ond mewn pedwar safle y digwydd *E.gracile* ym Mhrydain gyfan. Mae yma frithwaith o gymunedau, o'r cyffredin i'r annisgwyl, ac fe welwch hen ffrindiau megis Cynffon y Gath (*Typha latifolia* Bulrush) bob yn ail â'r Chwysigenddail (*Utricularia australis* Bladderwort) a'r Cleddlys Bach (*Sparganium natans* Least Bur-reed), dau o blanhigion prinnaf y wlad.

Mae nifer o forfeydd heli ar arfordir gogledd Gŵyr ac aber Afon Llwchwr, o Whiteford i Lanrhidiad ac yna i Benclawdd ac i fyny i gyfeiriad Pontarddulais. Mae rhai darnau yn cael eu pori gan ddefaid a merlod ac mae planhigion y morfa yn gyffredin ynghyd â rhai llai cyffredin megis Wermod y Môr (*Artemisia maritima* Sea Wormwood). Mae *Salicornia* a *Suaeda* yn gyffredin ar y rhannau mwdlyd, ac mewn ambell lyn o ddŵr hallt mae Crafanc-y-Frân y Morfa (*Ranunculus baudotii* Brackish Water-crowfoot) a'r planhigyn bach anghyfarwydd Tusw Arfor (*Ruppia maritima* Beaked Tasselweed).

Ucheldir gogledd y sir – Blaenau Morgannwg

Mae'r rhan fwyaf o gymunedau gogledd y sir dros haenau o lo, tywodfaen a siâl. Mae'r tir yn codi o ryw 260m yn ardal Pontarddulais i 600m ar Graig-y-Llyn ger Hirwaun. Mae llystfiant y bryniau yn nodweddiadol, gyda Grug, Llus, Plu'r Gweunydd a'r gweiriau *Deschampsia flexuosa, Festuca ovina, Nardus stricta* a *Molinia caerulea* yn amlwg. Ger ambell i nant, ceir dau o flodau harddaf y bryniau, Clychlys Dail Eiddew

(*Wahlenbergia hederacea* Ivy-leaved Bellflower) a Gwlyddyn Mair y Gors (*Anagallis tenella* Bog Pimpernel), blodau'r cyntaf yn las a blodau'r ail yn binc. Mewn coedlan Dderw yng nghwm Afon Pyrddin i'r gorllewin o ardal Glyn-nedd mae'r Gronnell (*Trollius europaeus* Globeflower), a braf yw deall fod y ddwy Redynach Teneuwe (*Hymenophyllum wilsonii* a *H.tunbrigense* Filmy-ferns) yn dal i dyfu yng ngheunentydd coediog Cwm Dimbath, i'r dwyrain o Gwm Ogwr.

Mae rhai planhigion yn cartrefu ar y tipiau glo, er bod llawer o'r rheini wedi eu trin a'u hadfer bellach. Efallai mai'r un amlycaf yw'r Edafeddog Hirhoedlog (*Anaphalis margaritacea* Pearly Everlasting), blodyn digon cyffredin mewn rhai ardaloedd. Fe gychwynnodd hwn fel blodyn gardd o America mor bell yn ôl â 1729; mae'n digwydd yma ac acw dros Brydain ond De Cymru yw ei gadarnle. Weithiau gwelir Ysgallen Siarl (*Carlina vulgaris* Carline Thistle) hefyd ar y tomennydd glo – planhigyn sy'n fwy cyfarwydd i lawer ohonom ar borfeydd calchog a thwyni tywod.

De'r sir – Bro Morgannwg

Mae'r Fro, sy'n cynnwys y rhan fwyaf o'r tir i'r gorllewin o Gaerdydd, yn ymestyn (fwy neu lai) o'r Barri i Lantrisant, yna ar draws i gyfeiriad Llanharan ac ymlaen tua Margam a'r môr. Math o lwyfandir tonnog sydd yma, yn gorwedd yn bennaf ar wely o galchfaen Jwrasig (Lias), gydag amrywiaeth o glogwyni serth a thwyni tywod ar yr arfordir. Mae'r rhan fwyaf o'r Fro yn dir amaethyddol, ond mae rhai coedydd yn y dyffrynnoedd culion.

Mae ambell goeden nodweddiadol yn y gwrychoedd, yn bennaf y Wifwrnwydden (*Viburnum lantana* Wayfaring Tree), coeden brin iawn yng ngweddill Cymru. Mae'r tir calchog yn cynnal amryw o blanhigion na welir mohonynt mewn ardaloedd eraill, yn eu mysg yr Ysgallen Ddigoes (*Cirsium acaule* Dwarf Thistle), yr Ysgallen Wlanog (*C. eriophorum* Woolly Thistle), Clychlys Clystyrog (*Campanula glomerata* Clustered Bellflower) a'r Eirinllys Blewog (*Hypericum hirsutum* Hairy St John's-wort) – pob un yn arbennig i'r Fro.

Ar y tir glas uwchben clogwyni'r môr mae un o flodau harddaf y garreg galch, y Maenhad Gwyrddlas (*Lithospermum purpureocaeruleum* Purple Gromwell) planhigyn â hanes diddorol iddo, er gwaethaf ei lond ceg o enw! Dywedir iddo gael ei weld yn ardal Porthceri gan yr enwog Joseph Banks yn ôl yn 1793, ac mae ei flodau glas yn dal i ymddangos bob mis Mehefin.

Mae nifer o blanhigion diddorol yn tyfu ar y creigiau. Gellir enwi Clust yr Ewig (*Daphne laureola* Spurge Laurel), Bresychen Wyllt (*Brassica oleracea* Wild Cabbage) a'r rhedynen brin Briger Gwener (*Adiantum capillus-veneris* Maidenhair Fern). Mae'r rhedynen hon hefyd yn tyfu yng Nghernyw ac ar Ynys Manaw, ond y tro cyntaf i mi ei gweld oedd rhwng y creigiau ar y 'palmant calchog' yn y Burren yn Iwerddon flynyddoedd yn ôl.

Coeden arbennig iawn – *Sorbus domestica*

Ym mis Mai 1983 roedd botanegydd lleol, Marc Hampton, yn crwydro llwybrau'r arfordir uwchben creigiau'r môr yn ardal Porthceri, ger Y Barri. Ynghanol y drysni o lwyni a thyfiant gwyllt ar wyneb y clogwyn sylwodd ar goeden fechan, a thybiodd mai y Griafolen, *Sorbus aucuparia* oedd. Ond o ailedrych, ac ystyried ymhellach, cododd amheuaeth. Roedd hon yn tyfu ar dir calchog, tra bo'r Griafolen yn ffafrio tir asidig, sur. A beth am y dail ifanc? Pam bod rhyw wawr olau, ariannaidd ar y dail, a pham bod y blagur yn wyrdd yn hytrach nag yn frown? Roedd y goeden ryfedd yn tyfu mewn llecyn serth, peryglus, ond yn ddiweddarach, daeth ar draws rhagor ohonynt o fewn milltir neu ddwy, ac ar ôl llawer o drin a thrafod gan nifer o arbenigwyr, penderfynwyd nad *Sorbus aucuparia*, y Griafolen, oedd hon, ond *Sorbus domestica* sef y *Service-tree* neu'r *True Service-tree*. Roedd yr awdurdodau yn gwybod am fodolaeth hon, ond credid mai dim ond un goeden oedd yn tyfu'n wyllt ym Mhrydain gyfan, yn swydd Gaerwrangon. Mae un neu ddwy hefyd mewn rhai o'r gerddi mawr, megis Kew. Erbyn hyn ar ôl llawer o chwilio dyfal, daethpwyd o hyd i amryw yn tyfu'n wyllt ar greigiau'r arfordir, a bedyddiwyd y goeden â'r enw Cymraeg **Cerddinen Morgannwg.**

Ond nid dyna ddiwedd y stori. Rai blynydoedd yn ôl, ym mhabell Cymdeithas Edward Llwyd ar faes yr Eisteddfod Genedlaethol, roedd cystadleuaeth i enwi coeden fechan a dyfai mewn potyn, a'r wobr oedd y goeden ei hun. Roeddwn yn ysu amdani, ond beth ydoedd? Ar ôl llawer o grafu pen, cofiais am stori *Sorbus domestica* – roeddwn yn iawn, ac enillais y goeden! Bellach, mae wedi tyfu'n braf yn yr ardd acw, a rhyw dair blynedd yn ôl, yn groes i'r hyn mae'r llyfrau'n darogan, cafwyd

Ffrwythau cochion y Griafolen (Gerddinen) gyda dau o ffrwythau Cerddinen Morgannwg.
Llun: Marc Hampton˙

cnwd da o ffrwythau; nid y rhai crwn, cochion fel ffrwythau'r Griafolen, ond rhai llawer mwy, ac yn wyrdd-frown fel Gellyg bach. Tyfwyd y goeden fach yn y potyn a gymerwyd o goeden a ddarganfuwyd yn Allt y Tlodion, ychydig i'r gogledd o Lanymddyfri yn Sir Gaerfyrddin gan Dafydd Dafis (sylfaenydd Cymdeithas Edward Llwyd) a'i gyfaill Mal James ychydig flynyddoedd ynghynt.

Gweler: Hampton, M & Kay,Q.O.N. (1995) *Sorbus domestica* L. new to Wales and the British isles. *Watsonia* **20**, 379-384.

Rhai Llecynnau Arbennig am flodau ym Morgannwg

1. Cors yn yr ucheldir rhwng Graig Fawr a Graig Fach ger Cwmparc, Rhondda Fawr, ar y ffordd o Dreorci i Flaengwynfi
SS 927 954
27 Gorffennaf 1987

Dyma gors fynyddig, weddol wastad, ond gydag arwynebedd hynod o anodd i'w gerdded oherwydd y twmpathau mawr o Laswellt y Gweunydd (*Molinia caerulea* Purple Moor-grass). Ambell i bwll gyda Migwyn (*Sphagnum* Bog-moss), Dyfrllys y Gors (*Potamogeton polygonifolius* Bog Pondweed) a'r Hesgen Ylfinfain (*Carex rostrata* Bottle Sedge). Llawer o'r Frwynen Droellgorun (*Juncus squarrosus* Heath Rush) a'r Brigwellt Main (*Deschampsia flexuosa* Wavy Hair-grass) ar y rhannau ychydig yn sychach, ond ar y cyfan y llystyfiant yn hynod o unffurf, gyda'r Frwynen Bellennaidd (*Juncus conglomeratus* Compact Rush), Clwbfrwynen y Mawn (*Trichophorum cespitosum* Deergrass) a Maeswellt y Cŵn (*Agrostis canina* Velvet Bent) yn gyffredin. Roedd pob un o'r planhigion uchod yn tystio i ansawdd sur, asidig y tir, yn gwbl nodweddiadol o'r ucheldir gwlyb ar y Tywodfaen.

Ar fin y gors, wrth i'r tir godi rhyw gymaint, a ffurfio llechwedd sychach, y planhigion amlycaf oedd Y Gawnen Ddu (*Nardus stricta* Mat-grass), Briwydd Wen (*Galium saxatile* Heath Bedstraw), Tresgl y Moch (*Potentilla erecta* Tormentil), a'r gweiriau Peiswellt y Defaid (*Festuca ovina* Sheep's-fescue), Perwellt y Gwanwyn (*Anthoxanthum odoratum* Sweet Vernal-grass). Yr olaf o'r rhain sy'n gyfrifol am yr aroglau nodweddiadol ar wair yn fuan ar ôl ei dorri.

Wrth ymlwybro ar y creigiau Tywodfaen cyfagos, nodwyd Rhedynen Fair (*Athyrium filix-femina* Lady-fern), Marchredynen Lydan (*Dryopteris dilatata* Broad Buckler-fern), y Rhedynen Bersli (*Cryptogramma crispa* Parsley Fern), Llus (*Vaccinium myrtillus* Bilberry) a'r Grug (*Calluna vulgaris* Heather). Roedd ambell i ddafad Gymreig yn pori ar y llethrau, a chrawc y Gigfran yn y pellter. Ai dyna'r cynefin oedd yma cyn dod o hyd i'r glo yn y Rhondda?

2. Yr As Fach (Nash Point), 4 milltir i'r gorllewin o Lanilltud Fawr
SS 91 68
18 Awst 1987

Bore o grwydro llwybrau'r arfordir rhwng Marcroes (*Marcross*) a'r Goleudy, i gyfeiriad Sain Dunwyd (*St Donat's*). Mae'r arfordir yma, yn ne Morgannwg yn dangos y Garreg Galch Las (Lias) ar ei gorau. Yma, mae Calchfaen a Siâl yn erydu o dan rym y tonnau gan adael cerrig rhydd, crwn ar y traeth.

Mae cryn dipyn o dir glas, gwastad, uwchben y clogwyni, gyda nifer o blanhigion yr arfordir, megis Clustog Fair (*Armeria maritima* Thrift) a Llyriad Corn Carw (*Plantago coronopus* Buck's-horn Plantain). Roedd sylwi ar y Bwrned (*Sanguisorba minor* Salad Burnet) a'r Briwydd Felen (*Galium verum* Lady's Bedstraw) yn cadarnhau ein bod wedi gadael y tir sur ar ôl yn yr ucheldir, a bod y pridd yn y fan hon yn ymylu ar y calchog.

Sylwais ar un gweiryn diddorol, sef Gwenithwellt y Morfa (*Catapodium marinum* Sea Fern-grass). Mae hwn yn tyfu yma ac acw o gwmpas arfordir Prydain, gan gynnwys arfordir Cymru, ond hyd yn ddiweddar nid oedd byth i'w gael ymhell o'r môr. Ond bellach, yn dilyn yr arferiad o daenu halen ar y ffyrdd ar adeg rhew, mae *Catapodium marinum* wedi dechrau tyfu ar fin y ffordd, ymhell o heli'r môr, er enghraifft ar yr M4 yn ne Cymru.

Roedd nant fach yn llifo i'r môr gerllaw (sylwais ar yr enw Castell y Dryw ar y map OS). Mae'n siwr fod yma genlli mawr ar dywydd garw, a hwnnw wedi torri hafn bach cul, gydag ochrau serth, a nifer o lwyni o'r Ddraenen Wen, Eithin a'r Ysgawen yn herio gwynt y môr. Ar ben y llethr roedd tyfiant amlwg o'r Ysgallen Wlanog (*Cirsium eriophorum* Woolly Thistle), rhyw ddau ddwsin o blanhigion tal, cydnerth. Roeddynt yn ymddangos yn gartrefol iawn yn eu cynefin, ond o edrych yn y llyfrau, gwelaf mai yma yng ngwaelod yr hen sir Forgannwg yw bron yr unig le i'w gweld yng Nghymru gyfan. Hoffais y sylw yn un o'r llyfrau Saesneg 'This most majestic of our true thistles'. Roedd amrywiaeth diddorol ar y llecyn hyfryd yma, yn cynnwys Tagaradr (*Ononis repens* Restharrow), Cribau San Ffraid (*Stachys officinalis* Betony), Ysgallen Ddigoes (*Circium acaule* Dwarf Thistle), Elinog (*Solanum dulcamara* Bittersweet) a llawer mwy, ond methais ddod o hyd i ddau blanhigyn sydd yn ôl y sôn yn tyfu yma, sef Ysgallen Glorog (*Circium tuberosum* Tuberous Thistle) a Murwyll Lledlwyd (*Matthiola incana* Hoary Stock) – gwell hwyl y tro nesaf efallai!

Ysgallen Wlanog (*Cirsium eriophorum* Woolly Thistle). Un o blanhigion arbennig de Cymru. 1975. Llun: T. Edmondson.

3. Porthceri, 3 milltir i'r gorllewin o'r Barri
ST 087 668
8 Mai 1998

Dyma amrywiaeth o gynefinoedd ar yr arfordir, graean a gro uwchlaw llinell y penllanw, mân greigiau, glaswelltir, coed a llwyni. Mae hi'n ardal ddiddorol ac amrywiol i'r botanegydd, a gellid treulio oriau yn crwydro a chwilota. Ar fy ymweliad i, rhaid oedd manteisio ar wybodaeth fanwl ein harweinydd, a chanolbwyntio ar un neu ddau o drysorau arbennig yr ardal.

Ym Mhrydain, mae gennym ryw ddeg ar hugain o wahanol feillion – y genws *Trifolium*. Mae rhai ohonynt, megis y Meillion Coch (*T. pratense*) a'r Meillion Gwyn (*T. repens*) ymysg ein planhigion mwyaf cyffredin, ond beth am y Feillionnen Rychog (*T. striatum* Knotted Clover) a'r Feillionen Arw (*T. scabrum* Rough Clover)? Gwelsom y ddwy rywogaeth, y ddwy yn fychan ac yn ymgripio ar yr wyneb, yn bur debyg i'w gilydd, ond bod blodau *T. striatum* yn binc tra bod rhai *T. strictum* yn tueddu i fod yn wyn (neu weithiau'n binc golau).

Roedd yma hefyd ddau weiryn anghyffredin yn haeddu sylw. Y cyntaf oedd Cynffonwellt Oddfog (*Alopecurus bulbosus* Bulbous Foxtail), Roedd hwn yn newydd i mi. Yng Nghymru, nid yw'n tyfu i'r gogledd o Sir Forgannwg, a phob amser ar lan y môr, ar borfa hallt neu ar rannau uchaf y morfa. Mae rhan isaf y coesyn wedi chwyddo fel bwlb bychan. Y gweiryn arall oedd Gweunwellt Oddfog (*Poa bulbosa* Bulbous Meadow-grass) oedd yn tyfu ar y llwybrau uwchben y traeth. Mae hwn yn brinnach fyth; dyma ei unig safle yng Nghymru. Fel yn achos *Alopecurus bulbosus* mae gan y gweiryn hwn 'fylbiau' bychain ar waelod pob coesyn, ond yn rhyfedd iawn, mae ganddo hefyd 'blanhigion' bychain yn datblygu ar y pen, yn lle'r hadau arferol, yr hyn a elwir yn fywesgorol neu *viviparous*.

Planhigyn arall gwerth sylwi arno oedd y Cochwraidd Gwyllt (*Rubia peregrina* Wild Madder), ond nid i'w gamgymryd am Field Madder (*Sherardia arvensis*) sy'n llawer mwy cyffredin. Mae'r Cochwraidd yn blanhigyn bythwyrdd gyda choesyn pigog, pedaironglog, sy'n dringo dros blanhigion eraill. Mae'r dail, sydd mewn cylch o 4-6 yn dywyll a chryf, hefyd yn bigog. Mae'r blodau'n fach a disylw ond mae yna glystyrau o ffrwythau duon yn yr hydref.

Maenhad Gwyrddlas (*Lithospermum purpureocaeruleum* Purple Gromwell). Cofiwch wneud ymrech i weld hwn. Mae'n enwog – ac yn brin – ers 400 mlynedd! Porthceri, 8 Mai 1998

Uchafbwynt ein hymweliad â Phorthceri oedd gweld y Maenhad Gwyrddlas (*Lithospermum purpureocaeruleum* Purple Gromwell), nid un neu ddau, ond ugeiniau, os nad cannoedd, yn eu llawn flodau, a'r rheini o'r lliw glasaf a welsoch erioed. Roeddwn yn gyfarwydd â'r blodyn hynod hwn yn nes i'm cartref – roedd John Ray wedi dod o hyd iddo yn Ninbych yn 1662, a'i ddisgrifio fel 'this elegant plant', ond rhaid cyfaddef fod y sioe yma, ym Mhorthceri, yn haeddu'r fedal aur!

4. Cefn Cribwr, 4 milltir i'r gogledd-orllewin o Ben-y-bont ar Ogwr, 2 filltir i'r dwyrain o'r Pîl
SS 853 834
29 Mai 2010

Dyma Safle o Ddiddordeb Gwyddonol Arbennig (SSSI), a'r prif reswm i mi fynd yno oedd i weld Gwellt y Wiber (*Scorzonera humilis* Viper's-grass). Dim ond ym mis Mehefin 1996 y darganfuwyd hwn ar y safle, y cyntaf yng Nghymru a dim ond yr ail ym Mhrydain; gwelwyd ef gyntaf yn Swydd Dorset yn 1914, ac mae'n weddol gyffredin yng ngogledd Ewrop.

Rhyw hanner dwsin o gaeau sydd ar y safle yma, corstir yn bennaf (*marsh* nid *bog* sylwer) gyda thwmpathau o Laswellt y Gweunydd (*Molinia caerulea* Purple Moor-grass) bob yn ail â phyllau dŵr – lle diflas iawn i gerdded drosto, a doedd y glaw di-baid ddim yn fantais! Ond o leiaf, roedd amryw o'r *Scorzonera* i'w gweld, a rhai o'r blodau wedi agor, er gwaethaf y tywydd.

Mae yma amrywiaeth diddorol o blanhigion, llawer yn nodweddiadol o'r tir gwlyb, megis Mintys y Dŵr (*Mentha aquatica* Water Mint), Carpiog y Gors (*Lychnis flos-cuculi* Ragged-Robin), Cegiden y Dŵr (*Oenanthe crocata* Hemlock Water-dropwort), ac yn llawer mwy anghyffredin, gwelsom Redynen y Gors (*Thelypteris palustris* Marsh Fern).

Gwellt y Wiber (*Scorzonera humilis* Viper's-grass), un arall o blanhigion prinnaf Cymru, Cefn Cribwr, Mai 2010

Tim Rich a Julian Woodman yn llysieua yn y glaw yng Nghefn Cribwr, Mai 2010.

Dyma'r math o gynefin i chwilio am y gwahanol rywogaethau o'r hesg, a chofnodwyd y canlynol *Carex demissa*, *C. flacca*, *C. montana*, *C. pulicaris*, *C. pilulifera*, *C. echinata*. Ychydig yn fwy lliwgar oedd Tegeirian-y-Gors Deheuol (*Dactylorhiza praetermissa* Southern Marsh-orchid) a Melog y Cŵn (*Pedicularis sylvatica* Lousewort), hwn oedd yr is-rywogaeth *hibernica* gyda nifer o flew amlwg tu allan i'r blodyn, ar y calycs. Cafwyd cyfle hefyd i wahaniaethu rhwng Melynog y Waun (*Genista tinctoria* Dyer's Greenweed) a'r Cracheithinen (*Genista anglica* Petty Whin).

Yma ac acw roedd nifer o lwyni yn dechrau ymsefydlu, gan gynnwys Corhelygen (*Salix repens* Creeping Willow), Eithin Mân (*Ulex gallii* Western Gorse) a'r Gwyrddling (*Myrica gale* Bog Myrtle). Syndod, ynghanol yr holl blanhigion, oedd dod ar draws gwiber – ond nid yn torheulo heddiw!

5. Merthyr Mawr, rhyw 3 milltir i'r de-orllewin o Ben-y-bont ar Ogwr, rhwng Porthcawl ac Afon Ogwr, gyda lle hwylus i barcio, ger Tregantllo (*Candelston*)
Gwarchodfa Natur Genedlaethol a Safle o Ddiddordeb Gwyddonol Arbennig (SSSI)
SS 872 772
28 Mai 2010

Dyma warchodfa natur fawr, dros 300ha o dir agored, y rhan fwyaf yn dwyni tywod o bob lliw a llun. Yn ôl rhai, dyma'r twyni uchaf yng Nghymru, a gallech grwydro drwy'r dydd, a mynd ar goll yn hapus braf.

Mae maes parcio cyfleus ar ôl mynd trwy bentref Merthyr Mawr o gyfeiriad Pen-y-Bont, ac wrth ymuno â'r warchodfa byddwch yn siwr o sylwi ar ddau beth. Yn gyntaf, mae'r twyni yn ymestyn bron o'r golwg i bob cyfeiriad, ond arhoswch am funud, a buan iawn y sylweddolwch fod yma frwydr ddiddiwedd rhwng y tywod agored ar y naill law a'r planhigion sy'n ymledu ac am feddiannu'r safle ar y llaw arall.

Yn ôl yn 1840 plannwyd y planhigyn ymledol Rhafnwydd y Môr (*Hippophae rhamnoides* Sea Buckthorn) sy'n hanu o Ewrop ac Asia, i roi cysgod ac i sefydlu'r twyni. Dyna fel y bu am gan mlynedd, ond erbyn tua 1950 dechreuodd pethau newid. Dechreuodd y Rhafnwydd ymledu'n gyflym, ac erbyn 1992 roedd yn gorchuddio un rhan o bump o'r safle, gan dagu llawer o'r tyfiant naturiol. Defnyddiwyd amryw o ddulliau i reoli'r aflwydd, gan gynnwys peiriannau trwm, pori tymhorol gan wartheg, defnydd

Rhafnwydd y Môr (*Hippophae rhamnoides* Sea Buckthorn). Llwyn pigog sy'n tyfu'n gyflym ar yr arfordir. Merthyr Mawr, Mai 2010

gofalus o chwynladdwyr ynghyd â thynnu a thorri â llaw. Cafwyd peth llwyddiant ac mae'r gwaith yn parhau. Nid yw natur yn sefyll yn ei hunfan, ac yn ogystal â'r Rhafnwydd, mae coed megis y Bedw, yr Helyg, y Masarn a'r Ysgaw yn barod iawn i droi'r safle'n goedwig yn rhyfeddol o gyflym. Dyna'r sefyllfa. Rhaid i'r awdurdodau benderfynu sut i ymateb a sut i wynebu natur. Ai ymladd, ai anwybyddu, ai newid, ai addasu, ai cyfaddawdu neu ai cydweithio? Beth yw'ch ateb chi? A chofiwch, nid problem Merthyr Mawr yn unig yw hon, mae naw o bob deg o warchodfeydd y wlad yn wynebu rhyw ffurf o'r un sefyllfa, ac mae cannoedd o lyfrau wedi'u cyhoeddi ar y pwnc!

Ond yn ôl at y warchodfa. Yn ystod yr amser byr oedd gennyf, sylwais ar nifer o blanhigion, yn eu plith Piswydden (*Euonymus europaeus* Spindle), Tafod y Bytheiad (*Cynoglossum officinale* Hound's-tongue) a Barf yr Hen Ŵr (*Clematis vitalba* Traveller's-joy) sy'n hoffi tir calchog, ac yn ddiamau yn ymateb i'r calch o holl gregyn y môr sy'n gymysg â'r tywod. Ar y tywod gwastad ger y traeth roedd rhesi syth o Hesgen y Tywod (*Carex arenaria* Sand Sedge) gyda'i gwreiddiau fel llinynnau o dan yr wyneb. Y Rhosyn Bwrned (*Rosa pimpinellifolia* Burnet Rose) yw'r rhosyn mwyaf cyffredin ar y twyni, ac yr oedd ym mhobman, gyda'i flodau gwyn yn cyferbynnu â Melyn yr Hwyr (*Oenothera sp.*Evening Primrose), y Trilliw (*Viola tricolor* Wild Pansy) a'r Dail Arian (*Potentilla anserina* Silverweed). Dyma safle cyfoethog, diddorol iawn.

Tafod y Bytheiad (*Cynoglossum officinale* Hound's-tongue). Merthyr Mawr, Mai 2010

6. Cynffig. 3 milltir i'r gogledd o Borthcawl, gyda maes parcio hwylus, canolfan wybodaeth, toiledau etc.
Gwarchodfa Natur Genedlaethol
SS 802 815
8 Awst 2012

Dyma un o'r Gwarchodfeydd enwocaf yng Nghymru, gyda phob math o gyfleusterau ar gyfer y cyhoedd. Twyni tywod calchog sydd yma, ar safle hen dir amaethyddol. O'r 13 ganrif ymlaen, hyd at y 17 ganrif, tyfodd y twyni o gyfeiriad y môr, gan foddi'r tir amaethyddol. Heddiw, efallai mai dyma'r twyni gyda'r amrywiaeth gorau o blanhigion ym Morgannwg, gyda mwy na 500 o rywogaethau. Mae yma dywod agored, twyni llawn blodau, slaciau gwlyb gydag amrywiaeth rhyfeddol, a hen dwyni yn dew gan lystyfiant sy'n datblygu'n llwyni a choed. Mae yma hefyd lyn o ddŵr croyw gyda thyfiant amrywiol o goed Bedw a Helyg ar ei lan.

Mae'r twyni ifanc yn cynnal planhigion arloesol fel Marchwellt Arfor (*Elytrigia atherica* Sea Couch), Hegydd Arfor (*Cacile maritima* Sea Rocket) a Helys Pigog (*Salsola kali* Prickly Saltwort). Yna daw'r Moresg (*Ammophila arenaria* Marram) a Llaethlys y Môr (*Euphorbia paralias* Sea Spurge), ac wedyn yr amrywiaeth lliwgar o flodau'r twyni, gan gynnwys Helyglys Pêr (*Epilobium hirsutum* Great Willowherb), Cedowydd (*Pulicaria dysenterica* Common Fleabane), Ffacbysen y Berth (*Vicia cracca* Tufted Vetch) a'r Hocysen Fwsg (*Malva moschata* Musk Mallow) a llawer, llawer mwy. Yn y rhannau tamp, y slaciau, tyf y Gribell Felen (*Rhinanthus minor* Yellow Rattle), Glesyn-y-Gaeaf Deilgrwn (*Pyrola rotundifolia* Round-leaved Wintergreen) ac amryw o'r tegeirianau. Ar lan y llyn, sylwais yn syth ar y Gellesgen (*Iris pseudacorus* Yellow Iris), Llysiau'r Sipsiwn (*Lycopus europaeus* Gipsywort) a'r Byddon Chwerw (*Eupatorium cannabinum* Hemp-agrimony).

Gellid rhestru mwy a mwy, ond mae un planhigyn yn haeddu sylw arbennig, sef Tegeirian y Fign Galchog (*Liparis loeselii* Fen Orchid). Dyma'r perl yn y goron, ond un o'r planhigion sydd dan fwyaf o fygythiad yn Ewrop. I'r dyn cyffredin, efallai

Gwarchodfa Natur Cynffig, a gwaith dur Port Talbot yn y pellter. Awst 2012

Cedowydd (*Pulicaria dysenterica* Common Fleabane). Digon cyffredin, yn hoffi lleoedd tamp. Medi 2010

fod hwn yn flodyn bach digon disylw, yn tyfu mewn cynefin eithaf diramant, ond i'r naturiaethwr sy'n ymhyfrydu yn y tegeirianau – ac mae mwy a mwy o'r rhai hynny – dyma un sy'n werth ei achub. Ac achub ydi'r gair cywir, gan fod *Liparis loeselii* dan fygythiad enfawr. Y mae dan warchodaeth statudol mewn wyth o wledydd, gan gynnwys y DU ers 20 mlynedd, ond mae'r sefyllfa yn parhau'n argyfyngus. Gwelwyd *Liparis* gyntaf ym Mhrydain yn 1660 gan John Ray, yn East Anglia, ac am ddwy ganrif a hanner dyna oedd ei unig leoliad, ond yn 1906, er mawr syndod i bawb, daeth botanegydd amlwg, y Parch H J Riddelsdell (1866-1941), o hyd iddo ym Morgannwg. Daeth mwy a mwy i'r golwg, o Bentywyn yn Sir Gaerfyrddin i Gynffig ym Morgannwg, ac erbyn 1980 roedd rhai miloedd o'r blodyn i'w gweld.

Helyglys Pêr (*Epilobium hirsutum* Great Willowherb) ar dwyni Cynffig. Awst 2012

Ond newidiodd pethau'n fuan. Erbyn 2005 diflannodd Tegeirian y Fign o Benrhyn Gŵyr yn gyfan gwbl, gan adael Cynffig fel ei unig safle. O hynny ymlaen mae'r sefyllfa wedi amrywio'n fawr, gyda dim ond 28 o blanhigion yn 2009. Gwneir pob math o ymdrechion i geisio achub y planhigyn, yma yn ei gynefin olaf yng Nghymru, ond mae'r sefyllfa yn fregus iawn. Ar hyn o bryd (2015) mae Tegeirian y Fign yn eithriadol o brin, ond yn dal ei dir, a rhaid canmol yr awdurdodau lleol am eu gwaith diflino.

Bro Gŵyr

I'r naturiaethwr, dyma atyniad pwysicaf y sir. Mae'r penrhyn yn rhannu'n ddwy ran, gyda'r llinell derfyn o Ystumllwynarth (*Oystermouth*) i Lanrhidian. I'r gogledd mae tywodfaen Comin Pengwern a Chomin Clun, ynghyd â nifer o goedlannau. Mae'r rhan fwyaf o'r penrhyn i'r de a'r gorllewin, ar y garreg galch. Ar arfordir y de mae nifer o glogwyni, gydag amrywiaeth rhyfeddol o flodau gwyllt a chyda llain o rostir ar ben y creigiau. Mae'r tir yn codi yma ac acw, yng nghyffiniau Cefn Bryn a Llanmadog, i ffurfio parthau o fawn a phridd asidig, gyda phlanhigion calchgas fel y Rhedyn Ungoes a'r Grug, mewn cyferbyniad llwyr i'r planhigion calchgar fel Rhosyn y Graig (*Helianthemum nummularium* Common Rock-rose) yn y tiroedd cyfagos. Mae yma hefyd nifer o lynnoedd diddorol. Mae arfordir y de a'r gorllewin, gan gynnwys Oxwich, Rhosili a Whiteford yn enwog am eu traethau eang a'u twyni tywod, ac yn y gogledd, i gyfeiriad Llanrhidian a Phenclawdd mae milltiroedd o forfa heli.

Yn ystod y 90au cefais fwy nag un cyfle i grwydro Gŵyr i chwilio am y blodau gwyllt, a dyma ychydig o sylwadau.

7. Creigiau'r arfordir, De Gŵyr: Pitton ger Rhosili
SS 429 866
18 Ebrill 1990

Dyma enghraifft o fynd i le arbennig i chwilio am blanhigyn arbennig – a llwyddo. Roeddwn wedi darllen fod Llysiau'r-bystwn Melyn (*Draba aizoides* Yellow Whitlowgrass) yn tyfu ar y creigiau mewn llecyn arbennig ar Benrhyn Gŵyr, ac yn unman arall yng ngwledydd Prydain. Roedd yn rhaid mynd i'w weld.

Mae'r planhigyn bach melyn yma yn tyfu ar y creigiau calchog uwchben y môr ac yn blodeuo yn ystod Mawrth ac Ebrill.

Llysiau'r-Bystwn Melyn (*Draba aizoides* Yellow Whitlowgrass). Dyma un o berlau bach Bro Gŵyr. Chwiliwch amdano ymysg creigiau glan y môr, ond gadewch iddo – mae'n llawer rhy brin i'w gasglu. Pitton, ger Rhosili, 20 Ebrill 1990

Rhaid felly, oedd mynd yn y gwanwyn cynnar, buasai canol haf yn rhy hwyr. Dod o hyd i lwybr dros y creigiau i lawr am y traeth. Chwilio'n ofalus – a dyna fo! Clwstwr tyn o ddail bychain tew a sypiau o flodau bach melyn yn tyfu mewn agen yn y garreg galch. Llwyddiant!

Credid mai William Turton a ddaeth o hyd i *Draba aizoides* gyntaf, ar waliau Castell Pennard, rhwng Parkmill a Southgate yn 1803. Ond yn ôl Carter (1955), tud. 8, dylai'r clod fynd i John Lucas o Abertawe, a'i gwelodd gyntaf ym Mhen Pyrod (*Worm's Head*) yn 1796.

Yr awgrym oedd ei fod yn blanhigyn tramor (y mae'n gyffredin yn yr Alpau), ond dangosodd ymchwiliad DNA fod geneteg planhigion Morgannwg yn dra gwahanol i rai'r Cyfandir, a thybir felly eu bod yn gynhenid i'r wlad hon. Dyma rai planhigion eraill ar y safle:

Tagaradr Bach (*Ononis reclinata* Small Restharrow)

Ysgallen Siarl (*Carlina vulgaris* Carline Thistle)

Paladr y Wal (*Parietaria judaica* Pellitory-of-the-wall)

Dyma un neu ddau o gyfeiriadau at y Bystwn Melyn:

Carter, P W (1955) Some Account of the History of Botanical Exploration in Glamorgan, *Cardiff Naturalists Society Transactions* 82, p.8

Kay, Q O N & Harrison, J (1970) Biological Flora of the British Isles, *Draba aizoides* L *Journal of Ecology* 58, 877-888

Marren, P (1999) *Britain's Rare Flowers,* 222-223

Preston, C D et al (2002) *New Atlas of the British & Irish Flora*

8. Whiteford
Gwarchodfa Natur Genedlaethol
SS 44 95
18 Ebrill 1990

Mae'r twyni yma wedi datblygu'n bennaf fel tafod hir yn wynebu'r gogledd. Ar dywydd sych caiff y tywod ei gario gan y gwynt ar draws yr aber am tua dwy filltir o gyfeiriad Llanmadog. Mae patrwm y twyni yn newid a symud yn gyson – rhai yn tyfu ac eraill yn erydu yn y gwyntoedd cryfion. Mae'r twyni yn cynnal amrywiaeth o blanhigion gan gynnwys Tafod y Neidr (*Ophioglossum*

Planhigfa gonwydd ar y twyni, Whiteford, Bro Gŵyr, Ebrill 1990

vulgatum Adder's-tongue), Beryn y Graig (*Hornungia petraea* Hutchinsia), Arianllys Bach (*Thalictrum minus* Lesser Meadow-rue), Tegeirian Bera (*Anacamptis pyramidalis* Pyramidal Orchid), ac wrth gwrs, y Moresg cyffredin.

Mae yma lawer o'r pantiau gwlyb – y slaciau – sy'n mynd a dod yn ôl y tywydd.

Dyma lle mae'r Corhelyg (*Salix repens* Creeping Willow) ar ei orau, a dyma'r lle i chwilio am y tegeirianau, megis Tegeirian y Gors Cynnar (*Dactylorhiza incarnata* Early Marsh-orchid) a Chaldrist y Gors (*Epipactis palustris* Marsh Helleborine), ac o chwilio'n ofalus efallai y gwelwch y Farchrawnen Fraith (*Equisetum variegatum* Variegated Horsetail) a'r gweiryn bychan, bach, Eiddilwellt Cynnar (*Mibora minima* Early Sand-grass); misoedd Mawrth ac Ebrill yw'r gorau i ddod o hyd iddo.

Brwynen Arfor (*Juncus maritimus* Sea Rush). Whiteford, Bro Gŵyr, Ebrill 1990

9. Oxwich
Gwarchodfa Natur Genedlaethol
SS 50 87
3 Gorffennaf 1990

Dyma warchodfa fawr arall, gyda thraeth eang, twyni helaeth, morfa heli, corsydd a choedwigoedd; digon o amrywiaeth, a phob cynefin yn cyfrannu at gyfoeth y lleill. Mae yma lwybrau drwy'r warchodfa i weld amrywiaeth o flodau gwyllt – dywedir fod yma dros 600 o wahanol rywogaethau.

Ar y twyni gallwch weld y Crwynllys Cymreig (*Gentianella uliginosa* Dune Gentian) – weithiau yn eu cannoedd, Cytwf (*Monotropa hypopytis* Yellow Bird's-nest) a'r ddwy redynen fach, anghyffredin, Tafod y Neidr (*Ophioglossum vulgatum* Adder's-tongue) a'r Lloer-redynen (*Botrychium lunaria* Moonwort). Mae blodau mawr Melyn yr Hwyr (*Oenothera* sp. Evening Primrose) yn amlwg yn niwedd haf. Lle mae'r twyni yn ymdoddi i diroedd

Cytwf (*Monotropa hypopitys* Yellow Bird's-nest). Un o'r saproffytau, sef planhigyn heb ddim cloroffyl, sy'n treulio'r sylwedd organig, sydd yn y pridd. 2003

gwlyb y corsydd fe welwch ddigon o'n gweiryn mwyaf, y Gorsen (*Phragmites australis* Common Reed) a'r amlycaf o flodau tal y tiroedd gwlybion, y Gellesgen (*Iris pseudacorus* Yellow Iris). Planhigyn diflodau yw Marchrawn y Dŵr (*Equisetum fluviatile* Water Horsetail) sy'n tyfu yn y pyllau, ac mewn ambell un o'r laciau fe welwch y Caineirian (*Neottia* (*Listera*) *ovata* Common Twayblade), un o'r ychydig degeirianau â blodau gwyrdd.

Mae yma hefyd goedlannau gwlyb o goed Gwern a Helyg, gydag ambell blanhigyn lliwgar fel y Cycyllog (*Scutellaria galericulata* Skullcap) a'r Frwynen Flodeuog (*Butomus umbellatus* Flowering-rush).

Dyma warchodfa sy'n llawn o amrywiaeth ar gyfer y naturiaethwr; chwiliwch am wybodaeth yn y Ganolfan.

10. Rhosili, ym mhen pellaf Bro Gŵyr
SS 41 88
2 Gorffennaf 1990

Mae'n werth mynd i Rosili ar ddiwrnod braf am yr olygfa yn unig. Dyma un o'r traethau harddaf, mwyaf trawiadol yng Nghymru. Ar ben deheuol y bae mae rhes o greigiau yn ymestyn i'r môr. Dyma Worm's Head: mae peth anghytundeb ynglŷn â'r enw Cymraeg – Pen Pyrod efallai. Gyda gofal, mae'n bosibl dringo dros y creigiau i gyrraedd y pen draw pan fo'r môr ar drai, ond ar ben llanw mae'r cyfan wedi ei ynysu'n llwyr. Mae yma stormydd eithriadol (tuag ugain mewn blwyddyn yn ôl un awdur) ac ar gyfnodau poeth yn yr haf mae'r planhigion ar y pridd tenau yn dioddef cyfnodau enbyd o sychder. Yn 1957 cafwyd tanau difrifol ar y penrhyn. Difrodwyd darnau helaeth o'r tir a chollwyd llawer o'r pridd yn ystod y gwynt a'r glaw dilynol. Am ddegawdau datblygodd tyfiant gwyllt o Ddail Tafol, Efwr (*Heracleum sphondylium* Hogweed) a Suran y Cŵn (*Rumex acetosa* Sorrel) ond yn raddol, cafwyd mwy o amrywiaeth, gan gynnwys Betysen Arfor (*Beta maritima* Sea Beet), Clustog Fair (*Armeria maritima* Thrift), Meillion Gwyn (*Trifolium repens* White Clover) a thoreth o Seren y Gwanwyn (*Scilla verna* Spring Squill). Bellach mae cytundeb i bori rhyw dri dwsin o ddefaid ar yr ynys fwyaf o'r tair yn ystod misoedd y gaeaf. Mae'r defaid yn rhwystro tyfiant planhigion bras, llwyni a choed ac mae'r borfa arfordirol yn magu cig oen o'r safon gorau.

11. Broad Pool, ger Cilibion, rhyw filltir i'r de-ddwyrain o Lanrhidian
SS 510 910
10 Gorffennaf 1993

Dyma'r llyn mwyaf ym Mro Gŵyr, er ei fod yn llai na thair erw o ran maint a dim ond rhyw bedair troedfedd o ddyfnder. Mae wedi ei leoli mewn llecyn gwastad o glog-glai dros garreg galch. Mae rhostir o gwmpas y llyn gyda rhyw gymaint o Figwyn

(*Sphagnum*) yn y mannau gwlyb. Y mae'n llyn naturiol, gyda gwely o glai, a chredir nad yw wedi newid rhyw lawer ers mwy na thri chan mlynedd. Mae pH y dŵr yn niwtral. Y planhigyn mwyaf nodedig yn y llyn yw Lili'r-dŵr Eddiog (*Nymphoides peltata* Fringed Water-lily). Dyma flodyn sy'n gynhenid i ddwyrain Lloegr ond yn estron yng Nghymru.

Traeth Rhosili, cyrchfan boblogaidd ym Mro Gŵyr, 2007.

Gwelwyd ef yma gyntaf yn 1952. Llwyddodd ar unwaith yn ei gartref newydd, dechreuodd ledaenu, ac erbyn 1970 roedd bron wedi gorchuddio'r llyn. Cynyddodd y Migwyn hefyd yn gyflym ac ofnid fod y llyn am droi'n gors.

Yn 1984 fe sychodd yn hollol, a thynnwyd 2,000 o dunelli o fwd a llaid o wely'r llyn. Arafodd tyfiant y Lili Ddŵr o hynny ymlaen, ond mae'n rhaid gwylio'r sefyllfa'n gyson. Ymysg planhigion eraill y llyn mae Ffeuen y Gors (*Menyanthes trifoliata* Bogbean), Dail Ceiniog y Gors (*Hydrocotyle vulgaris* Marsh Pennywort), Chwysigenddail Bach (*Utricularia minor* Lesser Bladderwort) a Dyfrforonen Fach (*Apium inundatum* Lesser Marshwort).

Mae Broad Pool yn denu nifer o adar ymfudol megis y Pibydd Torchog, Pibydd Coesgoch Mannog, Alarch y Gogledd, Pibydd y Dorlan a'r Giach Fach.

Gair i gloi

Mae Bro Gŵyr gyda'r pwysicaf a'r harddaf o drysorau byd natur yn y rhan yma o'r wlad, os nad yng Nghymru gyfan. Mae'r golygfeydd yn hoelio'ch sylw, mae'r blodau yn berlau o'ch cwmpas, mae'r adar yn swyno'r llygad a'r glust a'r awyr iach yn falm i'r enaid. Tybed? A oedd hyn yn wir ddoe? Pa faint o'r ardal sydd felly heddiw? A beth am yfory?

Penrhyn Gŵyr oedd y rhan gyntaf o Ynysoedd Prydain i'w nodi fel Ardal o Harddwch Naturiol Arbennig. Ond ydi hyn yn wir bellach am y meysydd parcio yng nghanol haf, a'r traethau dros y Sul? Mae Abertawe ar garreg y drws a Chaerdydd o fewn rhyw awr ar hyd yr M4. Pa faint o garafanau, a thraed, ac olwynion ceir y gall yr ardal eu dioddef, a pha faint mwy o sbwriel? Diolch i'r holl awdurdodau cyhoeddus a'r cyrff gwirfoddol sy'n gwneud eu gorau o dan amgylchiadau anodd. Rhaid i ninnau barchu'r 'winllan a roddwyd i'n gofal'.

Un a oedd yn adnabod ac yn caru'r ardal oedd Mary Gillham. Darllenwch y Rhagair i'w chyfrol *The Natural History of Gower* (1977).

Llyfryddiaeth

Balchin, W G V (1971) *Swansea and Its Region.* Pennod V1 *Botany*

Buxton, J & Lockley, R M (1950) *Island of Skomer: A Preliminary Survey of the Natural History of Skomer Island for the West Wales Field Society*

Carter, P W (1955) Some Account of the History of Botanical Exploration in Glamorganshire. *Reports and Transactions of the Cardiff Naturalists' Society* 1952-3, **82**, 5-31

Dillwyn, L W (1848) *Materials for a Fauna and Flora of Swansea*

Edlin, H L (1961) *Glamorgan Forest.* Forestry Commission

Forty, Michelle & Rich, Tim (2005) *The Botanist: The Botanical Diary of Eleanor Vachell (1879-1948)*

Gillham, Mary E (1977) *The Natural History of Gower*

Gillham, Mary E (1982) *Swansea Bay's Green Mantle*

Gillham, Mary E (2002) *A Natural History of Cardiff*

Goodman, G T (dim dyddiad) *Plant Life in Gower* Gower Society

Harris, H (1905) *The Flora of the Rhondda*

Hatton, R H S (dim dyddiad) *Saltmarshes of Gower* Glamorgan County Naturalists Trust

Jones, David (1992) *The Tenby Daffodil* Tenby Museum

Lewis, N A (1991) *Where to go for Wildlife in Glamorgan* Glamorgan Wildlife Trust

Mullard, Jonathan (2006) *Gower* Collins (New Naturalist)

Riddlesdell, H J (1907) *A Flora of Glamorgan*

Storrie, John (1886) *The Flora of Cardiff*

Tattersall, W M Ed. (1936) *Glamorgan County History. Vol. 1 Natural History* Chapter V: *The Botany of Glamorgan*

Trow, A H ed.(1911) The Flora of Glamorgan Vol.1. *Journal of Botany,* 1907, Supplement

Wade, A E, Kay, Q O N, & Ellis, R G (1994) *Flora of Glamorgan*

PENNOD 31

SIR FRYCHEINIOG (VC 42)

Mi fûm ym Mrycheiniog, glud anian gwlad enwog,
Maesyfed luosog odidog ei da.

Johnathan Hughes, Llangollen, 18g

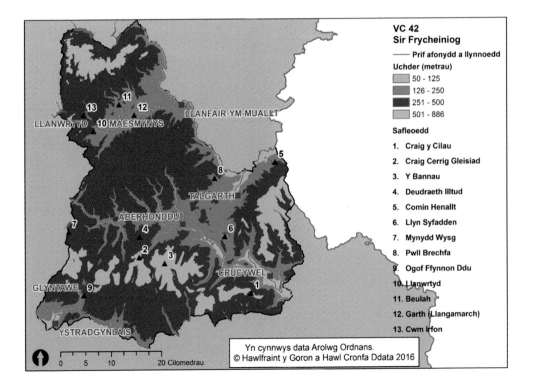

VC 42
Sir Frycheiniog

—— Prif afonydd a llynnoedd
Uchder (metrau)
　50 - 125
　126 - 250
　251 - 500
　501 - 886

Safleoedd

1. Craig y Cilau
2. Craig Cerrig Gleisiad
3. Y Bannau
4. Deudraeth Illtud
5. Comin Henallt
6. Llyn Syfadden
7. Mynydd Wysg
8. Pwll Brechfa
9. Ogof Ffynnon Ddu
10. Llanwrtyd
11. Beulah
12. Garth (Llangamarch)
13. Cwm Irfon

Yn cynnwys data Arolwg Ordnans.
© Hawlfraint y Goron a Hawl Cronfa Ddata 2016

Dyma un o'r ychydig siroedd yn Nghymru heb arfordir, ond mae'n sir fawr, yn ymestyn dros fwy na 730 o filltiroedd sgwâr. Yn y gogledd mae'n ffinio â Maesyfed a rhan o Geredigion, ac mae Sir Gaerfyrddin i'r gorllewin, a Morgannwg a Mynwy i'r de.

Mae Sir Frycheiniog yn fynyddig. Ychydig o'r tir sy'n is na 600 troedfedd ac mae mwy na'r hanner dros 1,000 o droedfeddi. Y copa uchaf yw Pen-y-fan, sy'n 2,906 troedfedd, yr uchaf yn ne Cymru. Mae yma bedair prif ran i'r mynydd-dir. Yn y gogledd mae Mynydd Epynt. Mae'r Mynydd Du i'r gorllewin, yn ffinio â Sir Gaerfyrddin, a'r Mynydd Du arall (neu'r Mynyddoedd Duon) yn ffinio â Sir Fynwy i'r dwyrain, a rhwng y ddau mae'r Fforest Fawr a'r Bannau. Mae'r rhan fwyaf o'r sir ar yr Hen Dywodfaen Coch sy'n rhan o'r cyfnod Defonaidd, ond mae creigiau hŷn, Ordofigaidd a Silwraidd yn y gogledd-orllewin, tra bo haenau o Galchfaen Carbonifferaidd a thywodfaen ar draws y sir yn y de, yn ogystal â rhannau o'r meysydd glo. O dan y garreg galch mae patrwm o ogofâu helaeth, gan gynnwys Ogof Ffynnon Ddu, y ddyfnaf ym Mhrydain, a'r enwog Dan yr Ogof, ger Craig y Nos yng Nghwm Tawe; ond er cymaint eu hynodrwydd, mae'r ogofâu y tu allan i faes ein diddordeb yn y llyfr hwn.

Sgwd yr Henrhyd ar Afon Llech (Nant Llech ar y map), sy'n ymuno ag Afon Tawe ger Aber-craf. Yng Nghwm Tawe a Chwm Nedd, sgwd yw'r gair am raeadr, ac mae amryw ohonynt megis Sgwd Gwladys a Sgwd yr Eira. Haf 1990

Golygfa o'r Bannau, gyda Phen y Fan a'r Corn Du ar y dde. Mai 2010

Gair am y Palmant Calch

Dros filoedd lawer o flynyddoedd mae effaith y glaw ar y garreg galch wedi ehangu'r holltau (*grikes*) yn y graig, gan greu patrwm o agennau lle mae'r graig yn brigo i'r wyneb. Soniwn am y math hwn o dir fel Palmant Calch. Mae'r enghreifftiau gorau yn ngogledd Lloegr, ac yn y Burren yng ngorllewin Iwerddon. Mae llai na 100 ha yng Nghymru, a llawer ohono yn ardal Bannau Brycheiniog. Efallai mai ger Ogof Ffynnon Ddu y ceir yr enghraifft orau yn ne Cymru. Mae'r hafnau yn y graig yn cysgodi amryw o blanhigion nodweddiadol megis y rhedynen Tafod yr Hydd (*Phyllitis scolopendrium* Hart's-tongue) a Suran y Coed (*Oxalis acetosella* Wood-sorrel), sy'n gallu tyfu o afael y gwynt ac o gyrraedd y ddafad.

Rhai o arloeswyr botanegol Brycheiniog

Rhedynen y Calchfaen (*Gymnocarpium robertianum* Limestone Fern). Craig y Cilau, Awst 1990

Mae'n debyg mai **Gerallt Gymro** (*Giraldus Cambrensis*) (c.1146-1223) oedd y cyntaf i adael ei argraffiadau o'r Bannau, mor bell yn ôl â'r ddeuddegfed ganrif. Ef oedd Archddiacon Brycheiniog a theithiodd yn helaeth yn y sir gan roi i ni sylwadau diddorol am leoedd megis Llyn Syfaddan.

Mor gynnar â'r unfed ganrif ar bymtheg sonnir yn *Camden's Britannia* am un planhigyn arbennig, Ffacbysen Chwerw (*Vicia orobus* Wood Bitter-vetch) '*below Brecknock hills*', rhywogaeth ddigon anghyffredin, ond sy'n dal i dyfu yn y sir.

Enw amlwg yn y bedwaredd ganrif ar bymtheg oedd **Lewis Weston Dillwyn** (1781-1885). Roedd yn aelod blaenllaw o'r Crynwyr ac yn wyddonydd craff. Daeth yn Gymrawd o'r Gymdeithas Wyddonol (FRS) yn 25 oed. Yn 40 oed, cyhoeddodd *Contributions towards a history of Swansea*, lle mae'n sôn am rai o blanhigion y Bannau, gan gynnwys Arianllys Bach (*Thalictrum minus* Lesser Meadow-rue), Tywodlys y Gwanwyn (*Minuartia verna* Spring Sandwort), Cnwp-fwsogl Alpaidd (*Diphasiastrum alpinum* Alpine Clubmoss) a Rhedynen y Calchfaen (*Gymnocarpium robertianum* Limestone Fern).

Cymeriad lliwgar oedd y **Parch. Thomas Price** (1787-1848), a adnabyddid wrth ei enw barddol **Carnhuanawc**. Ganwyd yn Llanafan Fawr yn y sir, a disgrifir ef fel gwladgarwr mwyaf pybyr ei oes. Roedd yn eisteddfodwr, yn hanesydd ac yn ieithydd, 'ac yn fawr ei sêl dros ddefnyddio'r Gymraeg'. Ond roedd hefyd yn naturiaethwr, yn ymddiddori ym mhlanhigion cynhenid ei wlad, ac o gwmpas ei gartref tyfai Eithin, Merywen, Banadl, Ywen, Bedwen, Draenen Wen a'r Wermod Lwyd.

Mae'n siwr nad yw pawb yn sylweddoli fod **Howell Harris** (1714-73) Trefeca hefyd yn ymddiddori mewn planhigion. Yn ogystal â'i lafur arloesol yn myd crefydd, bu'n weithgar yn sefydu Cymdeithas Amaethyddol Brycheiniog yn 1755, yr hynaf o'i bath ym Mhrydain, a fu wrthi yn ceisio clirio rhedyn ac eithin fel rhan o'r ymgyrch i wella tir amaethyddol.

Clerigwr arall a gyfrannodd i'n gwybodaeth o blanhigion y sir oedd y **Parch. H J Riddelsdell** (1866-1941). Wrth grwydro ardal Fforest Fawr yn ystod Gorffennaf 1902 enwodd y rhain: Beistonnell Ferllyn (*Littorella uniflora* Shoreweed), Gwair Merllyn (*Isoetes lacustris* Quillwort), Gwalchlys y Gors (*Crepis paludosa* Marsh Hawk's-beard), Llwydwellt y Calch (*Sesleria caerulea* Blue Moor-grass), Canewin (*Sedum telephium* Orpine) a'r Hesgen Rafunog Fawr (*Carex paniculata* Greater Tussock-sedge). Mae'n amlwg fod ganddo lygad craff a gwybodaeth drylwyr o'r planhigion.

Parch. H J Riddelsdell

Er mai ym Mrynbuga (Usk) ym Mynwy y ganwyd **Alfred Russel Wallace** (1823-1913) bu'n byw ac yn gweithio am rai blynyddoedd yn ardal Castell-nedd a threuliodd lawer o'i amser yn crwydro Bannau Brycheiniog. Dringodd i gopa Pen y Fan, ymwelodd ag ardal yr ogofâu, a datblygodd ei ddawn fel naturiaethwr yn y maes. Aeth ati i ddysgu Cymraeg ac roedd o blaid dysgu gwyddoniaeth trwy gyfwrng yr iaith. Yn ddiweddarach daeth yn fyd-enwog oherwydd ei gysylltiad â Darwin, fel cydladmerydd esblygiad trwy ddethol naturiol.

Rhaid cyfeirio hefyd at y **Parch. Augustin Ley** (1842-1911) o swydd Henffordd. Roedd yn fotanegydd eithriadol, a bu'n llysieua mewn llawer rhan o Gymru ac yn fwyaf arbennig yn Sir Frycheiniog. Daeth yn awdurdod ar amryw o'r planhigion mwyaf cymhleth (*critical*) megis y Rhosynnau, yr Heboglys a'r Mwyar (Mieri).

Darganfu lawer o rywogaethau oedd yn newydd i Gymru megis yr Wydro Blodau Mân (*Melilotus indicus* Small Melilot) o Sir Gaernarfon, Glesyn-y-gaeaf Danheddog (*Orthilia secunda* Serrated Wintergreen) o Sir Fynwy, a'r Cleddlys Canghennog (*Sparganium erectum* ssp. *neglectum* Branched Bur-reed) o Geredigion. Ond cofir amdano'n bennaf am ddarganfod dwy rywogaeth newydd o'r Gerddinen Wen yn Sir Frycheiniog. Un oedd y

Cerddinen Wen Fach (*Sorbus minima* Least Whitebeam). Craig y Cilau, Awst 1990

Gerddinen Wen Fach (*Sorbus minima* Least Whitebeam) ar Graig y Cilau ar gyrion Mynydd Llangatwg, i'r de o Grucywel, a'r llall, a enwyd ar ei ôl, Cerddinen y Darren Fach (*Sorbus leyana* Ley's Whitebeam). Mae'r ddwy goeden hyn yn unigryw i Sir Frycheiniog; nid ydynt i'w cael yn unman arall yn y byd.

Brycheiniog: llecynnau arbennig am blanhigion

1. Craig y Cilau. Rhyw dair milltir i'r de-orllewin o Grucywel ger y ffordd wledig rhwng Llangatwg a Blaen Onnau
SN 19 15
10 Awst 1990

Dyma Warchodfa Natur Genedlaethol ar Fynydd Llangatwg, uwchlaw Dyffryn Wysg, gyda chyfuniad o glogwyni calchfaen gwych, amrywiaeth helaeth o fywyd gwyllt ac un o'r ogofâu mwyaf yn Ewrop.

Y planhigyn enwocaf ar y warchodfa yw'r Gerddinen Wen Fach (*Sorbus minima*) y soniwyd amdani uchod. Oherwydd y pridd melys ar y garreg galch, a'r creigiau serth, o gyrraedd y defaid, mae yma blanhigion toreithiog iawn. Cofnodwyd dros 250 o wahanol rywogaethau. Pan fuom yno yn 1990, ar daith Cymdeithas Edward Llwyd yn ystod Eisteddfod Cwm Rhymni cawsom gyfle i flasu (nid yn llythrennol!) amryw o redynau a blodau'r warchodfa. Ar y sgri ar waelod y graig roedd Rhedynen y Calchfaen (*Gymnocarpium robertianum* Limestone Fern) un o redynau prinaf Cymru, ac uwch ei phen, ar y graig, gwelwyd y Ffiolredynen Frau (*Cystopteris fragilis* Brittle Bladder-fern) yn ogystal ag amryw o'r *Sorbus minima* enwog. Hefyd nodwyd Clychau'r Eos (*Campanula rotundifolia* Harebell), yr Ysgallen Bendrom (*Carduus nutans* Musk Thistle) ac amryw o'r Fasarnen Fach (*Acer campestre* Field Maple), coeden yr ydw i'n llawer mwy cyfarwydd â hi mewn gwrychoedd nag ar wyneb y graig.

Mewn cors fechan ar y warchodfa gwelwyd Mintys y Dŵr (*Mentha aquatica* Water Mint), Dail Ceiniog y Gors (*Hydrocotyle vulgaris* Marsh Pennywort) a Thamaid y Cythraul (*Succisa pratensis* Devil's-bit Scabious), planhigyn sy'n gallu tyfu ar lawer math o dir, sych neu wlyb, asidig neu galchog. Roedd yno ddigonedd o Felog y

Ysgallen Bendrom (*Carduus nutans* Welted Thistle). Ysgallen hardd ond tra phigog.

Waun (*Pedicularis palustris* Marsh Lousewort) ynghyd â Gwlyddyn Mair y Gors (*Anagallis tenella* Bog Pimpernel), blodyn bach hyfryd sy'n perthyn i'r *Primulaceae,* teulu'r briallu.

Yn ystod mis Medi 2003 cefais gyfle arall i ymweld â gwarchodfa Craig y Cilau, y tro hwn yng nghwmni arbenigwr ar yr Heboglys (*Hieracium*) y buom yn sôn amdanynt ym mhennod 12, a gwelsom ddwy rywogaeth sy'n gynhenid i'r ardal, sef *Hieracium asteridiophyllum* (Heboglys Llangadog) a *Hieracium cillense* (Heboglys Craig y Cilau), yn ogystal â nifer o *Sorbus minima* nad oedd neb wedi sylwi arnynt o'r blaen. Gwelsom hefyd amryw rywogaethau eraill o'r Gerddinen Wen, rhai yn hynod brin, sef *Sorbus rupicola, S. porrigentiformis, S.leptophylla,* a *S. anglica.* Dyna'r fantais o fod yng nghwmni arbenigwr go iawn!

2. Craig Cerrig Gleisiad
Ger y ffordd fawr A 470 o Aberhonddu i Ferthyr, rhyw 3 milltir i'r gogledd o Storey Arms
SO 96 21
15 Medi 2010

Mae'r llwybr o'r ffordd fawr i'r warchodfa yn arwain i fyny drwy'r coed, gydag amrywiaeth o Helyg, Cyll, Criafol, Bedw, Derw ac Ynn ar ochrau'r cwm bychan, a nant yn llifo i lawr i'r hafn yr ochr draw i'r ffordd. Yr enw ar y map yw Glyn Tarell, ('tarddell' yn wreiddiol efallai?) ac mae'r afon o'r un enw yn ymuno â'r Wysg yn Aberhonddu. Yn uwch na'r coed mae rhostir y mynydd yn batrwm lliwgar o Fysedd y Cŵn (*Digitalis purpurea* Foxglove), Tresgl y Moch (*Potentilla erecta* Tormentil), Grug (*Calluna vulgaris* Heather), Eithin Mân (*Ulex gallii* Western Gorse) a Briwydd Wen (*Galium saxatile* Heath Bedstraw) yn

Gwarchodfa Natur Craig Cerrig Gleisiad. Medi 2010

ymgripio rhwng y gweiriau. Roedd digonedd o'r Frwynen Babwyr (*Juncus effusus* Soft Rush) a'r Frwynen Droellgorun (*J. squarrosus* Heath Rush) yn tystio i ansawdd asidig y pridd. Ger pistyll bychan gerllaw roedd Rhedynen Fair (*Athyrium filix-femina* Lady-fern), Gwibredynen (*Blechnum spicant* Hard-fern), a'r Clefryn (*Jasione montana* Sheep's-bit). Yn y tir gwlyb roedd hefyd yr Ystrewlys (*Achillea ptarmica* Sneezewort), sydd heb fod mor gyffredin â'i berthynas agos, y Milddail (*Achillea millefolium* Yarrow).

Dyma un arall o Warchodfeydd Natur Cenedlaethol Sir Frycheiniog, a ddynodwyd
fel enghraifft o ecosystem ar yr Hen Dywodfaen Coch. Mae yma darren (*escarpment*)
gyda llawer o goed, Criafol (Cerddin) yn bennaf, ond gydag amryw o blanhigion lleol
a phrin, megis y Tormaen Porffor (*Saxifraga oppositifolia* Purple Saxifrage) – blodyn
harddaf Cymru efallai, Tormaen Llydandroed (*S. hypnoides* Mossy Saxifrage),
Duegredynen Werdd (*Asplenium viride* Green Spleenwort), Rhedynach Teneuwe
Wilson (*Hymenophyllum wilsonii* Wilson's Filmy-fern), Arianllys Bach (*Thalictrum minus*
Lesser Meadow-rue) a'r Gronnell (*Trollius europaeus* Globeflower). Dyna restr i dynnu
dŵr o ddannedd unrhyw fotanegydd gwerth ei halen!

3. Y Bannau
Darganfod trysor
SO 01 21

Yn ystod haf 2004 roedd Dr Tim Rich a thri o'i gyfeillion yn crwydro pennau'r
Bannau yn chwilio am flodau prin. Ar y pryd roedd Tim Rich yn gweithio yn yr
adran fotaneg yn Amgueddfa Genedlaethol Cymru yng Nghaerdydd ac yn ymddiddori
yn y planhigion arbennig megis y Gerddinen Wen (*Sorbus*) a'r Heboglys (*Hieracium*).

Sylwodd ar blanhigyn arbennig o'r Heboglys yn tyfu ar greigiau'r Gribin, ychydig
i'r dwyrain o Ben y Fan. Mae'r Heboglys (*Hieracium*) yn perthyn yn agos i Ddant-y-
llew, ond mae nifer fawr o wahanol fân-rywogaethau (*microspecies*) sy'n hynod o debyg
i'w gilydd, dros 400 ym Mhrydain, yn ôl Stace (2010). Y rheswm am hyn yw'r dull
arbennig sydd ganddynt o atgynhyrchu, a elwir yn **apomictig,** sef eu bod yn
cynhyrchu hadau heb frwythloniad o gwbl. Bu Tim Rich yn astudio'r planhigyn
arbennig hwn ar y Bannau yn fanwl am ddeng mlynedd, cyn penderfynu ei fod yn
newydd ac yn wahanol, ac felly yn haeddu cael enw arbennig. Eleni (2015) cafodd ei
enwi yn *Hieracium attenboroughianum* er anrhydedd i Syr David Attenborough, a fy'n
symbyliad i Tim astudio byd natur yn 17 oed. Mae'n debyg fod yr Heboglys arbennig
yma wedi esblygu ar y Bannau yn ystod y 10,000 o flynyddoedd er Oes yr Iâ. Gweler
y llun ar dudalen 125, pennod 12.

4. Deudraeth Illtud
Gwarchodfa Ymddiriedolaeth Natur Brycheiniog
Ger Canolfan Fynydd Y Parc Cenedlaethol; troi oddi ar yr A470 yn
Libanus, rhyw 3 milltir o Aberhonddu
SN 963 260
3 Gorffennaf 2013

Mae'r warchodfa ryw filltir i'r gorllewin o'r Ganolfan Fynydd ar hyd ffordd gul ar
draws Mynydd Illtyd. Gwlyptir sydd yma, cyforgors (*raised bog*) o'r enw Traeth Mawr,
gyda dau bwll dwfn, nant, a darn helaeth o gors a rhostir. Mae cors arall sy'n rhan o'r
warchodfa, sef Traeth Bach, sydd, yn wahanol i'r brif gors yn cael ei bwydo gan

ffynnon. Mae Pwll Blaencamlais gerllaw, yn graddol newid o fod yn llyn agored i fod yn gyforgors.

Yn y nant sy'n rhedeg i'r Traeth Mawr gwelsom Ysbigfrwynen (*Eleocharis palustris* Common Spike-rush) a'r Dyfrllys Llydanddail (*Potamogeton natans* Broad-leaved Pondweed), ac yn y tir gwlyb cyfagos Ysbigfrwynen Goch (*Eleocharis quinqueflora* Few-flowered Spike-rush) a Mintys y Dŵr (*Mentha aquatica* Water Mint). Yn y gors ei hun y planhigion amlycaf oedd Plu'r Gweunydd (*Eriophorum angustifolium* Common Cottongrass), Grug Croesddail (*Erica tetralix* Cross-leaved Heath), Tafod y Gors (*Pinguicula vulgaris* Bladderwort), Ysgallen y Gors (*Cirsium palustre* Marsh Thistle), Fioled y Gors (*Viola palustris* Marsh Violet), Sêr Hesgen (*Carex echinata* Star Sedge), Hesgen Lwydlas (*C. panicea* Carnation Sedge), Ffeuen y Gors (*Menyanthes trifoliata* Bogbean), ac yn y rhannau ychydig yn sychach roedd arwyddion fod yr Helygen Lwyd (*Salix cinerea* Grey Willow) yn dechrau ennill ei thir.

Dau blanhigyn llai cyfarwydd i mi oedd y Gorsfrwynen Lem (*Cladium mariscus* Great Fen-sedge), planhigyn y dŵr gyda dail hir, a dannedd miniog fel llif, a Llyriad y Dŵr Bach (*Baldellia ranunculoides* Lesser Water-plantain) sy'n brin iawn dros y rhan fwyaf o Gymru; credaf mai dyma ei unig safle yn Sir Frycheiniog. Dyma warchodfa sy'n llawn o blanhigion 'da', ond hefyd yn llawn o byllau dŵr peryglus i'r diofal.

5. Comin Henallt, milltir a hanner i'r de o'r Gelli Gandryll
SO 234 401

3 Gorffennaf 2013

Dyma lechwedd cymysg o goed, glaswellt a rhedyn, ychydig i'r de o'r Gelli, yn wynebu Afon Gwy, a Sir Faesyfed yn y pellter. Mae'r llecyn yn frith o lwybrau, ac amrywiaeth mawr o gynefinoedd a blodau gwyllt. Yr enwocaf o'r rhain yw Saffrwm y Ddôl (*Colchicum autumnale* Meadow Saffron), planhigyn digon anghyffredin i'r mwyafrif ohonom. Mae'n tyfu yn ne-ddwyrain Cymru a'r siroedd cyfagos obobtu Afon Hafren, ond yn hynod o brin dros weddill Prydain. Mae'n blanhigyn lluosflwydd, gyda chorm yn y pridd. Ei gynefin arferol yw glaswellt tamp, glannau afonydd a llennyrch agored o dan y coed. Gan ei fod yn wenwynig i anifeiliaid mae bellach yn brin iawn ar dir pori. Mae'r blodau pinc yn fawr ac yn drawiadol ac yn ymddangos yn yr Hydref – dim ond y dail oedd i'w gweld pan oeddym ni yno yn nechrau Gorffennaf.

O blith y llu o blanhigion eraill ar y safle, dyma rai a dynnodd ein sylw: Tegeirian Brych (*Dactylorhiza fuchsii* Common Spotted Orchid), Hesgen y Chwain (*Carex pulicaris* Flea Sedge), llaweroedd o'r Frwynen Galed (*Juncus inflexus* Hard Rush) – mae dail y frwynen hon yn feinach ac yn lasach na'r brwyn eraill; Cwlwm y Coed (*Tamus communis* Black Bryony) un arall o'r planhigion gwenwynig, a Hesgen y Coed (*Carex sylvatica* Wood-sedge). Roedd gweld y Crydwellt (*Briza media* Quaking-grass) a Llysiau'r Groes (*Cruciata laevipes* Crosswort) yn awgymu fod y pridd yn galchog.

Ar y lwybr yn ôl i'r car roedd clwstwr mawr o'r Llaethysgallen Las (*Cicerbita macrophylla* Blue Sow-thistle), planhigyn tal, hawdd ei adnabod, a gyrhaeddodd y wlad hon o fynyddoedd yr Urals yn 1915 ac sydd bellach wedi cartrefu ar dir garw a min y ffordd mewn llawer ardal.

6 Llyn Syfaddan (Llan-gors)
SO 13 26
29 Mehefin 2011

Dyma'r llyn naturiol mwyaf yn ne Cymru, a'r ail fwyaf yng Nghymru, ar ôl Llyn Tegid, ac yn 153 ha o faint. Dynodwyd y llyn yn Ardal o Ddiddordeb Gwyddonol Arbennig (SSSI) yn 1954 an yn Ardal o Gadwraeth Arbennig yn 1995. Mae'r llyn yn weddol fas, yn llai na 15 troedfedd o ddyfnder, gyda lefelau uchel o faethion, yn enwedig nitrogen a ffosfforws. Gelwir llynnoedd felly yn ewtroffig, ac yn aml iawn

Llyn Syfaddan yw'r llyn naturiol mwyaf yn ne Cymru. Mehefin 2011

Lili'r-dŵr Eddiog (*Nymphoides peltata*). Dyma blanhigyn digon anghyffredin, er ei fod yn cael ei dyfu'n fwriadol mewn ambell lyn.

Llysiau'r-milwr Coch (*Lythrum salicaria*) yw un o blanhigion harddaf ein cynefinoedd.

ceir problemau llygredd, prinder ocsigen a thuedd i'r llyn fagu croen o fân blanhigion ar yr wyneb (*algal bloom*). Mae hyn wedi digwydd yma o dro i dro, ond bu cynlluniau i wella carthffosiaeth yn yr ardal yn 1981 ac wedyn yn 1992, ac ar y cyfan mae dŵr y llyn yn parhau'n rhyfeddol o lân. Mae lefel y llyn yn newid o dymor i dymor yn ôl y tywydd, gan amrywio'r effaith ar blanhigion y glannau, megis y Cyrs (*Phragmites australis* Common Reed), yr Hesgen Ylfinfain (*Carex rostrata* Bottle Sedge), a'r Cleddlys Canghennog (*Sparganium erectum* Branched Bur-reed). Yn gymysg â'r rhain mae planhigion llai cyffredin fel y Gegiden Bibellaidd (*Oenanthe fistulosa* Tubular Water-dropwort) a'r Arianllys (*Thalictrum flavum* Meadow-rue). Pan oeddwn i yn cerdded y glannau roedd nifer o flodau lliwgar yn tynnu sylw, Lili'r-dŵr Eddiog (*Nymphoides peltata* Fringed Water-lily), Pumnalen y Gors (*Potentilla palustris* Marsh Cinquefoil), Llysiau'r-milwr Coch (*Lythrum salicaria* Purple Loosestrife) a Gold y Gors (*Caltha palustris* Marsh-marigold).

Gold y Gors (*Caltha palustris*), un arall o flodau lliwgar y gwanwyn mewn tir gwlyb.

Crannog

Mae yna ynys go arbennig yn Llyn Syfadden. Ar ôl cyfnod y Rhufeiniaid ailddefnyddiwyd rhai o'r bryngeyrydd, ac adeiladwyd amddiffynfeydd newydd. Un math o'r rhain oedd yr ynysoedd 'ffug' (*artificial*) y daethpwyd o hyd iddynt yn Iwerddon a'r Alban. Yr enw ar y math yma o adeiladwaith yw **crannog**, gair sy'n tarddu o'r Wyddeleg. Codwyd un o'r rhain yn Llyn Syfadden tua'r ddegfed ganrif (yr unig un yng Nghymru, hyd y gwyddom). Tua 1990 archwiliwyd y crannog yn ofalus a dangoswyd ei fod wedi ei godi ar wely o brysgwydd wedi eu rhwymo'n ysgubau a'u gosod ar wely'r llyn, gyda chylch o byst derw i'w dal yn eu lle. O archwilio cylchoedd blynyddol y coed, dangoswyd eu bod wedi eu torri rhwng 889 a 893. Gosodwyd cerrig mawr o dywodfaen coch ar ben y cyfan i'w dal yn eu lle. Heddiw, mae rhywun wedi codi math o grannog diweddar – math o gaban coed yn sefyll ar bolion yn nŵr y llyn, i'n hatgoffa o'r hen hanes efallai.

7. Mynydd Wysg, ger Cronfa'r Wysg, rhwng Trecastell a Myddfai, 4 milltir i'r gorllewin o Drecastell ar hyd y ffordd wledig i gyfeiriad Llangadog yn Sir Gaerfyrddin
SN 820 272
4 Gorffennaf 2013

Diwrnod braf yng nghanol haf, ardal dawel, wledig – felly dyma benderfynu treulio rhyw awr neu ddwy yn crwydro un o'r llwybrau ar y ffin rhwng Brycheiniog a Sir Gâr. Cadw yn Sir Frycheiniog a dilyn ffordd y goedwig i gyfeiriad y llyn. Gweld dim ond dau berson arall, un ar droed ac un ar gefn beic mynydd. Roedd rhan o'r goedwig wedi ei thorri ers rhai blynyddoedd, a rhwng y bonion coed a thwmpathau Gwellt y Gweunydd (*Molinia caerulea* Purple Moor-grass) roedd cerdded yn anodd. Clywais un Sais yn disgrifio *Molinia* fel 'Disco Grass'!

Dyma gymysgedd difyr o rostir, min y ffordd, ffosydd, coedwig gonwydd, aildyfiant o goed mân yr Helyg, Criafol a Bedw, ac ambell ddarn o dir gwast lle bu 'dynion y ffordd' yn cadw eu peiriannau dros dro.

Cofnodais tua hanner cant o blanhigion mewn dim amser; dyma ryw ychydig i roi syniad am yr ardal: Pysen-y-ceirw Fawr (*Lotus pedunculatus* Greater Bird's-foot-trefoil), Llafnlys Bach (*Ranunculus flammula* Lesser Spearwort), Tegeirian-y-gors Deheuol (*Dactylorhiza praetermissa* Southern Marsh-orchid) – roedd tua dau ddwsin o'r rhain yn tyfu mewn ffos ar fin y ffordd, Llysiau'r Angel (*Angelica sylvestris* Wild Angelica),

Carpiog y Gors, (*Lychnis flos-cuculi* Ragged-Robin), Marchrawn yr Ardir (*Equisetum arvense* Field Horsetail), Cribell Felen (*Rhinanthus minor* Yellow Rattle), Serenllys Bach (*Stellaria graminea* Lesser Stitchwort), ac i gloi, y clwstwr mwyaf a welais erioed o'r Farchredynen Euraid (*Dryopteris affinis* Scaly Male-fern). Orig i'w chofio mewn llecyn delfrydol.

Marchredynen Euraid (*Dropteris affinis* Scaly Male-fern). Mynydd Wysg ger Trecatell. Gorffennaf 2013

8. Pwll Brechfa. Rhyw filltir i'r gorllewin o bentref Llyswen, 3 milltir i'r gogledd o Dalgarth
SO 119 377
17 Medi 2010

Gwelais gyfeiriad at y llecyn hwn wrth bori trwy lyfryn Ymddiriedolaeth Bywyd Gwyllt Brycheiniog. Disgrifir y llyn fel cartref i nifer o blanhigion arbennig gan gynnwys Brymlys (*Mentha pulegium* Pennyroyal), planhigyn prin iawn nad oeddwn erioed wedi ei weld, a nifer o rai digon anghyffredin fel 'orange foxtail' a 'pillwort', yr oeddwn wedi eu gweld – yn achlysurol, ond yn edrych ymlaen at eu cyfarfod eto. Cerddais yn ofalus o gwmpas y llyn (llai na hanner milltir). Oedd, mi roedd digonedd o Ddail Ceiniog y Gors (*Hydrocotyle vulgaris* Marsh Pennywort), planhigyn digon cyffredin, ac ambell goeden Helyg yma ac acw, ond dim arall. Dim ond defaid a mwd! Roedd y defaid wedi bod yn brysur iawn cyn i mi gyrraedd y fan. Roedd y tywydd yn braf a'r llecyn yn dawel a dymunol, ond i ble yr aeth y planhigion? Does dim lwc bob tro. Ow! Ow!

9. Ogof Ffynnon Ddu, ychydig i'r dwyrain o Afon Tawe, ger Castell Craig y Nos
Gwarchodfa Natur Genedlaethol
SN 85 15
16 Medi 2010

Mae'r Warchodfa hon yn fwyaf enwog am yr hyn sydd o'r golwg, y rhwydwaith enfawr o ogofâu yn y Calchfaen Carbonifferaidd. Ond i'r botanegydd mae digon o amrywiaeth diddorol ar yr wyneb. Ar y llethrau isaf mae'r galchfaen ar yr wyneb yn llawn holltau, ac mae enghreifftiau o balmant calch ar hyd ymyl gogleddol y warchodfa. Yn nes i'r de mae'r tir uchel yn rhan o'r tywodfaen neu'r grut melinfaen (*millstone grit*). Y ddau fath yma o graig sy'n creu yr amrywiaeth o lystyfiant yn y warchodfa.

Mae'r glaswelltir ar y garreg galch yn llawn blodau amrywiol megis Ysgallen Siarl (*Carlina vulgaris* Carline Thistle), Crwynllys yr Hydref (*Gentianella amarella* Autumn Gentian), Edafeddog y Mynydd

Un arall o blanhigion Sir Frycheiniog sy'n gysylltiedig â thir calchog yw Crwynllys yr Hydref (*Gentianella amarella* Autumn Gentian) – does dim sôn amdano yng nghanolbarth Cymru, ymhellach i'r gogledd.

(*Antennaria dioica* Mountain Everlasting) a Chlust y Llygoden (*Pilosella officinarum* Mouse-ear Hawkweed). Efallai mai'r pwysicaf o holl blanhigion y calch yw'r Gorfanhadlen Flewog (*Genista pilosa* Hairy Greenweed); dim ond mewn llai na hanner dwsin o leoedd ym Mhrydain gyfan y tyf y blodyn hwn. Ar y palmant calch, yn holltau'r graig, fe geir y Dduegredynen Werdd (*Asplenium viride* Green Spleenwort), Lili'r Dyffrynnoedd (*Convallaria majalis* Lily-of-the-Valley) a'r gweiryn Meligwellt Pendrwm (*Melica nutans* Mountain Melick).

Ar y rhostir grugog, i'r gwrthwyneb i blanhigion y tir calchog, fe geir y Grug ei hun, y Grug Croesddail (*Erica tetralix* Cross-leaved Heath) yn ogystal â'r Llus (*Vaccinium myrtillus* Bilberry), Amlaethai'r Waun (*Polygala serpyllifolia* Heath Milkwort) a'r Frwynen Droellgorun (*Juncus squarrosus* Heath Rush), planhigyn sydd bron yn ddieithriad yn tyfu ar dir sur, asidig.

Felly, os nad ydych am fentro i grombil y ddaear yma yn Ogof Ffynnon Ddu, fe welwch fod mwy na digon i'ch diddori yn yr awyr iach ar wyneb y tir.

10. Tair ardal yng ngogledd y sir

Flynyddoedd yn ôl, tua diwedd y 60au, aeth dyletswyddau gwaith â mi i ardal ddieithr a diddorol iawn yng nghefn gwlad gogledd Sir Frycheiniog, i'r gorllewin o Lanfair ym Muallt, ac ar gyrion Mynydd Epynt. Roedd hi'n fis Mai – y tywydd yn braf a'r wlad ar ei gorau. Nid astudio byd natur oedd y prif ddyletswydd y flwyddyn honno, ond roedd yna gyfle i grwydro, ac i ddotio at harddwch ambell i flodyn gwyllt.

Wrth chwilota drwy hen bethau yn ddiweddar, deuthum ar draws ambell i lun o'r cyfnod hwnnw – bron i hanner can mlynedd yn ôl! Mae amser wedi erydu llawer o'r manylion oddi ar y cof erbyn hyn, ond dyma un neu ddau o'r lluniau sydd wedi goroesi ac yn dwyn atgofion i mi.

11. Beulah
SN 92 51

Coeden Geirios yr Adar (*Prunus padus* Bird Cherry). Beulah

12. Garth
SN 95 49

Clychau'r Gog (*Hyacinthoides non-scripta* Bluebell). Garth

13. Cwm Irfon
SN 85 41

Llysiau'r Gwrid Gwyrdd (*Pentaglottis sempervirens* Green Alkanet). Nant Irfon

Llyfrau ynglŷn â Sir Frycheiniog

Carter, P W (1957) A History of Botanical Exploration in Brecknock. *Brycheiniog* **3**, 157–180.

Crellin, John (2014) *Brecknockshire Rare Plant Register*

Hyde, H A & Guile D P M (1962) *Plant Life in Brecknock*

Mullard, Jonathan (2014) *Brecon Beacons* (*New Naturalist*)

PENNOD 32

SIR FAESYFED (VC 43)

Mi fûm ym Mrycheiniog, glud anian gwlad enwog,
Maesyfed luosog odidog ei da.

Johnathan Hughes, Llangollen, 18g

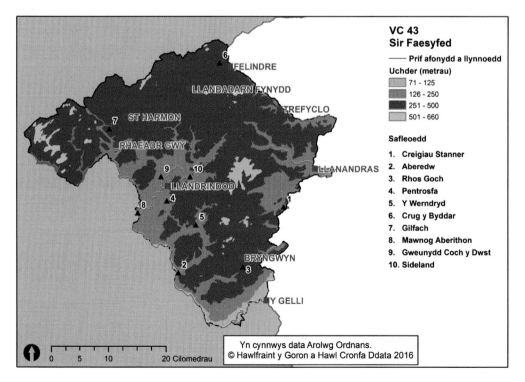

Dyma'r sir leiaf ond un yng Nghymru. Crewyd y sir gyntaf yn 1536 ond cafodd ei diddymu yn 1974 pan ddaeth yn rhan o Bowys. Mae Sir Drefaldwyn i'r gogledd a Brycheiniog i'r de, a Cheredigion i'r gorllewin. I'r dwyrain, dros y ffin â Lloegr, mae siroedd Amwythig a Henffordd.

Mae'r boblogaeth yn isel, dim ond rhyw 30,000, ac felly mae'n sir dawel, ac wedi osgoi effethiau gwaethaf y Chwyldro Diwydiannol. Y prif ddiwydiannau yw amaethyddiaeth a choedwigaeth ac mae'r diwydiant ymwelwyr yn cynyddu fwyfwy. Mae'n deg dweud mai ucheldir yn hytrach na mynydd-dir sy'n nodweddu'r sir, math o lwyfandir tonnog, rhwng 1,300 a 2,000 troedfedd. Y llecyn uchaf yw Fforest Maesyfed sy'n 2,166 troedfedd. Yn y gorllewin mae cronfeydd dŵr Claerwen a Chwm Elan. Tir pori sy'n nodweddu Maesyfed; yn ôl un amcangyfrif a welais ychydig flynyddoedd yn ôl roedd oddeutu miliwn a hanner o ddefaid yn y sir. Mae rhyw 14% o'r tir yn dir comin.

Un o'r ffriddoedd i'r gogledd o Raeadr Gwy.

Gair am y creigiau
(yn bennaf o *Flora of Radnorshire* (1993) R G Woods)

Creigiau Cyn-Gambriaidd
Dyma'r creigiau hynaf yn y sir, i'w cael yn ardal Maesyfed (New Radnor) a Stanner. Mae'r rhain yn gymysgedd o greigiau folcanig a gwaddodol gan gynnwys *gabbro* a *dolerite* sy'n ildio priddoedd gyda digon o fwynau i gynnal planhigion calchgar fel y Cor-rosyn Cyffredin (*Helianthemum nummularium* Common Rock-rose) a Phig-yr-aran Rhuddgoch (*Geranium sanguineum* Bloody Crane's-bill), ochr yn ochr â rhai mwy calchgas fel Chwerwlys yr Eithin (*Teucrium scorodonia* Woodsage).

Creigiau Ordofigaidd
Mae'r rhain yn bennaf rhwng Rhaeadr a Llandrindod, a chydag ambell enghraifft megis Cregiau Llandeglau i'r dwyrain o Landrindod. Mae'r ffurfiau hyn yn amrywio'n fawr, gyda rhai creigiau calchaidd a llosgarneddau (*agglomerates*), lle ceir planhigion llai cyfarwydd megis y llwyn Pisgwydden (*Euonymus europaeus* Spindle).

Creigiau Silwraidd

Dyma'r creigiau sy'n nodweddu'r rhan
fwyaf o ogledd y sir gan gynnwys
ucheldir eang Claerwen, Elan a dalgylch
uchaf Afon Gwy. Mae'r creigiau yn brin
o fwynau, a'r pridd yn fawnaidd ac asidig.
a'r planhigion amlycaf yw Llus, Brigwellt
Main (*Deschampsia flexuosa* Wavy Hair-
grass) a'r Griafolen (Cerddinen). Rhwng
Maesyfed (New Radnor) a Welton mae
ychydig o galchfaen, a bu cloddio
amdano ers can mlynedd a mwy. Dyma
lle ceir Ysgallen Fair (*Silybum marianum*
Milk Thistle), Amrhydlwyd Glas (*Erigeron
acer* Blue Fleabane) a'r Fioled Flewog
(*Viola hirta* Hairy Violet). Rhyw ddwy
filltir i'r gorllewin o Faesyfed mae'r
rhaeadr gyda'r enw cofiadwy Water-
break-its-neck. Yma, yn y ceunant,
gellwch chwilio am Y Pabi Cymreig
(*Meconopsis cambrica* Welsh Poppy),
Cribau'r Pannwr Bach (*Dipsacus pilosus*
Small Teasel), Tormaen y Gweunydd
(*Saxifraga granulata* Meadow Saxifrage) a'r
Tormaen Llydandroed (*S. hypnoides*
Mossy Saxifrage). Yn ardal Cleirwy
(Clyro), chwiliwch am y rhedynen Tafod
yr Hydd (*Phyllitis scolopendrium* Hart's-
tongue), Blodyn-ymenyn Peneuraid
(*Ranunculus auricomus* Goldilocks), y
Clychlys Mawr (*Campanula latifolia* Giant
Bellflower), a Chlust yr Ewig (*Daphne
laureola* Spurge Laurel).

Gellir chwilio am Dormaen y Gweunydd (*Saxifraga
granulata* Meadow Saxifrage) yn y ceunant a elwir
yn Water-break-its-neck, ryw ddwy filltir i'r
gorllewin o dref Maesyfed.

Mae'r Clychlys Mawr (*Campanula latifolia* Giant
Bellflower) yn tyfu yma ac acw ar ffin ddwyreiniol
y sir.

Mathau o Lystyfiant

Y Dderwen Fes Di-goes (*Quercus petraea* Sessile Oak) yw'r goeden amlycaf yng
nghoedlannau Sir Faesyfed, gyda'r Fedwen Lwyd (*Betula pubescens* Downy Birch) a
Suran y Coed (*Oxalis acetosella* Wood-sorrel) yn gyffredin, a Llus a Brigwellt Main
hefyd yn amlwg. Ar briddoedd llai asidig mae'r Onnen yn fwy cyffredin, gyda'r
Fasarnen Fach (*Acer campestre* Field Maple) a digonedd o Fresych y Cŵn (*Mercurialis*

perennis Dog's Mercury). Mewn rhai corsydd, coed Gwern sydd amlycaf, ynghyd â'r Hesgen Rafunog Fawr (*Carex paniculata* Greater Tussock Sedge). Ar rai o'r llechweddau serth, creigiog, ceir mangoed a llwyni o Eithin a Mieri.

Ar yr ucheldir, mae cryn dipyn o rostir, gyda chymysgedd o Rug ac Eithin, ac os yw'r tir yn draenio'n dda ac yn weddol sych, yna bydd mwy a mwy o goed Llus, ond mewn pantiau gwlyb bydd tuedd i lynnoedd corslyd ddatblygu, gyda Migwyn (*Sphagnum*) a Phlu'r Gweunydd (*Eriophorum sp.*Cottongrass). Ond y math mwyaf cyffredin o gorstir yw'r un gyda Glaswellt y Gweunydd (*Molinia caerulea* Purple Moor-grass), a chyda Thresgl y Moch (*Potentilla erecta* Tormentil) yn creu ambell ysmotyn melyn yma ac acw.

Tresgl y Moch (*Potentilla erecta* Tormentil): blodyn bach cyffredin ar y corsydd a'r ffriddoedd.

Lle ceir pori trwm gan ddefaid, y cyfuniad arferol yw Peiswellt y Defaid (*Festuca ovina* Sheep's-fescue) gyda Maeswellt (*Agrostis sp.* Bent-grass) a'r Briwydd Wen (*Galium saxatile* Heath Bedstraw), ac ambell glwt o dir gwlyb gyda thyfiant da o weiriau a Meillion Gwyn. Ar dir mawnog, gwael, mae'r Frwynen Droellgorun (*Juncus squarrosus* Heath Rush) yn gyffredin, ond ychydig iawn o faeth a gaiff y ddafad o'r frwynen yma. Mae'r Rhedynen Ungoes (Bracken) yn gyffredin iawn ar y bryniau, ond mae arni angen dyfnder go dda o bridd, ac ar y cyfan mae'n osgoi tir gwlyb.

Porfa yw prif gynhaliaeth y fferm yn sir Faesyfed, felly does ryfedd fod y rhan fwyaf o'r caeau'n cael eu hailhadu â Rhygwellt Parhaol (*Lolium perenne* Perennial Rye-grass), er bod tuedd i'r Frwynen Babwyr (*Juncus effusus* Soft-rush) ailymddangos yn bur aml.

Ychydig o hanes Botanegwyr yn Sir Faesyfed

(yn bennaf o P W Carter (1950))

Bu Edward Llwyd yma yn 1698 ond ni chofnododd unrhyw blanhigion. Ceir y cofnodion cyntaf gan y **Parch. Littleton Brown**, o Sir Amwythig, ym mis Mai 1726, pan fu yn Rhaeadr Gwy, a gweld Tafod y Gors (*Pinguicula vulgaris* Butterwort) yn ei flodau. Yn 1843 bu **T Westcombe** yn llysieua ym Mrycheiniog a Maesyfed a ger Cleirwy (Clyro) gwelodd Lysiau-Steffan y Mynydd (*Circaea alpina* Alpine Enchanter's Nightshade) a'r Cwlwm Cariad (*Paris quadrifolia* Herb-Paris).

Un o Henffordd oedd y **Parch. Augustin Ley** (1842-1911).

Parch. Augustin Ley

Graddiodd o Rydychen a daeth yn un o fotanegwyr gorau ei gyfnod, yn naturiaethwr craff ac yn fawr ei barch. Cofnododd lu o blanhigion yn y sir, llawer ohonynt am y tro cyntaf, a chyfrannodd lawer o erthyglau i gylchgronau lleol a chenedlaethol. Dau blanhigyn arbennig a gysylltir â'i enw yw Pumnalen y Graig (*Potentilla rupestris* Rock Cinquefoil), planhigyn prin iawn a welodd yn y sir – dim ond ar Graig-y-Breiddin yn Sir Drefaldwyn y mae ei leoliad arall yng Nghymru, ac yn ail, Cenhinen Syfi (*Allium schoenoprasum* Chives) sy'n dal i dyfu ar y creigiau a'r graean yn Afon Gwy ger Llanelwedd.

Yn 1899 daw enw'r **Parch. W Moyle Rogers** (1835-1920) i'r amlwg (roedd personiaid oes Victoria yn mwynhau byd natur). Bu wrthi'n chwilota o gwmpas Llanandras, a dyffryn Afon Gwy rhwng Rhaeadr a'r Gelli. Cofnododd dros 400 o blanhigion, gan gynnwys 34 oedd yn newydd i Sir Faesyfed. Dyma un neu ddau: y Pabi Coch (*Papaver rhoeas* Common Poppy), Marddanhadlen Ddu (*Ballota nigra* Black Horehound), a'r Dinodd Unflwydd (*Scleranthus annuus* Annual Knawel). Ar Greigiau Stanner gwelodd y Friweg Gymreig (*Sedum forsterianum* Rock Stonecrop) a'r Rhwyddlwyn Pigfain (*Veronica spicata* Spiked Speedwell).

Cyn cloi'r adran yma dylid cyfeirio at **H A Hyde** ac **A E Wade**, y ddau o Amgueddfa Genedlaethol Cymru. Ar wahân i'w cyfrolau gwerthfawr *Welsh Flowering Plants* (1934) a *Welsh Ferns* (1940) cyfrannodd y ddau'n helaeth i'n gwybodaeth o blanhigion Sir Faesyfed yn benodol, Hyde yn fwyaf arbennig o Stanner a Wade o Lanelwedd, Aberedw a Llan-bwch-llyn ymysg lleoedd eraill. Hefyd, cydweithiodd Wade gyda **J A Webb**, athro ysgol o Abertawe, i gyhoeddi 'Radnorshire Plant Records' yn y cylchgrawn *North Western Naturalist* XX, (1945), 156-160, rhestr sy'n cynnwys tua dau gant o gofnodion, llawer ohonynt yn newydd i'r sir.

Sir Faesyfed: Llecynnau Arbennig i chwilio am flodau

1. Creigiau Stanner
Oddi ar yr A44, rhyw ddwy filltir a hanner o Kington, ar y ffin â Sir Henffordd
Gwarchodfa Natur Genedlaethol
SO 26 58
9 Chwefror 2008

Efallai mai dyma safle enwocaf y sir. Hen greigiau caled sydd yma, yn cynnal amrywiaeth o blanhigion mewn pridd tenau ar y creigiau serth. Yng ngwres yr haf gall fod yn sych iawn, nid yn annhebyg i ardal Môr y Canoldir. Y blodyn enwocaf yma yw Lili Maesyfed (*Gagea bohemica*) – gweler yr erthygl

Creigiau Stanner, ar y ffin â Swydd Henffordd, cynefin trysorau ym myd y blodau. 2008

isod. Ond y mae yma hefyd nifer o blanhigion prin eraill megis Lluglys Gludiog (*Silene (Lychnis) viscaria* Sticky Catchfly) sy'n gyfyngedig i Gymru a'r Alban ym Mhrydain, a'r Rhwyddlwyn Pigfain (*Veronica spicata* Spiked Speedwell).

Mae yma blanhigion llawer mwy cyffredin hefyd, megis Llygad Ebrill (*Ranunculus ficaria* Lesser Celandine), Bresych y Cŵn (*Mercurialis perennis* Dog's Mercury) a Berwr y Fagwyr (*Arabidopsis thaliana* Thale Cress), i gyd yn blodeuo yn y gwanwyn. Ar y bryn uwchlaw'r creigiau mae amrywiaeth o goed cyfarwydd, gan gynnwys Derw, Ynn, Cyll ac Ysgaw.

Seren Faesyfed neu Seren-Fethlehem Gynnar (*Gagea bohemica* Radnor Lily neu Early Star of Bethlehem). Mae hon yn unigryw i greigiau Stanner. 2008

Ai dyma flodyn prinnaf Prydain ar Greigiau Stanner?

Ar 12 Ebrill 1965, roedd botanegydd yn casglu mwsoglau ar y creigiau yn Stanner. Ar ddamwain, wrth gasglu swp o'r mwsogl *Dicranum scoparium,* casglodd hefyd blanhigyn bychan dieithr. Penderfynodd mai *Lloydia serotina* neu Lili'r Wyddfa ydoedd, ymhell o'i gynefin yn Eryri, a bu syndod mawr ymysg botanegwyr. Ond rai blynyddoedd yn ddiweddarach, sylweddolwyd mai camgymeriad oedd hyn, ac nad *Lloydia serotina* oedd y planhigyn, ond *Gagea bohemica,* rhywogaeth arall, nad oedd erioed wedi ei gweld ym Mhrydain. Fel rheol, mae'n blodeuo yn gynnar iawn yn y flwyddyn, mor fuan â Ionawr neu Chwefror (efallai mai dyna pam nad oedd neb wedi sylwi arno cyn hyn) ac yna mae'n gwywo tan ddiwedd yr hydref, pan ddaw'r dail newydd i'r golwg.

Mae'r blodyn melyn yn tyfu ar goesyn main ac mae'r dail yn gul fel gweiryn. Fel rheol, nid yw'r blodau yn cynhyrchu hadau, ac mae'r planhigyn yn atgynhyrchu'n llystyfol (*vegetative*) drwy dyfu blagur arbennig (*bulbils*) ar y coesyn. Mae'r rhain yn disgyn ac yn tyfu'n blanhigion newydd. Yma ar Greigiau Stanner, mae nifer o'r *Gagea* yn tyfu mewn tameidiau o bridd ar greigiau dolerit, creigiau Cyn-Gambriaidd, yn llygad yr haul, yn wynebu'r de. Ar wahân i'r enw gwyddonol *Gagea bohemica,* yr enwau swyddogol ar y planhigyn arbennig yma yn Gymrag a Saesneg ydi Seren-Fethlehem Gynnar (Early Star-of-Bethlehem), ond mae eraill o blaid Seren Maesyfed (Radnor Lily). Amser a ddengys!

Sylwer: Ceir ymdriniaeth fanwl o'r planhigyn yn *Journal of Ecology* Vol.78, Number 2, 2 June 1990, tud. 535-546.

2. Aberedw

Rhyw 4 milltirt i'r de o Lanfair-ym-Muallt, ar yr ochr ddwyreiniol (ochr sir Faesyfed) i Afon Gwy
SO 08 47

22 Awst 2007

Dyma nifer o greigiau llaid (*mudstone*) calchaidd, mewn llecyn braf, sy'n cynnal planhigion diddorol, gan gynnwys Tormaen Llydandroed (*Saxifraga hypnoides* Mossy Saxifrage) a'r Pabi Cymreig (*Meconopsis cambrica* Welsh Poppy). Yn 1891 bu'r botanegydd blaenllaw Augustin Ley yma, a gwnaeth restr o 340 o blanhigion. Yn eu plith, sylwodd ar nifer o'r Gerddinen Wen (*Sorbus spp.*) ac mae'n braf nodi fod y rhain yn dal i dyfu yma hyd heddiw.

Dyma lecyn hyfryd i fynd am dro ar ddiwrnod braf, a sylwi ar y blodau lliwgar – Bysedd y Cŵn, Eithin Mân, Clychau'r Eos a'r Goesgoch (*Geranium robertianum* Herb Robert). Ar y creigiau, sylwais ar nifer helaeth o'r Ddeilen Gron (*Umbilicus rupestris* Navelwort) a'r rhedynen fach Duegredynen Gwallt y Forwyn (*Asplenium trichomanes* Maidenhair Spleenwort). Fel rheol, dim ond ar hen waliau cerrig y gwelir y rhedynen hon, ond dyma enghraifft o'r math o gynefin oedd yn gartref iddi cyn bod dyn, na'i waliau, yn bod o gwbl.

Mewn cyferbyniad llwyr â'r blodau bach, lliwgar, ar y rhostir, roedd twmpath cryf o Ddanadl Poethion yn tynnu sylw. Mae'n amlwg mai dyna lle roedd y defaid yn hel ym môn y graig i gysgodi rhag y gwynt, a'u tail yn gwrteithio'r tir. Cefais fy atgoffa o ymweld â Gardd Fotaneg Akureyri yng Ngwlad yr Iâ rai blynyddoedd yn ôl, a rhyfeddu o weld clwmp o Ddanadl Poethion, wedi ei labelu'n ofalus a'i feithrin yn daclus ymysg yr holl blanhigion eraill – nid yw'r Danadl yn tyfu'n wyllt yng Ngwlad yr Iâ!

3. Rhos Goch, rhyw 5 milltir i'r gogledd-orllewin o'r Gelli

Gwarchodfa Natur Genedlaethol
SO 19 48

8 Gorffennaf 1995

Ar y safle yma mae gwahanol fathau o diroedd gwlyb mewn llain o dir gwastad yn ne Sir Faesyfed. Mae cyforgors (*raised bog*) yn y canol a thir coediog o Helyg, Bedw a pheth Derw a Chriafol ar y cyrion, a mignen lydan yn is na'r gyforgors. Ar wyneb y gyforgors mae patrwm amlwg o dwmpathau a phantiau a elwir yn Saesneg yn 'hummock-and-hollow' o fath arbennig sy'n anghyffredin iawn. Dim ond ar Wem Moss ar y ffin rhwng Sir Ddinbych a Sir Amwythig y gwelir ffurfiant tebyg. Mae yma lawer o byllau dŵr, gyda chefnau sychach rhyngddynt, efo planhigion megis Glaswellt y Gweunydd (*Molinia*), Grug, Grug Croesddail, Plu'r Gweunydd a Llus. Yn y pyllau mae gwahanol fathau o'r Migwyn (*Sphagnum*), Dyfrllys y Gors (*Potamogeton polygonifolius* Bog Pondweed), Marchrawn y Dŵr (*Equisetum fluviatile* Water Horsetail) a llawer mwy. Ceir y manylion yn Ratcliffe (1977) Vol.2, tud. 218.

Ymhlith y rhywogaethau llai cyffredin mae Ysgallen y Ddôl (*Cirsium dissectum* Meadow Thistle), Cracheithinen (*Genista anglica* Petty Whin) a'r Rhedynen Gyfrdwy (*Osmunda regalis* Royal Fern). Yn y goedlan wlyb, o dan y Bedw a'r Helyg mae toreth o'r gweiryn tal, y Gorsen (*Phragmites australis* Reed) a'r Hesgen Rafunog Fawr (*Carex paniculata* Greater Tussock-sedge). Yma hefyd ceir Caineirian (*Neottia ovata* Common Twayblade), Triaglog y Gors (*Valeriana dioica* Marsh Valerian) a Rhedynen y Gors (*Thelypteris palustris* Marsh Fern), rhedynen anghyffredin iawn. Mae

Y Rhedynen Gyfrdwy (*Osmunda regalis* Royal Fern); yma yng Ngwarchodfa Genedlaethol Rhos Goch yn 1995. Darllenais yn rhywle mai dyma'r genws hynaf o blanhigion y gwyddom amdano yn y byd.

yma hefyd doreth o'r Blodyn Llefrith (*Cardamine pratensis* Cuckooflower).

Un agwedd bwysig o'r warchodfa yw'r ymyl gwlyb neu'r ffos (a elwir yn 'lagg' – gair o Sweden) ar fin y gyforgors, gyda thyfiant o goed nodweddiadol am fod y dŵr yn llai asidig nag ydyw yng nghanol y gors.

4. Llyn a Chors Pentrosfa
Rhyw filltir i'r de o Landrindod
Cymdeithas Byd Natur Maesyfed
SO 062 597
30 Gorffennaf 2010

Gwarchodfa fechan yw hon o gwmpas llyn gwneud a ffurfiwyd yn 1950 drwy godi argae i greu pysgodlyn. Mae'r dŵr yn tarddu o ffynhonnau yn y creigiau calchaidd yn yr ardal. Bellach mae'r llyn wedi llenwi i raddau ac mae llawer o blanhigion y dŵr yn ffurfio siglen a gwelyau o hesg, ac mae coed helyg yn tyfu'n gyflym yn y tir gwlyb. Mae'r tir glas o gwmpas y llyn yn cynnal Tegeirian-y-gors Gogleddol (*Dactylorhiza purpurella* Northern Marsh-orchid) a Phlu'r Gweunydd Llydanddail (*Eriophorum latifolium* Broad-leaved Cottongrass), dwy rywogaeth brin yn y sir.

5. Y Werndryd, Franksbridge, ger Hundred House
Ymddiriedolaeth Natur Maesyfed
SO 11 55

30 Gorffennaf 2010

Gwarchodfa fechan arall sydd yma ger pentref Franksbridge. Mae yma gae o borfa sy'n wlyb ac asidig – cynefin sy'n prinhau fel mae tir amaethyddol yn cael ei wella a'i ddraenio. Mae'r blodau gwyllt yn nodweddiadol: – gweiriau'n cynnwys Perwellt y Gwanwyn (*Anthoxanthum odoratum* Sweet Vernal-grass) a Maswellt Rhedegog (*Holcus mollis* Creeping Soft-grass), a'r blodau lliwgar Gold y Gors (*Caltha palustris* Marsh-marigold),

Gwarchodfa Y Werndryd, Franksbridge, gyda 'choedwig' o Frenhines y Weirglodd neu Erwain (*Filipendula ulmaria* Meadowsweet). Mae dail mân bob yn ail â'r dail mwy ar y coesyn. Gorffennaf 2010

Carpiog y Gors (*Lychnis flos-cuculi* Ragged-Robin), Llafnlys Bach (*Ranunculus flammula* Lesser Spearwort) a'r Blodyn Llefrith (*Cardamine pratensis* Cuckooflower), planhigyn-magu'r glöyn byw Boneddiges y Wig (Orange Tip).

Mae'r gwrychoedd o amgylch y warchodfa yn gyfoethog o rywogaethau, yn cynnwys Collen, Rhosyn Gwyllt, Draenen Ddu, Draenen Wen, Gwifwrnwydden y Gors (*Viburnum opulus* Guelder Rose), Gwyddfid (*Lonicera periclymenum* Honeysuckle) ac Eiddew (Iorwg).

Mae'r Ymddiriedolaeth wedi creu dau lyn bychan i ddenu creaduriaid o bob math yn ogystal â phlanhigion megis Pumnalen y Gors (*Potentilla palustris* Marsh Cinquefoil) a Dyfrllys y Gors (*Potamogeton polygonifolius* Bog Pondweed).

6. Crug y Byddar
Ar y B4355 o Drefyclo ar y ffordd i'r Drenewydd, milltir i'r gogledd o Felindre
SO 158 820

21 Mehefin 2013

Dyma safle diddorol, a gwahanol i'r arfer. Ar ddamwain y darllenais am y darn bychan hwn o dir glas, rhan o hen fynwent, sy'n enghraifft wych o hen weirglodd yn llawn o degeirianau, ac sydd wedi cael cryn sylw gan naturiaethwyr.

Dyma fynd i chwilio, ar brynhawn braf yng nghanol haf. Dilyn y ffordd dawel o Drefyclo (Tref y Clawdd) ar draws gwlad hyfryd i gyfeiriad Ceri a'r Drenewydd.

Ymlaen drwy bentrefi Bugeildy a Felindre a chyrraedd eglwys fach ar y dde. Codi sgwrs â boneddiges oedd yn trin yr ardd mewn tŷ cyfagos. Deall fod yr eglwys ar gau – fwy neu lai yn barhaol bellach – ond bod croeso i mi fynd drwy'r fynwent, a bod y blodau gwyllt yn enwog ac yn werth eu gweld. Yn wir, brysiodd i ddweud fod un aelod pwysig o'r Llywodraeth – cyn Ganghellor y Trysorlys – wedi bod yno ryw wythnos yng nghynt yn unswydd i weld y tegeirianau!

Dyma fynd i dynnu lluniau, a rhyfeddu. Clychau'r Gog ym mhobman (y rhai cynhenid, go iawn, nid yr estroniaid o Sbaen!), a Brenhines y Weirglodd neu Erwain (*Filipendula ulmaria* Meadowsweet) fel fforest drwchus. Gyda llaw, mae'n well gen i Frenhines y Weirglodd na'r enw swyddogol, Erwain – mae'n llawer mwy swynol a

Caineirian (*Neottia (Listera) ovata* Twayblade) yn drwch ger hen eglwys Crug y Byddar. Mehefin 2013

rhamantus! Digon o Ffacbysen y Cloddiau (*Vicia sepium* Bush Vetch) a chlystyrrau o'r Farchredynen (*Dryopteris filix-mas* Male-fern). Gyda llaw eto, mae'r enw Saesneg 'Male Fern' yn anffodus ac yn gwbl gamarweiniol, does gan y rhedyn ddim gwryw a benyw yn y planhigion eu hunain, ac mae eu cylchdro bywyd yn wahanol i'r planhigion blodeuol.

Ond yn ôl at Eglwys Crug-y-Byddar. Roedd y Tegeirian Brych (*Dactylorhiza fuchsii* Spotted-orchid) yn niferus ac yn amrywio o ran lliw, yn ôl yr arfer, rhai bron yn wyn ac eraill yn binc cryf. Ond yr uchafbwynt oedd dod o hyd i'r Caineirian (*Neottia ovata* Twayblade), *Listera ovata* oedd yr hen enw, cannoedd ohonynt, pob un gyda dwy ddeilen fawr, yn cadarnhau'r enw Saesneg 'Twayblade', a sbigyn o flodau melynwyrdd rhyngddynt – golygfa gofiadwy. Tybed beth ddaw o'r hen eglwys a beth fydd tynged y weirglodd lawn blodau?

7. Gilfach, 3 milltir i'r gogledd o Raeadr Gwy
Gwarchodfa Ymddiriedolaeth Natur Maesyfed a Safle o Ddiddordeb
Gwyddonol Arbennig (SSSI)
SN 96 71
21 Mehefin 2013

Wrth fynd tua'r De o'n hardal ni yn y gogledd, mae dewis yn y Drenewydd – naill ai i'r chwith am Landrindod neu i'r dde am Raeadr Gwy. O ddilyn y ffordd i'r dde, cyn cyrraedd Rhaeadr fe welwch arwydd i Saint Harmon (sy'n enwog am dywydd oer yn nhrymder gaeaf), a rhyw flwyddyn neu ddwy yn

Yr olygfa o'r Gilfach, ger Saint Harmon. Mehefin 2013

ôl dyma benderfynu dilyn y ffordd honno i'r Gilfach am ychydig, i weld beth welwn i.

Hen fferm fynydd sydd yma, o ryw 400 erw, wedi ei phrynu gan Ymddiriedolaeth Natur Maesyfed yn 1987, ar ôl i'r perchennog adael yn 1960. Roedd y patrwm o ffermio cymysg wedi peidio, a'r tir yn cael ei bori gan ddefaid yn unig. Heddiw mae'n cael ei rhedeg fel cyfuniad o fferm, gwarchodfa natur, a chanolfan ymwelwyr. Mae'r ffermdy wedi ei atgyweirio ac un o'r ysguboriau wedi ei haddasu'n ganolfan natur. Cafwyd grantiau i ofalu am y tir ac i wella'r terfynau. Mae gwaith ar droed i adfer llawer o'r planhigfeydd coed derw traddodiadol, ac i ofalu am Afon Marteg sy'n llifo drwy'r fferm.

Prif nodwedd y Gilfach yw'r amrywiaeth cynefin sydd ynddi. Mae rhan o'r fferm yn dir pori da, gydag amryw o gaeau ar waelod y dyffryn neu yn agos i'r ffermdy. Mae llawer o'r tir yn greigiog a garw, gyda rhedyn ac eithin, rhannau eraill yn wlyb a brwynog. Mae tir da ger yr afon ac mae nifer o goedlannau ar y llethrau. Mae hyd yn oed hen dwnel lle bu'r rheilffordd rhwng Rhaeadr a Llanidloes ar un adeg – mae'r ystlumod yn cael lloches yno heddiw, ac mae'r ffermdy ei hun yn dyddio'n ôl i'r ail ganrif ar bymtheg.

Mae yma amrywiaeth mawr o fywyd gwyllt. Cofnodwyd dros 320 o flodau gwyllt rai blynyddoedd yn ôl, a rhyw 150 o fwsoglau a llysiau'r afu, ynghyd â nifer fawr o drychfilod, gan gynnwys deuddeg rhywogaeth o Was y Neidr. Mae'r rhestr adar yn sylweddol, ac amryw byd o famaliaid i'w gweld – os byddwch yn ffodus!

Dim ond rhyw ddwyawr oedd gennyf fi i'w treulio yn y Gilfach, gan ddilyn un o'r llwybrau drwy'r coed ar lechwedd serth – serth iawn! Derw, Cyll, Celyn a Chriafol oedd y prif goed, gyda'r rhedyn a'r gweiriau arferol ac ychydig o flodau Clychau'r Gog i roi fflach o las yma ac acw. Mae rhyw dristwch o weld hen fferm deuluol bellach yn amgueddfa i ymwelwyr, ond o leiaf, mae'n well na'r hyn sy'n digwydd i gymaint o gartrefi gwag yr ucheldir ledled y wlad.

8. Mawnog Aberithon
Rhyw filltir i'r de o'r Bontnewydd ar Wy o dan ofal Cyngor Cymuned Llanyre, a Chyfoeth Naturiol Cymru. Ardal o Ddiddordeb Gwyddonol Arbennig (SSSI) (1980)
SO 01 57
25 Gorffennaf 1984

Dyma fawnog lle roedd gynt hawl gymunedol gan y trigolion i dorri mawn (turbary). Datblygodd y fawnog mewn pantlle o waddodion rhewlifol, lle gynt roedd gwlyptir neu ffen (*carr*) a mignen. Bu torri mawn yma hyd oddeutu'r 1960au pan orlifwyd y fawnog. Heddiw, mae coed Helyg yn datblygu lle gynt roedd y Cyrs (*Phragmites australis* Common Reed). Yn y dŵr agored mae Chwisigenddail Bach (*Utricularia minor* Lesser Bladderwort), Clwbfrwynen Arnofiol (*Eleogiton (Scirpus) fluitans* Floating Club-rush), Ffeuen y Gors (*Menyanthes trifoliata* Bogbean) a Pumnalen y Gors (*Potentilla palustris* Marsh Cinquefoil).

Pan oeddwn i ar y safle, ddeng mlynedd ar hugain yn ôl, roedd y rhan fwyaf o'r planhigion hyn yn dal yno, a sylwais hefyd ar Eurinllys y Gors (*Hypericum elodes* Marsh St John's-wort), Cynffon y Gath (*Typha latifolia* Bulrush *neu* Reedmace), Gwlithlys (*Drosera rotundifolia* Round-leaved Sundew), Sêr-hesgen (*Carex echinata* Star Sedge) a'r Cedowydd (*Pulicaria dysenterica* Common Fleabane), planhigyn sy'n anghyffredin yn Sir Faesyfed.

Cedowydd (*Pulicaria dysenterica* Common Fleabane), blodyn sy'n tyfu ar bob math o dir gwlyb dros y rhan fwyaf o Gymru.

9. Gweunydd Coch y Dwst, Llanllŷr, ger Llandrindod
Ardal o Ddidddordeb Gwyddonol Arbennig (SSSI)
SO 056 635
20 Medi 2015

Nifer o gaeau pori sydd yma, tir glas yn nyffryn Afon Ithon ger Llanllŷr. Oherwydd natur amrywiol y tir, a draeniad gwahanol o fan i fan, mae pH y pridd yn amrywio o asidig i niwtral ac mae yma nifer fawr o wahanol blanhigion.

Ar y tir sychaf, mwyaf asidig, y gweiriau mwyaf cyffredin yw Peiswellt y Defaid

(*Festuca ovina* Sheep's-fescue) a Maeswellt Cyffredin (*Agrostis capillaris* Common Bent) ynghyd â llawer o Berwellt y Gwanwyn (*Anthoxanthum odoratum* Sweet Vernal-grass) a'r Hesgen Lwydlas (*Carex panicea* Carnation Sedge). Ar y tir llai asidig ceir Hesgen Lwydlas y Calch (*Carex flacca* Glaucus Sedge), Y Bengaled (*Centaurea nigra* Common Knapweed) a'r Bwrned Mawr (*Sanguisorba officinalis* Great Burnet), sy'n llawer mwy cyffredin yn ne Cymru nag yn y gogledd, ac yn nodweddiadol o hen dir glas. Dau blanhigyn arall, sy'n tyfu yn yr un cynefin, ac yn perthyn yn agos i'w gilydd yw Melynog y Waun (*Genista tinctoria* Dyer's Greenweed) a'r Gracheithinen (*G. anglica* Petty Whin).

Y Frwynen Babwyr (*Juncus effusus* Soft-rush), planhigyn hynod o gyffredin ar bob math o dir gwlyb.

Mae un o'r caeau yn cynnwys Mantell Fair Goesfain (*Alchemilla filicaulis* Lady's-mantle), Llin y Tylwyth Teg (*Linum catharticum* Fairy Flax) ac Ysgallen y Ddôl (*Cirsium dissectum* Meadow Thistle), un arall o'r planhigion sy'n gyffredin dros rannau helaeth o'r de, ond bron yn absennol o ogledd Cymru. Yn y rhannau gwlypaf o'r safle mae llawer o'r Frwynen Babwyr (*Juncus effusus* Soft-rush) a Chreulys y Gors (*Senecio aquaticus* Marsh Ragwort).

Dim ond braslun o'r amrywiaeth yw hyn, a'r bwriad yw cynnal diddordeb cadwraethol y safle, yn rhannol trwy barhau i ffermio yn y dull traddodiadol, trwy bori gwartheg a defaid ar ddull cylchdro, gan gymryd cnwd o wair bob dwy neu dair blynedd. Gobeithio y gellir ffermio'n llwyddiannus a chynnal diddordeb ac amrywiaetrh y safle yr un pryd. Mae'r safle hwn ar dir preifat; does dim mynediad i'r cyhoedd.

Creulys y Gors (*Senecio aquaticus* Marsh Ragwort). Gweddol gyffredin ar fin llynnoedd ac ar dir gwlyb.

Gair am enw diddorol y fferm, Coch y Dwst. Yn ôl yr Athro Melville Richards mae'r ffurf Coch y Dwst yn mynd yn ôl i 1631, ond y ffurf Cochydwst a welir ar y map O S yn 1966. Gall y gair coch fod yn ansoddair (afal coch, tŷ coch) neu yn enw, e.e. Coch y Berllan, Coch y Bonddu, Coch Bach y Bala. Mae'n digwydd mewn enwau ffermydd eraill, fel Coch y Moel (Sarn Mellteyrn), a hefyd Coch-y-big, Coch-y-clwt, ac yn y blaen.

10. Sideland, rhyw filltir i'r gorllewin o bentref Pen-y-bont, ac ychydig i'r de o'r A44, rhwng Y Groes (*Crossgates*) a Maesyfed (*New Radnor*) Gwarchodfa Ymddiriedolaeth Natur Maesyfed SO 104638
19 Medi 2015

I ddod o hyd i'r safle dylid cael taflen wybodaeth gan yr Ymddiriedolaeth. Coedlan fechan o ryw 5 erw yw hon, yng nghanol ardal o dir pori, a bu'n warchodfa er 1982. Credir bod coed wedi bod ar ran o'r safle ers canrifoedd, a heddiw, mae yma gymysgedd o goed o wahanol oedran: Ynn, Derw, Bedw, Criafol (Cerddin), Celyn, Cyll, Drain Duon a Drain Gwynion, ac ambell Lwyfen yma ac acw, wedi goroesi Clwy'r Llwyfen.

Suran y Coed (*Oxalis acetosella* Wood-sorrel). Un o flodau bach hyfrytaf y gwanwyn. Mae blas siarp ar y dail.

Pan oeddwn i yno ym mis Medi 2015 roeddwn yn rhy hwyr i weld y tegeirianau, ond roedd ambell un o Fysedd y Cŵn yn parhau yn eu blodau, a choesau'r Efwr (*Heracleum sphondylium* Hogweed), Llysiau'r Angel (*Angelica sylvestris* Wild Angelica) a'r Gwrnerth (*Scrophularia nodosa* Figwort) yn torsythu er bod eu blodau wedi hen wywo. Roedd y Gwyddfid (*Lonicera periclymenum* Honeysuckle) yn cordeddu am bopeth o fewn cyrraedd, ac yn ogystal â'r Rhedyn Ungoes (sydd ym mhobman) nodais y Wrychredynen Galed (*Polystichum aculeatum* Hard Shield-fern). Ar lawr y goedwig roedd Bresych y Cŵn (*Mercurialis perennis* Dog's Mercury), Suran y Coed (*Oxalis acetosella* Wood-sorrel), Clust yr Arth (*Sanicula europaea* Sanicle) a'r gweiryn Breichwellt y Coed (*Brachypodium sylvaticum* False Brome) yn dal ati i wasgaru ei hadau.

Mwynheais gerdded y llwybr o gwmpas y Warchodfa. Roedd y tywydd yn odidog – awyr las, dim awel o wynt, a digon o wres yn haul yr Hydref i beri bod pwyso ar y giât a gwrando ar y distawrwydd yn hyfrydwch pur! Wrth gerdded yn ôl am y car, Boncath yn mewian o rywle uwchben. Bendigedig!

Llyfryddiaeth

Carter, P W (1950) The History of Botanical Exploration in Radnorshire. *Transactions of the Radnorshie Society*, 20, 42-58

Slater, F M (1980) The Rarer Plants of Radnorshire *The Transactions of the Radnorshire Society*

Woods, R G (1993) *Flora of Radnorshire*. Mae Llyfryddiaeth fanwl yn niwedd y gyfrol.

SIR GAERFYRDDIN (VC 44)

Ni wyddom beth yw'r ias a gerdd drwy'n cnawd
Wrth groesi'r ffin mewn cerbyd neu mewn trên;
Bydd gweld dy bridd fel gweled wyneb brawd,
A'th wair a'th wenith fel perthnasau hen.

Gwenallt

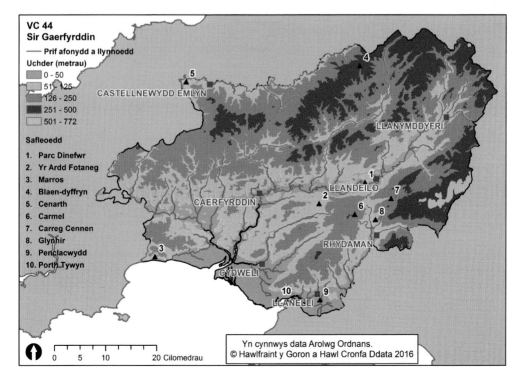

VC 44
Sir Gaerfyrddin

—— Prif afonydd a llynnoedd

Uchder (metrau)

0 - 50
51 - 125
126 - 250
251 - 500
501 - 772

Safleoedd

1. Parc Dinefwr
2. Yr Ardd Fotaneg
3. Marros
4. Blaen-dyffryn
5. Cenarth
6. Carmel
7. Carreg Cennen
8. Glynhir
9. Penclacwydd
10. Porth Tywyn

CASTELLNEWYDD EMLYN
LLANYMDDYFRI
LLANDEILO
CAERFYRDDIN
RHYDAMAN
CYDWELI
LLANELLI

0   5   10   20 Cilomedrau

Yn cynnwys data Arolwg Ordnans.
© Hawlfraint y Goron a Hawl Cronfa Ddata 2016

Dyma'r sir fwyaf yng Nghymru, ond mae'r arfordir yn gymharol fyr, yn ymestyn o gyffiniau Llanelli yn y dwyrain, drwy Borth Tywyn, heibio Cydweli a Lacharn, a thu draw i Bentywyn i'r gorllewin. Mae aberoedd afonydd Taf, Tywi, Gwendraeth a Llwchwr yn gysylltiedig â llawer o gorsydd heli a thwyni tywod. O gymharu â Bro Gŵyr, ychydig o garreg galch sydd ar yr arfordir, ac felly mae'r amrywiaeth blodau ryw gymaint yn llai.

Mae dau draeth eang o dwyni, un rhwng Pentywyn a Lacharn a'r llall i'r gogledd o Ben-bre. I'r botanegydd, dyma ddwy ardal gyfoethog, gyda Thegeirian-y-gors Cynnar (*Dactylorhiza incarnata* Early Marsh-orchid), Tegeirian-y-gors Deheuol (*D. praetermissa* Southern Marsh-orchid), Caldrist y Gors (*Epipactis palustris* Marsh Helleborine) a'r Tegeirian Bera (*Anacamptis pyramidalis* Pyramidal Orchid). Ar wahân i'r tegeirianau lliwgar, mae yma hefyd blanhigion digon anghyffredin megis y Crwynllys Cymreig (*Gentianella uliginosa* Dune Gentian), Hesgen Felen (*Carex oederi (C.viridula, C.serotina)* Small-fruited Yellow-sedge), Brwynen Lem (*Juncus acutus* Sharp Rush). Mae morfa heli wedi datblygu yn yr aberoedd, yn arbennig yn y Gwendraeth, gyda Hocysen y Morfa (*Althaea officinalis* Marsh-mallow) yn tyfu ar rai o'r rhannau uchaf.

I'r dwyrain, tuag ymyl y maes glo, mae rhai llechweddau o Garreg Galch, a cheir nifer o goed a llwyni diddorol megis y Biswydden (*Euonymus europaeus* Spindle), Rhafnwydden (*Rhamnus cathartica* Buckthorn), a'r Ywen (*Taxus baccata* Yew). Ceir hefyd Lili'r Dyffrynnoedd (*Convallaria majalis* Lily-of-the-Valley) a'r Cwlwm Cariad (*Paris quadrifolia* Herb Paris).

Yng ngogledd y sir mae

Rhostir a choed, blaenau Afon Tywi. 1968

llawer o dir pori da a rhai coedydd derw ar ochrau'r dyffrynnoedd lle mae digon o Eirlysiau yn tyfu. Mae ansicrwydd ynglŷn â'r Eirlysiau. Ydyn nhw'n perthyn yn naturiol i'r wlad hon, neu a ydyn nhw'n blanhigion estron? Yn sicr, mae yna lawer math ohonynt yn tyfu'n wyllt. Cred rhai y gall y rhai sy'n tyfu yn y rhan hon o Sir Gaerfyrddin fod yn gynhenid. Yn yr ucheldir tua'r gogledd-ddwyrain, ym mlaenau Cothi a Thywi mae llawer o rostir gweddol unffurf, gyda Grug, Llus, y Gawnen Ddu a'r Brigwellt Main (*Deschampsia flexuosa* Wavy Hair-grass) − y cyfuniad o blanhigion sydd mor gyffredin dros gymaint o diroedd uchel Cymru.

I dorri ar yr unffurfiaeth, yn enwedig ar y llechweddau sy'n wynebu'r gogledd, mae siawns go dda i ddod o hyd i rai o'r Cnwp-fwsoglau (*Clubmosses*), sy'n blanhigion di-flodau, yn perthyn i'r rhedyn. Mae tri ohonynt i'w cael yma: Cnwp-fwsogl Mawr (*Huperzia selago* Fir Clubmoss), Cnwp-fwsogl Corn Carw (*Lycopodium selago* Stag's-horn Clubmoss), a'r prinnaf o'r tri, y Cnwp-fwsogl Alpaidd (*Diphasiastrum alpinum* Alpine Clubmoss).

Ychydig o hanes botanegwyr y sir

Fe gychwynnodd botaneg a meddygaeth law yn llaw. Hyd yn oed cyn dysgu sut i amaethu, fe ddysgodd dyn pa blanhigion gwyllt i'w dewis fel bwyd, pa rai oedd yn 'llysiau llesol', a pha rai oedd yn wenwynig, ac i'w hosgoi. Yma yn Sir Gâr y gwelwn yr enghraifft orau o hyn yng Nghymru gyfan − o'r sir hon y daeth Meddygon Myddfai, y gellir olrhain eu hanes yn ôl i'r 13 ganrif. Cadwyd gwybodaeth amdanynt yn *Llyfr Coch Hergest,* lle sonnir am Rhiwallon a'i feibion Cadwgan, Gruffudd ac Einion, meddygon i Rhys Grug, mab yr Arglwydd Rhys (Rhys ap Gruffudd). Cysylltir llawer o'r clwyfau a'r anhwylderau y sonnir amdanynt yn y *Llyfr Coch* â dulliau'r cyfnod o'u trin trwy gyfrwng planhigion. Yn wir, ystyrid gwybodaeth o'r planhigion yn un o'r tair gwyddor, sef Botanoleg, Diwinyddiaeth a Seryddiaeth. Disgwylid i bob *physigwr* (meddyg) fod yn gyfarwydd â'r planhigion gwyllt, a chawn fod hyn yn rhan bwysig o waith yr Abatai a'r Priordai y mae hanes cymaint ohonynt yn Sir Gaerfyrddin.

Mae'n ddigon addas felly, mai clerigwr, neb llai na'r enwog **John Ray** (1627-1705) oedd y cyntaf i gofnodi planhigion gwyllt o'r sir, er enghraifft y brwyn *Juncus acutus* a *J. maritimus* ar y tir tywodlyd ger tref Cydweli. Dau glerigwr arall o'r un anian oedd **Littleton Brown** (g. 1699) a sylwodd ar y planhigyn Dail y Beiblau (*Hypericum androsaemum* Tutsan) ar fin y ffordd wrth deithio trwy Lanymddyfri, a'r llall oedd **John Lightfoot** (1735-1788), cyfaill i Thomas Pennant, ac awdur *Flora Scotica*. Gwelodd Lightfoot ddau o blanhigion y dŵr yn llyn Talyllychau, sef Bidoglys y Dŵr (*Lobelia dortmanna* Water Lobelia) a'r Hesgen Chwysigennaidd (*Carex vesicaria* Bladder-sedge).

Yn ogystal â'r clerigwyr, roedd amryw o feddygon yn ymddiddori mewn botaneg. Un ohonynt oedd **Henry Lewis Jones** (1857-1915). Crwydrodd yn helaeth yng

Nghymru, a rhestrodd lawer o blanhigion Sir Gaerfyrddin; yn eu plith Penigan y Porfeydd (*Dianthus armeria* Deptford Pink), Hocyswydden (*Lavatera arborea* Tree Mallow), y Pren Melyn (*Berberis vulgaris* Barberry) a'r ddau blanhigyn hynod wenwynig, Cegiden (*Conium maculatum* Hemlock) a Llewyg yr Iâr (*Hyoscyamus niger* Henbane).

Rhaid hefyd enwi **James Motley** (?1821-1859), a anwyd ar Ynys Manw ond a fu'n byw am gyfnod yn Aberafan. Casglodd lawer o blanhigion yn ardal Llanelli, yn eu plith y Dulys (*Smyrnium olusatrum* Alexanders), Llysiau Pen Tai (*Sempervivum tectorum* House-leek) a'r tri gweiryn Cynffonwellt Du (*Alopecurus myosuroides* Black-grass), Melyswellt y Gamlas (*Glyceria maxima* Reed Sweet-grass) a Meligwellt y Coed (*Melica uniflora* Wood Melick). Yn ddiweddarach aeth Motley i fyw i Borneo, ond fe'i llofruddiwyd yno yn 1859.

Soniwyd eisoes am Augustin Ley ac am H J Riddelsdell, ond gwell hefyd gyfeirio at J H Knight a T W Barker. Ganwyd **John Herbert Knight** yn 1862 yn Sir Amwythig. Aeth i Goleg Clare, Caergrawnt, a bu'n athro mathemateg yng Ngholeg Llanymddyfri. Yr oedd yn fotanegydd galluog, gan arbenigo yn y rhedynau a'r mwsoglau a chafodd ei benodi yn Llywydd Cymdeithas Fryolegol Prydain. Mae casgliad mwsoglau o'i eiddo yn yr Amgueddfa Genedlaethol yng Nghaerdydd.

Roedd **Thomas William Barker** (1861-1912) yn hanu o un o hen deuluoedd Sir Gâr a bu'n byw yng Nghaerfyrddin am y rhan fwyaf o'i oes fel clerigwr ac athro ysgol. Ond yr oedd hefyd yn naturiaethwr galluog a chofnododd ganoedd lawer o blanhigion, llawer ohonynt yn newydd i'r sir. Dyma rai ohonynt: Mwg-y-ddaear Grymus (*Fumaria bastardii* Tall Ramping-fumitory), Pig-y-crëyr Arfor (*Erodium maritimum* Sea Stork's-bill), Pluddail y Dŵr (*Hottonia palustris* Water-violet) a'r blodyn enwog Tegeirian y Wenynen (*Ophrys apifera* Bee Orchid).

Un o naturiaethwyr amlycaf ein cyfnod ni oedd **Dafydd Davies** (1924-2012). Roedd yn hanu o Gwmgïedd ger Ystradgynlais yng Ngwm Tawe, ond treuliodd y rhan fwyaf o'i oes yn Sir Gaerfyrddin, fel athro ysgol yn Rhandirmwyn, Cynghordy a Llanymddyfri. Bu wrthi ar hyd ei oes yn astudio, sylwi a chofnodi ym myd natur ac yr oedd yn wybodus iawn ym myd y planhigion, yr adar a'r pryfed. Dylanwadodd ar genedlaethau o blant, a bu wrthi'n ddyfal yn darlithio i

Dafydd Davies

ddosbarthiadau nos ymhell ac agos. Roedd yn aelod gweithgar o Gymdeithas Fotaneg Prydain (BSBI) a darganfu nifer o blanhigion am y tro cyntaf yn Sir Gaerfyrddin. Yn 1995 cyhoeddodd y gyfrol hynod ddefnyddiol, *Enwau Cymraeg ar Blanhigion,* yn dilyn gwaith Mr. Arthur O Jones. Ond cyfraniad mwyaf Dafydd oedd sefydlu Cymdeithas Edward Llwyd – cymdeithas naturiaethwyr Cymru, ac aeth ati i olygu a chyhoeddi *Y Naturiaethwr,* cylchgrawn y Gymdeithas, yn ddi-fwlch am bymtheng mlynedd.

Cafodd ei urddo â'r wisg wen gan yr Orsedd, a dyfarnwyd iddo Fedal

Wyddoniaeth yr Eisteddfod Genedlaethol. Derbyniodd radd M.Sc. er anrhydedd gan Brifysgol Cymru ac etholwyd ef yn Gymrawd o'r Gymdeithas Linneaidd.

Sir Gaerfyrddin: Llecynnau arbennig i weld y blodau

1. Parc Dinefwr, Llandeilo
SN 61 22
21 Gorffennaf 2010

Dyma stad fawr o fwy na 800 erw yng ngofal yr Ymddiriedolaeth Genedlaethol ar gyrion Llandeilo. Dywed traddodiad mai dyma safle Castell Rhodri Mawr yn 877. Mae'r parc presennol, gyda golygfa dros Ddyffryn Tywi yn dyddio o'r 18 ganrif ac yn cynnwys parc ceirw o'r Oesoedd Canol.

Mae yma nifer o goedydd ar y stad, gyda llwybrau hwylus, a dichon mai prif atyniad Dinefwr yw'r casgliad o goed unigol, llawer ohonynt yn dyddio o oes Fictoria. Dyma'r cyfnod, yn y 19 ganrif pan oedd y cyfoethogion yn tyfu coed o bob cwr o'r byd, coed megis *Sequoiadendron giganteum,* y Wellingtonia enwog o'r Siera Nevada yng Nghalifffornia, ac mae nifer i'w gweld yn Ninefwr. Yn eu cynefin yn yr Unol Daleithiau gallant dyfu i 300 troedfedd a mwy, a byw i fod dros 3,000 o flynyddoedd oed. Maent yn enwog am eu rhisgl, sy'n feddal ac yn hynod o dew – gellir ei bwnio'n galed yn ddianaf. Dywedir fod yma dros 300 o hen goed arbennig, yn cynnwys Derw, Ynn a Phinwydd yr Alban, coed sylweddol iawn, sy'n tyfu'n dda yn hinsawdd Sir Gaerfyrddin.

Mae Parc Dinefwr yn enwog am ei goed. Dyma dair Llwyfen nodedig. Dinefwr, Gorffennaf 2010

Clychlys Dail Danadl (*Campanula trachelium* Nettle-leaved Bellflower), un o'n blodau gwyllt harddaf.

Penderfynais fynd am dro trwy un o'r coedlannau. Roedd amrywiaeth da o goed unigol, Derwen, Masarnen, Fawydden, Onnen, Ceiriosen Ddu (Wild Cherry), Castanwydden Bêr (Sweet Chestnut), Castanwydden y Meirch (Horse-chestnut), Pisgwydden (Lime). Nodais rhyw 70 o wahanol blanhigion yn tyfu o dan y coed, gydag amrywiaeth hyfryd o liwiau ac arogleuon ar fore o haf. Efallai

Mae Gwartheg Gwynion Dinefwr yn enwog. Gorffennaf 2010

mai'r blodyn a dynnodd fy sylw fwyaf oedd y Clychlys Dail Danadl (*Campanula trachelium* Nettle-leaved Bellflower), planhigyn hardd sy'n ddigon prin dros y rhan fwyaf o Gymru.

Os byddwch yn ymweld â Dinefwr cofiwch fynd i gael 'sgwrs' efo'r Gwartheg Gwynion gwyllt sy'n pori'n braf ar y weirglodd.

2. Gardd Fotaneg Genedlaethol Cymru
Llanarthne, rhyw 7 milltir i'r dwyrain o Gaerfyrddin
SN 52 18

Llawer ymweliad o 2000 ymlaen.

Gan eich bod chi'n darllen y geiriau yma, rydw i bron yn siŵr eich bod yn gyfarwydd â'r enw Kew. Efallai eich bod wedi ymweld â'r gerddi byd-enwog yn Llundain. Sefydlwyd Kew fel Gardd Fotaneg Genedlaethol yng nghanol y 18 ganrif. Yn fuan wedyn cafodd Iwerddon ei Gardd Fotaneg Genedlaethol yn Glasnevin, Dulyn. Roedd Gardd Genedlaethol yr Alban yng Nghaeredin wedi agor yn 1670. Ond beth am Gymru?

Gardd Fotaneg Cymru: y tŷ gwydr enfawr. Mai 2005

Yn ystod yr 1980au dechreuwyd trafod y syniad o gael Gardd Fotaneg Genedlaethol i Gymru. Roedd amryw o drefi a sefydliadau yn dangos diddordeb, ond cais hen stad Middleton ger Llanarthne, o dan arweiniad William Wilkins a aeth â'r maen i'r wal. Roedd y stad, oedd bellach yn eiddo i Gyngor Sir Dyfed, wedi dirywio a chwalu, a bu'r frwydr i sefydlu Gardd Fotaneg Genedlaethol yn un hir ac anodd, ond yn y diwedd fe lwyddwyd. Darllenwch yr hanes. Agorwyd yr ardd i'r cyhoedd yn 2000, a bellach, mae'r safle, rhwng Llandeilo a Chaerfyrddin wedi sefydlu ac yn datblygu o flwyddyn i flwyddyn.

Y prif atyniad i'r cyhoedd yw'r Tŷ Gwydr enfawr – y mwyaf o'i fath yn y byd – sy'n cynnwys planhigion o'r gwledydd hynny sydd â hinsawdd Môr y Canoldir, megis De Affrica, Awstralia, Califfornia a Chile. Atyniad arall yw'r hen ardd gyda waliau dwbl, lle mae planhigion addurnol, llysiau i'r gegin, a gwelyau blodau wedi eu trefnu yn ôl eu teulu. Mae yna hefyd ardd newydd i arddangos casgliad o flodau prin Cymru – tipyn o her – mae rhai yn anodd iawn i'w tyfu, ond cafwyd llwyddiant gydag amryw o'r coed prinnaf, megis Cerddinen y Darren Fach (*Sorbus leyana*), y goeden brinnaf yng Nghymru gyfan efallai. Mae yma arddangosfa yn trafod y planhigion meddyginiaethol ar hyd yr oesau, ac mae'r ochr wyddonol wedi datblygu'n fawr, yn arbennig gyda'r cynllun '*barcoding*' sy'n defnyddio DNA i adnabod pob un o blanhigion cynhenid Cymru.

Mae'r Ardd Fotaneg yn fawr, gyda mwy na 500 erw, ac mae rhan helaeth ohoni yn dir glas amaethyddol, wedi ei ddynodi yn Warchodfa Natur Genedlaethol sef Gwarchoda'r Waun Las. Mae llawer o'r Warchodfa hon yn dir gwlyb, ar bridd trwm. Pan fo llawer o wlybaniaeth yn rhannau uchaf y

Mae rhan o Ardd Fotaneg Cymru yn Warchodfa Natur Genedlaethol, y Waun Las. Dyma Bumnalen y Gors (*Potentilla palustris* Marsh Cinquefoil) sy'n tyfu yn y tir gwlyb ar y Warchodfa.

Un o blanhigion arbennig y Waun Las yw'r Carwy Droellennog (*Carum verticillatum* Whorled Caraway), sy'n cuddio ymysg y gweiriau. Mai 2005

pridd mae'r dŵr yn aildrefnu'r haearn, gan greu haenen o glai glas (*gley*) ac mae'r dŵr yn hydreiddio'n araf drwy'r isbridd, gan achosi i ragor o wlybaniaeth gronni ar wyneb y pridd. Yn y Waun Las mae tir corsiog fel hyn yn magu planhigion nodweddiadol fel Pumnalen y Gors (*Potentilla palustris* Marsh Cinquefoil) a Mintys y Dŵr (*Mentha aquatica* Water Mint). Ond planhigyn arbennig y Warchodfa yw'r Carwy Droellennog (*Carum verticillatum* Whorled Caraway), aelod o deulu'r Moron, sy'n nodweddiadol o gaeau gwlyb yn ne-orllewin Cymru, ond nad oes fawr ddim ohono yn y gogledd. Mae awdurdodau'r Ardd yn ceisio hybu amrywiaeth o blanhigion ar y gweirgloddiau hyn drwy reoli'r patrwm pori gan wartheg, a rhwystro tyfiant coed megis Helyg ar y tir.

Mae'r Ardd Fotaneg wedi datblygu'n sylweddol ac yn glod i'w sylfaenwyr a'r staff presennol. Ewch yno i fwynhau.

3. Llwybr yr Arfodir i'r de o bentref Marros, rhwng Amroth a Phentywyn SN 20 08

20 Gorffennaf 2010

Mae dyn yn cofio ambell daith nid am y planhigion ond am y tywydd! Do, mi lawiodd – tywallt y glaw am ddwyawr solet. Roedd rhyw bump ohonom yno – a neb yn cwyno! Doedd dim llawer o hwyl ar gofnodi'n fanwl, ond wrth geisio cysgodi ger wal yr eglwys ym mhentref bach Marros, llwyddwyd i nodi'r canlynol yn tyfu ar y wal:

Duegredynen Gwallt y Forwyn (*Asplenium trichomanes* Maidenhair Spleenwort), Y Goesgoch (*Geranium robertianum* Herb Robert), Llwyn Coeg-fefus (*Potentilla sterilis* Barren Strawberry), Llaethysgallen Arw (*Sonchus asper* Prickly Sow-thistle), Helyglys Llydanddail (*Epilobium montanum* Broad-leaved Willowherb), Llau'r Offeiriad (*Galium aparine* Cleavers neu Goosegrass) a'r gweiryn Peiswellt Coch (*Festuca rubra* Red Fescue).

Dim byd syfrdanol yn y rhestr yna. Ond rydw i'n hoff o'r hen eglurhad am yr enw Llau'r Offeiriad, sef bod hadau (ffrwythau) bachog y planhigyn yn glynu ers talwm wrth wisg llaes yr offeiriad, a bod plant y pentref yn galw enwau ar ei ôl!

Yn ffodus, roedd gennym arweinydd profiadol a wyddai fod rhedynen arbennig yn tyfu yn yr ardal, ac er gwaetha'r tywydd fe lwyddodd i ddod o hyd iddi, sef y

Marchredynen Bêr (*Dryopteris aemula* Hay-scented Bucker-fern). O dan y coed: milltir a hanner i'r dwyrain o Amroth, ond yn Sir Gaerfyrddin. Gorffennaf 2010

Farchredynen Bêr (*Dryopteris aemula* Hay-scented Buckler-fern). Mae hon yn anghyffredin, ac yn tyfu ar ochr orllewinol Prydain ac Iwerddon. Dim ond unwaith erioed yr oeddwn wedi ei gweld o'r blaen, a hynny yn Eryri. Cawsom hyd iddi ym môn y clawdd ar un o'r ffyrdd culion. Roeddwn yn falch fod yr arweinydd yn deall ei bethau y diwrnod hwnnw!

4. Caeau Blaen-dyffryn
3 milltir i'r de o Lanbedr Pont Steffan ar yr A482
SN 604 442
18 Mehefin 2005

Un cae arbennig sydd yma, yn eiddo i'r gymdeithas fotanegol *Plant Life,* un enghraifft o'r hen weirgloddiau a oedd yn llawn o flodau gwyllt flynyddoedd yn ôl. Mae'r cae ar lechwedd, y rhan uchaf yn weddol sych, gyda'r amrywiaeth arferol o'r Meillion Coch, Y Bengaled (*Centaurea nigra* Knapweed), Pysen-y-ceirw (*Lotus corniculatus* Bird's-foot-trefoil) a'r Melynydd (*Hypochaeris radicata* Cat's-ear). Tua gwaelod y cae mae'r draeniad yn wael a'r tir yn gorslyd, gyda llawer o Laswellt y Gweunydd (*Molinia caerulea* Purple Moor-grass), Carpiog y Gors (*Lychnis flos-cuculi* Ragged Robin), Ysgallen y Gors (*Cirsium palustre* Marsh Thistle) a Llysiau Cadwgan (*Valeriana officinalis* Common Valerian).

Mae yma amryw o blanhigion diddorol eraill fel Trilliw y Mynydd (*Viola lutea* Mountain Pansy) a'r Lloer-redynen (*Botrychium lunaria* Moonwort), ond y rhywogaethau pwysicaf yw'r Tegeirian Llydanwyrdd (*Platanthera chlorantha* Greater Butterfly-orchid) a'r Tegeirian Llydanwyrdd Bach (*P. bifolia* Lesser Butterfly-orchid). Mae rhai miloedd o'r rhain yn y warchodfa, a phob blwyddyn neilltuir un diwrnod i'w cyfrif gan griw brwdfrydig o wirfoddolwyr. Dyma dipyn o dasg, ond o leiaf – yn wahanol i ddefaid, neu adar – mae'r blodau yn aros yn llonydd!

Blodau arbennig Caeau Blaen-dyffryn yw'r Tegeirianau Llydanwyrdd (*Platanthera spp.* Butterfly-orchids). Dyma'r Llydanwyrdd Bach (*P.bifolia*).

Trefnir patrwm o bori blynyddol, weithiau gan wartheg ac weithiau gan ferlod a mulod, i reoli tyfiant y chwyn a'r gweiriau cryfion rhag tagu'r blodau arbennig.

5. Cenarth
Dwy filltir a hanner i'r gorllewin o Gastellnewydd Emlyn ar yr A484 i gyfeiriad Aberteifi
Parcio hwylus ger Afon Teifi
26 Mehefin 2013

Diwrnod braf ym Mehefin, a phenderfynu mynd am dro ar hyd glan yr afon. Dewis y lan ddeheuol, ochr Sir Gaerfyrddin, a chrwydro'n hamddenol am awr neu ddwy. Dyma lecyn deniadol, ac un o ganolfannau'r cwrwgl; ond llygadu'r planhigion oedd fy neges i, a doedd dim rhaid mynd ymhell. Mae'r coed yma yn

Afon Teifi yn llifo dros y cerrig. Cenarth. Mehefin 2013

drwch, coed Ynn, Masarn a choed Cyll yn bennaf, ac ambell i Dderwen gadarn yma ac acw. Yma ar lan Afon Teifi mae'r awyr yn llaith, a'r awyrgylch yn ddelfrydol ar gyfer pob math o redyn. Un o'r rhai amlycaf oedd y Llawredynen Gyffredin (*Polypodium vulgare* Polypody). Mae hon yn hoff iawn o dyfu ar fonion a changhennau'r coed, yn enwedig lle bo ychydig o lwch a phridd yn casglu – lle delfrydol i'r sborau mân egino a thyfu'n blanhigyn newydd ar gefn planhigyn arall, ond nid parasit mohono, nid yw'n sugno maeth o'r goeden. Yr enw am blanhigyn sy'n byw fel hyn yw *epiphyte,* ardyfwr efallai yn Gymraeg. Rhedynen arall amlwg iawn oedd Tafod yr Hydd (*Asplenium (Phyllitis) scolopendrium* Hart's-tongue). Yn hon mae'r ddeilen yn gyfan, mewn un darn, ac nid wedi ei rhannu'n fân fel mewn rhedyn eraill. O dan y coed, yn gymysg â'r rhedyn, roedd petalau coch y Blodyn Neidr neu Flodyn Taranau (*Silene dioica* Red Campion) yn amlwg ac yn hawdd i'w hadnabod, er ambell dro, bydd y blodau'n wyn neu'n binc. Ystyr y gair *dioica* yn yr enw gwyddonol yw bod rhai o'r blodau yn wrywaidd ac eraill yn fenywaidd, yn groes i'r mwyafrif o blanhigion, lle mae'r blodau yn ddeurywiol.

Yn y fan yma, ger Afon Teifi, mae'r afon yn llawn creigiau, a bron na buasai rhywun ystwythach na mi yn gallu neidio'n hwylus o'r naill graig i'r llall yn yr afon.

Yn gymysg â'r creigiau roedd pob math o blanhigion y dŵr. Y goeden amlycaf, wrth gwrs, oedd y Wernen, sydd yn gartrefol pan fo'i thraed yn wlyb, ac yn ei chysgod roedd tyfiant amlwg a chryf o un gweiryn sy'n fwy cyffredin yn Lloegr nag yng Nghymru, Corsen Fach y Coed (*Calamagrostis epigejos* Wood Small-reed).

Ond o'r holl blanhigion a welais y bore hwnnw, rhaid rhoi'r wobr gyntaf i'r Goedfrwynen Fawr (*Luzula sylvatica* Great Wood-rush). Mae hon yn perthyn i deulu'r Frwynen (*Juncaceae*), ac roeddwn yn ddigon cyfarwydd â hi, ond dyma'r sioe orau a welais erioed – cannoedd, os nad miloedd yn tyfu'n ymwthiol hyderus ar y llechwedd o dan y coed, ac yn wynebu'r afon. Os nad ydych yn adnabod *Luzula sylvatica*, ewch am dro ar lan yr afon yng Nghenarth.

6. Carmel. Rhwng Cross Hands a Llandybïe
Gwarchodfa Natur Genedlaethol
SN 59 16
18 Medi 2013

Mae sawl mynedfa i'r warchodfa fawr hon, ac mae'n werth cael taflen wybodaeth o swyddfa Cyfoeth Naturiol Cymru (y Cyngor Cefn Gwlad gynt). Dim ond rhan fechan o'r safle y cefais i gyfle i'w throedio.

Mae yma nifer o goedlannau, caeau pori a gweirgloddiau, rhostir, corsydd, a'r unig 'lyn mynd a dod' (*turlough*) yng Nghymru, a'r cyfan ar gefnen o Garreg Galch, ar ymyl gogleddol maes glo De Cymru, ynghyd â rhimyn o gwartsit mwy asidig i'r de. Mae llyn Pant-y-llyn yn un tymhorol (ni wn am air Cymraeg am *turlough*). Yn y gaeaf mae'n llenwi hyd at ddyfnder o ryw 12 troedfedd, ac yna yn sychu yn gyfan gwbl yn ystod yr haf. Dim ond yn Iwerddon y ceir rhai tebyg yn yr ynysoedd hyn.

Mae nifer o goedydd bychain wedi datblygu ar aml i fryncyn, bob yn ail â'r caeau pori yn y dyffrynnoedd. Bu llawer o losgi calch yma yn y gorffennol. Yn y coedydd, yr Onnen sydd fwyaf cyffredin, gyda llawer o goed Cyll a rhai Derw (*Quercus robur* a *Q. petraea*) ynghyd â rhai coed Ceirios a choed Yw. O dan y coed mae'r amrywiaeth arferol o Fresych y Cŵn, Clychau'r Gog, Craf y Geifr, Blodau'r Gwynt a'r Briwydd Bêr (*Galium odoratum* Woodruff), ond y mae hefyd rai rhywogaethau llai cyffredin megis Lili'r Dyffrynnoedd (*Convallaria majalis* Lily-of-the-Valley), Cytwf (*Monotropa hypopitys* Yellow Bird's-nest), Cwlwm Cariad (*Paris quadrifolia* Herb Paris), Tormaen y Gweunydd (*Saxifraga granulata* Meadow Saxifrage) a'r prinnaf oll, y Bliwlys (*Daphne mezereum* Mezereon).

Yn y tir glas ceir Tamaid y Cythraul (*Succisa pratensis* Devil's-bit Scabious), Gwreiddiriog (*Pimpinella saxifraga* Burnet-saxifrage) a'r Carwy Droellennog (*Carum verticillatum* Whorled Caraway) yn ogystal ag amrywiaeth o degeirianau. Yn yr hen chwareli calch gellwch ddod o hyd i'r Teim Gwyllt (*Thymus polytrichus* Wild Thyme), Llin y Tylwyth Teg (*Linum catharticum* Fairy Flax) a Hesgen Lwydlas y Calch (*Carex flacca* Glaucous Sedge). Ar y tiroedd llaith, asidig gwelwn y Gwlithlys (*Drosera rotundifolia* Round-leaved Sundew), Llafn y Bladur (*Narthecium ossifragum* Bog Asphodel) a'r Gorsfrwynen Wen (*Rhynchospora alba* White Beak-sedge).

Yn y rhannau o'r warchodfa y bûm i'n eu troedio, gwelais lawer o'r planhigion hyn, yn ogystal â nifer enfawr o'r Marchredynen Lydan (*Dryopteris dilatata* Broad Buckler-fern) o dan y coed, ond tipyn o syndod oedd gweld cymaint o'r Rhedynen Ungoes (*Pteridium aquilinum* Bracken) mewn llecynnau mor wlyb yn y coed; fel rheol mae'r Rhedynen gyffredin hon yn osgoi tir gwlyb.

7. Castell Carreg Cennen
3 milltir o Landeilo, 1 filltir o bentref Trap
SN 667 190
2 Mehefin 2005

Mae'n siŵr mai'r tro cyntaf i mi glywed am Gastell Carreg Cennen oedd gwrando ar Noel John a Bois y Blacbord yn canu am fynd 'Dros y Mynydd Du o Frynaman... a Chastell Carreg Cennen gerllaw.' Wedyn, clywed sôn am y lle gan rai o'm ffrindiau botanegol, ac o'r diwedd, ar ôl blynyddoedd o freuddwydio, cael y cyfle i fynd yno. Gadael Llandeilo ac anelu am bentref Trap; cyrraedd y Castell a rhyfeddu at y safle; yna dringo'r bryn a dotio at yr olygfa.

O gwmpas y Castell mae'r garreg galch yn brigo i'r wyneb mewn clogwyn serth, a chyda gofal gellir cyrraedd rhai o'r planhigion calchgar arbennig. Roeddwn yn hollol gyfarwydd â harddwch y Cor-rosyn Cyffredin (*Helianthemum nummularium* Common Rock-rose) mewn sawl llecyn gartref yn Sir Fflint, ond roedd y safle yma bron iawn cystal! Un arall o'm hen gydnabod oedd y Rhwyddlwyn Pigfain (*Veronica spicata* Spiked Speedwell), blodyn hardd ond hynod o brin, ond y cyffro mwyaf oedd darganfod y Genhinen Syfi (*Allium schoenoprasum*

Ar y creigiau ger Castell Carreg Cennen, gellwch ddod o hyd i ddau flodyn diddorol. Mae blodau melyn y Cor-rosyn Cyffredin (*Helianthemum nummularium* Common Rockrose) i'w weld yma ac acw yng Nghymru ar y garreg galch, ond mae'r Genhinen Syfi (*Allium schoenoprasum* Chives) yn eithriadol o brin. Dyma'r ddau yn cyd-fyw ger y castell ym Mehefin 2005.

Chives), a chael llun da ohoni. Dim ond mewn rhyw hanner dwsin o safleoedd ym Mhydain y mae'r blodyn hwn yn tyfu'n frodorol fel blodyn gwyllt, a hynny, gan amlaf mewn pridd tenau ar y garreg galch. Mae hefyd i'w gael yma ac acw fel blodyn estron, ond gymaint gwell oedd ei weld yn ei gynefin naturiol ar greigiau Carreg Cennen, nag ar ryw domen sbwriel, wedi ei daflu o ardd gyfagos. Ac fe wenodd yr haul.

8. Glyn-hir
Milltir a hanner i'r dwyrain o Landybïe, rhwng Rydaman a Llandeilo
Hen dŷ fferm ac adeiladau wedi eu haddasu'n Ganolfan Breswyl ar gyfer gweithgareddau cefn gwlad
SN 63 15
Gorffennaf 2010

Rhan o wythnos breswyl ar gyfer botanegwyr, yn ystod Gorffennaf 2010, gyda chyfle i ymweld â mannau eraill yn Sir Gâr, megis Bwlch-y-Rhiw a Llys-y-Fedw, rhwng Cwrtycadno a Rhandirmwyn, SN 72 46 a SN 74 46.

Aeth rhyw ddwsin ohonom i'r safle, i archwilio dau gae o hen borfa a rhedyn ar odrau Mynydd Mallaen uwchben dyffryn cul Nant Melyn. Roedd angen cadarnhau'r sôn fod y Ffacbysen Chwerw (*Vicia orobus* Wood Bitter-vetch) yn tyfu yno. Rhannwyd y caeau rhwng y grŵp, a bu chwilio dyfal. Cafwyd 169 o blanhigion ond dim ond ychydig oedd yn eu blodau. Ucheldir Cymru yw cadarnle *Vicia orobus,* fel arfer rhwng 600 a 1,000 o droedfeddi, ond yn fy mhrofiad i, anaml iawn y mae'n blanhigyn cyffredin. Mae'n tyfu mewn glaswelltir, tir creigiog ac ymysg mân goediach. Yn ôl Preston et al (2002) mae'r planhigyn yma yn prinhau, gan ei fod yn ymateb i bwysedd pori – mae pori rhy drwm neu rhy ysgafn yn niwediol iddo.

Ymysg y planhigion eraill ar y safle, nodwyd Ytbysen y Coed (*Lathyrus linifolius* Bitter Vetch), Peradyl Garw (*Leontodon hispidus* Rough

Dylem fod yn hynod falch o'r Ffacbysen Chwerw (*Vicia orobus* Wood Bitter-vetch). Cymru yw cadarnle'r blodyn hwn ym Mhrydain, ac mae gennym gyfran sylwedol o holl boblogaeth Ewrop. Planhigyn y glaswelltir gwlyb, y tir creigiog ac ymyl y ffordd ydyw, ac mae'n dueddol i osgoi pridd calchog. Yng Nghymru, mae'n tyfu ym mhob sir ond Sir Fôn a Sir Fflint. Mae gan Arthur Chater erthygl ddiddorol am *Vicia orobus* yn ei *Flora of Cardiganshire* (2010), tud. 291, a bu'r naturiaethwr Gruff Ellis yn gweithio'n galed i warchod y planhigyn yma yn ardal Ysbyty Ifan. Y llun hwn: Pentrellyncymer, Sir Ddinbych, Mehefin, 1992.

Hawkbit), Clychau'r Gog (*Hyacinthoides non-scripta* Bluebell) a Chlychau'r Eos (*Campanula rotundifolia* Harebell).

Yn ystod yr wythnos hon yng Nglyn-hir, gwnaed un darganfyddiad sylweddol ar greigiau Castell Carreg Cennen, sef Briweg Ddi-flas (*Sedum sexangulare* Tasteless Stonecrop). Dyma blanhigyn hynod o brin, a welwyd yma ac acw ar y creigiau. Dyma'r cofnod cyntaf yn Sir Gaerfyrddin. Mae'n debyg ei fod wedi dod yn wreiddiol o blanhigyn gardd, er nad yw'n cael ei dyfu'n aml erbyn hyn. Mae hwn yn bur debyg i'r Friweg Boeth (*Sedum acre* Biting Stonecrop) sy'n blanhigyn cyffredin, gyda blas cryf, poeth ar y dail.

Botanegwyr yn cael egwyl, ger Mynydd Mallaen; yr awdur ar y dde eithaf. Gorffennaf 2010

9. Penclacwydd, Llanelli
Rhyw 2 filltir o ganol tref Llanelli, i'r de o Lwynhendy
Gwarchodfa Gwlyptir Penclacwydd
SS 532 984
21 Medi 2013

Dyma Warchodfa fawr o 450 erw yn cynnwys llynnoedd a nentydd sy'n cysyltu â morfa heli ger aber Afon Llwchwr. Mae yma nifer mawr o gynefinoedd, sy'n gartref i amrywiaeth o blanhigion, adar, mamaliaid, pryfetach o bob math (yn cynnwys glöynnod byw, gwyfynod, gwas-y-neidr ac ati). Mae'r safle yn Ardal o Ddiddordeb Gwyddonol Arbennig (SSSI) ac yn safle RAMSAR. Mae yna bob math o wybodaeth a chyfleusterau yn y Ganolfan ar gyfer y naturiaethwr.

Dyma rai o'r planhigion sy'n cael sylw yn y Warchodfa: Tegeirian Brych (*Dactylorhiza fuchsii* Spotted-orchid), Tegeirian y Wenynen (*Ophrys apifera* Bee Orchid), Hocysen y Morfa (*Althaea officinalis* Marsh-mallow), Lafant y Môr (*Limonium sp.* Sea-lavender), Gorudd Melyn (*Parentucellia viscosa* Yellow Bartsia), Pabi Corniog Melyn (*Glaucium flavum* Yellow Horned-poppy). Yn y llynnoedd mae Rhedynen y Dŵr (*Azolla filiculoides* Water Fern), y Llinad Bach (*Lemna minuta* Least Duckweed) a Chorchwyn Seland Newydd (*Crassula helmsii* New Zealand Pigmyweed) – rhaid cadw golwg ar hwn, mae'n dueddol i ymledu a thagu popeth arall. Ar y mwd (peryglus!) ar lanw isel gellir gweld Gwellt y Gamlas Culddail (*Zostera angustifolia* Narrow-leaved Eelgrass), yr unig blanhigyn blodeuol sy'n byw mewn dŵr hallt.

10. Yr Harbwr, Porth Tywyn
SN 445 005
21 Awst 1999

Roedd Cyfarfod Blynyddol adran Cymu o'r BSBI yn cyfarfod yng Nghaerfyrddin ar y pryd, a buom yn llysieua mewn rhai o'r ardaloedd cyfagos. Yma, ym Mhorth Tywyn, gwelsom nifer o blanhigion diddorol. Mae'r Ysgallen Bendrom (*Carduus nutans* Musk Thistle) yn hawdd i'w hadnabod, gyda'i phen mawr ar ogwydd. Yng Nghymru, mae'n weddol gyffredin yn y siroedd sy'n ffinio â Lloegr, ond yma yn y

Corn Carw'r Môr (*Crithmum maritimum* Rock Samphire): Creigiau'r arfordir yw prif gynefin hwn, a thyf o gwmpas Cymru, de Iwerddon a de Lloegr. Mae'n dygymod yn iawn â stormydd a heli'r môr.

gorllewin mae'n ddigon prin. Ar waliau'r harbwr gwelsom Lafant y Môr Penfro (*Limonium procerum* Sea-lavender) a'r Feillionen Arw (*Trifolium scabrum* Rough Clover), dau blanhigyn anghyfarwydd i mi, hefyd Corn Carw'r Môr (*Crithmum maritimum* Rock Samphire) sy'n weddol gyffredin ar greigiau'r arfodir yma ac acw yng Nghymru. Mae'n debyg mai dyma'r planhigyn y mae Shakespere yn cyfeirio ato, wrth sôn yn King Lear am ryw greadur yn dringo'r creigiau:

....half-way down
Hangs one that gathers samphire, dreadful trade!

Hefyd o gwmpas yr harbwr roedd Llin Culddail (*Linum bienne* Pale Flax) a Llin-y-Llyffant Gwelw (*Linaria repens* Pale Toadflax). Methwyd â dod o hyd i'r Tegeirian Bera (*Anacamptis pyramidalis* Pyramidal Orchid) a welwyd yno ryw ddwy flynedd ynghynt, ond ar ôl peth chwilio, daeth blodyn diddorol arall i'r golwg, sef y Maglys Brith (*Medicago arabica* Spotted Medick neu Calvary Clover), y buom yn sôn amdano hefyd yn Sir Fynwy. Dyma un o deulu'r meillion, gyda smotiau tywyll ar y dail, planhigyn sy'n gyffredin yn ne Lloegr ond yn brin ryfeddol yng Nghymru.

Llyfrau ynglŷn â phlanhigion Sir Gaerfyrddin

Barker, T W (1905) *Natural History of Carmarthenshire*
Carter, P W (1951, 1957) Botanical Exploration in Carmarthenshire. *The Carmarthen Antiquary* **2,** Part 1, 113-122, Part 2, 166-177
May, R F (1967) *A List of the Flowering Plants and Ferns of Carmarthenshire*
Pryce, Richard D (1999) *Carmarthenshire Rare Plant Register*

PENNOD 34

SIR BENFRO (VC 45)

O! fel y caraf eangderau Penfro.

T E Nicholas

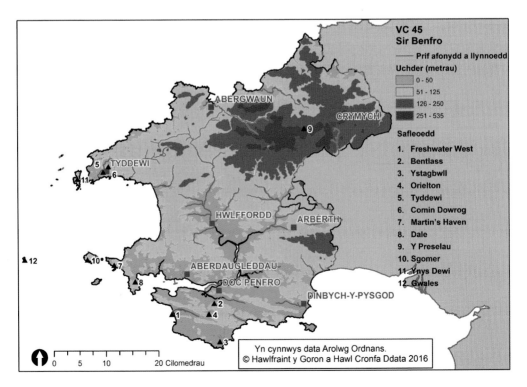

VC 45
Sir Benfro

—— Prif afonydd a llynnoedd

Uchder (metrau)

- 0 - 50
- 51 - 125
- 126 - 250
- 251 - 535

Safleoedd

1. Freshwater West
2. Bentlass
3. Ystagbwll
4. Orielton
5. Tyddewi
6. Comin Dowrog
7. Martin's Haven
8. Dale
9. Y Preselau
10. Sgomer
11. Ynys Dewi
12. Gwales

Yn cynnwys data Arolwg Ordnans.
© Hawlfraint y Goron a Hawl Cronfa Ddata 2016

0   5   10   20 Cilomedrau

Yn ddi-os dyma un o siroedd harddaf Cymru. Y glannau sy'n denu fwyaf, a does ryfedd fod bron y cyfan o'r arfordir wedi ei ddynodi'n Barc Cenedlaethol. Mae daeareg sir Benfro yn hynod, gyda dilyniant o greigiau bron yn ddi-fwlch o'r rhai hynaf oll, y Cyn-Gambriaidd, hyd at y Glo a'r Garreg Galch yn y cyfnod Carbonifferaidd, rhyw 300 miliwn o flynyddoedd yn ôl. Nodwedd amlyca'r arfordir yw'r llwyfan gwastad, rhyw 200 troedfedd uwch wyneb y môr. Dywedir fod hyn wedi ei greu rhyw 17 miliwn o flynyddoedd yn ôl pan oedd y môr gymaint â hynny'n uwch nag y mae heddiw. Gan fod rhai o greigiau gogledd y sir gymaint yn galetach, mae'r patrwm yno yn fwy anwastad.

Tua diwedd Oes yr Iâ ddiweddaraf, pan oedd y rhew yn dechrau llacio, rhyw 12,000 – 15,000 o flynyddoedd yn ôl, cynyddodd llif y dŵr yn sylweddol, a dyna greu'r dyffrynnoedd megis rhai Solfach, Gwaun a Nyfer. Torrwyd llwybr cyn-rewlifol Afon Cleddau i ffurfio sianel ddofn bresennol Aberdaugleddau.

Creigiau'r arfordir

Gellir dilyn peth o garreg galch Sir Gaerfyrddin ymlaen i Sir Benfro. Mae dwy haen yn ymestyn o gyfeiriad Dinbych-y-pysgod i'r gorllewin tuag at dref Penfro, ac yna i'r de, o gyfeiriad Sant Gofan, mae milltiroedd o glogwyni yn wynebu rhyferthwy'r gwynt a'r tonnau. Eto i gyd, mae nifer o blanhigion y calch yn llwyddo i fyw ar wyneb y graig – y Bresych Gwyllt

Rhai o greigiau'r glannau: does ryfedd fod Arfordir Sir Benfro yn Barc Cenedlaethol.

(*Brassica oleracea* Cabbage), sef rhagflaenydd Bresych yr Ardd, Mandon Fach (*Asperula cynanchica* Squinancywort), a hyd yn oed Tegeirian y Waun (*Orchis morio* Green-winged Orchid) a'r Cor-rosyn Lledlwyd (*Helianthemum oelandicum* Hoary Rock-rose), pob un yn eithaf prin yng Nghymru.

Ychydig ymhellach, deuwn i ardal Castellmartin. Gwaetha'r modd, mae llawer o'r ardal wedi ei neilltuo ar gyfer y fyddin, ond mae natur yn dal ei thir yma hefyd.

Gwelaf fod tri phlanhigyn arbennig iawn wedi eu darganfod yn yr ardal. Yn gyntaf, Lafant-y-Môr Trwyn Giltar (*Limonium transwallianum* Sea-lavender) sy'n eithriadol o brin. Darllenais awgrym fod yr enw *transwallianum* yn golygu 'tu draw i Gymru' ac yn cyfeirio at y ffaith fod yr ardal yma o dde Sir Benfro wedi cael y llysenw 'Little England beyond Wales'. Tybed? Darganfuwyd yr ail blanhigyn yn 1981, sef Gold y Môr (*Aster linosyris* Goldilocks Aster), a'r trydydd, ddegawd yn ddiweddarach yn 1991, sef y Tagaradr Bach (*Ononis reclinata* Small Restharrow), blodyn hynod o fach, y daethom ar ei draws wrth drafod Bro Gŵyr.

Yng ngogledd y sir y mae'r creigiau hynaf, Cyn-Gambriaidd, Cambriaidd ac Ordofigaidd, ynghyd â rhai creigiau igneaidd, ymwthiol ar Fynydd Preseli. Dyma'r ardal rhwng Crymych, Mynachlog-ddu, Maenclochog a Brynberian, ardal chwedl Culhwch ac Olwen a'r Twrch Trwyth yn y Mabinogion. Oddi yma, o'r Garn Goedog, y daeth y creigiau gleision smotiog y credir iddynt gael eu cludo i Gôr y Cewri ger Caersallog (*Salisbury*). Am fwy o wybodaeth darllenwch bennod 64 yn llyfr Dyfed Elis-Gruffydd *100 o Olygfeydd Hynod Cymru* (2014).

Rhai o gynefinoedd arfordir Sir Benfro

Mae sawl **morfa heli** yn y sir. Mae'r rhain yn datblygu ar draethell gwastad, mwdlyd, tu ôl i dywod neu raean. Dywedir mai'r gorau yn y sir yw Morfa Gann, ger pentref Dale.

Ffurfir y morfa heli gan y llaid sy'n cael ei gario gan ddŵr. Daw hwn i lawr gyda llif yr afon, a hefyd caiff ei gario i fyny'r traeth gan y gorlanw. Pan gyferfydd y ddau ar benllanw, dyna'r dŵr yn arafu a'r llaid yn gwaddodi. Wrth i'r tir godi'n raddol bydd gwymon a Gwellt y Gamlas (Eelgrass) yn sefydlu, gan arafu'r llif ymhellach, a dyna fwy o'r llaid yn disgyn. Erbyn i'r tir godi'n uwch na lefel y dŵr pan fo'r llanw'n isel, daw cyfle i'r Llyrlys (*Salicornia* Glasswort) wreiddio, gan arafu'r dŵr yn fwy eto. Dyna'r morfa'n codi'n uwch, a mwy o blanhigion yn gwreiddio, megis yr Helys Unflwydd (*Suaeda maritima* Annual Sea-blite) a'r Llygwyn (*Atriplex sp.* Sea Purslane). Yn olaf, efallai y cawn rai o'r blodau lliwgar Lafant-y-Môr (*Limonium sp.* Sea Lavender), Clustog Fair (*Armeria maritima* Thrift) a Seren y Morfa (*Aster tripolium* Sea Aster).

Ffurfir y **twyni tywod** pan fo'r gwynt o'r môr yn gryfach na 15 milltir yr awr, gan gario tywod i fyny'r traeth. Ar y twyni cyntaf

Yr Helys Unflwydd (*Suaeda maritima* Annual Sea-blite), un o'r planhigion cyntaf i gartrefu yn y mwd rhwng y cerrig ar y traeth. Dale, Awst, 2011

cawn yr arloeswyr, fel Hegydd Arfor (*Cakile maritima* Sea Rocket), Helys Pigog (*Salsola kali* Prickly Saltwort) a Betys Arfor (*Beta maritima* Sea Beet). Yna daw'r Marchwellt Arfor (*Elytrigia atherica* Sea Couch) a'r Moresg (*Ammophila arenaria* Marram) gyda'u gwreiddiau hirion sy'n sadio'r tywod. Erbyn hyn mae'r twyni'n tyfu, a daw nifer mawr o blanhigion cwbl nodweddiadol fel Celyn y Môr (*Eryngium maritimum* Sea Holly), dim perthynas o gwbl i'r Celyn go

Pan fo'r tywod yn dechrau sadio, daw amrywiaeth o flodau i'r twyni, megis Llaethlys y Môr (*Euphorbia paralias* Sea Spurge. Freshwater West, Sir Benfro, Mehefin 1992

iawn, hefyd Llaethlys y Môr (*Euphorbia paralias* Sea Spurge) a'i berthynas agos *E. portlandica,* a'r Taglys Arfor (*Calystegia soldanella* Sea Bindweed) sy'n ymgripio dros y twyni gyda'i flodau pinc deniadol, ac yn llawer mwy derbyniol na'i berthynas y Taglys arall sy'n gymaint gelyn i'r garddwr.

Ambell dro, pan fo'r gwynt yn gyrru'r tonnau, fe symudir cerrig mawr a bach i fyny ac i lawr y traeth a chawn **draeth graean** gyda'i gerrig llyfn nodweddiadol. Gwthir y graean i fyny'r traeth gan y tonnau, ac yna, am ennyd, mae llawer o'r dŵr yn suddo i'r graean ac i'r tywod, ond dyna'r don yn disgyn, gan gario rhai o'r cerrig yn ôl i lawr y traeth. Y symudiad yma, dro ar ôl tro, sy'n llyfnhau'r cerrig. Mewn tywydd stormus, mae hyn yn rhwystro planhigion rhag tyfu ar y graean, ond o dipyn i beth, pan fydd digon o dywod wedi cronni rhwng y cerrig, fe ddaw ambell un yma hefyd, pethau fel Ysgedd Arfor (*Crambe maritima* Sea-kale), Tywodlys Arfor (*Honckenya peploides* Sea Sandwort) a'r Elinog (*Solanum dulcamara* Bittersweet), yr olaf o'r rhain mewn ffurf arbennig (var. *maritimum*) sy'n llawer mwy gorweddog na'r ffurf gyffredin.

Mae'r **hinsawdd** yn hollbwysig i blanhigion yr arfordir. Mae Llif y Gwlff yn tymheru'r tywydd, a pheth prin iawn yw rhew. Hyd yn oed ym mis Chwefror mae'r tymheredd ar ei isaf oddeutu 6°C ar gyfartaledd yn ne'r sir, mae'r borfa'n dal i dyfu, a'r gwartheg yn pori allan drwy'r gaeaf, ac mae mwy na hanner cant o blanhigion gwyllt yn eu blodau ar Ddydd Calan, ac mae Sir Benfro'n enwog

Oherwydd yr hinsawdd, mae Sir Benfro yn enwog am datws cynnar.

am dyfu tatws cynnar. Mae mwy o heulwen yma nag mewn unrhyw ran arall o Gymru. Ond – beth am y gwynt! Fel arfer, ceir mwy na 30 o stormydd garw (grym 8 neu fwy) bob gaeaf rhwng Hydref a Chwefror, gydag ambell hyrddiad dros 90 milltir yr awr. Cofiaf un cyhoeddiad gan ddyn y tywydd ar y radio lawer blwyddyn yn ôl wrth drafod Sir Benfro, yn ein hysbysu 'the wind will modify to strong gale'!

Yn wyneb hyn, rhaid i blanhigion yr arfordir ddygymod â nerth y gwynt ac â'r dŵr hallt o'r môr. Gelwir planhigion felly yn **haloffytau** ac mae ganddynt ddulliau arbennig i ddygymod â'r sefyllfa anodd. Yn gyffredin, pan fo gormod o ddŵr glaw yn y pridd mae'r planhigyn yn ei amsugno trwy'r gwraidd ac yna'n cael gwared ohono drwy gynyddu trydarthiad (*transpiration)* drwy'r dail, ond pan fo gormodedd o ddŵr hallt (heli), yna mae'r haloffytau yn gallu rheoli gwasgedd osmotig drwy'r gwreiddiau, yn gallu dygymod â gwahanol lefelau o halen yn eu celloedd, ac yn gallu arafu trydarthiad o'r dail.

Mae gan lawer o blanhigion y glannau, megis Celyn y Môr, ddail tewion, weithiau gyda haen o gŵyr, ac mae hyn yn arafu trydarthiad o'r dail trwy ei gyfyngu i'r mân-dyllau (*stomata)* yn unig, yn hytrach na thros wyneb cyfan y ddeilen. Yn y Moresg (*Marram)* mae'r stomata wedi eu suddo yn is na wyneb y dail, ac mae'r ddeilen yn tueddu i rowlio'n dynn fel tiwb, ac mae hyn i gyd yn lleihau'r dŵr sy'n cael ei golli. Mae haloffytau o'r fath i'w cael ar y morfa heli, ar y twyni tywod a'r graean a hefyd yn isel ar y clogwyni glan môr.

Mae rhai planhigion yn tyfu uwchben y clogwyni lle mae'r gwynt yn aml yn eithriadol o gryf. Oherwydd hyn mae'r coed yn brin iawn, a dim ond llwyni fel y Ddraenen Ddu a'r Eithin sy'n llwyddo i dyfu o gwbl, a hynny'n aml yn gam ac yn fyr. Mewn lle felly mae blew ar wyneb y dail yn gallu bod o fantais, trwy leihau'r dŵr sy'n cael ei golli. Gwelir hyn er enghraifft mewn ffurf arbennig o'r Llyriad Corn Carw (*Plantago coronopus* Buck's-horn Plantain), ffurf sy'n nodweddiadol o'r ynysoedd ger glannau'r sir (Gillham 1953). Ceir yr un fantais gan blanhigion fel Pig y Crëyr (*Erodium maritimum* Sea Stork's-bill) sy'n tyfu'n dynn ar wyneb y tir, a'r Grugbren (*Tamarix gallica* Tamarisk) lle mae'r dail yn fân ac yn fain. Ar ben hyn i gyd, rhaid cofio fod gan lawer iawn o blanhigion y glannau wreiddiau hynod o hir ac effeithlon. Dwy enghraifft o hyn yw'r Moresg enwog sy'n clymu a sadio'r twyni tywod, a Chorn Carw'r Môr (*Crithmum maritimum* Rock Samphire) a welir weithiau ar wyneb y graig.

Gair am fotanegwyr y gorffennol (yn bennaf o Carter, 1986, 87)

Y botanegydd dibynadwy cyntaf a ddaeth i sir Benfro oedd **John Ray** (1627-1705). Daeth yma yn 1662 a disgrifiodd Abergwaun fel 'a poor village'. Yn Hwlffordd daeth o hyd i Ysbigfrwynen y Morfa (*Bolboschoenus (Scirpus) maritimus* Sea Club-rush) a'r Maglys Brith (*Medicago arabica* Spotted Medick). Wedyn, bu ar Ynys Bŷr (*Caldey*) a gwelodd Hocyswydden (*Lavatera arborea* Tree Mallow) a Duegredynen Arfor (*Asplenium marinum* Sea Spleenwort).

Bu **Edward Llwyd** (1660-1709) yn y sir ddwywaith. Yn 1696, ger Penfro, cofnododd y Blucen Felen (*Anthyllis vulneraria* Kidney Vetch), y math arbennig sydd â blodau coch yn hytrach na'r melyn arferol, sy'n gyfyngedig i Gernyw a Sir Benfro yn unig. Yn ystod ei daith soniodd Llwyd am yr arferiad o gasglu gwymon oddi ar y traeth i wneud bara lawr – ei enw ef oedd *Lhavan* neu *Lawvan* – i'w fwyta gyda blawd ceirch a menyn.

O gyfnod Ray a Llwyd ymlaen mae Carter (1986, 87) yn ei ysgrifau cynhwysfawr yn cyfeirio at ugeiniau o fotanegwyr a fu'n ymweld â Sir Benfro, llawer gormod i mi sôn amdanynt yma, ond rhaid cyfeirio at **John Lightfoot** (1735-1788), botanegydd blaenllaw o Swydd Gaerloyw. Teithiodd o amgylch Cymru gyda Syr Joseph Banks, a buont yn Sir Benfro yn 1773. Mae Carter yn enwi nifer o'r planhigion a welsant, er enghraifft Murwyll Arfor (*Matthiola sinuata* Sea Stock) a Pheisgwellt y Twyni (*Vulpia fasciculata* Dune Fescue) yn Freshwater East; Bulwg yr Ŷd (*Agrostemma githago* Corncockle) ger Dinbych-y-pysgod, a'r Carwy Droellennog (*Carum verticillatum* Caraway) ger Hwlffordd.

Yn ystod yr ugeinfed ganrif gellid enwi dau a gyfrannodd yn fawr at ein gwybodaeth. Y cyntaf yw **R M Lockley** a dreuliodd flynyddoedd ar Sgogwm (*Skokholm*), ei hoff ynys, ac a restrodd dros 170 o blanhigion yno, yn eu plith Melog y Cŵn (*Pedicularis sylvatica* Lousewort) a'r Ysgellog (*Cichorium intybus* Chicory). Mae hefyd yn enwi'r Onnen, er ei fod ef ei hun yn dweud mewn lle arall 'There are no genuine trees on the island'. Mae'n debyg ei fod yn cyfeirio at un goeden arbennig, wedi ei chyflwyno i'r ynys ac yn tyfu yng nghysgod rhyw adeilad.

Y naturiaethwr arall oedd **Mary Gillham** a fu wrthi'n ddygn yn astudio ynysoedd Gwales (*Grassholm*) a Sgogwm. Rhestrodd rai cannoedd o blanhigion oddi ar Sgogwm; gweler y Llyfryddiaeth ar ddiwedd y bennod.

Lleoedd o ddiddordeb botanegol yn Sir Benfro

Yn ystod mis Mai, 2008 cefais y cyfle a'r pleser o dreulio rhai dyddiau yn chwilio am flodau gwyllt yn yr ardal i'r de o dref Penfro, yng ngwaelod y sir. Roeddym yn aros yn Orielton, Canolfan Astudiaethau Maes, dair milltir i'r de-orllewin o Benfro, SR 95 99. Dyma rai o'r safleoedd a welsom:

1. Freshwater West, rhyw 2 filltir i'r gogledd-orllewin o Gartellmartin SR 88 99
4 Mai 2008

Dyma stibed hir o dwyni tywod, yn wynebu'r môr agored. Mae yma amrywiaeth mawr o gynefinoedd, enghreifftiau o'r dilyniant naturiol sy'n digwydd mewn ardal o hen dwyni. Y cam cyntaf yw'r mân dwyni sy'n ffurfio ar waelod y traeth (rwy'n hoffi'r enw Saesneg *embryo dunes*).

Weithiau mae carreg neu ddarn o bren yn ddigon i arafu'r gwynt, ac i greu swp bach o dywod. Daw Marchwellt y Twyni (*Elytrigia juncea* Sand Couch) ac yna'r Moresg, i sadio'r tywod gyda'u gwreiddiau cryfion, a pharatoi'r ffordd i lu o blanhigion eraill ennill eu plwyf, a chyn bo hir bydd y 'twyni melyn' yn tyfu, gan roi cyfle i'r Melynydd (*Hypochaeris radicata* Cat's-ear) a'u tebyg. Daw mwy a mwy o blanhigion wrth i'r twyni dyfu, rhai'n gyfarwydd, fel yr Eiddew (Iorwg), Dant-y-llew, a'r Benfelen neu Lysiau'r Gingroen, ac eraill yn fwy lleol, fel Tagaradr (*Ononis repens* Restharrow) a'r Briwydd Felen (*Galium verum* Lady's Bedstraw).

Weithiau, mae'r 'croen' o blanhigion ar y twyni yn cael ei chwalu am ryw reswm, a dyna gyfle i'r gwynt ailafael yn y tywod llac, a chreu twll mawr yn y twyni, gan roi cyfle i'r dilyniant ailddechrau. Mewn lle felly, gwelsom y Blodyn Ymenyn Ymlusgol (*Ranunculus repens* Creeping Buttercup), y Meillion Gwyn a'r blodyn rhyfedd hwnnw, Barf yr Afr (*Tragopogon pratensis* Goat's-beard). Mae hwn rhywbeth yn debyg i Ddant-y-llew tal, gyda blodyn mawr melyn, sy'n agor yn y bore ond yn cau'n dynn erbyn y pnawn. Dyna'r rheswm am un o'r enwau Saesneg arno, *Jack go to bed at noon*.

Tu cefn i'r prif dwyni ceir hen bantiau – y 'slaciau' – ac mewn un o'r rheini gwelsom nifer fawr iawn o blanhigion, heb fawr ddim o'r tywod noeth i'w weld. Dyma rai ohonynt: Pysen-y-Ceirw (*Lotus corniculatus* Bird's-foot-trefoil), Pig yr Aran (*Geranium molle* Dovesfoot Crane's-bill), Llygad y Dydd, Tormaen Tribys (*Saxifraga tridactylites* Rue-leaved Saxifrage), Amlaethai Cyffredin (*Polygala vulgaris* Common Milkwort) a Llwyn-mwyar Mair (*Rubus caesius* Dewberry).

Barf yr Afr (*Tragopogon pratensis* Goat's-beard)

2. Bentlass. 2 filltir i'r gorllewin o dref Penfro
SM 960 016
3 Mai 2008

Dyma ardal eang o forfa heli, i'r de o Ddoc Penfro. Bu nifer ohonom wrthi'n archwilio'n fanwl mewn deg llecyn, a chyfrifwyd 18 o rywogaethau, ynghyd â llawer o fwd noeth ar y morfa. Y planhigion amlycaf oedd y Cordwellt (*Spartina anglica* Cord-grass) a'r Llygwyn Llwydwyn (*Atriplex (Halimione) portulacoides* Sea-purslane), dau blanhigyn yr oeddwn i'n gyfarwydd iawn â nhw ar aber y Ddyfrdwy yn Sir Fflint. Ond roedd Lafant-y-Môr (*Limonium sp.* Sea Lavender) yn fwy o her, gan fod llawer gwahanol fath, a dim un ohonynt yn tyfu yn ein cornel ni o Gymru yn y gogledd-ddwyrain. Yn ffodus, roedd arbenigwr wrth law i enwi'r planhigyn hwn, sef *Limonium humile*. Roeddwn yn falch o weld Wermod y Môr (*Seriphidium marinum* Sea Wormwood) sy'n llawer iawn prinnach na'r Wermod cyffredin; roedd yn tyfu yn rhan uchaf y morfa yn gymysg â gweiriau a Betys y Môr. Rhaid cyfeirio at un planhigyn bach arall, sy'n hynod o gyffredin o gwmpas arfordir Prydain ac Iwerddon, sef Glas yr Heli (*Glaux maritima* Sea Milkwort), un hawdd i'w adnabod a hawdd cofio'i enw.

Mae Wermod y Môr (*Seriphidium marinum* Sea Wormwood) yn llawer prinnach na'r Wermod arall, ond yn edrych yn debyg. West Williamson, Sir Benfro, Awst 1999

3. Ystagbwll a Llynnoedd Bosherston
SR 97 94
5 Mai 2008

Cyfres o lynnoedd, coedydd a llwybrau, sy'n rhan o Warchodfa Natur Genedlaethol, rhyw dair milltir i'r de o dref Penfro. Crewyd y llynnoedd, yr unig rai o'u bath ym Mhrydain, mewn ardal o garreg galch, ar wely o glai calchog (marl) rhwng 1780 a 1850, tu cefn i res o dwyni tywod. Y bwriad oedd creu pysgodfa ar Stad Stagpwll. Heddiw, mae'r ardal yn Warchodfa Natur Genedlaethol o fewn Parc Cenedlaethol Arfordir Penfro. Mae'r llynnoedd yn fas (llai na 3m) gyda llwybrau hwylus yn eu cysylltu ac yn arwain drwy'r coed i lawr at lan y môr, i draethau Broad Haven a hefyd Barafundle. Mae nifer o nentydd yn ogystal â ffynhonnau yn bwydo'r llynnoedd, ac mae'r dŵr yn galchog iawn.

Wrth gerdded y llwybrau drwy'r coed ac i lawr at y twyni, dyma rai o'r planhigion a dynnodd ein sylw: Cochwraidd Gwyllt (*Rubia peregrina* Wild Madder), Gwrychredynen Feddal (*Polystichum setiferum* Soft Shield-fern), Duegredynen Goesddu (*Asplenium adiantum-nigrum* Black Spleenwort), Seren y Gwanwyn (*Scilla verna* Spring Squill), Y Ganrhi Felen (*Blackstonia perfoliata* Yellow-wort). Uwchben bae Barafundle roedd darn o rostir wedi ei neilltuo i warchod nifer o Degeirian y Waun (*Orchis morio* Green-winged Orchid). Dyma warchodfa hynod o ddiddorol ac amrywiol, ond doedd dim gobaith gwneud cyfiawnder â'r ardal mewn un ymweliad byr. Rhaid i blanhigion y dŵr gadw'u cyfrinachau tan y tro nesaf!

Mae Llynnoedd Bosherston a'u cynefin, ar Stad Stagpwll, yn ardal doreithiog o fywyd gwyllt. 1984

Cochwraidd Gwyllt (*Rubia peregrina* Wild Madder). Bosherston, Mehefin 1992

Ger pentref West Williamston gwelsom Ysnoden Fair (*Cyperus longus* Galingale), planhigyn go anghyffredin sy'n hoffi lleoedd gwlyb ger yr arfordir. Awst 1999

Mae'r Ganrhi Felen (*Blackstonia perfoliata* Yellow-wort) yn ffafrio tir calchog. Sylwch ar ffurf anghyffredin y dail.

4. Orielton: Y Coedydd ger y Ganolfan
SR 95 99
2 Mai 2008

Dyma un o ganolfannau y Cyngor Astudiethau Maes (*Field Studies Council*) ac mae nifer o aceri o goed llydanddail ar y safle. Yn ystod ein hymweliad cawsom gyfle i grwydro, ac o fewn dim roedd gennym restr o ryw drigain o goed a blodau. Roedd y coed arferol yma: Masarn, Ffawydd, Gwern, Helyg Deilgrwn, Derw, Ynn a Choed Cyll, a thyfiant toreithiog o blanhigion y goedwig. Roedd yma ddigon o Glychau'r Gog, Briallu a Blodau'r Taranau (neu'r Blodyn Neidr), y blodau lliwgar sy'n denu pryfetach ac yn hawdd i ninnau sylwi arnynt, a hefyd amrywiaeth o weiriau, a hesg, sydd hefyd yn blanhigion blodeuol, ond gan mai'r gwynt sy'n cario'r paill does dim angen petalau lliwgar i ddenu'r pryfetach.

5. Tyddewi
SM 75 25
8 Mehefin 2001
Cynhadledd flynyddol BSBI Cymru

Buom yn aros yn Nhyddewi am ychydig, ac ar ôl y pwyllgora, dyma fynd i chwilio'r ffyrdd a'r llwybrau o ganol y dref i lawr heibio'r Gadeirlan ac i gyfeiriad Porth Clais.

Mewn darn o dir gwlyb roedd Crafanc y Frân Dridarn (*Ranunculus tripartitus* Three-lobed Crowfoot). Mae sawl Crafanc y Frân, sy'n perthyn yn agos i'r Blodyn Ymenyn, ond gyda blodau gwyn, yn tyfu mewn lleoedd gwlyb. Dyma un o'r rhai prinnaf, a Sir Benfro yw ei gadarnle. Ar fin y ffordd, yn agos i'r Gadeirlan roedd Garlleg Trionglog (*Allium triquetrum* Three-cornered Garlic), a hefyd Pidyn-y-gog Eidalaidd (*Arum italicum* Italian Lords and Ladies). Mae hwn yn llawer prinnach na'r *Arum maculatum* cyffredin, yn fwy, a chyda'r sbadics a'r fflurwain (*spathe*) yn felyn. Un arall o flodau prin yr ardal oedd Perllys yr Ŷd (*Petroselinum segetum* Corn Parsley), un o dylwyth y moron, sy'n weddol gyffredin yn ne-ddwyrain Lloegr, ond yng Nghymru, dim ond yn Sir Benfro y mae'n tyfu.

Llindag (*Cuscuta epithymum* Dodder). Un o ryfeddodau byd y blodau, heb ddim cloroffyl, ond yn byw fel parasit, gan gordeddu am blanhigion eraill megis grug ac eithin, ac yn sugno maeth oddi arnynt. Sylwch ar ei flodau bach, pinc. Porth Clais, Awst 2002

Wrth godi'n golygon ar y ffordd am Borth Clais, sylwyd ar goeden anghyffredin, Cypreswydden Monterey (*Cupressus macrocarpa* Monterey Cypress). Cyflwynwyd hon i

Brydain yn 1838 ac mae'n tueddu i dyfu yn agos i arfordir y gorllewin. Yr olaf o'r planhigion arbennig i mi gofnodi y bore hwnnw oedd Gwrnerth Dail Gwenyn (*Scrophularia scorodonia* Balm-leaved Figwort), ac roedd angen llygaid craff ein harweinydd i'w adnabod! Mae peth ansicrwydd ynglŷn â statws hwn yn Sir Benfro – a yw'n frodorol neu'n estron? – ond credir ei fod yn frodorol yng Nghernyw (*Stace* 2010). Dyna fore diddorol; mae Sir Benfro yn llawn o ryfeddodau.

6. Comin Dowrog, rhyw ddwy filltir i'r dwyrain o Dyddewi
SM 76 26
24 Mehefin 1992

Dyma Warchodfa Natur o 240 acer rhwng yr A487 ac Afon Alun, yng ngofal Ymddiriedolaeth Natur De Orllewin Cymru. Mae yma gymysgedd o rostir sych a rhostir gwlyb, ac mae traddodiad o bori gwartheg a thorri tywyrch yma ar y tir comin ers canrifoedd. Un hen enw ar yr ardal oedd Tir y Pererinion. Efallai fod yr enw Dowrog yn tarddu o Dyfr(i)og, yn cyfeirio at ansawdd y tir. Mae ffordd gul yn croesi'r Warchodfa.

Mae yma nifer o blanhigion diddorol, yn cynnwys Meillionen Fefusaidd (*Trifolium fragiferum* Strawberry Clover) sy'n ymgripio'n debyg i'r Meillion Gwyn, ond yn llai, gyda blodau pinc. Yng Nghymru, dim ond ar yr arfordir y mae'n tyfu. Yma hefyd mae'r Ganrhi Felen Eiddil (*Cicendia filiformis* Yellow Centaury), y Fioled Welw (*Viola lactea* Pale Dog-violet), a'r Eurinllys Tonnog (*Hypericum undulatum* Wavy St. John's-wort). Planhigyn prin iawn yn ne Cymru yw Llyriad-y-dŵr Arnofiol (*Luronium natans* Floating Water-plantain) sy'n digwydd yma yn y lleoedd gwlypaf, ac ar dir sychach fe geir y Tegeirian Llydanwydd Bach (*Platanthera bifolia* Lesser Butterfly-orchid). Efallai mai'r planhigyn

Ysgallen y Ddôl (*Cirsium dissectum* Meadow Thistle). Dyma flodyn sy'n digwydd mewn llawer ardal yn ne Cymru, ond sy'n hynod o brin yn siroedd y gogledd. Mae'n tyfu mewn gweirgloddiau gwlyb ac ar fin corsydd. Comin Dowrog, Mehefin 1992

odiaf yma yw'r Pelenllys Gronynnog (*Pilularia globulifera* Pillwort), un o ryfeddodau tylwyth y rhedyn. I'r anghyfarwydd, mae'n ymddangos bron fel swp bach o linyn neu weiryn eiddil yn tyfu yn y dŵr, gyda lympiau bach, rhyw 3mm ar draws – y pelenni – yma ac acw. Y rhain yw'r sborangia sy'n cynhyrchu'r sborau; rhaid cofio mai rhedynen sydd yma, nid planhigyn blodeuol. Gall y Pelenllys dyfu ar fwd llaith neu o dan wyneb y dŵr, ac yn ystod misoedd y gaeaf dim ond tameidiau bach o'r planhigyn sy'n goroesi, ac yna'n tyfu'n gyflym y gwanwyn nesaf. Dim ond yng Ngorllewin Ewrop y mae'r Pelenllys i'w gael, gan gynnwys Prydain ac Iwerddon, lle mae wedi prinhau yn arw.

7. Martin's Haven a Fferm West Hook, 9 milltir i'r gorllewin o Aberdaugleddau
SM 776 088
14 Awst 2011

Ar ddiwrnod o dywydd godidog, cafodd criw ohonom ganiatâd i ymweld â fferm West Hook, prin ddwy filltir tu draw i bentref Marloes. Y drefn oedd dilyn y dalar o gwmpas caeau o haidd gwanwyn, a sylwi ar y planhigion gwyllt, y 'chwyn' i'r ffermwr, bob yn ail â rhyfeddu at yr olygfa fendigedig o arfordir Sir Benfro. Y planhigyn amlycaf oedd Melyn yr Ŷd (*Glebionis* (*Chrysanthemum*) *segetum* Corn

Melyn yr Ŷd (*Glebionis* (*Chrysanthemum*) *segetum* Corn Marigold). Fferm West Hook, Martin's Haven, 14 Awst 2011

Wrth ddilyn llwybr yr arfordir gellwch daro ar olygfa liwgar fel hyn. Grug y Mêl (*Erica cinerea* Bell Heather). Porth Clais, Awst 2002

Bysedd y Cŵn (*Digitalis purpurea* Foxglove). Martin's Haven, Sir Benfro, Mehefin 1992

Marigold). Dyma flodyn unflwydd sy'n egino yn y gwanwyn. Roedd yn gyffredin iawn ar dir âr gan mlynedd yn ôl, ond heddiw, gyda hadyd glanach, mwy o galchu'r tir a mwy o chwynladdwyr, mae'n llawer prinnach. Planhigion eraill digon amlwg oedd Llysiau'r Cryman (*Anagallis arvensis* Scarlet Pimpernel), Rhwyddlwyn y Fagwyr (*Veronica arvensis* Wall Speedwell), Llin y Llyffant (*Linaria vulgaris* Common Toadflax) a'r Dail Arian (*Potentilla anserina* Silverweed) – yr hawddaf o'r *Potentilla* i'w adnabod, gyda deiliach mawr a mân mewn parau bob yn ail, ac ochr isaf y dail yn lliw arian golau.

Ond mae'n debyg mai uchafbwynt botanegol y diwrnod i'r rhan fwyaf ohonom oedd gweld digonedd o'r Gludlys Amryliw (*Silene gallica* Small-flowered Catchfly), nid y planhigyn prinnaf yn y byd efallai, ond o leiaf, roedd o'n newydd i mi.

8. Dale. Chwe milltir i'r gorllewin o Filffwrd fel hed brân, ond cryn dipyn pellach o ddilyn ffyrdd bach y wlad. Y ffordd orau yw dilyn y B4327 o Hwlffordd
SM 81 05
13 Awst 2011

Bûm yma droeon, yn aros yn y Ganolfan Astudiaethau Maes yn Dale Fort. Y tro olaf oedd 13 Awst 2011. Mae'r Ganolfan rhyw filltir o bentref Dale, ar ben trwyn o dir yn wynebu Hafan Milffwrd. Mae Dale yn bentref hynafol, hen borthladd pwysig ryw dro, mewn llecyn cysgodol a thir amaethyddol da o'i gwmpas. Dyma un o'r llecynnau lle tyfir y tatws cynnar enwog. Ar un ochr i'r penrhyn mae creigiau serth a pheryglus o Hen Dywodfaen Coch yn wynebu'r gwynt a'r tonnau, ac ar yr ochr arall mae bae cysgodol aber Afon Gann, gyda darn gwastad o forfa heli a thywod.

Ar y morfa ei hun mae'r amrywiaeth arferol o blanhigion yr heli, megis y Llygwyn Tryfal (*Atriplex prostrata* Spear-leaved Orache), Betys y Môr (*Beta maritima* Sea Beet) a Seren y Morfa (*Aster tripolium* Sea Aster), ac yn y tir glas uwchben y morfa, o gyrraedd y llanw arferol, ceir y Gorfeillionen Wen (*Trifolium*

Cordwellt (*Spartina anglica* Common Cord-grass). Gweiryn a ddatblygodd oddi wrth un tebyg, estron o Ogledd America, ac sydd bellach wedi ymsefydlu'n eang yn y mwd o gwmpas ein traethau. Dale, Awst 2011

ornithopodioides Bird's-foot Clover), planhigyn bychan iawn yn cysgodi rhwng y gweiriau mân, yn union fel Pig-y-Crëyr Fwsg (*Erodium moschatum* Musk Stork's-bill). Yn llawer amlycach na'r rhain yw'r estron lliwgar Crib y Ceiliog (*Crocosmia crocosmiiflora* Montbretia).

Croesryw (*hybrid*) ydyw hwn, a godwyd yn Ffrainc yn 1880. Cyrhaeddodd atom fel blodyn gardd yn fuan wedyn, ac erbyn 1911 roedd wedi dechrau tyfu'n wyllt, ac mae'n dal i ledaenu ar draws y wlad. Un planhigyn digon anghyffredin sy'n tyfu yma yw'r Merllys Gwyllt (*Asparagus prostratus* Wild Asparagus) sy'n llawer prinnach na Merllys yr Ardd, sy'n aml yn dianc o'r gerddi ac yn cartrefu yn y gwyllt.

Camri (*Chamaemelum nobile* Chamomile). Blodyn prin bellach, mewn porfa dywodlyd, yn bennaf ar y glannau. Defnyddid gynt fel planhigyn lawnt. Dale, Awst 2011

Mewn un llecyn tamp ar fin un o'r llwybrau mae'r Camri (*Chamaemelum nobile* Chamomile) yn ffynnu – planhigyn sydd wedi prinhau'n arw. Ers talwm defnyddid hwn, y Camomeil ar lafar, i wneud lawntiau, gan ei fod yn tyfu'n well o'i sathru a'i ddorri'n fân; a bu rhai yn gwneud 'clustogau' ohono i'w gosod ar feinciau gan ei fod yn arogli'n hyfryd pan fo rhywun yn eistedd arno, arferiad sy'n dod yn ôl i'r ffasiwn unwaith eto – medden nhw! Dim ond unwaith erioed (i sicrwydd) y gwelais hwn yn tyfu'n wyllt, a hynny ar fin llyn, mewn pentref yn Swydd Hampshire yn ne Lloegr.

I orffen, un o'r hesg. Mae yna dros 70 o wahanol rywogaethau o hesg (*Carex*) ym Mhrydain, rhai ohonynt yn hawdd iawn i'w hadnabod, eraill yn rhyfeddol o anodd. Un o'r rhai prin sy'n llwyddo i dyfu ar arfordir Dale yw'r Hesgen Ranedig (*Carex divisa* Divided Sedge). Yn ffodus, roedd arbenigwr wrth law pan oeddwn i yno!

9. Y Preseli. Ger fferm Mirianog, rhyw ddwy filltir i'r de o bentref Ffynnon-y-Groes (*Crosswell*), neu dair milltir ar draws gwlad o Grymych SM 13 33

26 Mehefin 1984

Dyma ni yn ardal y Preseli, yng ngogledd y sir, yn y Gymru Gymraeg, ac o chwilio drwy fy nodiadau cefais dipyn o fraw o sylweddoli fod mwy na deng mlynedd ar hugain er pan fûm yno. Treuliais y bore yn llysieua, ar dywydd braf, heulog. Roedd yma gymysgedd o borfa mynydd, rhostir a chors. Nodais fod y gors yn bur asidig, sef pH 4.0, ac roedd y planhigion yn cadarnhau hynny, sef y Gwlithlys (*Drosera rotundifolia* Sundew), Tafod y Gors (*Pinguicula vulgaris* Butterwort), Brwynen Oddfog (*Juncus bulbosus* Bulbous Rush), Dyfrllys y Gors (*Potamogeton polygonifolius* Bog Pondweed), a'm ffefrynnau i y diwrnod hwnnw sef Eurinllys y Gors (*Hypericum elodes* Marsh St. John's-wort) a Gwlyddyn Mair y Gors (*Anagallis tenella* Bog Pimpernel).

Ar y rhostir a'r tir sychach, cofiaf sylwi ar ddwy o deulu'r rhedyn, nid y Rhedyn Ungoes cyffredin (Bracken) ond y Wibredynen (*Blechnum spicant* Hard-fern) a Rhedynen Fair (*Athyrium filix-femina* Lady-fern). Roedd amryw o goed Criafol (Cerddin) yn yr hen wrychoedd, yn dangos ôl eu brwydrau yn erbyn y gwynt, yma ar yr ucheldir agored.

Oedd, roedd hwn yn fore i'w gofio, a minnau'n rhannu'r tawelch efo adar y mynydd, y Bwncath, y Gigfran, Tinwen y Garn, Clochdar y Cerrig a'r Ehedydd. A chredwch neu beidio, dyma gyfle i fynd yn ôl i Dyddewi erbyn y nos, i wrando ar Vivaldi, Handel a Bruckner yn y Gadeirlan. Bendigedig!

10. Rhai o Ynysoedd Sir Benfro: Sgomer, Ynys Dewi a Gwales. Mae'r tair ynys (ynghyd â Sgogwm) yn un Warchodfa Natur Genedlaethol. Ni chefais gyfle i ymweld â Sgogwm

10a Sgomer (*Skomer*)
SM 72 09
23 Mehefin 1984

Dyma'r fwyaf o ynysoedd Sir Benfro, rhyw ddwy filltir ar ei thraws, ond llai na milltir sy'n ei gwahanu o'r tir mawr. Perchennog yr ynys yw'r corff statudol Cyfoeth Naturiol Cymru ac fe'i gweinyddir gan Ymddiriedolaeth Natur De a Gorllewin Cymru. I'r naturiaethwr, prif atyniad Sgomer yw'r miloedd o adar y môr sy'n nythu yma bob blwyddyn, dros 20,000 o'r Gwylogod, oddeutu 12,000 o'r Pâl a thros 100,000 o Aderyn Drycin Manaw (ffigyrau 2016) – y nythfa fwyaf yn y byd.

Yn y gwanwyn, mae'r miloedd o flodau lliwgar hefyd yn olygfa gofiadwy, yn arbennig Clychau'r Gog, Blodau'r Taranau (Red Campion) a'r Glustog Fair (Thrift). Roedd fy unig ymweliad i, yn ôl yn yr '80au, yn niwedd mis Mehefin, ac erbyn hynny roedd y tyfiant yn dioddef gan y sychder a chan y pori diddiwedd gan yr holl gwningod. Dau blanhigyn roedd y cwningod yn eu hosgoi oedd y Rhedyn hollbresennol a Chwerwlys yr Eithin (*Teucrium scorodonia* Wood Sage) – mae ei

Blodyn Neidr (*Silene dioica* Red Campion) yn ddigon o ryfeddod ar Ynys Sgomer, 23 Mehefin 1984.

enw Cymraeg yn egluro pam. Methais weld dau o blanhigion prin yr ynys, sef y
Dduegredynen Hirgul (*Asplenium obovatum* Lanceolate Spleenwort) a Llaethlys
Portland (*Euphorbia portlandica* Portland Spurge), ond roeddwn yn falch o ddod o hyd
i'r Dduegredynen Arfor (*Asplenium marinum* Sea Spleenwort).

Yn 1973 gwelwyd clwstwr o flodyn prin ryfeddol yn tyfu ger un o'r ffynhonnau
bychain. Dyma'r Sisirinciwm Melyn (*Sisyrinchium californicum* Yellow-eyed-grass). O
ogledd-orllewin yr Unol Daleithau y daw hwn (pam 'californicum' wn i ddim), a
chyrhaeddodd Brydain yn 1796 fel planhigyn gardd. Y mae'n tyfu'n wyllt yn Wexford
yn Iwerddon.

Mae Sgomer yn ynys hudolus – os cewch siawns i ymweld, bachwch ar y cyfle.

Un o'n blodau harddaf yw'r Dail Arian (*Potentilla anserina* Silverweed), yma ar Ynys Sgomer,
23 Mehefin 1984.

10b Ynys Dewi (*Ramsey*)
SM 21 23
8 Awst 1986

Mae hon rhyw fymryn yn llai na Sgomer ac yn gorwedd rhyw hanner milltir o'r tir
mawr ar draws y swnt, a rhyw dair milltir go dda o Dyddewi. Y Gymdeithas
Gwarchod Adar (RSPB) yw perchennog yr ynys, ac mae'r clogwyni yn drawiadol ac
yn llawn adar. Ar wahân i adar y môr ar y creigiau, efallai mai'r enwocaf yw'r Frân
Goesgoch, ac mae hefyd rai cannoedd o Forloi Llwyd yn magu ar y traethau. Am
flynyddoedd roedd y Llygod Mawr yn bla ar yr ynys, ac yn fygythiad i'r adar, ond
ebyn y flwyddyn 2000 llwyddwyd i'w difa.

Yng ngogledd yr ynys mae cryn dipyn o dir pori, gyda llawer o waliau cerrig, porfa *Agrostis-Fescue* yn bennaf, ond rhostir sych sydd yn ne'r ynys, gyda Grug Cyffredin a Grug y Mêl yn bennaf. Does yma ddim coed, ond mae peth Eithin a llawer o Redyn Ungoes ar rai o'r llechweddau.

Mae ochr ddwyreiniol yr ynys yn llawer mwy cysgodol na'r ochr arall, ac yn rhai o'r hafnau uwchben y môr ceir ambell i blanhigyn go annisgwyl megis y Rhedynen Gyfrdwy (*Osmunda regalis* Royal Fern) sy'n tyfu yng nghysgod y nentydd sy'n rhedeg i lawr i'r môr, ac mae llwyn neu ddau o'r Ferywen (*Juniperus communis* Juniper), planhigyn hynod o brin yn ne Cymru, yn dal eu gafael ar wyneb y graig. Mae amheuaeth ai hon yw'r is-rywogaeth *hemisphaerica* sy'n tyfu ar y creigiau yng Nghernyw. Yma hefyd, ar y creigiau ar Ynys Dewi mae'r Hocyswydden (*Lavatera arborea* Tree Mallow). Yng nghanol yr ynys mae nifer o lynnoedd bach sy'n gartref i amrywiaeth o blanhigion. Yma mae'r Pelenllys (*Pilularia globulifera* Pillwort), y rhedynen fechan brin, a Llyriad-y-dŵr Arnofiol (*Luronium natans* Floating Water-plantain) yn ogystal â'r Gwlyddyn Mair Bach (*Anagallis minima* Chaffweed) – i gyd yn rhywogaethau prin.

Rhaid enwi un blodyn bach arall, gyda'r enw od Meillionen Ymguddiol (*Trifolium subterraneum* Subterranean Clover) sydd wedi ei weld ar y llwybrau, yma ar Ynys Dewi. Caiff ei enw rhyfedd oherwydd ei arferiad o droi ei flodau â'u pen i lawr ar ôl blodeuo, a gwthio'r hadau i'r pridd.

Pan oeddwn i ar yr ynys yn yr 80au, gwelaf yn fy nodiadau fod y tywydd yn hynod o braf a'r ynys yn ddiddorol, ond bod llawer iawn gormod o gwningod o gwmpas. Gyda llaw, pris y cwch y diwrnod hwnnw oedd £3!

10c Gwales (*Grassholm*) – Ynys yr Adar
SM 60 09
25 Mehefin 1984

Ynys fechan yw Gwales, dim ond dwy acer ar hugain, yn codi fel craig noeth ryw ddeng milltir allan i'r môr o Sir Benfro. Mae daeareg yr ynys yn syml, dim ond un talp enfawr o *basalt*, y graig igneaidd, galed, a ffurfiwyd pan oerodd y lafa o losg-fynyddoedd o dan y môr, yr un deunydd â Sarn y Cawr (*Giant's Causeway*) yn Iwerddon. Ychydig o bridd sydd ar yr ynys ac mae'r llystyfiant yn brin – y Peiswellt Coch (*Festuca rubra* Red Fescue) yn bennaf, sy'n ddigon gwydn i wrthsefyll y tywydd garw, a hwnnw'n tyfu'n bennaf ar y mawn tyllog, lle bu'r Palod yn nythu flynyddoedd yn ôl cyn i'r Huganod gyrraedd yr ynys yn y bedwaredd ganrif ar bymtheg. Go brin y buasai neb yn bedyddio'r ynys yn 'Grassholm' heddiw!

Pam, felly, oeddwn i wedi gwirioni'n lân yn ôl ym Mehefin 1984 pan ges i gyfle annisgwyl i osod troed ar Ynys Gwales? Yn syml, i weld yr Huganod (mae yna o leiaf un ar bymtheg o enwau Cymraeg am *Gannet*!), a phan oeddwn i yno, roedd oddeutu 25,000 o barau yn nythu ar yr ynys. Erbyn hyn (2014) dywedir fod 34,000 pâr yn dod yn ôl yno bob gwanwyn. Mae'r Hugan yn aderyn mawr, ei adenydd tua dwylath ar draws, a chyda phig cryf fel saeth i ddal y pysgod pan mae'n plymio i'r môr.

Wrth nesáu at yr ynys roedd yr olygfa yn anhygoel, a dychmygwch y sŵn a'r aroglau ar ôl i ni lanio! Un peth a'm synodd wrth edrych ar yr holl filoedd ar yr un graig enfawr, oedd fod pob pâr yn cadw'n glir oddi wrth eu cymdogion, pawb â'i diriogaeth, pob un â'i 'filltir sgwâr', er eu bod yn brysur yn mynd a dod gyda'r pysgod i fwydo'r cywion.

Mewn cynefin fel hyn does ryfedd fod y planhigion yn brin, Dim ond rhyw ddwsin a welais, yn cynnwys Maeswellt (*Agrostis sp.* Bent Grass), Llygwyn (*Atriplex sp.* Orache), Llwylys Cyffredin (*Cochlearia officinalis* Common Scurvygrass) – y planhigyn oedd yn bwysig fel cyflenwad o Fitamin C i'r llongwyr ers llawer dydd, Troellig Arfor (*Spergularia rupicola* Rock Sea-spurrey) a ffurf anghyffredin o'r Llyriad Corn Carw (*Plantago coronopus* Buck's-horn Plantain), ffurf gyda dail llydan, yn wahanol i'r un cyffredin ar hyd yr arfordir.

Rhaid oedd dod yn ôl i lan y dŵr, ffarwelio â'r Huganod, ac â'r Morloi ar y creigiau, a throi trwyn y cwch i gyfeirad y tir mawr. Dyna beth oedd diwrnod a hanner!

Llyfryddiaeth

Barrett, John H & Nimmo, Maurice (1986) *Identifying Flowers Common along the Coast Path* (of Pembrokeshire)

Carter, P W (1986) Some Account of the History of Botanical Exploration in Pembrokeshire. *Nature in Wales* Vol. 5, 1987 and Vol. 6, 1988

Davis, T A Warren (1970) *Plants of Pembrokeshire*

Falconer, R W (1848) *Contributions towards a Catalogue of Plants indigenous to the neighbourhood of Tenby*

Gillham, Mary E (1953a) An Ecological Account of the Vegetation of Grassholm Island, Pembrokeshire. *Journal of Ecology* 41, No.1, 84-99

Gillham, Mary E (1953b) An Annotated List of the Flowering Plants and Ferns of Skokholm Island, Pembrokeshire *The North Western Naturalist, New Series* Vol.1, 539-557

Gillham, Mary E & Goodman, G T (1954) Ecology of the Pembrokeshire Islands, II, Skokholm. *Journal of Ecology* 42, No.2, 296-327

Hepper, F N (1954) Flora of Caldey Island, Pembrokeshire, *Proceedings of BSBI* No.1. 21-36

Lloyd, Bertram (1948) Notes on the Flora of Pembrokeshire *North Western Naturalist* Vol. XXlll, 1948

Rees, Lillian (1950) *List of Pembrokeshire Plants*

Walton, Charles L (1951) *A Contribution to the Flora of the St. David's Peninsula*

PENNOD 35

SIR ABERTEIFI / CEREDIGION (VC 46)

Ond y gilfach ddeiliog dawel
Draw ymhell o sŵn y lli,
Lle cartrefa'r wylaidd awel,
Dyna'r fan a garaf fi.

John Davies (Ossian Gwent)

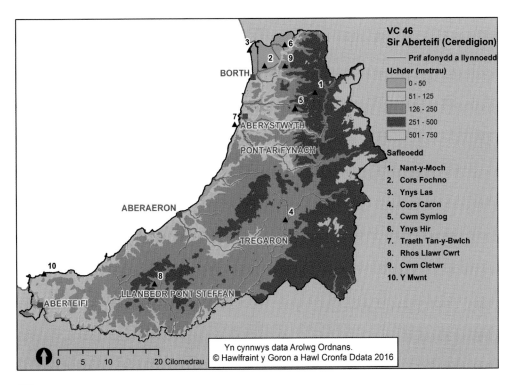

Gair am y sir (gan bwyso'n drwm ar *Flora of Cardiganshire* gan A O Chater)

I'r botanegydd, mae gan bob sir ei nodweddion, ac i mi, pan glywaf yr enw Ceredigion (neu Sir Aberteifi yn ôl yr hen drefn) meddyliaf yn syth am y corsydd, a chofiaf am Gors Fochno a Chors Caron, a chawn gyfle i'w trafod yn y man.

Mae Ceredigion yn cyffwrdd â chwech o siroedd eraill yn eu tro, Meirionnydd, Maldwyn, Maesyfed, Brycheiniog, Caerfyrddin a Phenfro, gyda Bae Ceredigion yn ffinio'r gorllewin. Mae Aber Afon Ddyfi i'r gogledd ac Afon Teifi i'r de, a Phumlumon a mynyddoedd y Canolbarth i'r dwyrain. Yng nghanol y sir, yn ardal Llangwyryfon a Threfenter mae codiad tir yn dwyn yr enw Mynydd Bach. Mae tri lle o'r un enw yn y sir, a dyma'r un lle ceir Llyn Eiddwen. Hon yw ardal Prosser Rhys, a roddodd i ni'r cwpled anfarwol:

Mae'r gwynt yn gryf oddi ar y môr ym Mae Ceredigion. Dyma goed ger yr arfordir i'r gogledd o Lanrhystud. Awst 2011

Bydd Cymru byth, waeth beth fo'i rhawd,
Ym mêr fy esgyrn i, a'm cnawd.

Mae'r rhan fwyaf o'r arfordir yn glogwyni creigiog, gydag ambell i draeth yma ac acw, fel Ynyslochdyn, sydd mor gyfarwydd i wersyllwyr yr Urdd yn Llangranog. Ehangder o rostir a chorsydd sy'n nodweddu llawer o'r tir uchel i'r dwyrain, gyda defaid a choed conwydd yn cystadlu â'i gilydd; mae'r tir âr yn bennaf ar hyd y glannau.

Cafwyd dylanwad mawr ar batrwm cefn gwlad y sir pan sefydlwyd Abaty Sistersaidd Ystrad Fflur yn 1164, ac yn llawer diweddarach bu effaith y stadau mawr fel Gogerddan, Nanteos, a Hafod Uchtryd yr un mor bellgyrhaeddol. Pan giliodd dylanwad y rhain erbyn diwedd y bedwaredd ganrif ar bymtheg, daeth y fferm deuluol yn gyffredin, ac erbyn 1970 roedd bron i 70% o'r tir yn nwylo perchenddeiliaid – y cyfartaledd uchaf o unrhyw sir yng ngwledydd Prydain ar y pryd.

Er dechrau'r ugeinfed ganrif bu Ceredigion ar y blaen yn yr ymgyrch i wella safon amaethu, yn enwedig yn yr ucheldir; gŵyr pob ffermwr mynydd am waith arbrofol Pwllpeiran a'r Trawsgoed. Yr enw amlycaf yn y maes oedd Syr George Stapledon a sefydlodd y Fridfa Blanhigion ym Mhlas Gogerddan ger Aberystwyth yn 1919. Un o brif amcanion y sefydliad oedd datblygu gwell gweiriau, i godi safon tir pori, a bu'r gwaith yn dra llwyddiannus. I ni, oedd yn fyfyrwyr yn y pumdegau, roedd yr enwau Rhygwellt S23 a Meillion Gwyn S100 wedi eu serio ar y cof. Yn ddiweddarach newidiwyd enw'r Fridfa i IGER, ac yn 2008 cafwyd enw newydd unwaith eto, sef IBERS (*Institute of Biological, Environmental and Rural Sciences*) sydd bellach yn rhan o Brifysgol Aberystwyth, ac mae ecoleg tir glas yn parhau yn rhan bwysig o'i gwaith. Yn 1963 cafwyd cadwyn o englynion fel teyrnged i'r Fridfa, gan Llywelyn Phillips, yn y cyfnodolyn *Gwyddor Gwlad*. Dyma ddau ohonynt:

> Yn ei erddi mae urddas – ar wyddor
>   Yr heiddiau a thirglas,
>   Nod arlwy'r porfeydd irlas
>   A'u rhin i blwy' o'r hen Blas.

> Gweiriau deiliog i'r dolydd, – neu lechwedd
>   Ael-uchel y mynydd,
>   Newyddglog hen fawnogydd
>   A phraff dywarchen i'r ffridd.

Edrych yn ôl: rhai a fu'n ymddiddori ym myd y planhigion yn y sir

Mae'n debyg mai sylw **John Leland** (c.1506-1552) am y 39 o goed Yw ym mynwent Ystrad Fflur yw'r cofnod cyntaf o unrhyw sicrwydd sydd gennym am blanhigion y sir. Roedd Leland yn ysgrifenu yn 1540. Dywed traddodiad fod Dafydd ap Gwilym, a fu farw oddeutu 1370 wedi ei gladdu o dan un o'r coed Yw yn y fynwent, ac yn y fan yma y mae'n werth dyfynnu o gerdd T Gwynn Jones:

> Mae dail y coed yn Ystrad Fflur
>   Yn murmur yn yr awel,
>   A deuddeg Abad yn y gro
>   Yn huno yno'n dawel.

> Ac yno dan yr ywen brudd
>   Mae Dafydd bêr ei gywydd,
>   A llawer pennaeth llym ei gledd
>   Yn ango'r bedd tragywydd.

Yn anffodus, dim ond dwy Ywen sy'n tyfu yn Ystrad Fflur bellach: darllennwch fwy yn A O Chater *Flora of Cardiganshire*, tud. 241.

Ar ôl cyfoeth botanegol Eryri ychydig a welodd yr enwog **John Ray** (1627-1705) ar ei daith drwy'r sir, ond nododd iddo sylwi ar Edafeddog y Mynydd (*Antennaria dioica* Mountain Everlasting) ar ben Pumlumon – yr unig dro i unrhyw un ei weld yno.

Mae gan **Edward Llwyd** (1660-1709), a ddisgrifiwyd fel 'y naturiaethwr gorau yn awr yn Ewrop' cysylltiad arbennig â'r sir. Un o Lanforda, ger Croesoswallt oedd ei dad, Edward Lloyd, ond Bridget Pryse o deulu Gogerddan yn y sir hon oedd ei fam. Roedd hi'n byw gyda'i thad yng Nglanffraed ger Talybont. Daeth Llwyd yn enwog fel naturiaethwr (bu'n Geidwad Amgueddfa Ashmole yn Rhydychen) a bu'n llysieua yng Ngheredigion fwy nag unwaith. Mewn nodlyfr o'i eiddo sonia am grwydro Pumlumon a dod o hyd i'r Cnwp-fwsogl Bach (*Selaginella selaginoides* Lesser Clubmoss), Tormaen Serennog (*Saxifraga stellaris* Starry Saxifrage) a'r Greiglusen (*Empetrum nigrum* Crowberry). Ym mis Mai 1682 bu Llwyd yn cofnodi eto a gwelodd y Gludlys Arfor (*Silene uniflora* Sea Campion) yn y Borth ac yn Aberystwyth. Roedd yn fwriad gan Llwyd gyhoeddi, ymysg pethau eraill, lyfr sylweddol am bob agwedd ar fyd natur yng Nghymru, ond ni chafodd fyw i'w gwblhau.

Soniwyd eisoes am **Thomas Johnes, yr Hafod** (1748-1816). Roedd yn Aelod Seneddol, yn dirfeddiannwr, yn ysgolhaig a chasglwr llyfrau a llawysgrifau, ac yr oedd ganddo ei wasg ei hun yn Hafod Uchtryd ger Cwmystwyth. Roedd ganddo ddiddordeb mawr mewn amaethyddiaeth a choedwigaeth, a dywedir ei fod wedi plannu tair miliwn o goed. Daeth amryw o fotanegwyr enwog i'r Hafod, gan gynnwys James Edward Smith, sylfaenydd y Gymdeithas Linneaidd a chofnodwyd amryw o blanhigion gan gynnwys yr Eurwialen (*Solidago virgaurea* Goldenrod) a'r Ffacbysen

Thomas Johnes

Chwerw (*Vicia orobus* Wood Bitter-vetch). Darllenwn fod Johnes yn feistr tir trugarog ac ystyriol, ond gwaetha'r modd, ymddengys nad oedd ganddo bob amser y mesur digonol o synnwyr cyffredin, ac roedd llawer o'i syniadau yn gwbl anymarferol. Nid oedd y pridd a'r tywydd ar ucheldir moel Ceredigion o'i blaid. Aeth pethau o chwith; bu farw ei ferch, Mariamne yn 27 oed, bu llawer o'i arbrofion amaethyddol yn fethiant, a dinistriwyd yr Hafod mewn tân yn 1807, pryd y collwyd llawysgrifau gwerthfawr gan gynnwys nifer o rai Edward Llwyd. Roedd Thomas Johnes yn fotanegydd brwd ac yn arddwr uchelgeisiol yn ei ddydd, ond darfu am y cynlluniau, gwasgarwyd y trysorau a chwalwyd y freuddwyd. Darllenwch fwy amdano yn *Flora of Cardiganshire,* lle mae Arthur Chater hefyd yn ein cyflwyno i amryw byd o fotanegwr fu'n canfod trysorau Sir Aberteifi, pobl fel Edwin Lees, Charles Babington, Martha Maria Attwood, Thomas Owen Morgan a llawer mwy.

Rhaid cyfeirio'n arbennig at **John Henry Salter** (1862-1942), prif fotanegydd y sir yn ei gyfnod. By Salter yn Athro Botaneg yng Ngholeg y Brifysgol yn Aberystwyth. Ganwyd ef yn Swydd Suffolk i deulu o Grynwyr, ac yn 29 oed penodwyd ef yn ddarlithydd yn y Coleg. Dywedir iddo gyrraedd Aberystwyth ar y trên yn hwyr un noson, ac erbyn 10 o'r gloch fore trannoeth roedd yn cerdded yn ardal Clarach yn chwilio am flodau, adar a chreigiau. Dyna oedd ei natur, a disgrifiai ei hun fel 'a naturalist of the old school'. Cadwodd ddyddiadur am 64 mlynedd a gwyddom am lawer o fanylion ei fywyd diddorol a hynod – unwaith eto, *Flora* Arthur Chater yw'r ffynhonnell orau. Ei brif gyfraniad i fotaneg y sir oedd *The Flowering Plants and Ferns of Cardiganshire* a gyhoeddwyd yn 1935. Gellir dweud mai dyma un o'r cerrig milltir a arweiniodd at y *Flora* presennol gan Chater a gyhoeddwyd yn 2010.

Cyn cloi'r adran hon, pleser yw enwi un o'r ychydig Gymry Cymraeg sy'n haeddu sylw ar y tudalennau hyn, sef **John Lloyd Williams** (1854-1945). Ganwyd John Lloyd Williams yn y Plas Isa, Llanrwst, yn Nyffryn Conwy, cartref neb llai na William Salesbury, a gyfieithodd y Testament Newydd i'r Gymraeg ac a oedd hefyd, fel Lloyd Williams dair canrif yn ddiweddarach, yn fotanegydd. Ar ôl astudio yn y Coleg Normal a Phrifysgol Llundain bu John Lloyd Williams yn athro ysgol am gyfnod ac yna yn ddarlithydd yn yr Adran Fotaneg ym Mangor, cyn cael ei benodi'n Athro Botaneg yn Aberystwyth. Ei brif ddiddordeb ymchwil oedd gwymon y môr ond roedd hefyd yn mwynhau blodau'r mynydd, a daeth yn arbenigwr ar blanhigion arctig-alpaidd Eryri. Yr oedd hefyd yn gerddor dawnus, a sefydlodd Gymdeithas Alawon Gwerin Cymru. Cawn sôn mwy amdano wrth drafod Sir Gaernarfon.

Rhai llecynnau arbennig yng Ngheredigion

1. Nant-y-Moch a'r cyffiniau, rhyw 3 milltir i'r gorllewin o Bumlumon Fawr
SN 73 86
15 Awst 1998

Dyma ardal o goed conwydd yn yr ucheldir, bum milltir i'r dwyrain o Dalybont, a thair milltir i'r gorllewin o ben Pumlumon Fawr. Cefais y cyfle i grwydro dros ddarn helaeth o'r tir yma, ac i sylwi ar nifer o goed yr ardal, yng nghwmni arbenigwr. Dyma rai a welsom:

Pinwydden Gamfrig (*Pinus contorta* Lodgepole Pine). Daeth i'r wlad hon o Ogledd America yn 1854. Defnyddiwyd yn aml mewn planhigfeydd ar dir garw o 1930 ymlaen, ond nid yw mor boblogaidd bellach.

Pinwydden Macedonia (*Pinus peuce* Macedonian Pine). Coeden o'r Balcanau (*Balkans*) a gyflwynwyd i'r wlad hon yn 1864. Mae'n gallu tyfu yng nghyffiniau hen weithfeydd plwm, ac yn dda am wrthsefyll llygredd. Yn wahanol i lawer o goed Pîn mae dail (nodwyddau) hon yn tyfu bob yn bump, nid bob yn ddwy.

Pinwydden y Mynydd (*Pinus uncinata* (*P. mugo*) Mountain Pine). Dim ond yn achlysurol y gwelir hon, ar dir uchel, yn gwrthsefyll y gwyntoedd cryfion; mae'n hanu o'r Alpau.

Mae'r Llarwydden (Larch) yn goeden gyffredin iawn mewn planhigfeydd ledled y wlad, ac yn gallu tyfu'n gyflym. Mae'r dail yn tyfu mewn clystyrau ar y brigau. Dyma'r unig goeden gonwydd gyffredin sy'n bwrw ei dail yn y gaeaf. Mae tair rhywogaeth yn gyffredin:

Llarwydden Ewrop (*Larix decidua* European Larch)

Llarwydden Japan (*L. kaempferi* Japanese Larch)

Llarwydden Groesryw (*L.x marschslinsii* Hybrid Larch)

O'r tair, y Llarwydden Groesryw a dyfir yn fwyaf cyffredin, gan ei bod yn tyfu'n eithriadol o gyflym. Ceir y tair rhywogaeth yn y sir.

Tsuga mertensiana (Mountain Hemlock). Cyrhaeddodd y wlad hon o Ogledd America yn 1854. Roedd yma yn ardal Castell (SN 738 908) mewn llain arbrofol a blannwyd yn 1959.

I gwblhau'r cofnod yma, rhaid enwi dwy rywogaeth o'r Ffynidwydd (Firs). Mae ugeiniau o'r rhain, a llawer ohonynt yn ddigon anodd i'w hadnabod a'u henwi. Dyma ddwy, a enwyd i ni gan ein harweinydd, y diwrnod hwnnw yn Nant-y-Moch:

Abies amabilis (Red Fir neu Pacific Silver-fir neu Beautiful Fir), coeden o British Columbia ac Oregon a gyflwynwyd i Brydain yn 1830. Mae'n brin iawn, dim ond mewn ambell gasgliad, ac fel arbrawf yma ac acw yn yr ucheldir, fel yma yn ardal Castell.

Abies firma (Momi Fir). Coeden o Japan a gyrhaeddodd yma yn 1861. Dyma rywogaeth arall sy'n brin iawn yn y wlad hon y tu allan i'r gerddi mawr. Gwelsom un o'r ychydig a blannwyd yma.

Yn ogystal â'r coed, buom hefyd yn canolbwyntio ar rai o'r rhedyn a'u tylwyth, a gwelsom:

Cnwp-fwsogl Corn Carw (*Lycopodium clavatum* Stag's-horn Clubmoss).

Rhedynen Bersli (*Cryptogramma crispa* Parsley Fern). I'r rhai sy'n gyfarwydd â'r rhedynen hon yn Arfon a Meirion, mae'n rhyfeddol ei bod mor brin yng Ngheredigion; dim ond mewn rhyw hanner dwsin o safleoedd y mae'n tyfu.

Dyma'r rhedyn eraill a welsom:

Tafod y Neidr (*Ophioglossum vulgatum* Adder's-tongue)

Lloer-redynen (*Botrychium lunaria* Moonwort)

Duegredynen Werdd (*Asplenium viride* Green Spleenwort)

Marchredynen Gul (*Dryopteris carthusiana* Narrow Buckler-fern)

Rhedynen Bêr y Mynydd (*Oreopteris limbosperma* Lemon-scented Fern neu Mountain Fern)

Rhedynen Fair (*Athyrium filix-femina* Lady-fern)

Yn Llyn Nant-y-cagl, SN 730 905, rhyw dair milltir i'r gogledd gwelwyd Gwair Merllyn (*Isoetes* sp.) Quillwort). Mae'r ddwy rywogaeth, *I. echinospora* ac *I. lacustris*, yn tyfu yn y llyn, ac yn ddiweddarach, ar ôl ein hymweliad ni yn 1998, cadarnhawyd fod y croesryw, *Isoetes x hickeyi* hefyd yn digwydd yma. Hefyd yn Llyn Nant-y-cagl gwelsom Fidoglys y Dŵr (*Lobelia dortmanna* Water Lobelia). Mae dosbarthiad hwn yn ddiddorol; yng Nghymru

Enghraifft o'r Gwair Merllyn (*Isoetes* Quillwort), sydd, fel y Cnwb-fwsogl, yn blanhigyn di-flodau. Llyn Nant-y-cagl, i'r gogledd o gronfa Nant-y-moch. Awst 1998

mae'n digwydd yn Arfon, Meirion, Maldwyn a Cheredigion, ond nid ymhellach i'r de. Yn Lloegr, dim ond yn Ardal y Llynnoedd y mae, ond mae'n gyffredin dros y rhan fwyaf o orllewin yr Alban a gorllewin Iwerddon. Gwelwn felly mai ei gynefin naturiol yw llynnoedd y mynydd, lle mae prinder o fwynau naturiol a maeth ar gyfer tyfiant planhigion. Gelwir llynnoedd felly yn oligotroffig.

2. Cors Fochno, ger Y Borth
SN 63 91 etc.

Sawl ymweliad o 1960 ymlaen

Mae Gwarchodfa Natur Genedlaethol Dyfi yn enfawr, ac yn cynnwys tair prif ran sef Aber Afon Dyfi gyda'i morfa heli, y twyni tywod yn Ynys Las, a Chors Fochno rhwng Llangynfelyn a'r Borth. Edrychwn yn gyntaf ar y gors.

Gwell pwysleisio i ddechrau fod dwy fath o gors. Yn gyntaf, y tir gwlyb, meddal sy'n ymestyn filltir ar ôl milltir ar draws ucheldir Cymru, fel carthen donnog yn dilyn wyneb y tir. Dyma'r hyn a elwir yn gorgors (mae'r enw Saesneg *blanket bog* yn cyfleu'r syniad yn dda). Y math arall o gors yw'r un sy'n datblygu ar dir gwastad ac yn llawer mwy cryno, ac yn uwch yn y canol, fel soser a'i

Cors Fochno, o gyfeiriad Tre Taliesin, gyda'r môr yn y pellter. 2000

phen i lawr. Y gair am y math yma o gors yw cyforgors (*raised bog* neu *raised mire*), a dyna yw Cors Fochno.

Mae hon yn gors fawr, efallai tua mil o aceri, ond bu unwaith yn fwy fyth, cyn torri llawer o'r mawn a sychu'r tir ar gyfer amaethu. Eto, hon yw'r gyforgors fwyaf o'i bath ym Mhrydain. I'r de a'r dwyrain, o Dalybont i Dre'r-ddôl mae'r tir yn codi'n sydyn, a rhwng y gors a'r môr mae Afon Leri a rhes o dwyni tywod rhwng Ynys Las a'r Borth. Canol y gors yw'r rhan bwysicaf, gyda chymuned o nifer o wahanol rywogaethau o'r Migwyn (*Sphagnum*), y mwsogl sy'n gyfrifol am

Llafn y Bladur (*Narthecium ossifragum* Bog Asphodel). Ystyr y gair Lladin *ossifragum* yw esgyrn brau. Mae Llafn y Bladur yn tyfu mewn corsydd asidig, lle mae prinder calsiwm, a gall hyn effeithio ar ddatblygiad esgyrn yr anifeiliaid sy'n pori yno.

fodolaeth y gors, ac sy'n gallu dal gafael ar y dŵr fel sbwng. Yn gymysg â'r *Sphagnum* ceir planhigion arbenigol fel Andromeda'r Gors (*Andromeda polifolia* Bog-rosemary), y Gorsfrwynen Wen (*Rhynchospora alba* White Beak-sedge) a Phlu'r Gweunydd (*Eriophorum angustifolium* Cottongrass). Yma hefyd ceir y tair rhywogaeth o'r Gwlithlys yn cyd-dyfu, sef *Drosera rotundifolia* (Gwlithlys Cyffredin), *D. anglica* (Gwlithlys Mawr) a *D. intermedia* (Gwlithlys Hirddail), peth anghyffredin iawn yng Nghymru. Mwy cyffredin yw'r Grug Deilgroes (*Erica tetralix* Cross-leaved Heath) a Llafn y Bladur (*Narthecium ossifragum* Bog Asphodel). Hefyd yng nghanol y gors mae twmpathau o dir ychydig yn uwch, a dyma gynefin y Gwyrddling (*Myrica gale* Bog Myrtle), y llwyn bychan gyda'r aroglau hyfryd – cofiwch wasgu'r dail rhwng bys a bawd. Yng Nghymru, dim ond yn y gorllewin mae *Myrica* yn tyfu.

Andromeda'r Gors (*Andromeda polifolia* Bog Rosemary) yw un o flodau Cors Fochno, ond tynnwyd y llun ar gors Whixall, Awst 1993.

Mae tair rhywogaeth o'r Gwlithlys (*Drosera* Sundew) i'w cael ar Gors Fochno. Dyma'r Gwlithlys Hirddail (*D. intermedia*), sy'n brin, a methais ddod o hyd iddo yno. Tynnwyd y llun yma ger Croesor, yn Sir Feirionnydd, Gorffennaf 1997.

Dyma, felly, yng Nghors Fochno, un o ryfeddodau byd natur. Dechreuodd yr hanes tua 7,000 o flynyddoedd yn ôl gyda thafod o raean yn datblygu ar y glannau, gan greu cynefin i'r Gorsen (*Phragmites australis* Reed) a'r Hesgen Rafunog Fawr (*Carex paniculata* Greater Tussock-sedge). Tyfodd y gors, ac ymhen llai na mil o flynyddoedd daeth y coed i'r ardal, y Gwern a'r Bedw a hyd yn oed y coed Pîn. Newidiodd yr hin, daeth Plu'r Gweunydd i reoli, ciliodd y coed, ac am 3,000 o flynyddoedd parhaodd y Migwyn i greu mwy a mwy o'r mawn, sydd erbyn heddiw dros ddeg troedfedd ar hugain o ddyfnder mewn mannau. Rhaid cofio hefyd am y bonion coed sydd i'w gweld ar y traeth pan fo'r llanw allan, Gwern, Derw a Choed Pîn sydd, yn ôl pob sôn, rhyw 6,500 o flynyddoedd oed.

Heddiw, y bwriad yw ceisio cynnal cynefin naturiol y gors, yn bennaf trwy ofalu nad yw lefel y dŵr yn gostwng ac nad yw'r gors yn sychu, a'i bod yn parhau yn gartref i'r blodau gwyllt, i'r pysgod yn y ffosydd, i'r adar a'r glöynnod byw yn yr awyr, a hyd yn oed i'r mamaliaid fel y dyfrgi, a hefyd i chi a mi, sy'n gwerthfawrogi rhyfeddodau byd natur.

3. Ynys Las
Rhan o Warchodfa Natur Genedlaethol Dyfi, yng ngheg aber Afon Dyfi, 3 milltir i'r gogledd o'r Borth, ac 8 milltir o Aberystwyth
SN 60 94 etc
Sawl ymweliad o 1970 ymlaen

Mae'n debyg fod y twyni tywod yn Ynys Las wedi bod yn datblygu er y drydedd ganrif ar ddeg. Tyfodd tafod hir o raean i'r gogledd i gyfeiriad aber Afon Ddyfi, a ffurfiwyd y twyni ar y graean a'r tu ôl iddo. Fe gofiwn fod yn rhaid cael nifer o amodau i greu twyni, sef digon o dywod sych o gyfeiriad y môr, digon o wynt cryf i gario'r tywod tua'r twyni, rhyw rwystr megis cerrig neu wymon i arafu'r gwynt ac i gronni'r tywod, ac yn olaf, planhigion i dyfu ar y twyni ifanc, i sadio'r tywod ac i greu twyni mwy. Y Moresg (*Ammophila arenaria* Marram) yw'r prif blanhigyn yn y datblygiad hwn, ac mae digonedd ohono ar y traethau yn y fan yma.

Mae'r Moresg (*Ammophilla arenaria* Marram Grass) yn weiryn cryf, sy'n clymu'r tywod i ffurfio'r twyni. Borth, 2013

Pan fo'r twyni ifanc wedi ffurfio mae'r Moresg yn dechrau cael gafael, ac yn dal mwy o dywod; mae'n gallu goddef sychder yn dda, a phan fo'r tywod yn ei orchuddio mae'n tyfu hyd yn oed yn well. Yn fuan iawn daw planhigion eraill i'r twyni, rhai fel y Creulys (*Senecio vulgaris* Groundsel) sydd hefyd mor gyffredin fel chwyn yn ein gerddi. Mae'r Hegydd Arfor (*Cakile maritima* Sea Rocket) gyda'i ddail tewion, hefyd yn gyffredin gan fod y llanw yn cario'r hadau ar hyd y glannau.

Mae rhai planhigion, megis y Tormaen Tribys (*Saxifraga tridactylites* Rue-leaved Saxifrage) yn osgoi sychder a gwres yr haf trwy egino yn yr hydref, tyfu'n raddol drwy'r gaeaf, a blodeuo yn y gwanwyn cynnar. Wedi hynny mae'r hadau yn 'cysgu'drwy'r haf poeth. Mae llawer o galch yn y twyni, yn tarddu o gregyn y môr, ac mae'r malwod yn cymryd mantais ohono i wneud eu cregyn hwythau. Un o'r rhain yw'r Falwen Resog (*Cepia nemoralis* Banded Snail) sy'n gyffredin iawn yn Ynys Las. Mae'r Fronfraith yn hoff o falu'r rhain ar garreg cyn eu bwyta.

Yn raddol, daw mwy a mwy o blanhigion i gartrefu ar y twyni a bydd llai a llai o dywod noeth i'w weld. Bydd lleithder yn hel, ac ychydig o bridd yn ffurfio ac amrywiaeth mawr o blanhigion yn ymddangos, gan gynnwys nifer o'r gweiriau, a rhai o deulu'r pys a'r ffa, sy'n sefydlogi nitrogen yn y pridd. I lawer, y tegeirianau gwyllt yw'r ffefrynnau, megis Tegeirian-y-Gors Cynnar (*Dactylorhiza incarnata* Early Marsh-orchid).

Yn raddol, daw planhigion cryfach i'r golwg, nifer o fieri a rhosod gwyllt, yn arbennig y Rhosyn Bwrned (*Rosa pimpinellifolia* Burnet Rose), sy'n tyfu'n isel, gyda blodau gwyn a channoedd o bigau syth dros y coesyn. Yn olaf, daw'r coed – yr Helyg a'r Masarn a llu o rai eraill – a dyna'r dilyniant wedi ei gwblhau, nes bod dyn, neu stormydd natur yn chwalu'r twyni, a dyna'r cyfan yn ailddechrau.

Ceir erthygl ar fyd natur yn Ynys Las gan David B James yn *Y Naturiaethwr,* Rhif 18, Gorffennaf 2006.

Tegeirian y Gors Cynnar (*Dactylorhiza incarnata* Early Marsh-orchid) sy'n tyfu yn y slaciau ar y twyni yn Ynys Las.

4. Cors Caron (Cors Goch Glan Teifi)

Darn helaeth o dir, bron yn union i'r gogledd o Dregaron

SN 67 62 etc.

Dilynwch y B4343 o Dregaron i gyfeiriad Pontrhydfendigaid; mae'r gors ar y chwith. Hefyd, mae golygfa dda o'r gors wrth ddilyn y B4578 i'r de o gyfeiriad Lledrod a Bronant.

Gwarchodfa Natur Genedlaethol, a safle o bwysigrwydd Rhyng-genedlaethol dan gytundeb RAMSAR

19 Gorffennaf 2010

Fel Cors Fochno yng ngogledd y sir, mae hon hefyd yn gyforgors, wedi tyfu ar safle hen lyn a ffurfiwyd ar ôl y rhewlif diwethaf yn nyffryn Afon Teifi. A bod yn fanwl, mae yma dair cors, gyda'r afon yn dal i lifo rhyngddynt, a'r cyfan tua 2,000 o aceri. Dyma'r gyforgors (*raised mire*) gyntaf ym Mrydain i'w disgrigio'n fanwl, a hynny gan yr Athro Harry Godwin, Caergrawnt (Godwin & Conway 1939).

Mae yma amrywiaeth mawr o wahanol rywogaethau o *Sphagnum* (Migwyn), sy'n bennaf gyfrifol am ffurfio'r mawn, a llawer iawn o Blu'r Gweunydd, Grug, a Grug Croesddail. Yn wahanol i Gors Fochno does yma fawr ddim o'r Gwyrddling (*Myrica gale* Bog Myrtle), ond y mae llawer mwy o'r Greiglusen (*Empetrum nigrum* Crowberry). Mae Glaswellt y Gweunydd (*Molinia caerulea* Purple Moor-grass) yn gyffredin iawn, ac efallai bod cysylltiad rhwng hyn a'r pryder fod Cors Caron yn tueddu i sychu; yn sicr mae lefel y dŵr yn is yma nag yng Nhors Fochno a bu llawer o dorri mawn yma yn y gorffennol.

Cors Caron neu Gors Goch Glan Teifi. Gorffennaf 2010

Mae llwybrau da wedi eu paratoi yma i hwyluso gweld y gors yn fanwl, a gellir agosáu'n ddiogel at blanhigion y dŵr megis Pumnalen y Gors (*Potentilla palustris* Mash Cinquefoil), Ffa'r Corsydd (*Menyanthes trifoliata* Bogbean) a'r Pefrwellt (*Phalaris arundinacea* Reed Canary-grass). Yn 1866 agorwyd y rheilffordd sy'n dilyn ochr ddwyreiniol y gors (dywedir bod y cledrau yn gorwedd ar fwndeli

Plu'r Gweunydd (*Eriophorum angustifolium* Cottongrass), testun ysgrif gan O M Edwards pan sylwodd arno ar Gors Caron

o frigau a gwlân), ond fe'i caewyd yn 1965. Heddiw, mae tyfiant diddorol ar yr hen lwybr, gyda thoreth o hesg, yn cynnwys *Carex nigra, C. aquatilis, C. vesicaria, C. rostrata, C. spicata* a *C. lepidocarpa.*

Cyn gadael Cors Goch Glan Teifi, mynnwch gael gafael ar *Yn y Wlad* gan Syr O M Edwards, a darllenwch y bennod 'Plu'r Gweunydd'. Pan welodd O M y gors am y tro cyntaf teimlodd ei waed yn fferru, galwodd hi yn farw, lleidiog, hagr, lle o laid sugnddynnol ac ymlusgiaid ffiaidd. Ond! Darllenwch ymlaen. Beth ddigwyddod? Mae'r ateb yn nheitl yr ysgrif, 'Plu'r Gweunydd', a throdd y gors i O M yn 'llety mwyn a chynnes i angylion'!

Gweler hefyd: Godwin & Conway (1939). The Ecology of a Raised Bog near Tregaron. *Journal of Ecology* 27, 313-393.

Tegeirian Brych y Rhos (*Dactylorhiza maculata* Heath Spotted–orchid). Cors Caron, Awst 1981

5. Cwm Symlog
Ychydig dros saith milltir i'r dwyrain o Aberystwyth, drwy Benrhyn-coch ac i ardal Trefeirig
SN 699 838
Awst 1986

Dyma un o ganolfannau'r diwydiant plwm yn ngogledd Sir Aberteifi yn y bedwaredd ganrif ar bymtheg, ac mae amryw o'r hen adeiladau yno o hyd. Ond mae'r hanes yn mynd yn ôl yn llawer pellach na hynny. Cymerodd Syr Hugh Myddelton o Ddinbych (1569-1631) brydles ar weithfeydd mwyn y *Mines Royal Company* yn Sir Aberteifi a gwnaeth ffortiwn sylweddol. Daw enw Lewis Morris, yr hynaf o Forrisiaid Môn i'r hanes yn 1746 fel un o stiwardiaid y Goron yn y cylch, a thystiodd yn 1744 mai Cwm Symlog oedd y mwynglawdd cyfoethocaf o arian a phlwm yn y Deyrnas. Ond aeth pethau'n ddrwg rhyngddo a rhai o deuluoedd cefnog yr ardal a bu yng ngharchar am sbel. Mae'r hanes yn gymhleth, a daeth y diwydiant cyfan i ben yn 1901 pan gaewyd y gwaith am y tro olaf.

Heddiw, ein diddordeb ni yw mynd yno i chwilio am y planhigion sy'n gallu tyfu ar y gwastrff gwenwynig a adawyd ar ôl – y planhigion sy'n goddef metalau yn y pridd. Ymhlith y rhai pwysicaf yn y sir mae'r Maeswellt Cyffredin (*Agrostis capillaris* Common Bent) a'r Gludlys Arfor (*Silene uniflora* Sea Campion) sy'n digwydd mewn llawer o'r hen weithfeydd ac sy'n gallu dygymod â'r gwastraff anffrwythlon ac â'r pridd gwenwynig; mae sypiau mawr ohono'n tyfu'n gryf ar yr hen domennydd yn yr ardal.

Mae Cwm Symlog yn lle arbennig am redyn, a'r pwysicaf ohonynt yw'r Dduegredynen Fforchog (*Asplenium septentrionale* Forked Spleenwort) sy'n hynod o brin, ond i'w chael yma ac mewn safleoedd tebyg yn Sir Gaernarfon. Mae'n tyfu orau ar hen gloddiau o bridd a cherrig a hefyd ar y morter rhwng y cerrig, ac yn ôl pob sôn mae'n cynyddu yn y sir hon ar hyn o bryd (Chater 2010, tud. 202).

Pan oeddwn i yno yn 1986, nodwyd hanner dwsin o redyn ar waliau'r hen weithfeydd: *Asplenium adiantum-nigrum, A. trichomanes, A. septentrionale, Ceterach officinarum, Cystopteris fragilis, Polypodium vulgare* a *Phyllitis scolopendrium.* O dan y coed conwydd a blannwyd gerllaw roedd rhagor o redyn: *Dryopteris dilatata, D. filix-mas, Pteridium aquilinum, Athyrium filix-femina* a *Blechnum spicant.*

Gwelwn felly fod llecyn sy'n ymddangos yn ddigon llwm a digalon ar yr olwg gyntaf yn gallu bod yn llawn diddordeb i'r sawl sy'n fodlon chwilio a chwalu. Does ryfedd fod yr ardal wedi ei dynodi'n Safle o Ddiddordeb Gwyddonol Arbennig am ei botaneg, ei daeareg a'i hanes.

Duegredynen Fforchog (*Asplenium septentrionale* Forked Spleenwort). Un o redyn prinnaf Cwm Symlog. Y llun ger Llanrwst, 1989.

6. Ynys Hir. Gwarchodfa y Gymdeithas Gwarchod Adar (RSPB), rhyw 6 milltir i'r de o Fachynlleth ger Eglwys-fach
SN 67 95
13 Medi 2006

Y Warden cyntaf yma oedd y diweddar Bill Condry, y naturiaethwr gwych a oedd yn meddwl y byd o Gymru, ei wlad fabwysiedig. Prynwyd y safle gan yr RSPB yn 1969 ac mae yma amrywiaeth mawr o gynefinoedd. Mae yma dir pori a choedlannau, llynnoedd a chorsydd, morfa heli a darn o dir wedi ei hau yn fwriadol â blodau gwyllt i ddarparu hadau ar gyfer yr adar mân.

Dyma rai o'r planhigion llai cyfarwydd sy'n haeddu sylw: Taglys y Perthi (*Calystegia sepium* isryw *roseata* Hedge Bindweed), ffurf anghyffredin gyda blodau pinc a stribedi gwyn; y Rhedynen Gyfrdwy (*Osmunda regalis* Royal Fern) – ceir enghreifftiau tal yma ar arfordir y gorllewin; Brwynen Gerard (*Juncus gerardii* Saltmarsh Rush); Claerlys (*Samolus valerandi* Brookweed); Chwysigenddail Cyffredin (*Utricularia australis* Bladderwort), dyma flodyn bach sy'n byw yn y dŵr ac yn dal pryfetach mân yn ei ddail, sydd ar ffurf chwysigod – planhigyn digon anodd dod o hyd iddo. Ac yn olaf Andromeda'r Gors (*Andromeda polifolia* Bog-rosemary) planhigyn gyda blodau bach pinc, sy'n ymgripian yn y fawnog; dewiswyd hwn fel Blodyn y Sir yng Ngheredigion.

7. Traeth Tan-y-bwlch, rhyw filltir i'r de o ganol Aberystwyth; rhwng y môr ac Afon Ystwyth
SN 57 80
24 Medi 2010

Roedd gen i awr neu ddwy yn rhydd ar ôl rhyw gyfarfod neu'i gilydd yn Aberystwyth, a dyma fynd am dro ar hyd y rhan yma o lan y môr.

Dyma stribed o draeth sydd wedi datblygu ar dafod llydan o raean yn gyfochrog â'r môr am rhyw bum can llath. Mae llawer o'r graean wedi sefydlogi, gyda llwybr troed llydan, ac yn cynnal cymuned o blanhigion amrywiol sy'n agored i ddannedd y gwynt.

Y rhywogaeth amlycaf o ddigon yno oedd y llwyni mawr o Rosyn Japan (*Rosa rugosa* Japanese Rose) dros ddarn helaeth o'r traeth. Dyma lwyn sy'n gallu dal ei dir mewn pob math o gynefin, ac am hynny yn boblogaidd iawn mewn gerddi ac mewn parciau cyhoeddus. Cyrhaeddodd y wlad hon tua dechrau'r bedwaredd ganrif ar bymtheg, a dechraeodd dyfu yn y gwyllt yn 1927. Mae'n gallu lledaenu drwy dyfu brigau newydd o'r gwreiddiau (*suckering* yw'r gair Saesneg) yn ogystal â thyfu o hadau. Mae'r dail yn wyrdd tywyll ac yn grychlyd, yr egroes yn fawr a bron yn grwn, a'r coesau yn dew gan bigau o bob maint. Coch yw lliw'r blodau fel arfer, ond roedd amryw o flodau Traeth Tan-y-bwlch yn wyn. Deallaf ei fod wedi ei blannu yma'n fwriadol rai blynyddoedd yn ôl. Tybed beth yw'ch ymateb chi iddo; ai rhosyn hardd, deniadol, neu estron ymwthgar, hollol annaturiol yn ei gynefin newydd? Dewiswch chi!

Mwy diddorol na'r rhosyn o Asia yw'r llwyni o'r Ddraenen Ddu (*Prunus spinosa* Blackthorn) sy'n tyfu ar ochr y traeth sy'n wynebu'r tir. Mae'r rhain yn orweddol, yn tyfu'n agos i'r ddaear, ac yn gwbl wahanol i'r Drain Duon arferol yn y coed a'r gwrychoedd. Mae tystiolaeth fod y llwyni anarferol hyn wedi bod yn tyfu yma, yn yr union fan ers blynyddoedd lawer, efallai ers dwy ganrif.

Rhosyn Japan (*Rosa rugosa* Japanese Rose). Traeth Tan-y-bwlch, Aberystwyth. Medi 2010

Planhigyn arall nodweddiadol o draethau sy'n gymysg o raean a thywod yw Celyn y Môr (*Eryngium maritimum* Sea Holly). Mae'n rhyfedd o brin yn Sir Aberteifi, ond mae'n amlwg yn hoffi ei le yma yn Aberystwyth. Mae'n blanhigyn diddorol, sy'n tynnu sylw – ond peidiwch ag eistedd arno i gael eich picnic! Tebyg o ran ei gynefin yw'r Pabi Corniog Melyn (*Glaucium flavum* Yellow Horned-poppy), blodyn deniadol arall, ond yn brin yn y sir hon.

Rydw i am enwi tri blodyn arall, tri sy'n gwbl nodweddiadol o'r arfordir, ond tri sy'n brin iawn i mewn yn y tir. Mae Clustog Fair (*Armeria maritima* Thrift) yn gyfarwydd ac yn gyffredin ar hyd y glannau, yn ogystal ag ar rai o'n mynyddoedd. Mae'r Amranwen Arfor (*Tripleurospermum maritimum* Sea Mayweed) yn fwy cyfarwydd na'i henw ac hefyd yn gyffredin ar hyd yr arfordir, ac yn amlwg yn perthyn i dylwyth Llygad-y-dydd (*Asteraceae* neu'r hen enw *Compositae*). Yr olaf i gael sylw yw'r Llyriad Corn Carw (*Plantago coronopus* Buck's-horn Plantain). Mae hwn hefyd yn gyffredin ar hyd y glannau (ac i mewn yn y tir yn East Anglia) ond ychydig sy'n ei adnabod – efallai am nad oes ganddo flodau lliwgar, ond mae adnabod hwn fel dysgu reidio beic – unwaith y byddwch wedi dysgu, wnewch chi byth anghofio!

Rhaid gadael Traeth Tan-y-bwlch, ond nid cyn sylwi ar y 'goedwig' o'r blodyn lliwgar Jac y Neidiwr (*Impatiens glandulifera* Indian Balsam) oedd yn dilyn Afon Ystwyth gerllaw. Y cofnod cyntaf ohono yn y sir oedd yn 1935, ond mae wedi ymledu'n gyflym (ac yn fygythiol) ar lawr gwlad erbyn hyn.

8. Rhos Llawr Cwrt
Gwarchodfa Natur Genedlaethol
Mae fferm Llawr Cwrt un filltir i'r de o bentref Talgarreg, a rhyw 3 milltir oddi ar yr A487 rhwng Aberaeron ac Aberteifi
SN 415 500
25 Mehefin 2013

Cefais y cyfle i weld y Warchodfa yng nghwmni naturiaethwr profiadol a oedd yn gyfarwydd â'r ardal.

Glaswelltir gwlyb a chorsdir sydd yma, a fu'n rhan o fferm Llawr Cwrt yng nghwm Afon Cletwr Fawr sy'n llifo i Afon Teifi. Gwellt y Gweunydd (*Molinia*), hesg a brwyn sydd yma, ynghyd â nifer fawr o flodau gwyllt sy'n nodweddiadol o dir pori sydd heb ei wella'n amaethyddol, heb ei droi na'i wrteithio na'i ddraenio, ac mae yma hefyd goedydd a llynnoedd.

Mae hanes y fferm yn mynd yn ôl ymhell, i'r flwyddyn 1214 mewn Siarter gan y Brenin John i'r Sistersiaid, a magu gwartheg a defaid fu asgwrn cefn y fenter ar hyd y canrifoedd. Ddwy ganrif yn ôl roedd ffermydd yr ardal hon bron yn hunangynhaliol, yn dibynnu ar y tir, y coed, a'r afon am eu cynhaliaeth, ac roedd torri mawn yn hollbwysig. Newidiodd y patrwm yn raddol, ac yn ystod yr Ail Ryfel Byd bu'n rhaid aredig llawer o'r tir, ond yn raddol, aeth yn dir pori unwaith eto. Yn 1984 prynwyd y rhan fwyaf o'r fferm gan y Cyngor Gwarchod Natur ac yn fuan wedyn cafodd ei dynodi'n Warchodfa Natur Genedlaethol. Mewn gair, yr hyn sy'n digwydd heddiw yw arbrawf i geisio ffermio'r tir mewn dull traddodiadol, gan roi'r pwyslais ar warchod amrywiaeth natur yn hytrach na chynhyrchu bwyd a gwneud elw. Beth, felly, sy'n hawlio ein sylw heddiw ar dir Llawr Cwrt, beth sydd yn werth ei warchod?

Pingo – sef llyn o Oes yr Iâ, yn Rhos Llawr Cwrt. Mehefin 2013

Gellid dadlau fod cynnal yr amrywiaeth o blanhigion a chreaduriaid gwyllt, yn nod digon teilwng ynddo'i hun, ond gwell manylu. Yn uchel ar y rhestr mae gofalu am y rhywogaethau prin, ac yn eu plith rhaid enwi Britheg y Gors (Marsh Fritillary), glöyn byw sydd wedi prinhau yn eithriadol ers llawer blwyddyn. Gan mlynedd yn ôl, roedd i'w gael dros y rhan fwyaf o Brydain, ond erbyn hyn dim ond mewn ambell fan yng Nghymru a de-orllewin Lloegr y mae'n dal ei dir. Ei gynefin yw tir glas gwlyb, gyda gweiriau fel *Molinia,* ac yn

Britheg y Gors (Marsh Fritillary). Glöyn prin sy'n dodwy ei wyau ar y planhigyn Tamaid y cythraul. Rhos Llawr Cwrt, Mehefin 2013

fwyaf arbennig lle mae digon o'r blodyn gwyllt Tamaid y Cythraul (*Succisa pratensis* Devil's-bit Scabious), sef yr union gynefin sydd yn Llawr Cwrt. Mae'r glöyn yn dodwy ei wyau ar y planhigyn yma tua mis Mai ac mae'r lindys yn byw drwy'r haf, a thros y gaeaf mewn twffyn o borfa yn agos i'r ddaear ac yna, yn y gwanwyn dilynol mae'n symud o gwmpas cyn troi'n chwiler, ac yna'n oedolyn. Ac nid Britheg y Gors yw'r unig greadur prin yma. Mae pymtheg o rywogaethau Gwas y Neidr (Dragonflies) yn magu ar y safle gan gynnwys tair o'r rhai prinnaf. Fe welwch felly mai cynnal y cynefin yw'r dasg, ac nid tasg hawdd mohoni o bell ffordd.

Yn ystod fy ymweliad yn 2013 gwelsom amryw byd o blanhigion diddorol, rhai yn gyffredin ac eraill yn llai cyfarwydd. Ymysg y blodau lliwgar roedd Fioled y Gors (*Viola palustris* Marsh Violet), Tegeirian Brych y Rhos (*Dactylorhiza maculata* Heath Spotted-orchid), Pumnalen y Gors (*Potentilla palustris* Marsh Cinquefoil), Tresgl y Moch (*P. erecta* Tormentil) Llafnlys Bach (*Ranunculus flammula* Lesser Spearwort) ac amryw o hen gyfeillion eraill megis Bysedd y Cŵn a Chlychau'r Gog.

Roedd llawer o rywogaethau eraill ychydig mwy heriol, er enghraifft Cynffonwellt

Elinog (*Alopecurus geniculatus* Marsh Foxtail) a'r Melyswellt Llwydlas (*Glyceria declinata* Small Sweet-grass), dau o weiriau'r tir gwlyb. Roedd hefyd yn ddiddorol sylwi ar y gwahaniaeth rhwng y ddwy redynen Marchredynen Lydan (*Dryopteris dilatata* Broad Buckler-fern) a'r Farchredynen Gul (*D. carthusiana* Narrow Buckler-fern). Gan fod fy nghyfaill y diwrnod hwnnw yn arbenigwr ar y genws *Carex*, rhaid cyfeirio at y gwahanol hesg a welsom, a dyma nhw: *Carex panicea, C. pilulifera, C. nigra, C. echinata, C. binervis, C. curta, C. rostrata, C. demissa, C. pulicaris, C. hostiana.*

Ond roedd hefyd, wrth gwrs, ddigonedd o Blu'r Gweunydd, y Gwlithlys a'r Grug – a'r Migwyn o bob math o dan ein traed ym mhobman. Do, fe welsom hefyd Damaid y Cythraul, bwyd y glöyn byw Britheg y Gors, ac fe welsom hefyd laweroedd o'r glöyn byw hwnnw ei hun – am y tro cyntaf i mi.

Un hynodrwydd yng Ngwarchodfa Rhos Llawr Cwrt yw'r pingo. Beth yw hwnnw, meddech chi. Rhaid mynd yn ôl i Oes yr Iâ. Meddyliwch am y dŵr o dan wyneb y ddaear yn rhewi'n gorn. Mae'n chwyddo, gan godi'r pridd ar yr wyneb yn fryncyn bach. Ym mhen blynyddoedd, pan mae'r rhew yn toddi, mae'r bryn yn sigo ac yn disgyn gan adael pant a rhimyn o dir o'i gwmpas. Dyna beth yw pingo, ac mae amryw ohonynt yn yr ardal, rhai wedi llenwi â dŵr i ffurfio llyn bach neu gors. Mae pingos yn gyffredin yn yr Arctig, ac mae ambell un yng Nghymru. Cofiwn fod y rhew wedi gorchuddio'r rhan fwyaf o'r wlad hyd at ryw 10,000 o flynyddoedd yn ôl. Gwelsom un pingo crwn yn Llawr Cwrt, yn llyn taclus gyda nifer o blanhigion, yn cynnwys Crafanc-y-Frân y Rhostir (*Ranunculus omiophyllus* Round-leaved Crowfoot), Sgorpionllys Ymlusgol (*Myosotis secunda* Creeping Forget-me-not), Dail Ceiniog y Gors (*Hydrocotyle vulgaris* Marsh Pennywort) a Mintys y Dŵr (*Mentha aquatica* Water Mint) gyda'i aroglau hyfryd.

Dywedais mai'r gamp oedd cynnal y cynefinoedd ar y warchodfa. Un ffordd o wneud hyn yw rheoli'r patrwm pori. Rhoir gwartheg i bori yn y gwanwyn a'r haf, a merlod yn ystod y gaeaf, ac os bydd y brwyn a'r *Molinia* yn tyfu'n wyllt rhaid eu torri i annog y gwartheg i bori'r tyfiant ifanc. Dyna'r patrwm bellach, i geisio cynnal y cynefin. Ers rhai blynyddoedd defnyddir yr enw Saesneg, 'rhos pasture' i ddisgrifio'r math hwn o borfa. Yn anffodus, gall yr enw fod yn gamarweiniol i lawer, gan fod cymaint o wahanol ystyron i'r gair rhos mewn gwahanol ardaloedd.

Sut bynnag, roedd treulio diwrnod yn Llawr Cwrt, yng ngwaelod Sir Aberteifi yng nghanol tawelwch yr haf yn fwyniant pur. Dysgais lawer.

9. Coed Cwm Cletwr, ychydig llai na milltir i fyny'r cwm o Dre'r-ddôl Ardal o Ddiddordeb Gwyddonol Arbennig (SSSI), a Gwarchodfa Ymddiriedolaeth Natur De a Gorllewin Cymru SN 670 919

Yn ôl arolwg y Comisiwn Coedwigaeth yn 2004 roedd 15% o dir Ceredigion o dan goed. I'r naturiaethwr, y coedydd mwyaf diddorol yw'r hen goed Derw ar y llechweddau serth yma ac acw dros y sir. Un o'r rhain yw Coed Cwm Cletwr, i fyny'r cwm o bentref Tre'r-ddôl, ryw hanner y ffordd rhwng Machynlleth ac Aberystwyth. Mae hwn yn gwm cul, serth, ac yn goediog am dros filltir i fyny o'r pentref. Mae'r hen fapiau yn cynnwys yr enwau 'Coed Gwar-cwm-bach' a 'Coed Gwar-cwm-isaf'. Mae'r mapiau hefyd yn dangos nifer o hen weithfeydd mwyn yn yr ardal.

Marchredynen Lydan (*Dryopteris dilatata* Broad buckler-fern). Mae'n debyg mai dyma'r rhedynen fwyaf cyffredin yng nghoedydd Cymru.

Derw (*Quercus petraea* Sessile Oak) yw'r prif goed ond mae yma hefyd goed Ynn, Masarn, yr Aethnen (*Populus tremula* Aspen) a'r Bisgwydden Dail Bach (*Tilia cordata* Small-leaved Lime). Ar y cyfan mae'r pridd yn asidig, ond ceir rhannau sy'n cynnwys rhyw gymaint o fwynau calchog, fel yr awgrymir gan blanhigion fel y Farddanhadlen Felen (*Lamiastrum galeobdolon* Yellow Archangel). Mae lleithder yr ardal yn ddelfrydol i lawer math o redyn, a'r rhai mwyaf cyffredin yw'r Wibredynen (*Blechnum spicant* Hard-fern) a'r Farchredynen Lydan (*Dryopteris dilatata* Broad-buckler Fern). Mae'r ddwy yna yn gyffredin dros Gymru, ond yma yng Nghwm Cletwr mae dwy arall, sy'n haeddu cryn dipyn mwy o sylw, sef y Farchredynen Bêr (*Dryopteris aemula* Hay-scented Buckler-fern) a'r Rhedynen Dridarn (*Gymnocarpium dryopteris* Oak Fern). Mae'r ddwy yn ddigon prin yng Nghymru ac yn brinnach fyth yn Lloegr.

Mae yna adrannau cynhwysfawr a diddorol iawn am goed y sir yn *Flora of Cardiganshire,* A O Chater.

10. Y Mwnt
Traeth a phenrhyn bychan rhwng Aberteifi ac Aberporth
SN 19 52
26 Mehefin 2013

Mae gennyf gof clir o ddod yma efo'r teulu i weld y traeth a'r eglwys fach lawer blwyddyn yn ôl, tua hanner can mlynedd, efallai. Bellach, mae mwy o ymwelwyr, ond mae'n dda gweld nad yw cymeriad y llecyn wedi newid rhyw lawer, a phan ddeuthum yma ar fy mhen fy hun yn ddiweddar, roedd y tawelwch, yr awyrgylch, a chwmni'r Brain Coesgoch yn bleser. Mae yma le hwylus i adael y car, a llwybrau clir i fyny Foel y Mwnt ac uwchben creigiau'r môr.

Ar y llethrau mae yna gryn amrywiaeth o laswellt, yn aml wedi ei bori'n isel (mae'r cwningod yn drwch yma) a'r blodau'n fân, gan fod y pridd yn denau ac yn sychu'n gyflym yn yr haf. Y gweiriau cyffredin yw Peiswellt y Defaid (*Festuca ovina*

Sheep's-fescue) a'r Maeswellt Cyffredin (*Agrostis capillaris* Common Bent), Gweunwellt Ymledol (*Poa humilis* Spreading Meadow-grass) a Throed y Ceiliog (*Dactylis glomerata* Cock's-foot), ffurf fer arbennig ohono (var. *collina*) gyda dail gwyrddlas, sy'n gyffredin ar y llechweddau arfordirol. Sylwais hefyd ar lawer o'r gweiryn Perwellt y Gwanwyn (*Anthoxanthum odoratum* Sweet Vernal-grass).

Traeth y Mwnt, un o lecynnau hyfrytaf Sir Aberteifi, gyda chyfoeth o flodau gwylltion yn y cyffiniau.

Dail hwn, sy'n cynnwys *coumarin,* sy'n gyfrifol am yr aroglau nodweddiadol sydd gan wair newydd ei ladd. Nodais hefyd y Milddail (*Achillea millefolium* Yarrow), Cribau San Ffraid (*Stachys officinalis* Betony), Pysen-y-ceirw (*Lotus corniculatus* Bird's-foot-trefoil), Rhwyddlwyn y Fagwyr (*Veronica arvensis* Wall Speedwell), Dant y Pysgodyn (*Serratula tinctoria* Saw-wort), Clust-y-Llygoden Syth (*Moenchia erecta* Upright Chickweed) a'r Clefryn (*Jasione montana* Sheep's-bit). Methais ddod o hyd i'r Edafeddog Lwyd (*Filago vulgaris* Common Cudweed). Y Mwnt yw ei unig safle yng Ngheredigion bellach.

Ceredigion: Rhai o'r prif ffynonellau

Carter, P W (1950) Botanical Exploration in Cardiganshire, *Ceredigion* 1
Chater, A O (2001) *Ceredigion (VC46) Rare Plant Register*
Chater, A O (2003) *Flora of Cardiganshire*
James, David B (2001) *Ceredigion: its Natural History*
Jenkins, Dafydd (1948) *Thomas Johnes o'r Hafod 1748-1816*
Salter, J H (1935) *The Flowering Plants and Ferns of Cardiganshire*

Am fwy o wybodaeth, mae *Flora* A O Chater yn cynnwys Llyfryddiaeth gynhwysfawr o fwy na 500 o eitemau.

PENNOD 36

SIR DREFALDWYN (VC 47)

Ewch â mi nôl i dir Maldwyn
Nid ydyw y siwrne yn faith,
Mae f'enaid i yno cyn cychwyn
Yn barod at ddiwedd y daith.

Nansi Richards (Telynores Maldwyn)

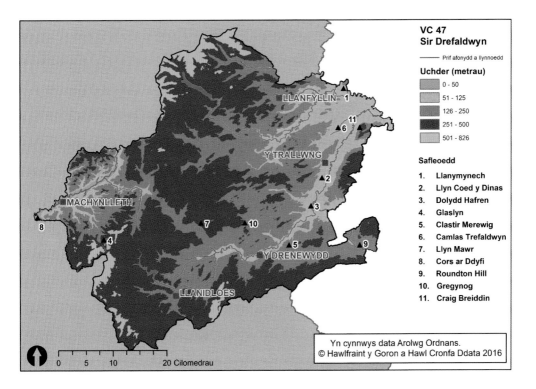

Ychydig am ansawdd y wlad, y ceigiau, a natur y tir

Dyma un o siroedd canolbarth Cymru, yn ffinio â Sir Feirionnydd a Sir Ddinbych i'r gogledd, Ceredigion a Sir Faesyfed i'r de, a Sir Amwythig i'r dwyrain. Dyma'r unig sir sy'n croesi Cymru, o Loegr yn y dwyrain i'r môr yn Aber Afon Dyfi ger Machynlleth, pellter o ryw 36 milltir. Mae'r sir yn ymestyn o gopa'r Berwyn yn y gogledd i Langurig yn y de. Mae Sir Drefaldwyn yn sir wledig, amaethyddol yn ei hanfod, a dim ond y Drenewydd sydd â

phoblogaeth dros 10,000; rhai o'r canolfannau eraill yw'r Trallwng, Llanidloes, Machynlleth, Llanfair Caereinion, Llanfyllin a Threfaldwyn.

Mae cryn wahaniaeth yn ansawdd y tirwedd o fewn y sir. Mae'r tir uchaf yn y gogledd, gyda mynyddoedd Y Berwyn yn 2,700 troedfedd. I'r de-orllewin mae'r sir yn ffinio â Cheredigion yn Eisteddfa Gurig, dim ond dwy filltir o ben Pumlumon Fawr, sy'n 2,500 troedfedd. Yn naturiol ddigon, rhostir a chorsydd yw llawer o'r ucheldir, ond i'r dwyrain mae ansawdd y sir yn tyneru, gyda llawer o dir bras, yn enwedig i gyfeiriad Afon Hafren, Ond mae yma hefyd ambell godiad tir, megis Cefn Digoll neu Long Mountain ger Y Trallwng (nid y Long Mynd, sylwer, sydd dros y ffin yn Sir Amwythig). Mae amryw o afonydd yn llifo tua'r dwyrain, Tanad, Cain a Banwy i ymuno ag Afon Efyrnwy, sydd yn ei thro yn llifo i Afon Hafren. Rhaid cyfeiro at Lyn Efyrnwy (neu Lyn Llanwddyn) yng ngogledd y sir, a grewyd yn 1888 i gyflenwi dŵr i ddinas Lerpwl. Mae'r llyn yn bum milltir o hyd, a dywedir mai hon oedd y gronfa ddŵr fwyaf o'i bath yn Ewrop ar y pryd. Plannwyd fforest fawr o goed conwydd yn yr ardal.

Pistyll Rhaeadr ar gyrion mynyddoedd y Berwyn.

Wrth yrru o'r Trallwng i gyfeiriad y gogledd ar yr A483, ymhen rhyw bum milltir gwelir bryn amlwg sydd bron ar y ffin â Lloegr. Dyma'r Breiddin, sy'n 1,200 troedfedd o uchder, lle pwysig i'r botanegwyr, gyda nifer o blanhigion prin iawn. Hefyd yn y rhan yma o'r sir mae Camlas Trefaldwyn. Dim ond rhannau o'r gamlas sy'n agored i gychod ar hyn o bryd, ond dyma gyrchfan ardderchog arall i'r naturiaethwr, gyda chyfoeth o blanhigion y dŵr.

Creigiau Silwraidd ac Ordofigaidd yw sylfaen y rhan fwyaf o Sir Drefaldwyn. Mae'r tywodfeini a'r cerrig llaid yn y gorllewin yn cynhyrchu priddoedd asidig, ac oherwydd y glawiad trwm yn yr ucheldir mae trwytholchiad (*leaching*) yn gwneud pethau'n waeth. Ond mae mwy o amrywiaeth yn y dwyrain, lle mae rhai o'r creigiau gwaddodol ychydig yn fwy calchog ac felly fe gawn fwy o amrywiaeth yn y llystyfiant. Y llecyn cyfoethocaf yw Llanymynech, sy'n union ar y ffin â Lloegr. Calchfaen carbonifferaidd sydd yma, ac felly nid yw'n syndod fod yma amrywiaeth o flodau diddorol.

Pwy fu'n llysieua yma ddoe? Ychydig am fotanegwyr y gorffennol

Rhesymau ymarferol oedd yn gyrru'r teithwyr cyntaf i chwilio am blanhigion. Dod o hyd i'r llysiau meddyginiaethol oedd yr amcan gan rai fel **Thomas Johnson** (c.1605-1644), apothecari o Lundain a fu'n teithio yng ngogledd Cymru yn yr ail ganrif ar bymtheg. Ar ôl gadael Sir Gaernarfon daeth i Sir Drefaldwyn gan aros ym Machynlleth efo'i gyfaill **Edward Morgan** o Lundain, Cymro Cymraeg a oedd hefyd yn fotanegydd da. Bu'r ddau yn llysieua yn y ddwy sir.

Yr oedd yr enwog **John Davies** (c.1567-1644) Mallwyd, yr ysgolhaig a'r ieithydd hefyd yn fotanegydd. Daeth o hyd i Fwyaren y Berwyn (*Rubus chamaemorus* Cloudberry) ar ben y Berwyn, a chyhoeddodd restr o flodau gwyllt fel rhan o'i Eiriadur Cymraeg a Lladin. Bu **John Ray** (1627-1705) hefyd yn y sir, ym Machynlleth ac yn Llanfair

Ehangder y Berwyn. Chwilio am Fwyaren y Berwyn

Mwyaren y Berwyn (*Rubus chamaemorus* Cloudberry), Mehefin 1999

Caereinion. Dywed yn ei ddyddiadur mai yno y clywodd am farwolaeth Oliver Cromwell yn 1658. Dringodd Bumlumon a gwelodd yno Edafeddog y Mynydd (*Antennaria dioica* Mountain Everlasting) blodyn prin ryfeddol ym Maldwyn.

Mae'r Cymro athrylithgar **Edward Llwyd (Lhuyd)** (1660-1709) yn haeddu sylw arbennig. Ganwyd Llwyd dros y ffin yn Sir Amwythig (yn Loppiton ger Wem mae'n debyg) a'i fagu gyda'i dad yn Llanforda ger

Mwsogl Gwlanog (*Rhacomitrium languinosum* Woolly Hair Moss) ar ben y Berwyn, Mehefin 1999.

Croesoswallt. Bu'n fyfyriwr yng Ngholeg yr Iesu, Rhydychen, a daeth yn Geidwad Amgueddfa Ashmole yno. Golygodd yr adran ar Gymru mewn argraffiad newydd o *Camden's Britannica,* ac ar gyfer Sir Drefaldwyn nododd y planhigion canlynol: Clefryn (*Jasione montana* Sheep's-bit) a Briweg y Cerrig (*Sedum anglicum* English Stonecrop) ger Machynlleth, ac ar ochr y Breiddin gwelodd y rhywogaethau prin Lluglys Gludiog (*Lychnis viscaria* Sticky Catchfly), Pumnalen y Graig (*Potentilla rupestris* Rock Cinquefoil) a Rhwyddlwyn Pigfain (*Veronica spicata* Spiked Speedwell). Bu yn ôl yn y sir yn 1697 ac yn 1700.

Yn ystod y ddeunawfed ganrif gwelwn y botanegydd amlwg **William Bingley** (1744-1823), yn teithio trwy Gymru. Bu yn Sir Drefaldwyn yn ystod 1798 a chofnododd nifer o blanhigion diddorol: Y Pabi Cymreig (*Meconopsis cambrica* Welsh Poppy) ar y Breiddin, Cribau'r Pannwr Bach (*Dipsacus pilosus* Small Teasel) rhwng Trefaldwyn a'r Drenewydd, Trilliw y Mynydd (*Viola lutea* Mountain Pansy) rhwng Llanidloes a Machynlleth, Llin (*Linum usitatissimum* Flax) ger Trefaldwyn, Sebonllys (*Saponaria officinalis* Soapwort) a Mwg y Ddaear Dringol (*Ceratocapnos claviculata* Climbing Corydalis) ger Pistyll Rhaeadr. Un arall o'r personiaid botanegol oedd y **Parch. John Evans**, (1768-c.1812) yntau ar ei daith drwy Gymru. Gwelodd Benigan y Porfeydd (*Dianthus armeria* Deptford Pink) a'r Ddeilen Gron (*Umbilicus rupestris* Navelwort) ar waliau Castell Powys, ac mewn tir corslyd ger tafarn y Cann Office sylwodd ar yr Hesgen Lwydlas (*Carex panicea* Carnation Sedge) ac Andromeda'r Gors (*Andromeda polifolia* Bog-rosemary).

Ganwyd **Charles Cardale Babington** (1808-1895) yn Llwydlo. Daeth yn Athro Botaneg yng Nghaergrawnt a bu ar ymweliad â Sir Drefaldwyn droeon. Yn Buttington gwelodd ddigonedd o'r Marchalan (*Inula helenium* Elecampane) ac ar y Breiddin nododd Heboglys y Mynydd (*Hieracium alpinum*). Cyrhaeddodd Y Trallwng, ond nid oedd yn hoffi'r eglwys o gwbl, '...church quite modernized and spoilt' oedd ei eiriau, ond o leiaf fe sylwodd ar Lysiau'r Dryw Pêr (*Agrimonia procera* Fragrant Agrimony) yng Nglanhafren.

Rhaid talu sylw i'r **Parch. Augustin Ley** (1842-1911), botanegydd arbennig. Ganwyd Ley yn Henffordd a chafodd ei addysg yn Rhydychen. Bu'n offeiriad yn Selleck, pentref ger Ross, a bu'n llysieua yn Sir Drefaldwyn droeon. Roedd yn arbenigwr craff, ac yn awdurdod ar rai o'r rhywogaethau anoddaf, gan gynnwys *Rubus, Hieracium, Sorbus* ac *Ulmus*. Bu'n cofnodi ym Maldwyn am flynyddoedd a rhestrodd dros 300 o rywogaethau, gyda dilysrwydd manwl, gan osod sail gadarn ar gyfer botaneg yn y dyfodol.

Roedd **William (Bill) Condry** (1918-1998) yn un o naturiaethwyr amlycaf ei gyfnod. Yn wreiddiol o Ganoldir Lloegr daeth i ofalu am Warchodfa Natur Ynys Hir ger Machynlleth a bu'n byw yn yr ardal weddill ei oes. Yn gryf o gorff ac yn llawn brwdfrydedd, roedd yn adarwr craff ac yn fotanegydd gwybodus. Bu'n fflaenllaw yn yr ymgyrch i achub y Barcud Coch ac roedd gwarchod planhigion Eryri yn hollbwysig iddo. Cyfrannodd golofn ar fyd natur i'r *Guardian* am flynyddoedd lawer a chyhoeddodd nifer o lyfrau hynod safonol a darllenadwy. Efallai fod teitl ei hunangofiant *Wildlife, My Life* yn dweud y cyfan.

Gellid enwi llawer mwy o fotanegwyr brwdfrydig a fu wrthi'n cribinio'r sir yn ddiwyd. Os am bori ymhellach darllenwch erthygl P W Carter am Sir Drefaldwyn – gweler y Llyfryddiaeth.

Lleoedd da i chwilio am flodau yn Sir Drefaldwyn

1. Creigiau Llanymynech
Gwarchodfa Ymddiriedolaeth Natur Maldwyn.
Rhwng Llanymynech a'r Pant, 5 milltir i'r de o Groesoswallt
SJ 26 21
Sawl ymweliad o 1980 ymlaen

Mae'r Warchodfa yn union ar y ffin rhwng Sir Drefaldwyn a Sir Amwythig. Dyma'r unig ddarn o garreg galch yn y sir, sef pen deheuol yr haen sy'n ymestyn ar draws Gogledd Cymru o Sir Fôn, gan gynnwys Y Gogarth yn Llandudno, Graig Fawr yn Sir Fflint a Chreigiau Eglwyseg ger Llangollen. Roedd yma chwarel fawr ar un adeg, ond bellach mae natur yn adennill llawer o'r safle. Mae wyneb serth y graig yn rhyw gan troedfed o uchder, ac uwchben y graig mae porfa galchog a thoreth o flodau gwyllt amryliw a diddorol. Mae llwybr troed yma, rhwng y graig a'r maes golff cyfagos – cymerwch ofal.

Dyma rai o'r planhigion calchgar sydd ar eu gorau ym Mai a Mehefin: Pysen-y-ceirw (*Lotus corniculatus* Bird's-foot-trefoil), Y Bwrned (*Sanguisorba minor* Salad Burnet),

Cor-rosyn Cyffredin (*Helianthemum nummularium* Common Rock-rose), Tegeirian Bera (*Anacamptis pyramidalis* Pyramidal Orchid), Briallu Mair (*Primula veris* Cowslip), Teim Gwyllt (*Thymus polytrichus* Wild Thyme), Clust y Llygoden (*Pilosella officinarum* Mouse-ear-hawkweed) a Phig-yr-aran Rhuddgoch (*Geranium sanguineum* Bloody Crane's-bill).

Ar ôl mwynhau rhan ucha'r warchodfa, a'r olygfa ryfeddol, ewch yn ôl i lawr, a chwiliwch am un o'r ddwy ffordd sy'n arwain at lawr y chwarel. Mae'r gwaith o gloddio am y calchfaen wedi hen beidio, a gellwch grwydro'n hamddenol dros y pentyrrau o gerrig hyd at waelod y graig (gofal eto!). Mae yma amrywiaeth rhyfeddol o fân gynefinoedd; darnau gwastad o graig noeth gydag ambell dusw o'r Friweg Wen (*Sedum album* White Stonecrop), heibioi'r llennych agored gyda'r Ganrhi Felen (*Blackstonia perfoliata* Yellow-wort), Tegeirian y Gwenyn (*Ophrys apifera* Bee Orchid), Llin y Tylwyth Teg (*Linum catharticum* Fairy Flax) a digonedd o'r Crydwellt (*Briza media* Quaking-grass) yn siglo yn yr awel ysgafnaf. Yn ymgripio dros y cerrig a'r llwyni fe fyddwch yn siŵr o sylwi ar doreth o'r dringwr blewog Barf yr Hen Ŵr (*Clematis*

Mae llu o flodau calchgar yn tyfu ar Greigiau Llanymynech; dyma Farf yr Hen Ŵr (*Clematis vitalba* Traveller's-joy). Haf 2003.

vitalba Traveller'r-joy neu Old Man's Beard), enw arall ar hwn yw Cudd y Coed, ac y sicr ddigon mae'n llwyddo i wneud hynny yn y gwrychoedd mewn ambell ardal galchog.

Ar y silffoedd ar wyneb y graig yn yr hen chwarel, efallai y dewch o hyd i Lysiau'r Bystwn Cynnar (*Erophila verna* Common Whitlowgrass) os nad yw wedi gwywo yng ngwres yr haul, a hefyd y Tormaen Tribys (*Saxifraga tridactylites* Rue-leaved Saxifrage), y lleiaf o deulu'r tormaen, a'r Clafrllys Bach (*Scabiosa columbaria* Small Scabious), un arall o'r planhigion sy'n glynu wrth gynefin calchog.

O gyfeiriad pentref Llanymynech mae llwybr drwy'r coed yn arwain at y chwarel. Mae'r coed Ynn, y Masarn a'r Cyll yn gyffredin, ac yma ac acw fe welwch lwyni o'r Cwyrosyn (*Cornus sanguinea* Dogwood) a'r Fasarnen Fach (*Acer campestre* Field Maple). O dan y coed mae digon o'r Briwydd Bêr (*Galium odoratum* Woodruff) a'r gweiryn tal Meligwellt (*Melica uniflora* Wood Melick), yn ogystal â Llysiau Steffan (*Circaea lutetiana* Enchanter's Nightshade). Mae yma hefyd boblogaeth gref o'r Gerddinen Wen (*Sorbus spp.* Whitebeam) ac yn ôl Trueman et.al. (1995) *Flora of Montgomeryshire,* Llanymynech yw'r lle os oes gennych ddiddordeb yn y Cotoneaster (Creigafal), mae o leiaf naw o wahanol rywogaethau yn y Warchodfa. Nid dyma'r lle i enwi pob un!

2. Llyn Coed y Dinas

Gwarchodfa Ymddiriedolaeth Natur Maldwyn, rhyw ddwy filltir i'r de o'r Trallwng, lle mae'r ffordd osgoi yn cyfarfod yr hen ffordd i'r dref. Lle parcio hwylus oddi ar yr hen ffordd
SJ 223 052
28 Awst 2007

Dyma warchodfa o ryw 20 acer, gyda llyn sydd oddeutu hanner hynny, ynghyd â thir glas a phlanhigfa o goed. Defnyddiwyd graean o hen bwll yn y safle yma i adeiladu ffordd osgoi'r Trallwng yn 1992, gan greu'r llyn presennol. Y prif atyniad yw'r adar sy'n defnyddio'r llyn, ac mae yma guddfan gyfleus i'w gwylio.

Ger y fynedfa mae gwlyptir wedi ei blannu â nifer o blanhigion y dŵr, megis Llysiau'r Angel (*Angelica sylvestris* Wild Angelica), Helyglys Pêr (*Epilobium hirsutum* Great Willowherb) a'r Erwain neu Frenhines y Weirglodd (*Filipendula ulmaria* Meadowsweet). Mae yma lwybr hwylus, sy'n addas i gadair olwyn, a nifer o fyrddau gwybodaeth sy'n dehongli cefndir y warchodfa ac yn darlunio ac enwi llawer o'r planhigion a'r creaduriaid.

Mae llwybr byr arall yn arwain drwy'r coed Helyg a Gwern at y llyn ei hun. Ar lan y llyn plannwyd darn helaeth o'r Cyrs (*Phragmites australis* Common Reed). Dyma ein gweiryn talaf, weithiau hyd at 10 troedfedd, gyda phen mawr, pluog, o liw cochlas, yn chwifio'n ddi-baid yn y gwynt. Gweiryn lluosflwydd ydyw, sy'n gyffredin ar fin llynnoedd ac afonydd, mewn camlesi ac ar fin morfa heli ac aberoedd.

Trwy ddefnyddio ei wreiddiau cryfion ('rhisomau' a bod yn fanwl), mae'n gorchuddio darnau helaeth o fignen a chors, ac yn ddefnyddiol i atal erydiad. Yn draddodiadol, defnyddid y Cyrs ar gyfer gwaith toi. Yma, yng Ngwarchodfa Llyn Coed y Dinas, defnyddir y Cyrs i greu cynefin i adar y dŵr, ac mae nifer o blanhigion eraill fel Llysiau'r-Milwr Coch (*Lythrum salicaria* Purple Loosestrife), Llyriad y Dŵr (*Alisma plantago-aquatica* Water Plantain) a Chanwraidd y Dŵr (*Persicaria amphibia* Amphibious Bistort) wedi ymsefydlu yn yr un cynefin.

Dyma Warchodfa gryno, a hwylus i rywun sy'n cael anhawster i gerdded ymhell.

3. Dolydd Hafren
Ymddiriedolaeth Natur Maldwyn. Rhyw 4 milltir i'r de o'r Trallwng. Dilynwch y B4388 i gyfeiriad Trefaldwyn. Trowch i'r dde trwy bentref Ffordun. Ar ôl milltir a hanner, trowch i'r dde wrth Fferm Y Gaer. Dilynwch y ffordd fach i'r maes parcio
SJ 208 005
30 Awst 2007

Mae hon yn warchodfa fawr, rhwng Afon Hafren a'r B4388, gyda nifer o ystumllynnoedd (*ox-bow lakes*) a dolydd sy'n gorlifo. Mae yma nifer dda o adar yn nythu, gan gynnwys y Pibydd Coesgoch, y Siglen Felen a'r Ehedydd. Mae llwybr yn arwain o'r maes parcio, ar draws dau gae at guddfan i wylio adar.

Mae'r gwahanol gynefinoedd – llynnoedd, porfa, graean a phridd agored yn cynnig cartref i bob math o blanhigion, gan gynnwys dau sy'n brin iawn yng Nghymru, y Frwynen Flodeuog (*Butomus umbellatus* Flowering-rush) a'r Lleidlys (*Limosella aquatica* Mudwort) – y cyntaf yn dal ac yn lliwgar a'r ail yn fychan a braidd yn ddi-sylw ac yn ffafrio'r mwd ar lan yr afon.

Pan oeddwn i yno yn 2007 roedd gwrych tal rhwng y llwybr a gweddill y Warchodfa, rhag bod y cyhoedd yn aflonyddu gormod ar yr adar. Roedd y gwrych yn llawn o lwyni gwahanol, rhai cyffredin fel y Ddraenen Ddu, y Ddraenen Wen a'r Ysgawen ac eraill fel y Cwyrosyn (*Cornus sanguinea* Dogwood) a'r Biswydden (*Euonymus europaeus* Spindle) sy'n llawer llai cyfarwydd.

Yr olygfa ryfeddaf oedd cae wedi ei neilltuo ar gyfer planhigion i ddenu adar ac anifeiliaid bach y maes. Yma roedd Gwenith a Cheirch yn gymysg â Llaethysgallen Arw (*Sonchus asper* Prickly Sow-thistle), Ysgallen y Maes (*Cirsium arvense* Creeping Thistle), Y Ganwraidd Goesgoch (*Persicaria maculosa* Redshank), Milddail (*Achillea millefolium* Yarrow), Marchwellt (*Elytrigia repens* Couch-grass) a'r rhyfeddod mwyaf, cnwd talsyth o Flodyn yr Haul (*Helianthus annuus* Sunflower), a'r cyfan yn un gymysgedd annisgwyl. Awgrymais yn gynharach mai'r diffiniad gorau o chwyn yw planhigion yn tyfu lle nad oes mo'u hangen, yn groes i'n dymuniad ni. Yn sicr ddigon, roedd y rhain i gyd wedi eu tyfu'n fwriadol; felly, ai chwyn oeddynt?

4. Glaslyn

Mae'r llyn ychydig dros 2 filltir o bentref Dylife, oddi ar y ffordd wledig o Benffordd-las (*Staylittle*) i Fachynlleth

Ymddiriedolaeth Natur Maldwyn

SN 826 941

29 Awst 2007

Edrych tua'r gogledd o warchodfa Glaslyn, rhyw ddwy filltir i'r gorllewin o bentref Dylife. Awst 2007

Cofiaf fy ymweliad â'r llyn yn glir; y tywydd yn braf, y llecyn yn ddiarffordd, aroglau'r rhostir ym mhobman a heddwch perffaith i gerdded o gwmpas y llyn. Ardderchog! Prynwyd y llyn a'i gynefin gan Ymddiriedolaeth Natur Maldwyn yn 1982, i warchod y darn yma o dir, gyda'i blanhigion a'i adar, megis y Grugiar Goch, Tinwen y Garn a'r Ehedydd.

Planhigion yr ucheldir oedd y rhai amlycaf: Grug, Grug Deilgroes, Llus, Brwynen Babwyr, y Gawnen Ddu, Tresgl y Moch (*Potentilla erecta* Tormentil), y Frwynen Droellgorun (*Juncus squarrosus* Heath Rush), ac wrth gwrs, mwy a mwy o'r Migwyn (*Sphagnum*). Heb fod yn hollol mor amlwg, ond yn ddigon cyffredin roedd Grug y Mêl (*Erica cinerea* Bell Heather), Gwlithlys (*Drosera rotundifolia* Sundew), Tafod y Gors (*Pinguicula vulgaris* Butterwort), a'r Wibredynen (*Blechnum spicant* Hard-fern). Cefais ychydig o syndod o weld y Cnwp-fwsogl Alpaidd (*Diphasiastrum alpinum* Alpine Clubmoss) gan fy mod yn fwy cyfarwydd â'i weld ar fynyddoedd Eryri. Dau weiryn cyfarwydd oedd y Maeswellt Cyffredin (*Agrostis capillaris* Common Bent) a fy hoff weiryn o'r ucheldir, y Brigwellt Main (*Deschampsia flexuosa* Wavy Hair-grass) sy'n ddigon o ryfeddod pan fo'i frigau cochlas yn chwifio'n ysgafn yn yr awel.

Roedd y llyn ei hun yn edrych braidd yn oer a difywyd. Dyma enghraifft o lyn oligotroffig, yn asidig ac yn brin o faeth. Ar yr olwg gyntaf, doedd dim o gwbl yn tyfu yn y dŵr, ond o edrych yn ofalus ar y cerrig o dan fy nhraed hyd ymyl y llyn, roedd amryw o blanhigion bach wedi eu taflu ar y lan gan y gwynt a'r tonnau. Dyma'r Gwair Merllyn (*Isoetes* Quillwort). Mae'r Gwair Merllyn yn deulu bychan o blanhigion diflodau sy'n perthyn o bell i'r rhedyn a'r cnwp-fwsoglau. Mae *Isoetes echinospora* ar ffurf clwstwr o ddail main, yn amrywio o ychydig fodfeddi hyd at droedfedd neu fwy. Does dim blodau, ond mae'r sborau mewn peli bychain (*sporangia*), o'r golwg yng ngwaelod y dail. Mae'r Gwair Merllyn yn tyfu ar waelod caregog y llynnoedd clir yn yr ucheldir, yn bennaf yng Ngogledd Cymru, Ardal y Llynnoedd a'r Alban.

Ychydig yr ochr draw i'r llyn mae hafn ddofn, beryglys, gydag ochrau serth a cherrig rhydd. Gofynnir i ni gadw'n glir o'r fan honno.

5. Clastir Llanmerewig

Mae pentref bychan Llanmerewig i'r de o Aber-miwl, rhyw 3 milltir i'r gogledd-ddwyrain o'r Drenewydd, ychydig oddi ar yr A483

Ymddiriedolaeth Natur Maldwyn

SO 160 930

28 Awst 2007

Dyma warchodfa fechan o un cae yn unig, a grewyd yn unswydd i amddiffyn un planhigyn arbennig, Saffrwm y Ddôl (*Colchicum autumnale* Meadow Saffron). Dyma blanhigyn sydd â dosbarthiad anghyffredin. Mae'n tyfu yn siroedd Amwythig, Henffordd a rhai siroedd cyfagos, ynghyd â rhannau o Gymru yr ochr yma i'r ffin, gan gynnwys prin hanner dwsin o safleoedd yma yn Sir Drefaldwyn.

Hyd yn ddiweddar roedd Saffrwm y Ddôl yn aelod o deulu'r Lili, ond y mae bellach yn haeddu teulu iddo'i hun – y *Colchicaceae*. Mae'n flodyn lliwgar gyda chwe phetal mawr, o liw pinc golau, ar ben coesyn gwyn, hir. Mae'r blodyn yn ymddangos yn Awst a Medi, ond gwelir y dail yn y gwanwyn yn unig. Mae hwn yn blanhigyn gwenwynig iawn, a'r patrwm arferol oedd cymryd cnwd o wair ar ôl i ddail y Saffrwm farw a chrino, ac yna pori'r tir yn yr hydref. Yn ôl Trueman et. al. (1995) *Flora of Montgomeryshire*, darganfuwyd y safle hwn yn Llanmerewig wedi i ddwy heffer

Saffrwm y Ddôl (*Colchicum autumnale* Meadow Saffron), y blodyn hardd, ond gwenwynig, ar dir Clastir Llanmerewig ger Abermiwl. 28 Awst 2007.

(anner) farw ar ôl pori'r cae yn y gwanwyn. Yn 1944 cafwyd taflen ar gyfer ffermwyr gan y Weinyddiaeth Amaeth yn dweud pa mor wenwynig yw Saffrwm y Ddôl, yn arbennig i wartheg a moch, ac yn eu hannog i gael gwared o'r planhigyn mewn tir pori, trwy losgi'r dail, y blodau a'r gwreidddiau.

Gelwir y safle hwn yn Glastir Llanmerewig. Ystyr clastir (*glebe land*) yw tir yn perthyn i'r egwys neu i'r clas, sef teulu'r fynachlog neu'r cwfaint. Mae cryn ansicrwydd ynglŷn â'r enw Llanmerewig. Efallai nad y gair llan sydd yma o gwbl, a does dim sôn am unrhyw Sant Merewig. Efallai mai 'llam yr ewig' oedd yr enw gwreiddiol yn ôl y daflen wybodaeth a gefais yn yr eglwys. Sut bynnag, mae'r llecyn yn un hyfryd, ac mae'r blodau'n rhyfeddol, yn tyfu yma ac acw ledled y cae. Pan oeddwn i yno yn 2007 cyfrifais rhyw 70 ohonynt, a dywedir fod yno lawer mwy erbyn hyn.

6. Camlas Trefaldwyn

O Lanymynech i'r Drenewydd, gyda nifer o safleoedd, e.e.
Pentrheilyn SJ 25 19
Burgedin Locks SJ 25 14
Red House SJ 24 14
Tal-y-Bont (Buttington) SJ 240 089
Cefais gyfle i ymweld â rhannau o'r gamlas amryw o weithiau rhwng 1970 a 2013

Agorwyd rhan o Gamlas Trefaldwyn gyntaf yn 1797, o Garreghwfa i Garthmyl, ac yna i'r Drenewydd yn 1819. Ar y cychwyn, cario cerrig calch a glo oedd y prif bwrpas, ynghyd â nwyddau cyffredinol, ond pan ddaeth cystadleuaeth gan y rheilffordd, collwyd y frwydr yn raddol a chaewyd Camlas Trefaldwyn yn swyddogol yn 1944. O dipyn i beth daeth yr awydd i adfer rhannau o'r gamlas, a gwnaed llawer o waith gwirfoddol, ac erbyn hyn mae dwy ran yn agored, sef 7 milltir yn y gogledd ger Camlas Llangollen a 17 milltir yn ardal y Trallwng, ac mae'r gwaith yn parhau. Gan fod natur wedi tyfu'n ddirwystr pan gaewyd y gamlas mae rhannau ohoni bellach wedi eu dynodi'n Ardal o Ddiddordeb Gwyddonol Arbennig, ac mae nifer o Warchodfeydd wedi eu dynodi yma ac acw. Ceir llawer o'r manylion yn Trueman et. al. (1995) *Flora of Montgomeryshire*.

Mae'r Gamlas yn un o safleoedd botanegol pwysicaf y sir ac yn gartref

Brenhines y Weirglodd (*Filipendula ulmaria* Meadowsweet) a'r Helyglys Pêr (*Epilobium hirsutum* Great Willowherb) ar Gamlas Trefaldwyn, 1 Gorffennaf 2011.

391

i amryw o blanhigion prin iawn. Mor
gynnar â 1933 nodwyd Llyriad y Dŵr
Arnofiol (*Luronium natans* Floating
Water-plantain), yna Dyfrllys Cywasg
(*Potamogeton compressus* Grass-wrack
Pondweed) yn 1936, a Dyfrllys
Hirgoes (*Potamogeton praelongus* Long-
stalked Pondweed) yn 1941. Dros y
blynyddoedd bu sawl arolwg manwl
o'r planhigion, a chafwyd
ymgyrchoedd di-rif i achub y gamlas,
a heddiw, mae'n lloches i nifer fawr o
blanhigion y dŵr, llawer iawn
gormod i'w rhestru yma. Rhaid
bodloni ar un neu ddau o'r rhai sy'n
haeddu'r prif sylw: Cegiden y Dŵr
(*Oenanthe crocata* Hemlock Water-
dropwort), un o deulu'r Moron
(*Apiaceae* neu *Umbelliferae*) sy'n
blanhigyn digon cyffredin ond yn
hynod o wenwynig, Gwrnerth y
Dŵr (*Scrophularia auriculata* Water
Figwort), Melyswellt y Gamlas
(*Glyceria maxima* Reed Sweet-grass),
gweiryn mawr, tal, sy'n hynod o
gyffredin mewn ambell fan, Llysiau'r
Sipsiwn (*Lycopus europaeus*
Gypsywort), planhigyn gweddol dal
gyda dannedd amlwg ar y dail, sy'n
aml y cyntaf i ymddangos ar dir
gwlyb. Gadewch inni orffen efo dau
o'r planhigion enwog, ond prin
ryfeddol yng Nghymru, sef Ffugalaw
Bach (*Hydrocharis morsus-ranae*
Frogbit) a'r hawsaf oll i'w hadnabod,
y Gellesgen Bêr (*Acorus calamus*
Sweet-flag). Mae'r gamlas bellach yn
ferw o blanhigion diddorol; gallwch
dreulio hanner oes yn crwydro'n ôl a
blaen!

Mae'r Ffugalaw Bach (*Hydrocharis morsus-ranae* Frogbit),
yn hynod o brin yng Nghymru.

Ar Gamlas Trefaldwyn yn Buttington y gwelais i'r
Gellesgen Bêr (*Acorus calamus* Sweet-flag) gyntaf, a
hynny ym mis Gorffennaf 2011.

7. Llyn Mawr
Rhyw ddwy filltir i'r gogledd o ffordd yr A470 o'r Drenewydd i Fachynlleth, rhwng Caersws a Charno
Ymddiriedolaeth Natur Maldwyn
SO 009 971
Haf 1984

Dyma lyn braf o ryw 20 acer allan yng nghanol y wlad, ar uchder o 1,250 troedfedd. I'r gogledd mae rhai milltiroed o dir agored, gyda Chwm Nant yr Eira i'r chwith, a nifer o gymoedd yn arwain oddi ar y tir uchel at bentrefi Llanerfyl, Llangadfan, a'r Foel yn Nyffryn Banw. Gyda llaw, mae'r awdurdodau iaith yn dweud mai'r ffurf lafar 'Banw' sy'n gywir, ac nid 'Banwy' fel a welir ar y mapiau.

Llyn Mawr, rhyw ddwy filltir o Gaersws.

Nid yw Llyn Mawr mor asidig â llawer o lynnoedd yr ucheldir, ac o'r herwydd mae yma well amrywiaeth o flodau gwyllt. Wrth reswm, mae planhigion y gors a'r rhostir yma mewn digonedd – Rhedyn, Brwynen Babwyr a Brwynen Droellgorun, Grug Deilgroes, Glaswellt y Gweunydd (*Molinia*), Tresgl y Moch (*Potentilla erecta* Tormentil) a mwy na digon o'r Migwyn (*Sphagnum*). Ond y mae yma hefyd amrywiaeth yn y llyn ei hun, a sylwais ar y Dyfrllys Llydanddail (*Potamogeton natans* Broad-leaved Pondweed) sy'n awgrymu fod digon o faeth yn nŵr y llyn, Dail Ceiniog y Gors (*Hydrocotyle vulgaris* Marsh Pennywort), Marchrawn y Dŵr (*Equisetum fluviatile* Water Horsetail), Lili'r-dŵr Felen (*Nuphar lutea* Yellow Water-lily), Sgorpionllys Ymlusgol (*Myosotis secunda* Creeping Forget-me-not) a Helyglys y Gors (*Epilobium palustre* Marsh Willowherb).

Roedd Lili'r-dŵr Felen (*Nuphar lutea* Yellow Water-lily) i'w gweld yn Llyn Mawr yn ôl yn 1984.

Mae rhai o'r rhain yn ymylu at fod yn blanhigion y gors yn hytrach na'r llyn agored, a gwelwn blanhigion fel Ysgallen y Gors (*Cirsium palustre* Marsh Thistle), Llafn y Bladur (*Narthecium ossifragum* Bog Asphodel), a'r Gwlithlys (*Drosera rotundifolia* Sundew) sy'n enwog am ddal pryfed mân. Chwiliwch am y Frwynen Gymalog (*Juncus articulatus* Jointed Rush) a thynnwch eich bawd ar hyd y frwynen ac fe deimlwch y cymalau gyda'ch ewin – dyna ystyr yr enw 'cymalog' yn y tair iaith. Wrth ddod at rhyw godiad tir mae'r ddaear fymryn yn sychach a dyma gynefin y Rhedyn ac ambell swp o'r Eithin Mân (*Ulex gallii* Western Gorse) sydd, gyda llaw, yn blodeuo'n ddiweddarach yn y flwyddyn na'r Eithin Cyffredin (*Ulex europaeus* Common Gorse).

Mae blynyddoedd er pan fûm yn crwydro ardal Llyn Mawr, ond mae'r atgof yn dal yn fyw – cwmni'r blodau gwyllt a chri'r Gylfinir yn y pellter; gobeithio ei bod hithau yn dal i gyrraedd yno bob haf.

8. Cors ar Ddyfi
Rhyw 3 milltir go dda i'r de o Fachynlleth, oddi ar yr A487
Ymddiriedolaeth Natur Maldwyn
SN 701 985
21 Mehefin 2013

Dyma warchodfa o 33 acer sydd wedi dod i amlygrwydd oherwydd ei llwyddiant i ddenu Gwalch y Pysgod i nythu yno'n llwyddiannus er 2011. Mae yno le hwylus i weld yr adar o guddfan arbennig, a llwybr braf o gwmpas gwlyptir y warchodfa.

Mae hanes rhyfeddol i'r safle. Morfa heli oedd yma'n wreiddiol, sef rhan o aber Afon Dyfi. Bu'n dir pori am gyfnod ac yna plannwyd coed conwydd yma. Yna, ar ôl rhyw ddeng mlynedd ar hugain, prynwyd y safle gan yr Ymddiriedolaeth, ac yn 1996

Unwaith y byddwch wedi arogli'r Gwyrddling (neu'r Helygen Fair – *Myrica gale* Bog Myrtle) go brin y byddwch yn anghofio.

torrwyd y coed fel y cam cyntaf i adfer natur gynhenid y tir. Bellach mae yma amrywiaeth o gynefinoedd, cors, mignen, coedydd gwlyb, a llynnoedd. Mae'r coed Helyg, Gwern a Bedw yn lledaenu'n naturiol ac mae yma lennyrch o Eithin a llwyni amrywiol. Bwriad hyn i gyd yw creu llecyn i ddenu pob math o fywyd gwyllt, yn blanhigion a chreaduriaid. Gofal am y rhain sy'n cael y flaenoriaeth ond y mae gwahoddiad i'r cyhoedd ddod i fwynhau, i ddysgu ac i werthfawrogi byd natur.

Oherwydd yr holl amrywiaeth, mae dros gant o wahanol blanhigion wedi cartrefu yn y Warchodfa. Un rheswm am hyn yw bod y mawn a'r pridd gwlyb yn cael ei gorddi gan draed y Byfflo Dŵr. Roedd dod wyneb yn wyneb ag un o'r rhain pan oeddwn i yno yn brofiad rhyfedd, a dweud y lleiaf! Mae'n amlwg eu bod yn eu helfen yng nghanol yr holl wlybaniaeth ac wedi cartrefu'n braf yn eu cynefin newydd.

Mae'n siwr mai'r planhigyn sy'n debycaf o dynnu'ch sylw wrth ddilyn y llwybr troed yw'r Gwyrddling (*Myrica gale* Bog Myrtle neu Sweet Gale), ac enwau eraill arno yn Gymraeg yw Helygen Fair a Myrtwydd y Gors. Mae'n gyffredin yn yr Alban a rhannau o ogledd Lloegr ac yng ngogledd-orllewin Cymru. Nodwedd amlycaf y *Myrica* yw ei aroglau, ac mae wedi aros yn fyw yn fy nghof ers y tro cyntaf i mi ddod ar draws y planhigyn flynyddoeddoedd yn ôl. Dywedir iddo gael ei ddefnyddio wrth baratoi sebon, hefyd i gadw piwiaid (*gnats*) draw, i roi blas ar gwrw, i wella'r felan (*anti-depressant*), ac yn y gegin wrth baratoi bwyd; yn sicr mae wedi cartrefu'n dda yma yn y Warchodfa. Ar fy ymweliad i, dyma rai o'r planhigion eraill a dynnodd fy sylw: Llysiau'r-Milwr Coch (*Lythrum salicaria* Purple Loosestrife), Y Gellesgen neu'r Iris Felen (*Iris pseudacorus* Yellow Flag Iris), Carpiog y Gors (*Lychnis flos-cuculi* Ragged-Robin), y Llafnlys Bach, (*Ranunculus flammula* Lesser Spearwort) a Phumnalen y Gors (*Comarum (Potentilla) palustris* Marsh Cinquefoil). A gwelais Walch y Pysgod yn y pellter, ac mi glywais y Gog!

9. Roundton Hill
Rhyw filltir a hanner i'r gogledd-ddwyrain o'r Ystog (*Church Stoke*).
Anelwch am Old Church Stoke a dilynwch arwyddion yr hwyaden frown
Gwarchodfa Ymddiriedolaeth Natur Maldwyn
SO 29 95
6 Medi 2012

Mae Rounton Hill ar gyrion Sir Drefaldwyn, bron ar y ffin â Sir Amwythig. Gwarchodfa o ryw 80 acer sydd yma, gyda'r bryn crwn a'i fryngaer o Oes yr Haearn, yn ganolbwynt. Bu cloddio am blwm yma yn y gorffennol, ond heddiw, mae'n llecyn tawel mewn gwlad brydferth gyda golygfeydd hyfryd.

Mae yma gymysgedd o greigiau folcanig, rhai calchaidd a rhai asidig, ac felly mae'r planhigion yn amrywio. Mae ochrau'r bryn yn serth ac yn garegog, ac yn sychu'n gyflym yn yr haf, a thuedd felly i rai

Mae Gwarchodfa Roundton Hill bron iawn ar y ffin â Sir Amwythig. Rhaid mynd yno'n gynnar yn y flwyddyn i weld rhai o'r blodau mân, cyn i wres yr haul eu deifio ar y pridd tenau. Medi 2012

o'r planhigion losgi neu ddeifio yng ngwres yr haul. Sylwais yn syth ar Chwerwlys yr Eithin (*Teucrium scorodonia* Wood Sage) yn tyfu'n drwch rhwng y cerrig rhydd ar y sgri. Dyma blanhigyn sydd â dawn ryfeddol i ddal ei dir mewn lleoedd serth, ansicr. Roedd yma ddigon o'r Briwydd Felen (*Galium verum* Lady's Bedstraw) a'i berthynas, Llysiau'r Groes (*Cruciata laevipes* Crosswort), y ddau yn dueddol i ffafrio pridd alcaliaidd, ond hefyd doedd dim prinder o Fysedd y Cŵn (*Digitalis purpurea* Foxglove) a'r gweiryn Brigwellt Main (*Deschampsia flexuosa* Wavy Hair-grass) – y rhain yn blanhigion tir asidig.

Mae'n debyg mai'r planhigion mwyaf nodweddiadol o'r cynefin sych, eithafol hwn, oedd blodau bach, unflwydd fel Berwr y Bugail (*Teesdalia nudicaulis* Shepherd's Cress) a Chlust-y-Llygoden Syth (*Moenchia erecta* Upright Chickweed). Mae'r rhain yn blanhigion bychain, unflwydd sy'n tyfu yn y gwanwyn, cyn i wres yr haul eu llosgi'n grimp. Ni allant gystadlu â phlanhigion cryfach, na byw mewn tir sy'n cael ei bori. Yn anffodus, mae'r rhain a'u tebyg yn ddistadl a disylw, a go brin y buasai'r teithiwr cyffredin yn sylwi arnynt heb sôn am gyffroi rhyw lawer! Ond na phoener, roedd hwn yn llecyn braf iawn. Sylwais fod y coed Ynn ifanc yn tyfu'n gryf, ac roedd yma ddigon o Glychau'r Eos lliwgar i godi'r galon.

10. Gregynog
Ger pentref Tregynon, 5 milltir i'r gogledd o'r Drenewydd, oddi ar y B4389
Canolfan Gynadledda Prifysgol Cymru, a Gwarchodfa Natur Genedlaethol SO 08 97
6 Medi 2012

Dyma lecyn cwbl wahanol i'r gweddill o'n cyrchfannau yn Sir Drefaldwyn. Adeilad hardd sydd yma, a fu unwaith yn ganolbwynt stad, ac sydd bellach yn Ganolfan Gynadledda Prifysgol Cymru. O gwmpas y tŷ mae 750 acer o dir, yn cynnwys gerddi ffurfiol, llynnoedd addurnol ac amrywiaeth o goedydd, a dywedir bod rhai o'r coed Derw dros 350 mlwydd oed.

O flaen y tŷ mae lawnt eang, a'r tu draw, mae llechwedd gydag amrywiaeth mawr o goed a blannwyd, mae'n debyg, oddeutu 1890. Pan oeddwn yno, cefais daflen ddefnyddiol yn darlunio ac yn enwi pob coeden, sef rhyw ddau ddwsin o goed

Y Gedrwydden Goch (*Thuja plicata 'Zebrina'* Western Red-cedar) ar y lawnt o flaen Plas Gregynog. Dywedir mai hon yw'r fwyaf o'i bath ym Mhrydain. Medi 2012

Y gwrych addurnol o goed Yw yng Ngregynog. Mae rhai yn dotio – ac eraill yn wfftio. Medi 2012

conwydd, ac ychydig llai na hynny o goed llydanddail. Yn dilyn traddodiad y stadau mawr, mae llawer o'r rhain yn goed estron, o lawer cwr o'r byd; rhai yn enwog megis y Wellingtonia anferth o'r Unol Daleithiau, a'r Cas Gan Fwnci (*Araucaria araucana* Monkey-puzzle neu Chile Pine) o Dde America. Mae eraill yn ddieithr (i mi, beth bynnag) megis y goeden Hiba (*Thujopsis dolabrata*) o Japan.

Y goeden sy'n cael y lle blaenaf, o flaen y tŷ, yw *Thuja plicata 'Zebrina'* sef amrywiad arbennig o'r Gedrwydden Goch (Western Red-cedar) o orllewin Gogledd America, coeden fawr, bigfain, gyda lliw euraidd, ac mae Gregynog yn falch ohoni gan ei bod yn 80 troedfedd o uchder, y fwyaf o'i bath ym Mhrydain. Mae hon yn cystadlu am sylw efo'r gwrych addurnol enwog o goed Yw, rhwng y plasty a'r lawnt isaf, hwn hefyd o ryw liw melynwyrdd – nid at ddant pawb. Os ydych yn ymhyfrydu mewn coed, go brin y bydd diwrnod cyfan yn ddigon yng Ngregynog.

11. Craig y Breiddin
Bryn amlwg, rhyw 5 milltir i'r gogledd-ddwyrain o'r Trallwng, rhwng yr A483 a'r A458
SJ 29 14

Mae Craig y Breiddin yn un o nifer o fryniau, gan gynnwys Cefn y Castell a Moel y Golfa, ar y ffin rhwng Sir Drefaldwyn a Sir Amwythig. Mae Craig y Breiddin yn 1,200 troedfedd (365m), a Moel y Golfa ychydig yn uwch. Mae Twr Rodney i'w weld yn amlwg ar y copa. Llyngesydd oedd y Sais Syr George Brydges Rodney, a chodwyd y twr yn 1781 i nodi mai coed derw o'r ardal hon a ddefnyddiwyd i adeiladu ei longau. Mae'r bryniau'n hawdd eu gweld o gryn bellter am eu bod gymaint yn uwch na gwastadedd Afon Hafren o'u cwmpas. Hen fynydd folcanig sydd yma, ac ar y llethr mae olion hen fryngaer o Oes yr Haearn. Heddiw, ar yr ochr orllewinol, mae chwarel fawr y Crugion yn cloddio i'r graig am gerrig ar gyfer gwaith ffyrdd.

Ffurfiwd y creigiau folcanig hyn yn ystod y cyfnod Ordofigaidd rhyw 450 miliwn o flynyddoedd yn ôl. Cruglwyth enfawr o'r graig *dolerit* yw'r Breiddin, craig galed, igneaidd yn debyg yn gemegol i *gabro* a *basalt,* a wthiwyd i fyny o grombil y llosgfynydd drwy nifer o greigiau eraill i ffurfio cromen a elwir yn *laccolith*. Yr hyn a welwn heddiw yw'r craidd caled, wedi i lawer o'r creigiau gwaddodol, meddalach, ddiflanu gan erydiad.

Oherwydd natur y graig, ac ansawdd y gwahanol briddoedd, mae planhigion y Breiddin yn hynod, a bron y gallem ddweud, yn unigryw. Efallai mai'r hynodrwydd pennaf yw'r cymysgedd o blanhigion calchgar (*calcicole*) a chalchgas (*calcifuge*) sy'n digwydd yma. Y planhigion calchgar yw'r rhai sy'n nodweddiadol o briddoedd calchog, megis Pig-yr-aran Ruddgoch (*Geranium sanguineum* Bloody Crane's-bill), Penrhudd (*Origanum vulgare* Wild Marjoram), y Cor-rosyn Cyffredin (*Helianthemum nummularium* Common Rock-rose) a'r Clafrllys Bach (*Scabiosa columbaria* Small Scabious). I'r gwrthwyneb, y rhai sy'n dueddol i osgoi priddoedd calchog yw'r rhai calchgas (*calcifuge*), megis y Grug (*Calluna vulgaris* Heather) a Grug y Mêl (*Erica cinerea* Bell Heather). Weithiau, mae'r patrwm yn glir, a'r gwahaniaeth rhwn y ddau fath yn eithaf pendant, ond dro arall ymddengys fod y calchgar a'r calchgas yn cyd-dyfu. Gall hyn ddigwydd pan fo haen o bridd asidig yn gorwedd uwchben pridd calchog, a bod y planhigion calchgas yn gwreddio yn yr haen uchaf, tra bod gwreiddiau y rhai calchgar yn tyfu i lawr at y pridd calchog oddi isod. Ond yma ar y Breiddin, mae'r sefyllfa'n wahanol, gyda'r priddoedd a'r planhigion yn ffurfio mosaig neu frithwaith amrywiol a chymhleth. Ymddengys fod yr amrywiaeth o pH, a'r gwahanol lefelau o potasiwm (K) a chalsiwm (Ca) yn y pridd, ynghyd â'r gwahanol elfennau amgylcheddol i gyd yn rhyngweithio i greu'r patrwm hynod o blanhigion a welwn ar ochr y bryn. Ceir triniaeth fanwl gan Jarvis (1974).

Mae Craig y Breiddin hefyd yn enwog am gasgliad o blanhigion prin iawn, sy'n tyfu ar y creigiau ar ochr y bryn. Y rhai prinnaf, ac enwocaf yw'r Rhwyddlwyn Pigog (*Veronica spicata* Spiked Speedwell), Pumnalen y Graig (*Potentilla rupestris* Rock Cinquefoil), a'r Lluglys Gludiog (*Lychnis viscaria* Sticky Catchfly). Gwaetha'r modd, mae gwaith chwarel fawr y Crugion yn gryn fygythiad i'r blodau prin, yn enwedig i'r ddau olaf. Mae ardal y chwarel yn hynod beryglus, a does dim mynediad i'r cyhoedd.

Mae'r Rhwyddlwyn Pigfain (*Veronica spicata* Spiked Speedwell) yn un o'n trysorau botanegol yng Nghymru. Daeth Edward Llwyd ar ei draws ar y Breiddin tua 1680. Mae'n dal yno, ond collwyd rhai safleoedd oherwydd gwaith y chwarel.

Llyfryddiaeth

Carter, P W (1946) Botanical Exploration in Montgomeryshire, *Montgomeryshire Collections* 46

Jarvis, S C (1974) Soil Factors Affecting the Distribution of Plant Communities on the Cliffs of Craig Breidden, Montgomeryshire, *Journal of Ecology* 62, No.3, Nov.1974, 721-733

Macnair, Janet (1977) *Plants of Montgomeryshire*

Trueman, Ian; Moreton, Alan; Wainwright, Marjorie (1995) *The Flora of Montgomeryshire*

Wade, A E and Webb, J A (1943) Montgomeryshire Plant Records *North Western Naturalist* XVIII, 1, 2

PENNOD 37

SIR FEIRIONNYDD (VC 48)

Myned adre i mi sy raid,
Mae'r enaid ym Meirionnydd.

Lewis Morris

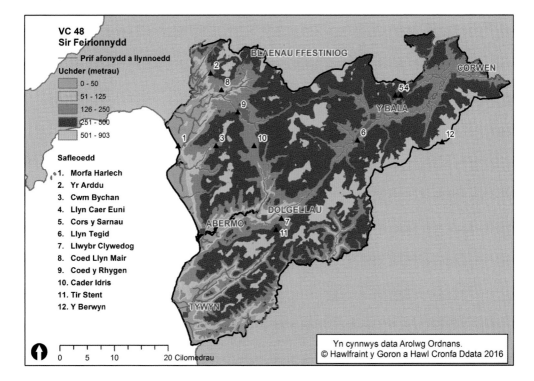

VC 48
Sir Feirionnydd
— Prif afonydd a llynnoedd
Uchder (metrau)
- 0 - 50
- 51 - 125
- 126 - 250
- 251 - 500
- 501 - 903

Safleoedd

1. Morfa Harlech
2. Yr Arddu
3. Cwm Bychan
4. Llyn Caer Euni
5. Cors y Sarnau
6. Llyn Tegid
7. Llwybr Clywedog
8. Coed Llyn Mair
9. Coed y Rhygen
10. Cader Idris
11. Tir Stent
12. Y Berwyn

0   5   10   20 Cilomedrau

Yn cynnwys data Arolwg Ordnans.
© Hawlfraint y Goron a Hawl Cronfa Ddata 2016

A siarad yn fras, mae tair ochr i Sir Feirionnydd, ac yn y tair cornel mae Blaenau Ffestiniog, Corwen a Thywyn, neu, a bod ychydig yn fanylach, Croesor, Glyndyfrdwy ac Aberdyfi, gyda'r Bala a Dolgellau yn fwy canolog. Dyma'r sir ail fwyaf mynyddig yng Nghymru, ar ôl Sir Gaernarfon, gyda Chader Idris, y ddwy Aran, Yr Arenig, Y Berwyn, Y Moelwyn, a'r Rhinogydd. Mae bron y cyfan o greigiau'r sir yn perthyn i'r oesoedd Cambriaidd, Ordofigaidd a Silwraidd, yn hen, yn galed a chyda dim ond ambell awgrym o greigiau calchog yma ac acw.

Braslun o gynefinoedd y sir (yn rhannol o Benoit & Richards, 1963)

Porfa asidig, gyda Maeswellt Cyffredin (*Agrostis capillaris* Common Bent) a Pheiswellt y Defaid (*Festuca ovina* Sheep's-fescue) yw'r llystyfiant mwyaf cyffredin yn Sir Feirionnydd, o'r arfordir i bennau'r mynyddoedd, yn ymestyn am filltiroedd yn yr ucheldir, gyda Rhedyn, Grug ac Eithin yn gyffredin iawn mewn mannau. Fel mewn amryw o siroedd eraill, ceir llawer o dir mawnog gyda'r Gawnen Ddu, Plu'r Gweunydd a'r Frwynen Babwyr yn bennaf ar y corsydd a'r

Dyma ardal Cwm Bychan, rhyw bedair milltir o Harlech, ac i'r gogledd o'r Rhinogydd. Mae'r creigiau a'r coed, y rhostir a'r llechweddau serth yn nodweddiadol o lawer o Sir Feirionnydd. Mai 2007

rhostir, ac wrth gwrs, ar y tir gwlypaf mae'r Migwyn yn teyrnasu ynghyd ag amrywiaeth o Hesg (*Carex*) a'r planhigion cigysol, sef y Gwlithlys a Thafod y Gors. Mae yma hefyd rai o'r corgorsydd (*raised bogs*), er enghraifft ger Llyn Cynwch, a Llyn Gwernan, a'r gors ger Arthog lle ceir Andromeda'r Gors (*Andromeda polifolia* Bog-rosemary) a'r Gwlithlys Hirddail (*Drosera intermedia* Oblong-leaved Sundew).

Mae Sir Feirionnydd yn enwog am ei llechweddau coediog, yn enwedig o'r Dderwen Fes Di-goes (*Quercus petraea* Sessile Oak). Mae'r rhain, er enghraifft yn ardaloedd Maentwrog a'r Ganllwyd, yn enwog am eu mwsoglau a'u rhedyn prin fel y Rhedynach Teneuwe (*Hymenophyllum* Filmy-ferns).

Mae ymhell dros gant o lynnoedd yn y sir, o Lyn Tegid, y llyn naturiol mwyaf yng Nghymru, i lawr at y dwsinau o fân lynnoedd yn y mynyddoedd, llynnoedd mawnog, asidig yn bennaf, gyda phlanhigion nodweddiadol megis y Beistonnell Ferllyn (*Littorella uniflora* Shoreweed), Bidoglys y Dŵr (*Lobelia dortmanna* Water Lobelia) a'r Gwair Merllyn (*Isoetes lacustris* Quillwort).

Yn y gorllewin, ar yr arfordir, mae dwy ardal enfawr o dwyni tywod, Morfa Harlech a Morfa Dyffryn, y ddwy wedi eu dynodi yn Warchodfeydd Natur Cenedlaethol (Gradd 1) ers blynyddoedd. Mae yma gyfoeth mawr o blanhigion yn y ddwy ardal. Ar y glannau, mae yna hefyd sawl morfa heli, yn bennaf ar aberoedd afonydd Dwyryd, Artro a Mawddach.

Rhai o'r cymeriadau a fu'n chwilio am flodau yn Sir Feirionnydd
(Am fwy o fanylion gweler Carter, 1955)
Mor gynnar â 1639 darllenwn am **Thomas Johnson** (? – 1644) yr apothecari o Lundain (ond a anwyd yn Swydd Efrog) yn teithio trwy Ogledd Cymru yn dilyn ei awydd i ddod o hyd i'r planhigion meddyginiaethol, y ' llysiau llesol'. Cyrhaeddodd Harlech, lle darganfu'r Frwynen Lem (*Juncus acutus* Sharp Rush), brwynen brin iawn sy'n dal i dyfu yno, a gwelodd Furwyll Arfor (*Matthiola sinuata* Sea Stock) ar y creigiau yn Aberdyfi.

Yn 1639 daeth Thomas Johnson o hyd i'r Frwynen Lem (*Juncus acutus* Sharp Rush) yn Harlech. Mae'n dal i dyfu yno rhwng y twyni tywod.

John Ray yn 1658, oedd y cyntaf i weld Ffenigl Elen Luyddog (*Meum athamanticum* Spignel), un o blanhigion prinnaf Cymru. Mae'n tyfu ar y Garneddwen, rhwng Llanuwchllyn a Rhydymain. Gorffennaf 2011

Yn 1658 bu'r enwog **John Ray** (1627-1705) yn y sir. Dringodd Gader Idris a daeth o hyd i'r Tormaen Serennog (*Saxifraga stellaris* Starry Saxifrage) a'r Gronnell (*Trollius europaeus* Globeflower), a nododd fod rhyw henwr wedi dweud wrtho fod Ffenigl Elen Luyddog (*Meum athamanticum* Spignel), un o blanhigion prinnaf Cymru, yn tyfu rhwng Y Bala a Dolgellau. Mae'n dal yno, ar y Garneddwen, rhwng Llanuwchllyn a Rhydymain, ac yn 2011 cefais y fraint o fynd i'w weld, trwy garedigrwydd ffermwr lleol.

Rydym wedi cyfeirio at **Edward Llwyd** (1660-1709) yn gyson, a gwnaeth yntau gyfraniad gwerthfawr i'n gwybodaeth o blanhigion Sir Feirionnydd. Bu yntau ar Gader Idris a chofnododd ymhlith amryw eraill Suran y Mynydd (*Oxyria digyna* Mountain Sorrel), Pren y Ddannoedd (*Sedum rosea* Roseroot) a'r Arianllys Bach (*Thalictrum minus* Lesser Meadow-rue). Mae'n rhaid bod Llwyd yn bur gyfarwydd â'r mynyddoedd, oherwydd mewn llythyr at Gymro arall, David Lloyd, Blaen-y-Ddôl, ym Meirionnydd, soniodd fod Aran Benllyn yn lle da i chwilio am flodau, gan fod yma gymaint o rai prin, cystal â Chader Idris a gwell na Phumlumon.

Dau arall a fu'n chwilota ym Meirionnydd oedd **J J Dillenius** (1684-1747), Athro Botaneg yn Rhydychen, a'i gyfaill **Samuel Brewer** (1670-1742). Ar ôl cwyno am y tywydd (does dim yn newydd!) dyma fentro i ben Cader Idris, taith a ddisgrifiwyd fel '3 or 4 Welsh miles walk'. Beth, tybed oedd yn arbennig am filltiroedd Cymru? Gwelsant Redynen Bêr y Mynydd (*Oreopteris limbosperma* Lemon-scented Fern), y gweiryn Peiswellt Bywhiliog (*Festuca vivipara* Viviparous Sheep's-fescue) a gwnaethant y cofnod cyntaf ym Mhrydain o'r Eurinllys Pedronglog (*Hypericum tetrapterum* Square-stalked St John's-wort).

Un o'r Cymry enwog a gysylltir â'r sir yw **Dr John Davies** (c.1567-1644), Mallwyd. Roedd yn hanu o Lanferres ger Yr Wyddgrug, ond treuliodd y rhan fwyaf o'i oes yn rheithor Mallwyd. Cofiwn amdano fel un o ysgolheigion mwyaf Cymru (roedd ganddo dair gradd o Rydychen), a bu'n cynorthwyo William Morgan, cyfieithydd y Beibl, ar un adeg. Ond yr oedd hefyd yn fotanegydd, a chyhoeddodd restr o blanhigion yn ei *Botanologium* yn seiliedig ar waith Meddygon Myddfai. Mae Thomas Pennant, y naturiaethwr o Sir Fflint yn cyfeirio at yr Ywen anghyffredin ym mynwent Mallwyd.

Ymhlith y naturiaethwyr a fu yn y sir, does yr un enwocach na **Charles Darwin** (1809-1882). Bu yn y Bermo fwy nag unwaith, a thalwyd teyrnged

Mae'r Erwain Dail Helyg (*Spiraea salicifolia* Bridewort) yn gyffredin yn y gwrychoedd yn ardal y Bala a Cherrigydrudion. Gall y blodau fod yn binc neu'n wyn. Yr enw lleol yw Gwrych Sbrias. Fron-goch 1991

iddo gan un o'i gydnabod, a ddywedodd mai Darwin fu'n gyfrifol am ddeffro ei ddiddordeb oes mewn planhigion. Ei eiriau oedd 'He inoculated me with a taste for Botany, which has stuck by me all my life'. Bu Darwin a'i deulu yn yr ardal yn 1869, yn aros yng Nghaerdeon, rhwng y Bermo a Llanelltud, ac mae'n ddiddorol sylwi fod y tŷ yn cael ei ddefnyddio ar hyn o bryd (2015) fel canolfan i fotanegwyr y sir.

Un o Sir Amwythig oedd Darwin, a rhaid cyfeirio at un arall o'r sir honno, **Charles Cardale Babington** (1809-1895), a anwyd yn Llwydlo yn yr un flwyddyn â Darwin. Bu Babington yn Athro Botaneg yng Nghaergrawnt. Bu'n teithio o gwmpas Dolgellau, Trawsfynydd, Ffestiniog a'r Bala, a chofnododd amryw o blanhigion diddorol, yn eu plith Trilliw y Mynydd (*Viola lutea* Mountain Pansy), Ysgol Jacob (*Polemonium caeruleum* Jacob's-ladder) ac Erwain Dail Helyg (*Spiraea salicifolia* Bridewort).

Yn ei drafodaeth o fotanegwyr y 19 ganrif mae P W Carter (1955) yn enwi nifer fawr a fu wrthi yn crwydro, yn sylwi ac yn cofnodi ym Meirionnydd, pobl fel Arthur Aiken, William Bingley, John Evans, Walter Davies, Richard Fenton, John Wynne Griffith, W Moyle Rogers a llawer mwy. Cyfeiria'n arbennig at **Augustin Ley** (1842-1911), un arall o'r Personiaid Botanegol a fu wrthi'n ddiwyd yn llysieua mewn amryw o siroedd Cymru. Cyhoeddodd restr o dros 240 o rywogaethau yn Sir Feirionnydd, yn cynnwys Corfiaren (*Rubus saxatilis* Stone Bramble), Cegiden Dail Persli (*Oenanthe lachenalii* Parsley Water-dropwort), Gwylaeth-yr-Oen Meinffrwyth (*Valerianella dentata* Narrow-fruited Cornsalad), Berwr-y-cerrig Blewog (*Cardamine hirsuta* Hairy Rock-cress) a Lili'r Dŵr Fach (*Nuphar pumila* Least Water-lily).

Yn Lerpwl y ganwyd **David Angell Jones** (1861-1936) ond bu'n athro ysgol ym Machynlleth ac yn Harlech. Yn 1898 enillodd y wobr gyntaf yn yr Eisteddfod Genedlaethol ym Mlaenau Ffestiniog am ei *Flora of Merioneth*. Roedd D A Jones yn awdurdod Prydeinig ar y mwsoglau, ond yr oedd ganddo hefyd lygad craff i ddod o hyd i flodau prin yn y sir, yn eu plith: Crafanc-y-Frân Wyntyllog (*Ranunculus circinatus* Fan-leaved Water-crowfoot), Meillionen Arw (*Trifolium scabrum* Rough Clover), Crwynllys y Maes (*Gentianella campestris* Field Gentian) a Llysiau Solomon (*Polygonatum multiflorum* Solomon's-seal). Yn

David Angell Jones

y gyfrol *Merionethshire*, sef un o'r gyfres *Cambridge County Geography Series*, gan A Morris, cydnabyddir cyfraniad D A Jones a Thomas Ruddy i'r bennod ar blanhigion y sir. Sonnir yn arbennig am y rhedyn, gan gynnwys Rhedynen Bersli (*Cryptogramma crispa* Parsley Fern), Rhedynen Gorniog (*Phegopteris connectilis* Beech Fern), Rhedynach Teneuwe Tunbridge (*Hymenophyllum tunbridgense* Tunbridge Filmy-fern), Duegredynen Fforchog (*Asplenium septentrionale* Forked Spleenwort) a'r Rhedynen Gelyn (*Polystichum lonchitis* Holly Fern) yn ogystal â nifer o rywogaethau mwy cyffredin.

Cyn cloi'r adran hon, rhaid cyfeirio at waith **Evan Price Evans** (1880-1959). Cyhoeddodd ddwy erthygl bwysig yn y *Journal of Ecology* yn 1932 a 1946 (gweler y Llyfryddiaeth) yn trafod y cymunedau o blanhigion ar Gader Idris, ac ar Graig y Benglog, uwchben Rhydymain. Dyma ddau gyfraniad gwerthfawr, yn disgrifio'r planhigion yn eu cyd-destun ecolegol, y tywydd, y creigiau, y pridd, yn ogystal ag ymdriniaeth o'r planhigion eu hunain.

Un a oedd yn adnabod Price Evans yn dda oedd Bill Condry, y naturiaethwr a'r awdur. Mae'n werth darllen ei atgofion amdano fo, ac am **Mary Richards** (1885-1977) yn y gyfrol hynod ddarllenadwy *A William Condry Reader* (2015) gan Jim Perrin. Roedd Mary Richards, fel Price Evans yn hanu o Dolgellau ac yn amlwg ym mywyd cyhoeddus yr ardal. Yn 65 oed, yn dilyn ei diddordeb dwfn ym myd natur, aeth i Affrica yn bennaf i astudio planhigion Zambia a Tanzania. Bu wrthi am dros ugain mlynedd yn casglu planhigion ar gyfer yr Herbariwm yn Kew – mwy na 29,000 o sbesiminau yn ôl y sôn. Darganfu lawer o blanhigion am y tro cyntaf ac enwyd amryw ohonynt ar ei hôl. Roedd ganddi hefyd brofiad helaeth o grwydro Sir Feirionnydd, a gwybodaeth drylwyr iawn o flodau'r sir. Yn 1963 gyda Peter Benoit roedd yn gydawdur *A Contribution to a Flora of Merioneth*.

Y Rhedynen Gorniog (*Phegopteris connectilis* Beech Fern). Mae'n digwydd mewn hen goedlannau a rhwng y creigiau ar dir uchel.

Rhai llecynnau yn Sir Feirionnydd lle bûm i yn mwynhau'r blodau gwyllt

1. Morfa Harlech SH 575 316 a Morfa Dyffryn SH 572 228
Mae 'Glannau Harlech' yn Warchodfa Natur Genedlaethol, Gradd 1
21 Awst 1998

Mae Morfa Harlech yn fawr, (tua 1,170 ha), yn ymestyn o Lanfihangel y Traethau yn y gogledd, bron iawn i Lanfair yn y de, ac o'r Llechwedd Du uwchben Harlech draw dros y twyni i lan y môr. Dyma un o'r systemau twyni mwyaf ym Mhrydain, wedi datblygu wrth i'r tywod ymledu i'r gogledd, gan amgáu darnau gwlyb (*slacks*) a hyd yn oed ychydig o ddŵr croyw. Mae'r holl ardal yn hanfodol ddynamig, yn newid ac yn datblygu'n gyson o dan ddylanwad y gwynt a'r tonnau, ac fel mae planhigion megis y Moresg yn sefydlogi'r tywod yma ac acw.

Mae'n syniadau ninnau ynglŷn â chadwraeth, a'r ffordd o reoli'r twyni hefyd yn newid. Cofiaf yn dda, lawer blwyddyn yn ôl, fod yn un o griw fu'n plannu Moresg ar y tywod gyferbyn â'r castell, er mwyn arafu effaith y gwynt, a sefydlogi rhan o'r twyni. Flynyddoedd yn ddiweddarach roedd syniadau'r awdurdodau ynglŷn â rheoli'r twyni, ac ecoleg y dilyniant sy'n digwydd, wedi newid, a bellach mae cynlluniau ar droed mewn rhai mannau i ddefnyddio peiriannau i symud a dadwreiddio'r moresg. Pwrpas hyn yw creu clytiau o dywod noeth, er mwyn rhoi mwy o gyfle i blanhigion newydd ailddechrau dilyniant naturiol y llystyfiant.

Dyma rai o'r planhigion llai cyffredin sy'n cartrefu ar y twyni: Tegeirian Bera (*Anacamptis pyramidalis* Pyramidal Orchid), Lloer-redynen (*Botrychium lunaria* Moonwort), Penigan y Forwyn (*Dianthus deltoides* Maiden Pink) a Melynydd Moel (*Hypochaeris glabra* Smooth Cat's-ear).

Yn 1998, wrth chwilota rhwng Harlech a'r Lasynys, cartref Ellis Wynne (1671-1734) awdur y clasur *Gw, gwelediaetheu y Bardd Cwsc,* gwelsom Friweg Iâr Fach yr Haf (*Sedum spectabile* Butterfly Stonecrop), Caldrist y Gors (*Epipactis palustris* Marsh Helleborine) ac un neu ddau o bethau digon prin (mae'n dda bod gennym arbenigwr yn ein harwain!), sef yr Hesgen Fannog (*Carex punctata* Dotted Sedge) a dau groesryw, un o'r Mintys, *Mentha* x *villosa* = *M.spicata* x *M. suaveolens,* ac un o'r Llawredynen, *Polypodium* x *mantoniae* = *P.interjectum* x *P.vulgare.* Mewn tir corsiog ger y Lanynys Fawr gwelsom y Frwynen Ddeiliog (*Juncus foliosus* Leafy Rush), a'r Farchredynen *Dryopteris* x *deweveri* = *D. dilatata* x *D. carthusiana.* Mae'n siŵr na wyddai Ellis Wynne yn ei ddydd ddim mwy am y planhigion, nag a ŵyr y botanegwyr o Saeson heddiw am *Y Bardd Cwsc.* Rhyfedd o fyd!

Mae Morfa Dyffryn, i'r de o Forfa Harlech, yn ymestyn o Lanfair yn y gogledd heibio i Ddyffryn Ardudwy yn y de. Dyma hefyd ardal o dwyni enfawr, sy'n rhan o'r Warchodfa, gydag amrywiaeth cyfoethog o rai cannoedd o flodau gwyllt.

2. Rhwng Croesor a'r Arddu
SH 63 44
12 Gorffennaf 1997

Taith oedd hon o dan nawdd Cymdeithas Edward Llwyd (Cymdeithas Naturiaethwyr Cymru) o dan arweiniad y botanegydd Wil Jones, Croesor. Mae mynydd Yr Arddu hanner y ffordd, fel hed y frân, rhwng Beddgelert a Blaenau Ffestiniog. Dyma ardal fynyddig, yng ngolwg Y Cnicht, gyda'r amrywiaeth

Mae'n hawdd adnabod Y Cnicht o gryn bellter. Medi 1990

arferol o laswelltir garw, creigiau, rhostir a chorsydd. Dyma'r ardal lle bu'r naturiaethwr Bill Condry yn crwydro ryw fore yn 1966, a disgifiodd yn un o'i erthyglau yn y wasg fel y bu iddo ddod ar draws hen chwarel lechi oedd wedi cau ers blynyddoedd, ond ar yr hen waliau, yn y morter calch, gwelodd (ac enwodd!) ddeg o wahanol rywogaethau o redyn, (Perrin 2015, tud. 16).

Casgliad o wahanol fathau (rhywogaethau) o'r Migwyn (*Sphagnum*). Dyma'r mwsogl sy'n bennaf gyfrifol am ffurfio'r mawn. Yr Arddu, Gorffennaf 1997. Gwnaed y casgliad gan ein harweinydd, y naturiaethwr craff, William Jones, Croesor. Roedd Wil yn adnabod y mwsoglau.

Ar ein taith ni, cawson gyfle i astudio rhai o blanhigion yr ucheldir a buom yn ffodus i gael diwrnod braf. Gwelsom y gweiriau cyffredin, fel y Gawnen Ddu a Pheiswellt y Defaid a hefyd Glaswellt y Rhos (*Danthonia* (*Sieglingia*) *decumbens* Heath-grass) sy'n llai cyfarwydd ond yn eithaf cyffredin yn y mynydd-dir. Daethom ar draws Hesgen y Chwain (*Carex pulicaris* Flea Sedge) ac yn wir, gellir dychmygu fod y blodyn yn debyg i ryw fath o bryfetyn, a hefyd yn nheulu'r hesg (er gwaethaf ei henw) roedd y Gorsfrwynen Wen (*Rhynchospora alba* White Beak-sedge). Dyma blanhigyn y cofiaf ei weld am y tro cyntaf flynyddoedd yn ôl yn yr Alban, mewn lle gwlyb ac anial iawn, ond mae gennym lawer ohono yma yng Nghymru, yn enwedig mewn corsydd, yn gymysg â'r Migwyn. Ac o sôn am y Migwyn, roedd ein harweinydd ar Yr Arddu y diwrnod hwnnw yn gallu enwi'r gwahanol rywogaethau – tipyn o gamp – a chofiaf geisio dysgu rhai ohonynt megis *Sphagnum recurvum, S. subsecundum, S. rubellum* a *S. papillosum.*

O blith y brwyn, sylwyd ar y Frwynen Flodeufain (*Juncus acutiflorus* Sharp-flowered Rush), a pheth braf oedd gweld dwy rywogaeth o'r Gwlithlys yn tyfu gyda'i gilydd sef *Drosera rotundifolia,* yr un cyffredin, a *D. intermedia* gyda'i ddail hirion, sy'n ddigon prin. Planhigyn main gyda'i flodau bach pinc, yn gartrefol yn y tir gwlyb, asidig oedd y Cycyllog Bach (*Scutellaria minor* Lesser Skullcap) sy'n fwy cyffredin yng Nghymru nag yn Lloegr.

Ac i gloi, dau blanhigyn sy'n anghyffredin iawn i ni yn y gogledd-ddwyrain, ond sy'n dal i dyfu mewn rhannau o'r gorllewin, sef y Gwyrddling neu Helygen Fair (*Myrica gale* Bog Myrtle) a welsom yma ac acw o'r blaen, a'r Ferywen (*Juniperus communis* Juniper) sy'n brin bellach, ac yn un o ddim ond tair coeden Gonwydd sy'n gynhenid i wledydd Prydain. Fedrwch chi enwi'r ddwy arall?

3. Cwm Bychan, rhyw 4 milltir uwchben Harlech
SH 64 31
2 Mai 2007

Dyma lecyn unig, tawel, yng nghanol y mynyddoedd, ychydig i'r gogledd o'r Rhinog Fawr. Gadewch y ffordd fawr o Harlech i'r Bermo ym mhentref Llanbedr. Ar ôl rhyw filltir go dda mae'r ffordd yn fforchio. Peidiwch â throi i'r dde i Gwm Nantcol, ewch ymlaen gan ddilyn Afon Artro am yn agos i bedair milltir, a dyma chi wedi cyrraedd Llyn Cwm Bychan, a diwedd y ffordd. Parciwch y car, a mwynhewch – dyma un o'r llecynnau hyfrytaf yng Nghymru.

Pan oeddwn i yno ar y bore hyfryd hwnnw ym mis Mai yn 2007, roeddwn i wedi treulio'r bore yng nghwmni cyfaill ar ei fferm yng Nghwm Nantcol, yn trafod erthygl yn sôn am ei ddiddordeb ym myd natur, ac am ei waith ar y fferm. Paned a sgwrs, a cherdded o gwmpas. Fe gewch yr hanes yn *Y Naturiaethwr,* Cyfres 2, Rhif 20, Gorffennaf 2007, tud. 19.

Yn y prynhawn, dyma ddilyn y ffordd gul i fyny am Gwm Bychan. Gweld y gigfran uwchben, a chlywed y gog ar draws y dyffryn. Cerdded y llwybr drwy'r coed ac i fyny am Fwlch Tyddiad. Dyma ardal y *Roman Steps* nid anenwog, ond heb unrhyw gysylltiad â'r Rhufeiniaid mae'n debyg, ond yn rhyw fath o lwybr ceffyl o'r Oesoedd Canol. Mae'r ardal yn llawn o flanhigion y mynydd, y Gawnen Ddu, Llus, y Wibredynen (*Blechnum spicant* Hard-fern), Tresgl y Moch (*Potentilla erecta* Tormentil), y Gorhelygen (*Salix repens*

Llyn Cwm Bychan, llecyn hardd yng nghesail y mynydd. Mai 2007

> Llwyn, mynydd, llyn a mawnog,
> Bro wen cornchwiglen a chog.
>
> T Gwynn Jones

Dyma'r 'Roman Steps'. Doedd y Rhufeiniaid ddim yma, ond mae'n lle braf i fynd am dro! Mai 2007

Creeping Willow) wrth fin y nant, a Chlwbfrwynen y Mawn (*Trichophorum cespitosum* Deergrass) yn drwch yn y corstir gwlyb. Oboptu'r llwybr roedd Rhedynen Bêr y Mynydd (*Oreopteris limbosperma* Lemon-scented Fern) a'r Helygen Fair (*Myrica gale* Bog Myrtle), y ddau yn ein gwahodd i deimlo'u dail a chlywed yr aroglau, a thrwy'r cyfan, lliwiau'r Fioled, Llafn y Bladur a Bysedd y Cŵn yn gloywi'r darlun. Lle braf!

4. Llyn Caer Euni, ychydig dros 4 milltir i'r gogledd-ddwyrain o'r Bala. Gadael yr A494 yn y Sarnau
SH 98 40
3 Gorffennaf 1993

Llyn bychan, rhyw 400 llath ar ei draws mewn ardal o dir glas yw Llyn Caer Euni, ar uchder o tua 900 troedfedd, gyda choed ar yr ochr ogleddol, a chors i'r gorllewin.

Pan fûm yno yn 1993 roedd nifer o blanhigion yn tyfu yn y llyn. Yr amlycaf oedd Lili'r Dŵr Felen (*Nuphar lutea* Yellow Water-lily), gyda rhyw gymaint o Lili'r Dŵr Wen neu'r Alaw (*Nymphaea alba* White Water-lily). Mae'r ddwy Lili i'w gweld dros y rhan fwyaf o wledydd

Llyn Caer Euni: dilynwch y ffordd a'r llwybr o'r Sarnau. Yn y llun fe welwch Lili'r Dŵr Felen a Bigodlys y Dŵr (*Lobelia dortmanna*). Gorffennaf 1993

Prydain, yn bennaf ar lawr gwlad, ond ambell dro hyd at fil o droedfeddi neu fwy o uchder. Mae gan y Lili Felen ddail o dan y dŵr yn ogystal â'r rhai sy'n nofio ar yr wyneb, ond dim ond y dail ar wyneb y dŵr sydd gan y Wen. Mae ffrwyth y Lili Wen yn datblygu o dan y dŵr ond mae ffrwyth y Felen, sydd fel siâp potel, i'w weld ar yr wyneb.

Blodyn arall sy'n tyfu yn y llyn yw Bidoglys y Dŵr (*Lobelia dortmanna* Water Lobelia). Mae'n llai amlwg na'r ddwy lili, gyda blodau bach lliw lelog ar goesyn main. Mae'r dail ar ffurf clwstwr bach ar wely'r llyn. Yng Nghymru, dim ond yn y gogledd-orllewin mae'n tyfu, yn bennaf mewn llynnoedd yn yr ucheldir. Dywedir fod yr hadau yn gallu byw am ddeng mlynedd ar hugain.

Y pedwerydd o flodau Llyn Caer Euni yw'r Feistonell Ferllyn (*Littorella uniflora* Shoreweed), planhigyn braidd yn ddisylw yn byw yn y dŵr bas ar fin y llyn. Mae gan *Litorella* hefyd glystyrau o ddail mân ar waelod y llyn, weithiau'n ffurfio 'lawnt' trwchus. Dim ond ar y glannau, yn hytrach nag o dan yr wyneb y mae'r blodau'n ffurfio, a'r rheini yn hynod o fach. Mae hwn hefyd yn blanhigyn sy'n ffafrio'r ucheldir.

O gwmpas y llyn yn y tir corslyd mae'r canlynol i'w gweld: Amlaethai'r Waun (*Polygala serpyllifolia* Heath Milkwort), Marchredynen Gul (*Dryopteris carthusiana* Narrow Buckler-fern), Clwbfrwynen y Mawn (*Trichophorum cespitosum* Deergrass), ac mewn ambell i ddarn ychydig sychach mae Trilliw y Mynydd (*Viola lutea* Mountain Pansy). Un arall sy'n tyfu yn y tir corslyd yw'r Llygaeron (*Vaccinium oxycoccos* Cranberry), sy'n weddol gyffredin mewn llecynnau gwlyb, asidig yng Nghymru, ond mae'r ffrwyth ar gyfer Saws Llygaeron (*Cranberry Sauce*) yn dod o blanhigyn arall, sef perthynas Americanaidd i hwn. Un o'r rhosynnau gwyllt ar y safle yw Rhosyn Sherard

(*Rosa sherardii* Sherard's Downy-rose). Mae rhai o'r rhosynnau gwyllt yn anodd i'w hadnabod. Mae hwn yn un o'r rhosynnau blewog (*downy roses*) gydag ychydig bach o dro yn y pigau (mae pigau *Rosa mollis,* sy'n perthyn yn agos, yn hollol syth).

Mae dau fath o eithin, ac mae'r ddau yn tyfu yma, sef yr Eithin Cyffredin neu Eithin Ffrengig (*Ulex europaeus* Common Gorse) sy'n blodeuo'n y gwanwyn a dechrau'r haf, a'r Eithin Mân neu Eithin y Mynydd (*Ulex gallii* Western Gorse) sy'n tueddu i flodeuo o ddiwedd yr haf ymlaen. Felly mae un o'r ddau yn ei flodeuo drwy'r flwyddyn. Dyna pam mae'n ffasiynol cusanu pan fo'r Eithin yn ei flodau – medden nhw!

Dyma'r Eithin Cyffredin neu'r Eithin Ffrengig (*Ulex europaeus* Common Gorse), sydd ar ei orau yn y gwanwyn.

Mae'n amlwg fod Williams Parry yn hoffi'r ardal. Bu'n athro ysgol yma am gyfnod; tybed a fu'n cerdded o gwmpas Llyn Caer Euni? Dyma fel y canodd:

> Mae'n debyg y dywed pob athro drwy'r byd
> Mai'r Gwener yw'r gorau o'r dyddiau i gyd.
> Pan oeddwn ym Mhenllyn ym mil naw un tri
> Dydd Gwener oedd pob dydd o'r flwyddyn i mi.

5. Cors y Sarnau
Gwarchodfa Natur Genedlaethol, Gradd 2
Mae'r safle rhyw dair milltir a hanner i'r gogledd-ddwyrain o'r Bala, ar yr A494, rhwng Cefnddwysarn a'r Sarnau
SH 97 39
8 Mehefin 2010

Dyma gors o 34 acer mewn dyffryn cul. Llyn oedd yma ryw dro ar lawr y dyffryn, wedi ffurfio pan giliodd y rhew ar ôl Oes yr Iâ, a gweddillion y planhigion yn casglu ar yr ymylon ac o dan wyneb y dŵr, lle roedd ocsigen yn brin. Mewn amgylchiadau felly, yn lle bod y planhigion marw yn pydru, mae mawn yn ffurfio. Wrth i'r mawn a'r llaid dyfu mae'r llyn yn llenwi'n raddol ac yn troi'n gors. Dyna sydd wedi digwydd yma yn y Sarnau, wrth i ddilyniant naturiol natur ddigwydd dros gannoedd o flynyddoedd. Bellach, mae yma amrywiaeth cyfoethog o wahanol gynefinoedd, sy'n werthfawr iawn i'r naturiaethwr.

Cors y Sarnau. Coed Bedw, Helyg a Gwern, gyda rhedyn a mwsoglau yn tyfu'n gryf yn lleithder y gors. Mehefin 2010

Yn y rhannau mwyaf asidig mae llawer o'r Migwyn (*Sphagnum*), a phlanhigion fel Glaswellt y Gweunydd (*Molinia caerulea* Purple Moor-grass) a'r Hesgen Rafunog Fawr (*Carex paniculata* Great Tussock-sedge) ac yna daw'r Fedwen Lwyd (*Betula pubescens* Downy Birch). Yn y rhannau o'r gors sy'n llai asidig cawn yr Hesgen Ylfinfain (*Carex rostrata* Bottle Sedge), y Frwynen Flodeufain (*Juncus acutiflorus* Sharp-flowered Rush) a'r blodyn deniadol a welsom mewn lleoedd eraill, sef Pumnalen y Gors (*Potentilla* neu *Comarum palustris* Marsh Cinquefoil), a hefyd y blodyn bach efo'r enw mawr Eglyn Cyferbynddail (*Chrysosplenium oppositifolium* Opposite-leaved Golden-saxifrage). O dipyn i beth, y goeden sy'n cartrefu mewn cynefin fel hyn yw'r Wernen (*Alnus glutinosa* Alder), coeden gyffredin iawn yng Nghymru, fel y tystia'r holl enwau lleoedd yn cynnwys y gair Gwern.

Rai blynyddoedd yn ôl cefais wahoddiad i dreulio diwrnod efo'r plant yn yr ysgol leol, Ysgol Ffridd y Llyn (lle bu'r bardd R Williams Parry yn brifathro am gyfnod). Yn y bore, buom wrthi'n cerdded llwybrau'r gors, yn astudio'r cynefin ac yn dysgu rhywbeth am y planhigion, yna'n ôl i'r ysgol am ginio, a threulio'r pnawn yn cael trefn ar y gwaith. Dyna beth oedd diwrnod i'w gofio, yng nghwmni dau ddwsin o Gymry Cymraeg cefn gwlad, a llawer ohonynt eisoes yn naturiaethwyr bach da. Mi gefais innau gyfle i ddysgu cryn dipyn am yr ardal. Ewch am dro i Gors y Sarnau; mae'n agored i'r cyhoedd, ond cadwch at y llwybrau – mae yma ambell fan gwlyb iawn.

6. Llangywer, Llyn Tegid, Y Bala
Gwarchodfa Natur Genedlaethol, Gradd 1
Dyma lyn naturiol mwyaf Cymru, 4 milltir o hyd, rhwng Llanuwchllyn a'r Bala
SH 90 32
2 Gorffennaf 2010

Fel llawer o Gymry eraill mae gen i atgofion melys am Wersyll yr Urdd yng Nglan-llyn ers talwm, gan gynnwys rhwyfo i'r Bala ac yn ôl – ond nid i chwilio am flodau gwyllt yr adeg honno!

Fe ffurfiwyd Llyn Tegid yn dilyn Oes yr Iâ, wedi i'r dyffryn gael ei lenwi gan rew. Wrth i'r rhew doddi,

Llyn Tegid yw llyn naturiol mwyaf Cymru. Dyma lun ar draws y llyn, gyda'r Arennig yn y pellter. Gorffennaf 1910

rhyw 10,000 o flynyddoedd yn ôl, gan adael pentyrrau o gerrig a phridd, crewyd y cafn enfawr sydd bellach yn llyn dros 140 troedfedd o ddyfnder. Creigiau asidig o dywodfaen a siâl sydd o dan y llyn, a thir pori sydd o'i gwmpas. Y prif afonydd sy'n bwydo'r llyn yw Dyfrdwy, Lliw, Twrch, Glyn a Llafar. Mae'r rhan fwyaf o'r glannau yn greigiog a serth, ond mae llaid a graean mân wedi crynhoi yn y mannau mwyaf cysgodol o gwmpas dau ben y llyn, sy'n cynnal planhigion megis brwyn, Y Lili'r-dŵr Felen a'r Dyfrllys Llydanddail (*Potamogeton natans* Broad-leaved Pondweed).

O gwmpas y rhan fwyaf o'r llyn mae'r llystyfiant yn brin, yn bennaf Gwair Merllyn (*Isoetes lacustris* Quillwort) a Beistonnell Ferllyn (*Littorella uniflora* Shoreweed).

Pan oeddwn i yno yn 2010 y man cyfarfod oedd Llangywer, lle mae darn o dir yn ymwthio i'r llyn, gan greu ychydig o gorstir, ond yn wahanol i'r corsydd tra asidig yr ydym mor gyfarwydd â hwy yn y mynyddoedd, yma ar lannau Llyn Tegid, rhyw 550 troedfedd uwchlaw wyneb y môr, mae'r cynefin yn dra gwahanol. Ymhlith y planhigion amlycaf roedd y Frwynen Babwyr (*Juncus effusus* Soft-rush), Brenhines y Weirglodd neu'r Erwain (*Filipendula ulmaria* Meadowsweet), a'r gweiryn tal Pefrwellt (*Phalaris arundinacea* Reed Canary-grass). Yma ac acw roedd Mintys y Dŵr (*Mentha aquatica* Water Mint*) gydag aroglau hyfryd ar ei ddail crynion, y Llafnlys Bach (*Ranunculus flammula* Lesser Spearwort), Briwydd y Gors (*Galium palustre* Marsh Bedstraw), Carpiog y Gors neu Robin Garpiog (*Lychnis flos-cuculi* Ragged-Robin), a'r Ystrewlys (*Achillea ptarmica* Sneezewort), sy'n perthyn yn agos i'r Milddail (*Achillea millefolium* Yarrow) ond gyda dail heb fod mor fân, ac yn tyfu ar dir gwlyb. Un arall o blanhigion yr un cynefin oedd Pysen-y-ceirw Fawr (*Lotus pedunculatus*

Yn 1981 bu tri ohonom allan ar Lyn Tegid, a chawsom bryd o'r Gwyniad i swper!

Greater Bird's-foot-trefoil). Yn wahanol i Bysen y Ceirw Gyffredin (*Lotus corniculatus*) mae gan hwn dwll yng nghanol y coesyn, mae'n fwy, ac mae'n tyfu ar dir gwlyb.

Ar dir ychydig yn sychach roedd Bysedd y Cŵn (*Digitalis purpurea* Foxglove), Carn yr Ebol (*Tussilago farfara* Coltsfoot), Rhedynen Fair (*Athyrium filix-femina* Lady-fern) ac un o'r planhigion hawsaf i'w adnabod, y Dail Arian (*Potentilla anserina* Silverweed) yn ymgripio ar hyd y ddaear gyda'i flodau melyn a chefn y dail yn llwydwyn. Ar fin y coed gerllaw, ac megis yn rhoi blaenau eu traed yn y dŵr roedd yr Helygen Lwyd (*Salix cinerea* Grey Willow) a'r Wernen (*Alnus glutinosa* Alder).

Er mai'r planhigion yw'n prif atyniad heddiw, does gennym ddim hawl i adael Llyn Tegid heb gyfeirio at y Gwyniad, y pysgodyn arbennig, o deulu'r Eogiaid, syn byw yma yn nyfnderoedd y llyn, ac yn unlle arall (er bod sôn amdano'n cael ei gyflwyno i un neu ddau o'r llynnoedd eraill yn yr ucheldir). Y ddamcaniaeth yw bod y Gwyniad wedi cael ei gloi yma yn Llyn y Bala ar ddiwedd Oes yr Iâ fel na allai ymfudo yn ôl i'r môr fel y gweddill o'i dylwyth. Rydw i'n ymfalchïo fy mod i a chyfaill wedi dal rhai o'r Gwyniaid un tro ac wedi cael un i frecwast. 'Go lew' oedd ei flas – fel Eog wedi ei siomi!

7. Llwybr Clywedog neu Lwybr y Torrent
Milltir i'r de-orllewin o'r Brithdir, ger Dolgellau, rhwng yr A494 a'r A470. Gellir parcio mewn cilfan ar y B4416 rhyw hanner milltir o'r Brithdir

SH 761 181

23 Medi 2011

Dyma lwybr sy'n enwog, nid yn unig am ei blanhigion ond fel llecyn dramatig mewn ardal o olygfeydd arbennig. Mae'n dilyn ceunant Afon Clywedog sy'n llifo i'r Wnion, a honno yn ei thro yn ymuno â'r Fawddach. Mae'r Llwybr, sy'n serth mewn mannau, yn arwain i lawr drwy'r coed am ryw hanner milltir go dda, ac yna gellir dod yn ôl i fyny ar yr ochr arall i'r afon.

Roeddwn wedi darllen droeon fod y safle'n enwog am ei redyn, felly dyma benderfynu mynd am dro, ond fel ar lawer achlysur arall, doedd gen i ddim hanner digon o amser, a bu'n rhaid bodloni ar rai o'r 'danteithion' yn unig. Dyma restr o rai o'r gwahanol redyn a gofnodwyd ar y safle – gwelais y rhan fwyaf, ond nid pob un ohonynt yn 2011.

Mae Llwybr y Torrent neu Lwybr Clywedog yn arwain drwy'r coed o ardal y Brithdir at Afon Wnion, sydd ar ei thaith i Ddolgellau. Lle da am redyn. Medi 2011

Rhedynach Teneuwe Wilson (*Hymenophyllum wilsonii* Wilson's Filmy-fern)
Tafod yr Hydd (*Phyllitis scolopendrium* Hart's-tongue)
Rhedyn Ungoes (*Pteridium aquilinum* Bracken)
Gwibredynen *(Blechnum spicant* Hard-fern)
Marchredynen Gyffredin (*Dryopteris filix-mas* Male-fern)
Marchredynen Lydan *(Dryopteris dilatata* Broad Buckler-fern)
Marchredynen Gul (*Dryopteris carthusiana* Narrow Buckler-fern)
Gwrychredynen Galed (*Polystichum aculeatum* Hard Shield-fern)
Rhedynen Gorniog (*Phegopteris connectilis* Beech Fern)
Rhedynen Dridarn (*Gymnocarpium dryopteris* Oak Fern)
Llawredynen Gyffredin (*Polypodium vulgare* Polypody)

8. Coed Llyn Mair, Maentwrog
Ar y B4410 rhwng Maentwrog a phentref Rhyd. Mae lle i barcio ar draws y ffordd i'r llyn
SH 65 41
19 Mehefin 2013

Coed y Rhygen, Trawsfynydd
Ar ochr orllewinol Llyn Trawsfynydd. Mae ffordd gul yn arwain o'r A470, rhyw ¾ milltir i'r de o Drawsfynydd. Efallai bod angen trwydded i ymweld â'r warchodfa
SH 68 37

Mae'n gyfleus trafod y ddau lecyn yma gyda'i gilydd, gan fod y ddau yn rhan o'r hyn a elwir yn Warchodfa Natur Genedlaethol Coedydd Dyffryn Maentwrog. Mae ardal Ffestiniog yn doreithiog o goedydd cynhenid, sy'n rhan o goedwig enfawr a orchuddiai ran helaeth o'r wlad ar un adeg. Disgrifir hon weithiau fel fforest law hynafol, sy'n arbennig i gyrion eithaf gorllewin Ewrop. Mae dau reswm am hyn. Yn gyntaf yr hinsawdd; nid dychmygol yw'r dywediad 'Glaw Stiniog', mae'r glawiad mewn rhannau o'r ardal yn 80 modfedd y flwyddyn, a'r ail reswm am ddatblygiad y coedydd ydi'r pridd asidig sydd wedi ffurfio dros gannoedd o flynyddoedd.

Y Dderwen a'r Fedwen yw'r coed amlycaf, gyda'r Onnen yma ac acw lle mae ychydig o bridd gwell. Ar y cyfan, mae'r gwyntoedd llaith o'r Iwerydd yn cadw'r hinsawdd yn gymharol fwyn yn y rhan yma o Sir Feirionnydd, a dyma'r union amodau sydd orau ar gyfer yr holl fathau o redyn, mwsoglau a llysiau'r afu sy'n rhoi'r fath hynodrwydd i'r coedwigoedd hyn. Yng Nghoed y Rhygen mae'r tirwedd yn arw gyda llethrau serth a chreigiau anferth blith drafflith, er cyfnod y rhew mawr, ac mae'r rhain yn cynnig cysgod a lloches i lawer o'r mwsoglau a'r planhigion eraill.

Mewn arolwg diweddar (2014) yng Nghoed Melinrhyd i'r de-orllewin o Faentwrog daethpwyd o hyd i rywogaethau prin iawn o gen cerrig, ac yn ôl un adroddiad amcangyfrifwyd y gallai bod coedwig wedi bod ar y safle am 9,000 o flynyddoedd.

Weithiau mae'r gwynt yn chwythu'r ewyn oddi ar y llu rhaeadrau bach a mawr, gan greu chwistrelliad parhaol o ddŵr – yr union awyrgylch sy'n addas ar gyfer rhai rhywogaethau. Does ryfedd felly fod cymaint o wahanol fwsoglau, cennau, a llysiau'r afu yma, a hynny'n peri fod y coedwigoedd yn enwog ac yn bwysig ar raddfa ryngwladol.

Dyma rai o'r planhigion blodeuol yn y ddwy ardal:
Coed Llyn Mair
　Mapgoll (*Geum urbanum* Wood Avens)
　Coedfrwynen Fawr (*Luzula sylvatica* Great Wood-rush)
　Gwrnerth (*Scrophularia nodosa* Common Figwort)

Deilen Gron (*Umbilicus rupestris* Navelwort)

Glinogai (*Melampyrum pratense* Common Cow-wheat)

Llysiau Steffan (*Circaea lutetiana* Enchanter's Nightshade)

Gwlyddyn Melyn Mair (*Lysimachia nemorum* Yellow Pimpernel)

Hesgen y Coed (*Carex sylvatica* Wood-sedge)

Yn ogystal â'r planhigion blodeuog, roedd y Wibredynen (*Blechnum spicant* Hard-fern) hefyd yn amlwg iawn.

Coed y Rhygen

Brigwellt Main (*Deschampsia flexuosa* Wavy Hair-grass)

Llus (*Vaccinium myrtillus* Bilberry)

Bresych y Cŵn (*Mercurialis perennis* Dog's Mercury)

Brenhines y Weirglodd neu Erwain (*Filipendula ulmaria* Meadowsweet)

Y Goesgoch (*Geranium robertianum* Herb Robert)

Glaswellt y Gweunydd (*Molinia caerulea* Purple Moor-grass)

Grug Deilgroes (*Erica tetralix* Cross-leaved Heath)

Gwell pwysleisio mai'r planhigion diflodau sy'n haeddu'r lle blaenaf yng Nghoed y Rhygen, a'u tystiolaeth hwy sy'n awgrymu mai dyma, efallai yw'r enghraifft orau o hen goedlan yng Nghymru gyfan.

Yn ystod Haf 2015 cyhoeddwyd bod arolwg o Goed Felinrhyd (SH 65 39), rhyw ddwy filltir i'r gogledd o Goed y Rhygen, wedi datguddio nifer o gennau eithriadol o brin. Ystyrir y goedlan hon a'i thebyg yn rhai o'r cynefinoedd prinnaf yn Ewrop, ar gyfer amrywiaeth arbennig iawn o blanhigion diflodau. Yr hinsawdd gwlyb a'r tymheredd cymhedrol, heb fawr o rew yn y gaeaf sy'n bennaf gyfrifol; hyn a'r ffaith fod rhai o'r coedydd hyn mewn hafnau serth, anghysbell, heb fawr ddim ymyrraeth gan ddyn am flynyddoedd lawer. Bellach, mae cyrff statudol a chyrff gwirfoddol, ynghyd â ffermwyr a thirfeddianwyr lleol i gyd yn cydweithio i warchod ac i wella ansawdd y coedlannau arbennig hyn.

Coedfrwynen Fawr (*Luzula sylvatica* Great Woodrush). Y mwyaf o'n coedfrwyn, gyda dail llydan a chlystyrau o flodau brown. Mae'n gyffredin ar lechweddau gwlyb, creigiog, a ger nentydd coediog. Nid yw'n goddef pori trwm.

9. Cader Idris
Gwarchodfa Natur Genedlaethol, 3 milltir i'r de o Ddolgellau
SH 71 31
l7 Gorffennaf 1981
25 Gorffennaf 2015

Ar ôl Yr Wyddfa, dyma fynydd enwocaf Cymru. Mae'n 2,927 troedfedd o uchder a chan mwyaf yn greigiau folcanig o'r cyfnod Ordofigaidd, gyda ffurfiau clasurol Oes yr Iâ megis cymoedd crwn, clogwyni uchel, dyffrynnoedd crog, marianau a chreigiau myllt (*roche moutonnées*). Mae'r tirwedd yn ddramatig ac wedi denu ymwelwyr ar hyd y blynyddoedd. Bu Darwin yma yn cerdded y mynyddoedd ac yn astudio daeareg yr ardal pan

Dyma'r olygfa o Gader Idris o'r Brithdir, wrth deithio o'r Bala i gyfeiriad Dolgellau. Mehefin 2001

oedd yn ugain oed yn 1829, ac yna, ddeugain mlynedd yn ddiweddarach, ar ôl bod yn crwydro'r byd, bu'n aros yng Nghaerdeon, rhwng Bontddu a'r Bermo, yng ngolwg Y Gader. Erbyn hyn roedd ei nerth yn pallu, ac yntau'n ddigalon wrth gofio'r dyddiau gynt, ac meddai mewn llythyr at gyfaill iddo: 'Cader Idris is a grand old fellow'.

Wrth gyflwyno'r mynydd i'r cyhoedd, disgrifir yr ardal mewn un daflen hysbysebu fel 'un o'r llecynnau harddaf a mwyaf gerwin yng Nghymru', lle delfrydol i'r cerddwr gofalus. Mae yma hefyd lawer i'w gynnig i'r botanegydd, o'r coedydd amrywiol o gwmpas godre'r mynydd i'r creigiau moel ar y copa. Mae Cwm Cau, gyda'i graig enfawr yn codi rhyw 1,000 o droedfeddi, yn cynnal amryw o blanhigion arctig-alpaidd prin yn ogystal â rhai a welir ymhell o'r mynydd, fel Clustog Fair (*Armeria maritima* Thrift) neu'r Pabi Cymreig (*Meconopsis cambrica* Welsh Poppy).

Pan oeddwn ar Gader Idris, lawer blwyddyn yn ôl, buom yn cofnodi mewn mwy nag un cynefin ar y mynydd. Dyma rai o'r canlyniadau:

1. Ar y tir garw, rhostir a chorstir asidig:
   Grug, Llus, Cawnen Ddu, Ysgallen y Gors (*Cirsium palustre* Marsh Thistle), Creiglus (*Empetrum nigrum* Crowberry), Plu'r Gweunydd (*Eriophorum angustifolium* Cottongrass), Briwydd Wen (*Galium saxatile* Heath Bedstraw), Troell-gorun (*Juncus squarrosus* Heath Rush), Cnwp-fwsogl Alpaidd (*Diphasiastrum alpinum* Alpine Clubmoss), Tresgl y Moch (*Potentilla erecta* Tormentil).

2. Ar dir gwlyb, ger nentydd ac ar dir dyfrgodiad, lle mae'r dŵr yn crynhoi rhai o'r mwynau, gwelsom:

Rhedynen Fair (*Athyrium filix-femina* Lady-fern), Rhedynen Gorniog (*Phegopteris connectilis* Beech Fern), Dail Ceiniog y Gors (*Hydrocotyle vulgaris* Marsh pennyvort), Suran y Coed (*Oxalis acetosella* Wood-sorrel), Tafod y Gors (*Pinguicula vulgaris* Butterwort), Amlaethai Cyffredin (*Polygala vulgaris* Common Milkwort), Y Feddyges Las (*Prunella vulgaris* Selfheal).

3. Ar y lafa clustiog (*pillow-lavas*) ar y llethrau uchel – creigiau folcanig a ymwthiwyd yn sypiau crynion o dan ddŵr. Mae rhai o'r planhigion yn galchgar (*calcicole*) eraill yn galchgas (*calcifuge*), ond rhaid pwysleisio mai termau cymharol yw'r rhain, ac mae llawer o'r planhigion yn gallu tyfu ar ystod eang o pH.

Calchgar
Berwr-y-cerrig Blewog (*Arabis hirsuta* Hairy Rock-cress)
Suran y Mynydd (*Oxyria digyna* Mountain Sorrel)
Gwreiddiriog (*Pimpinella saxifraga* Burnet-saxifrage)
Duegredynen Werdd (*Asplenium viride* Green Spleenwort)

Calchgas
Bysedd y Cŵn (*Digitalis purpurea* Foxglove)
Gwibredynen (*Blechnum spicant* Hard-fern)
Rhedynen y Persli (*cryptogramma crispa* Parsley Fern)

Eraill
Tormaen Llydandroed (*Saxifraga hypnoides* Mossy Saxifrage)
Tormaen Porffor (*S.oppositifolia* Purple Saxifrage)
Tormaen Serennog (*S.stellaris* Starry Saxifrage)
Pren y Ddannoedd (*Sedum rosea* Roseroot)
Eurwialen (*Solidago virgaurea* Goldenrod)
Arianllys Bach (*Thalictrum minus* Lesser Meadow-rue) – planhigyn sy'n amrywio o ran ffurf, ac yn aml yn tyfu ar greigiau calchog a thwyni glan y môr, ond hefyd mewn amrywiaeth o gynefinoedd gwahanol.

10. Tir Stent
Rhyw ddwy filltir i'r de-ddwyrain o Ddolgellau, a milltir a hanner o'r Brithdir
SH 75 16
8 Mehefin 2010

Gellir ystyried Tir Stent fel estyniad o Gader Idris, ar lechwedd o dir comin lle mae'r creigiau'n fwy basig gyda pheth pridd calchog. Mae'r tirwedd yn amrywio'n fawr, weithiau'n serth, weithiau'n goediog, weithiau'n wlyb, weithiau'n greigiog, ac mae'r planhigion hwythau yn ddiddorol, gyda phob cam yn datguddio rhywbeth gwahanol. Roeddwn yno gyda chriw o naturiaethwyr lleol, a gwelsom tua hanner cant o rywogaethau diddorol mewn dim amser – heb boeni rhyw lawer am y pethau cyffredin iawn.

Yn y rhannau gwlyb roedd Ffa'r Corsydd (*Menyanthes trifoliata* Bogbean), Sêr Hesgen (*Carex echinata* Star Sedge), Tafod y Gors (*Pinguicula vulgaris* Butterwort), Gwlithlys (*Drosera rotundifolia* Sundew) a Llafn y Bladur (*Narthecium ossifragum* Bog Asphodel).

Roedd hi'n braf gweld y Gronnell (*Trollius europaeus* Globeflower) yn ei flodau, planhigyn hardd, sy'n brin iawn mewn rhannau helaeth o Gymru, ac roedd ambell sbrigyn o Degeirian Coch y Gwanwyn (*Orchis mascula* Early-purple Orchid) yn dal i flodeuo. Mwy cyffredin oedd Tegeirian Brych y Rhos (*Dactylorhiza maculata* Heath Spotted-orchid). Sylwch fod y gair *maculata* yn golygu 'gyda smotiau' o'i gymharu â'r Saesneg *immaculate* 'difrycheulyd' neu heb smotiau.

Roedd clystyrau anferth o Redynen Bêr y Mynydd (*Oreopteris limbosperma* Lemon-scented Fern), planhigyn sy'n hoffi tir sur, asidig, ond hefyd gwelsom ddigon o'r gweiryn Crydwellt neu Robin Grynwr (*Briza media* Quaking-grass), sydd, yn fy mhrofiad i, yn awgrymu tir calchog; ond dyna ni, dyw natur ddim yn dilyn rheolau caeth bob amser.

Mae gen i gof clir o fwynhau ardal Tir Stent: roedd hi'n fin nos teg ym Mis Mehefin, y wlad yn braf – a'r gog yn canu!

Safle arall ar gyrion Cader Idris yw **Llynnau Cregennen, SH 66 14**, rhyw filltir uwchben Arthog. Dim ond unwaith y cefais y cyfle i fynd yno, lawer blwyddyn yn ôl, a doedd amser ddim yn caniatáu mwy na chip brysiog y tro hwnnw, ond roedd hynny'n ddigon i'm hargyhoeddi fod yma gynefin naturiol gwych mewn llecyn godidog. Yn ddiweddar, yn 2012, gwnaed arolwg manwl o'r ddau lyn, a gwelwyd eu bod wedi osgoi llawer o'r problemau sydd wedi effeithio ar gymaint o lynnoedd Cymru, megis glaw asid, erydiad mawn neu lygriad gan gemegolion oddi ar y tir.

Oherwydd hyn, mae un planhigyn prin iawn yn dal i dyfu yma, sef y Dyfrllys Hirgoes (*Potamogeton praelongus* Long-stalked Pondweed). Go brin eich bod chi yn gyfarwydd â hwn (welais i erioed mohono, er ei fod wedi ei gofnodi yn Sir Fflint yn 1910). Mae'n anodd ei weld gan fod y dail i gyd o dan y dŵr mewn llynnoedd dyfnion. Y mae'n tyfu yma ac acw yn yr Alban ond ychydig iawn ohono sydd ar ôl yng Nghymru a Lloegr. Felly, roedd yr awdurdodau yn hynod falch o ddod o hyd iddo yma yng nghysgod Cader Idris, yn tystio fod y dŵr yn lân a'r llyn yn iach. Gweler erthygl ddiddorol yn *Natur Cymru*, Gaeaf, 2014-15.

11. Y Berwyn
Mae'r Warchodfa Natur Genedlaethol hon yn rhannol yn siroedd Meirionnydd, Maldwyn a Dinbych
SJ 07 13
Mwy nag un ymweliad dros y blynyddoedd

Mae Gwarchodfa'r Berwyn yn anferth, tua 8,000 ha. Ar y cyrion mae Llangollen, Corwen, Llanrhaeadr-ym-Mochnant a'r Bala. Mae yma filltiroedd lawer o rostir a chorsydd, gyda thri chopa, Moel Sych a Chadair Berwyn yn ymyl ei gilydd, yn 2,713 troedfedd o uchder, a Chadair Bronwen, rhyw filltir a hanner i'r gogledd, ychydig yn is.

Ar y llethrau isaf, ar y rhostir sych, mae llawer o Rug, Rhedyn a Llus, ond wrth ddringo, deuwn at ehangder o gorstir gwlypach gyda mwy o Blu'r Gweunydd, amrywiaeth o hesg, Llafn y Bladur ac ambell i flodyn llai cyfarwydd megis Andromeda'r Gors, a'r Caineirian Bach (*Neottia* (*Listera*) *cordata* Lesser Twayblade). Bûm yn mwynhau cerdded y cynefinoedd hyn fwy nag unwaith, weithiau o gyfeiriad Llanrhaeadr-ym-Mochnant, heibio Pistyll Rhaeadr ac i fyny am Lyn Lluncaws a Moel Sych, a thro arall o'r Filltir Gerrig ar y B4391 rhwng Y Bala a Llangynog, sy'n llwybr dipyn ysgafnach.

I'r botanegydd, y dynfa fwyaf, heb amheuaeth, yw gweld Mwyaren y Berwyn (*Rubus chamaemorus* Cloudberry)

Wrth drafod Sir Drefaldwyn, a chrwydro'r Berwyn, daethom ar draws y blodyn hynod Mwyaren y Berwyn (*Rubus chamaemorus* Cloudberry). Blodyn arall, digon anodd dod o hyd iddo yw hwn, y Caineirian Bach (*Neottia* neu *Listera cordata* Lesser Twayblade). Chwiliwch amdano o dan y Grug, yn gymysg â'r Migwyn.

yn ei chynefin. Dyma un o'r genws *Rubus* (y mwyar) yn nheulu'r rhosyn (*Rosaceae*), ond yn wahanol i'r llu o fân rywogaethau eraill, mae gan Fwyaren y Berwyn ddail heb eu rhannu'n is-ddail, a does dim pigau ar y coesyn. Mae'r blodau gwynion yn tyfu bob yn un, gyda'r gwryw a'r fenyw ar blanhigion gwahanol. Mae'r ffrwyth, sy'n hynod o brin, yn fawr ac o liw oren. Y farn gyffredin yw nad oes fawr o flas arnynt, ond mae hen draddodiad yn ardal Llanrhaeadr-ym-Mochnant fod pwy bynnag a rydd chwart o Fwyar y Berwyn i'r person yn rhydd o dalu treth y degwm am flwyddyn.

Am flynyddoedd lawer credid mai dim ond ar Y Berwyn y tyfai'r fwyaren arbennig yma yng Nghymru. Mae'n fwy cyffredin yng Ngogledd Lloegr a'r Alban a phleser mawr i mi oedd dod ar ei thraws yn yr Arctig, yng ngogledd Sweden rai blynyddoedd yn ôl – wrth y miloedd! Ond bu cynnwrf mawr yn y gwersyll yn 1999 pan ddaeth rhywun ar ei thraws yng Ngwarchodfa Fenns a Whixall Moss, ar y ffin rhwng Cymru a Sir Amwythig. Mae'n debyg fod Mwyaren y Berwyn wedi bod yn tyfu yno am flynyddoedd – a neb wedi sylwi arni. Ac yn 2014 gwelwyd Mwyaren y Berwyn unwaith eto yng Nghymru, y tro yma yn ardal y Mignaint, cryn bellter o'r Berwyn. Gweler: *BSBI Welsh Bulletin* July 2015: Plant Records, Merionethshire.

Llyfryddiaeth

Benoit, Peter and Richards, Mary (1963) *A Contribution to a Flora of Merioneth* 2nd ed.

Carter, P W (1955) Botanical Exploration in Merionethshirer *The Merionethshire Miscellany,* I

Evans, E Price (1932) Cader Idris: A Study of Certain plant Communities in South-west Merionethshire, *Journal of Ecology* **20,** No.1

Evans, E Price (1944) Cader Idris and Craig y Benglog: The Study of the Distribution of Floristically Rich Localities in Relation to Bed-rock, *Journal of Ecology* **32,** 167-179

Evans, E Price (1947) The pH Range of some Cliff Plants…in the Cader Idris area, *Journal of Ecology* **35.** 158-165

Morris, A (1913) *Merionethshire.* Cambridge County Geography Series; gweler y bennod ar fotaneg gan Jones a Ruddy

Stille, Sarah (2014) *Merionethshire – vice-county 48 – Rare Plant Register – first draft*

PENNOD 38

SIR GAERNARFON (VC 49)

Dyma'r Wyddfa a'i chriw; dyma lymder a moelni'r tir

T H Parry-Williams

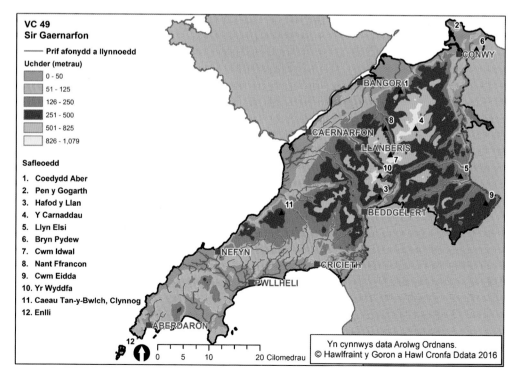

VC 49
Sir Gaernarfon

—— Prif afonydd a llynnoedd

Uchder (metrau)

- 0 - 50
- 51 - 125
- 126 - 250
- 251 - 500
- 501 - 825
- 826 - 1,079

Safleoedd

1. Coedydd Aber
2. Pen y Gogarth
3. Hafod y Llan
4. Y Carnaddau
5. Llyn Elsi
6. Bryn Pydew
7. Cwm Idwal
8. Nant Ffrancon
9. Cwm Eidda
10. Yr Wyddfa
11. Caeau Tan-y-Bwlch, Clynnog
12. Enlli

Yn cynnwys data Arolwg Ordnans.
© Hawlfraint y Goron a Hawl Cronfa Ddata 2016

Yr hen Sir Gaernarfon yw'r sir fwyaf mynyddig yng Nghymru, gyda'r Wyddfa, y mynydd uchaf yng Nghymru a Lloegr yn 3,560 troedfedd. I'r gogledd mae'r Fenai a Sir Fôn, mae Sir Ddinbych i'r dwyrain, a Sir Feirionnydd i'r de. Rhai o'r prif gymunedau yw Bangor, Bethesda, Betws-y-coed, Caernarfon, Conwy, Cricieth, Llandudno, Porthmadog a Phwllheli.

Mae daeareg y sir yn gymhleth. Criegiau o'r cyfnod Ordofigaidd yw'r mwyafrif, gyda llawer o'r cyfnod Cambriaidd yn ardaloedd Bethesda, Llanberis a Dyffryn Nantlle, ardaloedd y llechi, a nifer o greigiau Cyn-Gambriaidd ym Mhen Llŷn. Mae llawer o greigiau igneaidd yma ac acw drwy'r sir, rhai yn ymwthiol ac eraill yn greigiau cyfoes, ac mae enghreifftiau o Galchfaen Carbonifferaidd ar y Gogarth yn Llandudno a rhwng Bangor a Chaernarfon.

Mynyddoedd Eryri sy'n denu sylw'r mwyafrif. Os edrychwn o gyfeiriad y dwyrain gwelwn fod y prif fynyddoedd mewn tair rhan. Ar y dde mae'r Carneddau – Pen yr Ole Wen, Carnedd Dafydd, Carnedd Llywelyn, Yr Elen a'r Foel Grach. Yn y canol, dacw'r Gluderau (Glyderau) – Gluder Fawr, Gluder Fach, Tryfan, a'r Garn. Mae'r Wyddfa a'i chriw ar y chwith – Crib Goch, Crib y Ddysgl, Yr Wyddfa, a'r

Mynyddoedd Eryri yw calon y sir; mae Tryfan i'w weld yn glir o'r ffordd fawr, rhwng Capel Curig a Bethesda.

Lliwedd. Rhaid cyfeirio at Foel Siabod i'r gorllewin ger Capel Curig, heb anghofio Moel Hebog i'r cyfeiriad arall yng nghyffiniau Beddgelert. Hyn a llawer, llawer mwy, a'r cyfan yn dibynnu ar eich diffiniad chi o'r gair Eryri.

Ond mae mwy i Sir Gaernarfon na mynyddoedd Eryri. I'r dde ar y map dacw Ddyffryn Conwy, a'r ffin â Sir Ddinbych (cofiwch ein bod ni'n sôn am yr hen siroedd!), yn cynnwys Penmachno, Betws-y-coed, Trefriw, Dolgarrog a Chonwy, ac er syndod i rai, roedd Llandudno a'r Creuddyn hefyd yn Sir Gaernarfon o dan yr hen drefn. Y môr a'r Fenai, gyda Bangor a Chaernarfon yw'r terfyn naturiol tua'r gogledd-orllewin, ond lle mae penrhyn Llŷn yn dechrau? A beth am Eifionydd? Ar ôl cryn dipyn o holi, deallaf mai Afon Erch ydi'r tefyn, o Bwllheli yn y de i'w tharddiad ar lethau'r Eifl yn y gogledd, a bod Llŷn yn ymestyn bob cam i Aberdaron a thu hwnt, heb sôn am groesi'r swnt i Enlli.

Dyma sir fawr, ddiddorol, amrywiol.

Ychydig o hanes: pobl a fu'n llysieua yn Sir Gaernarfon

John Ray (1627-1705)

John Ray oedd botanegydd enwocaf ei gyfnod, yn glerigwr ac yn ddarlithydd ym Mhrifysgol Caergrawnt. Daeth gyda'i ffrind Francis Willughby, ar daith drwy Gymru yn 1658. Dringodd Yr Wyddfa, ac iddo ef mae'r clod am ddarganfod y Ferywen (*Juniperus* Juniper), y Glwbfrwynen Arnofiol (*Eleogiton fluitans* Floating Club-rush) a'r Tegeirian Bach Gwyn (*Pseudorchis albida* Small-white Orchid).

Thomas Glynne (? –1648)

Dyma un o deulu cefnog Plas Glynllifon, ryw bum milltir i'r de o Gaernarfon. Yn ogystal â bod yn dirfeddiannwr, roedd Thomas Glynne yn naturiaethwr craff ac yn falch o groesawu botanegwyr eraill i'w gartref. Cyfeiriodd yr enwog Thomas Johnson ato fel '...the Distinguished and Noble man Thomas Glynne of Glynllifon'. Mewn llythyr at Johnson yn 1630 dywed Glynne iddo ddarganfod Edafeddog y Môr (*Otanthus maritimus* Cottonweed) ym Morfa Dinlle, ond diflannodd hwn yn fuan wedi hynny. Efallai mai dim ond yn Iwerddon y mae'n tyfu bellach; gweler erthygl R A Jones yn *Y Naturiaethwr* Rhif 15, Rhagfyr 2004. Thomas Glynne hefyd a ddarganfu Fapgoll Glan y Dŵr (*Geum rivale* Water Avens).

Thomas Johnson (1600-1644)

Cyfeiriwyd droeon at Thomas Johnson, yr apothecari o Lundain, a'r cyntaf i gyhoeddi enwau amryw o blanhigion newydd o Gymru. Bu ar daith yng Nghymru yn 1639. Cychwyn o Gaer, i'r Fflint, yna Rhuddlan, Conwy, Bangor, Caernarfon, Glynllifon (efo Thomas Glynne), ac ymlaen i Benmorfa, Harlech, Y Bermo, Machynlleth, Trefaldwyn ac yn ôl i Loegr trwy Lwydlo. Roedd Johnson yn awyddus iawn i weld blodau'r mynydd, ond ar Garnedd Llywelyn bu'n rhaid iddo ef a'i ffrindiau droi'n ôl gan fod y bachgen lleol a oedd yn eu harwain yn gwrthod mynd ymhellach gan ofn yr eryrod. Eto i gyd roedd Johnson yn canmol y Cymry'n fawr, gan eu disgrifio fel pobl 'magnanimous, upright, loyal and hospitable', chwarae teg iddo!

Thomas Johnson sy'n gyfrifol am yr hanesyn sy'n disgrifio'r gwir fotanegydd. Roedd ef a'i ffrindiau'n dringo'r Wyddfa yn y glaw, ac yn casglu planhigion ar y clogwyni a'r creigiau. Wedi cyrraedd y copa ac eistedd i lawr yn y niwl, dyma nhw'n gyntaf oll yn gosod eu planhigion mewn trefn *ac yna* yn bwyta'u cinio. Blaenoriaethau!

Edward Llwyd (Lhuyd) (1660-1709)

Roedd gan Edward Llwyd gysylltiadau â llawer o siroedd Cymru, ond roedd ganddo ddiddordeb arbennig ym mynyddoedd Eryri, a chofiwn yn bennaf iddo ddarganfod Lili'r Wyddfa *Lloydia serotina*, a enwyd ar ei ôl. Llwyd hefyd oedd y cyntaf i ddod o hyd i amryw eraill o blanhigion y mynydd, yn eu plith Rhedynen Woodsia Hirgul

(*Woodsia ilvensis* Oblong Woodsia), Duegredynen Werdd (*Asplenium viride* Green Spleenwort), Duegredynen Fforchog (*Asplenium septentrionale* Forked Spleenwort), Ffiolredynen Frau (*Cystopteris fragilis* Brittle Bladder-fern), Rhedynen Gelyn (*Polystichum lonchitis* Holly Fern) – pob un yn dal i dyfu yn Eryri, ond rhai'n hynod o brin – a hefyd un o flodau enwocaf a harddaf y mynydd, sef y Gludlys Mwsoglog (*Silene acaulis* Moss Campion).

Fel naturiaethwr o Gymro mae mwy wedi ei sgrifennu am Edward Llwyd nag odid neb arall, yn haeddiannol felly, ac mae ei lyfryddiaeth yn eang. Un arweiniad hwylus i'w fywyd a'i waith yw'r gyfrol fechan ddwyieithog gan Frank Emery *Edward Lhuyd F.R.S. 1660-1709* o Wasg Prifysgol Cymru yn 1971, sy'n cynnwys Llyfryddiaeth.

John Jacob Dillenius (1684-1747)
Almaenwr oedd Dillenius a ddaeth i Brydain yn 1721 ac a fu'n Athro Botaneg yn Rhydychen. Daeth i Gymru yng nghwmni Samuel Brewer a Littleton Brown yn 1726, gan ymweld â Chaernarfon a Llanberis. Cofnododd y Rhedynach Teneuwe Tunbridge (*Hymenophyllum tunbrigense* Tunbridge Filmy-fern) yn Llanberis a'r Farchredynen Lydan (*Dryopteris dilatata* Broad Buckler-fern) yng Nghwm Glas.

Thomas Pennant (1726-1798)
Roedd Pennant, o'r Downing yn Sir Fflint, yn un o naturiaethwyr amlycaf Ewrop yn ei ddydd, ond yn ôl ei addefiad ei hun nid oedd yn fotanegydd – swoleg oedd ei briod faes. Eto i gyd roedd yn ymwybodol iawn o'r planhigion ac mae ei *Journey to Snowdon,* sydd hefyd yn rhan o'i waith enwog *Tours in Wales,* yn cynnwys sawl cyfeiriad diddorol at fyd y blodau. Pennant fu'n gyfrifol am noddi cyfrol y botanegydd John Lightfoot *Flora Scotica* (1792).

Hugh Davies (1739-1821)
Sir Fôn sy'n hawlio Hugh Davies yn bennaf; yno y ganwyd ef, bu'n offeiriad ym Miwmares, a phlanhigion Môn yw testun ei gyfrol enwog *Welsh Botanology*. Eto, rhaid cofio iddo fod yn offeiriad yn Abergwyngregyn, rhwng Llanfairfechan a Bangor yn Sir Gaernarfon, a cheir cyfeiriad at rai o blanhigion Eryri yn ei lyfr. Dywedir mai Hugh Davies a ddarganfu groesryw o'r Dyfrllys, sef *Potamogeton* x *lanceolatus,* = *P. coloratus* x *P. berchtoldii*. Ceir mwy amdano yn y bennod am Sir Fôn.

John Wynne Griffith (1763-1834)
Fe'i ganwyd yn Abergwyngregyn ond ei gartref oedd y Garn, Henllan ger Dinbych. Cafodd ei addysg yng Nghaergrawnt a bu'n Aelod Seneddol yn 1818. Roedd yn fotanegydd diwyd, a chyhoeddwyd rhestrau o'i eiddo yn llyfr Bingley (gweler y paragraff nesaf) a hefyd yn y *Botanist's Guide* gan Turner & Dillwyn. John Wynne Griffith a ddarganfu ddau o blanhigion prinnaf Cymru sef y Tormaen Siobynnog

(*Saxifraga cespitosa* Tufted Saxifrage) yn Eryri, a Cotoneaster (Creigafal) y Gogarth (*Cotoneaster cambricus* (*integerrimus*) Wild Cotoneaster). Wedi ei farw, esgeuluswyd ei nodiadau a'i sbesiminau, a chawsant eu colli i'r llwydni a'r llygod.

William Bingley (1774-1823)

Addysgwyd Bingley yng Nghaergrawnt a bu'n offeiriad yn Llundain. Teithiodd yn helaeth yng Ngogledd Cymru yn 1798 ac yn 1801 a chyhoeddod ei brofiadau mewn dwy gyfrol yn 1804 o dan y teitl *North Wales; including its Scenery, Antiquities, Customs and some sketches of its Natural History*. Mae'n cynnwys rhestr o dros 300 o blanhigion a briodolir i John Wynne Griffith. Chwiliwch am gopi, trowch i dudalen 248 a darllenwch ei hanes yn chwilio am flodau ar Glogwyn Du'r Arddu gyda'i gyfaill y Parch Peter Bailey Williams – dyna beth oedd mentro!

Dawson Turner (1775-1858) a Lewis Weston Dillwyn (1778-1855)

Turner a Dillwyn oedd cydawduron *Botanist's Guide Through England and Wales* (1805), un o'r llyfrau cyntaf i drin a thrafod dosbarthiad planhigion ym Mrydain. Mae'r adran am Sir Gaernarfon yn cynnwys rhestrau hir gan Hugh Davies a John Wynne Griffith.

John Williams (1801-1859)

Awdur *Faunula Grustensis*. Mae'r gyfrol fach, ddiddorol hon yn trafod Plwyf Llanrwst, sydd yn rhannol yn Sir Ddinbych ac yn rhannol yn Sir Gaernarfon. Gan fod tref Llanrwst yn Sir Ddinbych, penderfynwyd cynnwys y brif erthygl amdano o dan y sir honno.

William Williams (1805-1861)

Ni fyddai hanes botaneg yn Sir Gaernarfon yn gyflawn heb sôn am y tywysyddion cynnar a arweiniai'r teithwyr i fyny a thros y creigiau a'r llechweddau i chwilio am blanhigion prin. Bu bron i mi ddweud 'i chwilio am flodau prin' ond cofiais mai chwilio am redyn oedd y ffasiwn ar y pryd, ac yn sicr, does yna ddim blodau ar yr un redynen y gwn i amdani! Efallai mai'r enwocaf o'r tywysyddion oedd y cymeriad lliwgar 'Will Boots'. Un o Lanberis oedd William Williams, ond fel bachgen ifanc gweithiai mewn gwahanol westai yn Rhuthun, Yr Wyddgrug a Bangor, ac yna yn ddiweddarach yng ngwesty'r Victoria yn Llanberis. Mae'n debyg mai ei waith yn gofalu am esgidiau'r ymwelwyr a enillodd iddo'r enw 'Will Boots'. Dysgodd adnabod y planhigion, a dysgodd lle roeddynt yn tyfu. Dywedir ei fod yn gallu dringo'r Wyddfa dair gwaith mewn un diwrnod, a synnwn i ddim nad oedd yn ennill ceiniog go lew yn arwain ymwelwyr cefnog i'r 'mannau anghysbell'. Roedd wedi deall sut i hysbysebu ei hun yn y papurau lleol, a gwisgai gap efo'r geiriau 'Botanist Guide' mewn llythrennau breision. Yn drist iawn, ei frwdfrydedd a fu'n achos diwedd y daith – bu farw ar yr Wyddfa yn 56 oed wrth ddringo Clogwyn y Garnedd yn chwilio am y rhedynen *Woodsia*. Darllenwch lyfr Dewi Jones *Tywysyddion Eryri*.

Charles Cardale Babington (1808-1895)

Ganwyd Babington yn
Llwydlo, Sir Amwythig, ei
dad yn rheithor a meddyg ac
yn mwynhau botaneg.
Graddiodd yng Ngaergrawnt,
a'r un flwyddyn
cychwynnodd ar ei daith yng
Nghymru – roedd y 'Welsh
Tour' yn hynod boblogaidd
yn y cyfnod. Treuliodd lawer
o'i amser yn Eryri. Dringodd
Yr Wyddfa – heb dywysydd –
a chasglodd lawer o
blanhigion, a'r diwrnod
dilynol cerddodd dri deg dwy
o filltiroedd, eto yn Eryri;

Y Gronnell (*Trollius europaeus* Globeflower). Cofnodwyd gan
C C Babington (1808-1895) yn ystod ei daith yng Nghymru.

tipyn o gamp! Penodwyd ef yn Athro Botaneg yng Nghaergrawnt a chyhoeddodd
nifer o lyfrau safonol yn ei faes, gan gynnwys hanes ei daith yng Nghymru.
Cofnododd amryw o blanhigion enwog y mynyddoedd gan gynnwys y Tormaen
Llynandroed (*Saxifraga hypnoides* Mossy Saxifrage), Clust-y-Llygoden Ogleddol
(*Cerastium arcticum* Arctic Mouse-ear), Berrwr-y-Cerrig y Gogledd (*Arabis petraea*
Northern Rock-cress), y Gronnell (*Trollius europaeus* Globeflower) a Thywodlys y
Gwanwyn (*Minuartia verna* Spring Sandwort). Roedd yn ddigon craff i adnabod y
Lloydia ar ochr y Twll Du yng Nghwm Idwal er ei bod yn fis Gorffennaf, a'r blodau
wedi hen wywo, a hefyd, gwelodd blanhigyn prin iawn, sef y Cnwb-fwsogl Bylchog
(*Lycopodium annotinum* Interrupted Clubmoss). Edward Llwyd oedd y cyntaf i
ddarganfod hwn yng Nghymru, ond yn anffodus y mae
wedi llwyr ddiflannu. Mi gefais i gryn dipyn o wefr yn
dod ar ei draws o dan goed conwydd ar ryw fynydd yn
Norwy rai blynyddoedd yn ôl.

John Edwards Griffith (1843-1933)

Cyfraniad mawr J E Griffith oedd ei lyfr *The Flora of
Anglesey and Carnarvonshire* a gyhoeddwyd tua 1894.
Gweithiodd am gyfnod fel fferyllydd ym Mangor, cyn
ymroi i astudio planhigion y ddwy sir. Mae'r llyfr yn
cynnwys dros fil o rywogaethau, gan gynnwys
mwsoglau, cen a llysiau'r afu. Pwysodd yn drwm ar
waith ei ragflaenydd Hugh Davies, a cheir hefyd amryw

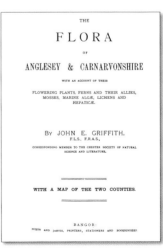

o gyfraniadau gan John Lloyd Williams. Yn rhyfedd iawn, dyma'r unig Flora o Sir Gaernarfon sydd wedi ymddangos hyd yma. Darganfu Griffiths groesryw o'r Dyfrllys yn Llyn Anafon ar lethrau'r Drum, uwchlaw Abergwyngregyn, sef *Potamogeton* x *griffithii* a enwyd ar ei ôl. Gweler llythyr diddorol am Griffith yn *Nature in Wales,* New Series, Vol. Four, Parts 1 and 2 (for1985) 1986, tud. 123.

John Lloyd Williams (1854-1945)

John Lloyd Williams

Cymeriad prin yw Cymro Cymraeg a ddaeth yn Athro Botaneg yn y Brifysgol, ond dyna ddigwyddodd yn hanes J Lloyd Williams, gyda'i fywyd diddorol a'i bersonoliaeth liwgar. Mae'r hanes i gyd yn y llyfr *Naturiaethwr Mawr Môr a Mynydd: Bywyd a Gwaith J. Lloyd Williams* (Gwasg Dwyfor 2003) gan Dewi Jones. Cefais y fraint o ysgrifennu cyflwyniad i'r gyfrol, a dyma ychydig o'r hyn a ddywedais yn 2003:

> Roedd J. Lloyd Williams yn fotanegydd wrth reddf. Cymerodd ddiddordeb arbennig ym mlodau'r mynydd ac yr oedd yn ei elfen yn sgrialu dros y creigiau yn chwilio am y planhigion Arctig-Alpaidd, ond ei briod faes ymchwil oedd gwymon y môr, a gwnaeth waith arloesol ynglŷn â'u cylchred bywyd. Ar ôl treulio cyfnod yn Llundain bu'n aelod o staff yr Adran Fotaneg ym Mangor ac wedi hynny yn Athro Botaneg yn Aberystwyth. Trwy lygad Dewi Jones cawn olwg gymesur o'r gŵr arbennig hwn – y gwerinwr a'r ysgolhaig, y gwyddonydd a'r athro, y llenor a'r Cymro.

I bwrpas y gyfrol bresennol, dylem bwysleisio fod J Lloyd Williams yn awdurdod ar blanhigion Eryri, ac efallai mai ei gamp arbennig oedd ailddarganfod y rhedynen brinnaf oll, Rhedynen Cilarne neu'r Llugwe Fawr (*Trichomanes speciosum* Killarney Fern) yng nghyffiniau Moel Hebog.

Cyhoeddodd J Lloyd Williams ei hunangofiant mewn pedair cyfrol o dan y teitl *Atgofion Tri Chwarter Canrif.* Cyn mynd gam ymhellach, mynnwch gael gafael yn y Drydedd Gyfrol (1944) a darllenwch Bennod XIV.

Albert Wilson (1862-1924)

Fferyllydd oedd Wilson, a anwyd yn Swydd Efrog. Roedd yn fotanegydd safonol, ac yn gydawdur *Flora of West Lancashire.* Ond bu'n byw yn y Ro-wen yn Nyffryn Conwy am dros ugain mlynedd, a sylweddolodd mai ychydig o sylw a gafodd yr ardal yna gan fotanegwyr. Aeth ati i unioni'r cam a chyhoeddodd *The Flora of a Portion of North-east Caernarvonshire* yn 1946 a 1947 (gweler y Llyfryddiaeth ar ddiwedd y bennod). Mae'n ymdrin ag ardal helaeth, o Gonwy yn y gogledd bron i Fetws-y-coed yn y de. Afon Gonwy yw'r terfyn dwyreiniol, hyd at gopaon Tal-y-fan, Y Drum, Foel Fras, Foel Grach, Carnedd Llywelyn a Phen Llithrig y Wrach.

Mae hon yn rhestr hir a manwl, yn cynnwys gwybodaeth gan nifer o'i gydnabod, megis Evan Roberts, E Price Evans ac A A Dallman, ac yn cynnwys cofnodion diddorol megis Y Derig (*Dryas octopetala* Mountain Avens) ger Llyn Cowlyd.

Evan Roberts (1906-1991)

Dyma un arall o'r Cymry lleol a ddaeth i amlygrwydd fel un o brif naturiaethwyr Eryri. Gadawodd yr ysgol yng Nghapel Curig i weithio yn y chwarel a dysgodd adnabod y creigiau a'r ffordd i'w dringo. Sylweddolodd yn fuan fod planhigion arbennig i'w cael ar greigiau arbennig; datblygodd ei ddiddordeb, a chafodd swydd gyda'r Cyngor Gwarchod Natur. Yn fuan iawn, Evan Roberts oedd yr awdurdod pennaf ar blanhigion y mynydd a daeth yn Brif Warden. Cafodd M.B.E., a gradd M.Sc.er anrhydedd gan y Brifysgol. Darllenwch ei hanes yn y gyfrol liwgar *Llyfr Rhedyn ei Daid* (1987) gan Llŷr Gruffydd a Robin Gwyndaf.

Cefais y fraint o gyfarfod Evan Roberts droeon, a'i gyflwyno i'm myfyrwyr – roeddynt yn gwirioni'n lân arno ac yn rhyfeddu at ei wybodaeth. (Gweler tud. 27)

Eritrichium nanum – y blodyn yr aeth Evan Roberts i'r Alpau i'w weld gyda'i fab – ond erbyn hynny yr oedd bron yn ddall. Tynwyd y llun ym mynyddoedd y Dolomitiau, yn yr Eidal, 1998.

R H Roberts (1910-2003)

Dyma un arall o'r Cymry Cymraeg a gymerodd ei fotaneg o ddifrif. Ganed Dic Roberts yn Llanllechid ger Bangor yn fab fferm, ac ar ôl graddio ym Mangor bu'n gweithio ar hyd ei oes yn athro ac yna'n brifathro ysgol gynradd. Ym Mhenmachno bu wrthi'n astudio planhigion Eryri, yn enwedig y gwahanol redyn, ac yna, ar ôl symud i Fangor, ac yntau'n aelod gweithgar o'r BSBI, apwyntiwyd ef yn Gofnodydd (*Vice-county Recorder*) Sir Fôn. Daliodd y swydd am ddeugain mlynedd. Datblygodd ei ddiddordeb a daeth yn awdurdod cydnabyddedig ar rai o'r tegeirianau a'r rhedyn. Cyhoeddodd ryw 50 o erthyglau gwyddonol, ac enwyd y planhigion *Mimulus* x *robertsii* ac *Equisetum* x *robertsii* ar ei ôl. Yn 1982 cyhoeddodd *The Flowering Plants and Ferns of Anglesey*, y rhestr gyntaf o blanhigion y sir ers dros bedwar ugain mlynedd. I gydnabod ei waith fel botanegydd derbyniodd radd M.Sc er anrhydedd gan Brifysgol Cymru, fe'i gwnaed yn Aelod er Anrhydedd o'r BSBI, a chafodd Fedal y Gymdeithas Linneaidd. Roedd hefyd ar dân dros gadwraeth, ac yn 1963, gyda'i gyfaill W S (Bill) Lacey, sefydlodd Ymddiriedolaeth Natur Gogledd Cymru. Roedd bob amser yn barod ei gymwynas a chefais i yn bersonol lawer o help ganddo.

Ann Conolly (1917-2010)

Saesnes oedd Ann Conolly, darlithydd yn yr adran Fotaneg ym Mhrifysgol Caerlŷr. Penderfynodd astudio blodau gwyllt yng ngogledd Cymru a dewisodd Ben Llŷn fel ei phriod faes. Roedd yn aelod blaenllaw o'r Gymdeithas Fotaneg (BSBI) ac yn ffyddlon i bob cynhadledd yng Nghymru. Treuliodd flynyddoedd yn chwilio ym mhob twll a chornel o Bwllheli i Aberdaron, a gwnaeth fwy na neb i hyrwyddo ein gwybodaeth o blanhigion y rhan yna o Sir Gaernarfon. Roedd hi'n arbenigo yn y *Polygonaceae*, teulu'r Canclwm.

Yr oedd Ann Conolly yn gymeriad gwreddiol; gwisgai'n wahanol, ac roedd ganddi ei ffordd ei hun o yrru car – er mawr ofid i ambell un o'i chydnabod, ond roedd yn hynod o hoffus a charedig a phob amser yn fwy na pharod i rannu ei gwybodaeth eang ym myd y blodau. Casglodd lawer iawn o wybodaeth am blanhigion Llŷn, a chyhoeddodd restr yn *BSBI Proceedings Vol.3, 151-164.* Yn anffodus, ni chafodd fyw i gwblhau'r gwaith.

Rhai o Staff yr Adrannau Botaneg a Botaneg Amaethyddol, Coleg y Brifysgol, Bangor

Reginald William Phillips (1854-1926)

Ganwyd R W Phillips yn Nhalgarth ac aeth i'r Coleg Normal ym Mangor ac yna i Goleg Sant Ioan, Caergrawnt. Bu'n Athro Botaneg ym Mangor o 1894 hyd 1923. Arbenigai'n bennaf yn y gwymon, ond roedd ganddo hefyd ddiddordeb eang yn ei bwnc, a chyhoeddodd erthyglau am blanhigion Ynys Seiriol ac am flodau gwyllt Llandudno a'r cylch.

R Alun Roberts (1894-1969)

Magwyd Alun Roberts ar fferm yn Nyffryn Nantlle a daeth yn
Athro Botaneg Amaethyddol 1945-60. Ei ddiddordeb pennaf oedd
patrwm amaethu'r ucheldir, a chyhoeddodd 'Ecology of Human
Occupation and Land Use in Snowdonia' yn y *Journal of Ecology* **47,**
(1959). Roedd ei waith yn hybu ei bwnc yn y gymuned yn bwysig
iawn iddo a bu ei ddosbarthiadau nos dros ran helaeth o ogledd
Cymru yn hynod lwyddiannus a phoblogaidd. Daeth ei lais yn

R Alun Robert

gyfarwydd fel aelod blaenllaw o'r rhaglen *Byd Natur* ar y radio, a chyhoeddodd amryw
o lyfrau yn cynnwys *Y Tir a'i Gynnyrch* a *Hafodydd Brithion*. Darllenwch ei hanes y llyfr
Doctor Alun gan Melfyn R Williams (1977). Mae gan lawer ohonom atgofion cynnes
o'r hen adran 'Agri. Bot.' ym Mangor.

Norman Woodhead (1903-1978)

Bu'n ddarlithydd yn yr Adran Fotaneg am lawer blwyddyn. Cyhoeddodd erthygau
ynglŷn â'i waith ar blanhigion llynnoedd yr ucheldir, ac ar y planhigion arctig-alpaidd.
Woodhead oedd awdur yr erthyglau ar *Lloydia, Lobelia* a *Subularia* yn y gyfres
'Biological Flora of the British Isles' yn *Journal of Ecology* **39**, (1951). Cydweithiodd yn
ddiwyd â R D Tweed, a oedd yn gyfrifol am yr *Herbariwm* – y casgliad o blanhigion
yn y Coleg. Yr oedd ei ddiddordeb yn ei bwnc yn amlwg i ni'r myfyrwyr.

P W Richards (1908-1995)

Roedd Paul Richards yn Athro Botaneg o 1949 hyd 1976 ac
yn fotanegydd o safon rhyngwladol. Cafod ei addysg gynnar
yng Nghaerdydd, o dan ddylanwad Eleanor Vachell, ac yna
ym Mhrifysgolion Llundain a Chaergrawnt. Ei ddiddordeb
pennaf oedd y mwsoglau ond roedd hefyd yn arbenigwr ar y
brwyn (*Juncus*). Teithiodd lawer, ac yn 1952 cyhoeddodd lyfr
safonol *The Tropical Rain Forest*.

P W Richards

Hoffai blanhigion Eryri ac roedd wrth ei fodd yn
cyflwyno dirgelion Cwm Idwal a Chwm Glas i'w fyfyrwyr.
Bu'n Llywydd Cymdeithas Ecolegol Prydain ac enillodd
Fedal y Gymdeithas Linneaidd.

W S Lacey (1917-1995)

Un o Gaerlŷr oedd Bill Lacey – botanegydd wrth reddf, a darlithydd campus.
Paleontoleg planhigion oedd ei briod faes a chyfrannodd yn helaeth i'r pwnc. Cafodd
Gadair Bersonol yn yr Adran Fotaneg yn 1976 ar ôl gweithio yn yr Adran am 30
mlynedd. Roedd ganddo ddiddordeb eang ym myd y planhigion, a daeth yn
arbenigwr ar Degeirianau'r Gors (y genws *Dactylorrhiza*) a'r genws *Galinsoga*.

Roedd gan Bill Lacey ddiddordeb ysol mewn cadwraeth, ac ef a'i gyfaill R H Roberts a fu'n bennaf gyfrifol am sefydlu Ymddiriedolaeth Natur Gogledd Cymru yn 1963. Cynhelir Darlith Flynyddol er cof amdano, ac mae ei lyfr *Welsh Wildlife in Trust* a gyhoeddodd yn 1970 yn parhau yn boblogaidd. Roedd yn athro effeithiol, ei wybodaeth yn eang a'i frwdfrydedd yn heintus.

John L Harper (1925-2009)

Yn hanu o deulu o ffermwyr, graddiodd John Harper mewn Botaneg yn Rhydychen, a bu'n gweithio yno ac yn Califfornia cyn dod i Fangor fel Athro Botaneg Amaethyddol yn 1967. Datblygodd yn awdurdod rhyngwladol ym maes ecoleg planhigion, ac ystyrir ei gyfrol *Population Biology of Plants* yn glasur. Bu'n Llywydd y *British Ecological Society* a'r *European Society for Evolutionary Biology*. Etholwyd ef yn F.R.S. yn 1978 a daeth nifer o anrhydeddau eraill i'w ran. Ym Mangor arweiniodd waith arloesol gyda nifer o blanhigion amaethyddol, megis y Feillionen Wen. Un o'i gyfraniadau enwocaf i lenyddiaeth ecolegol oedd ei Ddarlith Flynyddol fel Llywydd y B.E.S. yn 1967, o dan y teitl *A Darwinian Approach to Plant Ecology.* (*J. of Ecology,* 55 No.2 July 1967). (Gweler y llun tud. 39)

Anthony D Bradshaw (1926-2008)

Bu Tony Bradshaw yn ddarlithydd yn yr Adran Botaneg Amaethyddol ym Mangor yn ystod y pumdegau a'r chwedegau, ar ôl bod yn fyfyriwr ymchwil yn Aberystwyth. Roedd yn athro arbennig, gyda'r ddawn brin o gyfuno ffeithiau a brwdfrydedd yn ei ddarlithoedd. Yn ei waith maes, hyd yn oed mewn glaw a gwynt, roeddym yn dal ati i ddysgu – a mwynhau!

Dyma pryd y dechreuodd ar ei waith mawr, sef y gallu gan rai planhigion i wrthsefyll mwynau gwenwynig yn y pridd, a'r dulliau mwyaf effeithiol i adennill tir diffaith. Seiliwyd yr ymchwil ar ffordd rhai planhigion i esblygu'r gallu i dyfu ar dir gwenwynig, a hynny'n rhyfeddol o gyflym. Datblygodd y gwaith dros gyfnod o flynyddoedd, llawer ohono ar ddarn o dir ym mhentref Trelogan yn Sir Fflint, lle bu cloddio am blwm. Yn 1968 derbyniodd swydd fel Athro Botaneg ym Mhrifysgol Lerpwl. Parhaodd y gwaith, a daeth Tony Bradshaw yn enw rhyngwladol yn ei faes. Cyhoeddodd fwy na 250 o bapurau a llyfrau ac arolygodd dros 60 o fyfyrwyr ymchwil o bob rhan o'r byd. Yn 1982 etholwyd ef yn Gymrawd o'r Gymdeithas Frenhinol (F.R.S.) a'r un flwyddyn yn Llywydd Cymdeithas Ecolegol Prydain. Ychydig cyn ei farwolaeth yn 2008 gwnaed ef yn Ddinesydd er Anrhydedd Dinas Lepwl, y cyntaf i dderbyn yr anrhydedd.

Yn 2006 gofynnodd Asiantaeth yr Amgylchedd i'w haelodau enwi y 100 o ecolegwyr amgylcheddol mwyaf a fu byw erioed. Yn agosaf i enw Charles Darwin ar y rhestr, yn addas iawn, roedd enw Tony Bradshaw, gan iddo wneud ei enw fel biolegydd esblygiadol.

Llecynnau da i chwilio am flodau gwyllt yn Sir Gaernarfon

1. Coedydd Aber (Abergwyngregyn ger Bangor)
Gwarchodfa Natur Genedlaethol
SH 66 71
17 Mai 1996

Mae hon yn warchodfa fawr, yn ymestyn o bentref Abergwyngregyn hyd at y Rhaeadr Fawr, pellter o ryw filltir a hanner neu fwy. Gellir parcio car ychydig y tu draw i'r pentref.

Prif nodwedd yr ardal yw'r amrywiaeth mawr o goed yn y dyffryn. Yn y pen uchaf, coed Derw, gyda rhai Bedw a Chriafol (Cerddin) sydd fwyaf cyffredin, ond yn is i lawr y dyffryn, tua'r gogledd, ceir cymysgedd o Dderw, Ynn, Masarn, ambell i Lwyfen, Drain Gwynion, Drain Duon, Gwern, Celyn a llawer o goed Cyll. Ar y llechweddau serth mae llawer o redyn megis y Wrychredynen Feddal (*Polystichum setiferum* Soft Shield-fern), ond ar y gwaelodion gwlyb, lle mae'r Gwern ar eu gorau, ceir Gold y Gors (*Caltha palustris* Marsh-marigold) a'r Eglyn Cyferbynddail (*Chrysosplenium oppositifolium* Opposite-leaved Golden-saxifrage). Yn y gwanwyn,

Y Rhaeadr Fawr, Abergwyngregyn. Awst 1993

efallai y gwelwch y Mwsglys (*Adoxa moschatellina* Moschatel), planhigyn byr gyda phump o flodau bach gwyrdd ar ben y coesyn – pedwar ohonynt yn wynebu i wahanol gyfeiriad, a'r pumed yn wynebu yn syth i fyny. Un enw Saesneg arno yw 'Town Hall Clock' – un wyneb i bob cyfeiriad ac un ar gyfer yr angylion!

Cofiaf fod yma un tro pan oedd prysurdeb mawr o fôn-dorri'r coed Gwern (*coppicing*). Yn draddodiadol, defnyddid y pren i wneud gwadnau clocsiau, gan ei fod yn gwrthsefyll gwlybaniaeth, a hefyd i'w fudlosgi'n araf i baratoi golosg (*charcoal*).

Mae'r Rhaeadr Fawr yn haeddiannol enwog, dros 300 troedfedd o uchder, ac yno am fod y dŵr yn methu torri drwy'r graig folcanig, galed ar wyneb y clogwyn. Yma, mae'r afon yn newid ei henw. Mae'r Afon Goch yn casglu ei llif oddi ar nifer o afonydd llai ar lethrau'r Aryg a'r Foel Fras, yna'n magu nerth rhwng y Bera Mawr a'r Llwytmor cyn rhuthro am y dibyn. O hynny ymlaen ei henw swyddogol ydi Afon Rhaeadr Fawr, ac erbyn iddi gyrraedd y pentref, Afon Aber ydi hi – medden nhw!

Ond i fynd yn ôl i ben ucha'r dyffryn, cofiaf ddod o hyd i'r Redynen Bersli (*Cryptogramma crispa* Parsley Fern), Creiglusen (*Empetrum nigrum* Crowberry) a'r Tormaen Serennog (*Saxifraga stellaris* Starry Saxifrage), i gyd yn ein hatgoffa ein bod ar gyrion Eryri, a bod y Carneddau bron iawn yn y golwg.

Dyma lecyn diddorol; digon o amrywiaeth i'r naturiaethwr, a lle braf i fynd am dro, a mwynhau.

2. Pen y Gogarth
Gwarchodfa Natur Genedlaethol ger Llandudno
SH 76 82
30 Mai 2010, a llawer tro arall

Mae Llandudno a Phen y Gogarth yn yr hen Sir Gaernarfon ac o fewn y sir fotanegol o'r un enw (*vice-county* 49). Penrhyn, neu drwyn o dir sydd yma, o Galchfaen Carbonifferaidd, yn cysgodi'r dref rhag gwynt y gorllewin. Mae yma enghreifftiau da o balmant calch – cynefin digon prin yng ngogledd Cymru. Mae tua hanner y penrhyn yn cael ei bori gan ddefaid ac mae yma hefyd rhyw ddau gant o eifr gwyllt ers cyfnod Oes Victoria. Mae yma draddodiad o gloddio am gopr rhwng y creigiau er Oes yr Efydd.

Mae'r Gogarth yn enwog am ei flodau, a'r enwocaf ohonynt yw'r Cotoneaster (Creigafal) Gwyllt neu Cotoneaster (Creigafal) y Gogarth (*Cotoneaster cambricus* Wild Cotoneaster). Hyd yn gymharol ddiweddar credid mai ffurf o *Cotoneaster integerrimus* ydoedd, sy'n weddol gyffredin ar y cyfandir, ond credir bellach ei fod yn gynhenid i'r wlad hon, ac yn rhywogaeth wahanol, ac felly yn haeddu'r enw *C. cambricus* gan mai dim ond yng Nghymru y mae'n tyfu. Credir mai John Wynne Griffith, Y Garn, Henllan, Dinbych a'i darganfu yn 1783, a dim ond rhyw hanner dwsin o blanhigion sydd wedi goroesi. Gwneir ymdrechion ar hyn o bryd i'w gwarchod a'u cynyddu. Mae hyn yn anodd gan ei fod yn blanhigyn sy'n tyfu'n araf iawn ac yn gyndyn i

Cotoneaster (Creigafal) y Gogarth (*Cotoneaster cambricus* (*integerrimus*) Wild Cotoneaster). Dyma'r unig rywogaeth o Cotoneaster sy'n gynhenid i Brydain, a dim ond ar y Gogarth ger Llandudno y mae'n tyfu'n wyllt. Y llun: Gardd Fotaneg Prifysgol Bangor, Treborth, Mai 1994.

ledaenu'n naturiol. Hefyd mae ganddo ddau elyn, sef y geifr gwyllt, a'r maethau eraill o Cotoneaster (Creigafal) sy'n cael eu gwasgaru ar y Gogaeth gan adar, o'r gerddi cyfagos, ac yn bygwth ei dagu.

Gellid enwi llu o flodau prin a diddorol ar y Gogarth, yn eu plith y Ferywen (*Juniperus communis* Juniper), coeden fach sy'n anghyfarwydd i lawer, Gold y Môr (*Aster linosyris* Goldilocks Aster), Melynydd Brych (*Hypochaeris maculata* Spotted Cat's-ear) a'r prinnaf oll, efallai, y croesryw, Clust y Llygoden, *Cerastium* x *maureri* = *C. tomentosum* x *C. arvense*.

Ar gyfer y rhai sy'n hoffi blodau lliwgar, deniadol, gallwn enwi Pig-yr-aran Rhuddgoch (*Geranium sanguineum* Bloody Crane's-bill), y Cor-rosyn Cyffredin (*Helianthemum nummularium* Common Rock-rose) – hwn yn ddigon o ryfeddod ym mis Mehefin, a hefyd, yn llai cyffredin ond yn ddeniadol ar rai o'r creigiau, un o'r tegeirianau prin, y Galdrist Ruddgoch (*Epipactis atrorubens* Dark Red Helleborine). Ar y cregiau, gyferbyn â'r gwesty olaf cyn gadael y dref ar y 'Marine Drive', chwiliwch am y Fresychen Wyllt (*Brassica oleracea* Wild Cabbage), dyma ragflaenydd y llysiau yr ydym yn eu mwynhau i ginio, gan gynnwys y Gabatsien, y Blodfresych ac Ysgewyll Brwsel. Ond peidiwch â mentro profi dail Llewyg yr Iâr (*Hyoscyamus niger* Henbane) sydd hefyd yn tyfu ar y Gogarth, dyma blanhigyn gwenwynig a gyrhaeddodd wledydd Prydain filoedd o flynyddoedd yn ôl, efallai yn Oes yr Efydd.

Byddai'n hawdd rhestru llawer iawn mwy o berlau'r Gogarth; dyma un o lecynnau gorau'r wlad am flodau gwyllt. Dowch yma ar ddiwrnod braf o haf.

Geifr gwyllt ar y Gogarth – yn boblogaidd gan ymwelwyr, ond nid felly gan y garddwyr lleol, ac yn sicr nid gan y botanegwyr pan maent yn pori'r blodau prinnaf. Llandudno Mai 2010

Llwyd y Cŵn (*Marrubium vulgare* White Horehound), un arall o flodau prin y Gogarth. Medi 2006

3. Hafod y Llan, Nant Gwynant Gwarchodfa Natur Genedlaethol SH 629 513

22 Mai 2010

Mae Hafod y Llan oddi ar yr A498, y ffordd o Gapel Curig i Feddgelert, rhwng Llyn Gwynant a Llyn Dinas. Prynwyd y tir, rhyw bedair mil a hanner o erwau, gan yr Ymddiriedolaeth Genedlaethol yn 1999, gyda chymorth yr actor Syr Anthony Hopkins. Dyma lle mae Llwybr Watkin yn cychwyn, trwy Gwm Llan, rhwng Y Lliwedd a'r Aran, am gopa'r Wyddfa. Mae tir y fferm yn cyrraedd y copa.

Mae defaid mynydd Cymreig a gwartheg duon Cymreig ar y fferm. Yn ecolegol mae hyn yn fanteisiol gan fod defaid a gwartheg yn pori'n wahanol, a'r gwartheg yn help i reoli peth ar y gweiriau llai dewisol megis Gwellt y Gweunydd (*Molinia caerulea* Purple Moor-grass) a wrthodir gan y defaid.

Ar ein hymweliad yn 2010 cawsom gyfle i weld peth o'r tir o gwmpas y ffermdy yn ogystal â chrwydro ychydig yn uwch i fyny'r llethrau a thrwy'r coed. Mae ardal Coed-yr-Allt yn rhyfeddol, lle mae Afon Cwm Llan yn byrlymu drwy'r coed a thros nifer o raeadrau, cyn ymuno ag Afon Glaslyn ychydir yn is i lawr. Coed Derw sydd yma gan mwyaf, y Dderwen Mes Di-goes (*Quercus petraea* Sessile Oak) sef y Dderwen sy'n gynhenid i ucheldir y gorllewin. Yn gymysg â'r Derw roedd amryw o goed Bedw brodorol, a rhai coed Masarn. Cyrhaeddodd y Fasarnen yma o fynyddoedd de Ewrop ganrifoedd yn ôl, ac mae wedi cartrefu'n rhyfeddol mewn pob math o gynefin.

Mae Gwarchodfa Hafod y Llan, Nant Gwynant yn ennyn diddordeb y botanegwyr. Mai 2010

Un o'r mân raeadrau yn Hafod y Llan. Cynefin defrydol i'r Dderwen (*Quercus petraea*) yn Eryri.

Mae ardal yr Wyddfa yn enwog am law, fel y gŵyr pob cerddwr, a dywedir fod Hafod y Llan yn cael rhyw 100 modfedd mewn blwyddyn. Mae hyn yn ddelfrydol i lawer math o redyn, a gwelsom ddigonedd o'r Wibredynen (*Blechnum spicant* Hardfern), yn ogystal â'r Rhedynen Gorniog (*Phegopteris connectilis* Beech Fern) a Rhedynen Bêr y Mynydd (*Oreopteris limbosperma* Lemon-scented Fern), ac wrth gwrs, doedd dim prinder o'r Rhedynen Ungoes neu'r Rhedynen Gyffredin (*Pteridium aquilinum* Bracken). Os ydych yn dysgu adnabod yr Hesg dyma le da i ymarfer: gwelsom *Carex ovalis, C. binervis, C. oederi* (*C.viridula*), *C.echinata, C. panicea, C. pallescens,* a *C. pulicaris.* Roedd hefyd yn braf cael cofnodi dau blanhigyn cigysol, sef y rhai sy'n dal pryfetach, Tafod y Gors (*Pinguicula vulgaris* Butterwort) a'r Gwlithlys (*Drosera rotundifolia* Sundew).

4. Y Carneddau
SH 69 64
20 Medi 1986

Aeth dau ohonom am dro i fyny'r Carneddau ar ddiwrnod braf yn niwedd haf. Gadael y car ger yr A5 ac anelu i'r gogledd am Ffynnon Llugwy a Phen yr Helgi Du. Dilyn y grib, a dal i ddringo am Garnedd Llywelyn. Gorffwys, a gwrando ar grawc y Gigfran. Mae Pen yr Helgi Du yn rhyw 2,700 o droedfeddi, ac ar yr uchder hwnnw y tri phlanhigyn amlycaf oedd y Grug, y Llus a'r Greiglusen (*Empetrum nigrum* Crowberry). Erbyn cyrraedd copa Carnedd Llywelyn roeddem dros 3,000 o droedfeddi. Yno, doedd dim sôn am y Grug na'r Greiglusen ond roedd y Llus yn dal ei afael, gyda'r gweirau Peiswellt y Defaid (*Festuca ovina* Sheep's-fescue) a'r Gawnen Ddu (*Nardus stricta* Mat-grass) yn llwyddo'n rhyfeddol. Roedd ambell glwstwr o'r Peiswellt Bywhiliol (*Festuca vivipara* Viviparous Fescue), ffurf o'r gweiryn sy'n tyfu planhigion bychain yn lle hadau ar ben y coesyn, a'r rheini'n disgyn i'r ddaear, ac yn egino i ffurfio planhigion newydd. Rhaid cyfaddef fy mod i'n cael anhawster i adnabod llawer o'r cen a'r mwsoglau, ond llwyddais i enwi dau y diwrnod hwnnw: Mwsogl Gwlanog (*Rhacomitrium languinosum* Woolly Hair Moss), mwsogl llwydwyn sy'n tyfu rhwng y creigiau moel ar y copaon; gan ei fod yn eithriadol o wydn, a Cwilt y Mynydd neu'r Cen Mapiau (*Rhizocarpon geographicum* Map Lichen). Dyma un o'r cennau sy'n tyfu fel crystyn ar wyneb y graig. Mae ei liw melynwyrdd, gyda llinellau duon yn tynnu sylw, fel yr awgymir yn ei enw.

Ar y topiau moel yr unig dyfiant amlwg oedd y Gawnen Ddu (*Nardus stricta* Mat-grass) a'r Frwynen Droellgorun (*Juncus squarrosus* Heath Rush), dau blanhigyn caled a digon diflas yr olwg, ond roedd y defaid yn pori bob cam i'r copa.

Roedd hi'n amser troi am adre, ac yn ôl â ni i gyfeiliant galwad y Boncath yn yr awyr las uwchben. Diwrnod da.

5. Llyn Elsi
Cronfa ddŵr, rhyw filltir go dda uwchben Betws-y-coed
SH 78 55
29 Mehefin 1972

Cofiaf gymryd criw o fyfyrwyr yma dros ddeugain mlynedd yn ôl i gael golwg ar y planhigion a dysgu rhywbeth am ecoleg yr ardal. Yr hyn sy'n aros ydi'r atgof clir am harddwch y llecyn, er mai llyn gwneud ydi o ac er mai coed conwydd wedi eu plannu sydd o'i gwmpas. Adeiladwyd y gronfa yn 1914 i ddisychedu pobl Betws-y-coed, ac mae nifer o lwybrau yn arwain o'r pentref at y llyn.

Mae nodiadau'r diwrnod gennyf o hyd – dim byd syfrdanol, ond digon i greu darlun yn y cof o'r rhostir gwlyb ar uchder o 700 troedfedd, sydd mor nodweddiadol o Ogledd Cymru ar greigiau caled, asidig. Nodwyd y tri math o Rug, sef y Grug Cyffredin (*Calluna vulgaris* Heather), Grug y Mêl (*Erica cinerea* Bell Heather) sy'n ffafrio pridd gweddol sych, a'r Grug Deilgroes (*Erica tetralix* Cross-leaved Heath) sy'n gyffredin yn y llecynnau gwlyb. Roedd y coed Llus yn gyffredin iawn; tybed faint o bobl sy'n hel Llus erbyn hyn? Yr Eithin amlycaf oedd yr Eithin Mân (*Ulex gallii* Western Gorse), yr un sy'n blodeuo yn ystod Awst a Medi, tra bo'r Eithin Cyffredin neu'r Eithin Ffrengig (*Ulex europaeus*) ar ei orau yn y gwanwyn. Mae'r ddau yn gyffredin dros Gymru a gorllewin Lloegr, tra bo'r Eithin Mân yn llawer prinnach dros y rhan fwyaf o ddwyrain Lloegr.

Yma ger Llyn Elsi, ar y tir asidig, roedd digonedd o'r Migwyn (*Sphagnum*), ac ambell swp o Lafn y Bladur (*Narthecium ossifragum* Bog Asphodel). Mae'r enw Cymraeg yn cyfeirio at ffurf y dail, tra bo'r enw *ossifragum* yn golygu 'esgyrn brau'. Efallai bod yr amaethwyr cynnar yn sylwi fod y planhigyn yma yn tyfu ar dir sur, prin o galch, a bod anifeiliaid wrth bori ar dir felly yn magu esgyrn gwan, brau.

Cyn gadael Llyn Elsi, doedd dim gwefr o weld Gwellt y Gweunydd (*Molinia caerulea* Purple Moor-grass) – rydym yn dod ar ei draws hyd syrffed, ond roedd gweld, ac arogli'r Gwyrddling (*Myrica gale* Bog Myrtle), fel bob amser yn brofiad hyfryd.

6. Y Creuddyn, rhwng Bae Colwyn a Llandudno.
Gwarchodfa Bryn Pydew.
SH 818 798
Nifer o ymweliadau o 1972 ymlaen

Mae Bryn Pydew yn un o Warchodfeydd Ymddiriedolaeth Natur Gogledd Cymru. O'r A470 trowch am Esgyryn, yna trwy bentref Bryn Pydew. Mae'r Warchodfa ymhen rhyw filltir. Dyma un o'r lleoedd gorau yn y wlad i weld blodau gwyllt y garreg galch. Mae yma goedlannau, glaswelltir, palmant calch a hen chwarel, a golygfeydd godidog.

Y palmant calch sy'n tynnu sylw gyntaf. Mae'r hafnau cul yn y graig (Saesneg:

grikes) yn cynnig cysgod a lloches i bob math o blanhigion, megis y Goesgoch (*Geranium robertianum* Herb Robert), Tafod yr Hydd (*Phyllitis scolopendrium* Hart's-tongue), Bresych y Cŵn (*Mercurialis perennis* Dog's Mercury), Gwylaeth y Fagwyr (*Mycelis muralis* Wall Lettuce) a Chwerwlys yr Eithin (*Teucrium scorodonia* Wood Sage). Y goeden sydd debycaf o ffynnu yn y cynefin eithafol yma yw'r Onnen, ac mae ambell un yn egino yng ngwalod yr hafnau ac yn tyfu i fyny hyd at wyneb y palmant. Os daw dafad neu gwningen heibio, a bwyta blaen y tyfiant ifanc, dyna ddiwedd ar y goeden, ond os caiff lonydd, fe all ddatblygu i'w llawn dwf. Ambell dro fe welwch goedlan gyfan o goed Ynn ar balmant calch – golygfa go anghyffredin.

Does gan yr Orfanhadlen Eiddew (*Orobanche hederae* Ivy Broomrape) ddim cloroffyl; mae'n byw fel parasit, gan sugno maeth o'r Eiddew.

Yma ym Mryn Pydew mae amrywiaeth o fân gynefinoedd wedi datblygu, a thoreth o blanhigion i'w gweld i bob cyfeiriad, llawer gormod i'w henwi, ond dyma rai ohonynt: Piswydden (*Euonymus europaeus* Spindle), Cerddinen Wen (*Sorbus aria* Whitebeam), Tormaen Tribys (*Saxifraga tridactylites* Rue-leaved Saxifrage), Cochwraidd Gwyllt (*Rubia peregrina* Wild Madder), Y Ganrhi Felen *(Blackstonia perfoliata* Yellow-wort), Lili'r Dyffrynnoedd (*Convallaria majalis* Lily-of-the-Valley), Barf yr Afr (*Tragopogon pratensis* Goat's-beard), Gellesgen Ddrewllyd (*Iris foetidissima* Stinking Iris), Gorfanhadlen Eiddew (*Orobanche hederae* Ivy Broomrape), a llawer, llawer mwy.

Mae'n werth cyfeirio at ddwy redynen fechan, Duegredynen y Muriau (*Asplenium ruta-muraria* Wall-rue) a Duegredynen Gwallt y Forwyn (*A. trichomanes* Maidenhair Spleenwort). Bron yn ddieithriad dyma ddwy redynen sy'n tyfu ar waliau cerrig, ond yma, maent yn gartrefol ar y garreg galch naturiol, yn union fel yr oeddynt cyn i ddyn godi yr un wal erioed! Hefyd, beth am enwi un gweiryn, ar gyfer yr arbenigwyr, sy'n tyfu yn y Warchodfa, sef Ceirchwellt y Ddôl (*Avenula* (*Helictotrichon*) *pratense* Meadow Oat-grass). Fel mwyafrif planhigion Bryn Pydew, dyma blanhigyn calchgar sy'n tyfu ar ardal y garreg galch, yma ger arfordir y gogledd, ond mae'n brin iawn yng ngweddill Cymru.

Fe welwch fod hon yn warchodfa ryfeddol o gyfoethog – dowch yma i fwynhau.

Y Garreg Galch a'r Palmant Calch

Mae palmant calch (*limestone pavement*) yn gynefin arbennig. Gwelwn ôl y rhew, fwy na 10,000 o flynyddoedd yn ôl yn crafu'r graig yn noeth ac yn wastad, ac yna'r glaw, gyda'i asidedd gwan, yn bwyta'n raddol i wyneb y graig am filoedd o flynyddoedd. Y canlyniad ydi'r patrwm a welwn heddiw, y *clints and grikes,* sef y talpiau mawr o graig, a'r agennau cul rhyngddynt lle mae'r planhigion diddorol yn cysgodi o afael y gwynt ac o gyrraedd y defaid barus. Mae'r enghreifftiau gorau o balmant calch i'w gweld mewn rhannau o ogledd Lloegr ac yn y Burren yng ngorllewin Iwerddon, ond y mae gennym ni yng Nghymru nifer o enghreifftiau yn y gogledd a'r de.

Yn y gogledd mae'r garreg galch yn ymestyn o ochr ddwyreiniol Ynys Môn, heibio Pen y Gogarth, ar hyd y glannau ac yna i gyfeiriad Dinbych a Rhuthun. Mae haen arall yn rhedeg yn gyfochrog, i'r de o Brestatyn ac ar hyd Mynydd Helygain. Mae'r ddwy haen yn ymuno gan ffurfio Creigiau Eglwyseg ger Llangollen, ac yn parhau tua'r de, gan ddod i ben yn Llanymynech, ar y ffin â Sir Amwythig.

Yn y de mae'r garreg galch ar ffurf haen hir, hirgwn, o ardal Cydweli tua'r dwyrain i gyfeiriad y Mynydd Du, ymlaen i'r gogledd o Ferthyr, i'r de o Langatwg, ac yna yn stribed cul i gyfeiriad Pontypŵl, Rhisga a Phen-y-bont ar Ogwr; yna i'r gorllewin, tua Bro Gŵyr, ynghyd â thair haen yn ne Sir Benfro.

Mae tameidiau o balmant calch yma ac acw yn y gogledd a'r de, megis yn ardal Bwrdd Arthur i'r gogledd o Fiwmares yn Sir Fôn, rhannau yma ac acw ar Fynydd Helygain yn Sir Fflint, ac yn Euarth, Maes-hafn ac Eryrys yn Sir Ddinbych, yn ogystal ag ychydig ar Greigiau Eglwyseg. Y mannau enwocaf yn y de yw Ogof Ffynnon Ddu, Ystradfellte a'r Darren Fawr yn ardal y Bannau. (Gweler y lluniau tud. 47)

7. Cwm Idwal

Gwarchodfa Natur Genedlaethol, oddi ar yr A5 rhwng Capel Curig a Bethesda

SH 64 59

Llawer ymweliad dros y blynyddoedd.

I'r botanegydd, efallai mai dyma'r llecyn enwocaf yng Nghymru. Dynodwyd Cwm Idwal yn Warchodfa Natur Genedlaethol yn 1954, y gyntaf yng Nghymru, a bellach, dywedir fod 350,000 o bobl yn dod yma bob blwyddyn. Os ydych chi am chwyddo'r rhif, gadewch eich car yn y maes parcio ger y ffordd fawr, yr A5, a cherddwch i fyny'r llwybr amlwg at y Warchodfa – hanner awr hamddenol. Dyna'r cwm o'ch blaen, Llyn Idwal yn y canol a'r Twll Du y tu draw iddo. Mae llwybr hwylus o gwmpas y Llyn (gofal yn y pen pellaf ar dywydd garw!) a dewis o lwybrau i fynd ymhellach, neu ei throi hi yn ôl am y car.

Dichon mai Cwm Idwal, yn Eryri – y Warchodfa Natur Genedlaethol gyntaf yng Nghymru – yw'r lle delfrydol i astudio natur. Os buoch yma, roeddych mewn olyniaeth dda – bu Darwin yma ddwywaith.

Dyma'r Twll Du yng Nghwm Idwal. Mae Lili'r Wyddfa yn tyfu ar y creigiau, o gyrraedd y defaid a'r geifr.

Yr hen glogwyni cry', amdanynt hwy'r
Ymlymai f'enaid, er yn fore, 'n llwyr;
A dysgais, yn eu cwmni hwy erioed,
Eu dringo'n wylaidd, wylaidd, ar fy nhroed.

S Gwilly Davies

Mae hanes creigiau Cwm Idwal yn gallu ymddangos yn gymhleth. Os caf fentro gorsymleiddio, credir mai creigiau folcanig o'r cyfnod Ordofigaidd, rhyw 450 miliwn o flynyddoedd yn ôl sydd yma, ynghyd â haenau o greigiau gwaddodol hefyd, wedi crynhoi fel mwd a thywod. Mae'r rhan fwyaf o'r creigiau, megis y rhyolit, yn greigiau folcanig, asidig, caled, heb fawr o blanhigion arbennig arnynt. Ond yma ac acw mae pocedi o greigiau pyroclastig – gronynnau mân a chwythwyd i'r awyr o'r llosgfynyddoedd, gan ddisgyn i ffurfio pwmis – yn rhyddhau mwynau yn rhwyddach ac yn cynnal yr amrywiaeth o blanhigion a welwn yn y Cwm heddiw. Ymhell wedi ffurfio'r crieigiau cyntefig, cafwyd cyfnod o symud a phlygu yn y ddaear. Plygwyd creigiau Cwm Idwal i ffurfio math o soser enfawr a welir obobtu'r Twll Du, ac sy'n rhan o'r patrwm a elwir yn Synclin Eryri, ac sy'n ffurfio patrymau'r clogwyni yn y Cwm. Am fwy o eglurhad, gweler llyfr defnyddiol Dyfed Elis-Gruffydd *100 o Olygfeydd Hynod Cymru* (2014).

Wrth drafod hanes ffurfio'r creigiau rydym yn sôn am yr hyn ddigwyddod gannoedd o filiynau o flynyddoedd yn ôl, ond mae rhan nesaf y stori yn ystyried digwyddiadau llawer mwy diweddar. Yn ystod yr Oes Iâ ddiwethaf, a ddaeth i ben rhyw 10,000 o flynyddoedd yn ôl, roedd trwch enfawr o rew yn gorchuddio'r rhan hon o'r wlad, ar wahân, efallai, i bennau rhai o'r mynyddoedd. Wrth i'r rhew symud yn araf, cerfiodd batrymau newydd ar wyneb y tir. Ffurfiwyd Cwm Idwal ei hun ar ffurf pant mawr, gan y rhew oedd yn llifo'n araf i lawr Nant Ffrancon, gan greu'r dyffryn enwog gyda siâp U bedol. Gwelir olion y rhew ar rai o'r creigiau sydd ar lawr y Cwm hyd heddiw, y *roches moutonnès* (creigiau defaid), a'r marianau, y pentyrrau o gerrig a malurion a adawyd wedi i'r rhewlif doddi. Rhai o'r marianau hyn sydd wedi dal y dŵr yn ôl i greu Llyn Idwal. Darllenwch hanes Charles Darwin yn dod yma ddwy waith, ac ar yr ail ymweliad yn rhyfeddu nad oedd wedi 'deall iaith y creigiau' y tro cyntaf.

Dyma englyn gan y Prifardd Dic Jones, sy'n crynhoi'r hanes i'r dim:

> Mae anaf yn y mynydd, – a grafwyd
> 　Gan gryfion lifogydd
> Iâ ar daith ers llawer dydd
> O Eryri i'r 'Werydd.

Pan giliodd y rhew rhyw 10,000 o flynyddoedd yn ôl, gadawyd y tir yn noeth, ond buan iawn y daeth cen a mwsogl ac yna rai planhigion blodeuol yma ac acw, yn debyg i'r hyn a welwn ar rannau o'r twndra yn yr Arctig heddiw. Yn raddol, wrth i'r hin gynhesu, ffurfiwyd pridd a mawn a chafwyd llwyni a choed ar lawr y cwm a chyfyngwyd y planhigion arctig-alpaidd i'r tir uchel. Heddiw, gwelir bonion coed, Bedw yn bennaf, wedi eu claddu yn y mawn, yn brawf fod y llystyfiant wedi newid dros y blynyddoedd. Ers canrifoedd bu defaid a geifr (a gwartheg hyd y ddeunawfed ganrif) yn pori'r llethrau, gan rwystro tyfiant coed megis y Bedw, y Criafol (Cerddin) a'r Ddraenen Wen. Heddiw, mae

Mae'r tyfiant ar y graig yma, yng nghanol Llyn Idwal yn wahanol iawn i weddill y Cwm – does dim defaid yn pori'r graig! Mai 1994

cynllun ar droed i gadw'r defaid o Gwm Idwal, fel rhan o arbrawf tymor hir i geisio adennill peth o dyfiant naturiol yr ucheldir. Dechreuwyd arbrofi hanner can mlynedd yn ôl drwy ffensio rhannau o'r mynydd er mwyn rheoli patrwm y pori. Peth arall sy'n effeithio ar y tyfiant yw'r cannoedd ar gannoedd o ymwelwyr sy'n dod i'r cwm bob dydd o'r flwyddyn. Mae'r awdurdodau'n ceisio lleddfu'r difrod trwy wneud llawer o waith cynnal a chadw ar y llwybrau.

Y planhigion arbennig

Mae rhyw ddeugain o blanhigion y mynydd yn tyfu yn Eryri, rhai yn weddol gyffredin, a rhai yn eithriadol o brin. Ni ellir rhestru'r cyfan; rhaid dewis.

1. Yn Llyn Idwal:
   Bidoglys y Dŵr (*Lobelia dortmanna* Water Lobelia)
   Gwair Merllyn (*Isoetes lacustris* Quillwort)
   Marchrawn y Dŵr (*Equisetum fluviatile* Water Horsetail)

2. Yn y tir o gwmpas y llyn:
   Cnwp-fwsogl Corn Carw (*Lycopodium clavatum* Stag's-horn Clubmoss)
   Cnwp-fwsogl Mawr (*Huperzia selago* Fir Clubmoss)
   Cnwp-fwsogl Alpaidd (*Diphasiastrum alpinum* Alpine Clubmoss)
   Peiswellt Bywhiliog (*Festuca vivipara* Viviparous Sheep's-fescue)
   Mapgoll Glan y Dŵr (*Geum rivale* Water Avens)

3. Ymysg y cregiau:
   Ffiolredynen Frau (*Cystopteris fragilis* Brittle Bladder-fern)
   Rhedynen Bersli (*Cryptogramma crispa* Parsley Fern)
   Duegredynen Werdd (*Asplenium viride* Green Spleenwort)
   Tormaen Serennog (*Saxifraga stellaris* Starry Saxifrage)
   Tormaen Llydandroed (*Saxifraga hypnoides* Mossy Saxifrage)
   Rhedynen Gorniog (*Phegopteris connectilis* Beech Fern)
   Rhedynen Dridarn (*Gymnocarpium dryopteris* Oak Fern)
   Suran y Mynydd (*Oxyria digyna* Mountain Sorrel)
   Helyglys Seland Newydd (*Epilobium brunnescens* New Zealand Willowherb)
   Clustog Fair (*Armeria maritima* Thrift)
   Tywodlys y Gwanwyn (*Minuartia verna* Spring Sandwort)

4. Ar y creigiau, o afael y defaid a'r geifr:
   Tormaen Porffor (*Saxifraga oppositifolia* Purple Saxifrage)
   Y Gronnell (*Trollius europaeus* Globeflower)
   Pabi Cymreig (*Meconopsis cambrica* Welsh Poppy)

Pren y Ddannoedd (*Sedum rosea* Roseroot)

Gludlys Mwsoglog (*Silene acaulis* Moss Campion)

Arianllys y Mynydd (*Thalictrum alpinum* Alpine Meadow-rue)

Efallai mai'r Rhedynen Dridarn (*Gymnocarpium dryopteris* Oak Fern) yw'r harddaf o'r rhedyn – mater o farn yw hynny. Ond mater o ffaith yw iddi gael ei chofnodi ym mhob un o hen siroedd Cymru ar wahân i Sir Benfro, Sir Fflint a Sir Fôn. Dyma hi yng Ngwm Idwal ym 1970.

Er mai'r blodau arctig-alpaidd yw'r prif atyniad yng Nghwm Idwal, cofiwn fod llawer o'r blodau eraill yn werth eu gweld. Dyma'r blodyn lliwgar Grug y Mêl (*Erica cinerea* Bell Heather) yn rhannu cynefin efo Llafn y Bladur (*Narthecium ossifragum* Bog Asphodel) yn 2009.

5. Prin iawn, gwell peidio manylu gormod am eu cynefin:

Tormaen yr Eira (*Saxifraga nivalis* Alpine Saxifrage)

Tormaen Siobynnog (*Saxifraga cespitosa* Tufted Saxifrage). Mae ymgyrch hir ar y gweill i arbed hwn rhag difodiant.

Lili'r Wyddfa (*Lloydia serotina* Snowdon Lily)

Y Derig (*Dryas octopetale* Mountain Avens)

Y Derig (*Dryas octopetala* Mountain Avens). Creigiau Gleision, uwch Llyn Cowlyd. Medi 2015. Llun: Mair Williams.

Lili'r Wyddfa, blodyn enwocaf Cymru

Ar 24 Awst 1682 darganfu Edward Llwyd blanhigyn dieithr yn ardal y Gluderau yn Eryri. Doedd dim blodau arno, ac anfonodd ef at Jacob Bobart, botanegydd blaenllaw yn Rhydychen, ond ni allai ef na John Ray, prif fotanegydd y wlad ei enwi. Yn ddiweddarach, yn 1696 daeth ar draws y planhigyn yn Eryri unwaith eto, y tro yma yn ei flodau, ond parhaodd yr ansicrwydd, a bu Edward Llwyd farw yn 1709.

Lili'r Wyddfa (*Lloydia serotina* Snowdon Lily), blodyn enwocaf Eryri, ond yn hynod brin bellach.

Mae'r hanes yn awr yn symud i'r Cyfandir. Fe wyddid am y planhigyn yn yr Alpau er 1620 o dan yr enw *Pseudonarcissus*, ond yn 1753 daw enw Linnaeus, y botanegydd enwog o Sweden i mewn i'r hanes. Galwodd Linnaeus y blodyn yn *Bulbocodium serotina*, ond yn ddiweddarach newidiodd ef i *Antherica serotina*. Yn 1812, penderfynodd R A Salisbury, botanegydd blaenllaw arall, y dylid rhoi'r planhigyn mewn genws hollol newydd, a galwyd ef yn *Lloydia alpina*. Ond yn ôl y rheolau doedd ganddo ddim hawl i newid yr ail enw o *serotina* i *alpina* gan mai *serotina* oedd yr enw a ddefnyddiodd Linnaeus. O'r diwedd, yn 1830 dyma Karl Reichenbach yn yr Almaen yn ei enwi'n 'gywir' fel *Lloydia serotina,* yr enw swyddogol a ddefniddid o hynny ymlaen.

Mae'r *Lloydia* yn tyfu mewn cylch eang yn hemisffer y Gogledd, yn Japan, Rwsia, yr Himalaia a Gogledd America, ond yn Ynysoedd Prydain dim ond yn Eryri y mae, a hynny mewn rhyw hanner dwsin o safleoedd, ar y clogwyni a'r llechweddau serth, mewn llecynnau gwlyb yn wynebu'r gogledd. Mae'n tyfu o fwlb – peth anarferol iawn mewn blodau'r mynydd, a dim ond ychydig o'r planhigion yng Nghymru sy'n blodeuo, a hynny yn ystod diwedd Mai a dechrau Mehefin.

Yn ddiweddar, cymharwyd planhigion Cymru â'r rhai yn yr Alpau ac America, a dangoswyd fod yr amrywiaeth genetig yng Nghymru yn debyg i'r hyn a geir yn yr Alpau, ac yn fwy na'r amrywiaeth a geir yn America.

Yn y gorffennol, gelynion mawr y *Lloydia* fu casglwyr hunanol, traed cerddwyr diofal, a dannedd y defaid a'r geifr. Gobeithio y bydd pethau'n gwella o hyn ymlaen.

Un sylw arall; mae'r enw 'swyddogol' wedi newid eto fyth! O 2010 ymlaen yr enw cywir yw *Gagea serotina*. Bydd rhai yn dal i simsanu rhwng *Lloydia serotina* a *Gagea serotina*, rhwng Lili'r Wyddfa a Brwynddail y Mynydd, a rhwng Snowdon Lily a Mountain Spiderwort. Dewiswch chi!

8. Yn Nant Ffrancon, rhwng Ty'n-y-Maes a Phont Ceunant, rhyw ddwy filltir i'r de o Fethesda
SH 63 64
10 Gorffennaf 1994

Roeddwn yn hen gyfarwydd ag edrych i lawr Nant Ffrancon i gyfeiriad Bethesda o Gwm Idwal. Mae to ar ôl to o athrawon wedi tynnu sylw eu myfyrwyr at effaith y rhewlif yn creu'r dyffryn llydan, siâp U bedol. Ar y chwith, yn wynebu ychydig i'r gogledd mae rhes o gymoedd crog neu beiranau (*corries*), Cwm Cywion, Cwm Coch, Cwm Perfedd, Cwm Ceunant, lle bu'r rhew yn cronni ac yn ffurfio'r cymoedd, ond gyferbyn, yn wynebu'r de, ac yn llygad yr haul, roedd y rhew yn toddi cyn creu cymoedd tebyg, gan adael cefnen serth o dir, sydd mor dueddol o lithro, hyd yn oed heddiw, gan dagu'r ffordd fawr, yr A5 (yr 'Holihed'), ffordd enwog Telford sy'n arwain tua Phont y Borth a Sir Fôn.

Mae gwaelod Nant Ffrancon yn dew gan waddodion o raean a chlai a adawyd ar ôl gan y rhew, gydag amrywiaeth o gynefinoedd gwlyb yno erbyn hyn. Ar ein hymweliad yn 1994 cofnodwyd Gwellt y Gweunydd (*Molinia caerulea* Purple Moor-grass), Fioled y Gors (*Viola palustris* Marsh Violet), Pysen y Ceirw Fawr (*Lotus pedunculatus* Greater Bird's-foot Trefoil), Grug Deilgroes (*Erica tetralix* Cross-leaved Heath), Llafnlys Bach (*Ranunculus flammula* Lesser Spearwort), Maeswellt y Cŵn (*Agrostis canina* Velvet Bent), Plu'r Gweunydd (*Eriophorum angustifolium* Common Cottongrass), y Gwlithlys (*Drosera rotundifolia* Sundew), a Thafod y Gors (*Piguicula vulgaris* Butterwort) – pob un yn awgrymu tir gwlyb. Does ryfedd felly mai'r Wernen oedd y goeden gyntaf i ni ddod ar ei thraws.

Ar ambell i lecyn sychach roedd Grug, Tegeirian Brych y Rhos (*Dactylorhiza maculata* Heath Spotted-orchid), Brigwellt Main (*Deschampsia flexuosa* Wavy Hairgrass), Brwynen Droellgorun (*Juncus squarrosus* Heath Rush), Blodyn y Gwynt (*Anemone nemorosa* Wood Anemone), a Bysedd y Cŵn (*Digitalis purpurea* Foxglove). Efallai mai'r rhywogaeth leiaf cyfarwydd i mi oedd Marchredynen y Mynydd (*Dryopteris oreades* Mountain Male-fern), rhedynen sy'n llawer mwy cyffredin yn Eryri nag yn fy nghornel i o ogledd-ddwyrain Cymru.

9. Cwm Eidda, i'r de o bentref Padog, rhyw 2 filltir i'r gorllewin o Bentrefoelas
Fferm Tŷ Ucha, ar dir yr Ymddiriedolaeth Genedlaethol, sy'n Ardal o Ddiddordeb Gwyddonol Arbennig (SSSI)
SH 832 502
16 Mehefin 2013

Cefais gyfle i ymweld â darn o dir preifat, gyda chyfaill o naturiaethwr, mewn ardal oedd braidd yn ddieithr i mi. Dyma ddarn o laswelltir gwlyb (gwlyb iawn mewn mannau) neu borfa gorsiog, ger Afon Eidda, sydd yn drwch o flodau gwyllt diddorol. Ni chafodd ei ddraenio o gwbl ond mae patrwm o bori, sef defaid yn y gaeaf, dim pori o fis Mai hyd fis Gorffennaf ac yna gwartheg ymlaen i'r hydref.

Mae yna restr o dros 80 o wahanol blanhigion ar y safle. Dyma ychydig o'r rhai mwyaf diddorol:

Ffacbysen Chwerw (*Vicia orobus* Wood Bitter-vetch)

Ysgallen Fwyth (*Cirsium heterophyllum* Melancholy Thistle)

Tafod y Gors (*Pinguicula vulgaris* Butterwort)

Y Gronnell (*Trollius europaeus* Globeflower)

Cegiden y Dŵr (*Oenanthe crocata* Hemlock Water-dropwort)

Gold y Gors (*Caltha palustris* Marsh-marigold)

Tegeirian Pêr (*Gymnadenia conopsea* Fragrant Orchid)

Dant y Pysgodyn (*Serratula tinctoria* Saw-wort)

Tegeirian Llydanwyrdd (*Platanthera chlorantha* Greater Butterfly-orchid)

Lloer-redynen (*Botrychium lunaria* Moonwort)

Fe wêl y cyfarwydd fod yma gynefin go arbennig. Dyma lecyn lle gwelir yn glir fod parhad rhywogaethau yn dibynnu ar barhad y cynefin.

Dyma enghraifft o ddawn y ffermwr, Mr D O Jones, yn dilyn ymweliad gan aelodau Cymdeithas Edward Llwyd beth amser yn ôl:

I fro'r meillion a'r Gronnell – i'r comin
A'r cymoedd anghysbell,
Edward Llwyd a gwyd o'i gell
Fintai i wisgo'i fantell.

Os am ymweld â'r safle, cysylltwch â'r Ymddiriedolaeth Genedlaethol.

Ysgallen Fwyth (*Cirsium heterophyllum* Melancholy Thistle), un arall o flodau prin Cwm Eidda

10. Yr Wyddfa
Gwarchodfa Natur Genedlaethol enfawr o fwy na 4,000 o erwau
Gweinyddir ar y cyd gan Yr Ymddiriedolaeth Genedlaethol, Cyfoeth
Naturiol Cymru a thirfeddianwyr lleol
SH 62 55
Llawer ymweliad dros y blynyddoedd

Cefais y cyfle i ddringo'r Wyddfa lawer gwaith, am lawer blwyddyn ac o bob
cyfeiriad, ond dim ond dwywaith y bûm yn unswydd i chwilio am flodau, sef i
Glogwyn Du'r Arddu ac i Gwm Glas Mawr, gyda chryn lwyddiant y ddau dro!

Mae'n debyg fod tua hanner miliwn o bobl yn cyrraedd copa'r Wyddfa bob
blwyddyn, rhyw gan mil ar y trên bach a'r gweddill ar droed. Mae dewis o hanner
dwsin o lwybrau, yn amrywio o Lwybr Llanberis sy'n 'hawdd', i'r sgrialfa dros y Grib
Goch a Chrib y Ddysgl sydd yn sicr i'w chymryd o ddifrif. Mae'r Wyddfa yn denu
pob math o bobl am bob math o resymau, ac ymhlith y rhain mae'r awydd i weld rhai
o'r blodau prin. Mae'r diddordeb pennaf yn y planhigion arctig-alpaidd, sef y rhai sy'n
tyfu'n bennaf yn yr Arctig ei hun ac ar fynyddoedd uchaf Ewrop – yr Alpau a'r
Pyreneau, planhigion fel y Tormaen Porffor (*Saxifraga oppositifolia* Purple Saxifrage) a'r
Derig (*Dryas octopetala* Mountain Avens). Nid rhywbeth diweddar yw'r dynfa i weld y
blodau ar yr Wyddfa. Dyma un o deulu enwog Morrisiaid Môn yn ysgrifennu at ei
frawd, yn Llundain:

William at Richard, o Gaergybi, 8ed Mai, 1741

Gwybyddwch ddarfod i weinidog ein plwyf a phedwar o wyr bonheddigion eraill a
minneu gymeryd taith ddechreu'r wythnos ddiwaetha i ben yr Wyddfa, neu'r
Eryri, rhai er mwyn cael gweled y byd o'i hamgylch, eraill er mwyn cael gwarrio
eu harian a chael digrifwch; ambell un er mwyn cael edlyw yw cymdogion y
buasent yn nes i'r nef na hwynt (Pythagoriaid oedd rheini), a minnau (chwedl y
mochyn) er mwyn dyfod o hyd i lysiau a deiliach y rhai a dyf yno yn anad unlle
arall o dir Brydain Fawr. We had very bad weather, so that the prosperous men
were quite disapointed. I picked up about a score curious Alpine plants, most of
'em on the very top of Snowdon, ond roedd hi'n gwlychu a chin oered nad oedd
dim byw yn hir yn y fan.

Beth yw cyfrinach y planhigion Arctig–Alpaidd?
Lluniwyd wyneb y tir yn bennaf gan y rhew gan adael ochrau serth neu dir gwastad
moel. Mae'r tywydd yn arw, llawer o eira a glaw yn y gaeaf a thymheredd isel yn yr
haf. Oherwydd hyn ceir llawer o dir gwlyb, asidig, gyda thrwch o fawn, ond yma ac
acw mae darnau o dir ffrwythlon, gyda mwy o galch neu botasiwm a magnesiwm.
Dyna lle bydd y planhigion diddorol yn llwyddo.

Mewn hinsawdd mor arw, gyda thymor tyfu mor fyr, ychydig iawn o blanhigion unflwydd sy'n byw yn y mynyddoedd. Dim ond dau y gwn i amdanynt, sef *Gentiana nivalis* a *Koenigia islandica* ym Mhrydain, ac mae'r ddau yn gyfyngedig i fynyddoedd yr Alban. Tybed a oes unrhyw enghraifft yn Eryri? Mae'r mwyafrif o'n planhigion arctig-alpaidd ni yn lluosflwydd, yn atgynhyrchu'n llysieuol, yn gwreiddio'n ddwfn ac yn tyfu'n agos i'r ddaear. Enghreifftiau amlwg yw'r Gludlys Mwsoglog (*Silene acaulis* Moss Campion) a'r Derig (*Dryas octopetala* Mountain Avens). Mewn llecyn cysgodol neu mewn agen yn y graig mae rhai planhigion yn tyfu'n llawer mwy, megis y Gronnell (*Trollius europaeus* Globeflower) a'r Pabi Cymreig (*Meconopsis cambrica* Welsh Poppy). Dangoswyd bod rhai rhywogaethau megis y Tormaen Porffor (*Saxifraga oppositifolia* Purple Saxifrage) wedi eu haddasu'n ffisiolegol ar gyfer gaeafau a hafau oer, sydd mor gyffredin dros lawer o'r twndra yn yr Arctig.

Mae nifer o wahanol rywogaethau o'r Tormaen yn Eryri. Dyma'r Tormaen Serennog (*Saxifraga stellaris* Starry Saxifrage). Clogwyn Du'r Arddu. Mai 2003.

Mantais arall gan lawer o'r planhigion arctig-alpaidd yw polploidedd, sef eu bod wedi datblygu, drwy esblygiad, fwy na'r nifer gwreiddiol o gromosomau – dwywaith, teirgwaith neu fwy. Golyga hyn eu bod yn gallu manteisio'n well ar unrhyw amrywiadau yn eu cynefin.

Sut y gallodd y planhigion arctig-alpaidd oroesi'r rhewlifoedd?

Cynigir dau esboniad:

1. **Tabula rasa.** Dyma'r gred fod y planhigion wedi goroesi y tu allan i ardal y rhewlif, ac wedi symud i mewn ar ôl i'r tywydd liniaru ac i'r rhew gilio.
2. **Nunataks.** Cred eraill fod y planhigion wedi goroesi ar ben rhai o'r mynyddoedd trwy gydol cyfnod y rhewlif, gan fod rhai o'r copâu – y *nunataks* – yn uwch na wyneb y rhewlif.

Mae tystiolaeth i gefnogi'r ddwy ddamcaniaeth, efallai fod peth gwir i'r ddwy. Mae'n debyg fod y mwyafrif o ecolegwyr yn ffafrio'r ail.

Am restr o rai o blanhigion Eryri, gweler yr erthygl am Gwm Idwal uchod.

Dringwch Yr Wyddfa, cymerwch ofal, a mwynhewch y blodau.

Mae rhai planhigion sy'n gyfarwydd dan y coed ar lawr gwlad hefyd yn tyfu ymhlith y creigiau uchel. Dyma Suran y Coed (*Oxalis acetosella* Wood-sorrel) ar Glogwyn Du'r Arddu ar yr Wyddfa, Mai 2003.

11. Caeau Tan-y-bwlch, Clynnog Fawr
Gwarchodfa *Plantlife*, ac Ymddiriedolaeth Natur Gogledd Cymru
Rhyw filltir a hanner i mewn i'r wlad o bentref Clynnog, ar lethrau'r Bwlch Mawr
Os am fanylion, cysylltwch â'r Ymddiriedolaeth
SH 432 489
Haf 1998

Dyma enghraifft dda o lecyn arbennig lle defnyddir dulliau arbennig i warchod cynefin arbennig. Ychydig o gaeau sydd yma, rhwng cloddiau cerrig, yn cael eu ffermio yn y dull traddodiadol, sef eu pori bob gaeaf rhwng mis Medi a mis Ebrill, ynghyd â chnwd o wair oddi ar y tir sychaf ddiwedd yr haf. Ni ddefnyddir gwrtaith na chwynladdwyr. Oherwydd hyn, ceir yma amrywiaeth rhyfeddol o flodau gwyllt; rhai ohonynt yn brin, a bellach bron iawn wedi diflannu oddi ar ein tir glas. Ar ben y rhestr mae'r Tegeirian Llydanwyrdd (*Platanthera chlorantha* Greater Butterfly-orchid) sydd yn amlwg yn llwyddo o dan y drefn bresennol. Ym mis Gorffennaf eleni (2015) bu dwsin o wirfoddolwyr yn eu cyfrif, a rhifwyd 4,786 o'r blodyn hardd yma, mwy nag erioed o'r blaen.

Gall rhai o'r blodau cyfarwydd fod yn hynod ddeniadol: Bysedd y Cŵn (*Digitalis purpurea* Foxglove). Nant Peris, 2004

Mae rhan o Warchodfa Caeau Tan-y-bwlch yn bur wlyb – dyma gynefin Ffa'r Corsydd (*Menyanthes trifoliata* Bogbean).

Daethom ar draws y Wibredynen (*Blechnum spicant* Hard-fern) fwy nag unwaith o'r blaen; mae'n tyfu ym mhob rhan o Gymru. Dyma hi ym Mhen Llŷn yn 2004.

Rhai o'r planhigion eraill sydd i'w gweld yn yr haf yw Pys-y-ceirw (*Lotus corniculatus* Bird's-foot-trefoil), Mantell Fair (*Alchemilla sp.* Lady's-mantle), Tafod y Neidr (*Ophioglossum vulgatum* Adder's-tongue), Effros (*Euphrasia sp.* Eyebright), a'r ddau degeirian lliwgar, y Tegeirian Brych (*Dactylorhiza fuchsii* Spotted Orchid) a Thegeirian Brych y Rhos (*Dactylorhiza maculata* Heath Spotted-orchid). Yn y caeau isaf, sy'n wlypach, ceir Ffa'r Corsydd (*Menyanthes trifoliata* Bogbean), Marchrawn y Coed (*Equisetum sylvaticum* Wood Horsetail), y Blodyn Llefrith (*Cardamine pratensis* Cuckooflower), Fioled y Gors (*Viola palustris* Marsh Violet), ac ar y rhannau gwlypaf, mwyaf asidig, gwelir ambell damaid o'r Llygaeron (*Vaccinium oxycoccos* Cranberry) yn cripian dros y Migwyn (*Sphagnum*).

12. Enlli

Pe cawn i egwyl ryw brynhawn,
 Mi awn ar draws y genlli,
A throi fy nghefn ar wegi'r byd,
A'm bryd ar Ynys Enlli.

T Gwynn Jones

**Ynys oddi ar Ben Llŷn, rhyw ddwy filltir ar draws y swnt
Gwarchodfa Natur Genedlaethol (1986)
Perchenogir a gweinyddir gan Ymddiriedolaeth Ynys Enlli
SH 12 22**

Bûm ar yr ynys ddwywaith, unwaith o Bwllheli ar 20 Mehefin1996 ac unwaith o Borth Meudwy ger Aberdaron, 12 Medi 2009.

Dysgais yn fuan fod pobl Llŷn bob amser yn son am Enlli, nid Ynys Enlli. Mae Enlli yn rhyw filltir o hyd ac yn 440 o erwau, gyda Mynydd Enlli yn codi rhyw 550 o droedfeddi yn y gogledd-ddwyrain. Mae gweddill yr ynys yn gymharol isel a gwastad. Mae'r creigiau yn hen iawn, o'r cyfnod Cyn-Gambriaidd ac yn gymysgfa o greigiau igneaidd a gwaddodol, o wahanol fathau – cybolfa yw'r gair a ddefnyddir mewn un llyfr– gan gynnwys peth calchfaen hefyd.

A fuoch chi 'rioed yn morio? Paratoi i groesi i Enlli (ond nid yn y cwch yma!).

Mae tystiolaeth fod pobl wedi bod yma er y cyfnod Neolithig, a chredir bod mynachdy ar yr ynys erbyn y 5ed ganrif. Diddymwyd y mynachdy gan Harri VIII yn 1536, ond bu Enlli yn gyrchfan pererinion ar hyd y canrifoedd. Yn 1870 aildrefnwyd y patrwm ffermio ac adnewyddwyd y ffermdai. Codwyd y capel yn 1875. Erbyn 1881 roedd 132 o drigolion ar yr ynys, ond erbyn 1961 roedd y nifer wedi disgyn i 17, a dim ond 4 oedd yn byw ar yr ynys yn 2003. Bellach, cedwir gwartheg a defaid, ynghyd â da pluog ar y fferm o dros 400 erw. Mae goleudy ym mhen deheuol yr ynys ac mae'r ganolfan gwylio adar a sefydlwyd yn 1953, o safon rhyngwladol. Efallai mai adar enwocaf Enlli yw'r Frân Goesgoch (*Chough*) ac Aderyn Drycin Manaw (*Manx Shearwater*).

Y planhigion (yn rhannol o *The Natural History of Bardsey (1988)* gan Peter Hope Jones)
Fel arfer mae nifer y planhigion ar ynys gryn dipyn yn llai nag ar ddarn o dir o'r un

maint ar y tir mawr cyfagos. Syndod i mi, felly oedd darllen bod arolwg o blanhigion Enlli yn 1983 yn tystio bod dros 400 o rywogaethau wedi eu cofnodi ar yr ynys. Mae yma gryn amrywiaeth o gynefinoedd, yn cynnwys:

Porfa a rhostir yr arfordir, sy'n agored i wyntoedd cryfion a heli'r môr. Dyma lle ceir y gweiriau Peiswellt (*Festuca sp.* Fescues), Llyriad Corn Carw *(Plantago coronopus* Buck's-horn Plantain), Maeswellt Rhedegog (*Agrostis stolonifera* Creeping Bent) a Chlustog Fair (*Armeria maritima* Thrift). Weithiau, yn ogystal, ceir Teim Gwyllt (*Thymus polytrichus* Wild Thyme), Grug, ac Ysgall y Maes (*Cirsium arvense* Creeping Thistle).

Rhai o'r cen cerrig ar wyneb y creigiau. Enlli 2009

Y Mynydd, sef y bryn sy'n codi i 550 troedfedd. Yma mae Rhedyn, Eithin (y ddau fath) a Grug yn ddigon cyffredin, gyda Bysedd y Cŵn a'r Clefryn (*Jasione montana* Sheep's-bit) a'r Briwydd Felen (*Galium verum* Lady's Bedstraw). Ar ochr ogledd-ddwyrain y mynydd, sydd ychydig yn fwy cysgodol mae Eurwialen (*Solidago virgaurea* Goldenrod), Clychau'r Gog, Briallu, Eiddew (Iorwg) ac ychydig o'r Ddraenen Wen.

Y clogwyni a min y dŵr. Yma mae cymuned o flodau lliwgar yn cynnwys Corn Carw'r Môr (*Crithmum maritimum* Rock Samphire), Gludlys Arfor (*Silene uniflora* Sea Campion) a Phig y Crëyr (*Erodium cicutarium* Common Stork's-bill). Mae un darn o draeth tywodlyd ar yr ynys, lle ceir Tywodlys Arfor (*Honckenya peploides* Sea Sandwort) ac ambell dro y Pabi Corniog Melyn (*Glaucium flavum* Yellow Horned-poppy). Mewn un rhan o'r traeth ger y goleudy cofiaf ddod ar draws nifer o blanhigion y gors, yn cynnwys y Llafnlys Bach (*Ranunculus flammula* Lesser Spearwort) sy'n gyffredin, a phlanhigyn anghyfarwydd i mi, y Frwynen Lem (*Juncus acutus* Sharp Rush). Cofiwch hefyd fod pymtheg math o redyn wedi eu cofnodi ar Enlli, yn cynnwys y Dduegredynen Hirgul (*Asplenium obovatum* Lanceolate Spleenwort) a'r Dduegredynen Arfor (*Asplenium marinum* Sea Spleenwort).

Yn y tir isel, yn y caeau ac ar y llwybrau, efallai y gwelwch y Feillionen Ymguddiol (*Trifolium subterraneum* Subterranean Clover), neu'r Blodyn Ymenyn Mân-flodeuog (*Ranunculus parviflorus* Small-flowered Buttercup) neu hyd yn oed Troellig yr Hydref (*Spiranthes spiralis* Autumn Lady's-tresses).

Ac y mae, wrth gwrs, lawer o fân gynefinoedd eraill, mwy na digon i ddiddori'r botanegydd. A chofiwch fod croeso i chi logi tŷ am wythnos ar Ynys Enlli; dyna syniad!

Llyfryddiaeth

Carter, P W *Caernarvonshire Historical Society Transactions,* Part I, 16 (1955) 52-59, Part II, 17 (1956) 45-55

Condry, W M (1966) *The Snowdonia National Park,* gyda phennod am y planhigion

Condry, William (1987) *Snowdonia.* Mae'r ail bennod yn trafod y blodau gwyllt

Dines, T D and McCarthy, W C *Caernarfonshire Rare Plant Register*

Edlin, Herbert L (Ed.) (1963), *Snowdonia, yn* arbennig y bennod ar fyd y blodau gan N.Woodhead

Griffith, John E (1894) *The Flora of Anglesey & Carnarvonshire*

Gruffydd, Llŷr D, a Robin Gwyndaf (1987) *Llyfr Rhedyn ei Daid: Portread o Evan Roberts, Capel Curig, Llysieuwr*

Jones, Dewi (1993) *Tywysyddion Eryri*

Jones, Dewi (1996) *Datblygiadau Cynnar Botaneg yn Eryri*

Jones, Dewi (2007) *The Botanists and Mountain Guides of Snowdonia*

National Parks Commission (1958) *Snowdonia,* yn arbennig Pennod 2, am fyd y blodau, gan P W Richards

North, F J, Campbell, Bruce and Scott, Richenda (1949) *Snowdonia*

Pennant, Thomas (1778) *A Tour in Wales* Vol 2 (1781). Mae'r adran ar Eryri (a gyhoeddwyd hefyd ar wahân o dan y teitl *Journey to Snowdon*) yn cynnwys amryw o gyfeiriadau at blanhigion.

Rhind, Peter & Evans, David (2001) *The Plant life of Snowdonia*

Wilson, A (1946,7) The Flora of a Portion of North-East Caernarvonshire *The North Western Naturalist* Vol. XXI, Nos. 3 and 4 (Sept. and Dec. 1946) 202- 223; Vol.XXII Nos.1 and 2 (March and June 1947) 62-83: Nos. 3 and 4 (Sept. and Dec. 1947) 191-211

Woodhead, Norman ((1934) The Alpine Plants of the Snowdon Range, *Bulletin of the Alpine Garden Society* Vol. II, Nos.1 and 2

Wynne, Goronwy (1989): y bennod Mountains and Moorlands, yn *The Nature of North Wales,* Edit. by Lacey,W S and Morgan, J

Ceir hefyd nifer fawr o lyfrynnau ac erthyglau, yn bennaf am Eryri, gormod o lawer i'w henwi. Nodir cryn nifer ohonynt yn *A Bibliographical Index of the British Flora* (1960) gan N Douglas Simpson.

PENNOD 39

SIR DDINBYCH (VC 50)

Yn Nyffryn Clwyd rwy'n byw,
Eden werdd Prydain yw,
Mor lân ei lun yw nyffryn i.

Gwilym R Jones

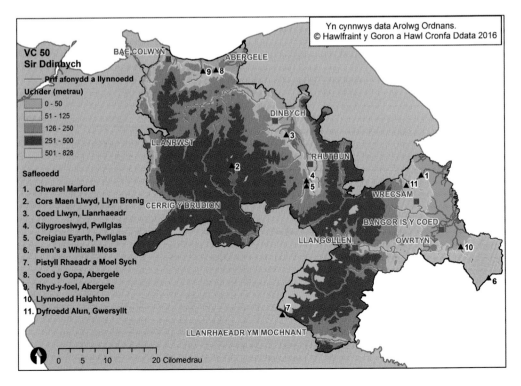

Efallai, fel finnau, i chi ryfeddu at y ffin hir a throellog wrth edrych ar y map o Sir Ddinbych. Ond rhaid cofio dau beth; yn gyntaf, ein bod yn defnyddio terfynau H C Watson (1804-81) ar gyfer ei is-siroedd botanegol (*botanical vice-counties*), sy'n cyfateb, fwy neu lai, ond nid yn hollol, i'r hen siroedd, cyn yr ad-drefnu yn 1974. Yn ail, fe gofiwch fod gan Sir Fflint, o dan yr hen drefn, ddau ddarn ar wahân,

('Flintshire detached'), sef Maelor Saesneg, a 'Marford and Hosely' ac fe benderfynodd Watson (yn ddoeth) gyfuno'r rhai hynny, i bwrpas botaneg, efo Sir Ddinbych. Fe welwch hefyd fod Llandudno a'r Creuddyn yn rhan o Sir Gaernarfon a hefyd, bod rhyw dafod o Sir Gaernarfon yn ymwthio i Sir Ddinbych rhwng Llanrwst ac Eglwys-bach. Mae mwy o fanylion ar ddechrau'r gyfrol hon.

O ystyried hyn i gyd, gwelwn fod Sir Ddinbych yn ymestyn o'r Migneint ar gyrion Ffestiniog, draw at Fenn's Moss ger Whitchurch, ar y ffin â Lloegr, ac o Fae Colwyn yn y gogledd i Lanrhaeadr-ym-Mochnant yn y de; dyna ddarn o dir go helaeth. Beth am y ffiniau? Dim ond rhyw ddeuddeng milltir o arfordir sydd gan Sir Ddinbych, yn ymestyn o Fae Cinmel ger Y Rhyl i Landrillo-yn-Rhos, tu draw i Fae Colwyn. Mae'r Afon Gonwy yn derfyn naturiol rhwng siroedd Dinbych a Chaernarfon ar un ochr ac mae'r ffin â Sir Fflint yn dilyn Bryniau Clwyd (Moel Fama a'i chriw, sydd dros 1,800 troedfedd) ar y llall. Yn y de, mae Sir Ddinbych yn cyfarfod â siroedd Maldwyn a Meirionnydd ar ben y Berwyn.

Yng nghanol y sir mae Dyffryn Clwyd, y lletaf a'r mwyaf ffrwythlon o ddyffrynnoedd

Dyffryn Clwyd o gyfeiriad Rhuthun: Bryniau Clwyd yn y pellter. 1984

Gwanwyn ar odre Moel Fama. Mai 1997

Cymru. Rhwng Dinbych a Phentrefoelas mae Mynydd Hiraethog, darn helaeth o rostir a mawnog, ynghyd â'r ddwy gronfa, Llyn Alwen a Llyn Brenig, a Choedwig Clocaenog yn ymestyn ei chonwydd am ddeng milltir, o Glocaenog i Fryn Trillyn. Mae ardal amaethyddol Uwchaled yn cynnwys Cerrigydrudion, Llansannan a'r pentrefi cyfagos.

I'r dwyrain mae ardal ddiwydiannol Wrecsam (sydd bellach yn sir ar wahân) gydag enwau fel Rhosllannerchrugog, Gresffordd a Bersham yn dwyn i gof y gweithfeydd glo a dur. Y tu draw i Wrecsam mae ardal amaethyddol y Maelor gyda'r Afon Ddyfrwy'n llifo drwy Fangor-is-y-Coed ac yn ymddolennu'n araf i gyfeiriad Caer.

Yr hen bont dros y Ddyfrdwy; Bangor-is-y-coed, 1971.

Gair am y creigiau

Mae Sir Ddinbych yn gorwedd rhwng gwastatir Sir Gaer ar y naill law a mynyddoedd Eryri ar y llall. Creigiau Silwraidd sydd o dan y rhan fwyaf o'r sir, gan gynnwys Bryniau Clwyd gyda'u bryngeyrydd. Mae llawr Dyffryn Clwyd ei hun yn gorwedd ar Dywodfaen Coch o'r cyfnod Triasig, ynghyd â haenen dew o ddyddodion rhewlifol a roddodd fod, dros y canrifoedd, i'r pridd cynhyrchiol sydd heddiw ar lawr y dyffryn. O'r arfordir yng ngogledd y sir mae haen o garreg galch o'r cyfnod Carbonifferaidd yn ymestyn i'r de-ddwyrain o Fae Colwyn a thrwy Landdulas, Abergele ac ymlaen i Ddinbych. Rhyw bedair milltir i'r gogledd-orllewin o Ddinbych, yn Nyffryn Elwy ger Cefnmeiriadog mae ogof enwog Pontnewydd lle darganfuwyd olion dynol ac anifeiliaid gwyllt megis yr arth, y blaidd a'r rhinoseros o Hen Oes y Cerrig. Gellir dilyn y garreg galch heibio i Ruthun a thrwy Lanarmon-yn-Iâl, ac i greigiau mawreddog Eglwyseg uwchben Llangollen. Dyma'r olygfa drawiadol a gewch wrth yrru tua'r de dros Fwlch yr Oernant. Mae'r calchfaen yn parhau yn haen gul tua'r de, i lawr drwy Sir Drefaldwyn nes gorffen yn Llanymynech, yn llythrennol ar y ffin â Lloegr.

Cerdded ger Creigiau Eglwyseg; coed Yw sy'n tyfu ar wyneb y graig, 1999.

Rhai enwogion ym myd y blodau sydd â chysylltiad â Sir Ddinbych

Cofiaf yn iawn i mi gael cryn syndod, flynyddoedd yn ôl, o ddeall fod **William Salesbury** (c.1520 – ?) cyfieithydd y Testament Newydd, a anwyd (mae'n debyg) yn Llansannan ac a fu'n byw yn y Plas Isa, Llanrwst, hefyd yn fotanegydd. Credir iddo baratoi traethawd manwl (*Botanologium* neu *Herbal*) yn disgrifio planhigion ei sir enedigol. Collwyd y llawysgrif wreiddiol, ond goroesodd copi o'r flwyddyn 1763, ac yn 1916 cyhoeddwyd y gwaith, ynghyd â Rhagarweiniad manwl, gan E Stanton Roberts o dan y teitl *Llysieulyfr Meddyginiaethol a briodolir i William Salesbury*. Yn 1997 cyhoeddodd Iwan Rhys Edgar gopi cynharach o'r gwaith, o lawysgrif sy'n dyddio'n ôl i 1597, o dan y teitl *Llysieulyfr Salesbury*.

Ysgrifennwyd y gwaith yn Gymraeg, ond y mae'n dyfynnu'n helaeth o weithiau gan Fuchs, Turner, Dodoens, Dioscorides ac eraill.

Tagaradr (*Ononis repens* Restharrow). Sonnir am hwn yn *Llysieulyfr Meddyginiaethol* William Salesbury. Caer Estyn, rhwng Caergwrle a Llai, 1999.

Rhoddir lleoliad manwl i amryw o'r planhigion yn ardaloedd Llansannan a Llanrwst ac yn yr ardd yn Lleweni, y plasty ger Dinbych. Dyma enghraifft neu ddwy:

Y Dagaradr (*Ononis* Restharrow) '...mewn tir llafur bras...ar hyd y meusydd i'r Plas yn Lleweni'.

Tafod yr Hydd (*Phyllitis scolopendrium* Hart's-tongue Fern) '...yn ymyl tal acre y tyf rhai teg iawn'.

Perthynas i William Salesbury oedd **Syr John Salusbury** (1567-1612) Lleweni. Yn ei gopi personol o'r *Herbal* enwog gan John Gerard, sy'n awr yn llyfrgell Coleg Crist, Rhydychen, roedd John Salusbury wedi ysgrifennu nodiadau manwl. Ar dudalen Caineirian (*Listera ovata* Twayblade) dywed 'Twyblade is found near Carewis in a place called Cadnant where a faire well springeth called St. Michael's Well, in Welsh, Ffynnon Mihangel'. Cefais wefr, rai blynyddoedd yn ôl, o gael gweld y llyfr gwreiddiol yn Rhydychen. Rwy'n gyfarwydd â'r llecyn a ddisgrifiodd Salusbury, sy'n union ar y ffin rhwng siroedd Dinbych a Fflint, ac mae'n braf cael nodi fod Cainirian yn dal i dyfu yn yr union fan, bedwar can mlynedd yn ddiweddarach. Sylwodd Salusbury hefyd ar y Cwlwm Cariad (*Paris quadrifolia*) yn yr un lle, ac mae hwnnw hefyd yn dal yno.

Y Maelor Saesneg oedd ardal **Syr Thomas Hanmer** (1612-1678) ond gallai olrhain ei deulu yn ôl i gyfnod y tywysogion Cymreig. Roedd ganddo ddiddordeb eithriadol ym myd y planhigion, ac ystyrid ef yn un o arddwyr enwocaf ei gyfnod. Hoffai arbrofi, a chasglodd blanhigion o bob cwr o'r byd. Ymdrechodd i addysgu ei gyfoedion ac i wella safon garddwriaeth ei oes. Dyma gyfnod y *tulipomania,* ac yr oedd gan Thomas Hanmer gasgliad eithriadol o'r blodau 'newydd' hyn. Ysgrifennodd draethawd cynhwysfawr ar grefft y garddwr, ond ni chyhoeddwyd mohono fel llyfr tan 1933. Yn 1991 cynhyrchwyd copi *facsimile* gan Wasanaeth Llyfrgell Clwyd o dan y teitl *The Garden Book of Sir Thomas Hanmer.*

Rydym wedi enwi'r **Parch. John Ray** (1628-1706) fwy nag unwaith. Ef oedd y cyntaf i ddod o hyd i'r Maenhad Gwyrddlas (*Lithospermum purpurocaeruleum* Purple Gromwell) ym Mhrydain, a hynny yn 1662, ar ddarn o'r garreg galch ar gyrion y dref yn Ninbych, ac mae hwnnw'n dal i dyfu yno hyd heddiw, er ei fod yn rhyfeddol o brin.

Bu **Edward Llwyd** (1660-1709) yma hefyd, yn casglu manylion ar gyfer ei argraffiad newydd o'r *Britannia* gan Camden. Cofnododd, ymysg eraill, y Marchalan (*Inula helenium* Elecampane) rhwng Dinbych a Llanelwy, Mwyaren y Berwyn (*Rubus chamaemorus* Cloudberry) ar y Berwyn, a'r Griafolen Groesryw (*Sorbus hybrida* Swedish Service-tree) ger Llangollen.

Oddeutu'r flwyddyn 1725 daeth **Daniel Defoe**, awdur *Robinson Crusoe* i'r sir. Roedd yn falch o adael 'mynyddoedd digroeso' siroedd Caernarfon a Meirionnydd ac yr oedd yn uchel ei ganmoliaeth i Ddyffryn Clwyd – *fruitful and delicious* oedd ei eiriau.

Maenhad Gwyrddlas (*Lithospermum purpureocaeruleum* Purple Gromwell). Un o flodau prinnaf Cymru. Daeth John Ray o hyd iddo yn Ninbych yn 1662. Tynnwyd y llun hwn yn yr un man, ym Mehefin 1973.

Roedd **Thomas Pennant** (1726-1798) y naturiaethwr o Sir Fflint hefyd yn fawr ei glod – *matchless fertility* yw ei ddisgrifiad ef o Ddyffryn Clwyd. Yn ei *Tours in Wales* sonia Pennant am y bonion coed (derw?) oedd i'w gweld ar y traeth ger Abergele pan fyddai'r llanw allan, a chyfeiria at yr arysgrif ar wal y fynwent 'Yma mae'n gorwedd ym Mynwent Mihangel, Ŵr oedd a'i anedd dair milltir i'r gogledd', hynny yw, ymhell i'r môr fel y mae erbyn hyn. Bu llawer o drafod ynglŷn â hyn dros y blynyddoedd, heb fawr o gydsyniad pendant.

Enw pwysig yn hanes botaneg Sir Ddinbych yw **John Wynne Griffith** (1763-1834) o'r Garn, Henllan. Cafodd ei addysg yn Nghaergrawnt a bu'n Aelod Seneddol dros Fwrdeistrefi Dinbych. Cofiwn amdano fel botanegydd amlwg a galluog. Credir iddo ddarganfod y Cotoneaster prin *Cotoneaster integerrimus* (*C. cambricus*) ar y Gogarth yn Llandudno a'r Tormaen Siobynnog (*Saxifraga cespitosa* Tufted Saxifrage) yn Eryri. Yn yr Herbariwm Linneaidd yn Llundain mae enghrifft o'r Tormaen arbennig yma, gydag un ar bymtheg o blanhigion cyfain ar y tudalen, a'r geiriau 'On alpine rocks above Lake Idwell in Caernarvonshire, rare, flowering in June. Specimen sent to Linn.Soc. by J.W.Griffith Esq. 1796.' 'Rare' wir! Does ryfedd ei fod bron â diflannu yng Nghwm Idwal pan fo pobl yn ei ysbeilio mor ddigydwybod. Ar ôl cyfnod Griffith, dirywiodd ei gartref, Y Garn, a dinistriwyd llawer o'i sbesiminau a'i gofnodion gan lygod. Yn ei ymdriniaeth o fotanegwyr y sir mae Carter (1960) yn rhestru nifer fawr o gofnodion J W Griffith. Dyma rai ohonynt:

John Wynne Griffith

Ysgawen Fair (*Sambucus ebulus* Dwarf Elder neu Danewort), planhigyn anghyffredin a gofnodwyd yn Sir Ddinbych gan John Wynne Griffith, tua diwedd y 19 ganrif. Holt ger Wrecsam. Llun: A G Spencer, Awst 1975.

    Clychlys Dail Eiddew (*Wahlenbergia hederacea* Ivy-leaved Bellflower)
    Ysgawen Fair (*Sambucus ebulus* Dwarf Elder neu Danewort)
    Crafanc-yr-arth Werdd (*Helleborus viridis* Green Hellebore)
    Llaethwyg Licoris (*Astragalus glycyphyllos* Wild Liquorice)

Daeth y **Parch. William Bingley** (1774-1823) i Ogledd Cymru oherwydd ei ddiddordeb mewn blodau gwyllt. Teithiodd drwy Wrecsam, Yr Wyddgrug, Rhuthun, Llangollen, Corwen, Y Bala, Llanrhaeadr-ym- Mochnant a Llanymynech.

Cychwynnodd ei ddiddordeb pan oedd yn fyfyriwr yng Nghaergrawnt, ac fel llawer eraill cyhoeddodd ei *Tour in North Wales.* Roedd ei ddiddordebau'n eang, ac ar ddiwedd yr ail gyfrol o'i lyfr y mae'n cynnwys y gerddoriaeth i un ar bymtheg o Alawon Cymreig. Mae ganddo hefyd restr hir o blanhigion Cymreig llai cyfarwydd, ond yn ôl Gwynn Ellis yn ei *Plant Hunting in Wales* (1972-74) nid Bingley ei hun oedd piau'r rhestr ond yn hytrach J Wynne Griffith, na chafodd ei gydnabod.

Ganwyd **John Williams** (1801-1859) yn Llansanffraid Glan Conwy, yn fab i felinydd, Cadwaladr Williams, gŵr diwylliedig a roddai bwys ar addysg. Hyfforddwyd y mab mewn meddygaeth a bu'n feddyg yng Nghorwen. Yn 1850 aeth i Galiffornia i chwilio am aur, ond dychwelodd i Gymru, a threuliodd flynyddoedd olaf ei oes yn Froncysyllte, Wrecsam a'r Wyddgrug.

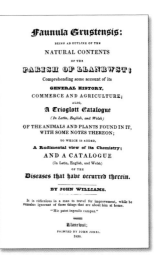

John Williams

Soniwn amdano yma am ei fod yn naturiaethwr wrth reddf, ac yn 1830 cyhoeddodd y llyfr sydd heddiw'n hynod o brin, yn dwyn y teitl diddorol *Faunula Grustensis: being an outline of the Natural Contents of the Parish of Llanrwst.* Roedd John Williams yn gyfarwydd â gwaith botanegwyr fel John Wynne Griffith, a Hugh Davies (awdur *Welsh Botanology*) ac aeth ati i ddisgrifio ac i drafod gwahanol agweddau o'i blwyf ei hun, sef plwyf Llanrwst, ynghyd â rhanau eraill o Ddyffryn Conwy. Sonia am fasnach ac amaethyddiaeth yr adral, gan restru'r gwahanol weiriau. Mae'n trafod cemegolion y plwyf yn ôl dull y cyfnod, ac mae ganddo bennod ar afiechydon y trigolion. Ond Byd Natur fel y cyfryw sy'n cael ei sylw pennaf. Ar ôl rhestru'r anifeiliaid, gan gynnwys yr adar a'r trychfilod, mae'n treulio rhan helaethaf y llyfr gyda'r planhigion, gan eu henwi yn Gymraeg, yn Lladin ac yn Saesneg. Mae'n trafod rhinweddau meddyginiaethol rhai planhigion ac yn enwi'r man lle tyf ambell un, er enghraifft, darllenwn fod yr Helyglys Hardd (*Chamerion angustifolium* Rosebay Willowherb) yn tyfu yn Dôl Cwm Lannerch, o gwmpas Rhaeadr y Wennol ac ar lan yr afon ychydig uwchlaw Penloyn. Dyma lyfr bach anghyffredin. Ceir hanes John Williams yn *Y Llanc o Lan Conwy* gan Carey Jones (1990).

Un o Sir Gaer oedd **John Eddowes Bowman** (1785-1841) a bu'n gweithio yn Wrecsam am gyfnod. Roedd yn fotanegydd galluog, a chyfrannodd 153 o gofnodion am blanhigion Sir Ddinbych ar gyfer y *New Botanist's Guide,* yn eu plith Troed y Golomen (*Aquilegia vulgaris* Columbine), Pabi Penwrychog (*Papaver agremone* Prickly Poppy), Olbrain (*Coronopus squamatus* Swine-cress), Mynawydlys (*Subularia aquatica*

Awlwort) ac Edafeddog y Mynydd (*Antennaria dioica* Mountain Everlasting). Tynnodd sylw hefyd at yr Ywen hynafol ym mynwent Gresffordd. Bu dau o feibion Bowman yn amlwg ym Mrifysgol Llundain – Syr William Bowman yn Athro Ffisioleg, a J E Bowman yn Athro Cemeg.

Yr ydym eisoes wedi sôn am **John Lloyd Williams** (1854-1945) wrth drafod Sir Gaernarfon, ond o degwch i Sir Ddinbych mae'n haeddu ein sylw unwaith eto. Gadawn iddo ef egluro: 'Ganed fi yn Llanrwst, mewn mangre enwog – y Plas Isa – ar un adeg yn gartref yr ieithydd hyglod, William Salesbury, cyfieithydd y rhan fwyaf o'r Testament Newydd i'r Gymraeg yn 1567,' (*Atgofion Tri Chwarter Canrif* Cyf.1, tud. 7.) Daeth J. Lloyd Williams yn arbenigwr ar y gwymon, yn awdurdod ar blanhigion Arctig-Alpaidd Eryri, yn Athro Botaneg yn Aberystwyth ac yn brif ladmerydd Alawon Gwerin Cymru. Gall Sir Ddinbych fod yn falch ohono.

Rhaid cyfeirio at waith **Dr Harry Drinkwater** (1855-1925), a fu'n byw yn Wrecsam am hanner olaf ei fywyd. Roedd yn fotanegydd brwd a hefyd yn artist talentog, a'i uchelgais oedd darlunio pob un o flodau gwyllt yr ardal. Mae rhyw 400 o'i luniau yn yr Amgueddfa Genedlaethol yng Nghaerdydd a nifer go dda hefyd yn Amgueddfa Grosvenor, Caer.

Yr un a gyfrannodd fwyaf i'n gwybodaeth am blanhigion Sir Ddinbych oedd **Arthur Augustin Dallman** (1883-1963). Ganwyd Dallman yn Cumberland a chafodd ei addysg yn yr Harris Institute yn Preston, a bu'n dysgu cemeg yn Lerpwl. Roedd ganddo ddiddordeb eithriadol mewn planhigion ac ef oedd Ysgrifennydd cyntaf y *Liverpool Botanical Society*. Teithiodd lawer yng Ngogledd Cymru a'i fwriad oedd cyhoeddi *Flora* llawn o siroedd Fflint a Dinbych. Treuliodd nifer o wythnosau yn aros mewn gwahanol fannau yn Sir Ddinbych, gan gynnwys Cyffylliog, Llanrhaeadr-ym-Mochnant, Eglwys-bach, Ysbyty Ifan, Rhyd-y-Foel a Llansannan. Teithiodd gannoedd lawer o filltiroedd ar droed ac ar gefn beic yn cofnodi cannoedd o blanhigion. Yn ffodus, mae ei gofnodion gofalus a manwl yn yr Amgueddfa yn Lerpwl.

Cofnododd blanhigion anghyffredin megis Crafanc-y-frân y Morfa (*Ranunculus baudotii* Brackish Water-crowfoot), Cerddinen Wyllt (*Sorbus torminalis* Wild Service-tree), Myrdd-ddail Ysbigog (*Myriophyllum spicatum* Spiked Water Milfoil), Wermod y Môr (*Artemisia maritima* Sea Wormwood), Perfagl Fach (*Vinca minor* Lesser Periwinkle), Trwyn y Llo (*Misopates orontium* Weasel's-snout) a Troed-yr-ŵydd Drewllyd (*Chenopodium vulvaria* Stinking Goosefoot).

Roedd Dallman yn weithiwr diwyd a galluog, ond oherwydd amgylchiadau teuluol methodd â chyflawni ei fwriad o baratoi *Flora,* ond cyhoeddodd restrau hir a manwl o flodau Sir Ddinbych yn y *Journal of Botany* yn 1911 a 1913.

Rhai llecynau da am blanhigion yn Sir Ddinbych

1. Chwarel Marford
Mae pentref Marford 4 milltir i'r gogledd o ganol tref Wrecsam. Mae taflen wybodaeth ar gael gan Ymddiriedolaeth Natur Gogledd Cymru SJ 357 560
10 Mehefin 2010

Hen chwarel sydd yma, a agorwyd yn 1927 i gyflenwi tywod a graean pan adeiladwyd Twnel Mersi. Caewyd y chwarel yn 1971 a dynodwyd y llecyn yn Safle o Ddiddordeb Gwyddonol Arbennig (SSSI) yn 1989. Erbyn hyn mae peth o'r tir yn dal yn foel ond mae tyfiant o laswelltir a choed wedi datblygu'n naturiol dros rannau eraill. Plannwyd rhai coed, ac mae llyn bychan wedi ei greu yng ngogledd y warchodfa. Gyda'r fath amrywiaeth o fân gynefinoedd, dyma warchodfa sy'n llawn o fywyd gwyllt, gyda nifer fawr o blanhigion a thoreth o löynnod byw.

Yn ystod fy ymweliad diweddaraf, yn 2010, dyma rai o'r planhigion a gofnodwyd: Clychau'r Clawdd (*Tellima grandiflora* Fringecups), planhigyn gardd o Ogledd America, o dan y coed ger y fynedfa, sy'n lledaenu yn y gwyllt; Maenhad (*Lithospermum officinale* Common Gromwell); Meddyg y Bugail (*Inula conyzae* Ploughman's-spikenard); Gwrnerth (*Scrophularia nodosa* Common Figwort); Llysiau'r Groes (*Cruciata laevipes* Crosswort) – fel amryw eraill ar y safle, dyma blanhigyn sy'n nodweddiadol o dir calchog; Eurwialen (*Solidago virgaurea* Goldenrod) – mae'r cwningod yn hoff o hwn; Pannog Wen (*Verbascum lychnitis* White Mullein), planhigyn main, tal, prin iawn, yn ffafrio tir agored, garw; a'r Llaethwyg Licoris (*Astragalus glycyphyllos* Wild Liquorice). Dyma blanhigyn enwocaf Gwarchodfa Marford. Fel y Pannog mae'n tyfu ar dir agored, calchog, ond mae'n eithriadol o brin yng Nghymru. Hefyd yn y Warchodfa gwelir Clychau'r Tylwyth Teg (*Erinus alpinus* Fairy Foxglove), planhigyn bychan gyda blodau pinc, tlws, yn wreiddiol o fynyddoedd yr Alpau; Barf yr Hen Ŵr (*Clematis vitalba* Traveller's-joy) – un arall sy'n hoffi calch; Ytbysen Gnapiog

Pannog Wen (*Verbascum lychnitis* White Mullein). Llai, ger Wrecsam, Gorffennaf 1968.

(*Lathyrus tuberosus* Tuberous Pea), un o deulu'r pys, gyda blodau mawr, cochion, – prin ryfeddol yng Nghymru; Melyngu (*Reseda luteola* Weld), un arall o'r planhigion sy'n ffafrio pridd calchog ar dir agored, – dyma'r union gynefin iddo yn yr hen chwarel raean yma yn Marford; mae enw'r planhigyn yn Gymraeg ac yn Lladin yn ein hatgoffa iddo gael ei ddefnyddio i lifo gwlân yn felyn.

Llaethwyg Licoris (*Astragalus glycyphyllos* Wild Liquorice). Dim ond mewn dau le yng Nghymru y tyf hwn, ac mae'n prinhau yn Lloegr. Gwarchodfa Marford, ger Wrecsam, Mehefin 2010.

Dyma hen safle diwydiannol sydd wedi datblygu, gyda gofal, yn llecyn diddorol i'r naturiaethwr ac yn hafan ddymunol i'r cyhoedd.

2. Cors Maen Llwyd
Darn o rostir grug ar Fynydd Hiraethog, ger pen gogleddol Llyn Brenig. Gwarchodfa Ymddiriedolaeth Natur Gogledd Cymru
SH 970 580 a SH 983 574
5 Mai 2007

Dyma Warchodfa fawr, yn agos i 700 erw (280ha). Mae'n enghraifft dda o rostir grugog a gorgors (*blanket bog*) sydd yn gynefin mor nodweddiadol o ucheldir Cymru. Yn draddodiadol, saethu Grugieir oedd yn mynd â hi yn y cyffiniau yma, gyda phatrwm o losgi'r grug i hybu egin ifanc. Newidiodd y patrwm dros y blynyddoedd, a bellach mae cynllun o beth pori gan ddefaid ynghyd â llosgi a thorri mewn cylchdro rheolaidd.

Roedd y Grug (*Calluna vulgaris* Heather) yn dal i 'flodeuo yn borffor' mewn ambell fan yn y sir, fel yma ar ran o Fynydd Rhiwabon, i'r gorllewin o Wrecsam, yn niwedd Awst 1994.

Dyma'r Grug Croesddail (*Erica tetralix* Cross-leaved Heath) sy'n gyffredin mewn rhannau gwlyb o'r ucheldir. Cors Maen Llwyd ger Llyn Brenig, 1992.

Y bwriad yw cynnal amrywiaeth o blanhigion a chreaduriaid gan gynnwys y Wiber a'r Grugiar Ddu.

Mae'r planhigion arferol i gyd yma, y Grug, Grug y Mêl (*Erica cinerea* Bell Heather) a'r Grug Croesddail (*E. tetralix*), Llus, Y Gawnen Ddu, Eithin Mân, Plu'r Gweunydd, Gwellt y Gweunydd (*Molinia*), Creiglusen (*Empetrum nigrum* Crowberry) ac wrth gwrs, digonedd o'r Migwyn (*Sphagnum*) yn y mannau gwlypaf. Yma ac acw fe welwch y Gwlithlys a Thafod y Gors – dau blanhigyn sy'n dal pryfetach at eu cynhaliaeth, ac un o'm hoff flodau gwyllt, Llafn y Bladur (*Narthecium ossifragum* Bog Asphodel). I'r arbenigwr mae yma dri ar ddeg o wahanol rywogaethau o hesg (*Carex* spp.). Nid dyma'r lle i enwi pob un, dim ond cyfeirio at y croesryw *Carex* x *gaudiniana,* sef *C. dioica* x *C. echinata,* un o'r planhigion prinnaf ym Mrydain, a ddarganfuwyd yma ar Fynydd Hiraethog gan fotanegydd o Sir Fôn rai blynyddoedd yn ôl.

Os ydych am brofi ecoleg yr ucheldir a llystyfiant y rhostir, a hynny heb orfod cerdded am filltiroedd i fyny at eich pengliniau mewn mawn gwlyb – dyma'r lle i chi!

Plu'r Gweunydd (*Eriophorum angustifolium* Cottongrass). Bryn Trillyn, Mynydd Hiraethog, ar uchder o 1,800 troedfedd, rhwng Dinbych a Phentrefoelas. 2003

3. Coed Llwyn, Llanrhaeadr
Rhyw ddwy filltir o Ddinbych ar y ffordd i Ruthun
SJ 083 640
24 Ebrill 2007

Dyma goedlan fechan yn eiddo i Coed Cadw yng ngwaelod Dyffryn Clwyd, o fewn lled cae i Afon Clywedog, a rhyw hanner milltir o'i chymer â'r Afon Clwyd. Tir gwastad sydd yma, ac mae'r goedlan yn wlyb, ac yn nodwediadol o hen goetiroedd ar waelod y dyffryn, yng nghanol tir amaethyddol bras.

Treuliais ryw ddwyawr ar y safle, gyda chyfaill, a gwelsom ddeuddeg o goed llydanddail: Masarn, Drain Duon, Gwern, Llwyf, Drain Gwynion, Ynn (enfawr), Cyll, Celyn, Criafol (Cerddin), Derw, Ceirios Du (*Prunus avium* Wild Cherry) a Cheirios yr Adar (*P. padus* Bird Cherry). Mae pob un o'r rhain yn goed cynhenid, brodorol, ar wahân i'r Fasarnen – ac mae honno wedi cartrefu yn y wlad hon ers canrifoedd. Yn cynrychioli'r llwyni roedd y Rhosyn Gwyllt (*Rosa canina* Dog-rose), Mafon Gwyllt (*Rubus idaeus* Raspberry), Cwrens Coch (*Ribes rubrum* Red Currant) a Gwifwrnwydden y Gors (*Viburnum opulus* Guelder Rose). Er gwaethaf ei enw Saesneg, nid yw'r olaf yn un o'r rhosynnod, ond yn hytrach yn perthyn i deulu'r Gwyddfid;

Mae gan y goeden fach Ceirios yr Adar (*Prunus padus* Bird Cherry) glystyrau hardd o flodau gwynion. Chwiliwch amdanynt ym mis Mai. Petrellyncymer, i'r gogledd o Gerrigydrudion, 1990

mae'n gyffredin dros Gymru a Lloegr (yn brin yng ngogledd yr Alban) ac yn ffafrio coedydd a gwrychoedd ar dir llaith; mae'r ffrwythau cochion yn drawiadol yn yr hydref.

Dim ond dwy redynen a welsom, y Farchredynen Lydan (*Dryopteris dilatata* Broad Buckler-fern), sydd, yn fy marn i yn fwy cyffredin na'r Farchredynen Gyffredin (*Dryopteris filix-mas* Male-fern) er gwaethaf ei henw, a hefyd gwelsom y Rhedynen Fair (*Athyrium filix-femina* Lady-fern). Hefyd, yn perthyn i'r rhedyn, gwelsom Farchrawn y Gors (*Equisetum palustre* Marsh Horsetail) – oedd, roedd y goedlan yn wlyb iawn mewn mannau.

Yn cynrychioli'r gweiriau, gwelsom y Peiswellt Mawr (*Festuca gigantea* Giant Fescue) a'r Brigwellt Garw (*Deschampsia cespitosa* Tufted Hair-grass) – i ddeall yr enw Cymraeg tynnwch eich bys a'ch bawd o chwith ar hyd y dail!

Roeddym yma yn niwedd mis Ebrill a gwelsom flodau'r gwanwyn ar eu gorau – Gold y Gors, Suran y Coed, Clychau'r Gog, Briallu, Pidyn y Gog, Blodau'r Tarannau a'r lleiaf a mwyaf dinod o'r cyfan, y Mwsglys (*Adoxa moschatellina* Moschatel). Ond i goroni'r cwbl, dyma Flodyn y Gwynt (*Anemone nemorosa* Wood Anemone) yn drwch obobtu'r llwybrau yma ac acw drwy'r coed, fel cwrlid gwyn.

Diolch i Coed Cadw am ofalu am y safle ac am estyn croeso i'r cyhoedd.

4. Cilygroeslwyd

Un o goedlannau Ymddiriedolaeth Natur Gogledd Cymru, dwy filltir o Ruthun ar yr A494, ar y dde, yn union cyn cyrraedd pentref Pwll-glas. Mae camfa ar dro yn y ffordd, gyferbyn â Phont Eyarth – mae angen gofal!

SJ 124 556

Bûm yma lawer gwaith yn ystod y deugain mlynedd diwethaf.

Gwarchodfa o ryw 10 acer sydd yma, coedlan yn bennaf gyda pheth glaswelltir, a'r cyfan ar wely o garreg galch. Mae llwybr troed yn arwain o'r ffordd fawr, drwy'r coed am ryw 250 llath at y warchodfa ei hun. Credir i'r goedlan gael ei phlannu bron i ddau gan mlynedd yn ôl, felly cynefin lled-naturiol sydd yma.

Mae yma lawer o goed Ynn, gyda pheth Derw a llawer o goed Cyll, ond y diddordeb pennaf yw'r coed Yw sy'n creu twnel tywyll drwy ran o'r warchodfa. Oherwydd y berthynas agos rhwng yr Ywen a mynwentydd, mae'n hawdd anghofio bod coed Yw yn tyfu'n naturiol dros lawer o'r wlad, yn enwedig (ond nid bob tro) ar dir calchog. Yn wir, yr Ywen, y Ferywen (Juniper) a Phinwydden yr Alban (Scots Pine) yw'r unig goed conwydd cynhenid ym Mhrydain. Dywedir fod y coed Yw yma yng Nghilygroeslwyd wedi'u plannu yng nghanol y ddeunawfed ganrif. Mae llawer mwy o Ynn nag o Dderw yma, eto yn adlewyrchu'r ffaith ein bod ar y garreg galch. Mewn un ran o'r Warchodfa mae olion palmant calch. Dywedaf 'olion'

Clychlys Dail Danadl (*Campanula trachelium* Nettle-leaved Bellflower). Cilygroeslwyd, ger Rhuthun, Gorffennaf 1992.

Ambell dro, fel yma yng Nghilygroeslwyd ger Rhuthun, ceir nifer o goed Yw yn ffurfio coedlan fechan, heb fawr ddim yn tyfu oddi tanynt. 2010

oherwydd mae pob math o dyfiant wedi
datblygu ar y safle, gan gynnwys llwyni a
choed sylweddol, heb sôn am y mwsogl
a'r planhigion eraill sy'n tyfu ar wyneb y
graig.

Yng nghanol y coed mae llecyn
agored. Dyma safle hen chwarel sydd
wedi cau ers blynyddoedd lawer. Yma ac
acw mae'r goeden fach, y Biswydden
(*Euonymus* Spindle) yn tyfu, un sy'n
ddigon anghyffredin yng Nghymru, ac yn
tueddu i ffafrio tir calchog. Hefyd ar lawr
yr hen chwarel, bron iawn ar y graig
noeth, fe welwch y Tormaen Tribys
(*Saxifraga tridactylites* Rue-leaved
Saxifrage), a hefyd y Friweg Wen (*Sedum
album* White Stonecrop) gyda'i dail
bychain tewion yn tyfu fel carped ar
wyneb y graig.

Yn y gwanwyn, gellir gweld y Cennin
Pedr Gwyllt yma. Dyma'r rhywogaeth
naturiol, gynhenid (*Narcissus pseudonarcissus
ssp. pseudonarcissus*) sy'n dal ei thir yma ac
acw ar draws y wlad, er gwaethaf y
bygythiad gan ugeiniau, as nad cannoedd
o amrywiadau eraill – daffodiliau'r gerddi,
sy'n prysur gartrefu yn y gwyllt. Ond
rhaid talu'r sylw pennaf i'r planhigyn
prinnaf o ddigon, sef Briwlys y Calch
(*Stachys alpina* Limestone Woundwort).
Dim ond mewn rhyw ddwy neu dair ardal
ym Mhrydain gyfan y gwelir hwn –
planhigyn tal gyda sbigyn hir o flodau
cochlas mewn cylchoedd i fyny'r coesyn.
Fel yr awgymir yn ei enw, creigiau
calchog ym mynyddoedd yr Alpau yw ei
gynefin, ac mae awdurdodau Gwarchodfa
Cilygroeslwyd, ac un safle arall yng
Ngogledd Cymru yn gweithio'n galed i
amddiffyn Briwlys y Calch, a'i gynefin.

Blodyn arbennig Gwarchodfa Cilygroeslwyd yw
Briwlys y Calch (*Stachys alpina* Limestone
Woundwort). Dim ond mewn un lle arall yng
Nghymru y mae'n tyfu. Gorffennaf 1992

Craf y Geifr (*Allium ursinum* Ramsons). Byddwch
yr siwr o sylwi ar aroglau cryf y dail, wrth gerdded
trwyddynt o dan y coed. 1995

467

Os byddwch yn ymweld â'r safle bydd gennych hefyd siawns go dda o weld y canlynol: Llawredynen (*Polypodium sp.* Polypody), Tafod yr Hydd (*Phyllitis scolopendrium* Hart's-tongue), Craf y Geifr (*Allium ursinum* Ramsons), Pren Crabas neu Afalau Surion Bach (*Malus sylvestris* Crab Apple), Eirin Mair (*Ribes uva-crispa* Gooseberry), Clust yr Arth (*Sanicula europaea* Sanicle), Cwyrosyn (*Cornus sanguinea* Dogwood), Clychlys Mawr (*Campanula latifolia* Giant Bellflower), Pig yr Aran Loywddail (*Geranium lucidum* Shining Crane's-bill) a'r Farchddanhadlen Felen (*Lamiastrum galeobdolon* Yellow Archangel). Dyma lecyn sy'n gwir haeddu bod yn warchodfa natur.

5. Creigiau Eyarth, Pwll-glas, dwy filltir a hanner i'r de o Ruthun SJ 123 545

20 Mai 2005

Mae llwybr cul yn arwain o bentref Pwll-glas i lawr at Afon Clwyd ac i fyny ffordd gul yr ochr draw; yna llwybr i fyny i'r creigiau a'r tir agored. Dyma lecyn hyfryd, gyda golygfeydd nodedig. Mae'r coed a'r creigiau, ynghyd â Gwarchodfa Cilygroeslwyd sy'n gyfagos yn Safle o Ddiddordeb Gwyddonol Arbennig (SSSI) gyda'r enw trawiadol Craig Adwy-wynt. Yng nghanol y warchodfa mae darn o dirwedd arbennig, sef y palmant calch, un o'r enghreifftiau gorau o'r cynefin prin hwn yng Nghymru, gyda phob math o blanhigion, cyffredin ac arbenigol yn manteisio ar natur y graig. Mae'n bwysig rheoli'r tyfiant naturiol ar y palmant, rhag bod gormod o lwyni a choed yn datblygu a chuddio'r cyfan.

Dowch yma ar ddiwrnod braf ym Mai neu Fehefin, peidiwch â rhuthro, cymerwch amser i werthfawrogi'r blodau, y glöynnod byw, yr adar, yr awyr iach, y golygfeydd ac aroglau'r gwanwyn – cynefin i'w fwynhau.

Dyma rai o'r blodau sy'n tynnu sylw: Briallu, Y Briwydd Bêr (*Galium*

Mae'r garreg galch yn brigo i'r wyneb ar Greigiau Eyarth, ger pentref Pwll-glas, rhyw ddwy filltir o Ruthun. Lle da am flodau gwyllt a glöynnod byw. Mai 2010

Mae'r palmant calch ar Greigiau Eyarth, yn gartref i nifer o redyn. Dyma Dafod yr Hydd (*Phyllitis scolopendrium* Hart's-tongue), 1998.

odoratum Woodruff), y llwyn Llusen Eira (*Symphoricarpos albus* Snowberry), Fioled Gyffredin (*Viola riviniana* Common Dog-violet), Coeg-fefus (*Potentilla sterilis* Barren Strawberry), Tegeirian Coch y Gwanwyn (*Orchis mascula* Early-purple Orchid) ac Ysgallen Siarl (*Carlina vulgaris* Carline Thistle), a llawer, llawer mwy.

Ond nid rhestr i'w darllen yw hon – ewch yno i'w gweld, ac i ryfeddu. Gyda llaw, dyma'r lle i weld un o'r glöynnod byw prinnaf oll, y Fritheg Berlog (*Boloria euphrosyne* Pearl-bordered Fritillary). Mae hwn yn hoffi tir calchog gydag amrywiaeth o redyn, gweiriau a mân lwyni. Mae'n dodwy ei wyau ar hen redyn neu ddail marw ac mae'r lindys ifanc yn gaeafgysgu yn y fan honno. Yn y gwanwyn mae'n dadebru ac yn bwyta dail y Fioled, cyn troi'n chwiler am ychydig wythnosau ac yna'n datblygu'n löyn newydd.

6. Fenn's & Whixall Moss
Mawnog a chyforgors lydan ar gyrion Sir Ddinbych (vc 50) a Sir Amwythig (vc 40), yn y canol rhwng Ellesmere, Whichurch a Wem Gwarchodfa Natur Genedlaethol
SJ 494 354
Llawer ymweliad o 1968 ymlaen

Ar gyfer y llyfr presennol, rhaid cofio ein bod yn defnyddio'r is-siroedd botanegol a sefydlwyd gan H C Watson yn ôl yn 1852 (*Watsonian vice-counties*), a bod Maelor Saesneg, a oedd unwaith yn rhan o Sir Fflint, (vc 51) bellach, o dan gynllun Watson wedi ei chyfuno â Sir Ddinbych (vc 50). Felly, mae hanner y Warchodfa yn Sir Ddinbych a hanner yn Sir Amwythig.

Dyma'r fawnog a chyforgors drydedd fwyaf ym Mhrydain, rhyw 2,340 erw, ac mae o ddiddordeb rhyngwladol. Oherwydd pwysigrwydd y safle, a'r diddordeb eithriadol gan yr awdurdodau, y naturiaethwyr proffesiynol, y trigolion lleol a'r cyhoedd yn gyffredinol, mae swm enfawr wedi ei ysgrifennu a'i gyhoeddi. Yn wir, yn 1996 cyhoeddwyd llyfr cyfan, o fwy na 200 tudalen yn disgrifio ac yn trafod *Fenn's and Whixall'* – gweler y Llyfryddiaeth ar ddiwedd y bonnod, ac mae'r geiriau'n dal i lifo. Sut, felly, y mae crynhoi'r cyfan i un dudalen? Dyma air neu ddau.

Ar ôl blynyddoedd lawer o dorri mawn ar raddfa fasnachol gan gwmnïau mawr, roedd natur y safle'n newid.

Caniateir torri mawn ar Warchodfa Fenn's a Whixall gan un neu ddau o'r trigolion lleol: mae'r torri ar raddfa ddiwydiannol wedi peidio, fel rhan o'r cynllun i adfer y gors. Mai 1998

Roedd y tir yn sychu, a llwyni a choed yn lledaenu a'r gors yn colli ei gwerth biolegol. Yn 1991 prynwyd y safle ar y cyd gan English Nature (Lloegr) a'r Cyngor Gwarchod Natur (Cymru). Daeth y torri mawn i ben, a dechreuwyd ar gynllun uchelgeisiol i adfer natur wreiddiol y gors. Yn 1997 dynodwyd y warchodfa yn Safle Ramsar Rhyng-genedlaethol, ac y mae hefyd yn Ardal o Warchodaeth Arbennig Ewropeaidd.

Credir fod y gors wedi ffurfio'n araf mewn dyffryn llydan yn dilyn Oes yr Iâ, ac mae cynnwys y mawn yn dangos i ni fod yr hinsawdd wedi newid yn fawr dros filoedd o flynyddoedd. Yn 1867 darganfuwyd corff dynol yn y gors – efallai yn dyddio'n ôl i'r Oes Efydd. Bu torri mawn yma ar raddfa leol am ganrifoedd, a pheth ffermio ar y cyrion, ond o 1856 ymlaen dechreuwyd defnyddio mawn yn fasnachol, yn gyntaf fel tanwydd, yna fel gwasarn o dan y ceffylau a'r dofednod ac yn ddiweddarach ar gyfer garddio. Heddiw, dim ond un neu ddau o bobl yr ardal sydd â thrwydded i dorri mawn ond mae olion yr hen ddiwydiant i'w gweld o hyd.

I'r naturiaethwr mae Fenn's a Whixall yn llawn trysorau. Mae'r Warchodfa'n fawr, a gellwch grwydro am oriau. Cefais syndod y dydd o'r blaen i ddarllen fod cymaint â 166 o wahanol adar wedi'u cofnodi; mae'r Gylfinir yn nythu yma, ac amryw o adar ysglyfaethus fel y Bod Tinwen, Hebog yr Ehedydd a'r Dylluan Glustiog yn dod heibio i chwilio am eu tamaid. Bellach, ar ôl adfer y gors i'w chyflwr naturiol mae yma gynefin eithriadol iawn ar gyfer Gwas y Neidr (*dragonflies*), gyda 29 o wahanol rywogaethau yma. Hefyd, cofnodwyd 32 o löynnod byw, gan gynnwys y Gweundir Mawr (Large Heath) a'r nifer rhyfeddol o 670 o wyfynod. Efallai y gwelwch Lygoden Bengron y Dŵr (Water Vole) – sy'n rhyfeddol o brin bellach mewn llawer ardal, neu hyd yn oed y Ffwlbart, a pheidiwch â synnu os dowch ar draws y Wiber yn torheulo, ond peidiwch cynhyrfu, gadewch lonydd iddi, ac fe gewch chithau lonydd.

Ond beth am y planhigion? Wedi'r cyfan, y nhw yw sylfaen pob cadwyn fwyd. Wn i ddim faint o wahanol rywogaethau a gofnodwyd ond mae'r enwogion i gyd yma: Llygaeron (*Vaccinium oxycoccos* Cranberry), Andromeda'r Gors (*Andromeda polifolia* Bog-rosemary), Llafn y Bladur (*Narthecium ossifragum* Bog Asphodel), Creiglusen (*Empetrum nigrum* Crowberry), Corsfrwynen Wen (*Rhynchospora alba* White Beak-sedge), y Chwysigenddail Bach (*Utricularia minor* Lesser Bladderwort) a phob un o'r tair

Mae nifer o'r Llygaeron (*Vaccinium oxycoccos* Cranberry) yn tyfu ar y gors yn Fenn's a Whixall. Medi 1996

rhywogaeth o'r Gwlithlys (*Drosera rotundifolia, D. anglica* a *D. intermedia*). Mae'r goeden brin Breuwydden (*Frangula alnus* Alder Buckthorn) yn tyfu yma, ac os mai'r mwsoglau sy'n mynd â'ch bryd, a'ch bod yn gallu adnbod rhywogaethau'r Migwyn, yna dowch yma – mae 18 o rai gwahanol i'ch diddanu – neu i'ch drysu!

Ond y rhyfeddod pennaf yw'r hyn a ddigwyddodd ym mis Mai 1999. Sylwodd un o'r gweithwyr, Bill Allmark, a oedd yn gyfarwydd â'r safle ers hanner can mlynedd, ar blanhigyn a oedd yn hollol newydd iddo, gyda dail llydain a blodyn gwyn. A beth oedd y darganfyddiad annisgwyl? Dim llai na Mwyaren y Berwyn (*Rubus chamaemorus* Cloudberry) – y credid mai dim ond ar fynyddoedd Y Berwyn y tyfai yng Nghymru. Roedd coed Pin a Bedw wedi tyfu ar y gors yn Whixall yn dilyn yr holl dorri mawn dros y blynyddoedd, ond wrth glirio'r coed fel rhan o'r gwaith o adfer y gors, fe ddaeth darn helaeth o'r *Rubus chamaemorus* i'r golwg, a neb wedi ei weld cyn hynny. Mae rhyfeddodau'n dal i ddigwydd ym myd natur.

Mae croeso i chi ymweld â'r Warchodfa, ond cysyllwch yn gyntaf â: English Nature, Manor House, Moss Lane, Whixall, Shropshire, SY13 2PD.

Breuwydden (*Frangula alnus* Alder Buckthorn), un o'r coed anghyffredin yng Ngwarchodfa Fenn's a Whixall. Medi 1996

Er mawr syndod, canfuwyd Mwyaren y Berwyn (*Rubus chamaemorus* Cloudberry) yn tyfu ar y gors yn Fenn's a Whixall ym Mai, 1999. Mae'r petalau gwynion wedi disgyn oddi ar y blodyn yma.

471

7. Pistyll Rhaeadr a Moel Sych
4 milltir o Lanrhaeadr-ym-Mochnant ar hyd ffordd gul
SJ 07 29 a SJ 06 31
18 Medi 1986

Roeddwn wedi bod wrth droed y pistyll fwy nag unwaith, ond y tro yma, â'r tywydd yn braf, dyma benderfynu dringo'r llwybr heibio'r pistyll ac anelu am ben y Berwyn.

Mae'r pistyll ei hun yn werth ei weld. Mae'n disgyn am 240 troedfedd, a chredwch neu beidio mae hynny gryn dipyn yn uwch na Niagra.(Cofiwch ddweud hynny wrth eich ffrindiau o America!). Yn rhyfedd iawn mae'r dŵr ei hun yn newid ei enw wrth fynd dros y dibyn, Afon Disgynfa sy'n llifo i lawr tua'r pistyll, ond Afon Rhaeadr ydyw o hynny ymlaen; a pham tybed yr enwau 'pistyll' a 'rhaeadr' am yr un peth?

Ar y diwrnod hwnnw yn 1986, dyma gerdded rhwng y coed Derw a Ffawydd a'r Eithin Mân yn ei flodau. Cofio englyn Eifion Wyn i'r Griafolen wrth weld honno yn goch yn niwedd haf:

'Onnen deg a'i grawn yn do'. Y Griafolen (Cerddinen) (*Sorbus aucuparia* Rowan) yn ei gogoniant. Medi 2000

> Onnen deg a'i grawn yn do – yr adar
> A oedant lle byddo;
> Wedi i haul Awst ei hulio;
> Gwaedgoch ei brig, degwch bro.

Sylwi ar y Clefryn (*Jasione montana* Sheep's-bit) yn las yn ei flodau. Planhigyn y pridd asidig yw hwn, yn llawer mwy cyffredin yng Nghymru nag yn Lloegr, yn hoffi tir caregog, agored a hen gloddiau yn yr ucheldir. Un arall o hen ffefrynnau'r tir sur oedd Bysedd y Cŵn, yn dal yn ei flodau yn niwedd yr haf. Lle bynnag yr ewch chi yng Nghymru does dim syndod i weld y Rhedyn Cyffredin (neu'r Rhedyn Ungoes), ac felly yma, ond dim ond yn yr ucheldir y dowch ar draws y Rhedynen Bersli (*Cryptogramma crispa* Parsley Fern), yma'n tyfu'n fodlon ar lechwedd o sgri, gan wreddio'n ddyfn i wrthsefyll symudiad y cerrig.

Erbyn dringo'n uwch roeddwn yng ngwlad y Migwyn a Phlu'r Gweunydd ac yn uwch eto a dyma'r Grug, Creiglusen (*Empetrum nigrum* Crowberry), Llus (*Vaccinium myrtillus* Bilberry) sy'n gyffredin ac yn gyfarwydd i'r mwyafrif, a'r Llusen Goch (*Vaccinium vitis-idaea* Cowberry) sy'n llai cyffredin. Mae coesyn y Llus yn onglog tra bo coesyn y Llusen Goch yn grwn.

Mae copaon Moel Sych a Chadair Berwyn yr un uchder, 2,700 troedfedd, (827m), ac o fewn hanner milltir i'w gilydd. Yma, mae *Rhacomitrium languinosum,* y mwsogl llwydwyn yn ei elfen, ar y mawn a'r creigiau noeth. Dim ond ar y tir uchel y gwelir hwn, ond yma hefyd fe welwch blanhigyn amlwg arall, y Goedfrwynen Fawr (*Luzula sylvatica* Great Woodrush) sy'r un mor gartrefol mewn coedwig ar lawr gwlad. Ond i mi'r diwrnod hwnnw yn 1986 roedd hi'n amser troi am adref, felly yn ôl am Foel Sych, gadael Pibydd y Waun a'r Gigfran, ac i lawr heibio Llyn Lluncaws, gan godi un neu ddwy o'r Grugieir ar y ffordd. Cyrraedd y car, ar ôl pnawn braf ar y mynydd.

8. Coed y Gopa
Llechwedd coediog ar garreg galch, ar fin tref Abergele
Ymddiriedolaeth Coed Cadw
SJ 93 76
Awst 1995

Dyma goedlan ar graig amlwg uwchben y dref, gyda llwybrau hwylus a golygfeydd gwych. Mae rhan o'r safle yn hen goedwig, ond plannwyd y gweddill yn ystod y 1950au, gyda Ffawydd, Llarwydd a choed Pin. Mae yma rai darnau o dir glas, ac mae llawer o goed Ynn yn ailhadu'n naturiol. Mae olion hen fryngaer o Oes y Haearn ar ben y bryn, ac mae hafn gul, Ffos y Bleiddiaid, lle bu cloddio am blwm, yn croesi'r safle. Mae ogofâu yn y garreg galch, lle mae nifer o ystlumod yn llochesu.

Mae gan Coed Cymru gynlluniau manwl ar gyfer y safle gyda'r bwriad o gael mwy o wahanol rywogaethau o goed, a mwy o amrywiaeth oed yn y tymor hir, gyda mwy o goed llawn dwf yn ogystal â digon o aildyfiant naturiol. Rheolir tyfiant coed a llwyni estron yn ofalus.

O fewn y goedlan mae ambell lecyn o dir agored, lle ceir Ysgallen Siarl (*Carlina vulgaris* Carline Thistle), Cor-rosyn Cyffredin (*Helianthemum nummularium* Rock-rose), y Bwrned (*Sanguisorba minor*

Tyfiant trwchus o'r rhedynen Tafod yr Hydd (*Phyllitis scolopendrium* Hart's-tongue). Coed y Gopa, Abergele, Mawrth 1995. Gweler enghraifft arall ar Greigau Eyarth ar dudalen 468.

Salad Burnet), y Ganrhi Felen (*Blackstonia perfoliata* Yellow-wort), Meddyg y Bugail (*Inula conyza* Ploughman's-spikenard) a'r Gwreiddiriog (*Pimpinella saxifraga* Burnet-saxifrage). Mae cofnod o'r planhigyn prin Tegeirian y Clêr (*Ophrys insectifera* Fly Orchid) yn y cyffiniau, ond methais ddod o hyd iddo.

Rhaid cyfeirio at un olygfa hynod. Mae'r rhedynen Tafod yr Hydd (*Phyllitis scolopendrium* Hart's-tongue) yn gyffredin yng Nghymru, ond welais i erioed ddim tebyg i'r carped trwchus yng nghanol Coed y Gopa y bore hwnnw – miloedd ar filoedd o dan y coed ac obobtu'r llwybrau i bob cyfeiriad – golygfa a hanner.

9. Rhyd y Foel
Ardal o Ddiddordeb Gwyddonol Arbennig, ychydig i'r de o Landdulas, rhwng Abergele a Hen Golwyn
SJ 91 77
31 Medi 1994

Dyma ardal lle mae'r garreg galch ar ei gorau, gyda thri safle arbennig, Craig y Forwyn, Cefn yr Ogof a Phen y Corddyn Mawr, obobtu Afon Dulas. Ychydig i'r gorllewin, rhwng pentrefi Llanddulas a Llysfaen, mae chwarel fawr, gyda dwy lanfa ar gyfer y llongau sy'n cludo'r calchfaen. Ar rai o'r creigiau mae'r pridd yn denau, ac yn cynnal planhigion calchgar (*calcicole*) gan gynnwys llwyni a choed megis yr Ywen, Piswydden (*Euonymus europaeus* Spindle), a Cherddinen y Graig (*Sorbus rupicola* Rock Whitebeam).

Dulys (*Smyrnium olusatrum* Alexanders). Un o deulu'r Moron, sy'n gyffredin ger y glannau yn y gwanwyn. Rhyd-y-foel, Abergele, Ebrill 1995

Ar Gefn yr Ogof, ar y sgri a'r tir glas mae'r Pawrwellt Talsyth (*Bromopsis erecta* Upright Brome), gweiryn sy'n rhyfeddol o brin yng Nghymru. Dywedir ei fod wedi cynyddu oherwydd llai o bori gan gwningod, yn dilyn clwy'r *myxomatosis* yn y 1950au. Yn yr un cynefin gwelir Crwynllys yr Hydref (*Gentianella amarerlla* Autumn Gentian) a thair rhywogaeth o'r Cotoneaster sydd wedi 'dianc' o'r gerddi cyfagos, *Cotoneaster horizontalis, C. microphyllus,* a *C. simonsii.* Planhigion eraill y gellir eu gweld yw Paladr y Wal (*Parietaria judaica* Pellitory-of-the-wall) a'r Fresychen Wyllt (*Brassica oleracea* Wild Cabbage). Yma ac acw, lle mae priddoedd clog wedi casglu ar ôl y rhewlif, mae llai o galch yn y pridd a cheir y Cor-rosyn Cyffredin (*Helianthemum nummularium* Common Rock-rose), sydd fel arfer yn galchgar, a'r Grug (*Calluna vulgaris* Heather), Grug y Mêl, a Glaswellt y Rhos (*Danthonia decumbens* Heath-grass), sy'n fwy calchgas, yn cyd-dyfu. Mae'n werth cyfeirio at Edafeddog y Mynydd (*Antennaria dioica* Mountain Everlasting) sydd i'w gael yma. Mae'r blodyn hwn yn gallu tyfu ar dir calchog yma ac acw yn y gwastadeddau, ond yn ffafrio pridd mwy asidig yn yr ucheldir. Mae'n llawer mwy cyffredin yng ngogledd yr Alban nag yng Nghymru.

Yma yn ardal Rhyd-y-Foel sylwais ar ddwy goeden sydd, yn fy mhrofiad i, yn ddigon anghyffredin, sef Coeden Cnau Ffrengig (*Juglans regia* Walnut) a Derwen Twrci (*Quercus cerris* Turkey Oak), y ddwy yn gynhenid i wledydd Môr y Canoldir, ac i'w gweld yma ac acw yng Nghymru.

Dyma ardal sy'n gyfoethog o flodau gwyllt, ond wfft i'r carafannau sy'n ymledu fel pla o gyfeiriad y glannau.

Troellig yr Hydref (*Spiranthes spiralis* Autumn Lady's-tresses). Un o'r tegeirianau sy'n ffafrio tir calchog ger y glannau. Y planhigyn gyda ffrwythau coch yw *Cotoneaster microphyllus*. Llanddulas, 1971. Llun: I R Bonner

10. Llynnoedd Charity Farm, Halghton, ar yr A525 rhwng Bangor-is-y-coed a Whitchurch, ar dir preifat
SJ 432 424
20 Awst 2007

Mae ardal Maelor, i'r de-ddwyrain o Wrecsam (a oedd, cyn 1974 yn rhan o Sir Fflint, ond sy'n rhan o is-sir fotanegol Dinbych (*vice county* 50) yn dir gwastad, amaethyddol – yn wahanol iawn i'r rhan fwyaf o weddill y sir. Un nodwedd amlwg o'r rhan hon yw'r nifer fawr o lynnoedd bychain sy'n britho'r tir. Torrwyd y rhan fwyaf o'r rhain cyn y bedwaredd ganrif ar bymtheg, fel cloddfeydd clai (*marl pits*). Yn y rhan yma o'r wlad, gadawyd gwaddodion o glog-glai (*till*) gan y rhewlif, gyda haenen o glai, rai troedfeddi o dan yr wyneb, sy'n cynnwys hyd at 20% o galch. Yn draddodiadol cloddiwyd am y clai, a'i chwalu ar y tir i wrth-wneud tuedd naturiol, asidig y pridd, yn aml ar ôl cnwd o wair. Torrwyd twll yn y ddaear, gyda goleddf esmwyth ar un ochr, ar gyfer y ceffyl a'r drol, a chlawdd serth yr ochr arall. Bron yn ddieithriad byddai'r twll yn llenwi â dŵr, a byddai'n rhaid torri twll arall. Mae'r arferiad o chwalu'r clai calchog ar y tir wedi hen orffen, a'r rhan fwyaf o'r llynnoedd bach wedi diflannu, ond mae amryw ar ôl, gydag amrywiaeth diddorol o blanhigion wedi datblygu'n naturiol.

Yn 2007 aeth dau ohonom i gael golwg ar ddau o'r llynnoedd ar fferm yn Halghton, rhyw dair milltir i'r de-ddwyrain o Fangor-is-y-coed, ar dir preifat.

Buladd (*Cicuta virosa* Cowbane). Blodyn anghyffredin iawn, o deulu'r Moron, yn tyfu mewn llynnoedd a thir gwlyb ar lawr gwlad. Ar wahân i un llecyn yn Sir Fflint, dyma ei unig safle yng Nghymru. Mae'n fwy cyffredin yn Sir Gaer a Sir Amwythig. Mae'r enw Saesneg 'Cowbane' yn cyfeirio at y ffaith ei fod yn wenwynig i wartheg. Charity Farm, Hanmer, Awst 2007

Y llyn cyntaf. Maint y llyn yw 18m x 16m, a'i ddyfnder tua 6 throedfedd (2m). Does dim dŵr yn llifo i mewn nac allan ohono. Ffurfiwyd y llyn fel cloddfa glai, gyda thir glas o'i gwmpas, a ffens drydan i gadw'r gwartheg o'r dŵr. Er bod cryn amrywiaeth o fewn yr holl lynnoedd yn yr ardal, mae'r llyn yma yn weddol nodweddiadol o'r mwyafrif. Dyma'r prif blanhigion yn nŵr y llyn: Cynffon y Gath (*Typha latifolia* Bulrush), Llyriad y Dŵr (*Alisma plantago-aquatica* Water-plantain), Graban Gogwydd (*Bidens cernua* var. *radiata* Nodding Bur-marigold) – dyma'r amrywiad gyda phetalau melyn amlwg, Melyswellt Arnofiol (*Glyceria fluitans* Floating Sweet-grass), Buladd (*Cicuta virosa* Cowbane) – dyma aelod prin o deulu'r moron – yma yng ngogledd-ddwyrain Cymru, a thros y ffin yn Sir Gaer mae ei bencadlys ym Mhrydain.

Yn y tir mwdlyd ar fin y llyn, roedd Brwynen Babwyr (*Juncus effusus* Soft-rush), Crafanc yr Eryr (*Ranunculus sceleratus* Celery-leaved Buttercup), Cynffonwellt Elinog (*Alopecurus geniculatus* Marsh Foxtail), Elinog (*Solanum dulcamara* Bittersweet), Edafeddog y Gors (*Gnaphalium uliginosum* Marsh Cudweed), Tafolen Grech (*Rumex crispus* Curled Dock) a Llysiau'r Sipsiwn (*Lycopus europaeus* Gypsywort neu Gipsywort). **Yr ail lyn.** Roedd hwn rhyw dri lled cae oddi wrth y llyn cyntaf ac yn debyg o ran maint, ond gyda nifer o goed yn tyfu ar un cwr. Yn ogystal â'r rhan fwyaf o'r planhigion yn y llyn cyntaf, nodwyd y canlynol – yn y dŵr roedd Cleddlys

Canghennog (*Sparganium erectum* Branched Bur-reed), ac ar fin y llyn gwelwyd Brwynen Galed (*Juncus inflexus* Hard-rush), Llydan y Ffordd (*Plantago major* Greater Plantain), Cwlwm y Coed (*Tamus communis* Black Bryony) a Briwydd y Gors (*Galium palustre* Common Marsh Bedstraw).

Mae amryw o goed a llwyni yn tyfu yn y tir corslyd ar un ochr i'r llyn, sef Helygen, Draenen Ddu, Onnen, Ysgawen, Helygen Glustiog (*Salix aurita* Eared Willow), Rhosyn Gwyllt (*Rosa canina* Dog-rose) a'r Rhosyn Gwyllt Gwyn (*R. arvensis* Field-rose).

Mewn amser, yn ôl dilyniant naturiol pethau, bydd gwaelod y llyn yn llenwi, bydd wyneb y dŵr yn lleihau, bydd y cyfan yn troi'n gors, y coed yn lledaenu, a'r gors yn sychu – a dyna fydd diwedd y gloddfa glai a'r llyn. Yn y cyfamser, mae cyfle i ni weld un cam o'r dilyniant naturiol.

Un arall o flodau min y llyn yw'r Cleddlys Canghennog (*Sparganium erectum* Branched Bur-reed). Gresford, Mehefin 1975

11. Parc Gwledig Dyfroedd Alun (sef cyfieithiad llythrennol o'r enw anffodus *Alyn Waters*)
3 milltir o Wrecsam ar yr A541 i gyfeiriad Yr Wyddgrug, ger pentref Gwersyllt
SJ 32 54
25 Gorffennaf 2009

Yn 1989 agorwyd y Parc Gwledig hwn gan Gyngor Bwrdeisdref Wrecsam Maelor, ar safle hen chwarel graean a thywod. Mae'n safle mawr, obobtu Afon Alun, gydag amrywiaeth o goedlannau a thir glas, a nifer fawr o lwybrau ar gyfer cerdded a beicio. Mae yma gyfleusterau hwylus i barcio, gyda Chanolfan Ymwelwyr, caffi a thoiledau, a llecynnau i ddiddori plant. Gwelir felly mai llecyn ar gyfer y cyhoedd, ar gwr y dref sydd yma, ond rhaid pwysleisio nad parc trefol ond parc gwledig sydd yma, gydag amrywiaeth annisgwyl o gynefinoedd a phlanhigion, ynghyd ag ambell i gornel ryfeddol o dawel a gwledig.

Mae yma gannoedd o blanhigion wedi eu cofnodi; gobeithio y gallaf roi blas y safle i chi drwy enwi rhai ohonynt:

Eurinllys Mawr (*Hypericum maculatum* Imperforate St John's-wort)

Hocysen Fwsg (*Malva moschata* Musk-mallow)

Hesgen Ogwydd (*Carex pendula* Pendulous Sedge)

Pig-yr-aran Hirgoes (*Geranium columbinum* Long-stalked Crane's-bill)

Y Ganrhi Felen (*Blackstonia perfoliata* Yellow-wort)

Ysgallen Siarl (*Carlina vulgaris* Carline Thistle)

Y Galdrist Lydanddail (*Epipactis helleborine* Broad-leaved Helleborine)

Cytwf (*Monotropa hypopitys* Yellow Bird's-nest)

Caineirian (*Neottia (Listera) ovata* Common Twayblade)

Plucen Felen (*Anthyllis vulneraria* Kidney Vetch)

Tegeirian Brych (*Dactylorhiza fuchsii* Common Spotted-orchid)

Melyngu (*Reseda luteola* Weld)

Hen chwarel a ddefnyddiwyd yn rhannol fel tomen sbwriel yw safle Parc Gwledig Dyfroedd Alun ger Wrecsam, ond y mae bellach yn llecyn deniadol gydag amrywiaeth rhyfeddol o blanhigion diddorol. Un ohonynt yw'r Caineirian (*Listera ovata* Twayblade), aelod o'r tegeirianau gyda blodau gwyrdd a dwy ddeilen fawr obobtu'r coesyn. Y llun hwn: Y Mwynglawdd, ger Wrecsam, Mehefin 2004.

Dyna rai o'r blodau y sylwais arnynt yn ystod un ymweliad yn 2009. Yn fwy diweddar, cofnodwyd un neu ddwy o rywogaethau eraill, pur annisgwyl, gan gynnwys:

Hesgen-y-dŵr Fach (*Carex acutiformis* Lesser Pond-sedge) a'r Hesgen Lwyd (*Carex divulsa* ssp. *divulsa* Grey Sedge), dwy hesgen brin iawn yng Nghymru. Ytbysen Feinddail (*Lathyrus nissolia* Grass Vetchling), eto yn brin ryfeddol yng Nghymru, ond wedi ei gweld unwaith neu ddwy o'r blaen yn ardal Wrecsam.

Yr Ytbysen Feinddail (*Lathyrus nissolia* Grass Vetchling), un o deulu'r pys, planhigyn digon di-nod, sy'n hynod o anodd i'w weld ymhlith y tyfiant arall mewn hen lecynnau diwydiannol ac ambell fin y ffordd. Wrecsam, Mehefin 1983

Felly, fe welwch fod yna amrywiaeth da o blanhigion diddorol yn y warchodfa, a rhaid canmol yr awdurdodau am gydweithio â natur i greu llecyn deniadol iawn ar safle digon anaddawol ar gwr y dref. Yn anffodus, nid yr un croeso sydd i bob rhywogaeth. Mae Jac y Neidiwr (*Impatiens glandulifera* Indian (neu Himalayan) Balsam) yn lledaenu'n frawychus ar y safle, yn enwedig ar hyd glannau Afon Alun. Mae hwn yn tyfu'n gyflym, gyda'i flodau mawr, pinc a gwyn, ac yn edrych yn ddigon deniadol, ond yn anffodus mae Jac y Neidiwr, y tramorwr ymosodol hwn o Asia, yn taflu ei hadau i bobman, yn tyfu'n gyflym, ac yn tagu'r tyfiant lleol. Nid hwn yw hoff rywogaeth yr awdurdodau.

Cyn gadael Sir Ddinbych rhaid cyfeirio'n fyr at un neu ddau o lecynnau eraill:

Daeareg yr ardal a'r creigiau eu hunain yw prif atyniad **Creigiau Eglwyseg, SJ 22 44**, y clogwyni dramatig o garreg galch sy'n dal ein sylw oddi ar Fwlch yr Oernant uwchben Llangollen. Dyma lle mae'r Coed Yw yn tyfu'n naturiol ar y creigiau, ac efallai y dowch ar draws y Dduegredynen Werdd (*Asplenium viride* Green Spleenwort), sy'n arwydd sicr fod y pridd yn galchog.

Ar y ffn â Sir Gaer mae **Gwarchodfa 'Three Cornered Meadow'**

SJ 402 581, gweirglodd wlyb gydag amrywiaeth da o blanhigion, gan gynnwys y Bwrned Mawr (*Sanguisorba officinalis* Great Burnet) a'r blodyn bychan, hynod brin, Cynffon y Llygoden (*Myosurus minimus* Mousetail).

Mae **Traeth Pen-sarn, ger Abergele, SH 93 78** yn enghraifft o draeth graean. Chwiliwch am y Pabi Corniog Melyn (*Glaucium flavum* Yellow Horned-poppy). Rai blynyddoedd yn ôl roedd y planhigyn deniadol Llysiau'r Llymarch (*Mertensia maritima* Oysterplant) yn tyfu yma, ond y mae wedi mynd, a bellach y mae wedi diflanu o Gymru gyfan. Y tro diwethaf i mi ei weld yma oedd yn 1982.

Y graean ar y traeth ym Mhen-sarn, Abergele, yw cynefin y Pabi Corniog Melyn (*Glaucium flavum* Yellow Horned-poppy). Medi 1994

Llysiau'r Llymarch (*Mertensia maritima* Oysterplant) ar draeth Pen-sarn, Abergele, Gorffennaf 1982, ond bellach mae wedi diflannu o Gymru. Un o'i gadarnleoedd yw Ynysoedd Erch.

Mae ardal y garreg galch yn **Llanarmon-yn-Iâl** ac **Eryrys** yn llawn llwybrau diddorol gydag amrywiaeth da o flodau. Chwiliwch am y palmant calch yn Eryrys.

Er mai'r blodau gwyllt yw prif bwyslais y gyfrol hon, rhaid ehangu'n gorwelion a chyfeirio at **Ardd Bodnant**, rhwng Glan Conwy a Llanrwst yn Nyffryn Conwy. Mae hon yn fyd-enwog, ac yn haeddiannol felly. Ewch yno, pe na bai ond i ddotio at y coed.

Llyfrau am blanhigion Sir Ddinbych

Berry, André Q *et al* (Ed.) (1996) *Fenn's and Whixall Mosses* Gwasanaeth Archaeoleg Clwyd

Carter, P W (1960) Botanical Exploration of Denbighshire, *Denbighshire Historical Society Transactions* 9, 114-145

Dallman, A A Notes on the Flora of Denbighshire, *Journal of Botany*, 1911, 1913

Green, Jean A (2006) *The Flowering Plants and Ferns of Denbighshire*

Spencer, Geoffrey (1974) Ponds of North-East Denbighshire, *Nature in Wales* 14 No.2, Sept.1974

Williams, Delyth (2014) *Denbighshire Rare Plant Register: Cofrestr Planhigion Prin Sir Ddinbych VC 50*

PENNOD 40

SIR FFLINT (VC 51)

Anwylaf fro'r ymylon – yn gorwedd
Ar gyrrau gwlad estron!
Mae i'r gemau a'r gwymon
Eu siâr hael yn y Sir hon.

Einion Evans

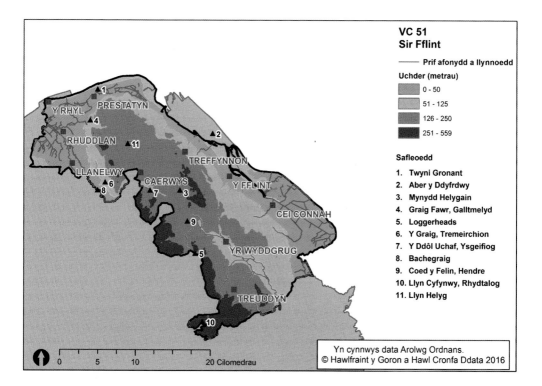

Dyma fy sir i fy hun. Mae fy nheulu wedi ffermio yma am genedlaethau, ac rwyf innau wedi byw yma erioed. Y gamp yw ceisio cyflwyno'r sir mewn ychydig o dudalennau. Byddwch drugarog!

Yn gyntaf, beth am yr enw, 'Sir Fflint' neu 'Sir y Fflint'? Mae'r arbenigwyr iaith wedi anghydweld ers blynyddoedd, gyda dadleuon poeth o'r ddwy ochr. Fel un o feibion y sir, credaf mai 'Sir Fflint' yw'r ffurf lafar gan fwyafrif y Cymry Cymraeg, felly Sir Fflint amdani. Crewyd y sir wreiddiol, fel y rhan fwyaf o siroedd Cymru yn 1284. Yn 1974 pan ad-drefnwyd y siroedd, diflannodd Sir Flint, a daeth yn rhan o Glwyd. Yn 1996 diflannodd Clwyd yn ei thro a daeth Sir Flint yn ôl i fodolaeth, ond wedi colli darn helaeth ohoni ei hun. Mae trefi fel Y Rhyl, Prestatyn a Rhuddlan wedi crwydro o Sir Fflint i Glwyd, ac o Glwyd i Sir Ddinbych – ac mae mwy na sibrydion nad dyna fydd diwedd y daith.

Pwysig! Rhair cofio ein bod, i bwrpas y gyfrol bresennol, yn trafod y Sir Fflint fotanegol, sef yr is-sir (*vice-county* 51) a grewyd ar gyfer cofnodi byd natur yn 1840, ac felly nid ydyw'n cynnwys y ddwy ran oedd ar wahân, sef Maelor Saesneg, a'r rhan fach, Marford a Hosely. Ond cofiwn hefyd ein bod yn sôn am yr hen sir, ac felly **yn** cynnwys yr ardaloedd o gwmpas Prestatyn, Y Rhyl, Rhuddlan, Dyserth a Llanelwy. Am fwy o eglurhad gweler Pennod 28.

Gyda llaw, pan gynhaliwyd yr Eisteddfod Genedlaethol yn Y Rhyl, yn Sir Fflint yn 1904, gosodwyd pedair cystadleuaeth o dan y penawd *Botany*. Un o'r rhain oedd, o'i chyfieithu: 'Casgliad o blanhigion wedi eu sychu a'u henwi, i arddangos Flora unrhyw ardal yng Nghymru'. Mae'r casgliad buddugol, o blanhigion ardal Llansannan, yn Sir Ddinbych yn awr yn yr Herbariwm, Prifysgol Bangor.

Ar gyrion Moel Fama, uwchben Cilcain. 1999

Mae Sir Fflint yn gorwedd yng nghornel eithaf gogledd-ddwyrain Cymru. Mae aber fawr y Ddyfrdwy ar un ochr a Bryniau Clwyd (Moel Fama a'i chriw) ar yr ochr arall, yn creu'r ffin â Sir Ddinbych. I'r gogledd mae rhyw wyth milltir o arfordir rhwng Talacre a'r Rhyl, ac mae pen dwyreiniol y sir yn cyrraedd cyrion dinas Caer.

Does dim mynyddoedd yma i gystadlu â Sir Gaernarfon, ond mae Moel Fama yn

1,820 troedfedd (554m), ac amryw o'r copaon eraill, Moel Arthur, Moel Llys-y-Coed a Phen-y-Cloddiau rywbeth yn debyg. Yng nghanol y sir mae Mynydd Helygain, Mynydd y Fflint a Mynydd yr Hôb. Nid 'mynyddoedd' yn yr ystyr o dir uchel a serth yw'r rhain, maent yn is na 1,000 o droedfeddi, ond yn hytrach enghreifftiau o'r gair 'mynydd' yn golygu tir agored, rhostir neu dir comin; mae ar Fynydd Helygain tua 2,000 o aceri o dir comin, yn gynefin i'r defaid.

Yr holl ffordd o Gaer i'r Rhyl mae rhimyn o dir isel ar hyd y glannau, a rhyw dair milltir o dwyni tywod yn ardal Gronant, rhwng Talacre a Phrestatyn. O Lanelwy i gyfeiriad Rhuddlan a'r Rhyl mae ardal eang o dir amaethyddol obobtu Afon Clwyd, gan gynnwys yr enwog Forfa Rhuddlan.

Mae Aber y Ddyfrdwy ymhlith aberoedd mwyaf Prydain, oddeutu 15 milltir o hyd a 5 milltir o led. Yn anarferol, mae llawr yr aber yn is i gyfeiriad Caer nag ydyw yng ngheg yr aber. Mae hyn, ynghyd â'i maint llydan yn awgrymu ei bod wedi ei ffurfio gan rewlifiad o gyfeiriad y môr yn hytrach na'r dull arferol o erydiad gan yr afon. Yn wreiddiol roedd yr aber yn llawer hwy, a Chaer oedd y prif borthladd yn y rhannau hyn am ganrifoedd. Yn raddol tagwyd llif yr afon gan symudiad y tywod, a daeth Parkgate, ar benrhyn Cilgwri (*Wirral*) yn borthladd yn lle Caer. O Parkgate yr hwyliod Handel i Ddulun ar gyfer perfformiad cyntaf *Messiah* yn 1742, ond go brin y byddai hynny'n bosibl heddiw – anaml y daw'r môr yn agos i'r pentref. Tua'r adeg yna torrwyd sianel newydd o Gaer i Gei Connah, a dyna gwrs Afon Ddyfrdwy bellach. Adeiladwyd morgloddiau hir a chrewyd darn helaeth o dir newydd, a elwir yn Sealand hyd heddiw. Mae rhannau helaeth o forfa heli yma ac acw yn Aber y Ddyfrdwy yr holl ffordd o Gei Connah i Dalacre.

Twyni Talacre a'r goleudy. Dyma ardal hen bwll glo y Parlwr Du. Mae'r twyni yn ymestyn drwy Gronant i Brestatyn. 1994

Gair am y Creigiau (Am fwy o wybodaeth gweler Wynne, G. (1993) *Flora of Flintshire,* tud. 32)

Yn wahanol i Eryri a Sir Fôn, lle mae creigiau igneaidd yn gyffredin, does fawr ddim yn Sir Fflint ond yn hytrach creigiau gwaddodol o'r cyfnodau Silwraidd, Carbonifferaidd, Permaidd a Thriasig. Mae pedair prif haen o graig ar hyd y sir. Yn gyntaf, ar hyd glannau'r Ddyfrdwy, mae'r **glo**: ers talwm roedd pyllau glo o'r Parlwr Du i lawr i gyfeiriad Bagillt, ac ymlaen i'r Wyddgrug a thu hwnt. Yr ail haen yw'r **tywodfaen**, a gellir ei adnabod yng ngherrig yr hen eglwysi a'r ffermdai mewn pentrefi fel Gwespyr a Llanasa yn y gogledd a Rhydtalog yn y de. Y **garreg galch** yw'r drydedd haen, a'r bwysicaf o safbwynt y planhigion, sy'n ymestyn o Brestatyn i lawr trwy gannol y sir, gan gynnwys y rhan fwyaf o Fynydd Helygain, heibio Cilcain ac ymlaen i Sir Ddinbych. Dyma'r haen sy'n cynnwys enghraifft neu ddwy o balmant calch, sy'n ddigon prin yng Nghymru. Yr olaf o'r pedair haen yw'r **siâl** – y garreg las Silwraidd a welir ar Foel Fama'r cyffiniau. Mae'r siâl yn hollti rhyw ychydig, ond nid yn unffurf ac yn daclus fel y llechen draddodiadol. Dywedodd rhywun fod y siâl yn debyg i lechen wedi siomi!

Mae yma hefyd ddwy ardal o greigiau Triasig, y Tywodfaen Coch Newydd, sef y rhan ogleddol o Ddyffryn Clwyd rhwng Llanelwy a'r Rhyl yn y gogledd, a rhan fechan o'r sir yn ardal Kinnerton, yn ffinio â Sir Gaer yn y dwyrain.

Yr Hinsawdd a'r Tywydd

Mae'r rhan fwyaf o'n tywydd ni yn dod o gyfeiriad yr Iwerydd gan fod y gwyntoedd mynychaf yn dod o'r de-orllewin. Mae'r aer hwn yn drwm gan wlybaniaeth ac wrth groesi'r mynyddoedd mae'n codi, ac yn gollwng y gwlybaniaeth fel glaw, a gall y glawiad ar yr Yr Wyddfa fod yn fwy na 200 modfedd mewn blwyddyn. Mae Sir Fflint i raddau helaeth yng nghysgod y mynyddoedd a gall y glawiad yn Y Rhyl fod, ar gyfartaledd, yn ddim ond 25 modfedd. Rhaid cofio, hefyd, bod y glawiad yn cynyddu'n gyflym gydag uchder y tir. Mae Bwlch-gwyn, ar y ffin rhwng siroedd Fflint a Dinbych, ar uchder o 1,274 troedfedd (386m) yn cael bron ddwywaith mwy o law na'r Rhyl, sydd ar lan y môr.

Mae'r tymheredd hefyd yn dibynnu'n fawr ar uchder y safle. Dyma'r ffigyrau am gyfartaledd y tymheredd am flwyddyn mewn tri lle yn Sir Fflint dros gyfnod o 30 mlynedd:

Y Rhyl (Uchder 9m)	10.0°C
Loggerheads (Uchder 210m)	8.2°C
Bwlch-gwyn (Uchder 386m)	7.3°C
Cyfartaledd tymheredd dyddiol am flwyddyn	

Dros orllewin Ewrop yn gyffredinol sylwyd fod tyfiant gweiriau, a phlanhigion tebyg, yn cychwyn pan fo'r tymheredd yn cyrraedd tua 6°C (42°F).

Gan fod y tymheredd yn gostwng yn ôl uchder y tir, mae hyd y tymor tyfu hefyd yn gostwng. Yng Nghymru mae gostyngiad o ryw 20 niwrnod i bob 100m codiad mewn uchder. Golyga hyn fod tua 273 diwrnod o dyfiant mewn blwyddyn yn Y Rhyl, ond dim ond 194 diwrnod ym Mwlch-gwyn, lle mae'r cyfartaledd tymheredd 2.7° C yn is. Dros y rhan fwyaf o Sir Fflint y nifer yw 256 diwrnod, hynny yw, mae'r borfa'n tyfu am ryw wyth mis yn y flwyddyn.

Patrwm arall sy'n datblygu oherwydd ffurf y tirwedd yw'r 'effaith *Föhn*'. Yn y gaeaf, pan fo aer llaith o'r gorllewin yn taro'r mynydd, gydag aer cynnes uwchben, mae glaw yn disgyn ar y mynydd ac yna mae'r aer sychach yn cynhesu'n gyflym wrth ddisgyn ar yr ochr arall i'r mynydd – yn null y *Föhn* yn y Swistir, a cheir tymheredd uchel iawn. Credir fod y ffenomen hon yn digwydd yn amlach ar arfordir Gogledd Cymru nag yn unlle arall ym Mhrydain, ac yn wir, yn mis Chwefror 1998 cafwyd tymheredd o 18.1° C ym Mhrestatyn, yn Sir Fflint. Prestatyn sydd hefyd yn dal y record am y tymheredd uchaf a gofnodwyd erioed ym Mhrydain yn ystod mis Tachwedd, sef 21.7° C ar Tachwedd 4, 1946.

Gall gwyntoedd cryfion gael effaith andwyol ar dyfiant planhigion. Gall y gwynt ar ben Moel Famau fod yn eithriadol o gryf ar adegau, ond mae effeithiau'r gwynt hyd yn oed yn gryfach yn ardal y Parlwr Du (*Point of Ayr*) yng ngogledd Sir Fflint, lle mae symudiad y tywod ar y twyni yn sylweddol. Gwelwyd hyn yn y blynyddoedd wedi'r Ail Ryfel Byd, pan fu bron i'r tai a godwyd ar fin y twyni gael eu gorchuddio gan dywod ar ôl stormydd cryfion.

Gall tywydd eithafol effeithio mwy ar blanhigion na chyfartaledd tymor hir. Roedd haf poeth a sychder 1976 yn eithriadol. Llosgwyd y borfa denau ar Fynydd Helygain yn ddifrifol, heb flewyn glas yn unman. Yr unig eithriad oedd y Bwrned (*Sanguisorba minor* Salad Burnet) a gadwyd yn fyw gan ei wreiddiau hir, a allai gyrraedd dŵr oedd heb fod ar gael i blanhigion eraill.

Pwy sy'n defnyddio'r tir?

Er ei bod yn sir fechan, mae'r amrywiath yn Sir Fflint yn rhyfeddol. Ers canrifoedd mae pobl wedi cloddio am gyfoeth o dan y ddaear. Erbyn canol y 19 ganrif roedd mwyngloddio am blwm a sinc yn ei anterth a dywedir fod Treffynnon ar flaen y gad yn gosod pris plwm trwy'r byd.

Cofiwn am nofelau Daniel Owen a helyntion Enoc Huws a Chapten Trefor yn y cyfnod pan roedd aml i ffortiwn yn cael ei gwneud a'i cholli. Caewyd y gwaith plwm olaf ar Fynydd Helygain yn y 1950au. Bu llawer o waith ymchwil ynglŷn â'r planhigion sy'n gallu gwrthsefyll y gwenwyn ar yr hen domennydd sbwriel ar safle rhai o'r gweithfeydd, yn arbennig yn Nhrelogan a Rhosesmor (gweler pennod 26).

Roedd glo hefyd yn hynod o bwysig, a synnais o ddarllen fod mwy na 200 o byllau glo yn y sir yn 1910. Collodd Daniel Owen ei dad, â dau o'i frodyr mewn damwain ym mhwll glo yr Argoed yn Yr Wyddgrug yn 1837. Caewyd y pwll olaf yn y sir, y Parlwr Du, yn 1996.

Yn y gorffennol bu cloddio achlysurol am nifer o fwynau eraill yn y sir, gan gynnwys aur ym Mryniau Clwyd uwchben Cilcain, a manganis yn Ysgeifiog – cofiaf fy nhaid yn son am y 'gwaith mango'. Bu diwydiant crochenwaith pwysig ym Mwcle am flynyddoedd, ond daeth hwnnw i ben pan orffennodd y cyflenwad clai. Mae llawer o dywod, graean a marl mewn rhannau o'r sir, er enghraifft yn nyffryn Afon Chwiler rhwng Nannerch a Bodfari, a rhai o'r 'tyllau' yn dal i weithio, ac mae'r garreg galch yn parhau yn hynod o bwysig ar gyfer ffyrdd, adeiladau a llawer o ddefnyddiau cemegol, ac mae nifer o chwareli mawr yn dal yn brysur.

Mae ardal Glannau Dyfrdwy wedi cynnal diwydiannau mawr a bach ers cenedlaethau – haearn, dur, copr, papur, cemegau, awyrennau, coed, ffibrau, ceir, a phob math o ddiwydiannau electronig. Mynd a dod yw eu hanes i gyd dros y blynyddoedd, ond rhyngddynt maent yn defnyddio rhannau helaeth o arwynebedd y sir. Ond rhaid pwysleisio mai amaethyddiaeth sy'n defnyddio tua 80% o dir Sir Fflint, a bod ymhell dros dri chwarter o'r tir hwnnw yn dir glas o ryw fath, yn amrywio o'r porfeydd brasaf ar lawr gwlad i'r tiroedd garw ar Fynydd Helygain a Bryniau Clwyd. Ffermydd cymysg yw'r mwyafrif ac mae rhan helaeth o'r sir yn parhau'n wledig ac yn ddeniadol. Ceir y priddoedd gorau, sy'n cynnal ffermio dwys, yn y rhan o Ddyffryn Clwyd sydd yn y sir, rhwng Llanelwy a'r Rhyl, a hefyd yn y gwastatir ym mhen arall y sir, yn ardal Sealand, ar gyrion Caer.

Mae coedwigaeth yn bwysig yn lleol, ond amcangyfrifir mai rhyw 3% o'r sir sydd o dan goed. Mae enghreifftiau o hen goedlannau yma ac acw, megis Bachegraig ger Tremeirchion, a dywedir y defnyddiwyd coed oddi yma i adeiladu Castell Rhuddlan yn y 13eg ganrif.

Heddiw, un o'r 'diwydiannau' pwysicaf yw hamddena; gwyddom i gyd am y dadleuon poeth o blaid ac yn erbyn twristiaeth, ond does dim dadl am y nifer o garafannau gwyliau sydd o'n cwmpas bellach.

Botanegwyr y gorffennol

Mae fy nghyfrol *Flora of Flintshire* (1993) yn trafod 47 o bobl a gyfrannodd i'n gwybodaeth i fyd y planhigion. Dyma air neu ddau am rai ohonynt.

John Salusbury (1567-1612)

Dyma un o deulu mawr Salsbrïaid Lleweni ger Dinbych. Roedd yn llysieuwr brwd, ac mae llyfr o'i eiddo, copi o'r *Herbal* enwog gan John Gerrard, yn awr yn Llyfrgell Coleg Crist, Rhydychen. Ynddo mae Salusbury wedi nodi lle y daeth o hyd i'r gwahanol blanhigion, gan gynnwys dau arbennig, y Caineirian (*Listera ovata* Twayblade) a'r

Cwlwm Cariad (*Paris quadrifolia* Herb-Paris) yng nghoed Maesmynnan ger Caerwys yn Sir Fflint. Mae'r ddau'n dal i dyfu yno, bedwar can mlynedd yn ddiweddarach.

Robert Davyes (?1616- 66)

Bachgen ifanc oedd 'Master Robert' o deulu Plas Gwysane ger Yr Wyddgrug pan anfonodd restr o blanhigion, gyda'u henwau Cymraeg, at Thomas Johnson. Dyma'r rhestr gyntaf o enwau Cymraeg i ymddangos mewn print, ac mae amryw ohonynt, megis Carn yr Ebol, Berw'r Dŵr, a Llysiau Pen Tai yn gyfarwydd hyd heddiw. Gweler y Rhestr yn erthygl Dorian Williams, *Y Gwyddonydd* 17, 1979.

Edward Llwyd (Lhuyd) (1660-1709)

Er nad oedd gan Edward Llwyd gysylltiadau cryf â Sir Fflint, rhaid ei gynnwys yn y rhestr – efallai y naturiaethwr mwyaf a welodd Cymru. Yn fab i Edward Lloyd, Llanforda ger Croesoswallt, daeth yn Geidwad Amgueddfa Ashmole yn Rhydychen, ac yn awdurdod ar hynafiaethau, daeareg, ieitheg a botaneg. Enwyd *Lloydia serotina*, Lili'r Wyddfa ar ei ôl. Teithiodd lawer, ac yn Sir Fflint sylwodd ar ffurf arbennig o Flodyn y Gwynt (*Anemone nemorosa* Wood Anemone) yng nghoed y Downing, cartref Thomas Pennant yn Chwitffordd, ac yn ardal Treffynnon cofnododd y Clychlys Mawr (*Campanula latifolia* Giant Bellflower) a Thywodlys y Gwanwyn (*Minuartia verna* Spring Sandwort). Mae'r olaf yn dal yn gyffredin ar domennydd sbwriel yr hen weithfeydd plwm yn yr ardal.

Thomas Pennant (1726-1798)

Thomas Pennant

Dyma un o enwogion Sir Fflint a chawr ymysg naturiaethwyr. Magwyd ef ym Mhlas Downing, Chwitffordd – rhwng Treffynnon a Mostyn. Bu'n fyfyriwr yn Rhydychen ac ar hyd ei oes ymddiddorai mewn hanes a hynafiaethau, ac ym myd natur – yn fwyaf arbennig mewn swoleg. Ysgrifennodd yn helaeth ar fyd natur, a bu ar deithiau niferus ym Mhrydain (gyda'i artist Moses Griffith), a hefyd ar y Cyfandir. Ei lyfr enwocaf yw *Tours in Wales*. Yn ôl ei addefiad ei hun nid botaneg oedd ei gryfder, ond roedd yn gyfaill agos i nifer o fotanegwyr amlwg fel Hugh Davies a John Lightfoot, a chofnododd amryw o blanhigion yn ei lyfrau, megis y Rhwyddlwyn Pigfain (*Veronica spicata* Spiked Speedwell) ar y Gogarth Fawr, a'r Weddw Alarus (*Geranium phaeum* Dusky Crane's-bill) ger ei gartref. Disgrifiwyd Pennant fel 'Y Naturiaethwr mwyaf yn Ewrop ar ôl John Ray a chyn Charles Darwin'. Yn 1990 sefydlwyd Cymdeithas Thomas Pennant i'w goffáu.

Dawson Turner (1775-1858) a Lewis Weston Dillwyn (1778-1855)

Sonnir am y ddau yma ar un gwynt, fel awduron *The Botanist's Guide through England*

and Wales a gyhoeddwyd yn 1805. Dyma'r ymgais bwysig i gofnodi, am y tro cyntaf, y planhigion gwyllt arbennig a phrin ym mhob sir. Ar gyfer Sir Fflint rhestrir 70 o rywogaethau, gan gynnwys y Gludlys Gogwyddol (*Silene nutans* Nottingham Catchfly) ger Dyserth, sy'n parhau yn un o flodau arbennig yr ardal.

Hugh Davies (1739-1821)

Un o Sir Fôn oedd y Parch. Hugh Davies, botanegydd Cymraeg enwocaf ei gyfnod, ac awdur *Welsh Botanology,* sef Flora o'i sir enedigol, ynghyd â rhestr Gymraeg o blanhigion meddyginiaethol y sir. Roedd yn gyfaill i Thomas Pennant ac iddo ef yr ydym yn ddyledus am lawer o'r cofnodion botanegol sydd gan Pennant yn ei weithiau.

William Bingley (1774-1823)

Dyma un arall o'r clerigwyr a ymddiddorai ym myd natur. Sais oedd Bingley a ddaeth ar daith i ogledd Cymru ddwywaith, a chyhoeddodd ei argraffiadau mewn dwy gyfrol ddarllenadwy. Mae'n trafod y tirwedd, yr hynafiaethau, y bobl a'r arferion, ond yn bwysicach i ni mae'n rhestru'r planhigion llai cyffredin ynghyd â'u lleoliad a'u dyddiad blodeuo. Mae llawer o'r rhain yn blanhigion Sir Fflint. Gwnaeth ardal Dyserth argraff ddofn arno a chyfeiriodd, ymysg eraill, at y Rhwyddlwyn Pigfain (*Veronica spicata* Spiked Speedwell), Pig-yr-aran Rhuddgoch (*Geranium sanguineum* Bloody Crane's-bill), y Cor-rosyn Lledlwyd (*Helianthemum oelandicum* Hoary Rock-rose) a'r Arianllys Bach (*Thalictrum minus* Lesser Meadow-rue) – pob un yn dal i dyfu yn yr ardal.

Arthur Augistin Dallman (1883-1963)

Dyma'r olaf, a'r pwysicaf o'n rhestr. Y pwysicaf oherwydd mai ef yw'r unig un a gyhoeddodd restr yn amcanu at fod yn gyflawn o blanhigion y sir. Sais o ogledd Lloegr oedd Dallman, yn gweithio fel athro cemeg yn Lerpwl. Ond roedd wedi gwirioni ar fyd y blodau a datblygodd yn fotanegydd o safon. Am flynyddoedd, deuai yma i Sir Fflint ar bob cyfle, a chrwydrodd yn ddiflino i bob rhan o'r sir, yn cofnodi yn ofalus a manwl. Ar ôl rhai blynyddoedd, penderfynodd gynnwys Sir Ddinbych yn ei arolgwg, a'i fwriad

A A Dallman

oedd cyhoeddi Flora cynhwysfawr o'r ddwy sir. Yn anffodus, ni wireddwyd ei obeithion a methodd â gorffen y gwaith, ond cadwyd ei gofnodion manwl ar blanhigion y ddwy sir yn ofalus yn Amgueddfa Lerpwl. Cyhoeddodd restrau hir o'i gofnodion yn y *Journal of Botany* rhwng 1907 a 1911, a chynhwyswyd llawer o'r wybodaeth yn *Flora of Flintshire* (1993) gan yr awdur presennol.

Roedd Dallman yn weithiwr egnïol: dywed wrthym ei fod wedi cerdded 1,500 milltir yn Sir Fflint yn unig, mewn dau dymor. Chwiliodd yr hen ddogfennau yn ofalus, gohebodd â llawer iawn o'i gyd-fotanegwyr, a chyflwynodd bob math o wybodaeth ecolegol ac amgylcheddol am y planhigion a gofnodai. Casglodd yr enwau

Cymraeg, astudiodd fanylion peilliad y blodau a daeth yn arbenigwr ar chwydd–dyfiant planhigion (*plant galls*). Gwaetha'r modd, dirywiodd ei iechyd ac ni chyhoeddwyd ei waith. Treuliodd ei flynyddoedd olaf ym Mae Colwyn.

Lleoedd i chwilio am blanhigion yn Sir Fflint

Yn *Flora of Flintshire* (1993) nodais 40 o leoedd diddorol a phroffidiol i chwilio am y blodau gwyllt – gormod o lawer i'w trafod yma. Dyma rai ohonynt. Rwyf wedi ymweld â'r rhan fwyaf ohonynt lawer gwaith, ond nid wyf wedi nodi dyddiadau penodol.

1. Twyni Talacre a Gronant
Rhwng SJ 07 84 a SJ 12 85

Mae cyfres o dwyni tywod yn ymestyn am ryw dair milltir a hanner ar hyd y glannau i'r dwyrain o Brestatyn. Fe welwch yma yr holl ddilyniant naturiol, o'r twyni bach cyntaf ar ymylon y traeth, drwy'r twyni melyn mawr hyd at yr hen dwyni sefydlog, lle mae'r llwyni a'r coed wedi tyfu. Mae blodau arbennig y twyni hyn, o'r Celyn y Môr pigog i'r Tegeirianau lliwgar. Cofiaf gyfrif dros 400 o'r Tegeirian Bera (*Anacamptis pyramidalis* Pyramidal Orchid) un flwyddyn. Gellwch dreulio dyddiau yma yn crwydro a chwilota, a dyma'r lle i ddod i weld Llyffant y Brwyn (Natterjack Toad) a'r Fôr-wennol Fechan (Little Tern).

Tegeirian Bera (*Anacamptis pyramidalis* Pyramidal Orchid). Yn y gorffennol, rwyf wedi cyfri dros 400 o'r rhain ar y twyni yma. Gronant, 7 Gorffennaf 1993

2. Aber y Ddyfrdwy
e.e. SJ 2473

Dyma un o'r aberoedd mwyaf ym Mhrydain, ac i'r naturiaethwr, y prif atyniad yw'r adar – cannoedd o filoedd ohonynt, yn enwedig yn y gaeaf. Mae llawer o forfa heli wedi datblygu ar hyd yr aber a gellir gweld y planhigion nodweddiadol mewn amryw fan ar hyd y glannau, gan gynnwys Talacre (SJ 126 848), Castell Fflint (SJ 248 733) a'r bont droed dros y Ddyfrdwy, Higher Ferry House, Saltney (SJ 369 658). Bellach, mae Llwybr yr Arfordir yn hwylus i ddod o hyd i leoedd oedd gynt yn annodd i'w cyrraedd, ac i ni'r botanegwyr mae rhywbeth newydd a diddorol bob munud! Rai

blynyddoedd yn ôl, cyn bod sôn am lwybr swyddogol, cerddodd dau ohonom bob cam o Gaer i Fangor ar hyd y glannau (nid mewn un daliad!), a dod o hyd i'r pethau mwyaf annisgwyl a diddorol yn y lleoedd mwyaf anaddawol. Mentrwch! Dyma her go iawn i chi: ceisiwch ddod o hyd i'r Paladr Trwyddo Eiddilddail (*Bupleurum tenuissimum* Slender Hare's-ear) ar lan yr afon ger pont y rheilffordd yn Hawarden Bridge (SJ 310 693), chwiliwch gyntaf yn y llyfrau – mae'r planhigyn yn llai na'i enw!

Cordwellt (*Spartina anglica* Cordgrass), planhigyn pwysig sy'n sefydlogi'r mwd a'r tywod yn Aber y Ddyfrdwy. Gronant, 1971

3. Mynydd Helygain, rhwng Treffynnon a'r Wyddgrug. Mae yma 2,000 o aceri o dir comin lle gellwch gerdded yn rhydd. Y prif bentrefi yw Brynford, Rhes-y-cae, Helygain a Rhosesmor e.e. SJ 18 71

Mae'r rhan fwyaf o'r ardal ar y garreg galch, gyda llawer o'r planhigion calchgar, megis y Bwrned (*Sanguisorba minor* Salad Burnet) a'r Ysgallen Siarl (*Carlina vulgaris* Carline Thistle). Mae yma hefyd lawer o Eithin a Rhedyn yn ogystal â rhai planhigion arbennig fel Tywodlys y Gwanwyn (*Minuartia verna* Spring Sandwort) sy'n gallu dygymod â'r pridd gwenwynig lle bu cloddio am blwm yn y gorffennol.

Efallai mai'r prinnaf o flodau'r Mynydd yw'r

Ysgallen Siarl (*Carlina vulgaris* Carline Thistle), blodyn nodweddiadol o'r garreg galch yn Sir Fflint. Trelawnyd, Awst 1968

Ysgallen Ddigoes (*Cirsium acaule* Dwarf Thistle) sydd yma ar derfyn eithaf ei thiriogaeth ym Mhrydain. (Gweler tud. 77.)

4. Y Graig Fawr, Galltmelyd ger Prestatyn
SJ 060 803

Dyma'r llecyn gorau yn Sir Fflint am flodau arbennig y garreg galch, y rhai cyffredin a'r rhai prin, a gellir cerdded yn hwylus ar hyd llwybr yr hen reilffordd sy'n dilyn troed y graig, neu fynd i'r maes parcio ar ben y graig, a chwydro'n rhydd i fwynhau'r olygfa ac i weld y planhigion. Yn eu plith fe ddewch ar draws rhai o flodau prinnaf Cymru, gan gynnwys y Rhwyddlwyn Pigfain (*Veronica spicata* Spiked Speedwell), Cor-rosyn Lledlwyd (*Helianthemum oelandicum (canum)* Hoary Rock-rose), Gludlys Gorweddol (*Silene nutans* Nottingham Catchfly) a'r Galdrist Ruddgoch (*Epipactis atrorubens* Dark-red Helleborine). Mae'r rhain i gyd yn brin, peidiwch! peidiwch! â'u pigo – dim ond tynnu llun, a siarad hefo nhw! Un planhigyn prin arall sy'n tyfu yma yw Llaethlys y Coed (*Euphorbia amygdaloides* Wood Spurge); mae'n debyg mai dyma'r safle mwyaf gogleddol iddo ym Mhrydain os nad yn Ewrop.

Yma, ar y Graig Fawr, gellir gweld y Cor-rosyn Cyffredin (*Helianthemum nummularium* Common Rockrose) a Phig-yr-aran Rhuddgoch (*Geranium sanguineum* Bloody Cranesbill) yn tyfu gyda'i gilydd. Mehefin 1993

Cor-rosyn Lledlwyd (*Helianthemum canum* Hoary Rockrose). Mae hwn yn llawer prinnach na'r Cor-rosyn Cyffredin. Y Graig Fawr, Mehefin 1973

Planhigyn nodweddiadol o dde Lloegr yw Llaethlys y Coed (*Euphorbia amygdaloides* Wood Spurge), ond mae'n digwydd yma ac acw yng Nghymru, gan gynnwys Sir Fflint a Sir Ddinbych. Dyma fo yn Rhyd-y-foel, Abergele yn 1995.

Y Galdrist Ruddgoch (*Epipactis atrorubens* Dark-red Helleborine). Y Mwynglawdd ger Wrecsam, Medi 2015. Llun: Lun Roberts

5. Loggerheads, ar y ffin â Sir Ddinbych, ar yr A494 o'r Wyddgrug i Ruthun
SJ 19 62

Ers blynyddoedd, dyma lecyn poblogaidd i hamddena, gyda llwybrau diddorol drwy'r coed ac ar y llethrau, lle mae golygfeydd hyfryd i gyfeiriad Moel Fama. Os dymunwch, cewch ddilyn un llwybr arbennig, yn dilyn Afon Alun o'r Loggerheads am dair milltir i Ryd-y-mwyn. Dyma lle mae'r dŵr yn diflannu i'r ddaear drwy'r holltau yn y garreg galch ar wely'r afon. Ger Cilcain mae fferm o'r enw Hesb Alun yn dynodi'r ffaith. Dyma lwybr ardderchog, gydag amrywiaeth rhyfeddol, a phob math o flodau gwyllt, gan gynnwys tegeirianau, i gystadlu â'r golygfeydd a'r tirwedd hynod. Ewch i gerdded – mae'n well na darllen!

Gyda llaw, clywais yn ddiweddar mai'r hen enw am ardal Loggerheads oedd Rhyd-y-Gyfarthfa, ond ofnaf nad ydyw hwn ar dafod y genhedlaeth bresennol.

Llwybr y Leet, rhwng Loggerheads a Rhyd-y-mwyn. Lle braf i fynd am dro, gyda siawns dda o weld nifer o degeirianau.

Tegeirian y Waun (*Anacamptis morio* Green-winged Orchid), sy'n tyfu yn ardal Cilcain a'r Loggerheads.

493

6. Y Graig, Tremeirchion
Gwarchodfa Ymddiriedolaeth Natur Gogledd Cymru, rhyw hanner milltir i'r de o Dremeirchion
SJ 08 72

Dyma lecyn dymunol iawn – llwybr drwy'r coed, porfa yn llawn blodau gwyllt, creigiau o garreg galch, hen chwarel yn llawn tyfiant o bob math, a golygfa fendigedig – yr orau yn y sir efallai. Mae gennych ddewis o ddau lwybr, un o gwmpas y warchodfa ac i ben y bryn a'r llall ar hyd gwaelod y graig at y chwarel ac yn ôl. Mae yma amrywiaeth hyfryd o blanhigion – blodau'r tir calchog yn bennaf, fel y Bwrned, yr Ysgallen Bendrom (*Carduus nutans* Musk Thistle) a channoedd lawer o'r Cors-rosyn

Mae Clychau'r Eos (*Campanula rotundifolia* Harebell) ar eu gorau tua mis Awst a mis Medi, fel yma ar Fynydd Helygain. Medi 2004.

Cyffredin yn garped felen. Ond y mae yma hefyd ambell lecyn o bridd llai calchog, gyda Grug, y Friwydden Wen (*Galium saxatile* Heath Bedstraw) a Chlychau'r Eos (*Campanula rotundifolia* Harebell). Mae rhai o'r hen goed Ffawydd ar y safle yn anferth, ac yn werth eu gweld, ac mae amryw o blanhigion anghyffredin o gwmpas y chwarel a'r hen odyn galch, fel Meddyg y Bugail (*Inula conyzae* Ploughman's-spikenard), planhigyn sydd fel rheol yn wynebu'r de, yn llygad yr haul. Dowch yma i'r Graig yn Nhremeirchion ar ddiwrnod o haf ac fe gewch fodd i fyw.

7. Y Ddôl Uchaf
Gwarchodfa Ymddiriedolaeth Natur Gogledd Cymru, ger Ysgeifiog, oddi ar yr A541 rhwng Yr Wyddgrug a Dinbych
SJ 141 712

Tir pori oedd yma'n wreiddiol ond yn ystod yr Ail Ryfel Byd bu cloddio yma am y marl (neu *tuffa*), y clai calchog a gronnwyd yma ers miloedd o flynyddoedd wrth i'r afonig fechan Afon Pant Gwyn, lifo dros y garreg galch gerllaw. Chwalwyd y marl ar dir amaethyddol i wrth-wneud asidedd naturiol y pridd. Pan ddaeth y cloddio i ben yn y 1950au gadawyd y safle yn

Gwaith cynnal a chadw yn y Ddôl Uchaf, 1984. Pont droed dros afon Pant Gwyn.

Mae pobl ifanc yn mwynhau gwaith caled!

dyllau i gyd 'fel wyneb y lleuad', ond sylwodd rhywun fod nifer o degeirianau diddorol wedi ymddangos, a'r diwedd fu i'r llecyn gael ei ddynodi'n Warchodfa Natur. Bu gweithio diwyd am flynyddoedd i adfer y lle, gydag amrywiaeth o hen goed, coedlan newydd, tir glas, llynnoedd bach, corsdir calchog, llechweddau o'r marl noeth a'r afon yn llifo drwy ganol y Warchodfa. Am flynyddoedd y prif atynfa ym myd y blodau oedd Brial y Gors (*Parnassia palustris* Grass-of-Parnassus), planhigyn deniadol gyda blodau gwyn, sy'n brin iawn, iawn yn Sir Fflint, ond ofnaf ei fod wedi prinhau'n arw yn ddiweddar. Fodd bynnag, mae yma amrywiaeth diddorol yn cynnwys Rhawn y Gaseg (*Hippuris vulgaris* Mare's-tail), blodyn prin yng Nghymru, a dim perthynas i'r Marchrawn (Horsetail) sy'n perthyn i'r rhedyn, er bod y ddau yn ymddangos braidd yn debyg ar yr olwg gyntaf.

Gellwch ddilyn y llwybr o gwmpas y safle yn hwylus mewn rhyw hanner awr, neu wagsymera wrth eich pwys drwy'r dydd.

Rhan o'r llwybr o gwmpas y Ddôl Uchaf.

Mae Brial y Gors wedi ei golli o'r Ddôl Uchaf, ond mae hwn, Rhawn y Gaseg (*Hippuris vulgaris* Mare's-tail), un arall o'r planhigion prin yn dal i ffynnu yno.

8. Coed Bachegraig (Bach-y-graig) rhwng Tremeirchion a Bodfari SJ 07 71

Adeiladwyd y ffermdy gwreiddiol yn 1567, y tŷ brics hynaf yng Nghymru yn ôl y sôn, ar gyfer Syr Richard Clwch (Clough), ail ŵr Catrin o Ferain (bu ganddi bedwar gŵr). Mae'r fferm bresennol yn 200 acer gyda 40 acer o goed. Credir fod coed wedi bod ar y safle ers cannoedd o flynyddoedd, ac efallai mai dyma'r enghraifft orau o goedlan hynafol yn Sir Fflint. Credir y defnyddiwyd coed o'r safle i godi cestyll Rhuddlan a'r Fflint. Mae'r coed arferol i gyd yma heddiw, yn ogystal ag un neu ddwy o rai prin, megis y Gerddinen Wyllt (*Sorbus torminalis* Wild Service-tree). Planhigion diddorol eraill yw Clust yr Ewig (*Daphne laureola* Spurge Laurel) a'r Galdrist Lydanddail (*Epipactis helleborine* Broad-leaved Helleborine). Mae'r tŷ gwreiddiol wedi mynd ond mae amryw o'r hen adeiladau yn sefyll. Mae taflen ddiddorol ar gael gan y perchennog, sy'n rhoi peth o'r cefndir. Mae'r blodau ar eu gorau yn y gwanwyn.

Hen adeiladau enwog Bachegraig, sy'n dyddio o'r 16 ganrif. Mae'r goedlan ar y chwith yn fwy hynafol fyth – defnyddiwyd coed oddi yma pan godwyd Castell Rhuddlan tua 1280.

Mae'r amrywiaeth o flodau gwyllt o dan y coed yn tystio fod hon yn goedlan hynafol. Coed Bachegraig, Ebrill 1991

Clust yr Ewig (*Daphne laureola* Spurge Laurel). Planhigygyn prin iawn yng Nghymru, ond i'w gael yma ac acw yn Sir Fflint, gan gynnwys Coed Bachegraig. Mehefin 1977

Y Galdrist Lydanddail (*Epipactis helleborine* Broad-leaved Helleborine). Un o'r tegeirianau sy'n tyfu'n achlysurol o dan y coed yn Sir Fflint. Awst 1997

9. Coed y Felin, Hendre. Oddi ar yr A541 rhwng Rhyd-y-mwyn a Nannerch
   Ymddiriedolaeth Natur Gogledd Cymru
   SJ 195 677

Dyma Warchodfa ddiddorol a hwylus, rhyw bedair milltir o'r Wyddgrug i gyfeiriad Dinbych. Hen goedlan sydd yma, gyda llawer o goed Derw ac amryw o Gastanwydd Pêr wedi eu plannu, ynghyd â Bedw, Ffawydd a Cheirios Gwyllt. Mae'r planhigion yn amrywiol a diddorol, gan gynnwys Cwlwm Cariad (*Paris quadrifolia* Herb-Paris), ac yma yn y warchodfa mae'r unig safle yng ngogledd Cymru i Benigan y Porfeydd (*Dianthus armeria* Deptford Pink).

Cofnodwyd y blodyn bach hardd hwn yn Nhremeirchion, yn y sir, dros gan mlynedd yn ôl, ond yna diflannodd, ac am flynyddoedd lawer credid ei fod wedi mynd am byth. Ond daeth Dr Jean Green, un o fotanegwyr gorau'r sir, o hyd iddo yma yng Nghoed y Felin yn 1994, ac ar hyn o bryd (2015) y mae'n dal ei dir – ond am ba hyd?

Cwlwm Cariad (*Paris quadrifolia* Herb-Paris). Mae'n tyfu'n gryf mewn llecyn tamp o dan y coed yng Ngwarchodfa Coed y Felin, Yr Hendre. Mai 2001

Penigan y Porfeydd (*Dianthus armeria* Deptford Pink). Cofnodwyd y blodyn prin yma yn Sir Fflint yn 1903, ond erbyn 1930 roedd wedi diflannu. Er mawr syndod, canfuwyd ef yn 1994, yma yng Ngwarchodfa Coed y Felin gan Dr Jean Green, ac mae'n dal yma.

10. Llyn Cyfynwy, SJ 21 54 a Bod Idris, SJ 20 53
   Dau safle cyfagos oddi ar yr A525 rhwng Rhydtalog a Llandegla

Yma, rydym ym mhen eithaf y sir, mewn ucheldir oddeutu 1,000 o droedfeddi. O gwmpas Llyn Cyfynwy mae'r cynefin yn wahanol iawn i'r tir calchog sydd mor gyffredin dros rannau helaeth o Sir Fflint. Tir mawnog, asidig sydd yma, lle mae'r

Migwyn yn teyrnasu, ynghyd â'r Grug a'r Llus, y Grug Deilgroes (*Erica tetralix* Cross-leaved Heath) a'r Brigwellt Main (*Deschampsia flexuosa* Wavy Hair-grass). Mae'r rhain yn blanhigion calchgas (*calcifuge*) sy'n osgoi calch ac yn fwy 'cartrefol' ar dir sur. Dyma gynefin y Maeswellt Rhedegog (*Holcus mollis* Creeping Soft-grass), ac os dowch yma ym mis Medi fe welwch y Griafolen (Cerddinen) yn ei gogoniant, ac efallai y clywch alwad y Gylfinir neu Glochdar y Cerrig.

Ychydig yn is, ger hen blasdy Bod Idris, sydd bellach yn westy, fe welwch gynefin gwahanol. Rydym yn ôl ymhlith y coed – yr Onnen, y Fasarnen, a'r Fasarnen Fach, y Wernen, a'r Gollen, ac i'n hatgoffa o ddylanwad dyn, ambell i blanhigfa o'r Llarwydden a'r Sbriwsen. O dan y coed fe welwch y Mapgoll (*Geum urbanum* Wood Avens), Bresych y Cŵn (*Mercurialis perennis* Dog's Mercury) a'r Blodyn Neidr neu'r Blodyn Taranau (*Silene dioica* Red Campion), ac unwaith eto dyma ddylanwad dyn yn ymddangos pan welwn Gwcwll y Mynach (*Aconitum napellus* Monk's-hood), Clymog Japan (*Fallopia japonica* Japanese Knotweed) a hyd yn oed glwstwr neu ddau o'r Bambŵ yn ymddangos – pob un wedi ei blannu yn fwriadol ryw dro ond bellach wedi dianc i'r gwyllt.

Gyda llaw, dylid sicrhau bod caniatâd i gerdded yn y ddau safle.

11. Llyn Helyg
Oddi ar yr A5151 rhwng Lloc a Threlawnyd
SJ 11 77

Llyn Helyg yw'r llyn mwyaf yn Sir Fflint, ond mae o'r golwg yn y coed. Mae'r safle yn eiddo i Stad Mostyn ond mae llwybrau cyhoeddus drwy'r coed. Crewyd y llyn yn ôl yn y 17 ganrif – a dywedir gan rai mai'r pwrpas oedd i gyflenwi rhew ar gyfer teulu Plas Mostyn yn y gaeaf.

Mae Llyn Helyg oddeutu hanner milltir o hyd, ond mae'n fas, gyda llawer o fwd. Daw'r dŵr o ffynhonnau o dan y llyn. Mae yma lawer o bysgod bras, ac amrywiaeth o adar ar y llyn ac yn y coed.

Yn y coed o gwmpas y llyn mae Derw, Masarn, Gwern, Bedw, Castanwydd, Ynn, Celyn, Fawydd, Cyll ac amryw o wahanol Helyg. Mae rhai o'r coed, yn enwedig yr Helyg, yn graddol ennill tir yn y rhannau corslyd

Mae Llyn Helyg o'r golwg yn y coed, rhwng Trelawnyd a'r Lloc, gydag amrywiaeth da o blanhigion, adar a physgod. Hydref 1995

ar fin y dŵr, ac mae'n frwydr i gadw'r llyn rhag tagu. Mae yma hefyd lawer o fwsoglau a llysiau'r afu.

Yma yn Llyn Helyg y cynefin mwyaf diddorol i'r botanegydd yw'r tir corslyd ym min y llyn. Y planhigion tal, sy'n dal ein sylw yw'r Iris Felen neu'r Gellesgen (*Iris pseudacorus* Yellow Iris), Cynffon y Gath (*Typha latifolia* Bulrush) yr Hesgen Chwysigennaidd (*Carex vesicaria* Bladder Sedge) a Marchrawnen y Dŵr (*Equisetum fluviatile* Water Horsetail). Ychydig yn nes i'r lan mae digonedd o Fintys y Dŵr (*Mentha aquatica* Water Mint) gyda'i aroglau hyfryd ar y dail, a'r blodyn lliw coch tywyll Pumnalen y Gors (*Comarum palustre* Marsh Cinquefoil) – mae'n anodd peidio defnyddio'r hen enw *Potentilla palustris*. Mae Lili'r-dŵr Eddiog (*Nymphoides peltata* Fringed Water-lily) yn lledaenu ar wyneb y llyn, ac ymhlith y rhywogaethau prin eraill mae'r Hesgen Felen (*Carex serotina* (*C.oederi*) Yellow Sedge) a'r Llinad Bach (*Lemna minuta* (*L. minuscula*) Least Duckweed) a ddarganfuwyd yma yn 1981 – y cofnod cyntaf yng Nghymru. Y rhedynen fwyaf arbennig ac anghyffredin yma yw'r Pelenllys (*Pilularia globulifera* Pillwort). Mae Llyn Helyg yn llecyn diddorol.

Dyna gip ar rai o fannau 'blodeuog' Sir Fflint. ond gellid enwi llawer, llawer mwy – mae 40 safle wedi eu rhestru yn *Flora of Flintshire,* a gellid yn hawdd ddod o hyd i 40 arall.

Pumnalen y Gors (*Comarum palustre* Marsh Cinquefoil), un arall o flodau Llyn Helyg, sy'n hawdd i'w adnabod ymhlith planhigion eraill y dŵr. 1971

Rhedynen ryfedd a phrin iawn:
Pelenllys Gronynnog (*Pilularia globulifera* Pillwort)

Er gwaethaf ei golwg ryfedd, dyma wir redynen sy'n tyfu yn y mwd ar fin y llyn, ac o dan ddŵr am o leiaf ran o'r flwyddyn – y peth mwyaf annhebyg i redynen a welsoch erioed.

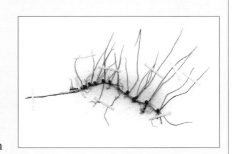

Mae'r dail main, syml, tebyg i weiryn, sydd oddeutu 2-4 modfedd (5-10cm) o hyd, yn tyfu mewn rhes allan o risom (coesyn sy'n cripian fel gwreiddyn). Ar y dechrau mae'r dail ifanc wedi eu torchi mewn coil, yn null rhedyn eraill, ac yn agos i waelod pob deilen mae pelen fechan, tua 3mm ar ei thraws. Dyma'r sborocarp, sy'n hollti ac yn rhyddhau'r sborau sy'n datblygu'n blanhigion newydd. Yn ystod y gaeaf mae'r rhan fwyaf o'r hen blanhigyn yn marw, ond mae tameidiau bach yn goroesi, ac yn aildyfu yn y gwanwyn.

Yma yn Llyn Helyg, mae'r Pelenllys yn tyfu yn y dŵr bas ar fin y llyn, gyda nifer o blanhigion eraill, yn cynnwys Cynffon y Gath (*Typha latifolia* Bulrush), Llysiau'r Sipsiwn (*Lycopus europaeus* Gypsywort), Dail Ceiniog y Gors (*Hydrocotyle vulgaris* Marsh Pennywort) a Marchrawnen y Dŵr (*Equisetum fluviatile* Water Horsetail).

Mae'r Pelenllys yn tyfu yma ac acw ym Mhrydain ac Iwerddon, ond bob amser yn anghyffredin, ac wedi prinhau'n arw yn ystod y can mlynedd diwethaf, mwy na thebyg oherwydd colli cynefin.

Y Pelenllys (*Pilularia globulifera* Pillwort) yw planhigyn mwyaf nodedig Llyn Helyg; y rhedynen fach sy'n byw ar fin y llyn. Medi 2006

Sylwer:

Ar lawer cyfrif, planhigyn mwyaf arbennig Sir Fflint yw'r Creulys Cymreig *Senecio cambrensis*.

Ceir ymdriniaeth fanwl ohono ym Mhennod 18, Geneteg a DNA.

Llyfryddiaeth

Carter, P W (1951) Notes on the Botanical Exploration of Flintshire, *Flintshire Miscellany* No.1. Flintshire Historical Society

Clarke, C A; Mani, G S & Wynne, G (1985) Evolution in reverse: clean air and the Peppered Moth, *Biological Journal of the Linnean Society* **26**, 189-199

Dallman, A A (1907, 1908, 1910, 1911) Notes on the Flora of Flintshire, *Journal of Botany*

Davyes, Robert (? 1616 – 66) Rhestr o Enwau Cymraeg ar Blanhigion yn erthygl Dorian Williams. *Y Gwyddonydd* **17**, 1979

Edwards, J M (1914) *Flintshire* (Cambridge County Geographies) – Llyfr hynod o ddiddorol; roedd yr awdur yn frawd i Syr O M Edwards. Mae'r naw pennod gyntaf yn berthnasol i'r gwaith presennol.

Pennant, T (1796) *The History of the Parishes of Whiteford and Holywell*

Wynne, Goronwy (1993) *Flora of Flintshire*

Wynne, Goronwy; Phillips, J, and Williams, Delyth (2008) *The Rare Plants of Flintshire*

PENNOD 41

SIR FÔN (VC 52)

Henffych well, Fôn, dirion dir,
Hyfrydwch pob rhyw frodir.
Goludog, ac ail Eden
Dy sut, neu Baradwys hen.

Goronwy Owen

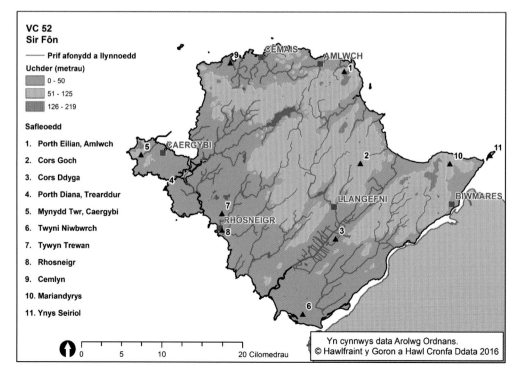

VC 52
Sir Fôn

—— Prif afonydd a llynnoedd

Uchder (metrau)

0 - 50
51 - 125
126 - 219

Safleoedd

1. Porth Eilian, Amlwch
2. Cors Goch
3. Cors Ddyga
4. Porth Diana, Trearddur
5. Mynydd Twr, Caergybi
6. Twyni Niwbwrch
7. Tywyn Trewan
8. Rhosneigr
9. Cemlyn
10. Mariandyrys
11. Ynys Seiriol

Yn cynnwys data Arolwg Ordnans.
© Hawlfraint y Goron a Hawl Cronfa Ddata 2016

0   5   10   20 Cilomedrau

Dyma ni wedi cyrraedd yr olaf o hen siroedd Cymru, ac yn wahanol i lawer o'r lleill, does dim ansicrwydd ynglŷn â'r ffiniau – Môr Iwerddon yw'r terfyn o amgylch tair ochr i'r ynys, a'r Fenai yw'r ffin rhwng Môn a'r tir mawr. Mae Môn yn llai nag amryw o siroedd Cymru, gydag arwynebedd o ychydig dros 700 milltir sgwâr. Mae'r rhan fwyaf o'r ynys o dan 300 troedfedd; y man uchaf yw Mynydd Twr ar Ynys Cybi, sy'n 720 troedfedd (220m). Yn ôl cyfrifiad 2011 roedd poblogaeth yr ynys yn 69,751.

Agorwyd Pont Menai (Pont y Borth) yn 1826, a Phont Britannia (Pont Llanfair) yn 1850. Yn 1974, o dan y cynllun ad-drefnu'r siroedd, daeth Sir Fôn yn rhan o sir newydd Gwynedd, ond yn 1996 bu newid eto a chafodd yr ynys ei hunaniaeth yn ôl, a gweinyddir hi bellach gan Gyngor Sir Ynys Môn. Y prif drefydd yw Caergybi, Llangefni, Biwmares, Porthaethwy ac Amlwch.

Diwydiant

Yn ail hanner y 18 ganrif roedd y diwydiant copr ym Mynydd Parys, i'r de o Amlwch, y mwyaf yn y byd ac mae'r creithiau'n parhau hyd heddiw. Agorwyd yr Atomfa yn yr Wylfa yn 1971, a bu gwaith alwminiwm mawr ger Caegybi hyd 2009. Ac mae Caergybi ei hun yn bwysig fel porthladd i gysylltu Prydain ac Iwerddon. Erbyn hyn, prif ddiwydiannau'r ynys yw amaethyddiaeth a thwristiaeth. Yn y gorffennol, bathwyd yr enw 'Môn, mam Cymru' oherwydd gallu'r ynys i dyfu cnydau toreithiog; heddiw, defaid a gwartheg sydd bwysicaf ym myd amaeth. Mae'r diwydiant ymwelwyr yn tyfu o flwyddyn i flwyddyn. Dynodwyd bron y cyfan o'r arfordir yn Ardal o Harddwch Naturiol Eithriadol, sef oddeutu un rhan o dair o dir Môn. Heddiw, mae Llwybr yr Arfordir yn amgylchynu'r ynys – pellter o 124 milltir, ac yn denu cerddwyr o bell ac agos.

Ychydig am y Creigiau a'r Tywydd

Mae daeareg Sir Fôn yn hynod o gymhleth. Hyd yn ddiweddar, credid mai sylfaen y cyfan yw'r hen, hen greigiau o'r cyfnod Cyn-Gambriaidd, h.y. cyn oddeutu 570 miliwn o flynyddoedd yn ôl, cyn bod ffosiliau i'w canfod yn y creigiau, ond, o ddarllen llyfr diweddar Dyfed Elis-Gruffydd *100 o Olygfeydd Hynod Cymru* (2014), efallai mai o'r cyfnod Cambriaidd, yn hytrach na'r Cyn-Gambriaidd y perthyn llawer o'r creigiau, ac nad yw 'Mam Cymru' mor hen ag y tybiwyd! Boed hynny fel y bo, mae'n werth mynd at y goleudy ar Ynys Lawd, ac i ryfeddu at y creigiau yn y clogwyn cyfagos. Pwy all ddychmygu'r grymoedd rhyfeddol a fu'n ystumio'r rhain i'w ffurfiau presennol? Mae rhai o'r hen greigiau hyn hefyd yn brigo i'r wyneb yn Aberffraw, Niwbwrch a Glyn Garth rhwng Porthaethwy a Biwmares. Mae haenen lydan o greigiau Ordofigaidd yn croesi'r ynys tua'r gogledd, a cheir cyfran go helaeth o'r Galchfaen Garbonifferaidd, rhwng Traeth Lligwy a'r Traeth Coch, o gwmpas Moelfre a Benllech, yn ogystal ag i'r dwyrain yn ardal Penmon, ac yn gyfochrog â'r Fenai rhwng Llanfairpwll ac Abermenai. Carreg galch yw Ynys Seiriol hefyd.

Bu'r rhew wrthi'n ddygn yn ystod Oes yr Iâ yn taenu haenau o grog-glai dros y creigiau ar yr ynys, ac yn ddiweddarach mae llawer o dwyni tywod wedi datblygu ar y glannau, yn enwedig yng nghyffiniau Niwbwrch, Aberffraw a Rhosneigr. Yn 2009, oherwydd ei chyfoeth daearegol, dynodwyd Ynys Môn yn aelod o'r Rhwydwaith Geoparc Ewropeaidd, fel rhan o'r ymgyrch i warchod treftadaeth arbennig y sir.

Oherwydd Llif y Gwlff mae tywydd Sir Fôn ar y cyfan yn gymedrol ac yn llaith, heb eithafion tymheredd haf na gaeaf. Mae'r glawiad blynyddol rhwng 35 a 40 modfedd; nid yw eira'n aros yn hir ac anaml y ceir rhew caled, ond mae gwyntoedd cryfion yn gyffredin.

Plygion mawr a mân yng Nghreigiau Ynys Lawd. Credir heddiw i'r rhain gael eu ffurfio yn y cyfnod Cambriaidd. Tynnwyd y llun ym mis Hydref 1970.

Y Cynefinoedd a'u Planhigion

Gwelsom fod creigiau'r ynys yn amrywio'n fawr, ac felly hefyd y priddoedd. Ar lawer o'r hen greigiau mae'r pridd tenau yn asidig ac yn brin o fwynau, er enghrafft ar Ynys Cybi, lle ceir Grug, a'r Eithin Mân, ond hefyd un o drysorau mwyaf yr Ynys, sef y Cor-rosyn Rhuddfannog (*Tuberaria guttata* Spotted Rock-rose). Weithiau, ar y creigiau asidig, ceir y Gwlithlys (*Drosera rotundifolia* Sundew), Plu'r Gweunydd (*Eriophorum angustifolium* Cottongrass) a'r Rhedynen Gyfrdwy (*Osmunda regalis* Royal Fern). Yma ac acw fe geir y garreg galch ac fel bob amser, dyma lle mae calon y botanegydd yn curo'n gyflymach, ac yn wir, mae amrywiaeth lliwgar o flodau'r calch yma ym Môn. Dyma rai ohonynt: Pig yr Aran Rhuddgoch (*Geranium sanguineum* Bloody Crane's-bill), Meddyg y Bugail (*Inula conyza* Ploughman's-spikenard), Penrhudd (*Origanum vulgare* Marjoram), Tegeirian y Broga (*Coeloglossum viride* Frog Orchid) a'r Llawredynen Gymreig (*Polypodium cambricum* Southern Polypody) sy'n brin iawn yng Nghymru (er gwaethaf ei henw) ar wahân i Sir Fôn a Sir Benfro. Ac mae un planhigyn sy'n brinnach fyth, y Cor-rosyn Lledlwyd (*Helianthemum oelandicum* (*H. canum*) Hoary Rock-rose) sydd bellach ddim ond ar un lle ar yr ynys – Bwrdd Arthur, rhyw filltir a hanner i'r gogledd o Landdona.

Ar ochr orllewinol y sir mae nifer o draethau braf, gyda thwyni tywod. Niwbwrch sy'n dod i'r brig o ran maint a nifer y cynefinoedd, a gellir crwydro yma am oriau (dyddiau yn wir) yn mwynhau byd natur. Cawn fanylu yn y man.

Cynefin hollol wahanol ar rannau o'r arfordir yw'r creigiau a'r clogwyni. Mae nifer o enghreifftiau i'r gorllewin a'r gogledd lle gellir dod o hyd i'r Troellig Arfor (*Spergularia rupicola* Rock Sea-spurrey), Corn Carw'r Môr (*Crithmum maritimum* Rock Samphire), a Llwylys Denmarc (*Cochlearia danica* Danish Scurvygrass) – dyma'r blodyn bach gwyn sy'n tyfu ar lan y môr o fewn cyrraedd yr heli, ond sydd hefyd wedi cartrefu ar fin aml i ffordd fawr, mewn ymateb i'r halen yn y graean a daenir yn y gaeaf. Dyma hefyd gynefin planhigyn prinnaf Sir Fôn, Chweinllys Ynys Cybi (*Tephroseris* (*Senecio*) *integrifolia ssp. maritima* Field Fleawort) sy'n tyfu mewn llecyn neu ddau rhwng Porth Dafarch ac Ynys Lawd.

Mae gan Ynys Môn nifer da o lynnoedd – y mwyaf yw'r cronfeydd Llyn Alaw a Llyn Cefni ac mae amryw byd o lynnoedd llai, megis Llyn Traffwll, Llyn Llygeirian, Llyn Llywenan, Llyn Coron a mwy, ynghyd â nifer o fân afonydd a ffosydd, felly does dim prinder planhigion y dŵr. Er enghraifft, mae un ar ddeg o wahanol rywogaethau o Grafanc y Frân (Water-crowfoot) a chymaint ag ugain math o'r Dyfrllys (Pondweed), amryw ohonynt yn fwy cyffredin ym Môn nag mewn unrhyw sir arall yng Nghymru. Un planhigyn anghyffredin iawn yw'r Gwybybyr Wythfrigerog (*Elatine hydropiper* Eight-stamened Waterwort) – yn sicr, dyma un i'r arbenigwyr – mae mor anghyfarwydd â'i enw, ond mae'n digwydd yma ac acw ar yr ynys a dim ond mewn dau le arall yng Nghymru. Mae'r Ffugalaw Bach (*Hydrocharis morsus-ranae* Frogbit) hefyd yn hynod o brin, ond wedi ei gofnodi yn Llyn Llygeirian yng ngogledd y sir. Hyd yn ddiweddar, credid mai dyma ei unig safle yng Nghymru, a'i fod wedi diflannu o'i hen gynefin yn y gamlas yn Sir Drefaldwyn, ond cefais y fraint o weld ei flodau gwynion yno, ger Ardd-lin yn 2010 – tybed a ydyw'n dal ei dir yno?

Mae coedlannau yn brin yn Sir Fôn – dim ond tameidiau yma ac acw, fel y stribed ar hyd y Fenai am ryw ddwy filltir i'r de o Lanfairpwllgwyngyll. Y goedlan fwyaf o ddigon yw Coedwig Niwbwrch, ardal fawr o goed conwydd rhwng pentef Niwbwrch ac Ynys Llanddwyn.

I'r naturiaerthwr, dau safle arbennig iawn yw Cors Erddreiniog a Chors Goch, rhwng Llangefni a Benllech. Corsydd calchog neu ffen sydd yma, yn warchodfeydd pwysig gyda chasgliad cyfoethog o blanhigion, gan gynnwys amryw o degeirianau.

Ychydig o hanes. Pwy fu yma'n darganfod y blodau?

Yn ei adroddiad manwl o hanes botanegwyr yn Sir Fôn (Carter 1952), mae'r awdur yn trafod tri chyfnod. Yn gyntaf, o gyfnod y llysieuwyr meddyginiaethol (*herbalists*) cynnar hyd ddiwedd y 18 ganrif. Yn ail, y cyfnod cofnodi, o Hugh Davies a'i *Welsh Botanology* hyd J E Griffith, awdur *Flora of Carnarvonshire and Anglesey;* ac yna o ddechrau'r 20fed ganrif ymlaen.

Y cyfnod cynnar

Yng nghyfnod y mynachlogydd roedd pwyslais ar blanhigion ar gyfer bwyd a hefyd fel meddyginiaeth, a dichon fod y sefydliadau ym Mhenmon, Llanfaes, Caergybi ac Ynys Seiriol yn berchen ar Lysieulyfr, pob un yn drysorfa o wybodaeth am blanhigion yr ardal. Mae'r rhan fwyaf o'r wybodaeth yna wedi hen ddiflannu ond erbyn y 17 ganrif roedd rhai o'r teithwyr cynnar yn cofnodi eu hargraffiadau ac yn sôn am y planhigion a welsant.

Mae **Thomas Johnson** (? -1644) yr apothecari o Lundain yn disgrifio'r profiad o groesi'r Fenai i gyfeiriad Niwbwrch, lle roedd y trigolion yn paratoi matiau a rhaffau o'r Moresg, a'r gwynt yn chwipio'r tywod. Yna, aeth draw i Baron Hill a chanmolodd y croeso yno. Soniodd am nifer o blanhigion, yn cynnwys Lafant y Môr (*Limonium binervosum* Sea-lavender), Llaethlys y Môr (*Euphorbia paralias* Sea Spurge) a Troellig yr Hydref (*Spiranthes spiralis* Autumn Lady's-tresses).

Yn 1662 daeth y clerigwr **John Ray** i'r ynys, ar ôl diwrnod yn llysieua ar Garnedd Llywelyn. Croesodd i Ynys Seiriol a gwelodd ddigonedd o'r Dulys (*Smyrnium olusatrum* Alexanders) sydd yno'n drwch hyd heddiw, a Phig-y-creyr Arfor (*Erodium maritimum* Sea Stork's-bill). Yn ôl ar y brif ynys, bu'n crwydro glan y Fenai rhwng Llanidan ac Abermenai a sylwodd ar y Dduegredynen Arfor (*Asplenium marinum* Sea Spleenwort), sy'n dal i dyfu yma ac acw ar hyd y glannau. Gwelodd hefyd Edafeddog y Môr (*Achillea* (*Otanthus*) *maritimus* Cottonweed), planhigyn sy'n perthyn i'r Milddail (*A.millefolium* Yarrow), ond yn wahanol i hwnnw, sy'n flodyn cyffredin iawn, roedd Edafeddog y Môr yn hynod brin, a bellach y mae wedi llwyr ddiflannu – gwelwyd yr olaf ym Mhrydain ar Ynysoedd Sili yn 1936. Tybed a yw'n bosibl ei adfer i Fôn? Darllennwch erthygl R A Jones yn *Y Naturiaethwr* Cyfres 2, Rhif 15 (Rhagfyr 2004) tud. 22.

Ganwyd **Samuel Brewer** (1670-1741) yn Trowbridge, ger Caerfaddon. Bu'n gweithio yn y diwydiant gwlân cyn troi at fotaneg. Yn 1726 daeth Brewer a'i gyfaill J J Dillenius i ogledd Cymru. Ar ôl ymweld â Chader Idris buont yn Sir Fôn am wythnos, ac ymysg pethau eraill gwelsant Brial y Gors (*Parnassia palustris* Grass of

Parnassus) a'r Rhedynen Fair (*Athyrium filix-femina* Lady-fern) – hon am y tro cyntaf ym Mhrydain yn ôl y sôn. Buont yn ardal Niwbwrch ac Ynys Llanddwyn, gan sylwi fod y trigolion yn defnyddio'r Moresg i wneud rhaffau.

Fel llawer eraill treuliodd **Edward Llwyd (Lhuyd)** (1660-1709) fwy o amser yn Eryri nag yn Sir Fôn, ond roedd yn sylwedydd craff, ac yma ar yr ynys cofnododd y Trewyn Swp-flodeuog (*Lysimachia thyrsiflora* Tufted Loosestrife), Cnwp-fwsogl Bach (*Selaginella selaginoides* Lesser Clubmoss) a Chanclwm yr Arfor (*Polygonum maritimum* Sea Knotgrass).

Rhaid cyfeirio yma at deulu enwocaf yr ynys – Morrisiaid Môn, y brodyr athrylithgar o Bentre-eiriannell, Penrhoslligwy. Y ddau frawd hynaf, Lewis a Richard oedd yr enwocaf, ond y trydydd brawd, **William Morris** (1705-63) oedd y botanegydd. Yn wahanol i'w frodyr treuliodd y rhan fwyaf o'i oes ym Môn, a gweithiodd fel Swyddog y Dollfa yng Nghaergybi, ond un o'i brif ddiddordebau oedd llysieueg. Dyma ddyfyniad o lythyr gan William at ei frawd Richard, 14 Hydref 1740 (roedd y brodyr yn defnyddio cymysgedd o'r ddwy iaith):

> I don't remember whether ever I told you that I've for upwards of three years been a-studying botany. Ag myn d——l, ni rown i mom llaw ar fy nghap i un gwr yng Ngwynedd na Deheubarth am adnabod llysiau a deiliach! I've made a catalogue in English, Welsh and Latin of the plants etc., growing in and about Holyhead, where we have a great many pretty rare ones, and likewise made a kind of a dry garden, or specimen of each plant.

Roedd yn fwriad gan William i gyhoeddi llyfr o'i waith – math o *Botanologium* – ond yn anffodus, ymddengys na ddigwyddod hynny.

Bu **Thomas Pennant** (1726-98) y naturiaethwr o Sir Fflint yma ar ei deithiau, ac yn ei *Tours in Wales* sonia, fel eraill o'i flaen, am bobl Niwbwrch yn gwneud matiau a rhaffau, a chyfeiria at waith y Frenhines Elisabeth yn deddfu fod yn rhaid gwarchod y Moresg, gan ei fod yn sefydlogi'r twyni, a thrwy hynny'n achub y pentref rhag cael ei gladdu gan y tywod yng nghynddaredd y gwynt. Bu Pennant hefyd ar Ynys Seiriol a chyfeira at y Gellesgen Ddrewllyd (*Iris foetidissima* Stinking Iris) a'r Dulys (*Smyrnium olusatrum* Alexanders). Mentrodd awgrymu mai Gwellt y Gweunydd (*Molinia caerulea* Purple Moor-grass) oedd yr unig beth a allai wrthsefyll effaith gwenwynig y copr ar Fynydd Parys.

Yr ail gyfnod

Yn hanes botaneg Sir Fôn, **Hugh Davies** (1739-1821) piau'r lle blaenaf. Bedyddiwyd ef yn Llandyfrydog, ger Llannerch-y-medd. Graddiodd yng Nghaergrawnt a bu'n offeiriad yn Llandegfan ac yn Abergwyngregyn. Ei gyfraniad mawr i fotaneg oedd ei gyfrol *Welsh Botanology: a Systematic Catalogue of the Native Plants of the Isle of Anglesey in Latin, English and Welsh* (1813). Dyma'r Flora cyntaf ar gyfer unrhyw sir yng Nghymru ac ystrydeb yw dweud ei fod yn garreg filltir bwysig yn hanes botaneg. Yn ei Ragymadrodd y mae'n pwysleisio'r angen am restr gyflawn a chywir o'r llysiau, a hynny yn y tair iaith, gan obeithio fod ei waith yn denu'r darllenydd '....i chwilio pa rywogaethau a dyfant yn dy wlad dy hun, beunydd o flaen dy lygaid, a than dy draed, er dyddanwch i ti dy hun, ac er parch i'r Hanfod mawr a daionus.'

Hugh Davies

Yn sicr, roedd Davies yn un o fotanegwyr gorau ei gyfnod, a chynorthwyodd amryw eraill megis James Edward Smith, awdur *Flora Britannica*, William Hudson, awdur *Flora Anglica* a James Sowerby gyda'i *English Botany*. Yr oedd yn gyfaill i Thomas Pennant a bu'n ymweld ag ef yn ei gartref yn y Downing, Sir Fflint. Swolegydd oedd Pennant – y mae ef ei hun yn cydnabod nad botaneg oedd ei gryfder – a bu Hugh Davies yn gryn gymorth iddo. Yn ei dro, pwysodd Davies yn drwm ar ysgwyddau ysgrifenwyr eraill, megis Johnson, Ray, Llwyd, Lightfoot, a Willam Morris, ond yr oedd ef ei hun hefyd yn fotanegydd yr awyr agored, a chredir mai ef a ddarganfu Chweinllys Ynys Cybi (*Tephroseris*

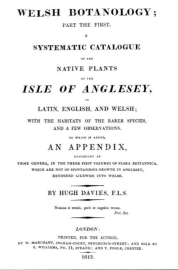

integrifolia ssp. maritina Field Fleawort) ar Ynys Cybi, a'r Farchredynen Gul (*Dryopteris carthusiana* Narrow Buckler-fern) ar Fynydd Bodafon.

Ganwyd **John Eddowes Bowman** (1785-1841) yn Nantwich, ond bu'n byw yn Wrecsam am rai blynyddoedd. Roedd yn naturiethwr brwdfrydig a chofnododd nifer fawr o blanhigion yng Ngogledd Cymru. Anfonodd yr wybodaeth at H C Watson ar gyfer ei *Topographical Botany*, ac roedd yn uchel ei barch yng ngolwg Watson fel botanegydd manwl a pharod ei gymwynas. Yn Sir Fôn cofnododd Ysgedd Arfor (*Crambe maritima* Sea-kale), Pupurlys Llydanddail (*Lepidium latifolium* Dittander) – blodyn prin iawn sydd wedi diflannu o'r ynys bellach, Meillionen Arw (*Trifolium scabrum* Rough Clover), Gwlyddyn-Mair Bach (*Anagallis minima* Chaffweed) a'r Ysbigfrwynen Fain (*Eleocharis acicularis* Needle Spike-rush).

Rhaid sôn am **Charles Cardale Babington** (1808-95). Ganwyd Babington yn Llwydlo a daeth yn Athro Botaneg yng Nghaergrawnt. Teithiodd lawer yng Nghymru a bu yn Sir Fôn droeon, gan ymweld â nifer o leoedd gan gynnwys Biwmares, Niwbwrch a Llanddwyn, Llyn Maelog, Llyn Coron, ac Ynys Cybi. Roedd Babington yn fotanegydd craff, a nododd lawer o rywogaethau arbennig, gan gynnwys Brigwydd Coesog (*Callitriche brutia* Pedunculate Water-starwort), Gwybybyr Chwebigerog (*Elatine hexandra* Six-stamened Waterwort), Cor-rosyn Rhuddfannog (*Tuberaria guttata* Spotted Rock-rose), Trilliw (*Viola tricolor ssp. curtisii* Wild Pansy), Hocyswydden (*Lavatera arborea* Tree Mallow), a Chrwynllys y Maes (*Gentianella campestris* Field Gentian).

John Edwards Griffith (1843-1933) oedd awdur *Flora of Anglesey and Caernarvonshire* (?1894). Yn ei ragymadrodd mae'n trafod tirwedd Môn ac yn manylu cryn dipyn am ddaeareg yr ynys. Yn nhrwch y llyfr mae'n rhestru'r holl rywogaethau, gyda brawddeg yn disgrifio cynefin pob un. Ar gyfer y planhigion llai cyffredin enwir rhai o'u prif leoliadau ar yr ynys. Yn y gyfrol, enwir 634 o blanhigion blodeuol a 21 o redyn, ac yn ogystal, mae ymdriniaeth fanwl o'r mwsoglau, llysiau'r afu, y cen a'r algâu.

Yn yr erthygl amdano gan Thomas Richards yn *Y Bywgraffiadur Cymreig hyd 1940,* mae'n ddiddorol (ac yn drist) sylwi fod yr awdur yn treulio'r holl erthygl yn trafod gwaith Griffith fel hynafiaethydd, a'i waith yn cyhoedd *Pedigrees,* ei lyfr ar achau prif deuluoedd Môn ac Arfon. Ar wahân i enwi teitl ei *Flora,* nid oes un gair amdano fel botanegydd!

Gweler yr erthygl am Griffith o dan Sir Gaernarfon (vc49) yn y gyfrol hon.

Y Trydydd Cyfnod

Agorwyd Coleg Prifysgol Gogledd Cymru ym Mangor yn 1884 a sefydlwyd adrannau amaethyddiaeth a botaneg, ac o'r cychwyn rhoddwyd pwyslais ar yr amgylchedd naturiol yng Ngogledd Cymru.

R W Phillips oedd yr Athro Botaneg cyntaf, gŵr yn meddu ar frwdfrydedd heintus ynglŷn â byd y blodau gwylltion yn ôl Harry Reichel, Prifathro'r Coleg. Roedd adeiladau'r Coleg, yr hen Penrhyn Arms, bron ar fin y Fenai a datblygodd Phillips ei ddiddordeb yn y gwymon gan ennill D.Sc. gan Brifysgol Llundain yn 1898, ac yn ddiweddarach daeth yn Gymrawd o'r Gymdeithas Frenhinol (FRS). Ei gydweithiwr yn yr adran oedd John Lloyd Williams (gweler sylwadau amdano o dan Sir Ddinbych a Sir Gaernarfon), a oedd hefyd i ddod yn arbenigwr ar y gwymon ac yn ddiweddarach yn Athro Botaneg yn Aberystwyth. Roedd gan Phillips a Lloyd Williams wybodaeth eang am blanhigion Eryri a Môn.

Un arall o staff y Coleg oedd **G W Robinson**. Cemeg Amaethyddol oedd ei briod faes ac yn 1924 bu'n gyfrifol am arolwg llawn a manwl o briddoedd Môn.
Cymro Cymraeg o Gaergybi oedd **Dafydd Wynn Parry** (1919-2015).

Bu'u aelod o staff yr adran Botaneg Amaethyddol hyd ei ymddeoliad. Ei brif ddiddordeb oedd planhigion byd amaeth, a derbyniodd radd D.Sc. am ei ymchwil i'r elfen silicon yn y gweiriau. Yr oedd yn ddarlithydd effeithiol ac yn hyfforddwr medrus yn y labordy ac allan yn y maes, lle roedd wrth ei fodd ym myd y blodau.

W S Lacey (1917-1995) (Gweler hefyd erthygl amdano o dan Sir Gaernarfon). Magwyd Bill Lacey yng Nghaerlŷr, a graddiodd mewn Botaneg ym Mhrifysgol Reading. Bu ar staff Adran Fotaneg Coleg Bangor am 36 mlynedd – am y chwe blynedd olaf fel Athro. Ei briod faes ymchwil oedd paleobotaneg – astudiaeth o ffosiliau planhigion, a daeth yn arbenigwr cydnabyddedig. Ond yr oedd hefyd yn fotanegydd crwn, yn ddarlithydd graenus, yn hyfforddwr diogel yn y labordy ac yn arweinydd brwdfrydig allan yn y maes. Cymerai ddiddordeb arbennig yn y tegeirianau, yn arbennig y rhai drwgenwog hynny, Tegeirianau'r Gors *Dactylorhiza*, sy'n rhoi cymaint o gur pen, hyd yn oed i'r botanegwyr profiadol; ac mae digon ohonynt yng nghorsydd Sir Fôn. Roedd hefyd yn arbenigwr ar y planhigion *Galinsoga* – chwyn bychain o Dde America a gyrhaeddodd i Brydain rhyw ganrif a hanner yn ôl, ac a welir yn bennaf yng ngyffiniau ein trefi mawrion. Ar wahân i fod yn fotanegydd academaidd, roedd Bill Lacey hefyd yn gadwraethwr pybyr – teimlai i'r byw yr angen i warchod planhigion a'u cynefin; ef ac R H Roberts, yn 1963, a sefydlodd Ymddiriedolaeth Natur Gogledd Cymru, a gweithiodd drosti ar hyd ei oes. Yn 1970, ef oedd golygydd y gyfrol ddylanwadol *Welsh Wildlife in Trust* ar ran yr Ymddiriedolaeth. Cynhelir Darlith Goffa W S Lacey bob blwyddyn.

R H Roberts (1910-2003) (Gweler hefyd yr erthygl amdano o dan Sir Gaernarfon). Yn Llanllechid, yn Arfon y magwyd R H Roberts, ac ar ôl dyddiau coleg bu'n athro ysgol, yn Lloegr i ddechrau, yna ym Mhenmachno, ac yna'n brifathro ym Mangor. Roedd yn naturiaethwr brwd, yn fab fferm ac yn deall cefn gwlad. Byd y blodau oedd ei fyd a datblygodd yn un o fotanegwyr amatur gorau'r wlad. Yn 1955 penodwyd ef yn Gofnodydd (*Recorder*) dros Sir Fôn i'r Gymdeithas Fotanegol (BSBI) a bu yn y swydd am ddeugain mlynedd. Gweithiodd yn ddiflino, gan gyhoeddi hanner cant o erthyglau, a daeth yn awdurdod ar dri genws, sef *Polypodium, Mimulus* a *Dactylorhiza*. Yn Sir Fôn, darganfu Dafod-y-neidr Bach (*Ophioglossum azoricum* Small Adder's-tongue), *Equisetum font-queri* (Marchrawnen

R H Roberts

croesryw), Tegeirian-y-gors Culddail (*Dactylorhiza traunsteineri* Narrow-leaved Marsh-orchid) a'r Tegeiria-y-gors Llydanddail Cymreig (*Dactylorhiza majalis ssp. cambrensis* Welsh Marsh-orchid). Enwyd un Blodyn-mwnci croesryw sef *Mimulus x robertsii* er anrhydedd iddo. Yn 1992 darganfuwyd Marchrawnen groesryw newydd, hefyd ar yr Ynys, a enwyd yn *Equisetum x robertsii*.

Ar ôl blynyddoedd o chwilio a chofnodi casglodd R H Roberts ei wybodaeth am blanhigion Sir Fôn at ei gilydd, ac yn 1982 cyhoeddodd *The Flowering Plants and Ferns of Anglesey*. Mae'n disgrifio'r gyfrol fel 'rhestr' yn hytrach na 'Flora' ond y mae'n gyfraniad gwerthfawr a defnyddiol.

Roedd R H Roberts yn fotanegydd galluog, ac yn mwynhau cynorthwyo eraill; fe'm cadwodd i ar y 'llwybr cul' fwy nag unwaith wrth geisio dehongli'r tegeirianau a'r rhedyn. Gweler erthygl amdano yn *Y Naturiaethwr*, Cyfres 2, Rhif 17, Rhagfyr 2005, tud. 29.

Lleoedd i chwilio am flodau yn Sir Fôn

1. Llwybr yr arfordir o Borth Eilian SH 475 929 i Borth Amlwch SH 450 934

15 Mai 2010

Mae Llwybr Arfordir Cymru bellach yn 'swyddogol', ac yn amgylchynu Ynys Môn. Aeth criw ohonom o Gymdeithas Edward Llwyd i fwynhau'r gornel yma o'r gogledd-ddwyrain ar ddiwrnod bendigedig o braf ym mis Mai yn 2010. Gallwch ddychmygu'r olygfa gofiadwy o'r môr a'r arfordir o ben y creigiau.

Ym mhentref Llaneilian, cyn cyrraedd i olwg y môr, roedd y Dulys (*Smyrnium olusatrum* Alexanders) yn drwch obobtu'r ffordd. Dyma un o deulu'r moron, sy'n hawdd i'w adnabod, gyda'i ddail llydan, o wyrdd sgleiniog a'i glystyrau o flodau mân, melynwyrdd. Dywedir mai'r Rhufeiniaid a'i cyflwynodd i Brydain, a'i fod yn eithaf bwytadwy – ond bod Seleri'n well! Mae'n fwyaf cyffredin yn ymyl y glannau. Planhigyn arall, hawdd i'w anabod, oedd y Farchrawnen Fawr (*Equisetum telmateia* Great Horsetail), y mwyaf o ddigon o'r marchrawn, gyda choesyn llydan, gwyn.

Wrth ddilyn y llwybr uwchben y môr, gwelwyd Pig-yr-aran Loywddail (*Geranium lucidum* Shining Crane's-bill) a chlystyrau hardd o Seren y Gwanwyn (*Scilla verna* Spring Squill). Dyma flodyn sy'n arbennig i arfordir y gorllewin (does gennym ni ddim ohono yn Sir Fflint) ond yn Sir Fôn ac ar Ynys Manaw mae'n gallu tyfu i mewn yn y tir, ymhell o'r glannau, gan fod yr hinsawdd mor dymherus a llaith. Ar y cloddiau roedd digonedd o Friallu, ac ar y creigiau, lle roedd nant fach yn llifo, tyfai'r Llwylys (*Cochlearia officinalis* Scurvygrass). Dyma'r planhigyn sy'n cynnwys fitamin C, ac a oedd mor werthfawr i'r morwyr ers talwm, i osgoi

Seren y Gwanwyn (*Scilla verna* Spring Squill) ar Lwybr yr Arfordir, Llaneilian, ger Amlwch. Mai 2010

clefyd y sgyrfi ar fordeithiau hir, pan nad oedd bwyd ffres i'w gael.

Mewn tir gwlyb ger Ffynnon Eilian roedd Gold y Gors (*Caltha palustris* Marsh-marigold), Pefrwellt (*Phalaris arundinacea* Reed Canary-grass) a'r planhigyn hynod wenwynig, Cegiden y Dŵr (*Oenanthe crocata* Hemlock Water-dropwort). Digon o'r Fioled Gyffredin a Chlychau'r Gog obobtu'r llwybr, ac yn sydyn, dyma ni'n cyrraedd Amlwch, a'r 'blodau bob dydd' fel y Fwyaren a'r Helyglys Hardd (*Chamerion angustifolium* Rosebay Willowherb) i'n croesawu, ar ôl egwyl hyfryd mewn llecyn hardd. Mae'n anodd curo llwybr yr arfordir yn y gwanwyn.

2. Cors Goch SH 49 81l a Chors Erddreiniog SH 47 80, rhwng Llangefni a Benllech

Sawl ymweliad o'r 60au ymlaen.

Er bod y ddwy gors yn Warchodfeydd Cenedlaethol ar wahân, rydym am ystyried y ddwy gyda'i gilydd, gan eu bod mor agos ac mor debyg.

Mae'r ddwy wedi tyfu'n raddol ar safle hen lyn a ffurfiwyd filoedd o flynyddoedd yn ôl, yn dilyn Oes yr Iâ. Mae'r dŵr sy'n dod yn araf i'r safle yn llifo o'r garreg galch gyfagos, gan greu cors galchog, neu ffen, gyda pH rhwng 6.0 a 7.5. Mae yma gymysgedd o ddŵr agored, gwlyptir mawnog, a thir sych gyda phorfa galchog.

Y planhigion nodweddiadol o'r gors galchog yw'r Gorsfrwynen Lem (*Cladium mariscus* Great Fen-sedge), planhigyn tal gyda dail miniog, Corsfrwynen Ddu (*Schoenus nigricans* Black Bog-rush) a'r Frwynen Flaendon (*Juncus subnodulosus* Blunt-flowered Rush). Dyma gynefin nifer fawr o'r Hesg (*Carex*) gan gynnwys *Carex diandra, C. elata, C. lasiocarpa, C. lepidocarpa, C. limosa, C. paniculata, C. caryophyllea, C. nigra* a *C. hostiana*. Os mai planhigion yr arbenigwr yw'r hesg, yna mae'r tegeirianau yn apelio at y rhan fwyaf ohonom, a dyma'r lle i weld Caldrist y Gors (*Epipactis palustris* Marsh Helleborine), Tegeirian-y-gors Cynnar (*Dactylorhiza incarnata* Early Marsh-orchid), Tegeirian y gors Gogleddol (*D. purpurella* Northern Marsh-orchid), Tegeirian Brych (*D.fuchsii* Common Spotted-orchid), Tegeirian Brych y Rhos (*D. maculata* Heath Spotted-orchid), Tegeirian-y-gors Culddail (*D. traunsteineri*

Mae Gwarchodfa'r Gors Goch, rhwng Llangefni a Benllech, yn enwog am ei Thegeirianau. Dyma Degeirian y Gors Gogleddol (*Dactylorhiza purpurella* Northern Marsh-orchid).

Llwybr troed i hwyluso crwydro'r tir gwlyb. Cors Erddreiniog, Mehefin 2010.

Un o flodau prinnaf Cymru, Tegeirian y Clêr (*Ophrys insectifera* Fly Orchid). Mae'n tyfu yng Nghors Erddreiniog, ond methais gael llun boddhaol. Tynnwyd y llun yma yn y Swistir, 1994.

Y tro cyntaf i mi weld Llyriad-y-dŵr Bach (*Baldellia ranunculoides* Lesser Water-plantain) oedd ar Gors Erddreiniog. Sir Fôn yw un o'i gadarnleoedd. Mehefin 2010

Narrow-leaved Marsh-orchid), a Thegeirian y Clêr (*Ophrys insectifera* Fly Orchid). Ar y ddwy gors gwelir hefyd Llyriad-y-dŵr Bach (*Baldellia ranunculoides* Lesser Water-plantain) a Brial y Gors (*Parnassia palustris* Grass-of-Parnassus). Dyna ddigon i ddenu, neu i godi braw ar y rhan fwyaf ohonom.

Ond nid y tir gwlyb yw unig gynefin Cors Goch a Chors Erddreiniog. Mae yma ardaloedd o borfa galchog gyda rhywogaethau adnabyddus fel y Crydwellt (*Briza media* Quaking-grass), Tegeirian y Waun (*Anacamptis* (*Orchis*) *morio* Green-winged Orchid), Tegeirian y Broga (*Coeloglossum viride* Frog Orchid) a'r Cor-rosyn Cyffredin (*Helianthemum nummularium* Common Rock-rose). Un rhywogaeth brin yn y Gors Goch (a welais unwaith yn unig yn 1998) yw'r Fioled Welw (*Viola lactea* Pale Dog-violet).

Gellid ymhelaethu'n hawdd, dyma ddwy warchodfa arbennig iawn.

3. Cors Ddygai (Cors Ddyga ar lafar)
(Malltraeth). Un safle penodol ger Pentre Berw, SH 46 72
12 Medi 2007

Chwiliwch am fap o Sir Fôn, ac edrychwch am aber Afon Cefni a Malltraeth yn y de-orllewin. Dilynwch yr afon rhwng Llangaffo ar y dde a Threfdraeth ar y chwith, yna Pentre Berw ar y dde a Llangefni ar y chwith, Ceint i'r dde, Talwrn i'r chwith, ymlaen heibio Pentraeth a dyna gyrraedd Traeth Coch. A dyna chi wedi hollti'r ynys yn ddwy, gan ddilyn llain o dir gwastad o fôr i fôr, sy'n ymestyn ar draws yr ynys, bron yn gyfochrog â'r Fenai, yn gwahanu Sir Fôn Fawr a Sir Fôn Fach ers talwm. Roedd yma filltiroedd o gorstir gwlyb, ac ar ôl blynyddoedd o ystyried, cafwyd Mesur Seneddol yn 1790, i godi cob, a gwnaed y gwaith yn y 19 ganrif, ynghyd â chynllun i sythu ac argloddio Afon Cefni, gan ennill llawer o dir a rheoli llifogydd. Agorwyd ffosydd a chodwyd cloddiau i ffurfio caeau amaethyddol. Gwelliannau yn sicr, ond nid heb elfen o ansicrwydd:

> Ow! Gymru ddi-nam,
> Os torith Cob Malltraeth
> Fe foddith fy mam.

Heddiw, mae llawer o'r ardal yn warchodfa natur, yn bennaf ar gyfer yr adar, gyda chorsydd a gwlyptir wedi eu creu yn fwriadol i geisio denu pob math o rywogaethau. Un gobaith yw gweld Aderyn y Bwn yn nythu yma. Mewn rhai llecynnau gwlyb mae coed Helyg a Gwern yn sefydlu, gydag Ynn, Drain Duon ac ambell i Dderwen yn cael gafael ar ambell i fan sychach.

Bu dau ohonom yn llysieua mewn llecyn lle mae'r ffordd fawr newydd, yr A55 yn croesi Afon Cefni ger Pentre Berw. Roedd nifer o wahanol gynefinoedd yn agos i'w gilydd. Yn y tir isel, corslyd, bron fel ffos lydan, roedd Briwlys y Gors (*Stachys palustris* Marsh Woundwort), gwely llydan o'r Gorsen (*Phragmites australis* Common Reed) ein gweiryn talaf ym Mhrydain, Llysiau'r-milwr Coch (*Lythrum salicaria* Purple Loosestrife) – yr harddaf o

Ambell dro, mae'n werth sylwi ar ffurf drawiadol rhai o'n planhigion mwyaf cyffredin. Dyma'r Farchysgallen (*Cirsium vulgare* Spear Thistle), 1999.

flodau'r gors efallai, Crafanc yr Eryr (*Ranunculus scelaratus* Celery-leaved Buttercup), Canwraidd y Dŵr (*Persicaria amphibia* Amphibious Bistort) a'r Trewyn (*Lysimachia vulgaris* Yellow Loosestrife).

Ar y tir sych, ar ochr y ffordd, lle bu peiriannau mawr yn gweithio, roedd y 'chwyn' cyffredin: Llaethysgallen Arw (*Sonchus asper* Prickly Sow-thistle), Meillionen Hopysaidd Fach (*Trifolium dubium* Lesser Trefoil), Marchysgallen (*Cirsium vulgare* Spear Thistle), Pig yr Aran (*Geranium molle* Dovesfoot Crane's-bill), Carn yr Ebol (*Tussilago farfara* Colt's-foot) a'r Dail Arian (*Potentilla anserina* Silverweed). Ar ddarn o dir diffaith gwelsom Ganwraidd y Dom (*Persicaria lapathifolia* Pale Persicaria), Edafeddog y Gors (*Gnaphalium uliginosum* Marsh Cudweed) – nid un o blanhigion y gors, er gwaethaf ei enw, a blodyn mwyaf annisgwyl y dydd, Glas yr Ŷd (*Centaurea cyanus* Cornflower). Bu hwn unwaith yn chwynnyn trafferthus mewn caeau ŷd, ond gyda dyfodiad hadyd glân, a chwynladdwyr, y mae bellach yn fwy cyffredin ar dir diffaith nag ar dir âr.

Mae'r Llaethysgallen Arw (*Sonchus asper* Prickly Sow-thistle) yn perthyn i'r un teulu â'r Farchysgallen, ond mae digon o wahaniaeth rhyngddynt iddynt gael eu gosod mewn dau genws gwahanol, sef *Cirsium* a *Sonchus*.

4. Porth Diana, Bae Trearddur, Ynys Cybi
Gwarchodfa Ymddiriedolaeth Natur Gogledd Cymru
SH 255 781
14 Mehefin 1993

Dyma warchodfa fechan o 5 acer a brynwyd yn unswydd i amddiffyn un planhigyn arbennig, y Cor-rosyn Rhuddfannog (*Tuberaria* (*Helianthemum*) *guttatum* Spotted Rock-rose). Dyma un o flodau enwocaf Cymru, ac yn sicr, blodyn pwysicaf Sir Fôn, a fabwysiadwyd fel 'blodyn y sir'. Mae'n tyfu mewn rhyw hanner dwsin o fannau ar arfordir Ynys Cybi, a hefyd yn Sir Gaernarfon, ar Fynydd y Gwyddel ym Mhen Llŷn,

ar y tir mawr gyferbyn ag Ynys
Enlli. Yn Iwerddon mae'n
digwydd mewn tri lle yn unig,
ar Inishbofin oddi ar arfordir
Galway, ac yn siroedd Cork a
Mayo.

Mae'n blanhigyn bychan,
dim ond ychydig fodfeddi,
gyda blew mân ar y dail syml.
Mae'r blodyn yn grwn, tua
thri-chwarter modfedd ar
draws, gyda phump o betalau
melyn a phob un â smotyn
coch tywyll – blodyn bach
hardd iawn. Planhigyn
unflwydd ydyw, yn tyfu mewn

Dim ond yn Sir Fôn a Sir Gaernarfon y gwelwch y Cor-rosyn
Rhuddfannog (*Tuberaria guttata* Spotted Rock-rose). Roedd
hwn yng Ngwarchodfa fechan Porth Diana ar Ynys Cybi.
Mehefin 1993

pridd tenau ar dir agored ar hen greigiau igneaidd, caled. Er bod golwg digon eiddil
arno, mae'n tyfu ar greigiau uwchben y môr, yn nannedd y gwynt. Mae'r llyfrau'n
dweud ei fod yn dueddol i golli ei betalau tua chanol dydd, ond rydw i wedi llwyddo i
gael llun digon taclus yn hwyr y prynhawn unwaith neu ddwy.

Mae *Tuberaria* yn weddol gyffredin mewn rhannau o Ffrainc ac yn y gwledydd o
gwmpas Môr y Canoldir, ond i ni yng Nghymru y mae'n drysor prin, ac yn werth ei
weld. Yma ym Mhorth Diana, roedd yn tyfu ar ei orau yng nghanol y Warchodfa,
mewn pridd tenau ymysg y creigiau. Roedd Grug, Eithin, Seren y Gwanwyn (*Scilla
verna* Spring Squill) a Briweg y Cerrig (*Sedum anglicum* English Stonecrop) yn cyd-
dyfu, ac yn creu gardd naturiol.

Dyma lun Briwydd y Cerrig (*Sedum anglicum*
English Stonecrop) hefyd ym Mhorth Diana, yn yr
un cynefin â'r *Tuberaria*. Mehefin 1993

Mae llawer math o rosyn gwyllt i'w gael. Dyma
Rosyn Japan (*Rosa rugosa* Japanese Rose) wedi
ymsefydlu ar y twyni ym Mhorth Diana, ger
Trearddur. Mehefin 1993. (Gweler hefyd pennod 35)

5. Mynydd Twr SH 222 828, a Phenrhyn Mawr SH 210 798, dau lecyn ar Ynys Cybi

Mae'r rhan hon o arfordir Ynys Cybi yn Warchodfa Natur Genedlaethol

Bûm yma fwy nag unwaith, gan gynnwys Mai a Mehefin 2010

Dyma ddau lecyn gweddol gyfagos yn rhan ogleddol Ynys Cybi, rhyw ddwy neu dair milltir o dref Caergybi. Does ryfedd fod y rhan yma o Ynys Cybi yn denu pobl; rhai i weld goleudy *South Stack* neu Ynys Lawd, rhai i wylio adar y môr – y Gwylogod, y Llyrs a'r Palod, rhai i astudio ffurfiau'r creigiau ar Ynys Lawd; rhai i ryfeddu at y golygfeydd arbennig; a rhai i wagswmera dros hufen iâ – digon teilwng bob un – 'Chwarae teg i Dic – nid yw pawb yn gwirioni'r un fath'.

Ond os, fel finnau, mai'r blodau gwyllt sy'n mynd â'ch bryd, fe gewch fodd i fyw yn yr ardal yma. Dyma rai a welsom at ein teithiau. Yn gyntaf, uwchben Twr Elin ger Ynys Lawd, Tegeirian Brych y Rhos (*Dactylorhiza maculata* Heath Spotted-orchid), Hesgen Ddeulasnod (*Carex binervis* Green-ribbed Sedge), Eurinllys y Gors (*Hypericum elodes* Marsh St John's-wort), Cor-rosyn Rhuddfannog (*Tuberaria guttata* Spotted Rock-rose), blodyn arbennig Sir Fôn, Lloer-redynen (*Botrychium lunaria* Moonwort), a Llyriad Corn Carw (*Plantago coronopus* Buck's-horn Plantain).

Ychydig i'r de, mae'r Penrhyn Mawr, ger Penrhosfeilw, darn braf o dir glas uwchben creigiau'r môr. Yn gyntaf, rhaid talu sylw arbennig i Chweinllys Ynys Cybi (*Tephroseris* (*Senecio*) *integrifolia* ssp. *maritima* Field Fleawort). Mae hwn, fel y *Tuberaria* sy'n tyfu yn yr un ardal, yn hynod brin. Darganfuwyd yr is-rywogaeth *ssp. maritima* yn 1813, yma ar Ynys Cybi, ac mae'n dal i ffynnu yma – yr unig le ym Mhrydain, er bod perthynas agos iddo yn ne Lloegr. Mae oddeutu troedfedd neu fwy o uchder, yn llwyd-flewog drosto, gyda blodau melyn cyfansawdd (mae'n perthyn i'r un teulu â Dant-y-llew). Mae'n tyfu ar dir sydd braidd yn sur (pH 5.5-7.0) ar hen greigiau Cyn-Gambriaidd, rhai ar y tir gwastad uwchben y creigiau a rhai ar y clogwyni sy'n wynebu'r gorllewin a'r de, gan osgoi effeithiau gwaethaf stormydd y gaeaf. Mae'r tymor blodeuo yn ymestyn o ganol Mai hyd ddechrau Gorffennaf, ac mae rhai cannoedd, os nad miloedd o blanhigion ar y creigiau rhwng Porth Dafarch

Un arall o flodau arbennig Sir Fôn yw Chweinllys Ynys Cybi (*Tephroseris integrifolia* ssp. *maritima* Field Fleawort). Yma ar Ynys Cybi yw'r unig le ym Mhrydain y mae'r is-rywogaeth hon yn tyfu. Penrhyn Mawr, Mai 2010

ac Ynys Lawd, ond dywedir mai llai na'u hanner sy'n blodeuo bob blwyddyn.

Ar fy ymweliad diwethaf â'r Penrhyn Mawr cyfrifais yn agos i hanner cant yn blodeuo o fewn rhyw ddwy neu dair acer. Hefyd yn eu blodau roedd Melog y Cŵn (*Pedicularis sylvatica* Lousewort), Plucen Felen (*Anthyllis vulneraria* Kidney Vetch), Gludlys Arfor (*Silene uniflora* Sea Campion), Clustog Fair (*Armeria maritima* Thrift) a Seren y Gwanwyn (*Scilla verna* Spring Squill).

Yn yr un ardal â'r *Tephroseris,* gwelwyd y Blucen Felen (*Anthyllis vulneraria* Kidney Vetch). Mae'r ffurf yma, gyda blodau pinc yn anghyffredin; melyn yw lliw'r blodau fel rheol. Mai 2010

6. Twyni Niwbwrch ac Ynys Llanddwyn
Gwarchodfa Natur Genedlaethol
SH 406 670 – SH 430 630
Nifer o ymweliadau ym mis Gorffennaf 2010 a chyn hynny.

Dyma ardal eang; twyni enfawr, traeth hir, coedwig helaeth, morfa heli, aber lydan ac ynys hynafol a rhamantus. Nid llecyn i'w lyncu mewn hanner awr!

Y Twyni
Mae'r rhain yn ymestyn yr holl ffordd o Ben Lôn a Llyn Rhos Ddu i lawr i'r môr. Mae'r gwynt wedi ffurfio'r twyni cyntaf, yna'r Moresg wedi sefydlogi'r tywod i ryw raddau. Yna, mwy o wynt o gyfeiriad y môr yn cario mwy o dywod i'r ochr gysgodol, a'r cyfan yn creu patrwm o dwyni symudol. Yn raddol, daw mwy a mwy o blanhigion at y Moresg i gymryd gafael – gweiriau eraill fel y Clymwellt (*Leymus arenarius* Lyme-grass), a Llaethlys y Môr (*Euphorbia paralias* Sea Spurge). Wedyn, wrth ddod yn fwy i mewn i'r tir, daw ychydig mwy o gysgod, a mwy o dyfiant ar y twyni. Mae hyn yn ei dro

Botanegwyr wrthi'n llysieua ar y twyni yn Niwbwrch, Mehefin 2010.

yn creu mwy o bridd, ac amrywiaeth pellach o blanhigion, megis y Briwydd Felen (*Galium verum* Lady's Bedstraw), Pysen y Ceirw (*Lotus corniculatus* Bird's-foot-trefoil) a'r Teim Gwyllt (*Thymus polytrichus* Wild Thyme). Dyma'r 'twyni sefydlog' neu'r 'twyni llonydd' gydag amrywiaeth mawr o wahanol blanhigion, sy'n rhoi'r fath liw a hud i'r math hwn o gynefin.

Dyma fel y canodd y Prifardd Emrys Roberts i'r Moresg:

> Uwch waliau nas dymchwelir,
> Y gweiryn a dry'r gronynnau di-ri,
> Dunnell ar dunnell, yn fur o dwyni
> Rhag 'mosod o'r tywod ar lesni'n tir.

Yma ac acw, mewn pantlle rhwng y twyni, lle mae lefel y dŵr yn agos i'r wyneb, cedwir y tywod yn gymharol laith a sad; dyma'r llaciau (*slacks*), gair sy'n tarddu o'r Norwyeg 'slakki' sy'n golygu pant rhwng dau godiad tir. Ychydig iawn o ymyrraeth gan ddyn a geir ar y llaciau, a dyma lle ceir amrywiaeth da o blanhigion diddorol: er enghraifft Corhelygen (*Salix repens* Creeping Willow), Hesgen y Tywod (*Carex arenaria* Sand Sedge), Brial y Gors (*Parnassia palustris* Grass-of-Parnassus) ac amryw byd o'r tegeirianau, megis Caldrist y Gors (*Epipactis palustris* Marsh Helleborine). Roedd y rhain, a mwy, yn ddigon o ryfeddod pan oeddwn i yn Niwbwrch ddiwethaf.

Ers tua dau can mlynedd mae'r cwningod wedi bod yn drwch ar y twyni. Ar un adeg roeddynt yn cael eu 'ffermio' yn fwriadol – dyna darddiad yr enw cwningar (*warren*) ar yr ardal, ac wrth gwrs, roedd y cwningod yn pori llawer o'r tyfiant. Yn 1954 daeth clefyd y *myxomatosis*, gan ddifa'r rhan fwyaf o'r cwningod. Beth oedd effaith hyn ar y

Roedd yn bleser dod o hyd i Galdrist y Gors (*Epipactis palustris* Marsh Helleborine) ar y twyni yn Niwbwrch. Mehefin 2010

planhigion? Chwe blynedd yn ddiweddarach cyhoeddwyd adroddiad diddorol yn trafod y sefyllfa, o dan y teitl 'Newborough Warren, III. Changes in the Vegetation... after myxomatosis', *Journal of Ecology* **48** No. 2, June 1960, 385-395, gan D S Ranwell. Gwelwyd cynnydd mawr yn nhyfiant y rhan fwyaf o'r gweiriau a'r hesg, (ond nid yn achos *Agrostis capillaris (A. tenuis)*), tra bod lleihad yn nhyfiant llawer o'r mân flodau megis Llygad y Dydd, Meillion Gwyn, Y Feddyges Las (*Prunella vulgaris* Selfheal) a'r Milfyw (*Luzula campestris* Field Wood-rush).

Y Goedwig

Dechreuwyd plannu coed yn Niwbwrch yn fuan wedi'r Ail Ryfel Byd. Ers blynyddoedd cyn hynny bu problemau, gan fod y gwynt cryf o'r môr yn chwythu'r tywod i bob cyfeiriad. Plannwyd 2,000 o aceri o goed i geisio sefydlogi'r twyni, Pinwydd Corsica yn bennaf. Nid yw'r goedwig yn rhan o'r Warchodfa Natur ond mae nifer o lwybrau yn hwyluso mynediad. O'r dechrau, bu dadleuon o blaid ac yn erbyn plannu'r coed ac mae'r drafodaeth yn parhau. A ddylid torri rhannau o'r goedwig bellach, ai peidio?

Pan oeddwn i yno ddiwethaf, ar ddiwrnod braf o haf, cafwyd taith ddelfrydol – paradwys i naturiaethwr – yn wahanol iawn i'r syniad cyffredin o'r 'conwydd tywyll yn tagu pob peth arall'. Roedd yno amrywiaeth annisgwyl, coed Bedw a Chriafol, llynnoedd bach yma ac acw, ac ambell i lannerch agored gyda Banadl a Helyg. Roedd lliwiau'r Gwiberlys (*Echium vulgare* Viper's-bugloss), yr Helyglys Hardd (*Chamerion angustifolium* Rosebay Willowherb) a'r Gellesgen (*Iris pseudacorus* Yellow Iris) yn annisgwyl, ac roedd gweld saith o degeirianau, gan gynnwys Tegeirian y Gwenyn (*Ophrys apifera* Bee Orchid) a Thegeirian y gors Cynnar (*Dactylorhiza incarnata* Early Marsh-orchid) yn bleser. Doeddwn i ddim wedi disgwyl

Dim ond yn achlysurol, yma ac acw, y gwelir Glesyn-y-gaeaf Deilgrwn (*Pyrola rotundifolia* Round-leaved Wintergreen), yn bennaf mewn llecynnau tamp ymysg y twyni. Daethom ar ei draws yn Niwbwrch a Rhosneigr. Awst 2011

dod ar draws yr Amrhydlwyd Glas (*Erigeron acer* Blue Fleabane), ac yn sicr, uchafbwynt botanegol y dydd oedd gweld dwy rywogaeth o'r planhigyn prin iawn Glesyn-y-gaeaf (Wintergreen) sef *Pyrola rotundifolia* a *P. minor.* Mae'n dda fod gennym arweinydd lleol i'n tywys at y danteithion hyn!

Y Glannau

Profiad gwahanol oedd cofnodi blodau'r traeth, a rhan o'r gors heli, a sŵn y tonnau yn gyfeiliant. Dyma gynefin y Llygwyn Llwydwyn (*Atriplex (Halimione) portulacoides* Sea-purslane) a Glas yr Heli (*Glaux maritima* Sea Milkwort), blodyn bach del sy'n tyfu ar fin y traeth. I mi, mae'r ddau yna ymhlith y planhigion hawsaf i'w hadnabod ar y glannau, ond mae sawl math o Lafant y Môr (*Limonium spp.*) ac mae enwi'r rhain yn dipyn o her. Mae tair rhywogaeth yn tyfu yn Sir Fôn, ac rydw i'n hollol fodlon eu

Yng Nghymru, dim ond ar Ynys Môn y ceir Crwynllys y Gors (*Gentiana pneumonanthe* Marsh Gentian), er enghraifft ar Gors Erddreiniog ac yma yng Ngwarchodfa'r Graig Wen, ger arfordir y gogledd. Awst 1993

Ar y morfa ger twyni Niwbwrch ceir y Llyriad Arfor (*Plantago maritima* Sea Plantain).

trosglwyddo i'r arbenigwyr! Mae pethau'n gwella pan ddof ar draws Llyriad Arfor (*Plantago maritima* Sea Plantain), Seren y Morfa (*Aster tripolium* Sea Aster) a'r Helys Unflwydd (*Suaeda maritima* Annual Sea-blite) – rydw i'n gyfarwydd â'r rhain! A dyna lle rydw i am adael y morfa.

Cyn gadael Niwbwrch, gwell cyfeirio at yr hen arferiad o blethu'r Moresg i wneud matiau a rhaffau. Dywedir fod hyn yn rhyw fath o ddiwydiant lleol, yn ymestyn yn ôl am ganrifoedd. Darllenais yn rhywle fod Elisabeth y 1af wedi deddfu fod yn rhaid gwarchod y Moresg, oherwydd ei effaith yn arafu erydiad y tywod. Yn sicr, mae'r Moresg yn blanhigyn arbennig iawn. Mae ei wreiddiau yn gallu ymestyn i lawr drwy'r twyni am droedfeddi lawer – deg troedfedd ar hugain yn ôl un dystiolaeth – i gyrraedd y dŵr, ac mae'r dail yn rowlio'n dynn,

Un o'r ychydig flodau lliwgar ar y morfa heli yw Seren y Morfa (*Aster tripolium* Sea Aster). Rhosneigr, Awst 2011

fel tiwb, gan leihau'r dŵr sy'n cael ei golli trwy drydarthiad (*transpiration*). Tybed a oes yna rai o drigolion Niwbwrch yn dal i arddel yr hen grefft o drin y Moresg? Yn sicr, mae yna ddigon ohono yn dal i dyfu ar y twyni. Darllenwch Bobi Jones yn sôn am yr hanes yn ei gyfrol *Crwydro Môn*.

Ym mhen pellaf twyni Niwbwrch mae Ynys Llanddwyn, ynys y cariadon. Rhaid cyfaddef fod llawer blwyddyn er pan fûm i yno, ond mae'r cof am greigiau'r ynys a'r llwybr ar draws y traeth, rhwng dau lanw, yn dal yn fyw. Ond yr hyn a'm synnodd fwyaf y diwrnod hafaidd hwnnw oedd brwdfrydedd y Warden. Roedd pob math o flodau gwyllt yn tyfu ar fin y llwybr, ac roedd o wedi labelu tua dau ddwsin ohonynt – enw pob blodyn yn glir – er ein mwyn ni, y cyhoedd gael eu hadnabod. Os oedd rhywun yn haeddu cael ei dderbyn i'r Orsedd! Rwy'n dal i obeithio cael cyfle i fynd yno eto.

7. Tywyn Trewan SH 326 754 a Thraeth Cymyran SH 299 759 ger maes awyr Y Fali

12 Medi 2007

Yn ystod llawer taith o gwmpas Cymru cefais y cyfle i ymweld â llawer o safleoedd mewn llecynnau tawel, diarffordd, a diolch amdanynt. Nid felly hwn, ychydig lathenni oddi wrth lain glanio'r awyrennau jet ym Maes Awyr y Fali. Ond yr ochr yma i'r ffens roedd y planhigion, o leiaf, yn cael llonydd, a chan fod fy nghyfaill yn gyfarwydd â'r ardal, gwelsom nifer o rywogaethau diddorol a phrin. Math o rostir tywodlyd sydd yma, yn wlyb mewn mannau, ond gydag ambell i ddarn o graig yn brigo i'r wyneb. Digon o Eithin yma ac acw, ac ambell dwmpath o Rug y Mêl (*Erica cinerea* Bell Heather), Teim Gwyllt a Phig y Crëyr (*Erodium cicutarium* Common Stork's-bill) ar y creigiau, a phlanhigyn neu ddau o'r Camri (*Chamaemelum nobile* Chamomile), blodyn prin ryfedol yng Nghymru, ar lain o bridd tenau, sych. Mae gan fy nghyfaill lygad craff, a gwelsom y Llin Gorhadog (*Radiola linoides* Allseed), Troed yr Aderyn (*Ornithopus perpusillus* Bird's-foot) a'r Olbrain Bach (*Coronopus didymus* Lesser Swine-cress): go brin y buasai'r 'teithiwr talog' yn sywi ar yr un o'r tri. Roedd blodyn glas Llysiau'r Gwrid y Tir Âr (*Anchusa arvensis* Bugloss) yn haws i'w weld, a'r Frwynen Arfor (*Juncus maritimus* Sea Rush) yn dal ac yn flaenllym. Gwelsom hefyd, ymysg eraill, Gwlyddyn-Mair y Gors (*Anagallis tenella* Bog Pimpernel) a'r gweiryn bach Brigwellt Arian (*Aira caryophyllea* Silver Hair-grass).

Rhyw ddwy filltir i'r gorllewin, yr ochr arall i'r maes awyr, mae Traeth Cymyran, yng nghymuned Llanfair-yn-Neubwll. Yno, ar ddarn o rostir, roedd y Gorfrwynen (*Juncus capitatus* Dwarf Rush), planhigyn newydd sbon i mi, ac un o rywogaethau prinnaf Prydain, yn gyfyngedig i Sir Fôn a Chernyw. Ar y traeth, yn nes at fin y dŵr roedd amrywiaeth o blanhigion mwy cyfarwydd: Cordwellt (*Spartina anglica* Cord-grass), Helys Unflwydd (*Suaeda maritima* Annual Sea-blite), Brwynen Arfor (*Juncus maritimus* Sea Rush), Clustog Fair (*Armeria maritima* Thrift) ac un o'm ffefrynnau, Dail Arian (*Potentilla anserina* Silverweed).

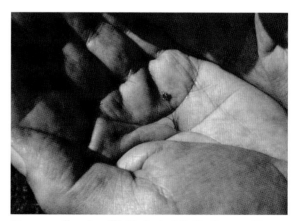

Mae angen llygad craff i ddod o hyd i'r Gorfrwynen (*Juncus capitatus* Dwarf Rush). Dyma hi ar Draeth Cymyran, yn rhyfedd o agos i faes awyr Y Fali. Medi 2007

A ninnau ar ein gliniau (yn llythrennol) o fewn llathenni yn unig i awyrennau diweddaraf y Llu Awyr, roedd hi'n anodd peidio ag athronyddu! O leiaf, doedd y blodau ddim yn clywed y sŵn.

8. Rhosneigr SH 324 739
21 Awst 2011

Dyma safle cyfagos i'r un blaenorol, ond roedd y cynefin ychydig yn wahanol, a llawer o blanhigion eraill i'n denu. Taith oedd hon dan nawdd y Gymdeithas Fotanegol (BSBI) i gael golwg ar ran o'r twyni sefydlog, i'r gogledd o Rosneigr, ger Afon Crigyll ar arfodir gorllewinol Môn.

Hen dwyni tywod sefydlog sydd yma, a'r planhigyn cyntaf i ddal ein sylw oedd y Grugeilun Llyfn (*Frankenia laevis* Sea-heath), planhigyn gwydn, gyda choesyn cryf a

Ar y traeth yn Rhosneigr mae cryn dipyn o'r Grugeilun Llyfn (*Frankenia laevis* Sea Heath). A ydyw'n frodorol neu'n ymwelydd o dramor i'r ardal? Mae cryn amheuaeth. Awst 2011

dail mân, sy'n ymgripio ar wyneb y ddaear yn glytiau clos. Mae'r blodau pinc oddeutu 5mm ar draws. Dim ond mewn dau le yng Nghymru y mae'n tyfu, yma yn Rhosneigr ac ar dwyni Merthyr Mawr yn Sir Forgannwg. Yn ne Lloegr mae'n sicr o fod yn blanhigyn cynhenid, ond yma, mae amheuaeth ynglŷn â'i statws. Tybed a gyrhaeddodd yma'n naturiol, neu gyda pheiriannau symud pridd, neu a fu'n tyfu fel blodyn gardd yn lleol? Wyddom ni ddim, ond gwyddom mai yn 1965 y'i gwelwyd gyntaf, ac o hynny ymlaen mae wedi lledaenu'n gyflym. Dyma rai o'r planhigion eraill a welsom:

Lafant-y-môr y Creigiau (*Limonium binervosum* Rock Sea-lavender)

Llygwyn Arfor (*Atriplex littoralis* Grass-leaved Orache)

Celyn y môr (*Eryngium maritimum* Sea Holly)

Llysiau'r Cryman (*Anagallis arvensis* Scarlet Pimpernel).

Helys Pigog (*Salsola kali* Prickly Saltwort)

Troellig yr Hydref (*Spiranthes spiralis* Autumn Lady's-tresses)

Tafod y Gors (*Pinguicula vulgaris* Butterwort)

Glesyn-y-gaeaf Deilgrwn (*Pyrola rotundifolia* Round-leaved Wintergreen)

Ac yn olaf: Y Ganhri Goch Fach (*Centaurium pulchellum* Lesser Centaury), planhigyn bychan iawn, del iawn, a phrin iawn.

Yn sicr, mae Celyn-y-Môr (*Eryngium maritimum* Sea Holly) yn frodorol ar lawer o draethau Cymru. Rhosneigr Awst 2011.

> Ond rhowch i mi'r môr-gelyn a blodau'r ysgall hallt
> A llygaid dydd y Morfa a blethit ti'n dy wallt.

Cynan

9. Cemlyn

Dwy filltir a hanner i'r gorllewin o Gemais (Cemaes), ar arfordir gogleddol y Sir
Gwarchodfa Ymddiriedolaeth Natur Gogledd Cymru
SH 331 932

13 Rhagfyr 2012

Bae sydd yma, yn wynebu'r gogledd, lle bu'r môr, dros y canrifoedd, yn chwipio'r tonnau yn uwch ac yn uwch nes ffurfio esgair neu gefnen o gerrig a gro (*shingle ridge*). Tu cefn i'r esgair mae llyn o ddŵr hallt a grewyd yn y 1930au. Rheolir lefel y dŵr ar gyfer anghenion y tair rhywogaeth o'r Môr-wenoliaid sy'n nythu yma: ceir y manylion yn y gyfrol ddwyieithog *Adar Môn* gan Peter Hope Jones a Paul Whalley (2004).

Ysgedd Arfor (*Crambe maritima* Sea-kale), un o'r planhigion sy'n gallu dygymod â'r gwynt a'r tonnau ar y gefnen o gerrig a gro ar draeth Cemlyn. Awst 1983

Gellir cerdded ar hyd yr esgair (mae'r union lwybr yn amrywio yn ôl y tymor nythu) ac mae'n atynfa boblogaidd i'r adarwyr, ac mae'r gro hefyd yn gartref i amryw o blanhigion. Dim ond planhigion cryf, gwydn sy'n gallu byw mewn cynefin mor eithafol – stormydd cryfion, heli o'r môr, haul di-gysgod, cerrig a gro sy'n symud yn ddiddiwedd, a phrinder dŵr croyw – nid y lle hawsaf yn y byd i blanhigion ymsefydlu, ond mae ambell un yn llwyddo'n rhyfeddol. Y mwyaf, a'r enwocaf yw'r Ysgedd Arfor (*Crambe maritima* Sea-kale) gyda dail llydan, tewion, blodau gwyn a ffrwythau crynion. Mae dail mawr Betys Arfor (*Beta maritima* Sea Beet) yn sgleinio'n wyrdd, ond mae'r blodau'n fach a disylw mewn sbigyn tal. Yma ac acw fe welwch swp o Glustog Fair (*Armeria maritima* Thrift) ac efallai y Pabi Corniog Melyn (*Glaucium flavum* Yellow Horned-poppy). Dim ond ar dwyni graean y glannau y gwelir hwn, ond pan ddowch ar ei draws fe fyddwch yn siwr ohono – planhigyn llwydwyrdd gyda'i flodau mawr, melyn, o bedwar petal a'i ffrwyth ar ffurf coden, fain, hir yn crymanu'n amlwg.

Efallai y gwelwch hefyd Seren y Morfa (*Aster tripolium* Sea Aster), Glas yr Heli (*Glaux maritima* Sea Milkwort) a'r Gludlys Arfor (*Silene uniflora* Sea Campion). Os byddwch yn ffodus, gallwch daro ar Seren y Gwanwyn (*Scilla verna* Spring Squill) ac os digwydd i chi fod yn ffodus iawn, Troellig yr Hydref (*Spiranthes spiralis* Autumn Lady's-tresses) – ond pob un yn ei dymor. Roeddwn i yno ym mis Rhagfyr, ond fe synnech faint o'r planhigion oedd yn dal yn weladwy – doedd stormydd y gaeaf ddim wedi ymosod ar y pryd.

10. Mariandyrys
Gwarchodfa Ymddiriedolaeth Natur Gogledd Cymru, 3 milltir i'r gogledd o Fiwmares
SH 603 811
4 Medi 2015

Ewch ar y B5109 o Fiwmares i Langoed, a dilynwch arwydd Glanrafon. Ychydig cyn pen yr allt mae'r Warchodfa ar y chwith. Tir comin sydd yma, ac mae croeso i gerdded y llwybrau ar y tir agored, ac ymysg y creigiau, y llwyni a'r coed. Os ydych yn chwilio am rywle braf i fynd am dro, mewn lle tawel, gyda golygfeydd gwych, dyma lecyn delfrydol.

Dyma fryncyn ym mhen dwyreiniol yr ynys, lle mae'r garreg galch yn brigo i'r wyneb. I'r botanegydd, y peth cyntaf sy'n taro'r llygad ydi'r amrywiaeth annisgwyl o flodau'r calch (*calcicole*) a blodau'r tir sur (*calcifuge*) yn gymysg. Gan ein bod ar dir calchog, does fawr o syndod gweld y Rhosyn Bwrned (*Rosa pimpinellifolia* Burnet Rose), gyda'i flodau gwyn, ei ffrwythau mawr, cochddu a'r cnwd tew o bigau ar y coesyn. Mae'r Cor-rosyn Cyffredin (*Helianthemum nummularium* Common Rock-rose) yma hefyd, gyda'i flodyn melyn – dim perthynas i'r rhosyn iawn, hefyd y Briwydd Felen (*Galium verum* Lady's Bedstraw) a'r Onnen – i gyd yn gartrefol ar dir calchog. Ond mae yma hefyd amryw byd o blanhigion yr ydych yr un mor debyg o ddod ar eu traws ar dir asidig, pethau fel yr Eithin Mân a'r Rhedyn, y Grug, Tresgl y Moch (*Potentilla erecta* Tormentil) a Chlychau'r Eos (*Campanula rotundifolia* Harebell).

Ond ni ddylem ryfeddu; nid yw'r pridd bob amser yn hanu o'r creigiau lleol. Yn wir, gall y rhan fwyaf o'r pridd mewn unrhyw fan ddatblygu o'r drifft rhewlifol, a gariwyd gryn bellter gan y rhew, oesoedd lawer yn ôl, ac mae peth pridd yn cael ei gario gan y gwynt hyd yn oed heddiw. Felly, ambell dro, ceir amrywiaeth o briddoedd mewn un ardal. Dylid pwysleisio hefyd mai dim ond lleiafrif o'r planhigion gwyllt sy'n galchgar neu'n galchgas yn ystyr fanwl y gair, tra bo'r rhan fwyaf yn gallu dygymod ag ystod eang o pH, hynny yw, pridd sy'n weddol asidig, yn niwtral, neu'n weddol alcalïaidd. Dyma ychydig o'r rhai a welsom wrth grwydro drwy warchodfa Mariandyrys: Byddon Chwerw (*Eupatorium cannabinum* Hemp-agrimony), Moron y Maes (*Daucus carota* Wild Carrot), Penrhudd (*Origanum vulgare* Marjoram), Troed y Golomen neu Flodau'r Sipsi (*Aquilegia vulgaris* Columbine), Eurwialen (*Solidago virgaurea* Goldenrod), a'r Bannog Felen (*Verbascum thapsus* Great Mullein).

Rhaid cyfeirio at un planhigyn arall y sylwais arno ym Mariandyrys, sef y Cotoneaster Asgwrn Pysgodyn (*Cotoneaster horizontalis* Wall Cotoneaster) a hynny am reswm arbennig. Hanner can mlynedd yn ôl, dim ond rhyw hanner dwsin o wahanol rywogaethau o'r Cotoneaster oedd yn tyfu'n wyllt ym Mhrydain, ond erbyn heddiw, yn ôl y cyfrif diweddaraf y gwn i amdano, mae gennym 86! Y rheswm yw fod mwy a mwy o bobl yn tyfu'r planhigion, o bedwar ban byd, yn eu gerddi, a bod yr adar yn gwasgaru'r hadau, a'r plahigion yn cartrefu yn y gwyllt. Ambell waith, fel yn achos Pen y Gogarth, Llandudno, mae rhai o'r rhain yn mynd yn rhemp ac yn tagu ein planhigion brodorol, ac mae'n rhaid eu rheoli a chadw trefn arnynt. Tybed a fydd angen gwneud rhywbeth tebyg efo'r Cotoneaster yma yn Sir Fôn rhyw ddydd? Yn sicr, mae'n rhaid rheoli'r Eithin yma ym Mariandyrys ar hyn o bryd, gan ei fod yn ymosodol iawn ac yn lledaenu'n gyflym.

Penrhudd (*Origanum vulgare* Marjoram), un o'r amrywiaeth o flodau ar y tir comin yng ngwarchodfa Mariandyrys. Medi 2015

11. Ynys Seiriol (Ynys Lannog) ac yn Saesneg, Puffin Island neu Priestholm. Mae'n gorwedd lai na milltir oddi ar ben dwyreiniol Ynys Môn
SH 65 82

Cafwyd taith mewn cwch o gwmpas yr ynys 4 Medi 2015

Eiddo preifat yw'r ynys a does dim hawl i lanio arni. Dyma ynys o garreg galch, gyda chreigiau ar bob cwr, ac mae oddeutu hanner milltir o hyd ac yn codi i uchder o 193 troedfedd. Does neb yn byw ar yr ynys ond mae yma olion rhai adeiladau, yn cynnwys hen eglwys, a mynachlog o'r 12 ganrif, a gorsaf telegraff a fu unwaith yn rhan o gadwyn rhwng Môn a Lerpwl.

Ynys Seiriol, o Benmon. Mehefin 1979

I'r naturiaethwr, yr adar yw'r prif atyniad, yn enwedig adar y môr. Dywedir fod yma oddeutu 750 pâr o'r Mulfran (Cormorant) – un o'r nythfeydd mwyaf ym Mhrydain.

Yn yr haf, gwelir y Gwylog (Guillemot), Llurs (Razorbill) a'r Pâl (Puffin). Y Pâl wrth gwrs sydd wedi rhoi'r enw Saesneg i'r ynys, ac yn y gorffennol roedd niferoedd mawr yn nythu yma; soniodd Pennant amdanynt yn y 18 ganrif, gan eu disgrifio fel haid o wenyn, a gwelwyd 2,000 yn 1907, Ond erbyn tua 1890 roedd y Llygod Mawr wedi cyrraedd, a bu'r effaith yn drychinebus i fywyd gwyllt yr ynys yn gyffredinol. Am nifer o resymau, ychydig iawn o'r Palod a welwyd am flynyddoedd ac erbyn 1991 dim ond 20 pâr oedd ar ôl, ond bu ymdrechion i reoli'r llygod ac erbyn 1998 llwyddwyd i'w difa. Yn raddol daeth y Palod yn ôl, ond nid i'w nifer gwreiddiol, ac mae'r boblogaeth yn dal i amrywio cryn dipyn o gyfnod i gyfnod.

Y Planhigion

Gwelwn oddi wrth y cofnodion cynharaf fod rhai planhigion wedi cael y lle blaenaf ar yr ynys ers blynyddoedd lawer. Ar ben y rhestr mae'r Ysgawen (*Sambucus nigra* Elder) a'r Dulys (*Smyrnium olusatrum* Alexanders), y ddau yn parhau'n drwch hyd heddiw. Mae dau arall wedi goroesi er dyddiau cynnar y mynachod, sef y Cegid (*Conium maculatum* Hemlock) a Llewyg yr Iâr (*Hyoscyamus niger* Henbane), dau blanhigyn peryglus a hynod wenwynig, ond a ddefnyddid mewn meddyginiaeth lysieuol yn y gorffennol. Mae'r Cegid yn blanhigyn tal o deulu'r moron, gyda blodau mân, gwyn, ond i'w adnabod, a'i osgoi, oherwydd yr ysmotiau porffor ar y coesyn. Planhigyn braidd yn anghynnes yr olwg yw Llewyg yr Iâr, gydag aroglau digon annymunol. Mae'n weddol dal, gyda'r dail uchaf yn gafael yn y coesyn. Rhyw liw llwydfelyn sydd i'r blodau, gyda gwythiennau tywyll. Yng Nghymru, mae'n tyfu'n bennaf ar y glannau ond yn ne Lloegr mae hefyd i'w gael i mewn yn y wlad. Mae llai ohono nag a fu, oherwydd y cynnydd yn y defnydd o chwynladdwyr.

Does dim coed ar Ynys Seiriol, ac er bod yr ynys i gyd yn garreg galch, dim ond rhyw gant o wahanol rywogaethau o flodau gwyllt a gofnodwyd yma cyn 1956, o'u cymharu a rhyw 800 ar Ynys Môn ei hun, sydd yn llai na milltir i ffwrdd. Ond ar ôl haint y *myxomatosis*, pan ddiflannodd y rhan fwyaf o'r cwningod, bu newid sydyn. Rhwng 1947 a 1954 cofnodwyd 61 o rywogaethau ar yr ynys ond yn 1956 cododd y rhif i 102, cynnydd o 40% (Lacey, 1957). Cyn yr haint roedd y rhan fwyaf o'r planhigion a gofnodwyd yn annymunol gan y cwningod, ac felly'n cael llonydd i dyfu'n gyffredin – er enghraifft y Dulys a'r Ysgawen, ond ar ôl diflaniad y cwningod daeth pob math o blanhigion bwytadwy i'r golwg yn ogystal – bellach yn cael datblygu mewn heddwch! Yr enghreifftiau gorau yw rhai o'r gweiriau: Troed y Ceiliog (*Dactylis glomerata* Cock's-foot), Gweunwellt Llyfn (*Poa pratensis* Smooth Meadow-grass) a Rhygwellt yr Eidal (*Lolium multiflorum* Italian Ryegrass) – gweiriau a fuasai'n flasus iawn i wartheg Sir Fôn, ac a oedd, cyn clefyd y *myxomatosis*, yr un mor flasus i'r cwningod ar Ynys Seiriol.

Llyfryddiaeth

Bonner, Ian (2006) *Anglesey Rare Plant Register*

Carter, P W (1952) Some Account of the Botanical Exploration of Anglesey, *Anglesey Antiquariad Soc. and Field Club Transactions* (1952) 44-68

Davies, Hugh (1813) *Welsh Botanology*

Griffith, John E (?1894) *The Flora of Anglesey and Carnarvonshire*

Jones, Bobi (1957) *Crwydro Môn*

Jones, Peter Hope & Whalley, Paul (2004) *Birds of Anglesey / Adar Môn*

Lacey, W S (1927 –) Ecological Studies on Puffin Island, *Proceedings Llandudno, Colwyn Bay and District Field Club* (1927 -)

Lacey, William S (1957) The Flora on Ynys Seiriol… effects of myxomatosis, *Nature in Wales* 3, Autumn 1957, p.464- 470

Lacey, William S (1990) The Flora of Anglesey, pennod 3 yn *A New Natural History of Anglesey* (Ed. W Eifion Jones)

Ranwell, D S (1959-60) Newborough Warren, Anglesey, I,II,III *Journal of Ecology* 47 No.3, 571-601, 48 No.1, 117-141, No.2, 385-395

Roberts, R H (1982) *The Flowering Plants and Ferns of Anglesey*

Roberts, R H and W S Lacey (1970) Marsh Gentian and Pale Heath Violet in Wales, Pennod XVII yn *Welsh Wildlife in Trust* Ed. W S Lacey

Wilson, A, (1940) Some Plants of Anglesey, *North Western Naturalist* XV 1940, 104-109

Woodhead, N (1927-28) The Botany (of Puffin Island), *Proceedings of the Llandudno, Colwyn Bay and District Field Club* XIV 1927-28

LLYFRYDDIAETH
A FFYNONELLAU

Mae'r rhestr hon yn cynnwys y llyfrau a fu'n allweddol wrth baratoi'r gyfrol bresennol – rhai wedi bod wrth fy mhenelin ar hyd y blynyddoedd – eraill yn llawer mwy diweddar, ac yn cynnig ambell i her ynglŷn â syniadau cyfoes.

...a lleufer dyn yw llyfr da.

Sylwer: Ceir llyfryddiaeth fer ar ddiwedd penodau'r siroedd, penodau 29-41.

Akeroyd, John: addasiad Cymraeg Bethan Wyn Jones (1996). *Blodau Gwyllt Cymru ac Ynysoedd Prydain*. Gwasg Carreg Gwalch.

Allen, David Elliston (1969). *The Victotian Fern Craze: A history of pteridomania*. Hutchinson.

Allen, David Elliston (1989). *The Botanists: A History of the Botanical Society of the British Isles*. St. Paul's Bibliographies.

Allen, Mea (1977). *Darwin and his Flowers*. Faber.

Angel, Heather (1977). *The Countryside of South Wales*. Blodau, creaduriaid, tirlun. Lluniau lliw.

Angel, Heather (1998). *How to Photograph Flowers*. Stackpole Books.

Awbrey, Gwenllian (1995). *Blodau'r Maes a'r Ardd ar Lafar Gwlad*. Gwasg Carreg Gwalch.

Balchin, W G V (Ed.) (1971) *Swansea and its Region*. University College, Swansea, for the British Association. Mae'n cynnwys pennod ar fotaneg gan Q O N Kay.

Barker, T W (1905). *Handbook to the Natural History of Carmarthenshire*.

Begon, Michael; Harper, John L & Townsend, Colin R. (1990). *Ecology*. Blackwell.

Benoit, Peter & Richards, Mary (1963). *A Contribution to a Flora of Merioneth*. West Wales Naturalists' Trust.

Berry, André Q et al. (ed.) (1996). *Fenn's and Whixall Mosses*. Gwasanaeth Archaeoleg Clwyd.

Bingley, Rev W (1804). *North Wales. Vols. I & II.* Longman & Rees.

Blackstock, T H et al. (2010). *Habitats of Wales.*University of Wales Press, for Countryside Council for Wales.

Blamey, M; Fitter, R & Fitter F (2003). *Wild Flowers of Britain & Ireland.* A & C Black.

Blamey, Marjorie & Grey-Wilson, Christopher (1989). *The Illustrated Flora of Britain and Northern Europe.* Hodder & Stoughton.

Bonner, I R & Jones, P Hope (2002). *Contribution to the Flora of Bardsey:1956-2000.* Countryside Council for Wales.

Brimble, L J F (1949). *The Floral Year.* Macmillan.

British Association (1960). *The Cardiff Region: A Survey.* University of Wales Press. Mae'n cynnwys pennod ar fotaneg gan Mary S Percival.

Bryson, Bill (2003). *A Short History of Nearly Everything.*

Bufton, J (1906). *Illustrated Guide to Llandrindod Wells.* Mae'n cynnwys 'Treatise on Natural History'.

Buxton, J & Lockley, R M (1950). *Island of Skomer.* Staples Press.

Camden's Wales. The Welsh chapters... of William Camden's Britannia (1722) ... translated from the Latin, with additions, by Edward Llwyd. Carmarthen: at the Rampart Press, 1984.

Carr, H R & Lister, G L (eds.) (1948). *The Mountains of Snowdonia.* Mae'n cynnwys *Notes on the Flora* gan Syr John Bretland Farmer.

Carson, Rachel (1962). *Silent Spring.* Penguin Books.

Carter, P W (1946-1988). Erthyglau gwerthfawr ar hanes botaneg ym mhob un o hen siroedd Cymru. Gweler o dan y siroedd unigol.

Chater, A O (2010). *Flora of Cardiganshire.*

Chatfield, June E. (1981). *Nature Guide to Wales.* Usborne Publishing.

Clapham, A R;Tutin, T G and Warburg, E F (1962) *Flora of the British Isles* 2nd ed. Cambridge University Press.

Clement E J & Foster M C (1994). *Alien Plants of the British Isles.* Botanical Society of the British Isles.

Condry, W M (1966). *The Snowdonia National Park.* New Naturalist. Collins.

Condry, W M (1970). *Exploring Wales.* Faber and Faber. Mae yma bennod ar bod un o'r hen siroedd.

Condry, W M (1981.) *The Natural History of Wales.* New Naturalist. Collins.

Crawford, R M M (1989). *Studies in Plant Survival.* Blackwell.

Cyngor Gwarchod Natur (1996). *Gwarchodfeydd Natur Cenedlaethol.*

Cymdeithas Edward Llwyd (2003). Eluned Bebb-Jones, et al. *Planhigion Blodeuol, Conwydd a Rhedyn.* Rhestr Enwau Cymraeg, Lladin a Saesneg.

Darlington, Arnold (1968). *The Pocket Encyclopaedia of Plant Galls in Colour.* Blandford Press.

Darwin, Charles (1880). *The Power of Movement in Plants.*

Darwin, Charles (1888). *The Different Forms of Flowers on Plants of the Same Species.*

Darwin, Charles (1900). *The Effects of Cross and Self Fertilisation in the Vegetable Kingdom.*

Darwin, Charles (1905). *The Movement and Habits of Climbing Plants.*

Darwin, Charles (Revised by Francis Darwin) (1908). *Insectivorous Plants.*

Davies, Dafydd & Jones, Arthur (1995). *Enwau Cymraeg ar Blanhigion.* Amgueddfa Genedlaethol Cymru.

Davies, Elwyn (gol.) (1975). *Rhestr o Enwau Lleoedd.* Gwasg Prifysgol Cymru.

Davies, Hugh (1813). *Welsh Botanology: A ... Catalogue of the Native Plants of ... Anglesey,* gydag ail ran yn Gymraeg. London, W Marchant.

Davies, Raymond B (1981). *A Guide to the Literature of Welsh Natural History.* Thesis for Fellowship of the Library Association.

Davis, T A Warren (1970). *Plants of Pembrokeshire.* West Wales Naturalists' Trust.

Delforge, P (1995). *Orchids of Britain & Europe.* Harper Collins.

Dillwyn, L W (1848). *Materials for a Fauna and Flora of Swansea and the Neighbourhood.*

Dony, J G Rob; C M & Perring, F H (1974*). Engish Names of Wild Flowers.* Butterworths, for the Botanical Society of the British Isles.

Druce, G C (1932). *The Comital Flora of the British Isles.* T Buncle & Co.

Dudman, A A & Richards, A J (1997). *Dandelions of Great Britain and Ireland.* Botanical Society of the British Isles.

Duncan, U K (1970). *Introduction to the British Lichens.* T Buncle, Arbroath.

Edees, E S & Newton, A (1988). *Brambles of the British Isles.* The Ray Society.

Edlin, H L (1956). *Trees, Woods and Man.* New Naturalist. Collins.

Edlin, H L (1958). *The Living Forest.* Thames & Hudson.

Edlin, H L (1963). *Snowdonia: National Forest Park Guide.* H.M.S.O.

Edwards, Syr O M (1958) *Clych Atgof ac Ysgrifau Eraill.* Golygwyd gan Thomas Jones.

Elias, Twm & Prydderch, Lyn (1985). *Blodau'r Gwrych.* Gwasg Dwyfor.

Elias, Twm & Williams, Islwyn (1987) *Blodau'r Mynydd.* Gwasg Dwyfor.

Elias, Twm (2007). *Tro Trwy'r Tymhorau.* Gwasg Carreg Gwalch.

Elis-Gruffydd, Dyfed (2014). *100 o Olygfeydd Hynod Cymru.* Y Lolfa.

Ellis, Gruff (1997). *Yma Mae Nghalon.* Gwasg Carreg Gwalch.

Ellis, Gruff (2008). *Cynefin Gruff.* Gwasg Carreg Gwalch.

Ellis, Gwynn (1972-74). 'Plant Hunting in Wales'. Articles from *Amgueddfa.* Amgueddfa Genedlaethol Cymru.

Ellis, R Gwynn (1983). *Flowering Plants of Wales.* Amgueddfa Genedlaethol Cymru.

Ellis, R Gwynn (1993). *Aliens in the British Flora.* Amgueddfa Genedlaethol Cymru.

Ellis, Richard (1908). 'Some incidents in the life of Edward Lhuyd'. *Transactions of the Honourable Society of Cymmrodorion: Session 1906-7,* tt. 1-51. Dyma'r erthygl safonol ar fywyd Llwyd (Lhuyd), botanegydd enwocaf Cymru.

Elton, Charles S (1958). *The Ecology of Invasions by Plants and Animals.* Chapman and Hall.

Emery, Frank (1971). *Edward Lhuyd 1660-1709.* Gwasg Prifysgol Cymru

Enwau Planhigion (1969). Rhestr o enwau: 1. Saesneg-Cymraeg; 2. Lladin-Saesneg-Cymraeg. Gwasg Prifysgol Cymru.

Evans, H (1923). *History and guide to St. Davids.* Mae'n cynnwys pennod *Natural History and Botany.*

Evans, Trevor (2007). *Flora of Monmouthshire.* Chepstow Society.

Falconer, R W (1848). *Contributions towards a Catalogue of Plants Indigenous to the neighbourhood of Tenby.*

Fitter, Alastair (1978). *An Atlas of the Wild Flowers of Britain and Northern Europe.* Collins.

Fitter, R S R (1971). *Finding Wild Flowers.* Collins. Mae'n cynnwys adran (elfennol) ar siroedd Cymru.

Fitter, Richard; Fitter, Alastair & Blamey, Marjorie (1974). *The Wild Flowers of Britain and Northern Europe.* Collins.

Forey, P & Fitzsimons, C. (1988). *Pa Flodyn?* Addasiad Cymraeg Alwena Williams.

Forman, L & Bridson D (1989). *The Herbarium Handbook.* Royal Botanic Gardens, Kew.

Forty, M & Rich, T (2005). *The Botanist: The botanical diary of Eleanor Vachell (1879-1948).* Amgueddfa Genedlaethol Cymru.

Fritsch, F E & Salisbury, E (1948). *Plant Form & Function.* Bell. Er bod hwn bellach yn hen lyfr, mae Pennod 36 ar ffurf y blodau yn safonol.

Geirfa Natur (1945). Rhestr o enwau, yn cynnwys enwau blodau. Adran Gymreig y Weinyddiaeth Addysg a Gwasg Prifysgol Cymru.

George, Martin (1961). *The Flowering Plants and Ferns of Dale, Pembrokeshire.* Adargraffwyd o *Field Studies* (Field Studies Council) 1, (3).

Gilbert-Carter, H (1950). *Glossary of the British Flora.* Cambridge University Press.

Gillham, Mary E (1953). An Ecological Account of .... Grassholm, *Journal of Ecology* **41**, 1, 84-99.

Gillham, Mary E (1977). *The Natural History of Gower.* D Brown & Sons.

Gillham, Mary E (1982). *Swansey Bay's Green Mantle.* D Brown & Sons.

Gillham, Mary, E (2002). *A Natural History of Cardiff.* Lazy Cat Publishing.

Gilmour, John (1944). *British Botanists.* Britain in Pictures. Collins.

Gilmour, John & Walters, Max (1959). *Wild Flowers.* New Naturalist. Collins.

Glover, Beverley (2014). *Understanding Flowers and Flowering.* Oxford University Press.

Godwin, H (1956). *The History of the British Flora.* Cambridge University Press.

Godwin, H & Conway, V M (1939). 'The Ecology of a raised bog near Tregaron', Cardiganshire. *Journal of Ecology* 27, 313-363.

Good, Ronald (1947). *The Geography of the Flowering Plants.* Longmans Green.

Goodman, Gordon T (dim dyddiad). *Plant Life in Gower*. The Gower Society.

Green, Jean A (*c*.2006). *The Flowering Plants and Ferns of Denbighshire*. Cyhoeddwyd gan yr awdur.

Green P S (1973). *Plants: Wild and Cultivated*. E.W.Classey for the Botanical Society of the British Isles.

Griffith, John E (c.1894). *The Flora of Anglesey and Carnarvonshire*. Nixon and Jarvis.

Grime, J P; Hodgson, J G & Hunt, R (1988). *Comparative Plant Ecology*. Unwin Hyman.

Gruffydd, Llyr D & Bryant, Christine (1984). 'Gardd Edward Llwyd'. *Cynefin*, Awst/Medi 1984.

Gruffydd, Llyr D & Gwyndaf, Robin (1987). *Llyfr Rhedyn ei Daid: Portread o Evan Roberts, Capel Curig, Llysieuwr*. Gwasg Dwyfor.

Guile, D P M (c.1953). *The Vegetation of the Brecon Beacons National Park*. Traethawd ymchwil PhD Prifysgol Cymru.

Gunther, R T (1945). *Early Science in Oxford: Vol. XIV: Life and letters of Edward Lhwyd*. Ffynhonell bwysig o hanes Llwyd fel botanegydd.

Gynn, E (*c*.1985). *Flora of Skokholm*. West Wales Trust for Nature Conservation

Halliday, G & Malloch, A (ed.) (1981). *Wild Flowers: Their habitats in Britain and Northern Europe*. Eurobook Limited.

Hamilton, S (1909). *The Flora of Monmouthshire*. John E. Southall.

Harper, J L (1982). 'After Description'. *The Plant Community as a Working Mechanism*. British Ecological Society Special Publication, Series 1, 11–25. Ed. E I Newman.

Harper, John L (1994). *The Population Biology of Plants*. Academic Press.

Harris, Esmond: addasiad Twm Elias (1978). *Canfod ac Adnabod Coed*. Gwasg Gomer.

Harris, H (1905). *The Flora of the Rhondda*.

Harrison, S G (1985). *Index of Collectors in the Welsh National Herbarium*. Amgueddfa Genedlaethol Cymru.

Harry, G Ivor (1934). *Geiriadur o Enwau Blodau Gwyllt*. W. Spurrell, Caerfyrddin

Hatton, R H S (1972). *Saltmarshes of Gower*. Glamorgan County Naturalists Trust.

Hayes, D (1995). *Planhigion Cymru a'r Byd*. Gwasg Maes Onn.

Hepburn, Ian (1952). *Flowers of the Coast*. New Naturalist. Collins.

Hepper, F N (1954). 'Flora of Caldy Island', Pembrokeshire. *Proceedings of B S B I* 1, 21–36.

Heywood, V H (ed.) (1978). *Flowering Plants of the World*. Oxford University Press.

Hignet, M & Lacey, W S (ed.) (1977). *Plants of Montgomeryshire: The Field Records of Janet Macnair*. Montgomery Field Society & North Wales Wildlife Trust.

Hoskins, W G & Stamp, L Dudley (1963). *The Common Lands of England and Wales*. New Naturalist. Collins.

Hubbard, C E (1984). *Grasses*. Penguin Books.

Hughes, R Elwyn (1997). *Alfred Russel Wallace: Gwyddonydd Anwyddonol.* Gwasg Prifysgol Cymru.

Hutchinson, G & Thomas, B A (1996). *Welsh Ferns.* Amgueddfa Genedlaethol Cymru.

Hyde, H A (1930). *Samuel Brewer's Diary.* Reprinted Botanical Society and Exchange Club.

Hyde, H A (1932). 'Foreign Alpines on Snowdon'. *The North Western Naturalist.* Vol. 7 1932, 291-294.

Hyde, H A & Guile, D P M (1962). *Plant Life in Brecknock.* Brecknock Museum.

Hyde, H A & Harrison, S G (1977). *Welsh Timber Trees.* Amgueddfa Genedlaethol Cymru.

Jackson, C (1981). *Aberdare Park Tree Identification and Location Survey 1983-84.* Cynnon Valley Borough Council. Yn cynnwys yr enwau Cymraeg.

James, David B (2001). *Ceredigion: Its Natural History.* Published by the Author, Bow Street, Ceredigion.

Jeffrey, C (1982). *An Introduction to Plant Taxonomy.* Cambridge University Press.

Johnson, Dr Owen (2003). *Champion Trees of Britain and Ireland.* Whittet Books.

Jones, Bethan Wyn (2004). *Chwyn Joe Pye a Phincas Robin.* Llyfrau Llafar Gwlad. Gwasg Carreg Gwalch. Ysgrifau ar ryfeddodau a llên gwerin byd natur.

Jones, Bethan Wyn (2007). *Natur y Flwyddyn.* Gwasg Gomer.

Jones, Bethan Wyn (2008). *Doctor Dail 1.* Gwasg Carreg Gwalch.

Jones, D Gwyn (1968). *Coed.* Llyfrau'r Dryw.

Jones, David (1992). *The Tenby Daffodil.* Tenby Museum.

Jones, Dewi (1993). *Tywysyddion Eryri.* Gwasg Carreg Gwalch.

Jones, Dewi (1996). *Datblygiad Cynnar Botaneg yn Eryri.* Cyngor Gwynedd.

Jones, Dewi (1996). *The Botanists and Guides of Snowdonia.* Gwasg Carreg Gwalch.

Jones, Dewi (2003). *Naturiaethwr Mawr Môr a Mynydd: Bywyd a Gwaith J Lloyd Williams.* Gwasg Dwyfor.

Jones, Gareth Wyn (1989). *Planhigion Dan Bwysau.* Darlith Wyddoniaeth Eisteddfod Genedlethol Dyffryn Conwy. Awst 1989.

Jones, Mary (1978). *Llysiau Llesol. Gwasg* Gomer.

Jones, Peter Hope (1988). *The Natural History of Bardsey.* Amgueddfa Genedlaethol Cymru.

Jones, Wil (2004). *Cacwn yn y Ffa. Casgliad o Ysgrifau Wil Jones, y Naturiaethwr.* Gwasg Carreg Gwalch.

Jones, W Eifion (1990). *A New Natural History of Anglesey.* Anglesey Antiquarian Society.

Keeble Martin, W (1969). *The Concise British Flora in Colour.* Ebury Press and Michael Joseph.

Kent, D H & Allen, D E (1984). *British and Irish Herbaria.* Botanical Society of the British Isles.

King, T J (1980). *Ecology.* Nelson.

Koopowitz, H & Kaye, H (1990). *Plant Extinction: A Global Crisis.* Christopher Helm.

Lacey, W S (ed.) (1970). *Welsh Wildlife in Trust.* N. Wales Wildlife Trust.

Lacey, W S & Morgan, M Joan (1989). *The Nature of North Wales.* Barracuda Books.

Lewis, N A (1991). *Where to go for Wildlife in Glamorgan.*

Linnard, William (2000). *Welsh Woods and Forests: A History.* Gwasg Gomer.

Lockley, R M (1970). *The Naturalist in Wales.* David & Charles.

Lousely, J E (1950). *Wild Flowers of Chalk and Limestone.* New Naturalist. Collins.

Louseley, J E (Ed) (1953). *The Changing Flora of Britain.* Botanical Sociey of the British Isles.

Mabberley, D J (1996). *The Plant-Book: A Portable Dictionary of the Higher Plants.* Cambridge University Press.

Mabey, Richard (1996). *Flora Britanica.* Sinclair-Stevenson.

Mabey, R & Evans, T (1980). *The Flowering of Britain.* Arrow Books.

Manley, Gordon (1952). *Climate and the British Scene.* New Naturalist, Collins.

Marren, Peter (1999). *Britain's Rare Flowers.* Poyser.

Matthews, J R (1955). *Origin and Distribution of the British Flora.* Hutchinson.

May, R F (1967). *A List of the Flowering Plants and Ferns of Carmarthenshire.* West Wales Naturalists' Trust.

McClintock, David (1966). *Companion to Flowers.* Bell.

McClintock, D & Fitter, R.S.R. (1963). *Collins Pocket Guide to Wild Flowers.* Collins.

McLean, R C & Ivimey-Cook, W R (1967). *Textbook of Theoretical Botany.* Vols. 1-4, yn arbennig Vol. 3, t. 3188. Longmans.

McVean, D N & Ratcliffe, D A (1962). *Plant Communities in the Scotish Highlands.* HMSO.

Meikle, R D (1984). *Willows and Poplars of Great Britain and Ireland.* BSBI Handbook 4. Botanical Society of Great Britain.

Merryweather, James & Hill, Michael (1992). *The Fern Guide.* Field Studies Council.

Mitchell, Alan (1972). *Conifers in the British Isles.* HMSO.

Mitchell, Alan (1974). *A Field Guide to the Trees of Britain and Northern Europe.* Collins.

Moore, Ian (1966). *Grass and Grassland.* New Naturalist. Collins.

Morgan, Richard (1906). *Tro Trwy'r Wig.*

Morgan, Richard (1909). *Llyfr Blodau.* Cwmni y Cyhoeddwyr Cymreig.

Morris, M G & Perring, F H (ed.)(1974). *The British Oak.* E W Classey for Botanical Society of the British Isles.

Mullard, Jonathan (2006). *Gower.* New Naturalist. Collins.

Newton, Lily (dim dyddiad). *Plant Distribution in the Aberystwyth District.* Cambrian News.

North, F J; Cambell, B & Scott, R (1949). *Snowdonia*. New Naturalist. Collins.

Odum, Eugene P (1971). *Fundamentals of Ecology*. W B Saunders.

O'Reilly, P & Parker, S (2005-06). *Wonderful Wildflowers of Wales, Vols. 1 – 4*. tt. 66 ym mhob cyfrol.

Orr, M Y (1912). *Kenfig Burrows: An Ecological Survey*. Scottish Botanical Review, Vol.1, No.4.

Owen, E (1975). *Welsh Wild Flowers: Blodau Gwyllt yng Nghymru*. James Pike, St.Ives.

Page, C N (1988) *Ferns*. New Naturalist. Collins.

Page, C N (1997). *The Ferns of Britain and Ireland*. Cambridge University Press.

Pardoe, H S & Thomas, B A (1992). *Planhigion yr Wyddfa ers y Rhewlif*. Amgueddfa Genedlaethol Cymru.

Parker, Sue (2006). *Wild Orchids in Wales*. First Nature Guide.

Parry, Meirion (1969). *Casgliad o Enwau Blodau, Llysiau a Choed*. Gwasg Prifysgol Cymru.

Pavord, Anna (2005). *The Naming of Names*. Bloomsbury.

Pearsall, W H (1959. *Mountains and Moorlands*. New Naturalist. Collins.

Pennington, W (1979). *The History of British Vegetation*. The English Universities Press.

Perrin, J (2015). *A William Conrdry Reader*. Gomer.

Perring, F (1970). *The Flora of a Changing Britain*. E.W.Classey for the Botanical Society of the British Isles.

Perring F H & Walters, S M (1962). *Atlas of the British Flora*. Nelson.

Perry, A R (Cyfiethwyd W M Rogers) (1979). *Blodau Gwyllt Cymru*. Amgueddfa Genedlaethol Cymru.

Perry, A Roy & Ellis, R Gwynn (1994). (ed.) *The Common Ground of Wild and Cultivated Plants*. Amguedfa Genedlaethol Cymru.

Peterken, George (2008). *Wye Valley*. New Naturalist. Collins.

Poland, John & Clement, Eric (2009). *The Vegetative Key to the British Flora*. John Poland.

Pollard, E; Hooper, M D & Moore, N W *Hedges*. New Naturalist. Collins.

Preston, C; Pearman, D & Dines,T (2002). *New Atlas of the British and Irish Flora*. Oxford University Press.

Price, R & Griffiths, E (1869). *Llysieulyfr Teuluaidd*.

Prime, C T (1960). *Lords & Ladies*. New Naturalist Monograph. Collins,

Prime, C T (1971). *Experiments for Young Botanists*. Bell.

Prime, C T (1977). *Plant Life*. Collins.

Procter, M (2013). *Vegetation of Britain and Ireland*. New Naturalist. Collins.

Procter, M; Yeo, P & Lack, A (1996). *The Natural History of Pollination*. New Naturalist. Collins.

Rackham, Oliver (1986). *The History of the Countryside*. Weidenfeld & Nicholson.

Rackham, O (2006).*Woodlands*. New Naturalist. Collins.

Ratcliffe, Derek (1977). *A Nature Conservation Review: Vol. 1*, 2. Cambridge University Press.

Ratcliffe, Derek (2002). *Lakeland*. New Naturalist. Collins.

Raunkiaer, C (1934). *The Life Forms of Plants and Statistical Plant Geography*. Clarendon Press.

Raven & Walters (1956). *Mountain Flowers*. New Naturalist. Collins.

Redfern, M (2011). *Plant Galls*. New Naturalist. Collins.

Rees, George (1896). *Gwersi mewn Llysieueg*. Gweler hefyd yr erthygl ar Rees gan R.Elwyn Hughes yn *Nid Am Un Harddwch Iaith*, Gwasg Prifysgol Cymru, t. 176.

Rees, Lilian (1950). *List of Pembrokeshire Plants*. Tenby Museum and West Wales Field Society.

Rhind, P M, Blackstock, T H, & Parr, S J (1997). (eds.). *Welsh Islands: Ecology, Conservation and Land Use*.

Rhind, P & Evans, D (ed.) (2001). *The Plant Life of Snowdonia*.Gwasg Gomer.

Rich, T C G & Jermy, A C (1998). *Plant Crib*. Botanical Society of the British Isles.

Riddlesdell, H J (1907). 'A Flora of Glamorganshire'. *Journal of Botany* [Supplement] 45, 1-88.

Richards, A J (1972). 'The *Taraxacum* Flora of the British Isles'. *Watsonia* (BSBI) Supplement to Vol. 9

Roberts, E Stanton (ed.) (1916). *Llysieulyfr Meddyginiaethol a briodolir i William Salesbury*. Hugh Evans & Sons.

Roberts, O E (1953). *Cyfrinachau Natur*. Gwasg y Brython.

Roberts, R Alun (1947). *Hafodydd Brithion*. Gwasg y Brython.

Roberts, R H (1982). *The Flowering Plants and Ferns of Anglesey*. Amgueddfa Genedlaethol Cymru.

Rodwell, J S (1991-95). *British Plant Communities*, Vols.1-4. Cambridge University Press.

Rose, Francis (1989). *Colour Identification Guide to the Grasses, Sedges, Rushes and Ferns of the British Isles and North-Western Europe*. Viking.

Rosser, Effie M (1955) 'A New British Species of *Senecio*'. *Watsonia (BSBI)* 3, Part 4, 228-232.

Salisbury, Sir Edward (1952). *Downs and Dunes*. Bell.

Salisbury, Sir Edward (1961). *Weeds and Aliens*. New Naturalist. Collins.

Salter, J H (1935). *The Flowering Plants and Ferns of Cardiganshire*. University Press Board.

Saunders, David (ed.) (1986). *The Nature of West Wales*. Barracuda Books.

Sclater, Andrew (ed.) (2000). *The National Botanic Garden of Wales*. Harper Collins.

Shoolbred, W A (1920). *The Flora of Chepstow*. Taylor and Francis.

Simpson, N Douglas (1960). *A Bibliographical Index of the British Flora*. Cyhoeddwyd gan yr awdur.

Slater, Fred (1988). *The Nature of Central Wales*. Barracuda Books.

Smith, A J E (1976). *The Moss Flora of Britain and Ireland*. Cambridge University Press.

Spillards, D M (Ed.) (1997). *Natural History in Wales*. Amgueddfa Genedlaethol Cymru.

Stace, C A (ed.) (1975). *Hybridization and the Flora of the British Isles*. Academic Press.

Stace, Clive (1999). *Field Flora of the British Isles*. Cambridge University Press..

Stace, Clive (2010). *New Flora of the British Isles: 3rd. Ed*. Cambridge University Press.

Stace, Clive & Crawley, M J (2015). *Alien Plants*. New Naturalist. Collins.

Stace, C A et al. (2003). *Vice-county Census Catalogue of lthe Vascular Plants of Great Britain*. Botanical Society of the British Isles.

Stamp, L Dudley (1948). *The Land of Britain: its Use and Misuse*. Longmans, Green & Co.

Stanley, Elisabeth. (1949 Rhan I) (1955 Rhan II). *Y Byd Byw*. Gwasg Prifysgol Cymru.

Sterry, Paul: addasiad Iolo Williams a Bethan Wyn Jones (2007). *Llyfr Natur Iolo*. Gwasg Carreg Gwalch.

Stewart, A, Pearman, D A, & Preston, C D (1994). *Scarce Plants in Britain*. Joint Nature Conservation Committee.

Storrie, John (1886). *The Flora of Cardiff*. Cardiff Naturalists' Society.

Summerhays, V S (1951). *Wild Orchids of Britain*. New Naturalist. Collins.

Tampion, John (1977). *Dangerous Plants*. David & Charles.

Tansley, A G (1911). *Types of British Vegetation*. Cambridge University Press.

Tansley, A G (1949). *The British Islands and their Vegetation*. Cambridge University Press.

Tansley, A G (1968). *Britain's Green Mantle*. George Allen and Unwin.

Tattersall, W M (1949). *Glamorgan County History: Vol. I: Natural History*. Cardiff.

Tennant, David & Rich, Tim (2008). *British Alpine Hawkweeds*. Botanical Society of the British Isles.

Thomas, D Lleufer (1896). 'The Flora of Wales'. *Appendix to Royal Commission on Land in Wales and Monmouthshire*.

Thomas, Peter (2000). *Trees, their Natural History*. Cambridge University Press.

Titcome, Colin (1998). *Gwent: its Landscape and Natural History*. Cyhoeddwyd gan yr awdur.

Toothill, Elizabeth (1984). *The Penguin Dictionary of Botany*.

Trow, A H (1911). *The Flora of Glamorgan,* Vol. 1. Cardiff Naturalists' Society.

Trueman, Ian, Morton, Alan, & Wainwright, Marjorie (eds.) (1995). *Flora of Montgomeryshire*. Montgomeryshire Field Society & Montgomeryshire Wildlife Trust.

Turrill, W B (1959). *British Plant Life*. New Naturalist. Collins

Tutin, T G et al. (1964-). *Flora Europaea*. Vols. 1 – 5. Cambridge University Press.

Vachell, Eleanor (2005). *The Botanist: The botanical diary of Eleanor Vachell (1879-1948)*. Transcribed and edited by Michelle Forty and Tim Rich. Amgueddfa Genedlaethol Cymru.

Wade, A E, Kay, Q O N, & Ellis, R.G. (1994). *Flora of Glamorgan*. HMSO.

Wade, A E (1970). *Flora of Monmouthshire*. Amgueddfa Genedlaethol Cymru.

Walters, M (1993). *Wild and Garden Plants*. New Naturalist. Collins.

Walton, Charles L (1951). *A Contribution to the Flora of the St. David's Peninsula*. West Wales Field Society.

Wanstall, P J (1963). *Local Floras*. Botanical Society of the British Isles.

Watson, H C (1883). *Topographical Botany*. Bernard Quarich.

Weaver, John E & Clements, Frederic E (1938). *Plant Ecology*. McGraw-Hill.

Whitten, D G A (1987) *The Penguin Dictionary of Geology*.

Wigginton, M J (1999). *British Red Data Books: 1. Vascular Plants*. Joint Nature Conservation Committee.

Williams, Iolo (2003). *Blwyddyn Iolo*. Gwasg Gwynedd.

Williams, John (1830). *Faunula Grustensis*. John Jones.

Williams, John Lloyd (1924). *Byd y Blodau*. Yn 1927, cyhoeddwyd hefyd yn Saesneg o dan y teitl *Flowers of the Wayside and Woodland*. Noddwyd a chyhoeddwyd y ddwy gyfrol gan gwmni Morris & Jones, Lerpwl.

Williams, J Lloyd (1941-45). *Atgofion Tri Chwarter Canrif,* Cyf.1-4. Cyf. 1-3 Y Clwb Llyfrau Cymreig. Cyf. 4 Gwasg Gymraeg Foyle.

Williams, Mair (1998, 99). *Ddoi di Dei ac Yn Ymyl Ty'n-y-coed*. Gwasg Carreg Gwalch. Dwy gyfrol ar len gwerin y planhigion.

Woods, R G (1993). *Flora of Radnorshire*. Amgueddfa Genedlaethol Cymru.

Wynne, Goronwy (1993). *Flora of Flintshire*. Gwasg Gee.

Wynne, Goronwy (1995). *Patrymau'r Planhigion: Golwg Newydd ar Ecoleg*. Y Ddarlith Wyddoniaeth, Eisteddfod Genedlaethol Bro Colwyn, 1995.

Wynne, Goronwy with Joe Phillips and Delyth Williams (2008). *The Rare Plants of Flintshire*. Botanical Society of the British Isles.

Wynne, Goronwy (2011) 'Edward Llwyd a Lili'r Wyddfa'. *Y Traethodydd,* 697.

Young, Michael (1987). *Collins Guide to the Botanical Gardens of Britain*. Collins.

Rhai cyfnodolion sy'n trafod byd y blodau:

BSBI News 1972–

BSBI Proceedings 1954–1969

BSBI Welsh Bulletin 1964–

British Wildlife 1989 mae erthygl ar flodau Cymru bob pedwerydd rhifyn.

Cynefin 1982–1990

Journal of Botany 1834–1940

Journal of Ecology 1913–

Natur / Natural World Wales 1963

Natur Cymru 2001–

Nature in Wales 1955–87

New Journal of Botany 2011

North Western Naturalist 1926–1955

Plantlife 2012–

Plant Talk 1995–2000

The Linnean 1984–

Watsonia 1949–2010

Wildlife in Britain 1998–

Y Gwyddonydd 1963–1996

Y Naturiaethwr 1979–

Herbaria
Beth yw Herbariwm?

Casgliad o blanhigion wedi eu sychu a'u cadw ar gyfer eu hastudio.

Gellir eu defnyddio:

> i gael gwybodaeth am eu lleoliad, eu tymor blodeuo, eu DNA, pa gemegau defnyddiol sydd ynddynt, pwy a'u darganfu a pha bryd, a llawer mwy.
>
> i astudio dulliau o ddosbarthu ac enwi planhigion (tacsonomeg).
>
> i adnabod ac enwi sbesiminau eraill.

Mae D H Kent a D E Allen, yn eu cyfrol *British and Irish Herbaria* (1984), yn rhestru dros 500 o gasgliadau o blanhigion (herbaria). Dyma'r rhai y cefais i gyfle i ymweld â nhw, a phob un yn cynnwys rhai esiamplau o Gymru – ambell un a gasglwyd dros 300 mlynedd yn ôl.

Fel arfer, mae'n talu i drefnu eich ymweliad ymlaen llaw, a meddyliwch am enghreifftiau o blanhigion yr hoffech eu gweld. A pheidiwch â bod ar frys – mae rhai o'r casgliadau yn fawr iawn!

Gardd Fotaneg Treborth, Prifysgol Bangor

The Herbarium, Dept. of Plant Biology, University of Birmingham

Grosvenor Museum, Grosvenor Street, Chester

Amgueddfa Genedlaethol Cymru, Parc Cathays, Caerdydd

The Herbarium, Royal Botanic Garden, Inverleith Row, Edinburgh

The Herbarium, Botany School, University of Cambridge, Downing Street,
    Cambridge

The Herbarium, Adrian Building, University of Leicester

The Herbarium, National Botanic Garden, Glasnevin, Dublin

The Herbarium, Dept. of Botany, University of Glasgow

The Herbarium, Royal Botanic Gardens, Kew, Richmond, Surrey

The Herbarium, World Museum, William Brown Street, Liverpool

Dept. of Botany, Natural History Museum, Cromwell Rd, London

The Herbarium, Manchester Museum, University of Manchester, Oxford Road,
    Manchester

Natural History Museum, Woolaton Hall, Nottingham

Fielding-Druce Herbarium, Dept. of Botany, South Parks Road, Oxford

The Herbarium, Dept. of Botany, University of Sheffield

Gerddi botaneg, casgliadau o goed etc, sy'n agored i'r cyhoedd.
Mae nifer fawr; dyma ychydig y cefais i gyfle i'w mwynhau:

Gardd Fotaneg Genedlaethol Cymru, Llanarthne, Sir Gaerfyrddin

Royal Botanic Gardens Kew, Richmond, Surrey

National Botanic Garden, Glasnevin, Dublin

Royal Botanic Garden, Inverleith Row, Edinburgh

University of Cambridge Botanic Garden, 1 Brookside, Cambridge

University of Oxford Botanic Garden, Rose Lane, Oxford

Gerddi Bodnant, Tal-y cafn, Conwy

Ness Gardens, Neston, Cheshire

Westonbirt National Arboretum, Tetbury, Goucestershire

John F Kennedy Arboretum, New Ross, Co. Wexford, Ireland.

Jodrell Bank Discovery Centre, Macclesfield, Cheshire

Gardd Fotaneg Treborth, Prifysgol Bangor

MYNEGAI

Pobl

Planhigion